安徽省高等学校“十二五”规划教材
安徽省高等学校电子教育学会推荐用书

高等学校规划教材·应用型本科电子信息系列

总主编　吴先良

模拟电子技术基础

主　编　陈　蕴
副主编　楚亚蕴　赵正平　胡庆华　陈　松　秦　洁
编　委（按姓氏笔画排序）
闫改珍　朱徐来　李振杰
李　翔　吴　扬　宋　超
张　明　陈　松　陈　蕴
虎　号　赵正平　胡庆华
秦　洁　夏义全　钱久春
徐　荃　戚　鹏　楚亚蕴
楚　君

北京师范大学出版集团
BEIJING NORMAL UNIVERSITY PUBLISHING GROUP
安徽大学出版社

图书在版编目(CIP)数据

模拟电子技术基础/陈蕴主编. —合肥:安徽大学出版社,2018.8
高等学校规划教材. 应用型本科电子信息系列/吴先良总主编
ISBN 978-7-5664-1438-0

Ⅰ. ①模… Ⅱ. ①陈… Ⅲ. ①模拟电路—电子技术—高等学校—教材
Ⅳ. ①TN710.4

中国版本图书馆 CIP 数据核字(2017)第 189341 号

模拟电子技术基础 **陈　蕴** 主编

出版发行:北京师范大学出版集团
安 徽 大 学 出 版 社
(安徽省合肥市肥西路 3 号 邮编 230039)
www.bnupg.com.cn
www.ahupress.com.cn
印　　刷:安徽省人民印刷有限公司
经　　销:全国新华书店
开　　本:184mm×260mm
印　　张:25
字　　数:560 千字
版　　次:2018 年 8 月第 1 版
印　　次:2018 年 8 月第 1 次印刷
定　　价:63.00 元
ISBN 978-7-5664-1438-0

策划编辑:刘中飞　张明举
责任编辑:张明举
责任印制:赵明炎
装帧设计:李　军
美术编辑:李　军

编委会名单

编写说明

Introduction

当前我国高等教育正处于全面深化综合改革的关键时期,《国家中长期教育改革和发展规划纲要(2010—2020年)》的颁发再一次激发了我国高等教育改革与发展的热情。"地方本科院校转型发展,培养创新型人才,为我国在本世纪中叶以前积累优良人力资源,并促进我国实现跨越式发展",这是国家对高等教育做出的战略调整。教育部有关文件和国家职业教育工作会议等明确提出地方应用型本科高校要培养产业转型升级和公共服务发展需要的一线高层次技术技能人才。

电子信息产业作为一种技术含量高、附加值高、污染少的新兴产业,正成为很多地方经济发展的主要引擎。安徽省战略性新兴产业"十二五"发展规划明确将电子信息产业列为八大支柱产业之首。围绕主导产业发展需要,建立紧密对接产业链的专业体系,提高电子信息类专业高复合型、创新型技术人才的培养质量,已成为地方本科院校的重要任务。

在分析产业一线需要的技术技能型人才特点以及其知识、能力、素质结构的基础上,为适应新的人才培养目标,编写一套应用型电子信息类系列教材以改革课堂教学内容具有深远的意义。

自2013年起,依托安徽省高等学校电子教育学会,安徽大学出版社邀请了省内十多所应用型本科院校二十多位学术技术能力强、教学经验丰富的电子信息类专家、教授参与该系列教材的编写工作,成立了编写委员会,定期召开系列教材的编写研讨会,论证教材内容和框架,建立主编负责制,以确保系列教材的编写质量。

该系列教材有别于学术型本科和高职高专院校的教材,在保障学科知识体系完整的同时,强调理论知识的"适用、够用",更加注重能力培养,通过大量的实践案例,实现能力训练贯穿教学全过程。

该系列教材从策划之初就一直得到安徽省十多所应用型本科院校的大力支持和重视。每所院校都派出专家、教授参加系列教材的编写研讨会,并共享其应用型学科平台的相关资源,为教材编写提供了第一手素材。该系列教材的显著特点有：

1. 教材的使用对象定位准确

明确教材的使用对象为应用型本科院校电子信息类专业在校学生和一线产业技术人员，所以教材的框架设计主次分明，内容详略得当，文字通俗易懂，语言自然流畅，案例丰富多彩，便于组织教学。

2. 教材的体系结构搭建合理

一是系列教材的体系结构科学。本系列教材共有14本，包括专业基础课和专业核心课，层次分明，结构合理，避免前后内容的重复。二是单本教材的内容结构合理。教材内容按照先易后难、循序渐进的原则，根据课程的内在联系，使教材各部分之间前后呼应，配合紧密，同时注重质量，突出特色，强调实用性，贯彻科学的思维方法，以利于培养学生的实践和创新能力。

3. 学生的实践能力训练充分

该系列教材通过简化理论描述、配套实训教材和每个章节的案例实景教学，做到基本知识到位而不深难，基本技能训练贯穿教学始终，遵循“理论—实践—理论”的原则，实现了“即学即用，用后反思，思后再学”的教学和学习过程。

4. 教材的载体丰富多彩

随着信息技术的飞速发展，静态的文字教材将不再像过去那样在课堂中扮演不可替代的角色，取而代之的是符合现代学生特点的“富媒体教材”。本系列教材融入了音像、动画、网络和多媒体等不同教学载体，以立体呈现教学内容，提升教学效果。

本系列教材涉及内容全面系统，知识呈现丰富多样，能力训练贯穿全程，既可以作为电子信息类本科、专科学生的教学用书，亦可供从事相关工作的工程技术人员参考。

吴先良

2015年2月1日

模拟电子技术是普通高校工科的电子信息类必修的专业基础课程，我省高校开设该课程的相关专业有电子科学、电子信息、电子信息科学、生物医学、计算机科学与技术、信息工程、网络工程、软件工程、信息安全、微电子技术、光信息技术、光电信息、自动化、电气工程及其自动化、电气信息、应用物理和教育技术等。模拟电子技术是相关硬件课程的基础，也是许多工科院校考研的重要科目之一。

为顺应社会的需求，推动我省电子类教学的改革与实践，应我省应用型普通高校要求，北京师范大学出版集团安徽大学出版社精心组织具有多年模拟电子技术课程教学经验的老师集体编写了这本《模拟电子技术基础》教材。

全书共分 11 章，可以看作由基础和应用两部分组成，第 1 章至第 6 章为基础部分，分别介绍了 PN 结与半导体二极管、双极型三极管及其放大电路、场效应管及其放大电路、放大电路的频率响应、集成运算放大电路、放大电路中的反馈，重点阐述模拟电子技术中的基础概念和基本方法；第 7 章至第 11 章为应用部分，分别介绍了模拟集成运放的应用、功率放大电路、正弦波振荡电路、调制解调、直流稳压电源，体现了模拟电子技术的实用性，意在提高读者的学习兴趣和解决实际问题的能力。

本书尽力从技术性的特点出发，力求做到技术的综合性与知识点的连续性相结合、技术的实践性与解决问题的能力相结合。为此，在编写的过程中重点采取以下措施：一是内容的结构力求严谨，努力做到由浅入深、循序渐进，章节按知识点的逻辑性安排，避免交叉。比如，模拟集成运放的应用一章有负反馈的概念，安排在负反馈放大电路之后，而其中的正弦波振荡电路又放在了后面的振荡电路中作介绍，便于读者阅读、理解和记忆。二是知识点的完整性、连续性尽量体现在每一章中。比如功率放大电路，虽然 OTL、OCL 有很多优点，而且应用广泛，但是单管放大电路、变压器推挽功率放大电路还会在许多场合使用，要让学生懂得和理解这些电路的原理、特点和应用场合以及电子技术是一个不断发展的过程。三是力求清晰介绍解决问题的方法，比如负反馈放大电路部分是模拟电子线路的难点，本书在清楚介绍概念的基础上，把所总结的方框图法运用到求解反馈放大电路的实例中去，加强对负反馈概念的理解和方框图法的应用，将总结出的方框图法很好地用于负反馈放大电路，包括含有集成运放的负反馈放大电路。四是精选实例和习题，几乎每个章节后都附有1个实例，所选实例尽力体现该部分内容的基础性、实用性和完整性，所列习题则尽力考虑层次性和应用性，将理论知识与实际应用紧密结合，减少或避免例题与习题分离、原理与实验分离的现象。五是每章之后都附有小结、应用与讨论，意在增加读者对该章节知识点的把握和技术的应用。书中涉及的实验内容单独出版，意在将所学的基础理论、基本方法与简单常用电路很好地结合起来，使读者能通过实验加深对基本电路原理及其应用的理解。相信通过本书的阅读，您会体会到作者的更多匠心，在此不能一一列举。

本书可作为高等院校工科电子信息类专业“模拟电子技术”课程的教材，也可供从事电子技术方面工作的工程技术人员作为学习参考用书。本书由陈蕴、楚亚蕴、赵正平、夏义全、秦洁、钱久春、李振杰、戚鹏、徐荃、朱徐来、陈松、张明、楚君、李翔、宋超、虎号、胡庆华、吴扬、闫改珍等编写，陈蕴教授通审、修改全稿。作者尽可能将多年积累的教学经验和体会融入教材的每个章节中，力图使模拟电子技术成为大家比较容易理解和掌握的技术性基础课程，但是终因作者表达水平有限，或许难以实现作者的期望，并且书中不妥之处在所难免，竭诚期望读者提出宝贵意见(电子邮箱：chenyun_aju@163.com)。在此向为本书出版提供支持和帮助的同行和朋友表示衷心的感谢！

编　者

2018年1月

PN结与半导体二极管

学习要求

1. 熟悉下列定义、概念及原理：自由电子与空穴，扩散与漂移，复合，空间电荷区、PN结、耗尽层，二极管的单向导电性，稳压管的稳压作用。

2. 掌握二极管、稳压管的工作原理、外特性和主要参数。

3. 了解常用二极管用途及使用方法。

半导体器件具有体积小、重量轻、使用寿命长等能量转换效率高等优点，已成为现代电子技术的重要组成部分。

本章通过对半导体的基本知识和PN结的介绍，讨论二极管的物理结构、工作原理、特性曲线和主要参数，以及二极管基本电路及其分析方法与应用，并对齐纳二极管、变容二级管和光电子器件的特性与应用作简要的介绍。

1.1 半导体的基本知识

容易导电的物质叫作“导体”，电阻率较低，在 $10^{-6}\sim10^{-4}$ Ω·cm。如铜、铝、银和金等，其中铜的电阻率为 10^{-6} Ω·cm。不容易导电的物质叫作“绝缘体”，电阻率较高为 $10^{10}\sim10^{18}$ Ω·cm，如塑料、橡胶、玻璃等，其中橡胶的电阻率为 10^{18} Ω·cm。世界上还存在着一类物质，它的导电性能介于导体和绝缘体之间，这种物质叫作“半导体”，电阻率为 $10^{-3}\sim10^{10}$ Ω·cm，如硅(Si)和锗(Ge)以及砷化镓(GaAs)等。室温下纯净锗材料的电阻率为47 Ω·cm。

1.1.1 本征半导体及其导电性

本征半导体——化学成分纯净的半导体，它在物理结构上呈单晶体形态。制造半导体器件的半导体材料的纯度通常要达到99.9999999%，常称为“九个9”。

1. 本征半导体的共价键结构

硅和锗是四价元素，在原子最外层轨道上的四个电子称为“价电子”，分别与周围的四个原子的价电子组成四对共有电子对，即每两个相邻原子之间共用一对价电子，每个原子最外层轨道上的电子数达到8个，使原子处于稳定状态，每对价电子既受到本身原子核的吸引，又受到相邻原子核的吸引，将相邻两个原子紧紧束缚在一起，形成共价键结构。这种共有价电子的束缚作用叫作共价键。由于每个相邻的原子受到共价键的束缚，使得原子相互之间的排列整齐，在空间上形成了排列有序的晶体。其结构示意图如图1-1所示。

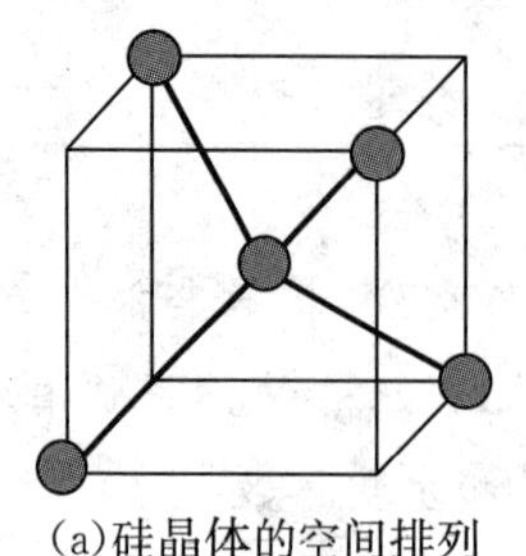
(a)硅晶体的空间排列

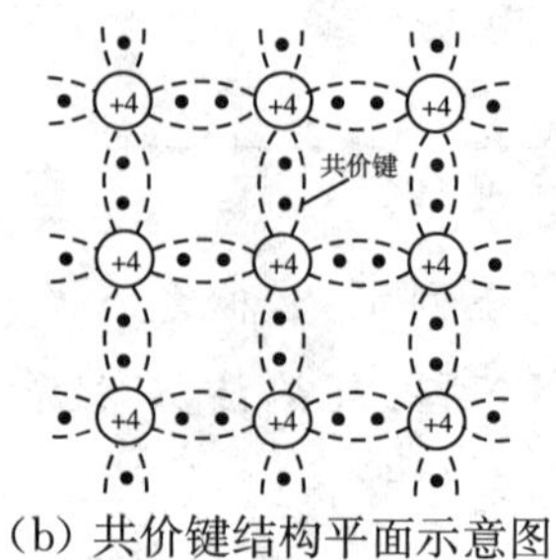

(b) 共价键结构平面示意图

图 **1-1** 硅原子空间排列及共价键结构平面示意图

本征半导体共价键中的电子通常处于束缚状态，不能自由移动，不是自由电子，不能导电。对于每个原子来说都是呈电中性的，即半导体是由中性的原子组成，所带正负电荷相同，呈电中性。

2. 电子空穴对

如果温度升高或受到光的照射时，晶体中的原子不断地在自己的平衡位置附近作热运动，共价键上的电子从各自原子的热运动中获得能量，当获得的能量足够大时，就会挣脱共价键的束缚成为自由电子而参与导电，这一现象称为"本征激发"(也称"热激发")。理论上，当半导体处于绝对零度时，原子热运动停止，共价键稳定，半导体中没有自由电子，因而在绝对零度时半导体是不导电的。

在本征激发过程中，本征半导体中的某个共价键上的电子激发成自由电子后，在其原来的共价键中就留下了一个空位，这个空位将为空穴。空穴的出现使原子的电中性被破坏，其呈现出正电性，成为带正电荷的正离子，其正电量与电子的负电量相等。可见因本征激发而出现的自由电子和空穴是成对出现的，称为"电子—空穴对"。共价键中游离出来的自由电子又有可能重新落入空穴，使电子—空穴对消失，这种现象称为"复合"，如图1-2所示。本征激发和复合在一定温度下会达到动态平衡，电子和空穴浓度相等。设 n＝电子数/cm^3，p＝空穴数/cm^3，在本征半导体中，有 $n=p=n_i$，n_i称为本征浓度。通常在常温下本征半导体中的电子空穴对很少，因此，本征半导体的导电能力很差。

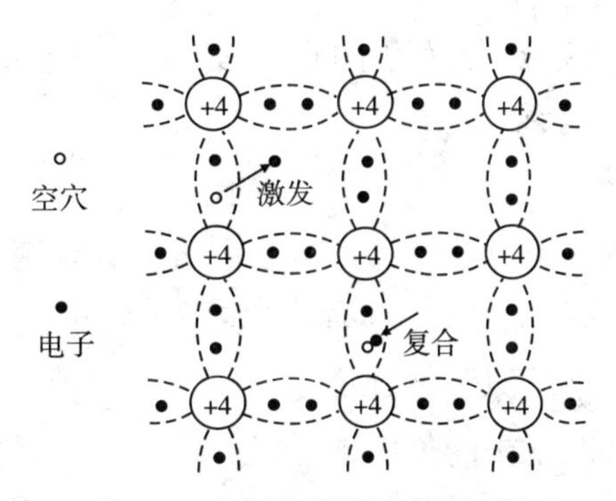

图1-2　本征激发和复合的过程

3. 空穴的移动

空穴带正电荷，相邻共价键中的价电子有可能去填补这个空穴，那么这个空穴便消失，却在相邻共价键位置上留下新的空穴，而这个空穴又会被别的共价键上的电子填补，这种价电子接连不断地填补空穴的运动，即空穴从一处移到另一处，相当于正电荷的移动，空穴的这种迁移运动与自由电子移动相似，都可以在外电场作用下做定向移动，形成电流。它们的方向相反，而空穴的运动是靠相邻共价键中的价电子依次填充空穴来实现。

电子和空穴都能运载电荷，它们被统称为"载流子"。在电场作用下，载流子运动叫作"漂移运动"，本征半导体中的漂移电流 I 是自由电子形成的电流 I_n 和空穴形成的电流 I_p 之和，即 $I=I_n+I_p$。

随着温度的升高或光照的增加，半导体中的本征浓度 n_i 会增加很快，导电性能增大，电阻减小，具有负的温度系数或光强度系数，这就是半导体的热敏特性和光敏特性。利用半导体的这一特性，可以制成热敏电阻和光敏电阻，广泛用于温度和光照度等测量控制的场合。

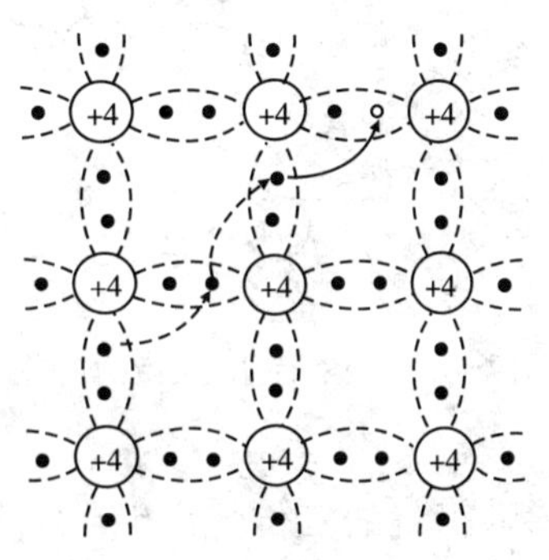

图1-3　空穴在晶格中的移动

1.1.2　杂质半导体

在本征半导体中掺入某些微量元素，使半导体的导电性发生显著变化，这些微量元素相对于纯净半导体而言即成为杂质元素，掺入杂质的本征半导体称为

"杂质半导体",根据掺入杂质元素的不同,杂质半导体分为N型(电子型)半导体和P型(空穴型)半导体两种。

1. N型半导体

先来讨论一下在本征半导体中掺入少量的五价元素磷(P)、砷(As)或锑(Sb)等杂质,半导体将发生怎样的变化。如在硅半导体中掺入五价的磷原子,会使排列整齐的半导体中的某个硅原子被五价的磷原子所取代。这时,磷原子中的四个价电子与相邻的四个硅原子中的价电子形成共价键,多余的这个价电子受原子核的引力很小,也没有共价键的束缚,只需要很小的能量就能摆脱磷原子的吸引而成为自由电子,失去电子的磷原子则成为带正电荷的正离子,这个过程叫"电离",这些磷原子在常温下几乎都是电离的。显然,电离释放出的自由电子可以参与导电,而留下的正离子是不可移动的,这种正离子不能参与导电。

每掺入一个五价元素的原子,就可以释放出一个自由电子,故把这类杂质称为"施主杂质"。常温下,本征激发产生的电子—空穴对的数量很少,通常在半导体中掺杂的施主原子的数量远远大于本征激发产生的电子—空穴对的数量。而施主原子释放出自由电子后并没有增加空穴的数量。这样,使掺入五价元素的半导体中的电子浓度远远大于空穴的浓度,因而电子导电占优势,所以把这类的杂质半导体称为"N型半导体",也称"电子型半导体"。N型半导体的结构示意图如图1-4所示。在N型半导体中自由电子是多数载流子,它主要由杂质原子提供。空穴是少数载流子,由热激发产生。

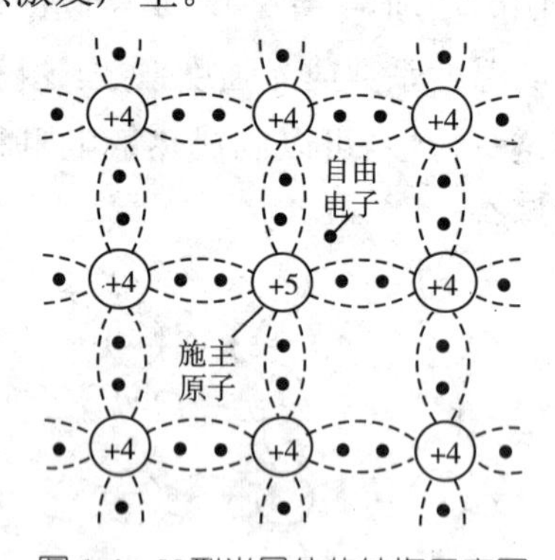

图1-4　N型半导体的结构示意图

2. P型半导体

如果在本征半导体中掺入少量的三价元素硼(B)、铝(Al)或铟(In)等杂质,便发生另外一种情况。如在硅半导体中掺入三价的硼原子,会使排列整齐的硅半导体中的某个硅原子被三价硼原子所取代,这时,硼原子与相邻的四个硅原子形成共价键时缺少一个电子,这样相邻的四价原子的价电子就很容易填补这个空位。而常温下,三价原子几乎都能获得一个电子而电离成为带负电的离子,而在其他共价键上留下新的空穴。显然,这个空穴是能够移动的,可以参与导电,而留下的负离子是不可移动的，这种负离子不能参与导电。

每掺入一个三价元素的原子，就增加一个空穴，即每个三价元素的原子可以接受一个价电子，故把这类杂质称为“受主杂质”。常温下，半导体中掺杂的受主原子的数量远远大于本征激发产生的电子—空穴对的数量，而受主原子接受的是价电子，并没有减少自由电子的数量。这样，使掺入三价元素的半导体中的空穴浓度远远大于电子的浓度，因而空穴导电占优势，所以把这类的杂质半导体称为“P型半导体”，也称“空穴型半导体”。P型半导体的结构示意图如图1-5所示。P型半导体中空穴是多数载流子，主要由杂质原子提供。电子是少数载流子，由热激发产生。

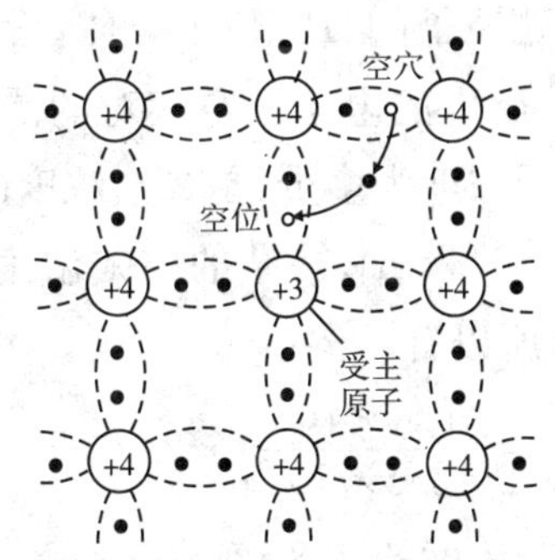

图1-5　P型半导体的结构示意图

1.1.3　杂质对半导体导电性的影响

掺入杂质对本征半导体的导电性有很大的影响，常温下本征半导体载流子浓度 n_i 与半导体中的电子浓度 n 和空穴浓度 p 的关系为：

$$p \times n = n_i^2 \tag{1-1}$$

本征半导体参与导电的载流子浓度为

$$n_i + p_i \tag{1-2}$$

如掺入的杂质是磷原子的(N型)半导体，常温下本征硅的原子浓度约为 $5\times10^{22}/\mathrm{cm}^3$，本征激发产生的电子—空穴对的浓度为 $n_i = p_i = 1.5\times10^{10}/\mathrm{cm}^3$，若掺杂浓度为亿分之一，如掺杂的电子浓度为 $n=5\times10^{14}/\mathrm{cm}^3$。

则空穴浓度 $p=\dfrac{n_i^2}{n}=\dfrac{(1.5\times10^{10})^2}{5\times10^{14}}=4.5\times10^5/\mathrm{cm}^3$。

可以看出，在N型半导体中，电子是多数载流子，电子浓度是空穴的浓度的 10^9 倍，显然，掺杂后，多数载流子电子是参与导电的主要离子。

本征半导体参与导电的载流子浓度为 $n_i + p_i$，而掺杂后能够参与导电的载流子的浓度为 $n+p$。他们的浓度比为

$$\ell=\frac{n+p}{n_i+p_i}=\frac{5\times10^{14}+4.5\times10^5}{1.5\times10^{10}+1.5\times10^{10}}=1.67\times10^{-4}$$

与本征半导体相比，参与导电的载流子的浓度增加万倍，就是说，掺杂后参与导电的载流子浓度大大增加，导电性能大大提高。

再如，锗半导体在室温下的本征载流子浓度 $n_i=2.5\times10^{13}/\text{cm}^3$，硅原子浓度 $n_i=1.5\times10^{10}/\text{cm}^3$ 的1000多倍，若掺杂的磷原子浓度为 $n=5\times10^{14}/\text{cm}^3$，则空穴浓度是 $p=\frac{n_i^2}{n}=\frac{(2.5\times10^{13})^2}{5\times10^{14}}=1.25\times10^{12}/\text{cm}^3$，半导体中的电子浓度是空穴浓度的400倍。

另外还可以看出，在同样的掺杂浓度下，N型锗半导体中空穴浓度比N型硅中的空穴浓度大 10^6 数量级以上。

例1-1 掺入的杂质是硼原子的（P型）半导体，设常温下本征硅的原子浓度约为 $5\times10^{22}/\text{cm}^3$，本征激发产生的电子—空穴对的浓度为 $1.5\times10^{10}/\text{cm}^3$，若掺杂浓度为两亿分之一，则电子浓度为多少，是参杂浓度的多少分之一？

解：已知 $n_i=p_i=1.5\times10^{10}/\text{cm}^3$，掺杂的空穴浓度为 $5\times10^{22}/\text{cm}^3$ 的两亿分之一，即 $p=2.5\times10^{14}/\text{cm}^3$，所以有

$$n=\frac{n_i^2}{p}=\frac{(1.5\times10^{10})^2}{2.5\times10^{14}}=9\times10^5/\text{cm}^3。$$

所以，电子浓度约是参杂浓度的 2.8×10^6 分之一。

1.2 PN结

如果把P型半导体和N型半导体通过一定的工艺制造在一起，那么在它们的接触面附近就形成了PN结。PN结具有特殊的导电性能，它不仅区别于导体、绝缘体，更不同于单块的P型半导体或N型半导体，是半导体的重要形式。

1.2.1 PN结的形成

PN结就是在P型半导体和N型半导体接触面所形成的一个特殊薄层，在薄层的一边是P区，另一边是N区，P区中有大量的空穴，N区中的空穴极少，空穴的浓度差很大。而N区有大量的电子，P区中的电子极少，电子的浓度差很大，载流子就要从浓度大的地方向浓度小的地方扩散。因浓度差引起的载流子的运动称为“扩散运动”，P区中的多数载流子空穴向N区扩散，使P区一侧的空穴减少而带负电，扩散到N区的空穴会与该区的多数载流子电子复合；同样，N区中的多数载流子电子向P区扩散，使N区一侧的电子减少而带正电，扩散到P区的电子会与该区的多数载流子空穴复合，结果在P区和N区的交界面附近留下不可移动的正负离子区域，形成一个带电的薄层，即PN结，又称“空间电荷区”。如图1-6所示，在空间电荷区内，建立了由正指向负的内建电场。空间电荷区内缺少多

数载流子，所以也称“耗尽层”或“阻挡层”。

随着扩散运动的进行，空间电荷区逐渐加宽，内建电场的方向从 N 区指向 P 区，在内电场作用下空穴会从 N 区回到 P 区，电子会从 P 区回到 N 区，在内电场作用下载流子的运动称为“漂移运动”。内电场不断增强，使漂移运动逐渐增大，最后，当空间电荷区达到一定宽度时，扩散运动和漂移运动达到动态平衡，内建电场不再增加。由于空穴在 N 区中是少子，电子在 P 区是少子，所以这个漂移运动是少数载流子的运动。

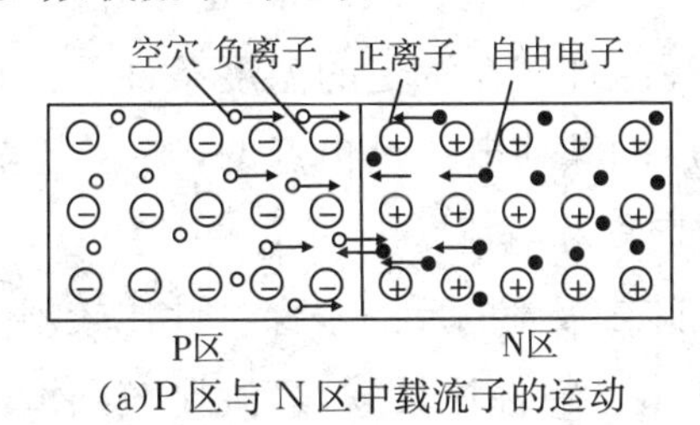

(a)P 区与 N 区中载流子的运动

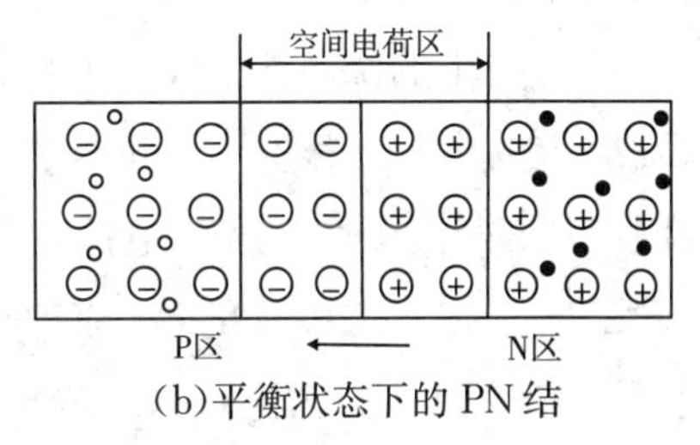

(b)平衡状态下的 PN 结

图 **1-6**　**PN** 结的形成过程

1.2.2　PN 结的单向导电性

PN 结具有单向导电性。若外加电压使 P 区的电位高于 N 区的电位称为“加正向电压”，简称“正偏”，PN 结呈低阻性，所以电流大；若外加电压使 P 区的电位低于 N 区的电位称为“加反向电压”，简称“反偏”，PN 结呈高阻性，电流小。

1. PN 结加正向电压时的导电情况

PN 结外加正向电压时，外加电压的方向与 PN 结内建电场的方向相反，削弱了内建电场的作用，阻挡层变薄，内电场对多子扩散运动的阻碍减弱，有利于多子扩散。当多数载流子从一侧扩散到另一侧时，由于内电场的减弱，使得漂移运动减小，扩散运动大于漂移运动，原来的动态平衡被破坏，从 P 区扩散 N 区的空穴，浓度较大，除了与 N 区的电子复合外，会剩余很多的空穴，为保持半导体的电中性，这些空穴会被电源负极提供的电子中和。同样，从 N 区扩散 P 区的电子，浓度较大，除了与 P 区的空穴复合外，会剩余很多的电子，为保持半导体的电中性，这些电子会被电源正极提供的空穴中和，电源能够源源不断地提供足够的电子和空穴，使扩散运动不断进行，形成扩散电流。PN 结加正向电压时的导电情况如图 1-7 所示。由于多数载流子浓度大，即使外加电压不高也可以形成很大的扩散电流，即 PN 结呈现低阻性。

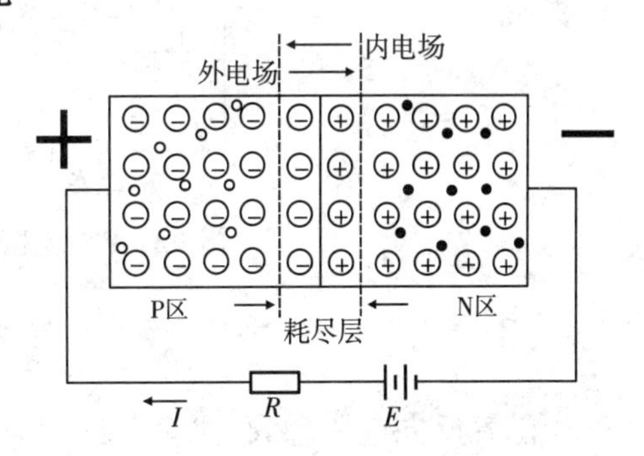

图 **1-7**　**PN** 结加正向电压时的导电情况

2. PN结加反向电压时的导电情况

PN结加反向电压时，外加的反向电压的方向与PN结内建电场方向相同，加强了内电场的作用，阻挡层变厚，内电场对少数载流子的漂移作用增强，不利于扩散运动的进行，漂移运动增大，漂移运动大于扩散运动，原来的动态平衡被破坏，为保持半导体的电中性，这些空穴或电子会被电源负极的提供的电子和正极提供的空穴中和，电源能够源源不断地提供足够的电子和空穴，形成漂移电流。PN结加反向电压时的导电情况如图1-8所示。由于少数载流子浓度小，即使外加电压很高也只有很小的漂移电流，即PN结呈现高阻性。在一定的温度条件下，由本征激发决定的少子浓度是一定的，故少子形成的漂移电流是恒定的，基本上与所加反向电压的大小无关，这个电流也称为“反向饱和电流”。

硅二极管和锗二极管的特性有所不同。硅二极管的反向击穿特性比较硬、比较陡，反向饱和电流也很小；锗二极管的反向击穿特性比较软，过渡比较圆滑，反向饱和电流较大。

PN结加正向电压时，呈现低电阻，具有较大的正向扩散电流；PN结加反向电压时，呈现高电阻，具有很小的反向漂移电流。因此PN结具有单向导电性。

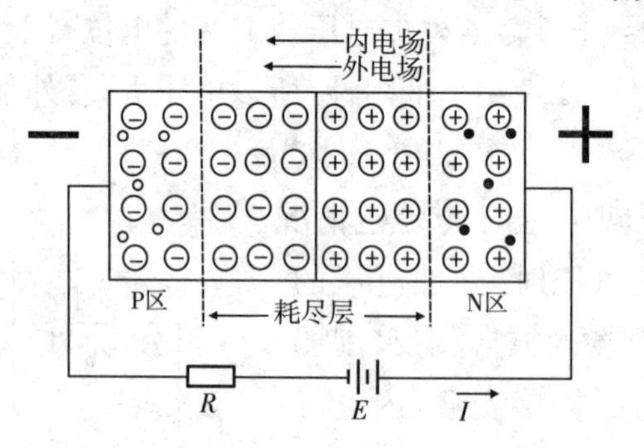

图1-8 PN结加反向电压时的导电情况

1.2.3 PN结的击穿

随着反向电压增大，内建电场增强，当反向电压达到一定程度时，很强的内电场能把价电子从共价键中拉出来，在空间电荷区内产生大量的电子—空穴对，这些空穴又会被强电场驱到P区，电子被驱到N区，使反向电流猛增。这种由于强电场作用而产生电子—空穴对使反向电流剧增的现象叫作“齐纳击穿”，常发生在掺杂浓度比较高的PN结中。

齐纳击穿具有负的温度系数。温度升高使电子热运动加剧，较小的反向电压就能把价电子从共价键中拉出来，所以温度升高时，击穿电压下降。

雪崩击穿，是有少数载流子在空间电荷区内和半导体原子的碰撞而产生的。

当反向电压增大到某一数值时，PN结中很强的电场使空间电荷区中的少数载流子获得很大的动能，它在运动途中和半导体原子碰撞时，会把原子共价键上的价电子碰撞出来产生新的电子—空穴对，这些电子—空穴对又会在强电场作用下获得足够的能量碰撞其他原子，再次发生碰撞电离，形成更多的电子—空穴对。这种连锁反应会使载流子迅速倍增，反向电流急剧增大。这种因载流子与半导体原子碰撞引起载流子雪崩式增长而使反向电流剧增的现象叫作“雪崩击穿”。

雪崩击穿具有正的温度系数。温度升高使原子热运动加剧，使电子做定向移动更困难，必须加大反向电压才能使少数载流子具有碰撞电离所需要的能量。

根据PN结的制造工艺不同和掺杂浓度不同，击穿电压差别很大，通常在1 V到几千伏不等。一般来说，7 V以上主要是雪崩击穿，4 V以下多为齐纳击穿，当在4～7 V之间两种击穿都有。

对于一个具体的PN结，温度一定时，击穿电压是一个确定值。如果限定PN结的电流，可以使PN结工作在击穿区，就是说，PN结的击穿不等于PN结的损坏。

1.2.4　PN结的电容效应

PN结在交流状态下，随着工作频率的升高，它的单向导电性能变差，甚至不能正常工作，其主要因素之一是PN结的电容效应，PN结电容来源有两个，一是势垒电容 C_B，二是扩散电容 C_D。

1. 势垒电容 C_B

势垒电容是由空间电荷区中的电荷堆积引起的。当外加在PN结上的电压是交变的电压时，相当于在PN结上交替地加上正向和反向电压，空间电荷区的宽度随之改变，这相当PN结中存储的电荷量也随之变化，犹如电容的充放电。势垒电容的示意图见图1-9所示。

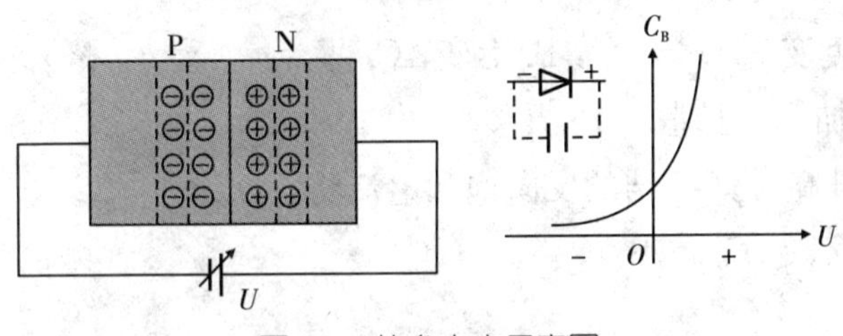

图1-9　势垒电容示意图

势垒电容的大小为 $C_B=S\dfrac{dq_s}{dU}$，其中 S 为PN结交界面的面积，q_s 为电荷密度，U 为外加电压。dq_s 和 dU 分别表示在原来的电荷和外加静态电压的基础上产生的增量变化。

实际上，PN结的势垒电容相当于面积为 S，宽度为 d，介电常数为 ε 的平板电容器。PN结的 S 和 ε 是不能改变，电容的大小取决于势垒的宽度 d，即

$$C_B = S\frac{dq_s}{dU} = \frac{\varepsilon S}{d} \tag{1-3}$$

所以，PN 结交界面的面积越大、空间电荷区越窄，势垒电容也越大。

2. 扩散电容 C_D

扩散电容是由多数载流子在扩散区中存储的电荷而形成的。因 PN 结正偏时，由 N 区扩散到 P 区的电子，与外电源提供的空穴相复合，形成正向电流。刚扩散过来的电子就堆积在 P 区内紧靠 PN 结的附近，形成一定的多子浓度梯度分布。当 PN 结反偏时，由 P 区扩散到 N 区的空穴，在 N 区内也形成类似的浓度梯度分布。扩散电容的示意图如图 1-10 所示。

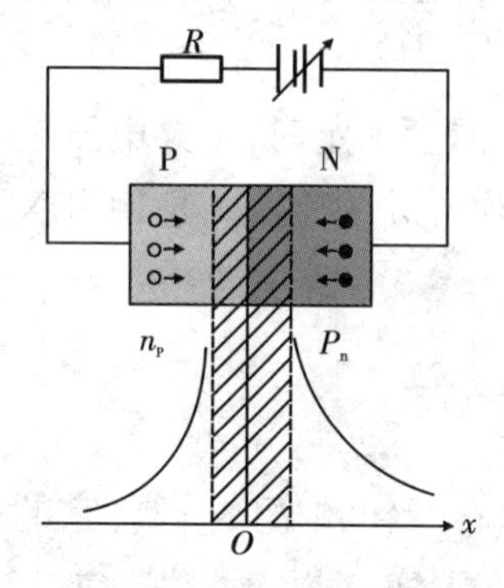

图 1-10　扩散电容示意图

当外加正向电压不同时，扩散电流即外电路电流的大小也就不同。所以 PN 结两侧堆积的多数载流子的浓度梯度分布也不同，这就相当于电容的充放电过程。

例 1-2　选择合适答案填入空内。

(1)在 PN 结两端加正向电压时：

内电场(C)；A. 增强 ，B. 不变 ，C. 减弱

PN 结的厚度变(C)；A. 厚，B. 不变，C. 薄

(A)电流增加。A. 扩散 ，B. 漂移

(2)当温度升高时，PN 结的反向饱和电流将(A)。

A. 增大，B. 不变，C. 减小

1.3　半导体二极管

在 PN 结加上引线和封装，就成了一个二极管，不仅可以根据半导体的单向导电性将 PN 结制成整流二极管、检波二极管等，还可以根据 PN 结的击穿特性、结电容特性、热敏特性和光敏特性等制成特殊功能的二极管，如稳压二级管、变容二极管、热敏二极管和光电管等。

1.3.1　半导体二极管的结构类型

二极管按结构分有点接触型、面接触型和平面型三大类。它们的结构示意图及表示符号如图1-11所示。点接触型二极管——PN结面积小，结电容小，用于检波和变频等高频电路；面接触型二极管——PN结面积大，用于低频大功率整流电路；平面型二极管——往往用于集成电路制造工艺中。PN结面积可大可小，用于变频、检波或开关电路中。

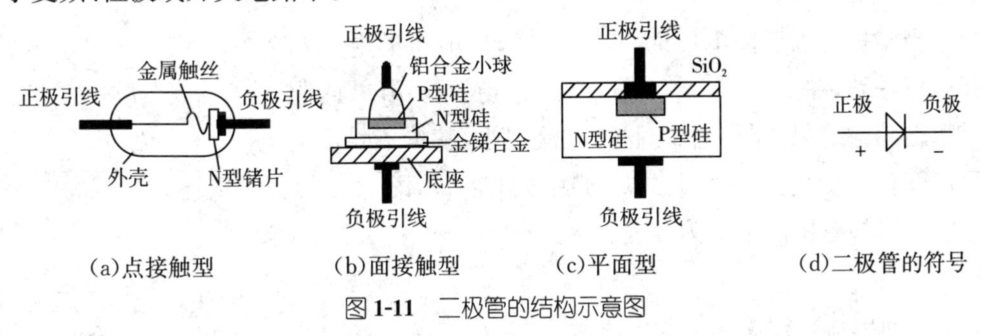

(a)点接触型　(b)面接触型　(c)平面型　(d)二极管的符号

图1-11　二极管的结构示意图

1.3.2　半导体二极管的伏安特性曲线

如果在半导体二极管两端加上一定的电压，可以从它的伏安特性曲线上找到相应的电流值。半导体二极管的伏安特性曲线可用图1-12所示的曲线来表示，处于第一象限的是正向伏安特性曲线，处于第三象限的是反向伏安特性曲线。根据理论推导，二极管的伏安特性曲线可用下式表示

$$I_D = I_S(e^{\frac{U_D}{U_T}} - 1) \quad (1\text{-}4)$$

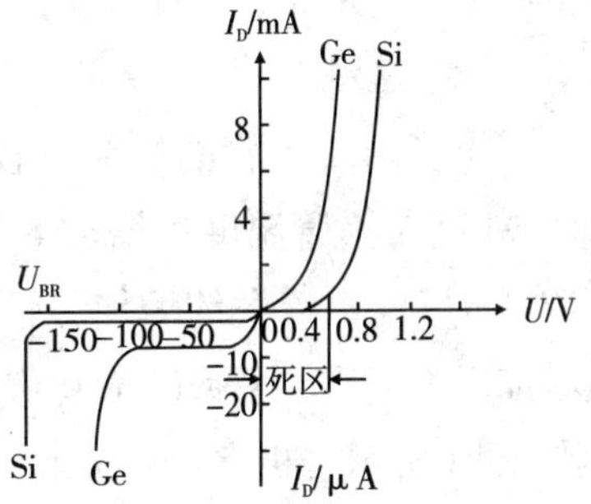

图1-12　二极管的伏安特性曲线

式中I_S为反向饱和电流，U_D为二极管两端的电压降，$U_T = kT/q$称为温度的电压当量，k为玻耳兹曼常数，q为电子电荷量，T为热力学温度。当室温为27 ℃时(相当$T = 300$ K)，

$$U_T = \frac{kT}{q} = \frac{1.38 \times 10^{23} \times 300}{1.602 \times 10^{-19}} = 26\ \text{mV}。$$

1. 正向特性

当外加电压为零时，PN结处于平衡状态，没有电流流过PN结，曲线通过原点。

当外加电压从零开始逐渐增大时，即$U_D > 0$，扩散电流逐渐增大，在$0 < U_D < U_{th}$段，即在曲线起始部分，由于外加电压较小，内部电场对载流子阻碍作用占主要因素，电流增加缓慢。形成的电流很小，通常这段被认为是关断状态，或称为死区，曲线中的U_{th}称为死区电压或开启电压。

当外加电压继续增大，即 $U_D > U_{th}$ 时，外电压的电场作用大大削弱了内电场的作用，PN 结中的电流随电压按指数规律迅速增长，开始出现正向电流，二极管处于导通状态。此时，公式(1-4)中的 $U_D \gg 26$ mV，有 $e^{\frac{u_D}{U_T}} \gg 1$，则二极管中的电流为

$$I_D = I_S e^{\frac{u_D}{U_T}} \tag{1-5}$$

通常，硅二极管的死区电压 $U_{th} = 0.5 \sim 0.7$ V，锗二极管的死区电压 $U_{th} = 0.1 \sim 0.3$ V。

2. 反向特性

当二极管加反向电压时，即 $U_D < 0$，外电压的电场与内建电场一致，在 $U_{BR} > U_D < 0$ 段，内建电场的作用增强，阻碍扩散运动，主要是漂移电流通过，电流很小，基本不随反向电压的变化而变化。此时，公式(1-4)中的 $U_D < 0$，即 $e^{\frac{u_D}{U_T}} \ll 1$。

则二极管中的电流为

$$I_D = I_S \tag{1-6}$$

I_S 为反向电流也称反向饱和电流。

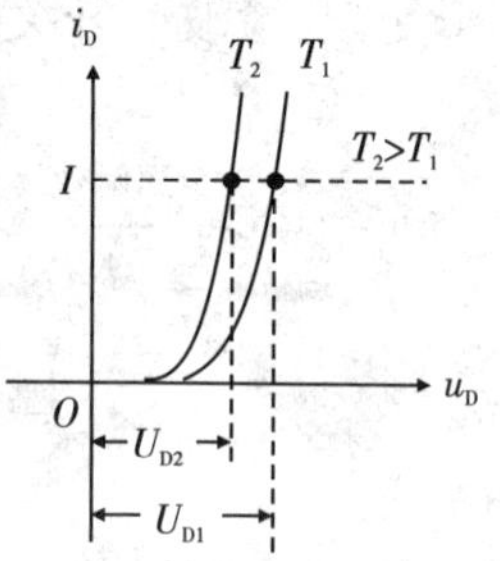

当 $U_D \ll U_{BR}$ 时，反向电流急剧增加，U_{BR} 称为“反向击穿电压”。可以利用反向击穿特性，制成稳压管。

图 1-13　温度对二极管伏安特性曲线的影响

3. 温度特性

温度对二极管的性能有较大的影响，温度升高时，反向电流将呈指数规律增加，如硅二极管温度每增加 8 ℃，反向电流将大约增加一倍；锗二极管温度每增加 12 ℃，反向电流大约增加一倍。另外，温度升高时，二极管的正向压降将减小，每增加 1 ℃，正向压降 $U_F(U_d)$ 大约减小 2 mV，即具有负的温度系数。这些可以从图 1-13 所示二极管的伏安特性曲线上看出。

1.3.3　半导体二极管的参数

半导体二极管的参数包括最大整流电流 I_F、反向击穿电压 U_{BR}、最大反向工作电压 U_{RM}、反向电流 I_R、最高工作频率 f_{max} 和结电容 C_j 等。几个主要的参数如下：

1. 最大整流电流 I_F

二极管长期连续工作时，允许通过二极管的最大整流电流的平均值。

2. 反向击穿电压 U_{BR} 和最大反向工作电压 U_{RM}

二极管反向电流急剧增加时对应的反向电压值称为“反向击穿电压 U_{BR}”。为安全考虑，在实际工作时，最大反向工作电压 U_{RM} 一般只按反向击穿电压 U_{BR} 的一半计算。

3. 反向电流 I_R

室温下，在规定的反向电压内，反向电流 I_R 一般为最大反向工作电压下的反

向电流值。硅二极管的反向电流一般在纳安(nA)级;锗二极管在微安(μA)级。

例1-3　若二级管室温下$U_T=26$ mV,反向饱和电流为10^{-4} mA,求当二极管静态电流为1.5 mA时,二极管的正向压降U_d为多少?

解:已知$I_s=10^{-4}$ mA,$I_D=1.5$ mA,

当加正向电压时,$U_D \gg U_T$,所以,由应用公式1-4可得

$10^{-4}e^{\frac{U_D}{26}}=1.5$ mA,即$e^{\frac{U_D}{26}}=1.5\times10^4$。

所以$U_D=26\times\ln(1.5\times10^4)$ mV≈0.46 V。

1.4　半导体二极管基本电路

由于二极管具有单向导电性、击穿特性、光敏特性、温度特性等,因此在电子技术中得到广泛的应用。

1.4.1　二极管电路的分析方法

1. 图解法

由于二极管的伏安特性是非线性的,电压和电流之比不等于常数,不满足欧姆定律。如图1-14(a)所示,其二极管的U_D、I_D关系的特性曲线如图1-14(b)所示,同时二极管U_D和I_D还应当满足:

$$u_D=E_D-i_DR \tag{1-7}$$

这个公式反映在图1-14(b)的坐标上是一条斜率为$-1/R$的直线,称为"直流负载线",它在水平坐标轴上的截距为$I_D=E_D/R$,垂直轴上的截距是$U_D=E_D$。

二极管的特性曲线和直流负载线的交点即得到二极管两端的电压值和二极管中的电流值,这个交点又称为"工作点"。串联的电阻R越小,直流负载线越陡峭,工作点将向上移动。

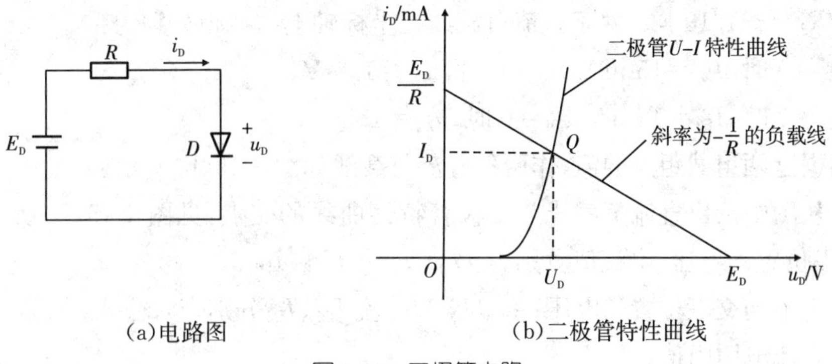

(a)电路图　　(b)二极管特性曲线

图1-14　二极管电路

二极管的直流电阻可写成：

$$R_D=\frac{U_D}{I_D} \tag{1-8}$$

以上可以说明，当串联的电阻 R 变化，工作点要随之改变，二极管的直流电阻也将发生变化，就是说，二极管的直流电阻随着工作点变化而变化。

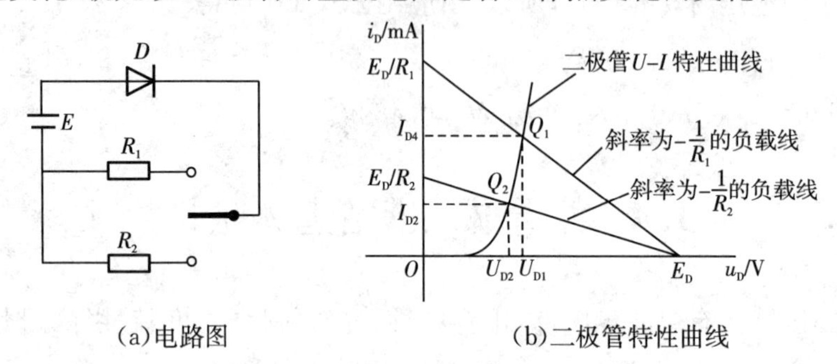

(a)电路图 (b)二极管特性曲线

图 **1-15** 万用表不同欧姆档测量二极管

比如在测量二极管正向电阻时，常发现用万用表的不同欧姆档测出电阻值并不相同，用 Ω×1 档测出的阻值比较小，用 Ω×1 k 档测出的阻值却很大。

使用万用表测量二极管电阻时的等效电路如图 1-15(a)所示，改变万用表的欧姆档位时，串在电路中的电阻 R 发生了改变，设某二极管特性曲线如图 1-15(b)所示，万用表 Ω×1 档位和 Ω×1 k 档位所串联的电组分别为 R_1、R_2，若用 MF50 型万用表，有 $E=1.5$ V、$R_1=10$ Ω、$R_2=10$ kΩ。

采用图解法如下：

①根据公式(1-6)得到：

$$U_{D1}=1.5-I_{D1}\times10 \tag{I}$$

$$U_{D2}=1.5-I_{D2}\times10\text{ k} \tag{II}$$

②在图中作直流负载线：

由上面公式(I)、(II)得到两条直流负载线的斜率分别为$-1/R_1=-1/10$ Ω和$-1/R_2=-1/10$ kΩ，两条直流负载线在坐标轴上的截距分别为：

$u_{D1}=0$ 时，$I_{D1}=15$ mA，$I_{D1}=0$ 时，$u_{D1}=1.5$ V。

$u_{D2}=0$ 时，$I_{D2}=15$ uA，$I_{D1}=0$ 时，$u_{D1}=1.5$ V。

根据这两组截距点的值，作两条直流负载线如图 1-15(b)所示。

③从图中读出直流负载线与二极管特性曲线的交点：见图 1-15(b)所示 Q_1、Q_2，交点位置的电压、电流值分别为：U_{D1}、I_{D1} 和 U_{D2}、I_{D2}。

④将不同交点位置的电压 U_{D1}、U_{D2} 和电流 I_{D1}、I_{D2} 分别带入公式(1-7)，得到二极管的直流电阻阻值：

$$R_{D1}=U_{D1}/I_{D1}$$

$$R_{D2}=U_{D2}/I_{D2}$$

显然，$R_{D1} \neq R_{D2}$，万用表 Ω×1 档，工作点偏上，得到的 R_{D1} 较小，即测出的二极管电阻较小；万用表 Ω×1 k 档，工作点偏下，得到的 R_{D2} 较大，测出的二极管电阻较大。

因此，万用表不同的档位对应的直流负载线的斜率不同，直流负载线与二极管特性曲线上的交点位置的变化，测出的二极管的电阻值不相同。

2. 简化模型分析方法

在计算精度要求不高的情况下，可以根据具体情况采用不同的二极管简化模型来等效，二极管的简化模型通常有理想模型、恒压降模型、折线模型，这些简化模型适合于分析静态工作情况。

(1)理想模型。把二极管的单向导电性理想化，即在正向偏压作用下(或有正向偏压趋势时)，二极管完全导通，其压降为零(或二极管的电阻为零)，可视为短路，反映在伏安特性曲线上是一条竖直线；而在反向电压作用下，二极管则完全截止，电流为零(或二极管的电阻为无穷大)，可视为开路，反映在伏安特性曲线上是一条水平直线。由此绘出的伏安特性曲线如图 1-16(a)所示，虚线表示实际二极管的实际伏安特性曲线。二极管理想模型的等效电路如图 1-16(b)所示，这种模型一般用于大信号情况下的近似估算。

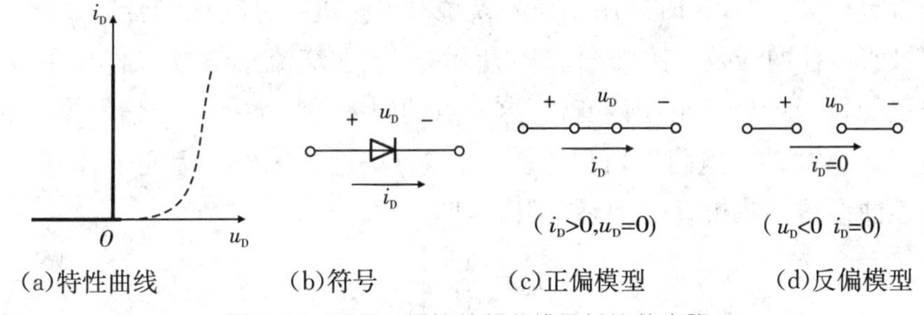

图 1-16　理想二极管特想曲线及其等效电路

(2)恒压降模型。当电路中的信号不是很大时，二极管的正向压降不能忽略，为简化电路，可以考虑二极管的正向压降，不考虑二极管导通后的电阻，即在外加的正向电压作用下，二级管有一个导通电压，当正向电压大于这个导通电压时，二极管导通，二极管电阻为零，反向电压作用下，二极管是不导通的。二极管恒压模型的伏安特性曲线如图1-17(a)所示，其等效电路可以用一个理想二极管和一个恒压源串连来等效。如图 1-17(b)所示。

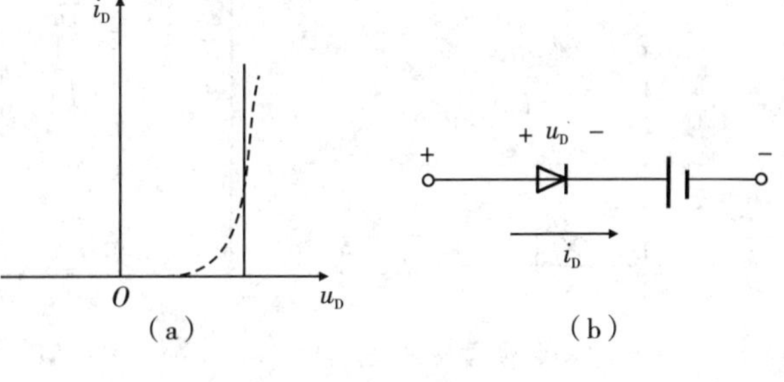

图 1-17　恒压降模型

(3)折线模型。在许多场合下,除了需要考虑二极管的正向压降外,二极管的正向导通后的电阻不能忽略,为简化计算,二极管的正向电阻简化为用一个恒定电阻来近似表示,反映在二极管的伏安特性曲线上是一条折线,如图 1-18(a)所示。二极管的折线模型等效电路可以用理想二极管、二极管导通电压 U_{th} 和一个电阻 r_D 的串联来等效,简化的二极管等效电路如图 1-18(b)所示。

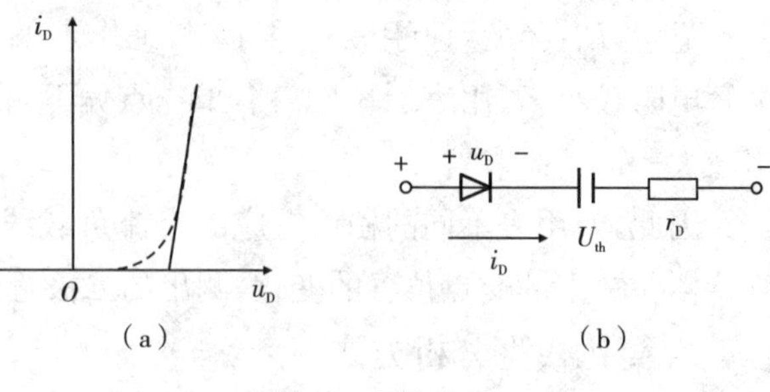

图 1-18 折线模型

通常情况下,硅二极管的正向压降 $U_{th}=0.6\sim0.8$ V,锗二极管 $U_{th}=0.1\sim0.3$ V。在电流不太大时(如 $I_D=1$ mA 左右),计算时可取:硅 $U_{th}=0.7$ V、锗 $U_{th}=0.2$ V。

3. 小信号模型分析方法

在很多情况下,二极管的正向导通时呈现的电阻变化很大,不能采用上面的简化模型来分析,尤其是二极管在小信号状态下工作时,二极管的导通电阻对电路的分析有很大影响,这时采用小信号模型对电路进行分析比较合适。

二极管特性曲线及电路如图 1-19 所示,如图在交流小信号 u_s 作用下,i_D 在静态工作点 Q 附近的较小范围内变化,这一点的斜率的倒数即为小信号模型的微变等效电阻 r_d,称“动态电阻”,可似用图(b)的方法近似求出。为便于计算,也可以通过特性曲线得到二极管的动态电阻 r_d,即

$$r_d=\left.\frac{dU_D}{dI_D}\right|_Q$$

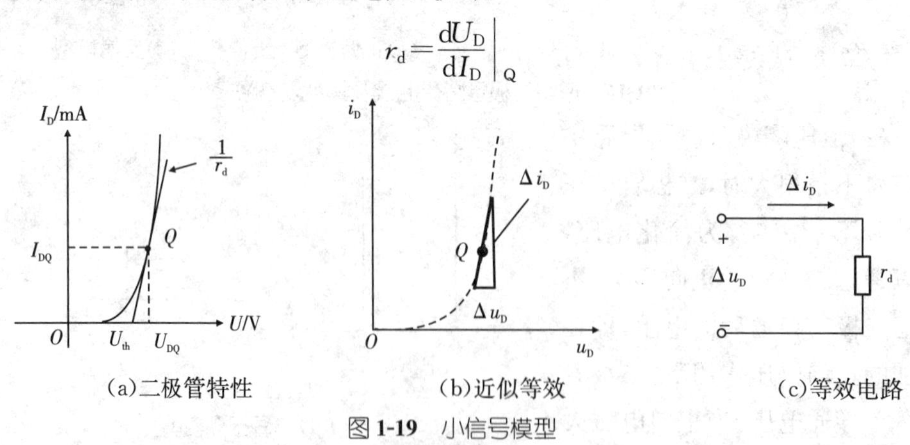

(a)二极管特性 (b)近似等效 (c)等效电路

图 1-19 小信号模型

如图 1-19(a)所示,r_d 大小与二极管工作点位置有关。

将公式(1-4)带入 $\frac{1}{r_d}=\left.\frac{dI_D}{dU_D}\right|_Q$ 得到:

$$r_d=\frac{U_T}{I_D} \tag{1-9}$$

其中 $U_T=kT/q$。

由公式(1-9)看出，动态电阻 r_d的大小与二极管静态工作电流 I_D成反比，与绝对温度成正比。

在 $T=300$ K，$U_T=kT/q=26$ mV，则

$$r_d=26/I_D \tag{1-10}$$

式中 I_D以毫安为单位。

值得注意的是，小信号模型中的 r_d与工作点Q有关

例1-4　某二极管电路如图例1-4所示，二极管中有交流信号，也有直流电流存在。若其Q点上的 $I_D=2$ mA、$U_D=0.7$ V，求二极管的交流电阻 r_d和直流电阻 R_D。

图例1-4　二极管电路

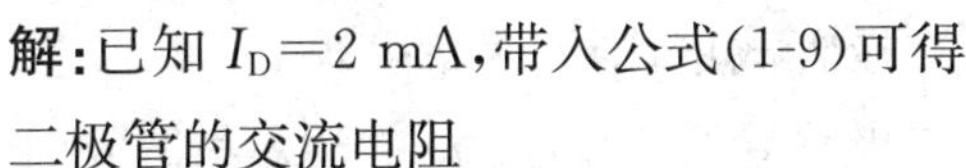

解：已知 $I_D=2$ mA，带入公式(1-9)可得

二极管的交流电阻

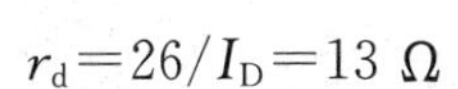

$$r_d=26/I_D=13\ \Omega$$

由公式(1-8)可得二极管的直流电阻

$$R_D=\frac{U_D}{I_D}=\frac{0.7\ \text{V}}{2\ \text{mA}}=0.35\ \text{k}\Omega=350\ \Omega$$

显然，二极管的 r_d、R_D这两个数值相差很大。

1.4.2　半导体二极管模型分析法应用举例

1. 整流电路

某二极管电路如图1-20(a)所示，已知输入电压 u_i 为正弦波信号，如图1-20(b)所示，试用二极管的理想模型定性地绘出输出 u_o的波形。

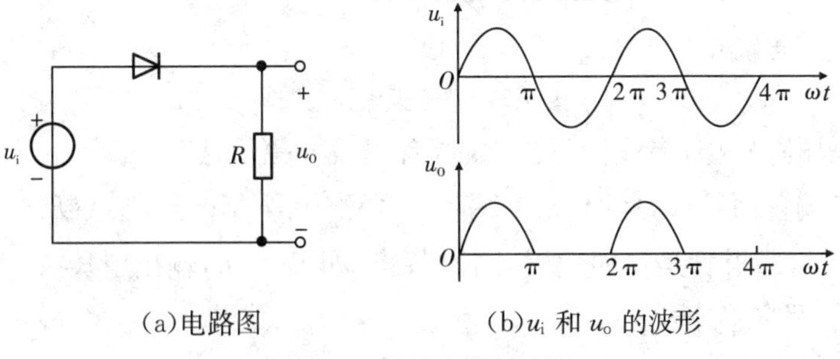

(a)电路图　　(b)u_i 和 u_o 的波形

图1-20　整流电路及波形

解：输入信号 u_i是正弦波信号，有正有负，根据二极管的理想模型，当 u_i为正半周时，二极管因正向偏置而导通，此时 $u_o=u_i$；当 u_i为负半周时，二极管因反向偏置而截止，此时 $u_o=0$，u_o的完整波形如图1-20(b)的下图所示。可以看出，输出的信号仅有正弦波的正半周信号，没有了小于零的信号，即 u_o 成了单向的脉冲信

号。该电路称为半波整流电路。

2. 限幅电路

设一限幅电路如图 1-21(a)所示,已知 $R=1\ \text{k}\Omega$,$U_{REF}=3$ V,二极管为硅管。试分别用理想模型和恒压降模型求解以下问题:①当 $u_i=0$ V、4 V、6 V 时的输出电压 u 的值;②当 $u_i=6\sin\omega t$ (V)时,绘出相应的输出电压 u_o的波形。

解:①理想模型的等效电路如图 1-21(b)所示,分析结果如下:

当 $U=0$ V 时,二极管反向偏置,二极管截止,则 $u_O=u_i=0$ V。

当 $U=4$ V 时,二极管正向偏置,二极管导通,则 $u_O=u_{REF}=3$ V。

当 $U=6$ V 时,二极管正向偏置,二极管导通,则$=u_{REF}=6$ V。

恒压降模型的等效电路如图 1-21(c)所示,硅二极管的正向压降为 $u_D=0.7$ V,分析结果如下:

当 $U=0$ V 时,二极管反向偏置,二极管截止,则 $u_o=u_i=0$。

当 $U=4$ V 时,二极管正向偏置,二极管导通,则 $u_o=u_{REF}+U_D=3\ \text{V}+0.7\ \text{V}=3.7$ V。

当 $U=6$ V 时,二极管正向偏置,二极管导通,则 $u_o=u_{REF}+U_D=3.7$ V。

② $u_i=6\sin\omega\text{t}$ (V)的振幅是 6 V,根据二极管的理想模型,当 U_i为正半周时,有一段幅值满足 $U_I>U_{REF}$时,二极管因正向偏置而导通,此时 $U_O=U_{REF}=3$ V。而在 $U_I\leqslant U_{REF}$,以 0 及 U_i为负半周情况下,二极管因反向偏置而截止,即 $U_O=U_I$,输出电压 U_O的波形如图 1-21(c)所示。

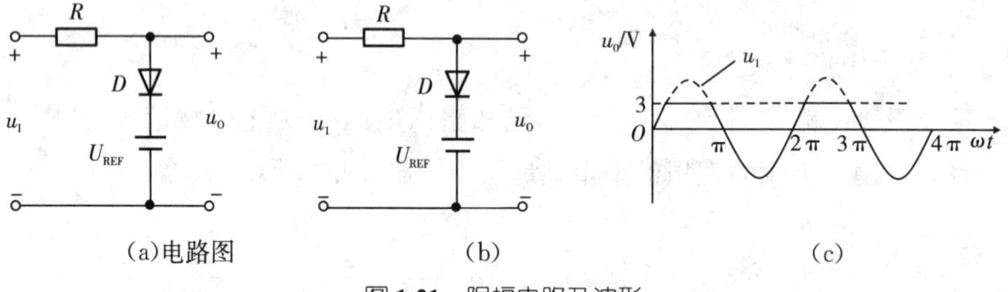

图 1-21　限幅电路及波形

对于恒压降模型,当 u_i为正半周时,有一段 u_i幅值达到 $u_I>(U_D+U_{REF})$时,二极管因正向偏置而导通,此时 $u_O=U_{REF}=3\ \text{V}+0.7$ V;当 $u_I\leqslant(U_D+U_{REF})$、以及 u_i为负半周时,二极管是反向偏置,因而截止,即 $u_O=u_I$,输出电压 u。

3. 小信号工作情况分析

某二极管电路如图 1-22(a)所示,已知 $E_D=5$ V,$R=5\ \text{k}\Omega$,恒压降模型的 $U_D=0.7$ V,$u_S=0.1\sin\omega t$(V)。求输出电压 U_O的交流量和总量,绘出 U_O的波形。

解:根据叠加原理,可以将直流电压源 E_D和交流信号 u_S分开考虑。

①静态工作状态,在小信号工作情况下,由于二极管的微变电阻与工作点有关,所以应先分析电路的静态工作情况,为此,首先要画出在直流电压源 E_D作用

下的等效电路，如图1-22(b)所示，由于图中只有直流分量，所以又称“直流通路”，它反映了电路的静态工作情况。由图可知，二极管导通，电路的静态工作点为：

$U_D=0.7$ V。

$I_D=(E_D-U_D)/R=(5\ \text{V}-0.7\ \text{V})/5\ \text{k}\Omega=0.86\ \text{mA}$

输出电压的直流分量为：

$U_O=I_D/\text{R}=0.86\ \text{mA}\times 5\ \text{k}\Omega=4.3\ \text{V}$(或$U_O=U_{DD}-U_D=5\ \text{V}-0.7\ \text{V}=4.3\ \text{V}$)

②微变电阻，$r_D=U_T/I_D\approx 30\ \Omega=0.03\ \text{k}\Omega$。

③交流量u_O的值，因直流电压源U_{DD}对于交流是短路的，而二极管又始终是导通的，所以图1-22(a)的交流等效电路如图1-22(c)所示，由于图中只有交流量，所以又称“交流通路”，它反映了电路的动态工作情况。由图可知，

$$u_O=\frac{R}{R+r_d}\cdot u_S=\frac{5\ \text{k}\Omega}{5\ \text{k}\Omega+0.03\ \text{k}\Omega}\times 0.1\sin\omega t\approx 0.0994\sin\omega t(\text{V})$$

④总量U_O的值，

$U_O=U_O+u_O=4.3+0.0994\sin\omega t(\text{V})$

⑤由$U_O=4.3+0.0994\sin\omega t(\text{V})$，绘出的波形如图1-22(d)所示。

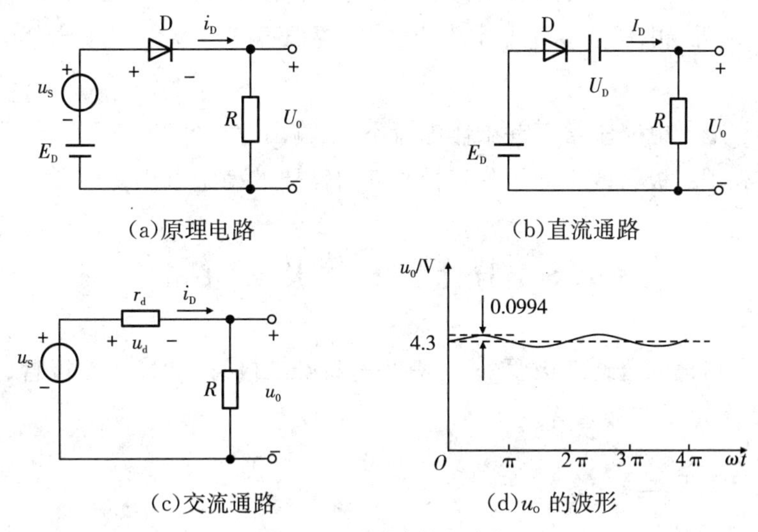

图1-22　限幅电路及波形

由于二极管的微变电阻r_d与直流工作状态有关，因而应先求得静态工作点Q，然后再求微变电阻r_d。利用小信号模型分析二极管电路时，一般分为静态和动态两种情况，有时还需要画出电路的直流通路和交流通路来帮助求解。

4. 低电压稳压电路

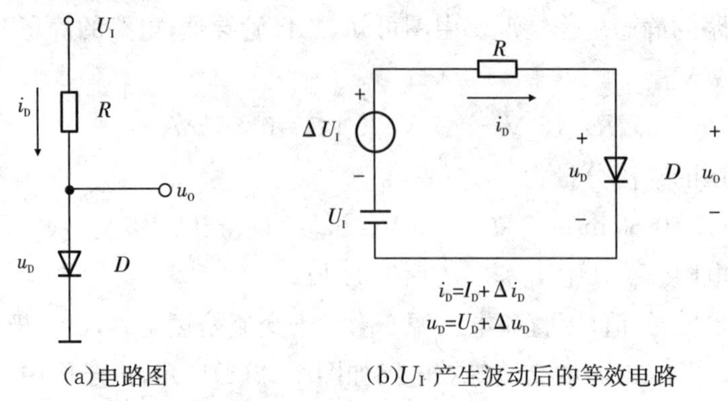

(a)电路图　　　　　　　　(b)U_I 产生波动后的等效电路

图 1-23　整流电路及波形

如图 1-23(a)所示,若图中的二极管是硅材料,u_D大约 0.7 V。当U_I变为时,二极管两端的电压也将发生变化。根据二极管的微变等效电路可以得到:二极管在 1 mA 时的导通电阻约为 $r_D=26\ \Omega$,若U_I变为 0.2 V,近似计算可得到在 u_D两端的变化电压仅为 0.008 V,如果U_I从 1.5 V 下降到 0.2 V,而 u_D两端的电压从 0.7 V 下降到 0.692 V,可以看出,u_D基本上是稳定在 0.7 V 电压上。由U_I电压变化引起的 u_D两端电压的变化非常小,在精度要求不高的场合,可以认为 u_D是基本保持稳定的。

在一些电子电路中常需要工作电流不大、输出电压低、要求不高的稳定电压,此时可以利用二极管的正向压降特性来获得需要的稳定电压。

1.5　特殊二极管及其应用

除前面讨论的普通二极管外,还有一些特殊二极管,如稳压二极管、变容二极管、光电管和热敏二极管等。

1.5.1　稳压二极管

稳压二极管是利用 PN 结的反向击穿特性制成的。稳压二极管符号、伏安特性曲线的反向区、符号和典型应用电路如图 1-24 所示。稳压管的稳定电压 U_Z是在规定的稳压管反向工作电流 I_Z下,所对应的反向工作电压。

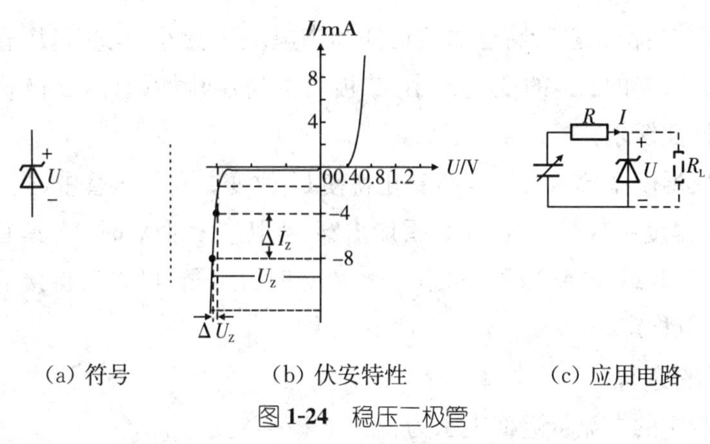

(a) 符号　　(b) 伏安特性　　(c) 应用电路

图 **1-24**　稳压二极管

通常稳压二极管在工作时应串入一只电阻，并反向连接，如图1-24(c)所示。当输入电压U_I或负载电流I_L变化时，通过所串联的电阻产生的电压降和稳压管中的电流调节作用，使输出电压稳定，达到稳压的目的。设稳压二极管的特性即二极管的工作点Q如图1-24(b)所示，其稳压过程和电路参数估算方法简述如下。

1. 稳压过程

当输入电压U_I增大或负载电流I_L减小时，流过稳压二极管中的电流将增大，由于稳压管工作在击穿区，电流增大产生的电压变化量ΔU_Z并不大。另一方面，U_I增大或负载电流I_L减小会使串联电阻中的电流增加，在电阻上的压降将增大，这样又会限制二极管中的电流不能继续增大，使得输出电压稳定；当输入电压U_I减小或负载电流I_L增大时，流过稳压二极管中的电流将减小，由于稳压管工作在击穿区，电流减小产生的电压变化量ΔU_Z并不大。另一方面，U_I减小或负载电流I_L增大会使串联电阻中的电流减小，在电阻上的压降将减小，这样又会限制二极管中电流的减小，使得输出电压稳定。

2. 稳压管的选择

选择稳压管时，通常首先要考虑它的最大耗散功率P_{ZM}、最大稳定电流I_{Zmax}和最小稳定电流I_{Zmin}；如果要求稳压特性好，还要考虑动态电阻r_Z以及稳定电压温度系数α_{U_Z}。

最大耗散功率P_{ZM}、最大稳定电流I_{Zmax}和最小稳定电流I_{Zmin}：稳压的最大功率损耗取决于PN结的面积和散热等条件。反向工作时，PN结的功率损耗为$P_Z=U_Z I_Z$，稳压管的最大稳定工作电流取决于最大耗散功率，即P_{ZM}和U_Z可以决定I_{Zmax}($P_{ZM}=U_Z I_{Zmax}$)，而I_{zmin}对应U_{Zmin}，若$I_Z<I_{Zmin}$，则不能稳压，稳压二极管工作电流范围应当始终处于I_{Zmin}和I_{Zmax}之间：$I_{Zmin}<I_Z<I_{Zmax}$，它的范围应当大于负载电流的变化范围，即：$I_{Zmax}-I_{Zmin}>I_{L\,max}-I_{L\,min}$，实际选取稳压管的参数都留有足够的余量。

动态电阻 r_Z:由二极管特性曲线可知动态电阻 r_Z愈小,反映稳压管的击穿特性愈陡,由ΔI_Z引起的ΔU_Z的变化越小,二极管的稳压特性越好,二极管动态电阻可以通过特性曲线求得:$r_Z=\Delta U_Z/\Delta I_Z$。

稳定电压温度系数 α_{U_Z}:温度的变化将使U_Z改变。在稳压管中,当$|U_Z|>7$ V时,U_Z具有正温度系数,反向击穿是雪崩击穿;当$|U_Z|<4$ V时,U_Z具有负温度系数,反向击穿是齐纳击穿;当 4 V$<|U_Z|<$7 V 时,稳压管可以获得接近零的温度系数,性能比较稳定。

3. 电阻的选择

串联电阻中的电流可近似表示为:

$$I_Z=\frac{U_I-U_Z}{R}-I_L \tag{1-11}$$

或者说,对于稳压管而言,应当满足:

$$\begin{cases} I_Z<I_{Zmax}=\dfrac{U_{Imax}-U_Z}{R}-I_{Lmin} \\ I_Z>I_{Zmin}=\dfrac{U_{Imin}-U_Z}{R}-I_{Lmax} \end{cases} \tag{1-12}$$

当此时输入的电压达到最大U_{Imax},而负载电流又最小时,电阻R具有限流作用,见公式(1-12)上面一式,即最多使 D 中的电流 I_{Zmax}达到最大;如果输入电压最低、负载电流又达到最大,电源通过R应能提供足够的电流,见公式(1-12)下面一式,即最多使 D 中的电流 I_{Zmin}达到最小。可用下面不等式表示

$$\frac{U_{Imax}-U_Z}{I_{Zmax}+I_{Lmin}}<R<\frac{U_{Imin}-U_Z}{I_{Zmin}+I_{Lmax}} \tag{1-13}$$

即在一定的供电电压U_I和稳定电压U_Z条件下,合理选定稳压二极管之后,即可以根据公式(1-13)求出电路参数范围来选择限流电阻R的值。

在稳定电压U_Z和负载电流 I_L的范围确定之后,输入电压U_I、稳压管的电流及功耗、限流电阻R需要相互配合选择,要根据实际情况进行调整,通常需反复多次才行。

1.5.2 光电二极管

1. 光敏二极管(光电二极管)

光敏二极管的结构与 PN 结二极管类似,但在它的 PN 结处,通过管子的玻璃窗口能够接受到外部的光照。这种器件的 PN 结在反向偏置状态下运行,利用它的反向电流随光照强度的增加而上升,根据这种特性,可制成光电二极管。图 1-25(a)是光电二极管的符号,图(b)为它的电路模型,图(c)是它的特性曲线,可直接用于测量光照强度。另外,它和发光管一起广泛用于信号的传输,如电视机的

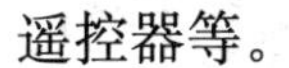

遥控器等。

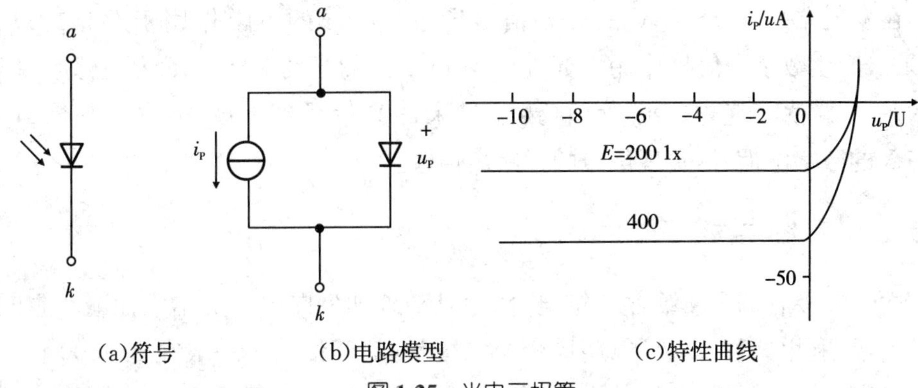

(a)符号　　(b)电路模型　　(c)特性曲线

图 **1-25**　光电二极管

2. 发光二极管

发光二极管通常用砷化镓、磷化镓等制成，这种材料在电压作用下，电子与空穴直接复合放出能量光，由于材料和工艺不同，可以发出不同波长的光，在视觉上反映出不同的颜色。它可作为显示器件，如数码显示、LED 电子屏等，发光二极管的主要特性如表 1-1 所示。

表 **1-1**　发光二极管的主要特性

颜色	波长/nm	基本材料	正向电压(10 mA 时)/V	光强(10 mA 时，张角)/mcd *	光功率/uW
红外	900	砷化镓	1.3～1.5		100～500
红	655	磷砷化镓	1.6～1.8	0.4～1	1～2
鲜红	635	磷砷化镓	2.0～2.2	2～4	5～10
黄	583	磷砷化镓	2.0～2.2	1～3	3～8
绿	565	磷化镓	2.2～2.4	0.5～3	1.5～8
蓝	460	氮化镓	(>15 mA)3.5 V		
白		氮化镓、莹光物	(>15 mA)3.5 V		

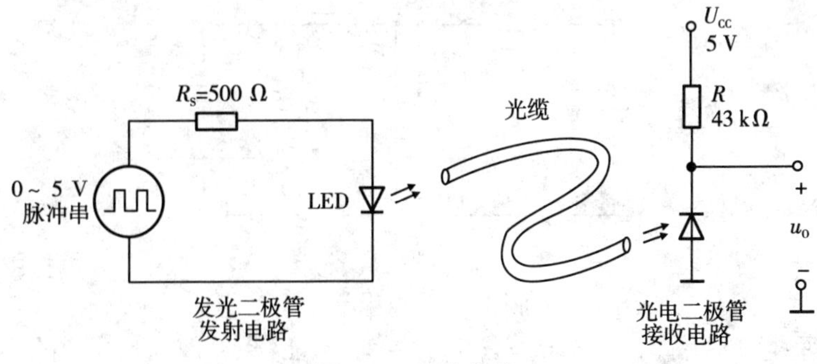

图 **1-26**　光电传输

还可以利用发光管和光电管一起来传输电信号，就是通过发光管把电信号转换成光信号，通过光缆进行较远距离的传输，然后通过光电管接收，再把光信号转换为电信号。图1-26所示以发光二极管发射电路通过光缆驱动一光电二极管电路。在发射端一个0～5 V的脉冲信号通过500 Ω的电阻作用于发光二极管(LED)，产生数字光信号作用于光缆。LED发出的光约20%耦合到光缆。在光缆的另一端就有光电二极管，将传输过来的光信号的80%接收过来恢复为0～5 V的数字电信号，实现信号的远距离传输。

1.5.3 变容二极管

由于二极管的PN结存在结电容，而且随外加反向电压的增大而减小，如图1-27所示，利用这种效应可以制成变容二极管，其容量大小一般在5～300 pF不等。变容二极管的变容比(电容的最大值与最小值之比)可达20以上，被广泛应用于高频技术中。如电视机电子调谐器就是通过调整直流电压来改变二极管的结电容，从而改变谐振频率，实现频道选择。

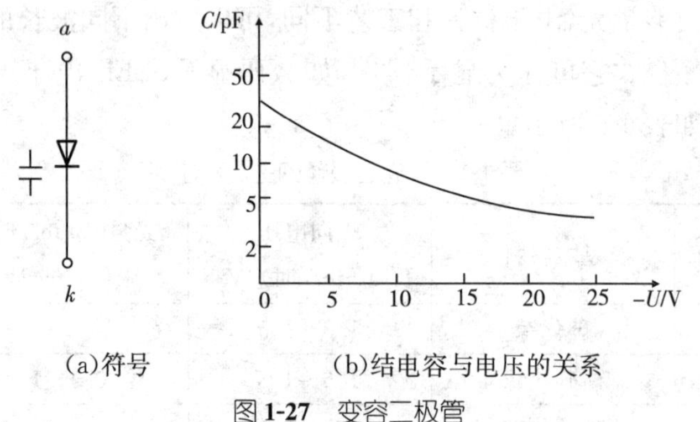

(a)符号　　(b)结电容与电压的关系

图1-27　变容二极管

例1-5　如图例1-5所示是一个用于某汽车收音机的稳压电路，收音机所需要的稳定电压为9 V，最小电流10 mA，最大功率为0.5 W，汽车上提供的电压在12～13.6 V之间波动，要求选择合适的稳压管(I_{Zmin}、I_{Zmax}、U_Z、P_{ZM})和合适的限流电阻(阻值、额定功率)。

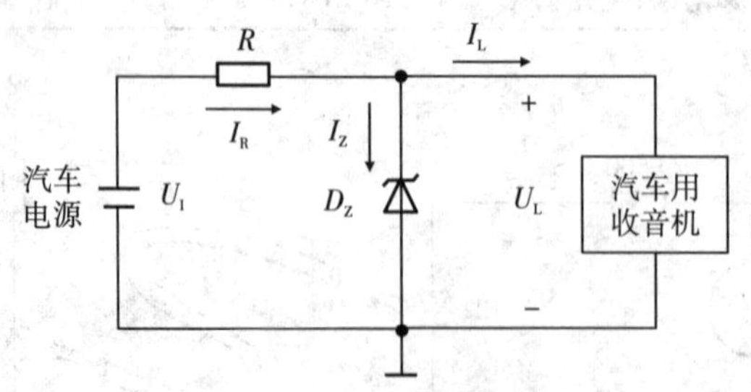

图例1-5　并联稳压电路

解：已知$U_{I(max)}=13.6$ V，$U_{I(min)}=12$ V，$U_Z=9$ V，稳压管的I_{Zmin}、I_{Zmax}、U_Z、P_{ZM}。

负载电流最大值为：

$$I_{L(max)}=\frac{P_{L(max)}}{U_L}=\frac{0.5\ W}{9\ V}\approx 56\ mA$$

若取 $I_{Zmin}=10$ mA，则 $I_{Zmax}=I_{L(max)}+I_{Zmin}=66$ mA，可取 $I_{Zmax}=100$ mA

$P_{ZM}=I_{Zmax}\times U_Z=0.1\times 9=0.9$W，可取 $P_{ZM}=1$ W。

限流电阻 R

将 I_{Zmin}、I_{Zmax} 带入公式(1-13)得

$42\ \Omega<R<46\ \Omega$，所以取 $R=45\ \Omega$，

电阻功率：$P_R=(U_{I(max)}-U_Z)\times(I_{Zmax}+I_{Lmin})=0.5$ W，可取 $P_R=1$ W。

本章小结

1. PN 结是半导体二极管和组成其他半导体器件的基础，它是由 P 型半导体和 N 型半导体相结合而形成的。对纯净半导体(例如硅材料)，掺入三价元素(受主杂质)形成 P 型半导体，掺入五价元素(施主杂质)形成 N 型半导体。空穴参与导电是半导体不同于金属导电的重要特点。两种半导体表面充分接触时形成 PN 结。

2. 当 PN 结外加正向电压(正向偏置)时，耗尽区变窄，扩散大于漂移形成较大的正向电流；而当外加反向电压(反向偏置)时，耗尽区变宽，漂移大于扩散形成较小的反向电流，即半导体二极管的单向导电性，是二极管重要特性。

3. 半导体二极管的伏安特性表达式为 $i_D=i_s(e_{UD/UT}-1)$。常温下，$U_T\approx 26$ mV。

4. 二极管的主要参数有：最大整流电流 I_F、最高反向工作电压 U_{RM} 和反向击穿电压 U_{BR}、动态电阻 r_d，在高频电路中，还要注意它的结电容 C_d 等。

5. 二极管是非线性器件，可采用二极管的简化模型来分析设计二极管电路。在分析电路的静态或大信号情况时，可选用理想模型、恒压降模型、折线模型等；当信号很微小且有一静态偏置时，可采用小信号模型。

6. 齐纳二极管是一种特殊二极管，常利用它在反向击穿状态下的恒压特性，来构成简单的稳压电路，其限流电阻的选取，应使它工作在最大稳定工作电流 I_{ZMAX} 和最小稳定工作电流 I_{ZMIN} 之间。齐纳二极管的正向特性与普通二极管相似。

应用与讨论

1. 其他非线性二端器件，如变容二极管，肖特基二极管，光电、发光和激光二

极管等，在信号处理、存储和传输中都有广泛的应用。

2. 二极管的应用，根据二极管不同的特性，可以制成许多种类的二极管，它们分别具有不同的用途。如二极管的单向导电性、击穿特性、变容特性、光敏特性、发光特性、热敏特性等，可以列出它们的功能，表 1-2 还列举了一些型号。

表 1-2　二极管的特性及应用

	二极管功能	二极管举例	应用	型号
单向导电性	整流、检波	如整流二极管	AC/DC 变换，AM 接收机	1N4007、1N4148、2AP9
击穿特性	电路的稳压	稳压二极管	稳压电源	1N4728、1N4733、1N4737
变容特性	选频、调谐	变容二极管	电视机、收音机	S-135、1S-553T、1SV-101、AM-109、MV-209
光敏特性	光检测、电隔离	光电二极管、光电耦合器	路灯控制器	LXD/GB5-AIELB、SDM3528、2CU
发光特性	照明，显示文字、图像等	发光二极管（LED）	LED 显示屏、路灯、台灯等	2EF102、2EF302、BT201
热敏特性	温度检测	热敏二极管	恒温水槽、孵化器	MTS-102、JCWM22A、2CWM11A

习 题 1

1-1　在室温(300 K)情况下，若二极管的反向饱和电流为 1 nA，问它的正向电流为 0.5 mA 时应加多大的电压？

1-2　选择合适答案填入空内。

(1)在本征半导体中加入(　　)元素可形成 N 型半导体，加入(　　)元素可形成 P 型半导体。

A. 五价　　　　B. 四价　　　　C. 三价

(2)当温度升高时，二极管的反向饱和电流将(　)。

A. 增大　　　　B. 不变　　　　C. 减小

1-3　某二极管的 $U-I$ 曲线如图 1-14(b)所示，试用图解法求二极管的直流(静态)电阻 R_D 和交流(动态)电阻 r_d。

1-4　电路如图题 1-4 所示，电源 $u_I=2\sin\omega t$(V)，试分别使用二极管理想模型和恒压降模型($U_D=0.7$ V)分析，绘出负载 R_L 两端的电压波形，并标出幅值。

1-5　电路如图题 1-5 所示，电源 U_S 为正弦波电压，试绘出负载 R_L 两端的电压波形，设二极管是理想的。

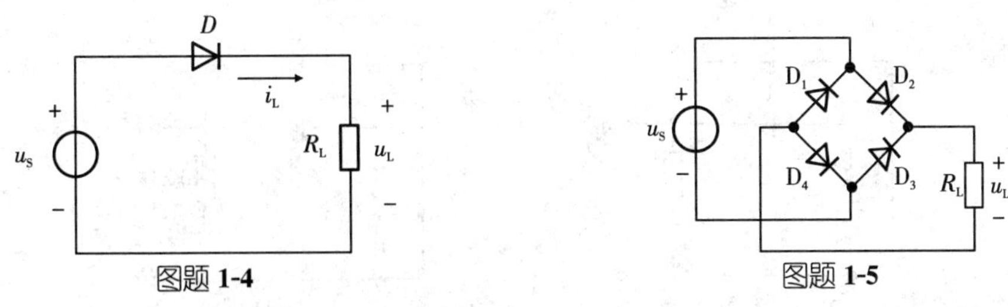

图题 **1-4**　　图题 **1-5**

1-6　二极管电路如图题 1-6(a)所示，设输入电压：$u_I(t)$波形如图(b)所示，在 $0 < t < 5$ ms 的时间间隔内，试绘出 $u_o(t)$的波形，设二极管是理想的。

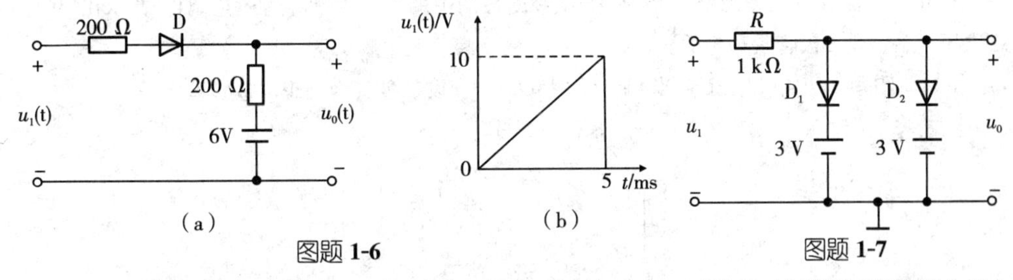

图题 **1-6**　　图题 **1-7**

1-7　电路如图题 1-7 所示，D_1、D_2为硅二极管，当 $u_i = 6\sin\omega t$(V)时，试用恒压降模型分析电路，绘出输出电压 u_o的波形。

1-8　电路如图题 1-8 所示，D 为硅二极管，$U_{DD} = 2$ V，$R = 1$ kΩ，正弦信号 $u_s = 50\sin(2\pi \times 50\,t)$mV。(1) 静态(即 $u_s = 0$) 时，求二极中管的静态电流和 u_o的静态电压；(2)动态时，求二极管中的交流电流振幅和 u_o的交流电压振幅；(3)求输出电压 u_o的总量。

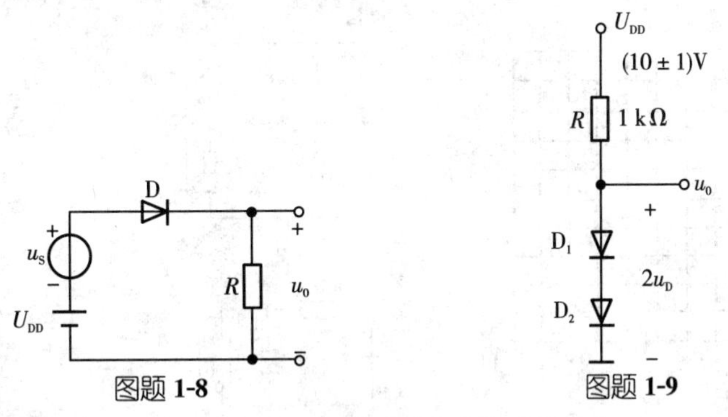

图题 **1-8**　　图题 **1-9**

1-9　电路如图题 1-9，(1)利用硅二极管恒压降模型求电路的 I_D和 $u_o = U_o = ?$ ($U_D = 0.7$ V)；(2)在室温(300 K)情况下，利用二极管的小信号模型求 u_o的变化范围。(3)输出端外接一负载 $R_L = 1$ kΩ 时，问输出电压的变化范围是多少？

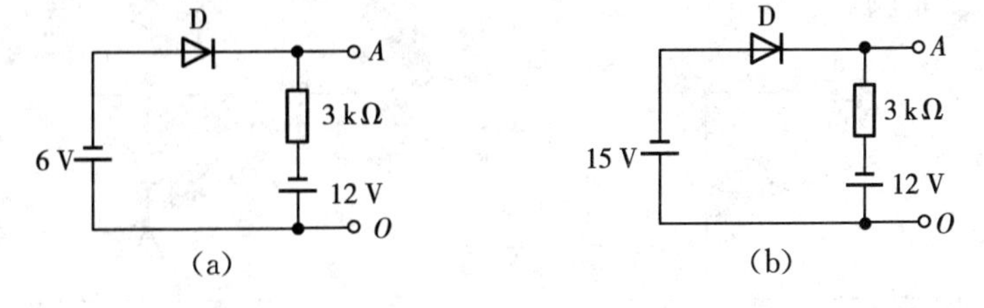

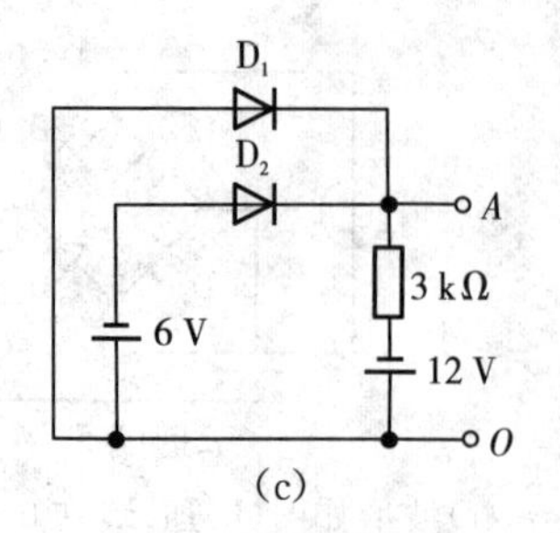

(c)

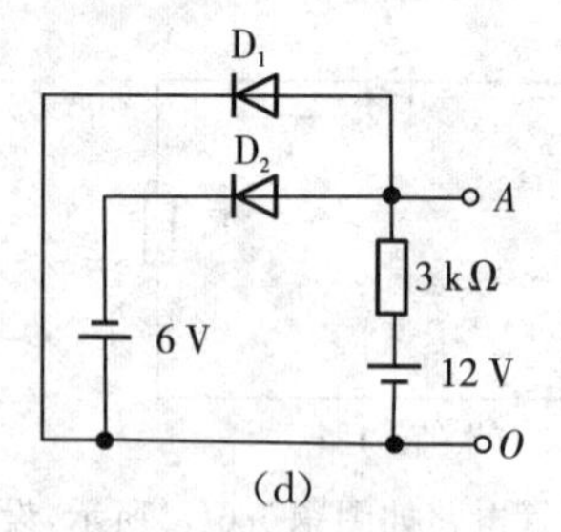

(d)

图题 **1-10**

1-10 二极管电路如图题 1-10 所示，试判断各图中的二极管是导通还是截止，并求出 AO 两端电压 V_{AO}。设二极管是理想的。

1-11 图题 1-11 中 $U_1>U_2$，当 $U_i>U_1$ 时，$U_o=$？（设二极管为理想二极管）。

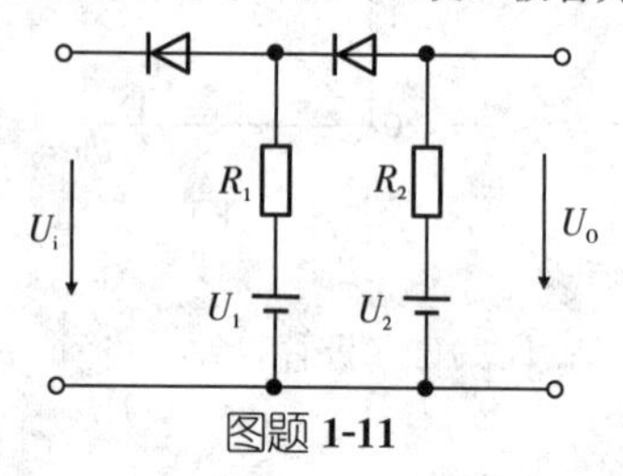

图题 **1-11**

1-12 某二极管特性曲线如题图 1-12(a)所示，试求图(b)～图(g)所示各电路的 U_o。

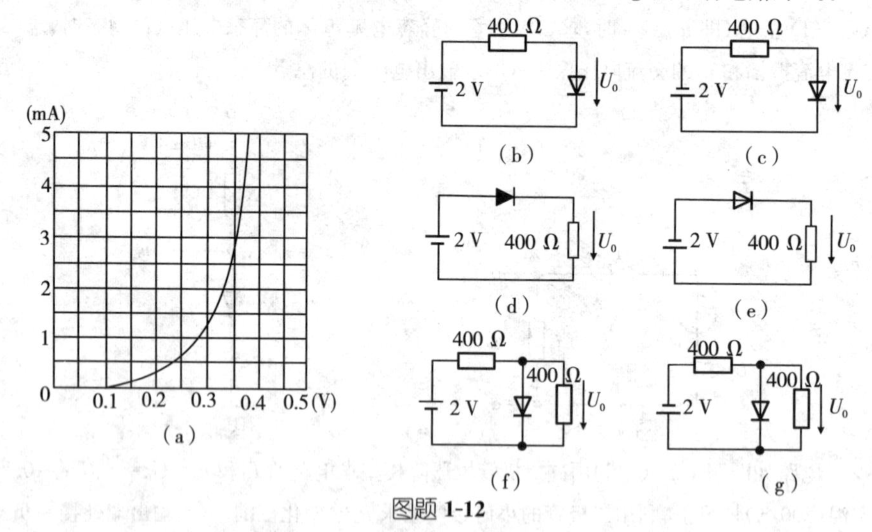

图题 **1-12**

1-13 电路如图题 1-13 所示，所有稳压管均为硅管，且稳定电压 $Vz=8$ V，设 $u_i=15\sin\omega t$ V，试绘出 u_{o1} 和 u_{o2} 的波形。

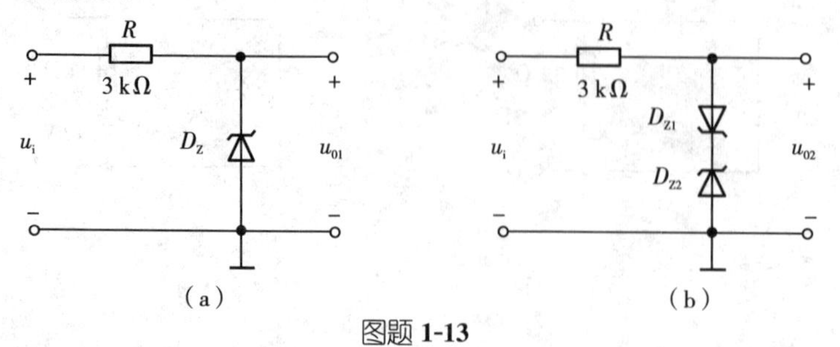

图题 **1-13**

1-14　稳压电路如图题 1-14 所示。(1)试近似写出稳压管的耗散功率 P_Z 的表达式，并说明输入 u_I 和负载 R_L 在何种情况下，P_Z 达到最大值或最小值；(2)写出负载吸收的功率表达式和限流电阻 R 消耗的功率表达式。

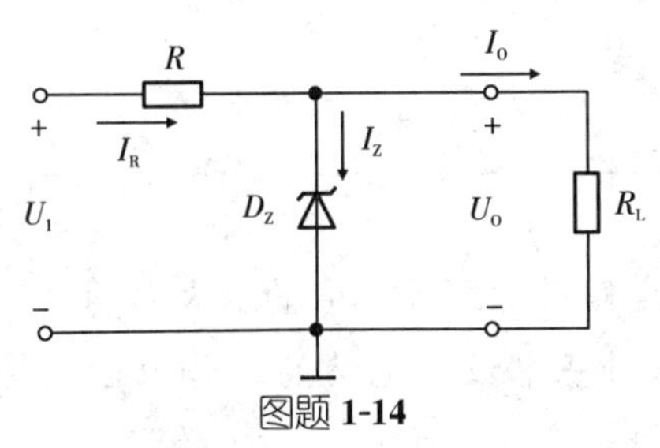

图题 **1-14**

1-15　稳压电路如图题 1-14 所示。若 $u_I=10$ V，$R=100\ \Omega$，稳压管的 $u_z=5$ V，$I_{Z(min)}=5$ mA，$I_{Z(max)}=50$ mA，问：(1)负载 R_L 的变化范围是多少？(2)稳压电路的最大输出功率 P_{OM} 是多少？(3)稳压管的最大耗散功率 P_Z 和限流电阻 R 上的最大耗散功率 P_{RM} 是多少？

1-16　试判断图题 1-16 中二极管是导通还是截止，为什么？

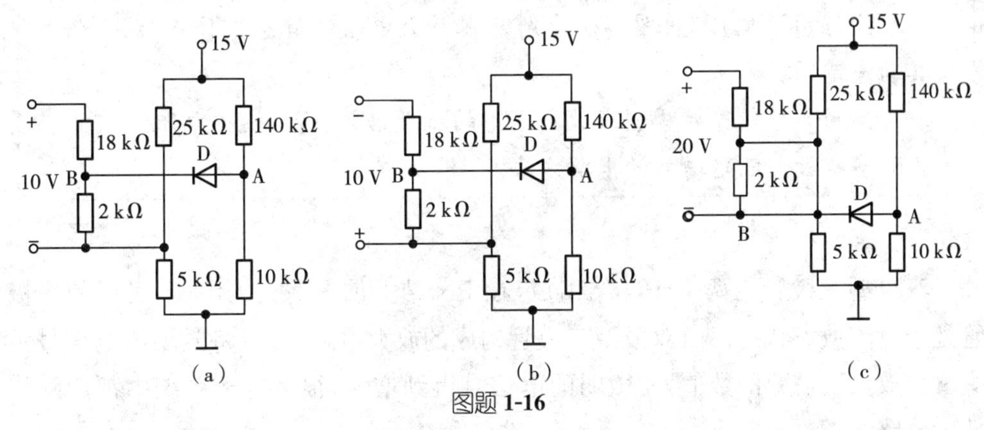

图题 **1-16**

1-17　用热敏电阻设计一个能够控制水槽温度为 60 ℃的加热装置。设计要求：当输入给加热器的控制电压 V_x 高于 2 V 时，这个加热器可以对水加热，当输入控制电压小于 2 V 时，加热器停止加热。设计电路如图题 1-17 所示，图中 R_t 为热敏电阻，经测量当水槽温度为 60 ℃时，热敏电阻的阻值为 1 kΩ，试计算串联在热敏电阻上的固定电阻 R 值是多少？

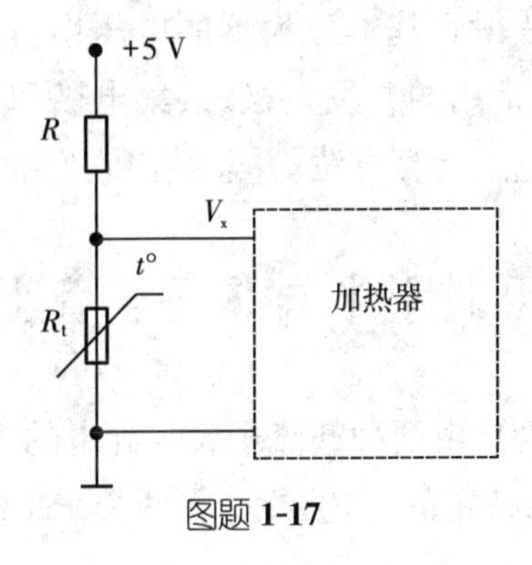

图题 **1-17**

双极型三极管及其放大电路

学习要求

1. 掌握组成放大电路的原则晶体管的放大作用、三个工作区域及工作在放大区的条件；熟悉三种基本放大电路的工作原理及特点，能够根据需求选择电路的类型。

2. 掌握放大电路静态工作点，直流通路，交流通路，直流负载线，交流负载线，饱和失真、截止失真、最大不失真输出电压，图解法，微变等效电路法等概念。

3. 能够用近似计算、图解法求解基本放大电路的静态工作点、放大倍数及其动态范围。

4. 使用 h 参数等效模型求放大电路的放大倍数、输入输出电阻。

5. 多级放大电路增益的求解方法。

双极型三极管由两个 PN 结组成，在 PN 结上加上适当的电压，可以使三极管处于电流放大状态。由双极型三极管构成的放大电路，可以将微弱的电信号不失真地放大到需要的数值，使微弱的电信号得到增强，很多电子系统中都用到该放大电路。

本章将介绍双极型三极管的结构、工作原理、伏安特性曲线和主要参数；以共发射极基本放大电路为例，介绍放大电路的直流偏置方法和图解法、小信号模型的分析法。采用近似法或图解法得到基本放大电路静态工作点，采用近似法、图解法或微变等效电路方法得到基本放大器的电压增益 A、输入电阻 R_i 和输出电阻 R_o 等性能指标。讨论常用的共发射极、共集电极和共基极三种基本放大电路的增益、输入电阻、输出电阻计算方法，并总结出它们的性能特点。

2.1 双极型半导体三极管工作原理

双极型半导体三极管是由两种载流子参与导电的半导体器件，即 P 型半导体和 N 型半导体，它是按照特定的工艺要求，将两个 PN 结组合而成。

2.1.1　双极型半导体三极管的结构

双极型半导体三极管的结构示意图如图 2-1(a)所示。它有两种类型:NPN 型和 PNP 型。中间部分称为“基区”,相连电极称为“基极”,用 B 或 b 表示(Base);一侧称为“发射区”,相连电极称为“发射极”,用 E 或 e 表示(Emitter);另一侧称为“集电区”和“集电极”,用 C 或 c 表示(Collector)。E—B 间的 PN 结称为“发射结”(Je),C—B 间的 PN 结称为“集电结”(Jc)。

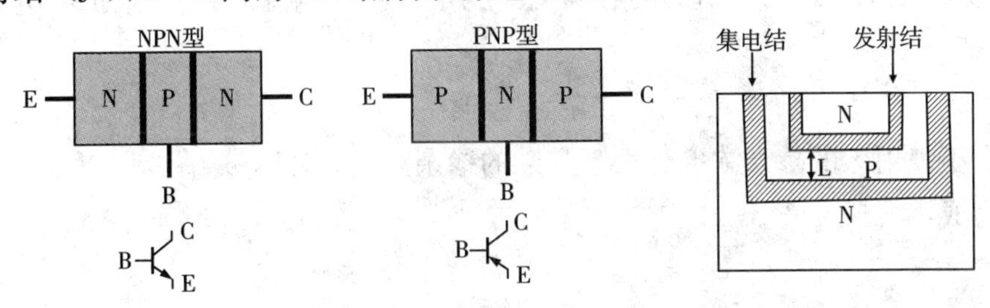

(a)两种类型的双极型三极管　　(b)三极管的硅平面工艺

图 2-1　双极型三极管的符合及工艺

双极型三极管的符号在图的下方给出,发射极的箭头代表发射极电流的实际方向。从外表上看两个 N 区(或两个 P 区)是对称的,实际制造时,容易实现:①基区很薄,参杂浓度低,其厚度一般在几个微米至几十个微米。②发射区的掺杂浓度大。③集电区掺杂浓度低,集电结面积大。图 2-1(b)所示是一种硅平面工艺制造的三极管,采用光刻工艺进行选择扩散,它的 PN 结是用扩散法形成的。

2.1.2　双极型半导体三极管的电流分配与控制

1. 偏置电压

两个偏置:双极型半导体三极管在工作时要加上适当的直流偏置电压:发射结加正向电压,集电结加反向电压。这是三级管处于放大状态必备的外部条件,即发射结正向偏置、集电结反向偏置。

现以 NPN 型三极管的放大状态为例,电源的连接应是:电源 E_B 的正极接三极管的基极,负极接三极管发射极;电源 E_c 的正极接集电极,负极接三极管基极,见图 2-2。

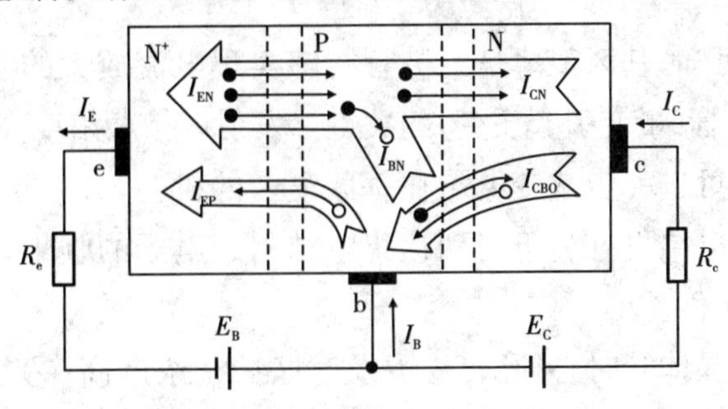

图 2-2　双极型三极管的电流传输关系

2. 三极管内部的物理过程

根据载流子运动过程分以下三个过程来说明。

(1)发射结载流子注入过程。

发射区是N型半导体,电子是多数载流子,参杂的浓度较大,在发射结加正向电压作用下,将有大量的电子向基区扩散,形成的电流为 I_{EN}(电子流),基区是 P 型半导体,参杂浓度较低,从基区向发射区也有空穴的扩散运动形成的电流 I_{EP}(空穴流),则 I_{EP}较小,发射结的总电流 I_E为电子扩散电流 I_{EN}和空穴扩散电流 I_{EP}之和,即:

$$I_E = I_{EN} + I_{EP} \tag{2-1}$$

由于发射区的掺杂浓度远大于基区的掺杂浓度,有 $I_{EN} \gg I_{EP}$。所以(2-1)式可近似写成:

$$I_E = I_{EN} \tag{2-2}$$

(2)基区载流子输运与复合过程。

由于基区的空穴浓度低,基区厚度很薄(一般在 $10^{-5} \sim 10^{-4}$ cm 数量级),从发射区运输到基区的载流子(电子)在基区停留的时间很短,使得进入基区的电子流被复合的机会很小,只有很少部分的电子与基区的空穴复合,形成复合电流 I_{BN},余下的绝大部分电子被移送到集电结附近。

(3)集电区的收集过程。

集结在集电结附近的电子,在集电结反偏电压的作用下,被集电极所收集,形成集电极电流 I_{CN},发射区的扩散电流 I_{EN}应当是集电区的集电极电流 I_{CN}和在基区的复合电流 I_{BN}之和,即 $I_{EN} = I_{CN} + I_{BN}$。另外,集电结反偏电压会使集电结区的少子形成漂移电流 I_{CBO},于是集电极总电流为:

$$I_C = I_{CN} + I_{CBO},\ (I_{EN} \gg I_{BN}, I_{CN} \gg I_{BN}) \tag{2-3}$$

基极电流应是 $I_B = I_{EP} + I_{BN} - I_{CBO}$,当 $I_{EN} \gg I_{EP}$时,有下式:

$$I_B = I_{BN} - I_{CBO} \tag{2-4}$$

所以有 $I_E = I_{EP} + I_{EN}$,即 $I_E = I_{EP} + I_{CN} + I_{BN}$,于是有下式:

$$I_E = I_{CN} + I_{BN} = I_C + I_B \tag{2-5}$$

由以上分析可知,基区很薄是三极管能够实现电流放大的主要因素,是两个PN结演变为三极管(量变引起质变)的关键。发射区掺杂浓度高有利于电子向基区发射;基区很薄可进一步减少电子在基区复合的机会,有利于扩散到集电结附近;而面积大的集电结更有利于对到达集电结附近电子的收集,这是提高三极管放大性能的必备条件。

因此,在制作晶体管时必须满足:①发射区掺杂浓度高;②基区很薄;③集电结面积大等工艺要求。如果仅仅是两个PN结对接,则“基区”反而很厚,且不能满足“发射区掺杂浓度高”、“集电结面积大”等条件，因此，这两个对接的 PN 结是不会有电流放大作用的。

3. 晶体三极管的三种连接方式

双极型三极管有三个电极，其中两个可以作为输入，两个可以作为输出，每种接法总有一个电极是公共电极，这样就有三种接法，即：①共发射极接法。发射极作为公共电极，简称共射极；②共集电极接法。集电极作为公共电极；③共基极接法。基极作为公共电极。见图 2-3 所示，通常又称为双极型晶体三极管的三种不同组态。不管采用哪种连接方式，都必须保证发射结正偏、集电结反偏，才能使晶体管有放大作用。

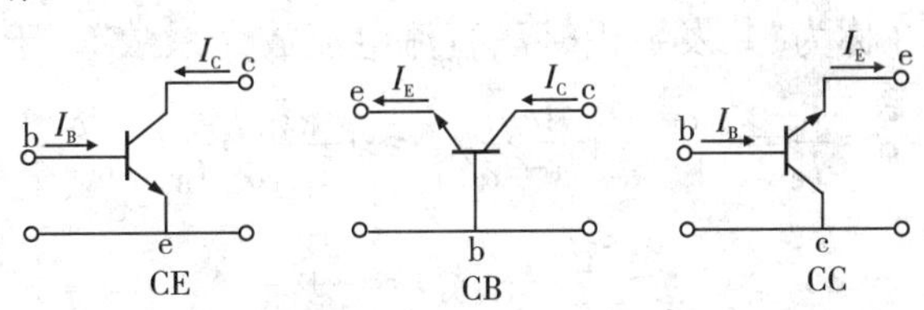

图 **2-3**　晶体三极管的三种连接方式

例 2-1　现测得放大电路中两只管子两个电极的电流如图例 2-1(a)、(b)所示。分别求另一电极的电流，标出其方向，并在圆圈中画出管子，且分别求出它们的电流放大系数 β。

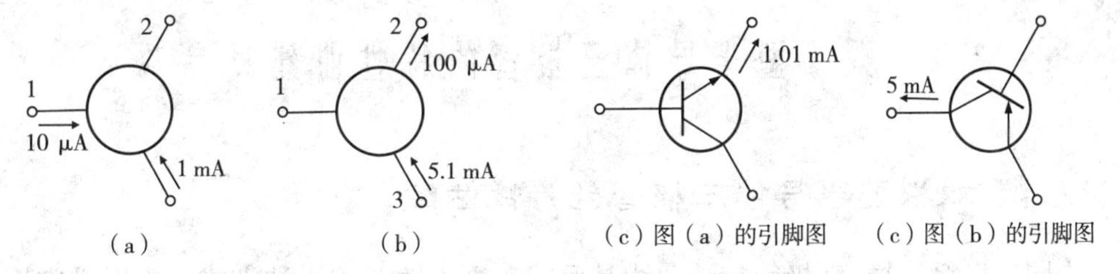

图例 **2-1**　知某两电极电流标出晶体管型号和引脚

解：由晶体管的电流分配关系可知，晶体管正常工作时，集电极电流 I_C 和基极电流 I_B 的流向是一致的，发射极电流 I_E 是基极电流和集电极电流之和，且基极电流远远小于发射极或集电极电流。由图例 2-1(a)可知，图中 1、3 脚电流同方向，即一个是基极，一个是集电极，又因 1 脚电流远小于 3 脚电流，所以 1 脚代表基极，3 较自然是集电极了。另一个 2 脚当然是发射极了，其电流是 $I_E=I_B+I_C$，由于基极电流向内，所以是 NPN 型晶体管；由图例 2-1(b)可知，2 和 3 脚电流方向相反，而且电流相差很大，一个是基极、一个是发射极，所以电流小的 2 脚是基极，电流大的 3 脚是发射极；另一个 1 脚则是集电极，其电流电流 $IC=IE-IB$。由于基极电流流向向外，则为 PNP 型晶体管。

由此画出的晶体管符号及电流放大倍数如图例 2-1(c)(d)所示。

它们的放大倍数分别为：$\beta_a=1\ \text{mA}/10\ \mu\text{A}=100$ 和 $\beta_b=5\ \text{mA}/100\ \mu\text{A}=50$。

4. 晶体管电流分配关系

由于晶体管在制作时存在固定的工艺，使得 I_{EN} 和 I_{CN} 存在一定比例关系，可以表示为：

$$\bar{\alpha}=I_{CN}/I_E \tag{2-6}$$

$\bar{\alpha}$ 称为“共基极电流放大系数”，表示最后达到集电极的电子电流 I_{CN} 与总发射极电流 I_E 的比值。由于 $I_{EN}\gg I_{BN}$，使得 I_{CN} 与 I_E 比较接近，所以 $\bar{\alpha}$ 的值接近 1 但小于 1。

由式(2-5)、(2-6)还可以得到：$I_C=\dfrac{\bar{\alpha}I_B}{1-\bar{\alpha}}+\dfrac{I_{CBO}}{1-\bar{\alpha}}$

令 $\bar{\beta}=I_C/I_B$，$\bar{\beta}$ 称为“共发射极接法直流电流放大系数”。于是：

$$\bar{\beta}=\frac{I_C}{I_B}=\left(\frac{\bar{\alpha}I_B}{1-\bar{\alpha}}+\frac{I_{CBO}}{1-\bar{\alpha}}\right)\frac{1}{I_B}\approx\left(\frac{\bar{\alpha}I_B}{1-\bar{\alpha}}\right)\frac{1}{I_B}=\frac{\bar{\alpha}}{1-\bar{\alpha}} \tag{2-7}$$

即：

$$\bar{\beta}=\frac{1-\bar{\alpha}}{},\text{或 }\bar{\alpha}=\frac{\bar{\beta}}{1+\bar{\beta}}$$

通常情况下 $\bar{\alpha}\approx1$， 所以有 $\bar{\beta}\gg1$

$$I_C=\bar{\beta}I_B+(1+\bar{\beta})I_{CBO}\approx\bar{\beta}I_B \tag{2-8}$$

或

$$I_C\approx\bar{\alpha}I_E \tag{2-9}$$

2.2 双极型半导体三极管的特性曲线及参数

2.2.1 双极型半导体三极管的特性曲线

同二极管一样，三极管特性曲线是反映三极管性能的一种方式。现以最常用的共发射极组态为例，来了解共发射极电路的输入输出特性曲线，图 2-4 是测量共发射极特性曲线的电路，这里，三极管的 B 表示输入电极，C 表示输出电极，E 表示公共电极。把它看成是一个有输入和输出端口的双端口网络，输入端口的变量为 I_b、U_{be}，输出端口的变量则为 I_c、U_{ce}，总共用 4 个电流或电压参量用来描述端口的特性，它们的值可以分别由接入电路中的毫(微)安表和伏特表读出。R_b 是用来限制基极电流的。

当描述晶体管的输入特性 I_b、U_{be} 时，影响输入的输出参数 I_c、U_{ce} 为变参量，而描述晶体管的输出特性 I_c、U_{ce} 时，影响输出的输入参数 I_b、U_{be} 为变参量，因输入输出端口的变量之间存在关联性，即 $I_c=\beta I_b$，参量总数可以减少一个，即用来描述端口特性的参量总数由 4 个减少到 3 个，而当描述输入(或输出)的两个参量 I_b 与 U_{be}(或者 I_c 与 U_{ce})之间的关系时，要确定第三个参量为变参量，随着这个参变量的变化就会得到一簇曲线——输入特性曲线(或输出特性曲线)。

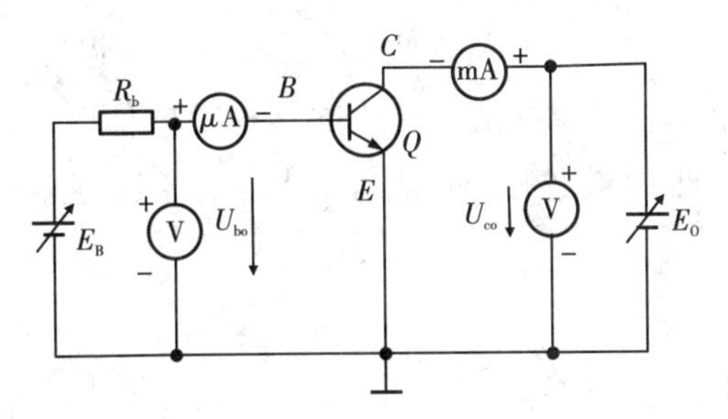

图 2-4　共发射极接法的电压—电流关系

1. 输入特性曲线

输入特性曲线类似于发射结的伏安特性曲线，反映 I_b与 U_{be}之间的函数关系，由于用来描述端口的特性是 3 个参量，当描述 I_b与 U_{be}之间的关系时，将 U_{ce}设为变参量，给定一个 U_{ce}的值，得到一条反映 I_b、U_{be}的关系曲线，这样每改变一个 U_{ce}的值，得到一条反映 I_b、U_{be}的关系曲线，这就形成一个反映晶体管输入特性的一簇曲线，该曲线的函数可表示为：

$$U_{be}=f_1(I_b)\big|_{U_{ce}}=\text{常数}$$

在测量时，先固定一个 U_{ce}值，即 U_{ce}值(即 E_c)为某一常数，每改变一次 E_b，测得 I_b和相应的 U_{be}值，即为 $U_{be}=f_1(I_b)$坐标上的一点，测得若干组数据后，便可在 $I_b \sim U_{be}$平面坐标系中绘出一条 $I_b \sim U_{be}$曲线。若改变 U_{ce}值(即改变 E_c)为另一个常数，按照同样方法，可再测一条 $I_b \sim U_{be}$曲线，于是在许多不同的 U_{ce}条件下，既可以得到以 U_{ce}为参变量的一簇特性曲线——输入特性曲线，如图 2-5 所示。

可以看出，在不同的 U_{ce}条件下，得到不同的 $I_b \sim U_{be}$曲线，说明 U_{ce}的变化会影响到输入特性曲线，随着 U_{ce}值从 0 开始增大，曲线将向右移动。现解释如下：

(1)当 $U_{ce}=0$ V 时，集电极和发射极短路，发射结和集电结都处于正向偏置状态，相当于两个二极管并联使用，如图 2-6 所示，所以 $U_{ce}=0$ 这条特性曲线相当于发射结和集电结并联，可看作为两个并联的 PN 结正向伏安特性。

(2)当 U_{ce}增大到 $U_{ce}=U_{be}$时，集电结偏置为 0，只有一个 PN 结工作，在同样的 U_{be}下，I_b变小，因此，输入特性曲线向右移一段距离。

(3)随着 U_{ce}增大 $U_{ce}>U_{be}$，曲线继续右移，这一现象被称为“基区调宽效应”。这是因为 U_{ce}增大时，集电结反向偏压增大，集电结变厚，基区有效宽度随之减小，使得发射区注入到基区的电子的复合机会减小，有利于基区的电子被集电区所收集。这样在同样 U_{be}之下基极电流便减小了，导致输入特性曲线右移。

这种输出电压变化对输入特性的影响，叫作“晶体管的内反馈”，晶体管的这种内反馈小，曲线右移幅度较小。一般情况下，$U_{ce} \geqslant 1$ V 以后，曲线右移距离很小，可近似使用$U_{ce}=1$ V的那条特性曲线；另一方面，$U_{ce} \geqslant 1$ V 以后的曲线是不经过原点的，当 $U_{be}=0$ V(发射区不向基区注入电子)时，因 $U_{ce} \geqslant 1$ V，使集电结反向偏置，集电结存在反向饱和电流 I_{cbo}，使得 $I_b=-I_{cbo}$，即 I_b 不为零且而是小于零的，即 $U_{be}=0$ 时，$I_b\neq0$（只有当 $U_{be}>0$ V 达到一定的值时，才能使得 $I_b=0$）。通常情况下，由于 I_{cbo} 很小而被忽略，曲线近似认为是通过零点的。

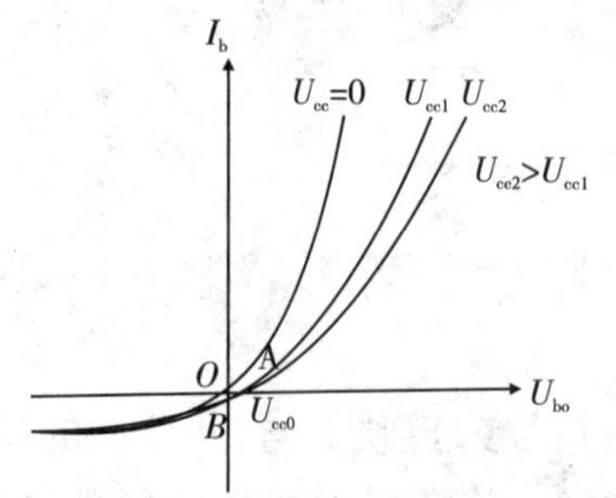

图 2-5　NPN 硅晶体三极管共发射极接法输入特性曲线

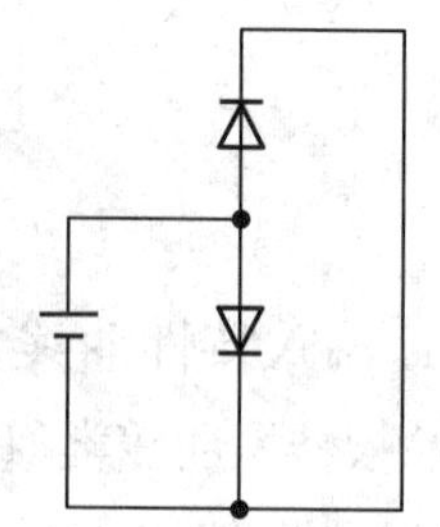

图 2-6　$U_{ce}=0$ V 时的等效电路

三极管的输入特性曲线和二极管的特性曲线相似，可分为死区、非线性区、线性区三个区域。

2. 输出特性曲线

输出特性曲线是用来反映 I_c 与 U_{ce} 之间关系的函数曲线，晶体管内部的受控电流源是 $I_c=\bar{\beta}I_b$（它是电流控制电流器件），根据输入特性曲线的描述方法，描述 I_c 与 U_{ce} 之间的关系时，可将 I_b 设为变参量，每改变一个 I_b 的值，就得到一条反映 I_c 和 U_{ce} 的关系曲线，形成一个反映晶体管输出特性的一簇曲线。该曲线的函数可表示为：

$$I_c=f_2(U_{ce})\big|_{I_b=\text{常数}}$$

在测量时，每改变一次 E_{ce}，调整 E_b 值，维持 I_b 为某一常数，测得 I_c 和相应的 U_{ce} 值，测得若干组数据后，便可在 $I_c\sim U_{ce}$ 平面坐标系中绘出一条 $I_c\sim U_{ce}$ 曲线。再改变 I_b 值（即调整 E_b）为另一个常数，再测一条 $I_c\sim U_{ce}$ 曲线，于是在许多不同的 I_b 条件下，即可以得到以 I_b 为参变量的一族特性曲线——输出特性曲线，如图 2-7 所示。可以看出，在不同的 I_b 条件下，得到不同的 $I_c\sim U_{ce}$ 曲线，说明 I_b 的变化会影响到输出特性曲线，随着 I_b 值从 0 开始增大，曲线将向上移动。根据输出特性曲线各部分的特点可分为三个区：

(1)饱和区。

$U_{be}>0$，发射结正向偏置，当 $U_{ce}=0$ 时，集电极和发射极短路，集电结正向偏置，则集电结和发射结得到同样大小的电压，存在一个从基极流向集电极的电流，方向是集电极流出晶体管（电流为负值）。就是说，特性曲线并不通过坐标原点，由于这个负值电流非常小，可近似认为：当 $U_{ce}=0$ 时，$I_c=0$，特性曲线经过坐标原点。

当 U_{ce} 从零值逐渐增高时，集电结仍处在正向偏置状态，集电结内电场被外电场削弱，开始出现正的集电极电流。随着 U_{ce} 大，集电结内电场被削弱的程度逐渐减小，基区内扩散到集电结边沿的电子漂移能力随 U_{ce} 增大而逐渐增强，所以 I_c 增大较快，曲线上升陡峭，如 OA 段，拐点 A 所对应的电压称为“饱和电压”，用符

号 U_{ces} 表示。曲线上 U_{ces} 以左的区域称为“饱和区”(或“电阻区”)，一般硅管 $U_{ces}<0.7$ V。如图 2-7 所示的Ⅰ区。

(2)放大区。

$U_{be}>0$，发射结正向偏置，当 U_{ce} 增大到一定程度，$U_{ce}>U_{be}>0$ 时，集电结已开始反向偏置，使扩散到集电结边缘的电子，几乎全部漂移到集电极形成较大的 I_c，若继续增大 U_{ce} 时，基区已经没有更多的电子扩散到集电结边缘，此时 I_c 大小不再随 U_{ce} 变化，如曲线的 AB 段，这一段曲线满足式(2-8)所表示的电流传输方程 $I_c\approx\bar{\beta}I_b$。集电极电流 I_c 为基极电流 I_b 所控制，并存在 $\bar{\beta}$ 倍的关系，晶体管具有放大作用，所以称为“放大区”，如图 2-7 所示的Ⅱ区。

值得注意的是 AB 段并非完全水平，而略有斜升，这即是基区调变效应影响的结果。随着 U_{ce} 增大，集电结变宽，基区有效宽度减小，一方面减小扩散到基区电子的复合机会；另一方面使得基区电子浓度梯度增大，提高了电子向集电结附近移动的速度，使集电极电流增大。反映在输出特性曲线上就是随着 U_{ce} 的增大 I_c 也略有增加。

(3)截止区。

当基极和发射极加反向偏置，或者它们之间短路时，$U_{be}\leqslant 0$，则 $I_b=-I_{cbo}$，集电极电流 $I_c=I_{cbo}$，发射极电流 $I_e=0$，这种情况叫作“截止”。所以 $I_b=-I_{cbo}$ 那根曲线以下的区域称为截止区，即图 2-7 所示的 III 区，此时晶体管失去放大作用。

由于硅管反向饱和电流很小，一般可认为截止区的边缘与横轴重合。各种不同型号的晶体三极管其输入、输出特性曲线可以从半导体器件手册中查知。但是由于晶体管成批生产，其同一型号的晶体管特性也不完全相同，相互差别较大。在精确计算时，需要测量各晶体管的特性。

曲线中的电压、电流的正负号通常是这样规定的：即流进三极管的电流为正，流出三极管的电流为负；U_{be} 表示基极 b 对发射极 e 高出的电压，U_{ce} 或 U_{be} 表示 c 点或 b 点电压比 e 点高出的电压。对 NPN 型来说，I_c、I_b 均为正，各点电压都是正值，电源(E_c、E_B)的负端接公共端，对 PNP 型来说，I_c、I_b 均为负，电源正端接公共端，相对而言各点电压都是负值，如 $-U_{ce}$ 表示集电极电压比发射极电压低。

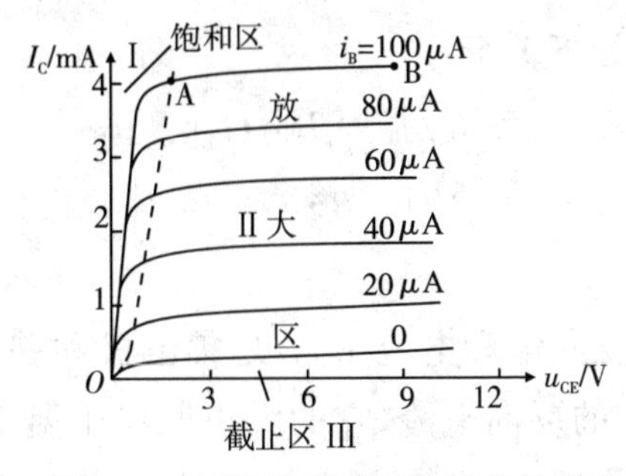

图 2-7　共发射极接法输出特性曲线

2.2.2 晶体三极管的参数

晶体三极管的参数可用来表征晶体管性能和适用范围，是合理选择和正确使用晶体管的依据，晶体三极管分为直流参数、交流参数和极限参数三大类。

1. 直流参数

(1) 直流电流放大系数。

①共发射极直流电流放大系数 $\bar{\beta}$。

$$\bar{\beta}=\frac{I_C-I_{CBO}}{I_B}\approx\frac{I_C}{I_B}\bigg|_{u_{CE}=\text{常数}}$$

$\bar{\beta}$在放大区基本不变。在共发射极输出特性曲线上，通过垂直于 X 轴的直线(u_{CE}＝常数)来求取 I_C/I_B，如图 2-8(a)所示。在 I_C较小时和 I_C较大时，$\bar{\beta}$ 会有所减小，Ic 与 $\bar{\beta}$ 的关系见图 2-8(c)所示。

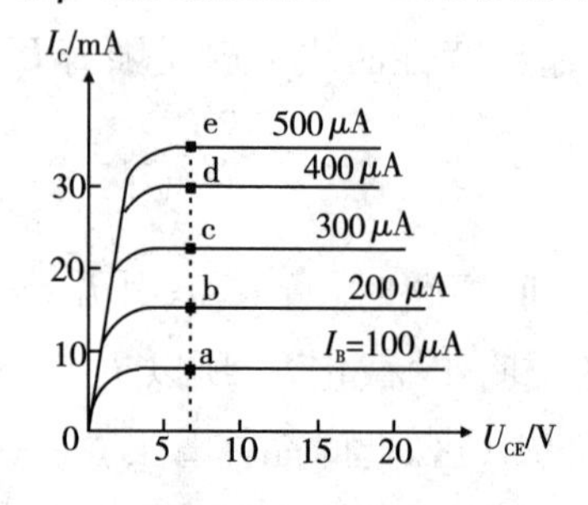

(a)在输出特性曲线上确定集电极电压

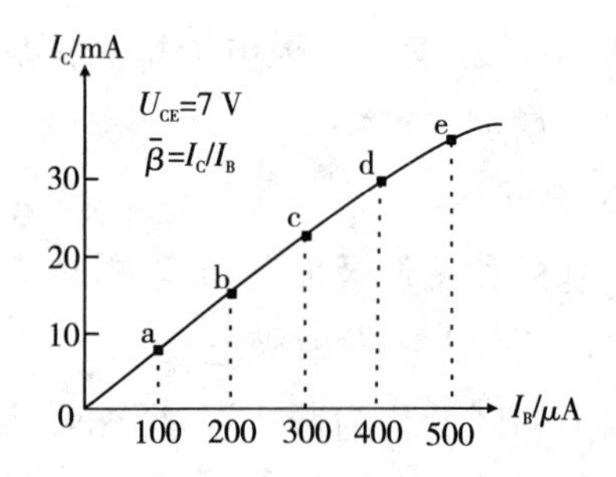

(b) I_b与 I_c的关系曲线

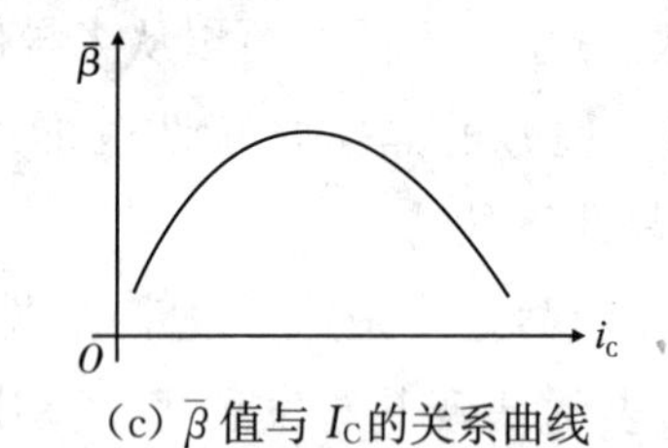

(c) $\bar{\beta}$ 值与 I_C的关系曲线

图 2-8 在输出特性曲线上决定 $\boldsymbol{\beta}$

②共基极直流电流放大系数 $\bar{\alpha}$。

$$\bar{\alpha}=(I_C-I_{CBO})/I_E\approx I_C/I_E$$

显然 $\bar{\alpha}$ 与 $\bar{\beta}$ 之间有如下关系：

$$\begin{aligned}\bar{\alpha}&=I_C/I_E=\bar{\beta}I_B/(1+\bar{\beta})I_B\\&=\bar{\beta}/(1+\bar{\beta})\end{aligned}$$

(2)极间反向电流。

①集电极一基极间反向饱和电流 I_{CBO}，是集电极和基极之间(PN 结)加上一定的反偏电压时，集电结的反向电流，它的大小取决于温度和少数载流子浓度的高低，常温下，这个电流值很小，在一定温度下，基本保持不变。它相当于集电结

的反向饱和电流。

I_{CBO}的下标 CB 代表集电极和基极，O 是 Open 的字头，代表第三个电极 E 开路。

②集电极—发射极间的反向饱和电流 I_{CEO}。

I_{CEO}和 I_{CBO}的关系有：$I_{CEO}=(1+\bar{\beta})I_{CBO}$

相当基极开路时，集电极和发射极间的反向饱和电流，即输出特性曲线 $I_B=0$ 那条曲线所对应的 Y 坐标的数值，如图 2-9 所示。

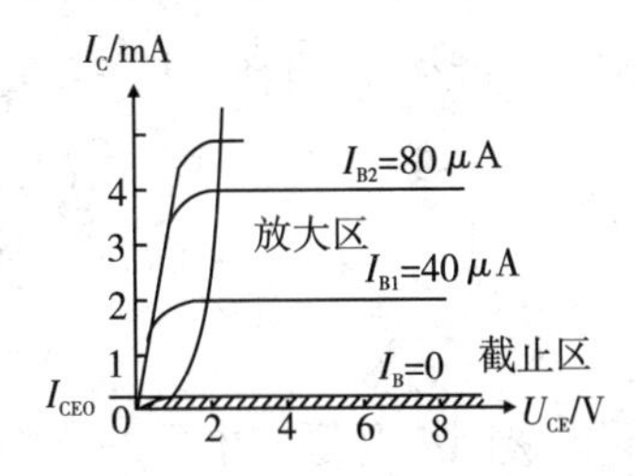

图 **2-9**　I_{CEO}在输出特性曲线上的位置

2. 交流参数

(1)交流电流放大系数。

①共发射极交流电流放大系数 β。

$$\beta=\Delta I_C/\Delta I_B\big|_{U_{CE}=\text{常数}}$$

在放大区，β值基本不变，可在共射接法输出特性曲线上，通过垂直于 X 轴的直线求取$\Delta I_C/\Delta I_B$。或在图 2-8 上通过求某一点的斜率得到 β。具体方法如图 2-10 所示。

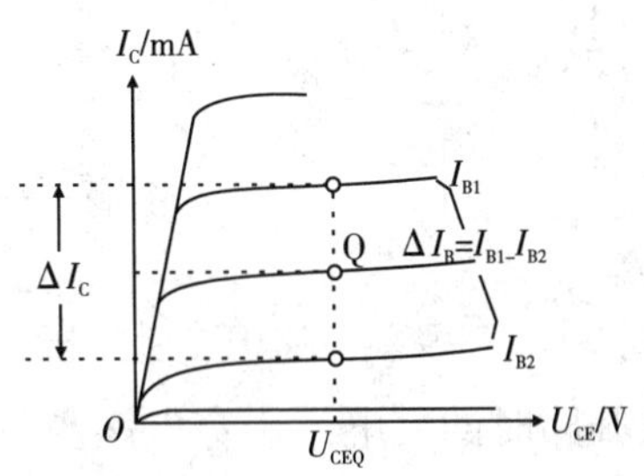

图 **2-10**　在输出特性曲线上求取 $\boldsymbol{\beta}$

②共基极交流电流放大系数 α。

$$\alpha=\Delta I_C/\Delta I_E\big|_{U_{CB}=\text{常数}}$$

当 I_{CBO}和 I_{CEO}很小、特性曲线水平间隔比较均匀时，$\bar{\alpha}\approx\alpha$、$\bar{\beta}\approx\beta$。

(2)特征频率 f_T。

三极管的β值不仅与工作电流有关，而且与工作频率有关。由于结电容的影响，当信号频率增加时，三极管的β将会下降。当β下降到 1 时所对应的频率称为特征频率，用 f_T表示。

3. 极限参数

(1)集电极最大允许电流 I_{CM}。

当集电极电流增加时,β 就要下降(见图 2-8(c)),当 β 值下降到线性放大区 β 值的 30%～70%时,所对应的集电极电流称为集电极最大允许电流 I_{CM}。至于 β 值下降多少,不同型号的三极管,不同厂家的规定有所差别。可见,当 $I_C > I_{CM}$ 时,并不表示三极管会损坏。

(2)集电极最大允许功率损耗 P_{CM}。

集电极电流通过集电结时所产生的功耗,$P_{CM} = I_C U_{CB} \approx I_C U_{CE}$,因发射结正偏,呈低阻状态,所以三极管功耗主要集中在集电结上。在计算时往往用 U_{CE} 取代 U_{CB}。

(3)反向击穿电压。

反向击穿电压表示三极管电极间承受反向电压的能力,其测试时的原理电路如图 2-11 所示。

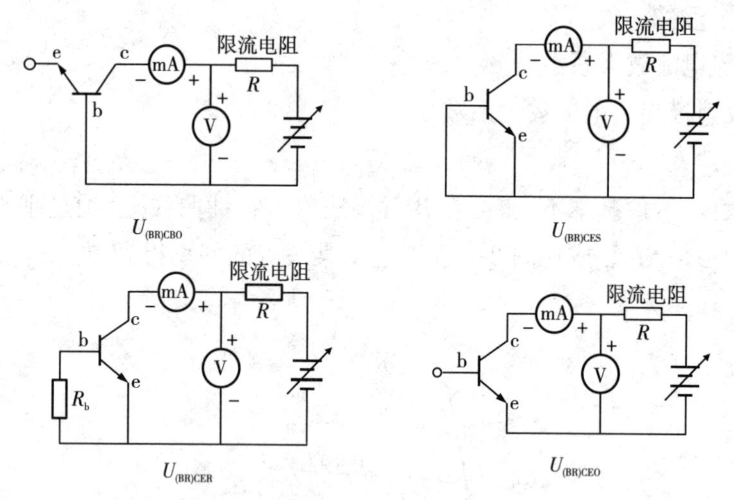

图 **2-11** 三极管击穿电压的测试电路

①$U_{(BR)CBO}$——发射极开路时的集电结击穿电压。下标 BR 代表击穿之意,是 Breakdown 的字头,C、B 代表集电极和基极,O 代表第三个电极 E 开路。

②$U_{(BR)EBO}$——集电极开路时发射结的击穿电压。

③$U_{(BR)CEO}$——基极开路时集电极和发射极间的击穿电压。

对于 $U_{(BR)CER}$ 表示 BE 间接有电阻,$U_{(BR)CES}$ 表示 BE 间是短路的。几个击穿电压在大小上有如下关系:

$$U_{(BR)CBO} \approx U_{(BR)CES} > U_{(BR)CER} > U_{(BR)CEO} > U_{(BR)EBO}$$

由最大集电极功率损耗 P_{CM}、I_{CM} 和击穿电压 $U_{(BR)CEO}$,在输出特性曲线上还可以确定过损耗区、过电流区和击穿区,见图 2-12。

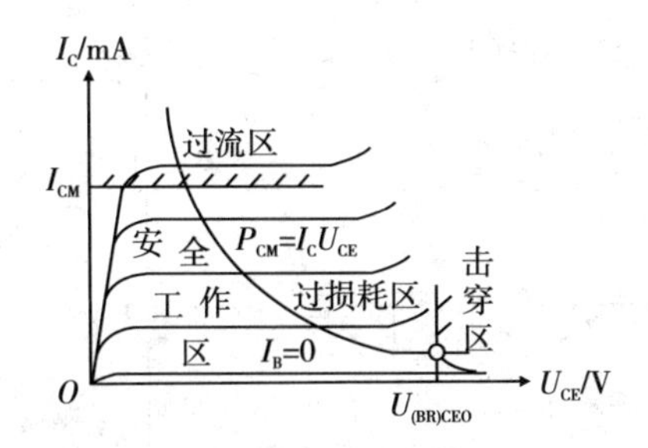

图 2-12　输出特性曲线上的过损耗区和击穿区等

2.2.3　半导体三极管的型号

国家标准对半导体三极管的命名如下：

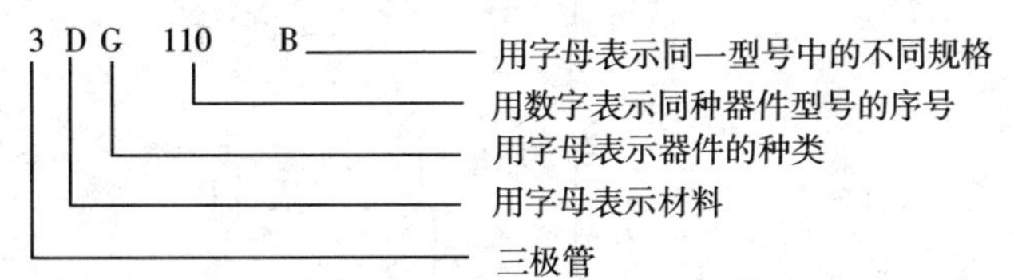

第二位：A 表示锗 PNP 管、B 表示锗 NPN 管、C 表示硅 PNP 管、D 表示硅 NPN 管。

第三位：X 表示低频小功率管、D 表示低频大功率管、G 表示高频小功率管、A 表示高频小功率管、K 表示开关管。

表 2-1　双极型三极管的参数

参数型号	P_{CM} (mW)	I_{CM} (mA)	$U_{(BR)CBO}$ (V)	$U_{(BR)CEO}$ (V)	$U_{(BR)EBO}$ (V)	I_{CBO} (μA)	f_T (MHz)
3AX31D	125	125	20	12		≤6	*≥8
3BX31C	125	125	40	24		≤6	*≥8
3CG101C	100	30	45			0.1	100
3DG123C	500	50	40	30		0.35	
SDD101D	5 A	5 A	300	250	4	<2 mA	
3DK100B	100	30	25	15		≤0.1	300
3DKG23	250 W	30A	400	325			8

注：* 为 f_β。

例 2-2　分别判断图例 2-2 所示各电路中晶体管是否有可能工作在放大状态。

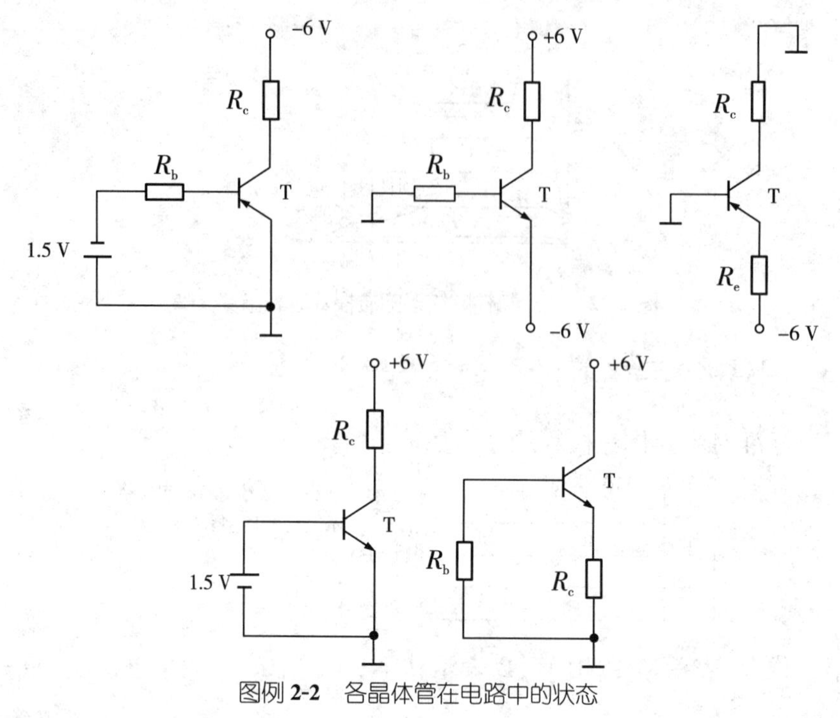

图例 **2-2**　各晶体管在电路中的状态

解:

(a)可能。是 PNP 型晶体管,基极低于发射极电压、集电极可低于基极电压,可满足两个偏置;

(b)可能。是 NPN 型晶体管,基极高于发射极电压、集电极可高于基极电压,可满足两个偏置;

(c)不能。是 PNP 型晶体管,基极、集电极比发射极电压低,不满足两个偏置;

(d)不能。1.5 V 电压直接接在基极与发射极之间,T 的发射结会因电流过大而损坏。

(e)可能。是 PNP 型晶体管,基极低于发射极电压、集电极低于基极电压,可满足两个偏置。

2.3　基本放大电路的工作原理

共发射极(以后简称共射)电路是应用最广的基本放大电路,要掌握它的应用,先要了解放大电路的一些基本概念、基本放大电路的组成原则以及静态工作点的设置等。

2.3.1　放大电路的概念

放大电路的功能:主要用于放大微弱信号,使输出电压或电流在幅度上得到提高，即输出信号的能量得到加强。要注意，输出信号的能量是由直流电源提供的，三极管起到了能量控制作用，它使电源的能量按照输入信号的规律，转换成较大的能量提供给负载。放大电路的性能好坏，可通过以下几个重要的指标来描述，它的指标测试见图 2-13 所示。

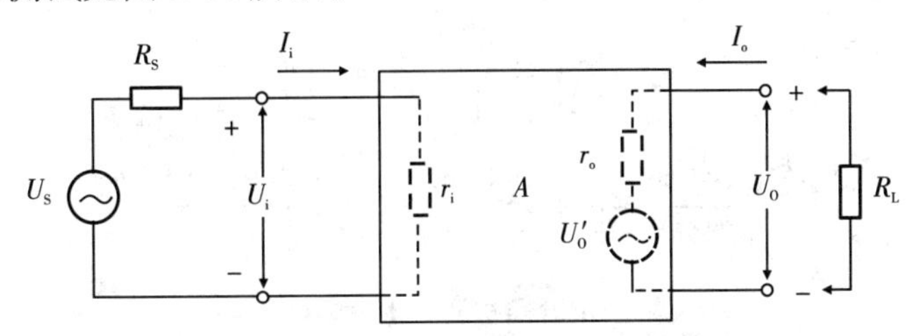

图 **2-13**　放大电路的指标测试示意图

(1)放大倍数。输出信号的电压和电流幅度得到了放大，所以输出功率也会有所放大。用电压放大倍数、电流放大倍数和功率放大倍数反映放大电路的放大能力，通常用 A_u、A_i 和 A_p 表示：

$$A_u=\frac{U_o}{U_i} \tag{2-10}$$

$$A_i=\frac{I_o}{I_i} \tag{2-11}$$

$$A_p=\frac{P_o}{P_i} \tag{2-12}$$

其中 U_o 和 U_i 分别是输出电压和输入电压的正弦有效值。I_o 和 I_i 分别是输出电流和输入电流的正弦有效值。要注意，上面两个公式适用于输出电压和输出电流基本上应是正弦波，其他指标也一样只适用于正弦波。

(2)最大输出幅度。表示放大电路所能供给的最大输出电压(或输出电流)。一般指有效值，以 U_{omir} 表示，也可用峰—峰值来表示的，是有效值的 $2\sqrt{2}$ 倍。

(3)非线性失真。由于放大管输入、输出特性的非线性，输出波形不可避免地要产生非线性失真。表现在对应于某一频率的正弦波输入电压时，输出波形将含有一定数量的谐波。谐波总量成分与基波成分之比，称为"非线性失真系数"，通常记作 γ。

(4)输入电阻。当输入信号电压加到放大电路的输入端时，总要产生一个输入电流，当二者同相时，从输入端往里看进去，是一个电阻。这个电阻的大小，等于输入电压和输入电流的比值(见图 2-13)，用公式表示为：

$$r_i=\frac{U_i}{I_i} \tag{2-13}$$

(5)输出电阻。当信号电压加在放大电路的输入端时，如果改变接到输出端的负载，则输出电压 U_o 也要随着改变。这种情况就相当于从输出端看进去是含

有一个具有内阻 r_o的电压源 U'_o，如图 2-14 所示。r_o称为“输出电阻”，就是说，它的测量方法可以有开路法和改变负载法两种。开路法是将输入信号电压短路（令 $U_s=0$，保留信号源内阻），在输出外加一个交流信号 U_o，并将负载 R_L去掉，求出由它所产生的电流 I_o，可求出输出电阻 r_o

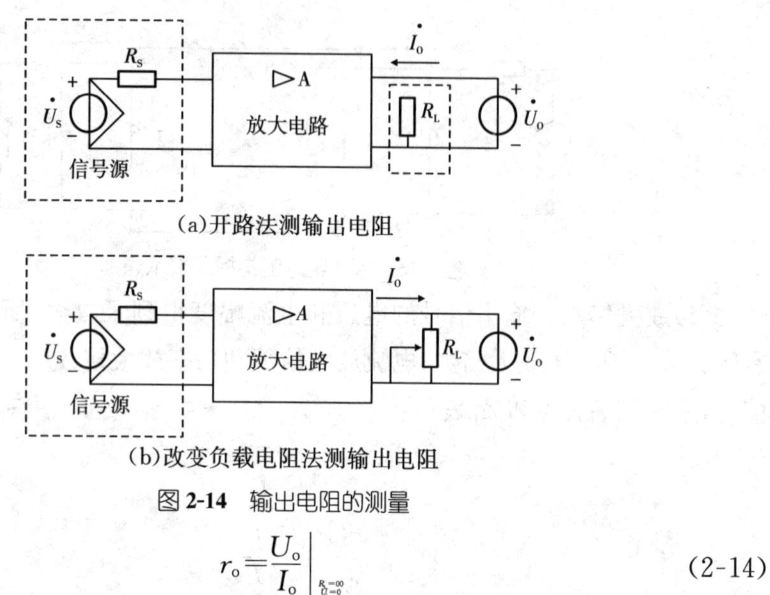

(a)开路法测输出电阻

(b)改变负载电阻法测输出电阻

图 **2-14** 输出电阻的测量

$$r_o=\frac{U_o}{I_o}\bigg|_{\substack{R_L=\infty \\ U_i=0}} \tag{2-14}$$

改变负载法是在输入端加上一个固定的交流信号 U_i，先测出负载开路时的输出电压$U'o$，再测出接上阻值为已知的负载电阻 R_L以后的输出电压 U_o，可以计算出输出电阻 r_o

$$r_o=\left(\frac{U'_o}{U_o}-1\right)R_L \tag{2-15}$$

（6）通频带。由于放大电路中往往有电抗性元件，放大电路的放大倍数将随着信号频率的高低变化而改变。一般情况是，当频率太低或太高时，放大倍数都要下降，而在中间一段频率范围内，放大倍数基本不变，通常把放大倍数在高频和低频段分别下降到中频段放大倍数的 0.7 倍的这一频率范围，叫作“放大电路的通频带”，记作 f_{bw}。显然，频带越宽，表明放大器对信号的频率变化有更强的适应能力。

（7）最大输出功率与效率。放大电路的最大输出功率，是指它能够向负载提供的最大的交变功率，通常以 P_{omax}表示。前面曾经提到过，放大电路的输出功率，是通过三极管的控制作用把电源的直流功率转化为随信号变化的交变功率而得到的。因此，就存在着一个功率转化的效率同题。把最大输出功率 P_{omax}与直流电源消耗的功率 P_E之比，定义为放大电路的效率 η 即

$$\eta=\frac{P_{omax}}{P_E} \tag{2-16}$$

此外，针对不同的使用场合，经常会提出一些其他指标，诸如对电源的容量、抗干扰能力、信号噪声比、重量、体积、工作温度的要求等。

2.3.2　基本放大电路的组成原则

所谓基本放大电路，是指由一个放大元件（如半导体三极管等）所构成的简单放大电路。

三极管的集电极电流 I_c 与基极电流 I_b 之间的关系见式(2-8)，可利用这种 I_b 对 I_c 的控制作用，实现对信号的放大。现在结合图 2-15(a)所示的共射基本放大电路来说明各个元件所起的作用，从而总结组成放大电路的一些基本原则。

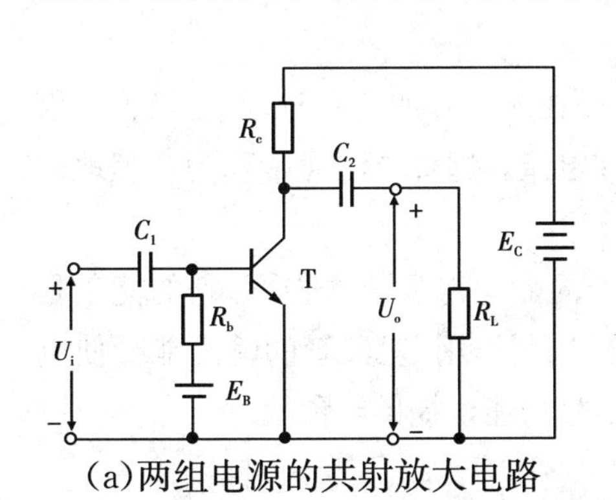

(a)两组电源的共射放大电路

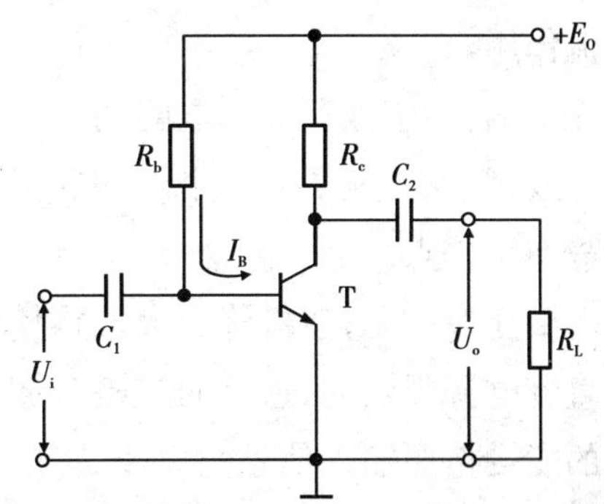

(b)简化和改进后的共射放大电路图

图 2-15　共射基本放大电路

在图 2-15 (a)共射基本放大电路图中，晶体管 T 是一个 NPN 型的三极管，是放大电路的核心；E_C 是集电极回路的电源，它为输出信号提供能量；R_C 是集电极负载电阻，通过它可以把电流的变化转换成电压变化反映在输出端；基极电源 E_B 和基极电阻 R_b 一方面为发射结提供正向偏置电压，同时也决定了基极电流 I_B。为了使三极管能够工作在正常的放大状态，必须保证集电结反向偏置、发射结正向偏置，所以 E_C、E_B、R_C、R_b 之间要有一定的配合。

C_1 和 C_2 的作用是隔离直流，通过交流。因为一个放大电路的输出端经常有一个固定的电压存在，当不希望将这个电压引到信号源或负载时，就需要采取隔离措施，但还要使交流信号顺利地通过，所以选用了电容器。由于在电路中所起到的这种作用，C_1、C_2 通常称为“耦合电容”。

为了简化电源的标志，通常只在电源的正端标出 $+E_C$，负端接共同端（通称为地）而不画出电源的负号。为了减少电源的种类，对图 2-15(a)进行改进，静态工作点的 I_{BQ} 也由 E_C 提供，如图 2-15(b)所示，省去了图 2-15(a)的电源 E_B。

放大原理，输入信号通过耦合电容 C_1 加在三极管的发射结，于是有下列过程：

$$u_i \xrightarrow{C_1} u_{be} \rightarrow i_b \rightarrow i_c(\beta i_b) \rightarrow i_c R_c \rightarrow u_C \xrightarrow{C_2} u_o$$

在上述过程中，$i_b \to i_c(\beta i_b)$反映了三极管放大作用，而 $i_c R_c \to u_c$ 反映了变化的 i_c 通过 R_c 转变为变化的输出电压 u_c，再通过 C_2 将变化的电压输出，而这个电压比输入电压可以增大很多，即实现对输入信号的放大。

通过上述讨论，可以归纳出组成放大电路时必须遵循的几个原则：

第一，电源的极性必须使发射结处于正向偏置，集电结反向偏置，以保证三极管处于放大状态。即对 NPN 型管 $U_{BE}>0$，$U_{BC}<0$。

第二，输入回路的接法，应当使输入端变化的电压能够产生变化的 i_b（或 i_e），因为 i_b（或 i_e）直接地控制着 i_C。

第三，输出回路的接法，应当使 i_C 尽可能多地流到负载上去，减少其他支路的分流作用。

第四，为了保证放大电路的正常工作，必须在没有外加信号时，使三极管不仅处于放大状态，还要有一个合适的工作电压和电流。这种方法通常称为合理地设置静态工作点。

要注意的是，三极管放大电路使输出信号的能量得到了增强，而它的能量是由直流电源提供的，这里的三极管起到了能量控制作用，三极管的输出能量使电源的能量按照输入信号的规律，转换成较大信号的能量提供给负载。

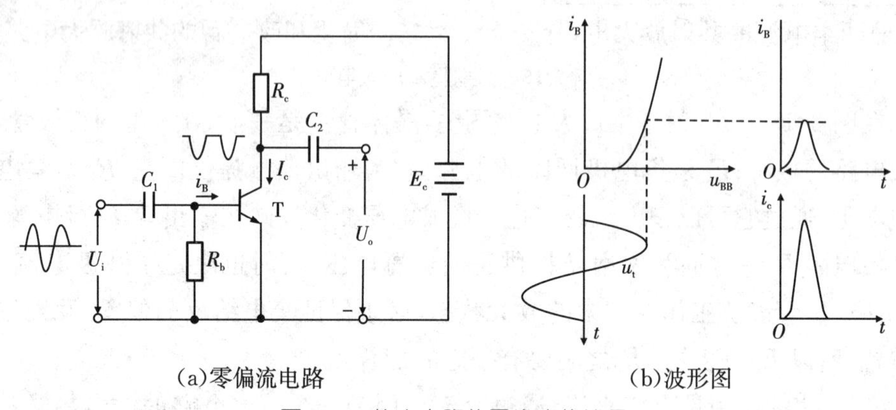

(a)零偏流电路　　　　(b)波形图

图 2-16　放大电路的零偏流的情况

2.3.3　静态工作点的设置

放大电路的静态工作点，是指当输入信号 $u_i=0$ 时（即静态），晶体管各电极的直流电压、电流（I_B、U_{CE}、I_C、U_{BE}）的数值。这四个量表明晶体管的一个工作状态，是在未加信号时，这些相关的直流量是反映在晶体管特性曲线上的一个点，这个点被称为“静态工作点”，常用 Q 表示。分别用 I_{BQ}、I_{CQ}、U_{BEQ}、U_{CEQ} 来表示。这一组数值在输入和输出特性曲线上表示的点，即静态工作点。

1. 设置静态工作点的必要性

如果将静态时的 I_B 设置为零（亦即 $I_{BQ}=0$），如图 2-16(a)所示，三极管工作在输入特性的死区附近，在输入信号 u_i 的一个周期内，i_B 不能按比例地随着输入电压而变化，而且大部分时间 $i_B=0$，i_b 不是正弦（或余弦）波形，由于 $i_c=\beta i_b$，因此，集电极电流 i_C 的波形也不是正弦（或余弦）波形，相应的输出电压 $u_{ce}=-i_cR_c$ 就会出现严重的失真（或畸变），如图 2-16(b)所示。把这种由于晶体管特性曲线的非线性原因引起的失真，叫作“非线性失真”。

为了尽可能地减小非线性失真，应该在输入电压的正半周任意时刻，i_B 都能随着输入电压的变化而变化。为此，在没有加入信号以前（$U_i=0$ 时），i_B 的数值不能为零。

2. 合理设置静态工作点

图 2-17 画出了静态工作点 Q 设在输入特性线性部分时波形图。Q 点设置在输出特性的放大区，当输入信号变化时，工作范围始终在放大区内，则 i_c 和 U_{ce} 的波形基本上不失真，使输出电压的波形基本上也是正弦波。由图 2-17 看出，由于 i_B 的变化始终在输入特性的线性范围内，所以它的波形基本上是正弦波。因此，正确的选择合适的静态工作点 Q，保证晶体管放大电路能够正常工作是非常必要的。关于如何具体实现上述要求，将在后面内容中讨论。

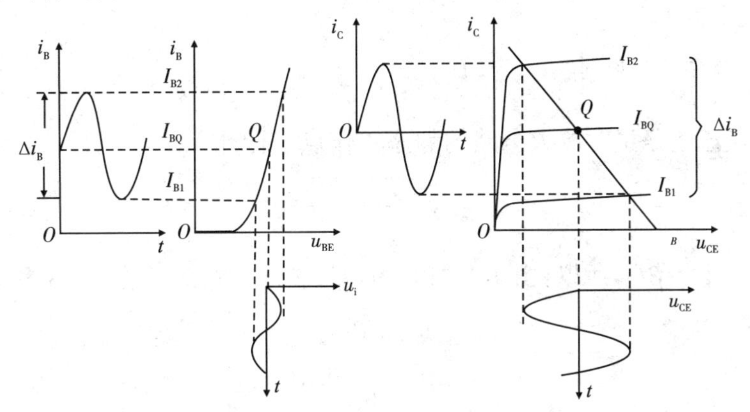

图 2-17　合理设置静态工作点后的 i_B、i_C 的波形图

2.3.4　交流通路和直流通路

对一个放大电路进行定量分析时，主要做两方面的工作：第一，确定静态工作点，即求出当没有输入信号时，电路各处的直流电压和直流电流值；第二，计算在放大电路加上输入信号以后的放大倍数、输入阻抗（通常只考虑输入电阻）、输出阻抗（只考虑输出电阻）、通频带、最大输出功率等。前者讨论的对象是直流成分，而后者讨论的对象则是交流成分。由于放大电路中存在着电抗性元件，所以直流成分的通路和交流成分的通路是不一样的。

计算放大电路的静态工作点时，必须按直流通路来考虑，电容可以视为开路，电感可以视为短路。画出的放大电路的直流通路如图 2-18 中(a)所示。从晶体

管的 C、B、E 向外看，有直流负载电阻 R_c、R_b。

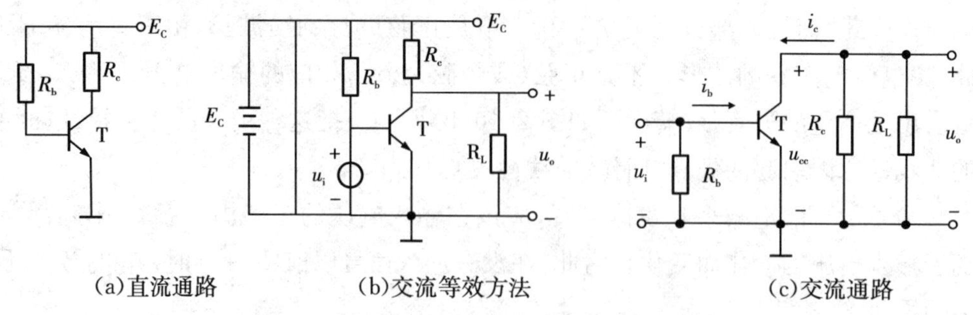

图 2-18 基本放大电路的直流通路和交流通路

计算放大器的放大倍数等交流参数时，必须按交流通路来考虑。而对于交流而言，电容和电感为电抗元件，交流电流流过直流电源时，没有压降；若耦合电容 C_1、C_2 足够大，其上的交流压降也近似为零。这样，直流电源和耦合电容等对交流相当于短路，其等效方法如图 2-18(b)所示。如从晶体管的 C、B、E 向外看，有等效的交流负载电阻 $R_c /\!/ R_L$、输入电阻 R_b。负载电阻 R_C、R_L 将变化的集电极电流转换为电压输出，其最终等效后的放大电路的交流通路为图 2-18 中(c)的电路所示。

2.3.5 静态工作点的估算

根据直流通路可对放大电路的静态工作点进行计算

$$I_{BQ}=\frac{E_C-U_{BEQ}}{R_b} \tag{2-17}$$

又因为 $I_C=\bar{\beta}I_B$，所以，由 I_{BQ} 的值，可以近似求出静态工作点 I_{CQ} 和 U_{CEQ}，即：

$$I_{CQ}=\bar{\beta}I_{BQ} \tag{2-18}$$

$$U_{CEQ}=E_C-I_{CQ}R_c \tag{2-19}$$

由于 U_{BE} 变化范围很小，可认为：硅管 $U_{BEQ}=0.6\sim0.8$ V，锗管 $U_{BEQ}=0.1\sim0.3$ V，通常可取硅管 $U_{BEQ}=0.7$ V，锗管 $U_{BEQ}=0.2$ V。I_{BQ}、I_{CQ} 和 U_{CEQ} 这些量代表的工作状态称为“静态工作点”，用 Q 表示。

总之，①共射放大电路之所以能把一个弱小的信号放大是依靠三极管基极对集电极的控制作用。输出信号的能量不会凭空产生，而是由集电极电源供给的。所以，严格地说来，“放大作用”是一种“能量控制作用”。②为了使放大电路能正常工作，必须给放大管设置合适的工作点。保证信号能顺利地输入、输出。③放大电路的放大倍数(通常指电压放大倍数)是衡量放大作用的重要指标，它是输出变化量的幅值与输入变化量的幅值之比，而不是瞬时值之比，且不能把静态工作点的直流成分计算进去。

例 2-3 设图 2-15(b)所示电路中的 $E_c=12$ V，$R_b=220$ kΩ，$R_c=2$ kΩ，$\beta=$

60，U_{BEQ}＝0.7 V。试画出该电路的直流通路和交流通路，求工作点电流 I_{BQ}、I_{CQ}、电压 U_{CEQ}，并说明晶体管的工作状态。

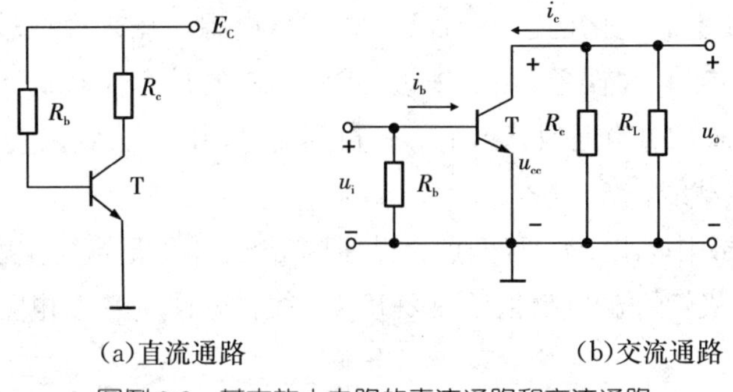

(a)直流通路　　(b)交流通路

图例 **2-3**　基本放大电路的直流通路和交流通路

解：

$$I_{BQ}=\frac{E_C-U_{BEQ}}{R_b}=\frac{12\ \text{V}-0.7\ \text{V}}{220\times10^3\ \Omega}=5.1\times10^{-5}\ \text{A}=51\ \mu\text{A}$$

$$I_{CQ}\approx\beta I_{BQ}=60\times51\ \mu\text{A}=3060\ \mu\text{A}\approx3\ \text{mA}$$

$$U_{CEQ}=U_{cc}-I_{CQ}R_c=12\ \text{V}-3\times10^{-3}\times2\times10^3\ \text{V}=6\ \text{V}$$

由 U_{BEQ}＝0.7 V，U_{CEQ}＝6 V 知，该电路中的 BJT 工作于发射结正偏、集电结反偏的放大区。

2.4　基本放大电路的分析方法

三极管是放大电路的主要器件，它的输入特性和输出特性是非线性的。因此对放大电路进行定量分析时，主要矛盾是如何处理三极管的非线性问题。对于这个问题，常用的解决办法有以下两种：第一是图解法，就是在承认三极管特性为非线性的前提下，在管子的特性曲线上用作图的方法求解；第二是微变等效电路法，是在静态工作点附近一个比较小的变化范围内，将三极管的特性近似地认为是线性的，由此导出三极管的等效电路以及一系列的微变等效参数，从而将非线性问题转化成为线性问题。这样就可以利用电路原理中的有关线性电路的各种规则来求解三极管电路。

2.4.1　放大电路的动态图解分析

图解分析法是基本放大电路的重要分析方法，通过静态管的特性曲线，可以了解放大电路的工作情况，我们可以在三极管的输入、输出特性曲线上，通过作图的方法来分析放大电路的工作情况。放大电路的静态分析有计算法和图解分析法两种。

1. 放大电路的静态分析

可以在输入特性曲线上用图解的方法确定 I_{BQ} 的值，由于不同的晶体管反映在输入特性曲线上的变化也很小，而 U_{BE} 相对于电源电压来说比较小，如果通过图解法反而会带来较大误差，相对来说，式(2-17)的计算比较简单，误差小。所以，通常是先用式(2-17)近似算出 I_{BQ} 来，再到输出特性上去定出 Q 点。

(1) 直流负载线。

在图 2-19(a)中，若以 M—N 两点为界，把输出看成两部分，往左边看，i_C 与 u_{CE} 的关系就是这个三极管的输出特性，见图 2-19(b)；往右边看，是一个电阻和一个电源串联，而且必然满足

$$u_{CE}=E_C-R_c i_C \tag{2-19}$$

所以，u_{CE} 与 i_C 是线性关系。很容易找到这条直线的两个特殊点：

$$\begin{cases}\text{当 } i_C=0 \text{ 时}, u_{CE}=E_C; \\ \text{当 } u_{CE}=0 \text{ 时}, i_C=E_C/R_c。\end{cases} \tag{2-20}$$

将这两点$(0, E_C/R_c)$、$(E_C, 0)$连起来，就得到了外电路的特性曲线，如图 2-19(c)。这条线的斜率和电阻 R_c 的大小有密切关系，而且是由直流通路定出的。因此，把这条代表外电路的电压与电流关系的直线，称作输出回路的直流负载线。

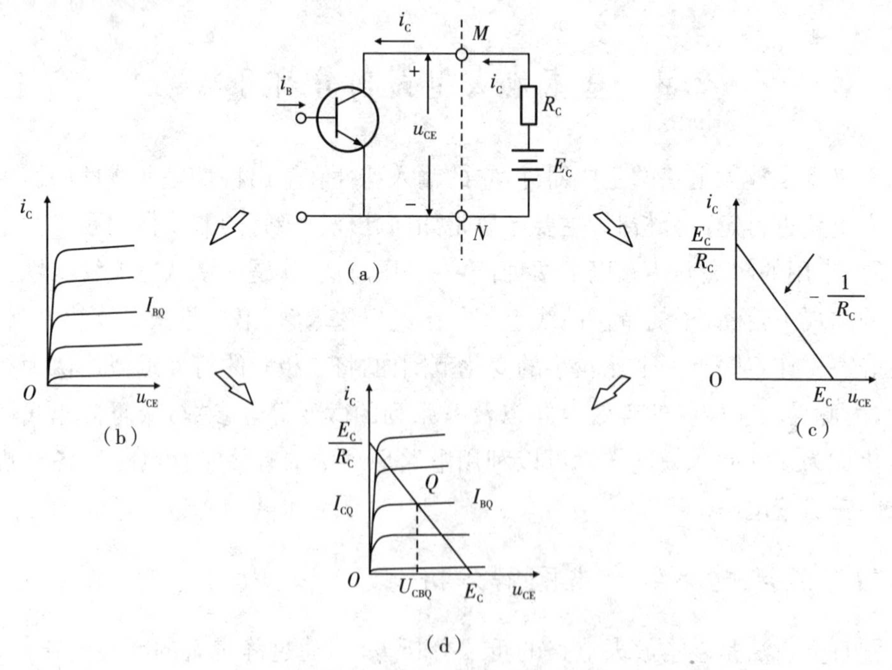

图 2-19　放大电路静态工作状态的图解分析

(2) 静态工作点。

由于输出回路的两部分在 M，N 点是接在一起的，则回路的 i_C 值和 u_{CE} 的值都只能有一个，既要满足左边管子的输出特性曲线，又要满足右边电路的负载线，

即只能工作在两者的交点上。满足左边管子的特性曲线,应该是由 i_B 所确定的一条曲线,可根据式(2-17)估算出 I_{BQ} 的数值,这样只要知道 I_{BQ} 是多少,就可以在输出特性曲线上找出相对应的一条曲线(图中的 I_{BQ}),这条曲线与直流负载线的交点,就是静态工作点 Q,如图 2-19(d)所示。

(3)图解法求静态工作点的步骤。

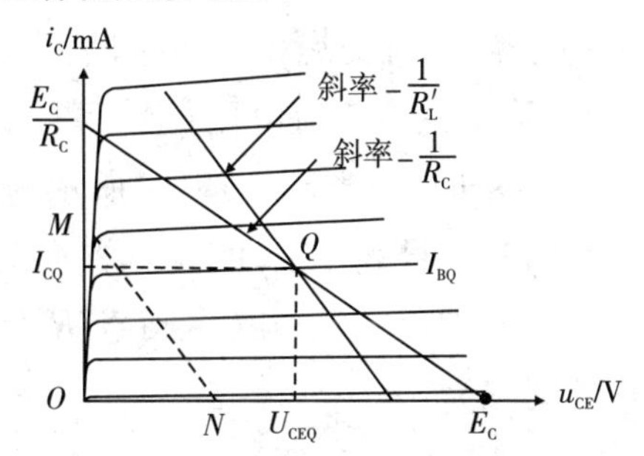

图 2-20　放大电路的动态工作状态的图解分析

①由输出回路列出方程式 $u_{CE}=E_C-i_CR_c$。

②在输出特性曲线 X 轴及 Y 轴上确定两个特殊点,即连接点$(0,E_C/R_c)$、$(E_C,0)$,可画出直流负载线。

③由输入回路列方程式 $U_{BE}=E_C-I_BR_b$,求 I_{BQ}。

④在输出特性曲线上找到 I_{BQ} 对应的曲线,它与直流负载线的交点即是 Q。

⑤得到 Q 点的参数 I_{BQ}、I_{CQ} 和 U_{CEQ}。

2. 交流工作状态的图解分析

(1) 交流负载线。

求放大倍数时,要考虑交流通路,因此集电极的负载电路就必须包括 C_2 和 R_L 的支路。现在来分析在这种情况下负载线应该如何画。

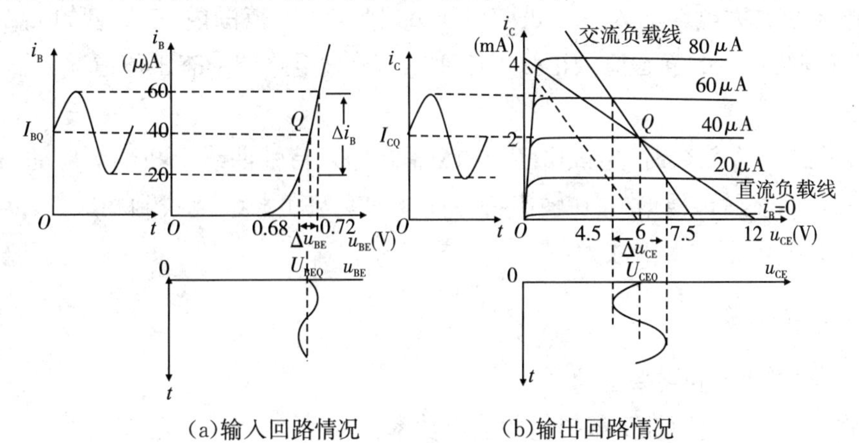

(a)输入回路情况　　(b)输出回路情况

图 2-21　加入输入信号时放大电路的工作情况图解

从图 2-18(c)中可知,首先输出回路的交流通路包括 R_c 和 R_L,它们是并联的(设 C_2 很大,它的容抗比 R_L 小得多),用 R'_L 来表示,则$\Delta i_C/\Delta u_{CE}=-1/R'_L$,就是说这时负载线的斜率将由 R'_L决定(而不是由 R_L 决定)。其次,这条直线应该通过 Q 点,因为当 u_i的瞬时值为零时,如果不考虑 C_1和 C_2的影响,则电路的外界条件将和静态时相同,即由信号电压变化所产生的Δi_C的轨迹,必在某个时刻通过 Q 点。因此只要通过 Q 点作一条斜率为$-1/R'_L$的直线,就是由交流通路得到的负载线,通称为“交流负载线”。

也可以这样理解,由于电容 C_2 对交流相当于短路,所以负载电阻 R_L 上只有交流电流 i_0 和电压 u_o,电容 C_2 上只有直流电压U_{C2},且$U_{CEQ}=U_{C2}$,且$U_{C2}=U_{CEQ}$,所以,电压$U_{CE}=U_{C2}+u_o=U_{CEQ}+u_o$。由图 2-18(b)所示的交流通路可知,$u_O=u_{ce}=-i_c(R_C//R_L)=-i_cR'_L$,其中负号表示 u_{ce}的实际方向与假定正方向相反。于是:当 $I_C=0$ 时,有 $u_{CE}=U_{CEQ}-i_cR'_L=U_{CEQ}-(i_c-I_{CQ})R'_L=U_{CEQ}+I_{CQ}R'_L-i_cR'_L$,则这条直线经过 Q 点,它的斜率为

$$-1/R'_L \tag{2-20}$$

其中 $R'_L=R_c//R_L$,这条直线即交流负载线。

当 i_B随着信号电压变化时,输出回路的工作点将沿着交流载线(而不沿着直流负载线)运动。所以,交流负载线才是放大电路动态工作点移动的轨迹,如图 2-20 所示。

由以上分析可知,放大电路的输出端接有耦合电容和负载电阻 R_L 时,交、直流负载线的斜率各不相同,前者为$-1/R'_L$,后者为$-1/R_c$。

有两种方法作交流负载线:

①过任一点作斜率为$-1/R'_L$的直线,再过 Q 点作该直线的平行线。

②过 Q 点作斜率为$-1/R'_L$的直线。

(2)求电压放大倍数。

假设给放大电路输入一个正弦电压 u_i,则在线性范围内,三极管的 u_{BE}、i_B和 u_{CE}都将围绕各自的静态值按正弦规律变化。放大电路的动态工作情况如图 2-21 所示。

求电压放大倍数时,先根据已知的Δu_{BE}在输入特性曲线上找到对应的Δi_B,见图 2-21(a),然后再根据Δi_B在输出特性曲线的交流负载线上找到相应的Δu_{CE},见图 2-21(b),电压放大倍数为

$$A_u=\frac{U_o}{U_i}=\frac{\Delta u_{CE}}{\Delta u_{BE}} \tag{2-21}$$

(3)输出功率和功率三角形。

放大电路向电阻性负载提供的输出功率:

$$P_o=\frac{U_{om}}{\sqrt{2}}\times\frac{I_{om}}{\sqrt{2}}=\frac{1}{2}U_{om}I_{om} \tag{2-22}$$

在输出特性曲线上,正好是三角形△ABQ 的面积,这一三角形称为“功率三

角形”。要想 P_o 大，就要使功率三角形的面积大，即必须使 U_{om} 和 I_{om} 都要大，见图 2-22 所示。

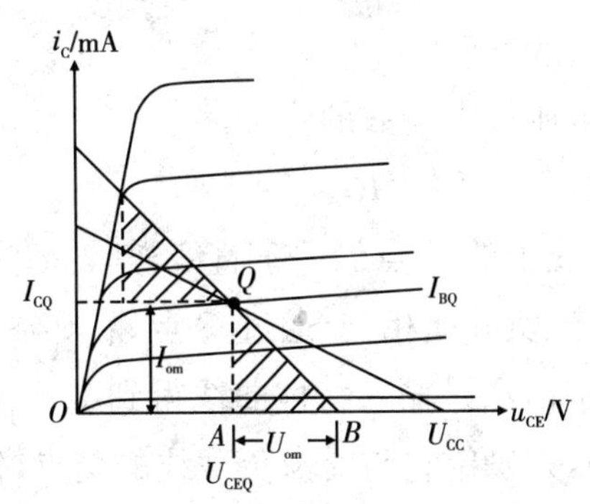

图 2-22　功率三角形

(4)各点的波形。

通过图 2-21 所示动态图解分析，可以整理出由正弦输入电压对应的 u_i、i_B、i_C、u_{CE}、u_o 波形如图 2-23。并得出如下结论：

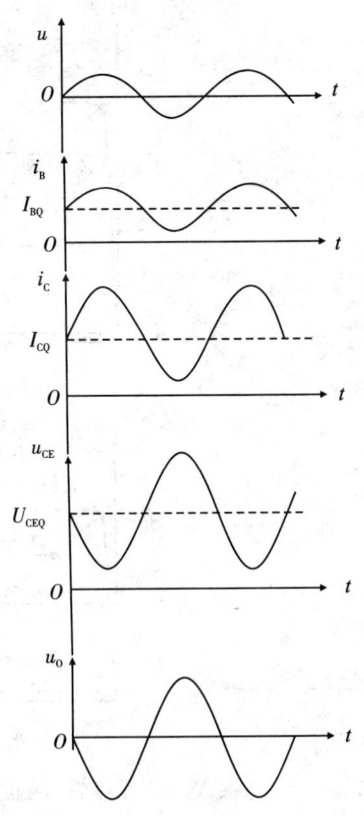

图 2-23　基本放大电路的波形图

① 由于在 R_c 上的压降随 i_C 的增大而增大，使得 u_{CE} 随之减小，因此，u_{CE}、u_o 是随 u_i 的增大而减小，其瞬时值变化的过程如下：$u_i\uparrow\rightarrow u_{BE}\uparrow\rightarrow i_B\uparrow\rightarrow i_C\uparrow\rightarrow u_{CE}\downarrow\rightarrow u_o\downarrow$，所以 u_o 与 u_i 相位相反。

② u_{BE}、i_B、i_C和 u_{CE}含有直流和交流两种分量。

③ 放大作用，是指输出的交流分量与输入的交流分量比值，绝不能把直流成分包含在内。

（5）总结图解法求电压放大倍数的步骤。

① 求交流负载电阻，$R'_L=R_L/\!/R_c$。

② 通过输出特性曲线上的 Q 点做一条直线，其斜率为 $1/R'_L$。

③ 交流负载线与直流负载线相交，通过 Q 点。

④ 在 Q 点附近取Δu_{BE}，通过输入特性曲线得到Δi_B。在输出特性曲线上确定Δi_B曲线范围（两条曲线），并确定它与交流负载线的交点，作图可得到Δi_C和Δu_{CE}。

⑤测量图中的Δu_{BE}和Δu_{CE}的值，代入式(2-21)即得到电压放大倍数 A_u。

3. 电路参数对静态工作点的影响

在图 2-24 中，通过作图表示出当各种电路参数改变时，对负载线和静态工作点的影响。

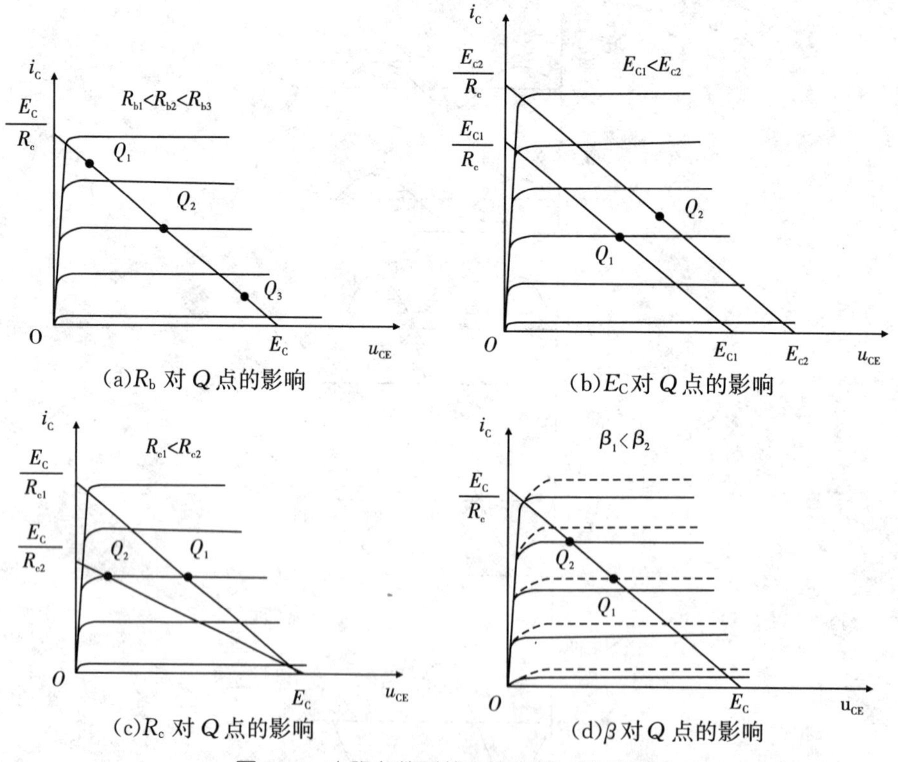

图 2-24 电路参数对静态工作点 Q 的影响

当其他参数保持不变，增大基极电阻 R_b时，I_{BQ}减小，使 Q 点下移，靠近截止区[如图2-24(a)中 Q_3 点]；反之，如果减小 R_b 时，则 I_{BQ} 增大，靠近饱和区[如图2-24(a)中 Q_1 点]，以上两种情况下，当信号幅度较大时都易使输出波形产生失真。

当其他参数不变，仅升高电源电压 E_C时，直流负载线平行右移，Q 点偏向右上方[如图 2-24(b)中 Q_2点],使放大电路的动态工作范围扩大,但三极管的静态功耗增大。

当其他参数不变,增大集电极电阻 R_c时,直流负载线与横轴的交点(E_C)不变,但与纵轴的交点(E_C/R_c)下降,因此直流负载线比原来平坦,即斜率变小。而 i_{BQ}不变,所以 Q 点移近饱和区[见图 2-24(c)中 Q_2点]。

当其他电路参数不变,增大管子的电流放大系数 β 时(例如由于更换三极管或由于温度升高等原因而引起 β 增大),假设此曲线改变为如图 2-24(d)中虚线所示,如果 I_{BQ}不变,则 Q 点上移,能使 I_{CQ}值增大,即 Q 点靠近饱和区[见图(d)中 Q_2点]。

4. 放大电路的非线性失真

利用图解法可以帮助我们在特性曲线上清楚地观察到失真的情况。

(1)非线性失真表示。放大器要求输出信号与输入信号之间是线性关系,不能产生失真。然而,由于三极管存在非线性,使输出信号产生了非线性失真。非线性失真系数的定义:在某一正弦信号输入下,输出波形因非线性而产生失真,其谐波分量的总有效值与基波分量之比,用 THD 表示,即

$$\mathrm{THD}=\frac{\sqrt{U_2^2+U_3^2+\cdots}}{U_1}\times 100\% \tag{2-23}$$

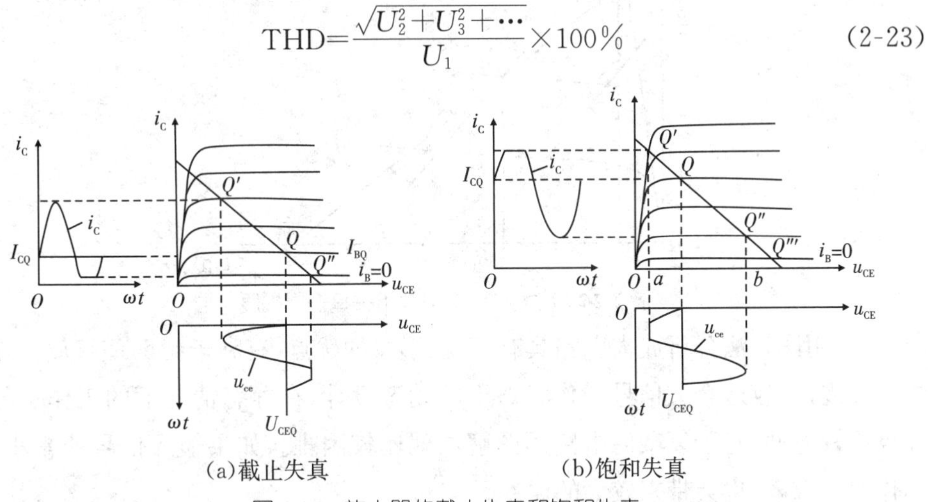

(a)截止失真　　(b)饱和失真

图 2-25　放大器的截止失真和饱和失真

(2) 截止失真与饱和失真。2.3.3 中分析了当静态基流 $I_{BQ}=0$ 时,在输入特性上引起 i_B失真的问题(见图 2-16),现在进一步从输出特性上来论非线性失真和静态工作点的关系。在图 2-16(a)中的静态工作点 Q 设置过低,输入信号的负周工作点进入截止区,使 i_B、i_C等于零,因而引起 i_B、i_C和 u_{CE}波形发生失真,这种现象称为“截止失真”。由图 2-25(a)明显地看出,对于 NPN 三极管,当放大电路产生截止失真时,输出电压 u_{CE}的波形上出现顶部失真;如果静态工作点 Q 设置过高,如图 2-25(b)所示,则在输入信号的正半周工作点进入饱和区,当 i_B继续增大时,i_C不再随之增大,因此也将引起 i_C和 u_{CE}的波形发生失真,这种现象称为“饱和失

真”。由图可见，对于 NPN 三极管，当放大电路产生饱和失真时，输出电压 u_{CE} 的波形上出现底部失真。截止失真——由于放大电路的工作点达到了三极管的截止区而引起的非线性失真。饱和失真——由于放大电路的工作点达到了三极管的饱和区而引起的非线性失真。对于 PNP 型的失真情况，读者可自行分析。

以上的分析说明，图解法不仅可以直观地表示出各种参数对放大电路静态工作点的影响，而且能够形象地显示出工作点的位置与非线性失真的关系。在实际调试放大电路时，这种分析方法对于检查被测电路的静态工作点是否合适，以及如何自觉地调整电路参数都将很有帮助。

(3) 放大电路的最大不失真输出幅度。放大电路要想获得最大的不失真输出幅度，需要将工作点 Q 设置在输出特性曲线放大区的中部，并要有合适的交流负载线，如图 2-26 所示。

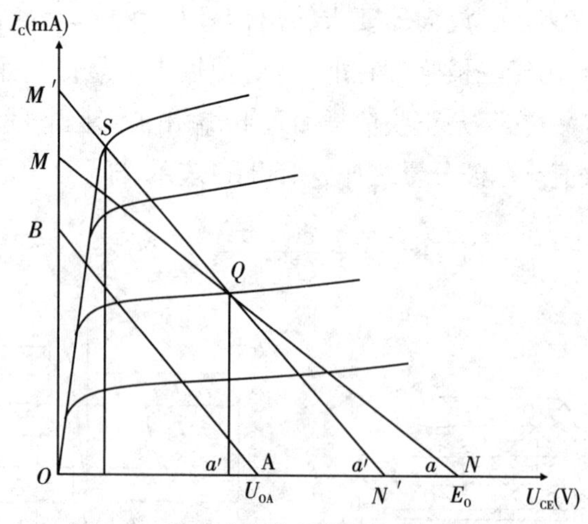

图 **2-26** 放大电路的最大不失真输出幅度

(4)用图解法分析放大电路具有直观、形象的优点，有利于帮助理解放大作用的全过程，比较适合大信号工作状态下的动态设计，在静态情况下的工作点的设计也比较方便，对于复杂的电路用图解法就比较困难。如果输入信号非常小，利用作图法求解，也会带来较大的误差。

例 2-4 电路如图例 2-4(a)所示，设 $U_{BEQ}=0.7$ V。(1)画出该电路的直流通路与交流通路。(2)估算静态电流 I_{BQ} 并用图解法确定 I_{CQ}、U_{CEQ}。(3)写出加上输入信号后，电压 U_{BE} 的表达式及输出交流负载线。

解：(1)直流与交流通路：由于电容有隔离直流的作用，即对直流相当于开路，因此，信号源 V_s 及负载电阻 R_L 对电路的直流工作状态(即 Q 点)不产生影响。由此可画出图例 2-4(a)的直流通路，如图例 2-4(b)所示。对一定频率范围内的交流信号而言，C_{b1}、C_{b2} 呈现的容抗很小，可近似认为短路。另外，电源 E_c 的内阻很小，对交流信号也可视为短路。因此可画出放大电路的交流通路，如图例 2-4(c)

所示。

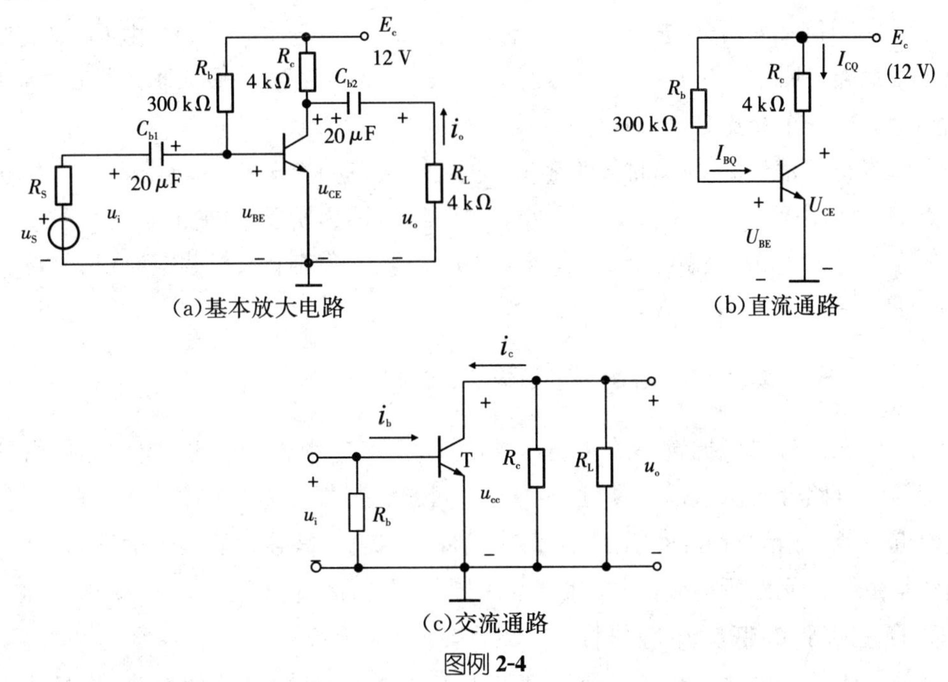

图例 2-4

(2)估算法求 I_{BQ},图解法求 I_{CQ}及 U_{CEQ}:

由图例 2-4(b)所示直流通路的输入回路求得:$I_{BQ}=\frac{E_C-U_{BEQ}}{R_b}=\frac{(12-0.7)\ \text{V}}{300\ \text{k}\Omega}\approx\frac{12\ \text{V}}{300\ \text{k}\Omega}=40\ \mu\text{A}$。

图解 2-4　图解分析

由输出回路写出直流负载线方程:$u_{CE}=E_C-i_cR_c=12-4i_c$,并在晶体三极管的输出特性曲线图上作出该直流负载线,它与横坐标轴及纵坐标轴分别相交于 M(12 V,0 mA)和 N(0 V,3 mA)两点,斜率为 $-1/R_c$,如图解 2-4 所示。直流负载线与 $i_B=I_{BQ}=40\ \mu\text{A}$ 的那条输出特性曲线的交点即 Q 点,其纵坐标值为 $I_{CQ}=1.5$ mA,横坐标值为 $U_{CEQ}=6$ V。

(3)电压 u_{BE}的表达式及输出交流负载线：

①由图例 2-4 可知，静态($u_i=0$)时，$u_{BE}=u_{C_{b1}}=U_{BEQ}$，加上 u_S后，由 C_{b1}对交流相当于短路，所以仍有 $u_{C_{b1}}=U_{BEQ}$，而 $u_{BE}=u_{C_{b1}}+u_i=U_{BEQ}+u_i$，即电压 u_{BE}等于 U_{BEQ}上叠加一个交流分量 $u_i(u_{BE})$。

②当正弦信号 u_i 的瞬时值为零时，电路的状态相当于静态，如图解 2-4 中过 Q 点作一条斜率为$-1/R'_L$ 的直线，如 M′N′所示，即为所要求的交流负载线；也可以根据 $U_{CE}=U_{CEQ}+I_{CQ}R'_L-i_cR'_L$，当 $i_c=0$ 时，它在横轴上求得截距为$U_{CE}=U_{CEQ}+I_{CQ}R'_L=9\ V$，即 $M'(9\ V,0\ mA)$。

2.4.2 基本放大电路的微变等效电路分析法

在输入信号电压比较小的时候，图解方法会产生很大的误差，应用晶体管的微变等效电路分析法可以方便地解决这一问题。其方法是将晶体管在静态工作点附近小范围内的特性曲线近似用直线代替。在输入信号为低频小信号时，认为电路是由线性元件所构成，即线性模型代替，对电路进行分析。

1. 三极管的低频小信号模型

晶体管等效电路一般通过两种途径来等效，一种是物理等效电路，将晶体管的各部分用适当的线性元件来等效，如简化的 T 型等效电路等，各参数接近晶体管的实际结构，容易理解，常用于高频等效电路中，但等效电路比较复杂。另一种是网络等效电路，按照二端口网络，将晶体管的外特性用适当参数来等效，如 h 参数、y 参数和 z 参数等效电路等。

不同场合常运用不同形式的等效电路，在高频时常用 y 参数等效电路，混合Π型等效电路，这是考虑到分析问题的方便。在低频情况下，常用 h 参数等效电路。

(1)低频 h 参数等效电路。

图 2-27(a)是一个共发射极连接的晶体管，是具有输入端口 1-1′和输出端口 2-2′的双端口网络，它的输出端和输入端之间是互相关联的，就是说，它的输入端的电压、电流对输出端的电压、电流会产生影响；同样，输出端也会对输入端产生影响。

在晶体管中，各极电压、电流满足如下关系：

$$U_{he}=f_1(U_{ce},I_b) \tag{2-24}$$

$$I_c=f_2(U_{ce},I_b) \tag{2-25}$$

当 I_b和 U_{ce}有变化时，将使 U_{be}和 I_c 发生相应的变化，令 dU_{be}、dIc、dU_{ce}和 dI_b分别表示 U_{be}、I_c、U_{ce}和 I_b的变化量，则对上两式求全微分得：

$$dU_{be}=\frac{\partial U_{be}}{\partial I_b}\bigg|_{U_{ce}}dI_b+\frac{\partial U_{be}}{\partial U_{ce}}\bigg|I_b dU_{ce} \tag{2-26}$$

$$dI_c = \frac{\partial I_c}{\partial I_b}\bigg|_{U_{ce}} dI_b + \frac{\partial I_c}{\partial U_{ce}}\bigg|_{I_b} dU_{ce} \tag{2-27}$$

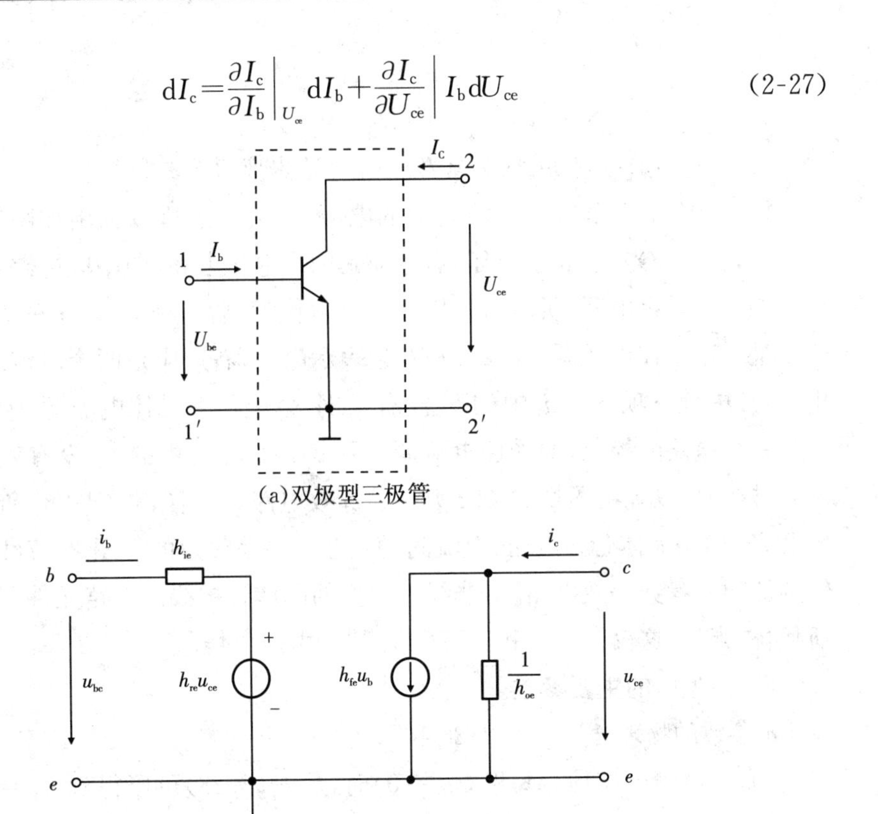

(a)双极型三极管

(b)三极管 h 参数模型

图 **2-27** 双极型三极管及其 ***h*** 参数模型

式中令：

$h_{ie}=\frac{\partial U_{be}}{\partial I_b}\bigg|_{U_{ce}}$ 表示当 U_{ce} 不变时，U_{be} 的变化量与 I_b 变化量的比值，其量纲是电阻；

$h_{re}=\frac{\partial U_{be}}{\partial U_{ce}}\bigg|_{I_b}$ 表示当 I_b 不变时，U_{be} 的变化量与 U_{ce} 的变化量的比值，没有量纲；

$h_{fe}=\frac{\partial I_c}{\partial I_b}\bigg|_{U_{ce}}$ 表示 U_{ce} 不变时，I_c 的变化量与 I_b 变化量的比值，即电流放大倍数，没有量纲；

$h_{oe}=\frac{\partial I_c}{\partial U_{ce}}\bigg|_{I_b}$ 表示当 I_b 不变时，I_c 的变化量与 U_{ce} 的变化量的比值，量纲是电导。

当这些量的变化范围足够小时，这些比值即可以认为是一组常数，即 h 参数，h 参数下标的后一个字母“e”表示共发射极。

如果用小写字母代表变化量，即 $dU_{be}=u_{be}$、$dI_b=i_b$、$dU_{ce}=u_{ce}$、$dI_c=i_c$，则式(2-23)和式(2-24)可以写成：

$$u_{be}=h_{ie}i_b+h_{re}u_{ce} \tag{2-28}$$

$$i_c=h_{fe}i_b+h_{oe}u_{ce} \tag{2-29}$$

其中 h_{ie}、h_{re}、h_{fe}和 h_{oe}均为常数，叫作“晶体管的 h 参数”。

根据式(2-28)和式(2-29)表示的电压、电流关系可以画出如图 2-28 所示的电路。式(2-28)左边表示电压，右边应是两个电压之和，即串联电路，其中前一项 $h_{ie}i_b$中的 h_{ie}量纲电阻，所以可以用一个电阻代替，后一项 $h_{re}u_{ce}$中的 h_{re}没有量纲，表示是一个受控电压源；式(2-27)左边表示电流，右边应是两个电流之和，即并联电路，其中前一项的 $h_{fe}i_b$中的 h_{fe}没有量纲，也是一个受控电流源，表示一个电流对另一个电路的控制，即受控电流源，后一项的 $h_{oe}u_{ce}$中的 h_{oe}没有表示量纲为电导，这样即可以画出图 2-27(b)所示的等效电路。这样，式(2-28)和式(2-27)与图 2-27(a)中晶体管各电压、电流间的相互关系是等效的。图 2-27(b)称为“晶体管的低频 h 参数等效电路”。非线性器件的晶体管被线性电路元件所组成的电路所代替，当然，这仅在电压和电流变化范围很小时才适用。

(2)模型中的主要参数。

h 参数的物理含义见图 2-28 和图 2-29。

①h_{ie}，当输出端信号短路($u_{ce}=0$)时，从式(2-28)可以得到 $h_{ie}=u_{be}/i_b$，u_{be}是晶体管的输入电压，i_b是输入电流，输入电压与输入电流之比就是输入电阻 r_{be}，因此 h_{ie}是输出端交流短路时，晶体管的输入电阻。

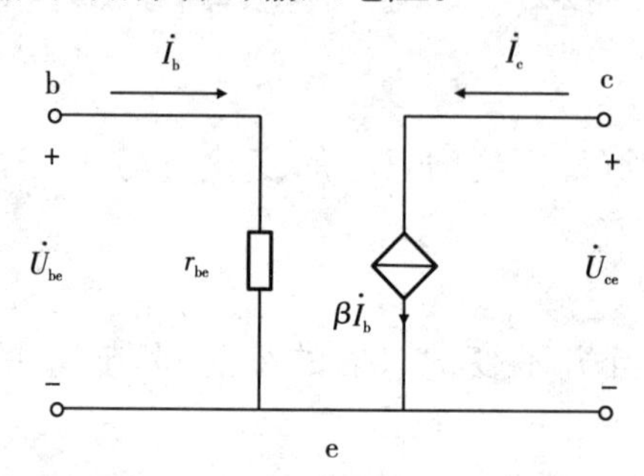

图 2-28　简化的三极管 h 参数模型

②h_{fe}，当输出端信号短路($u_{ce}=0$)时，从式(2-29)可以得到 $h_{fe}=i_c/i_b$，i_c是集电极电流，也是晶体管等效四端网络的输出电流，i_b是基极电流，也是晶体管的输入电流，这两个电流之比是晶体管的电流放大系数。所以 h_{fe}又称为“输出端交流短路时的正向电流放大系数”。

③ h_{re}，当输入端信号开路($i_b=0$)时，从式(2-28)可以得到 $h_{re}=u_{be}/u_{ce}$，u_{be}是晶体管的输入电压，u_{ce}是晶体管输出电压，这两个电压之比称为“电压反馈系数”。所以 h_{re}又称为“输入端交流开路时的电压反馈系数”。

④ h_{oe}，当输入端信号开路($i_b=0$)时，从式(2-29)可以得到 $h_{oe}=i_c/u_{ce}$，i_c是集电极电流，u_{ce}是晶体管的输出电压，这两个比值是晶体管的电导。所以 h_{oe}又称为

“输入端交流开路时的输出电导”，于是输出端电阻可写成 $1/h_{oe}$。

一般低频小信号时 h 参数的范围大致为：$h_{ie}=102\sim103\ \Omega$，$h_{re}=10^{-3}\sim10^{-4}$，$h_{fe}=10\sim102$，$h_{oe}=10^{-4}\sim10^{-5}$ S。

h 参数微变等效电路简化模型：由于 h_{re}、h_{oe}很小，许多情况下可被忽略，即得到简化的三极管 h 参数模型，如图 2-28 所示。

(3)从特性曲线上求 h 参数。

三极管的输入和输出特性曲线如图 2-29 所示，可利用三极管特性曲线来计算 h 参数。即在工作点附近，取变化量如下：

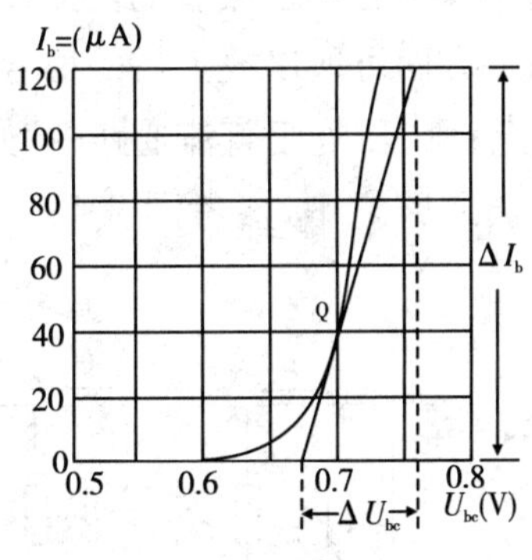

(a)输入特性曲线

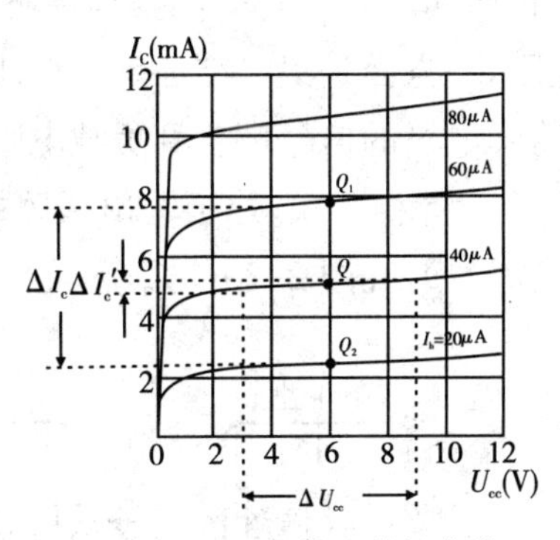

(b)输出特性曲线

图 **2-29**　**h** 参数的意义

$$\Delta U_{BE}=\frac{\Delta U_{BE}}{\Delta I_B}\Big|_{\Delta U_{CE}=0}\Delta I_B+\frac{\Delta U_{BE}}{\Delta U_{CE}}\Big|_{\Delta I_B=0}\Delta U_{CE}$$

$$\Delta i_C=\frac{\Delta I_C}{\Delta I_B}\Big|_{\Delta U_{CE}=0}\Delta I_B+\frac{\Delta I_C}{\Delta U_{CE}}\Big|_{\Delta I_B=0}U_{CE}$$

当所取的变化量Δ很小时，有：

$h_{ie}=(\Delta U_{BE}/\Delta I_B)\mid\Delta U_{CE}=0$

$h_{re}=(\Delta U_{BE}/\Delta U_{CE})\mid\Delta I_B=0$

$h_{fe}=(\Delta I_C/\Delta I_B)\quad\Delta U_{CE}=0$

$h_{oe}=(\Delta I_C/\Delta U_{CE})\mid\Delta I_B=0$

(4)h_{ie}参数求解。

根据定义：$h_{ie}=r_{be}$——三极管的交流输入电阻。

根据二极管的方程式

$$i=I_S\ (e^{U/U_T}-1)$$

对于三极管的发射结

$$i_E=I_{ES}(e^{U_{BE}/U_T}-1)\approx I_{ES}e^{U_{BE}/U_T}$$

b 是基极，b' 相当基区内的一个点。所以其动态电导为

$$\frac{1}{r_{eb'}}=\frac{di_E}{dU_{BE}}=\frac{1}{U_T}I_{ES}e^{U_{BE}/U_T}\approx\frac{i_E}{U_T}$$

$$r_e = r_{eb'}|_Q = \left.\frac{U_T}{i_{EQ}}\right|_Q = \frac{26\ \text{mV}}{I_{EQ}}$$

$$r_{be}|_Q = r_{bb'} + (1+\beta)\left.\frac{U_T}{i_E}\right|_Q = r_{bb'} + (1+\beta)\frac{26\ \text{mV}}{I_{EQ}} \tag{2-30}$$

对于小功率三极管 $r_{bb'} \approx 300\ \Omega$,为基区的体电阻。

2.共射组态基本放大电路微变等效电路分析法

(1)共射组态基本放大电路。

共发射极基本放大电路如图 2-15(b)所示。其中 R_b 系偏置电阻,通过电源给发射结加正向偏压;C_1 是耦合电容,将输入信号 u_i 耦合到三极管的基极;R_c 是集电极负载电阻,一方面是集电结加反向偏压,另一方面可取出放大后的信号;C_2 是耦合电容,将集电极的信号耦合到负载电阻 R_L 上;R_b、R_c 处于直流通路中,如图 2-30(a)所示。R_C、R_L 相并联,处于输出回路的交流通路之中,参考图 2-18,将晶体管用 h 参数做模型,如图 2-30(b)。

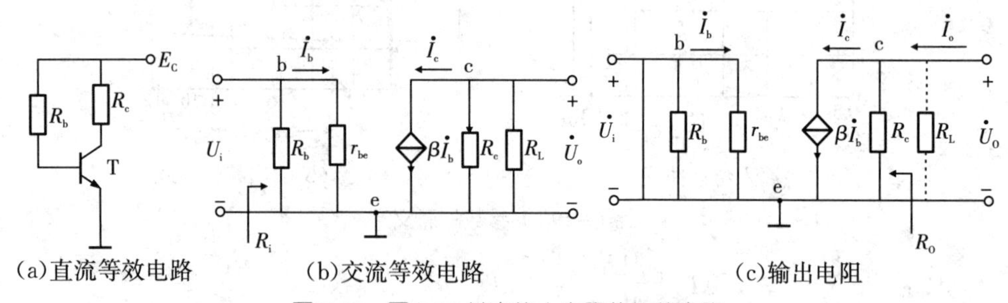

图 2-30　图 2-15 基本放大电路的等效电路

(2)直流计算。

图 2-15 放大电路的直流通路如图 2-30(a)所示,因此静态计算如下:

$$I_{BQ} = (E_C - U_{BE})/R_b$$

$$I_{CQ} = \beta I_{BQ}$$

$$U_{CEQ} = E_C - I_C R_c$$

(3)交流计算。

根据图 2-30(b)的交流等效电路,有

$$i_b = u_i / r_{be}$$

$$r_{be} = r_{bb'} + (1+\beta)\frac{U_T}{I_{EQ}} = r_{bb'} + (1+\beta)\frac{26\ \text{mV}}{I_{EQ}}$$

$$i_C = \beta i_b$$

$$R'_L = R_c // R_L \tag{2-31}$$

电压放大倍数 A_u

因为,$u_o = -i_c R'_L = -\beta i_b R'_L$,$u_i = i_b r_{be}$

$$A_u = u_o/u_i = \frac{-\beta i_b R'_L}{i_b r_{be}} = -\frac{\beta R'_L}{r_{be}} \tag{2-32}$$

输入电阻 R_i

$$R_i = u_i / i_i = r_{be} /\!/ R_b \approx r_{be} = r_{bb'} + (1+\beta) 26\ \text{mV} / I_E$$

输出电阻 R_o，将图 2-30(b)微变等效电路的输入端短路、负载开路，在输出端加一个等效的输出电压，见图 2-30(c)，于是有：

$$R_o = u_o / i_o = r_{ce} /\!/ R_c \approx R_c \tag{2-33}$$

(4)发射极接入电阻 R_e时，放大电路如图 2-31(a)所示。

静态工作点：电路的直流通路如图 2-31(b)所示。设静态的基极电流 I_{BQ}，则：$E_C = I_{BQ} R_b + U_{BEQ} + I_{BQ}(1+\beta) R_e$，所以有：

$$I_{BQ} = \frac{E_C - U_{BEQ}}{R_b + (1+\beta) R_e} \tag{2-34}$$

$$I_{CQ} = \beta I_{BQ}$$

$$U_C = E_C - I_C R_c$$

$$U_{CEQ} = E_C - I_C R_c - I_E R_e = U_{CC} - I_C (R_c + R_e) \tag{2-35}$$

$$I_{EQ} \approx \beta I_{BQ} = \beta \frac{E_C - U_{BEQ}}{R_b} \approx \beta \frac{E_C}{R_b}\text{，所以}$$

晶体管输入电阻：$\mathrm{r}_{be} = r_{bb'} + (1+\beta) \dfrac{U_T}{I_{EQ}} = r_{bb'} + (1+\beta) \dfrac{26\ \text{mV}}{I_{EQ}}$

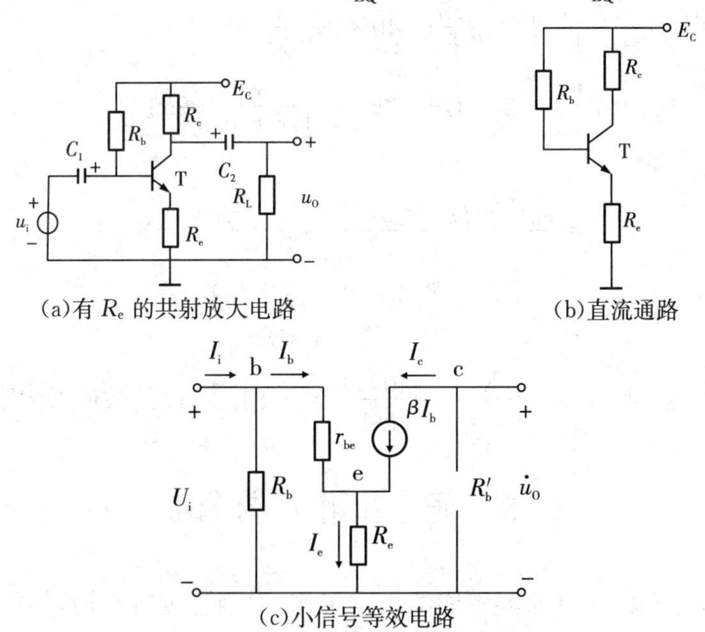

(a)有 R_e 的共射放大电路

(b)直流通路

(c)小信号等效电路

图 **2-31**　有 R_e的共射放大电路的等效电路

小信号等效电路如图 2-31(c)所示，于是有：

$u_o = -i_C R'_L = -\beta i_b R'_L$，$\dot{u}_i = i_b r_{be} + i_b (1+\beta) R_e$，所以：

$$\text{放大倍数：} A_u = \frac{u_o}{u_i} = \frac{-\beta i_b (R_C /\!/ R_L)}{i_b r_{be} + i_b (1+\beta) R_e} = -\frac{\beta R'_L}{r_{be} + (1+\beta) R_e} \tag{2-36}$$

输入电阻：$R_i = u_i / i_i = R_b // [r_{be} + (1+\beta) R_e]$ (2-37)

因此，与没有 R_e 的电路相比，A_u 减小、R_i 增大。

输出电阻，请读者自行推导。

例 2-5 设图 2-27(a)所示电路中 BJT 的 $\beta=40$，$r_{bb'}=200\ \Omega$，$U_{BEQ}=0.7\ \text{V}$，其他元件参数如图所示。试求该电路的 A_u、R_i、R_o。若 R_L 开路，则 A_u 如何变化？

解：

(1)画出图 2-27(a)所示电路的直流通路和交流等效电路，如图 2-27(b)、(c)所示。将图 2-27(c)中的晶体管用 h 参数来替代，即可得到图 2-27(a)的微变等效电路如图例 2-5 所示。

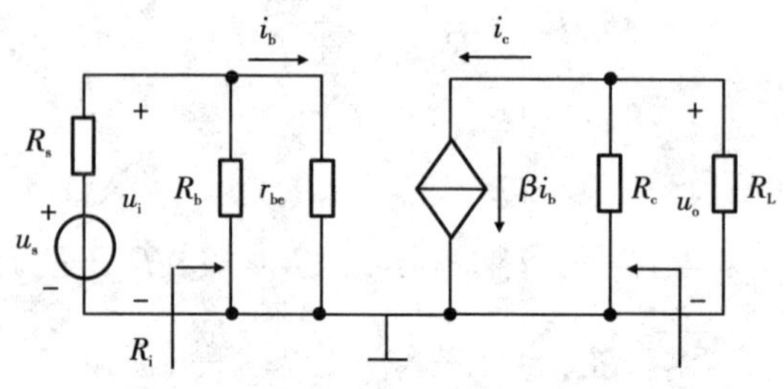

图例 2-5　图 2-27(a)的微变等效电路

(2)求 I_{EQ} 及 r_{be}。

$$I_{EQ} \approx \beta I_{BQ} = \beta \frac{E_C - U_{BEQ}}{R_b} \approx \beta \frac{E_C}{R_b} = 40 \times \frac{12\ \text{V}}{300\ \text{k}\Omega} = 1.6\ \text{mA}$$

$$r_{be} = r_{bb'} + (1+\beta) \frac{U_T}{I_{EQ}} = 200\ \Omega + (1+40) \frac{26\ \text{mV}}{1.6\ \text{mA}} \approx 866\ \Omega$$

(3)求 A_v、R_i、R_o。

$$A_v = \frac{u_o}{u_i} = \frac{-\beta i_b (R_C // R_L)}{i_b r_{be}} = \frac{-\beta R_L'}{r_{be}} \approx -92.4$$

$$R_i = R_b // r_{be} \approx 0.866\ \text{k}\Omega$$

$$R_o \approx R_c = 4\ \text{k}\Omega$$

(4)R_L 开路时，$A_u = \dfrac{-\beta R_c}{r_{be}} = \dfrac{-40 \times 4}{0.866} \approx -184.8$，$A_u$ 的数值增大了。

2.5　静态工作点的稳定

有一些电子设备，在常温下能够正常工作，但当温度升高时，性能就不稳定，甚至不能正常工作。产生这种问题的主要原因，是电子器件的性能受温度影响而发生变化。

2.5.1　温度变化对工作点的影响

三极管是一种对温度十分敏感的元件。温度变化对管子某些参数的影响主要体现在以下三方面：首先，从输入特性看，温度升高时 U_{BE} 将减小，在基本放大电路中，将会引起 I_{BQ} 的增大，但增加不太明显。这是因为在 $I_{BQ}=\frac{E_C-U_{BEQ}}{R_b}$ 中的 $U_{BEQ}\ll E_C$，所以，引起 I_{BQ} 的变化较小；其次，温度升高时管子的 β 将增加，使输出特性曲线之间的间隔加大；最后，温度升高还会使三极管的反向电流 I_{CBO} 急剧增加，这是因为反向电流是由少数载流子形成的，因此受温度的影响比较大。

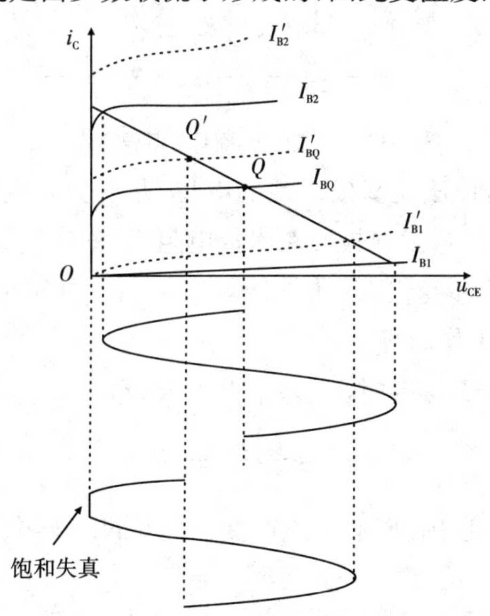

实线：20 ℃时的特性曲线　　　虚线：50 ℃时的特性曲线

图 **2-32**　温度对 **Q** 电荷输出波形的影响

也就是说，由于温度的升高，将导致三极管的集电极电流 I_C 增大，假设在 20℃时，三极管的输出特性曲线如图 2-32 实线所示，而温度上升至 50℃时，特性变为如图中虚线所示。在基本放大电路中，静态工作点将由 Q 点上移至 Q' 点。电路在常温下能够正常工作，但当温度升高后，静态工作点移近饱和区，使输出波形产生严重的饱和失真。

2.5.2　基本工作点稳定电路

通过上面的分析可以看到，引起工作点波动的主要因素是三极管本身所具有的温度特性，这是其内因所致；而环境温度是变化的，这是外因。所以，解决这个问题要从这两方面来想办法。

如果从外因来解决，就是要保持放大电路的工作温度恒温，可以使电路置于恒温槽中，这种办法要付出的代价是很高的，只在一些有特殊要求的地方采用。实际应用中，通常是从放大电路上想办法，在允许一定温度变化范围的前提下，尽量减小工作点的变化。图 2-33 给出的是最常见的工作点稳定电路。它和前面讲过的共射电路之间的差别，在于发射极接了一个电阻 R_e 和一个电容 C_e，而基极接

了两个分压电阻 R_{b1} 和 R_{b2}。

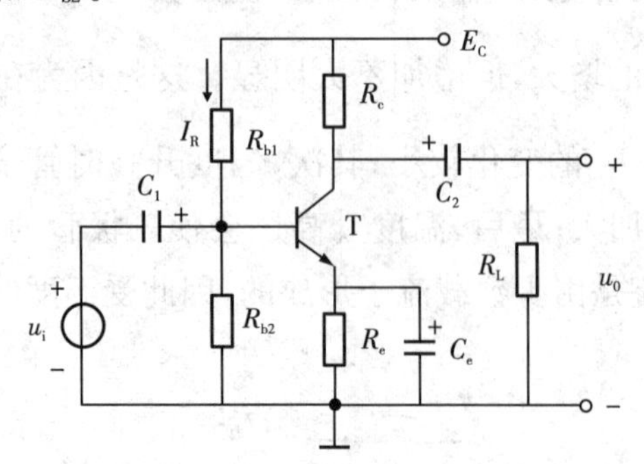

图 **2-33** 电流负反馈工作点稳定电路

这样做的目的是，设法使基极对地的电位 U_B 不受温度变化的影响而保持基本稳定，当 I_c 变化时，通过发射极回路串接电阻 R_e 来引起发射级电压 U_E 的变化，从而和 U_B 相比较，使 U_{BE} 变化，反过来影响 I_c 的变化，其结果可维持 I_{CQ} 基本不变。现分别讨论各部分的工作原理。

先看基极回路，当 $I_R \gg I_B$ 时，U_B 基本上由 R_{b1} 和 R_{b2} 的分压决定，即

$$U_B \approx \frac{R_{b1}}{R_{b1}+R_{b2}} E_C \tag{2-35}$$

所以即使 I_B 在温度变化时有一点改变，对 U_B 的影响并不大。因此，可以认为 U_B 基本上是恒定的。

其过程是：通过较小的电阻 R_{b1} 和 R_{b2} 分压，将基极电位 U_B 稳定（不变化），当环境温度上升使三极管的参数 β 增大、U_{BE} 减小，引起 I_B 增加，I_C 也随之增加，则 $U_E \approx I_C R_e$ 必然增加。由于固定了 U_B，加到基极和发射极之间的电压 $U_{BE}=U_B-U_E$ 将减小，从而使 I_B 减小，I_C 也随之减小，这样就限制了 I_C 的增加，使它们基本上不随温度而改变。这是通过 I_E 的负反馈作用，限制了 I_C 的改变，即 I_{CQ} 变大时：$I_{CQ}\uparrow \rightarrow I_{EQ}\uparrow \rightarrow U_E\uparrow \rightarrow U_{BEQ}\downarrow \rightarrow I_{BQ}\downarrow \rightarrow I_{CQ}\downarrow$ 最终导致 I_{CQ} 减小，使电路的静态工作电流 I_{CQ} 保持稳定。所以图 2-33 所示的电路称为电流负反馈式工作点稳定电路。这种把输出量（I_C）引回到输入部分（U_{BE}）的措施叫“反馈”，反馈的结果使输出量变化减弱的形式称为“负反馈”。

这种方法就通过稳定 U_B 来达到限制 I_C 变化的目的，在电路中，通过较小的分压电阻 R_{b1}、R_{b2}，来稳定晶体管基极电压 U_B，因基极与发射极之间电压变化（相对于电源电压来说）很小，可被忽略，使得发射极电压 U_E 也随之稳定，而射极电阻 R_e 两端的电压 U_E 大小变化反映 I_{CQ} 的大小，即 $I_{CQ}=I_{EQ}=U_E/R_e$，且 $R_e=$ 常数，而 $U_{BEQ}=U_B-U_{EQ}$，所以 I_{CQ} 也就随之稳定。

显然，R_e 越大，同样的电流变化所产生的 U_E 变化也越大，则电路的温度稳定性越好。不过 R_E 的增加，将减小 I_C，使输出电压幅度减小，为了保持同样的输出电压幅度，势必要加大 U_B，进而需要增大 E_C，而这是我们所不希望的。

比较式(2-29)与式(2-36)可以发现，由于 R_e的存在，使得 A_u大大地减小。一个补救的措施就是加一个大的电容 C_e。只要电流交流分量在 C_e 上的压降可以忽略，那么在计算电压放大倍数时，就可以认为 R_e被 C_e短路，因此结果将与基本共射电路相同，C_e称为“旁路电容”。

在分析静态工作点时，先用式(2-38)计算 U_B，而 $I_E=\dfrac{U_B-U_{BE}}{R_e}$，

即，
$$I_c\approx\frac{U_B-U_{BE}}{R_e} \tag{2-39}$$

当 $U_B\gg U_{BE}$时，可近似认为 $I_C\approx I_E$，联立式(2-38)、(2-39)可得：

$$I_c\approx\frac{U_B}{R_e}=\frac{R_{b1}}{R_e(R_{b1}+R_{b2})}E_C \tag{2-40}$$

由上式可知，I_C或 I_E基本上由电源电压和电阻值决定。

为了保证 U_B基本不变，希望 I_R越大越好，亦即 R_{b1}、R_{b2}越小越好。但是，从节省电源消耗的角度出发，并不希望 I_R 太小，R_{b1}、R_{b2}减小以后，放大器的输入电阻将随之减小，这也是不利的。通常选取 $I_R=(5\sim10)I_B$，且 $U_B=(5\sim10)U_{BE}$。

值得注意的是：微变等效电路的 h 参数都是小信号参数，即微变参数，只适合对交流小信号的分析；h 参数与工作点有关，一般在放大区变化不大，基本保持稳定；不能用于求解电路的静态工作点。

例 2-6　在图 2-33 的电路中，已知 $R_{b1}=2.5\ \text{k}\Omega$，$R_{b2}=7.5\ \text{k}\Omega$，$R_c=2\ \text{k}\Omega$，$R_e=1\ \text{k}\Omega$，$R_L=2\ \text{k}\Omega$，$E_C=12\ \text{V}$，三极管 $\beta=30$，试计算此放大电路的静态工作点和电压放大倍数 U_o/U_i。如果信号内阻 $R_S=10\ \text{k}\Omega$，则此时的源电压放大倍数 U_o/U_S又是多少？

解：$U_B\approx\dfrac{R_{b1}}{R_{b1}+R_{b2}}E_C=\dfrac{2.5}{7.5+2.5}\times12\ \text{V}=3\ \text{V}$

$I_E=\dfrac{U_B-U_{BE}}{R_e}=\dfrac{3-0.7}{1}=2.3\ \text{mA}$

$I_C\approx I_E=2.3\ \text{mA}$

$I_B=\dfrac{I_C}{\beta}=\dfrac{2.3}{30}\ \text{mA}\approx0.7\ \text{mA}$

$U_{CE}=E_C-I_C(R_C+R_E)=12-2.3(2+1)\ \text{V}=5.1\ \text{V}$

由此看到，I_C的大小基本上与管子的参数无关，因此，即使三极管的特性不一样，电路的静态工作点 I_C值也没有多少改变。这在大批生产或常需要更换三极管的地方提供了很多方便。

由于接入了旁路电容C_e，所以电压放大倍数和基本放大电路相同，即 $A=-\dfrac{\beta R'_L}{r_{be}}$，由 $I_E=2.3\ \text{mA}$，$\beta=30$，根据式(2-27)可得

$$r_{be}=300\ \Omega+(1+30)\frac{26\ \text{mV}}{2.3\ \text{mA}}\approx 650\ \Omega$$

而 $R'_L=R_c/\!/R_L=1\ \text{k}\Omega$

所以 $A_u=\dfrac{-\beta R_c}{r_{be}}=\dfrac{-30\times 1}{0.65}\approx -46.2$

如信号源有内阻 R_S，则此时的源电压放大倍数 U_o/U_i 将要在 A_u 的基础上乘以一个分压系数，即按 R_S 和输入电阻 r_i 的分压关系，即

$$A_{us}=\frac{U_o}{U_s}=\frac{r_i}{R_s+r_i}A_u$$

在本例中 $r_i=R_{b1}/\!/R_{b2}/\!/r_{be}==2.5/\!/7.5\ /\!/0.65=0.483\ \text{k}\Omega=483\ \Omega, R_s=10\ \text{k}\Omega$，则

$$A_{us}=\frac{r_i}{R_s+r_i}A_u=\frac{0.483}{10+0.483}\times(-46.2)=-2.12$$

可见，在 $R_S\gg r_i$ 时，放大倍数将损失很多。

2.6 基本放大电路的三种组态

前面讨论了共射基本放大电路。由于输入和输出回路的公共端不同，三极管除共射组态还有共集组态和共基组态，下面先讨论这两种组态，然后对三种组态的特点和应用进行分析比较。

2.6.1 共集组态基本放大电路

共集组态基本放大电路如图 2-34 所示，其直流工作状态和动态分析如下。

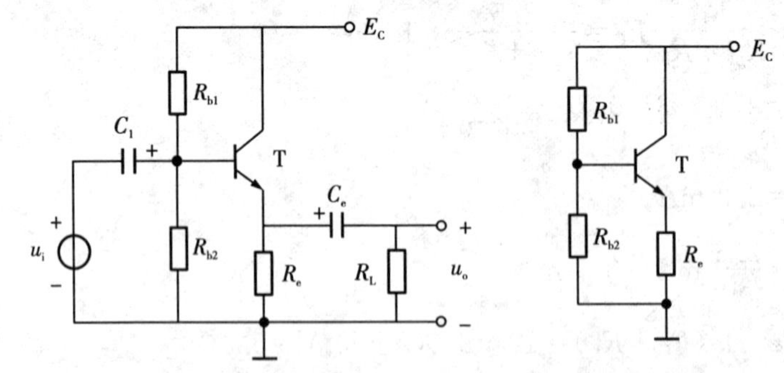

(a) 共集组态放大电路　　(b)共集放大电路直流通路

图 2-34　共集组态放大电路及其直流通路

(1)直流分析。

共集组态基本放大电路图 2-34(a)的直流通路如图 2-34(b)所示，于是有

$$I_{BQ}=(U_b-U_{BE})/[R'_b+(1+\beta)R_e] \tag{2-41}$$

$$I_C=\beta I_B \tag{2-42}$$

$$U_{CE}=E_C-I_ER_e=E_C-I_CR_e \tag{2-43}$$

(2)交流分析。

将图 2-34(a)共集放大电路的中频微变等效电路画出，如图 2-35 所示。

① 中频电压放大倍数

$$\dot{A}_v=\frac{\dot{U}_o}{\dot{U}_i}==\frac{\beta R'_L}{r_{be}+(1+\beta)R'_L}\approx 1 \tag{2-44}$$

比较共射和共集组态放大电路的电压放大倍数公式，它们的分子都是 β 乘以输出电极对地的交流等效负载电阻，分母都是三极管基极对地的交流输入电阻，但大小不同。

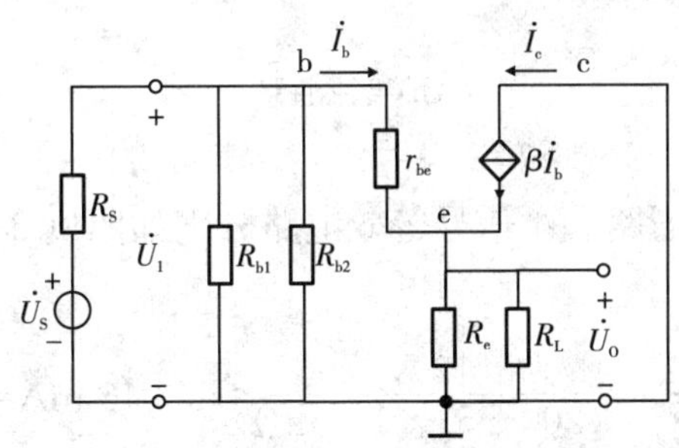

图 2-35　共集组态微变等效电路

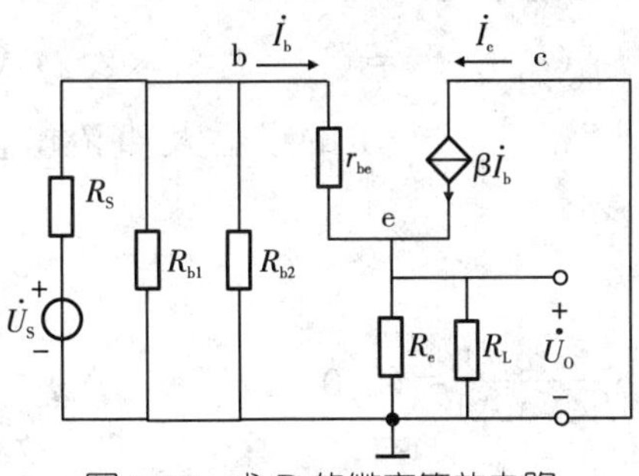

图 2-35　求 R_o 的微变等效电路

②输入电阻

$$R_i=R_{b1}//R_{b2}//[r_{be}+(1+\beta)R_L{}']\tag{2-45}$$

③输出电阻

$$R'_L=R_L//R_e$$

输出电阻可由图 2-35 求出。将输入信号源 $\dot{U}_s$ 短路，负载开路，由所加的等效输出信号 $U_o{}'$ 可以求出输出电流

$$\dot{I}'_o=\dot{I}_b+\beta\dot{I}_b+\dot{I}_{Re}=\dot{I}_b(1+\beta)+(\dot{U}_o/R_e)$$

$$\dot{I}_b=\dot{U}'_o/(r_{be}+R_s),R'_s=R_s//R_{b1}//R_{b2}$$

$$\dot{I}'_o=[\dot{U}'_o(1+\beta)/(r_{be}+R'_s)]+(\dot{U}'_o/R_e)$$

$$R_o=\frac{\dot{U}'_o}{\dot{I}'_o}=R_e /\!/ \frac{r_{be}+R'_s}{1+\beta} \tag{2-46}$$

例 2-7 电路如图例 2-7(a)所示,已知 BJT 的 $\beta=50$,$U_{BEQ}=-0.7$ V,试求该电路的静态工作点 Q、A_v、R_i、R_0,并说明它属于什么组态。

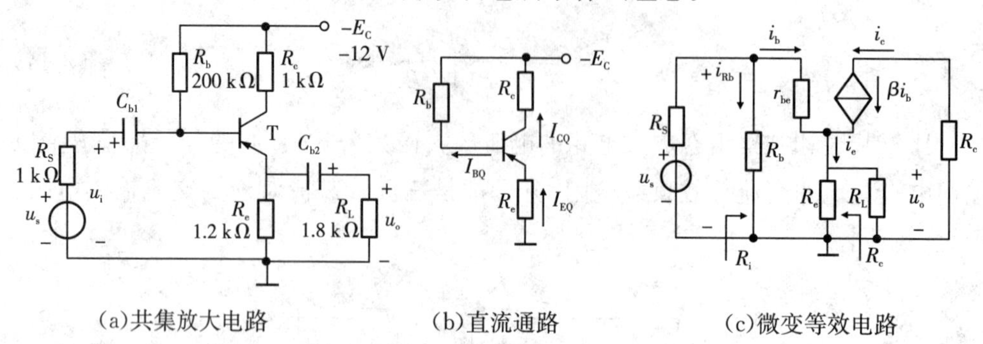

(a)共集放大电路　　(b)直流通路　　(c)微变等效电路

图例 2-7　共集组态放大及其等效电路

解:该电路的直流通路和小信号等效电路分别如图例 2-7(b)、(c)所示。由直流通路可知

$$I_{BQ}=\frac{E_C-U_{BEQ}}{R_b+(1+\beta)R_e}\approx\frac{12\text{ V}}{(200+51\times1.2)\text{k}\Omega}\approx0.046\text{ mA}=46\ \mu\text{A}$$

$$I_{CQ}=\beta I_{BQ}=50\times0.046\text{ mA}=2.30\text{ mA}$$

$$E_C=-U_{CEQ}=E_C-I_{CQ}(R_c+R_e)=(12-2.30\times2.2)\text{ V}=6.94\text{ V}$$

注意:对于 PNP 管来说,直流电压的极性及直流电流的方向均与 NPN 管相反。

三极管的输入电阻为

$$r_{be}=200\ \Omega+(1+\beta)\frac{26(\text{mV})}{I_{EQ}(\text{mA})}=(200+51\times\frac{26}{2.30})\Omega\approx776\ \Omega$$

由图 2-32 可知

$$u_o=i_e(R_e/\!/R_L)=(1+\beta)i_b(R_e/\!/R_L)$$

$$u_i=i_b r_{be}+(1+\beta)i_b(R_e/\!/R_L)$$

所以

$$A_v=\frac{v_o}{v_i}=\frac{(1+\beta)(R_e/\!/R_L)}{r_{be}+(1+\beta)(R_e/\!/R_L)}\approx0.98$$

$$R_i=R_b/\!/[r_{be}+(1+\beta)(R_e\parallel R_L)]\approx31.57\text{ k}\Omega$$

$$R_o=R_e/\!/\frac{r_{be}+R_s\parallel R_b}{1+\beta}\approx0.034\text{ k}\Omega=34\ \Omega$$

在此电路中,输入信号 u_i 由 BJT 的基极输入,输出信号 u_o 由发射极输出,集电极虽然没有直接与共同端连接,但它与 R_c 既在输入回路中,又在输出回路中,所以仍然是共集电极组态。

电阻 R_c(阻值较小)主要是为了防止调试时不慎将 R_e 短路,造成电源电压 E_C

全部加到 BJT 的集电极与发射极之间,是为了防止集电结和发射结过载被烧坏而接入的,称为“限流电阻”。

2.6.2　共基组态基本放大电路

共基组态放大电路如图 2-36(a)所示,其直流通路如图 2-36(b)所示。

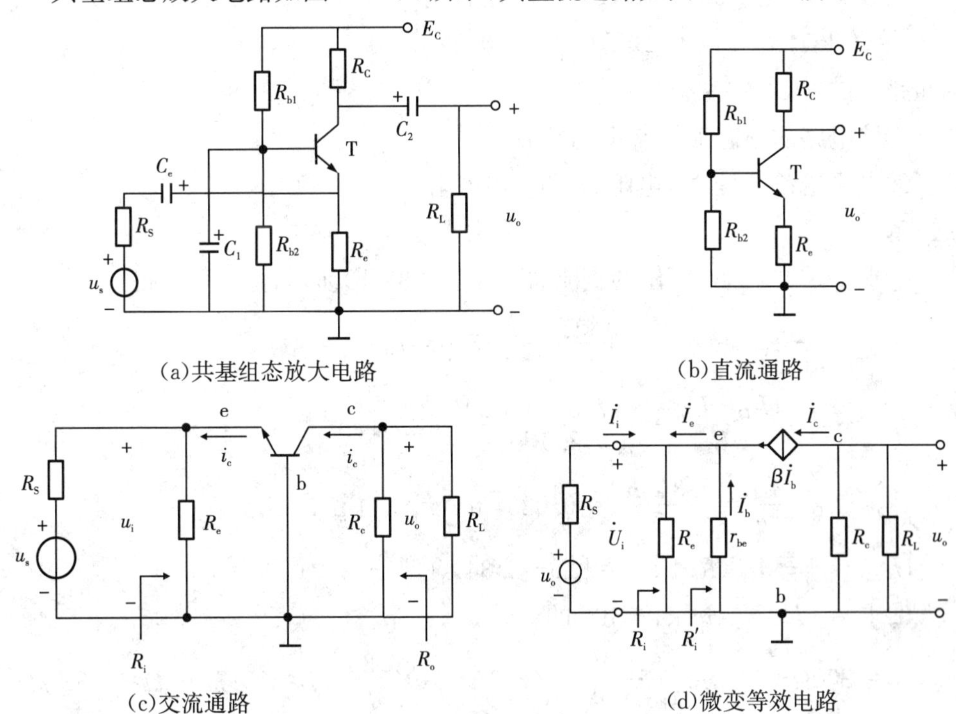

(a)共基组态放大电路
(b)直流通路
(c)交流通路
(d)微变等效电路

图 2-36　共基组态放大电路及其等效电路

1. 直流分析

求 Q 点的参数:电路的直流通路如图 2-36(b)所示,所以:

$$U_{BQ}=\frac{R_{b2}}{R_{b1}+R_{b2}}E_C \tag{2-47}$$

$$I_{CQ}\approx I_{EQ}=\frac{U_{BQ}-U_{BEQ}}{R_e} \tag{2-48}$$

$$I_{CQ}\approx I_{BQ}=\frac{I_{CQ}}{\beta}$$

$$U_{CEQ}=E_C-I_{CQ}(R_c+R_e) \tag{2-49}$$

2. 交流分析

共基极组态基本放大电路的交流通路如图 2-36(c)所示,其微变等效电路如图 2-36(d)所示。

(1)电压放大倍数:

$$A_u=\dot{U}_o/U_i=\beta R'_L/r_{be} \tag{2-50}$$

(2)输入电阻：

$$R_i=\dot{U}_i/\dot{I}_i=[r_{be}/(1+\beta)]/\!/R_e\approx r_{be}/(1+\beta) \tag{2-51}$$

(3)输出电阻：

$$R_o\approx R_c \tag{2-52}$$

例 2-8 在图 2-36 所示电路中，已知 $E_C=15$ V，$R_c=2.1$ kΩ，$R_e=2.9$ kΩ，$R_{b1}=R_{b2}=60$ kΩ，$R_L=1$ kΩ，BJT 的 $\beta=100$，$U_{BEQ}=0.7$ V。各电容对交流信号可视为短路。试求：

①该电路的静态工作点 Q 的参数；

②电压增益 A_v、输入电阻 R_i 和输出电阻 R_o。

解：

①求 Q 点的参数：画出的直流通路如图 2-33(b)所示，由此可求得

$$U_{BQ}=\frac{R_{b2}}{R_{b1}+R_{b2}}E_C=\frac{60\ \text{k}\Omega}{(60+60)\text{k}\Omega}\times 15\ \text{V}=7.5\ \text{V}$$

$$I_{CQ}\approx I_{EQ}=\frac{U_{BQ}-U_{BEQ}}{R_e}=\frac{(7.5-0.7)\ \text{V}}{2.9\ \text{k}\Omega}\approx 2.34\ \text{mA}$$

$$I_{CQ}\approx I_{BQ}=\frac{I_{CQ}}{\beta}=\frac{2.34\ \text{mA}}{100}=0.0234\ \text{mA}=23.4\ \mu\text{A}$$

$$U_{CEQ}=E_C-I_{CQ}(R_c+R_e)=[15-2.34\times(2.1+2.9)]\ \text{V}=3.3\ \text{V}$$

②求 A_u、R_i、R_o：先求得 BJT 的

$$r_{be}=200\Omega+(1+\beta)\frac{26(\text{mV})}{I_{EQ}(\text{mA})}=(200+101\times\frac{26}{2.35})\Omega\approx 1317.45\ \Omega\approx 1.32\ \text{k}\Omega$$

由式(2-50)得电压放大倍数：$A_v=\dfrac{\beta R'_L}{r_{be}}\approx 51.32$

由式(2-51)得输入电阻：$R_i=R_e/\!/\dfrac{r_{be}}{1+\beta}\approx 13\ \text{k}\Omega$

由式(2-52)得输出电阻：$R_o\approx R_e=2.1\ \text{k}\Omega$

2.6.3 三种基本放大电路的比较

表 2-2 中列出了共射、共基和共集三种基本放大电路的主要性能。同时，表中列进了具有发射极电阻的共射极电路，这种接法和共基接法、共集接法均不完全相同，但又是常常用到的一种电路，所以也把它作为一种典型接法列了进去。

这三种接法的主要特点和应用比较如下：

①共射电路具有较大的电压放大倍数和电流放大倍数，同时输入电阻、输出电阻又比较适中，输出电阻与集电极电阻有关，所以，一般只要对输入电阻、输出电阻和频率响应没有特殊的要求时，常采用共射电路，它被广泛地用作低频电压放大的输入级、中间级和输出级。

②共集电路的特点是电压跟随，这就是输入电阻很高、输出电阻很低，有电流放大作用，电压放大倍数接近于 1(而小于 1)，有电压跟随作用，频率特性好。由于具有这些特点，常被用作多级放大电路的输入级、输出级或作为隔离用的中间级(缓冲级)。

当它作为测量放大器的输入级时，因电路输入阻抗高，减小了被测信号在其源内阻上的影响，提高了测量的精度。例如在图 2-13 中，u_i 是一个有内阻的待测电压，这个内阻可能预先不知道，或者经常发生变化。显然，只要把量测放大器的输入电阻 r_i 大大提高，保证 r_i 总是比 U_s 的内阻 R_s 大许多倍，那么测量时，U_i 基本上等于 U_s。这样，把量测放大器接到被测电路上以后，才不致严重地改变被测电路原来的工作状态。

放大电路三种组态的主要性能如表 2-2 所示。

表 **2-2**

	共射极电路	共集电极电路	共基极电路
电路图	E_C R_{b1} R_c C_{b2} C_{b1} T R_s R_{b2} R_e R_L u_i u_s u_o	E_C R_b C_{b1} T C_{b2} R_s R_e R_L u_i u_s u_o	E_C R_{b1} R_e C_{b1} C_{b2} T R_s u_i R_c R_{b2} R_L C_{b3} u_s u_o
电压增益 A_v	$A_v=\frac{\beta R'_L}{r_{be}+(1+\beta)R_L}$ ($R'_L=R_c \parallel R_L$)	$A_v=\frac{(1+\beta)R'_L}{r_{be}+(1+\beta)R_L}$ ($R'_L=R_e \parallel R_L$)	$A_v=\frac{\beta R'_L}{r_{be}}$ ($R'_L=R_c \parallel R_L$)
u_o 与 u_i 的相位关系	反相	同和	同相
最大电流增益 A_vi	$A_i=\beta$	$A_i=1+\beta$	$A_i=\alpha$
输入电阻	$R_i=R_{b1} \parallel R_{b2} \parallel [r_{be}+(1+\beta)R_e]$	$R_i=R_b \perp \parallel [r_{be}+(1+\beta)R'_L]$	$R_i=R_c \parallel \frac{r_{be}}{1+\beta}$
输出电阻	$R_o=R_e$	$R_o=\frac{r_{be}+R'_L}{1+\beta} \parallel R_r$ ($R'_L=R_e \parallel r_b$)	$R_o=R_c$
用途	多极放大电路的中间级	输入级、中间级、输出级	高频或宽频带电路

当作为放大电路推动级时，由于负载的变化较大(负载电流变化较大)，很低

的输出电阻,可大大减小输出电流在输出电阻上的压降,保证输出电压的稳定。用射极输出器作为放大器的输出级比较合适。

③共基极放大电路只有电压放大作用,没有电流放大作用,有电流跟随作用,输出电阻与集电极电阻有关,由于它具有很低的输入电阻,可以减弱晶体管结电容的影响,电路的频率响应好,常用于高频或宽频带放大电路以及低输入阻抗的场合。另外,由于它的输出电阻高,还被用作恒流源、电位移动电路,在模拟集成电路中多有应用。

2. 三种组态的判别

一般看输入信号加在晶体管的哪个电极,输出信号从哪个电极取出。共射极放大电路中,信号由基极输入,集电极输出;共集电极放大电路中,信号由基极输入,发射极输出;共基极电路中,信号由发射极输入,集电极输出。

例 2-9 画出图例 2-9 所示各电路的直流通路和交流通路,分别判断两电路各属哪种放大电路,并写出 Q、$\dot{A}_u$、R_i 和 R_o 的表达式,设所有电容对交流信号均可视为短路。

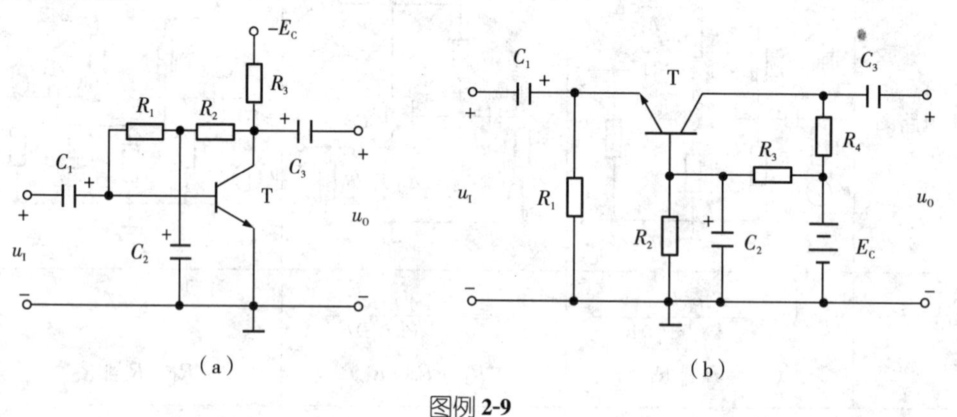

图例 2-9

解:(1)交直流通路:将电容开路可画出直流通路,如图解 2-9(a)、(b)所示。各电路的交流通路如图解 2-9(c)、(d)所示;

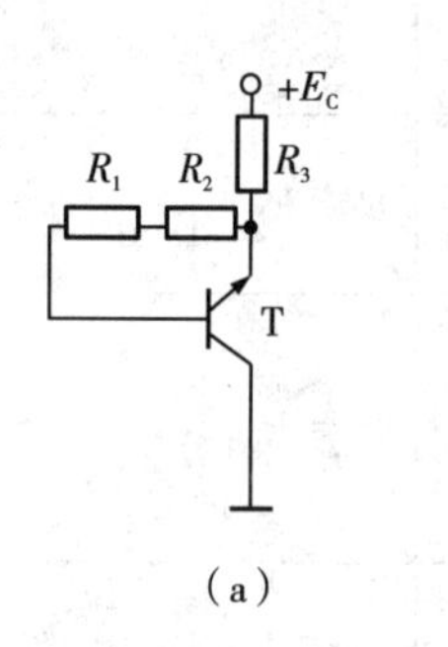

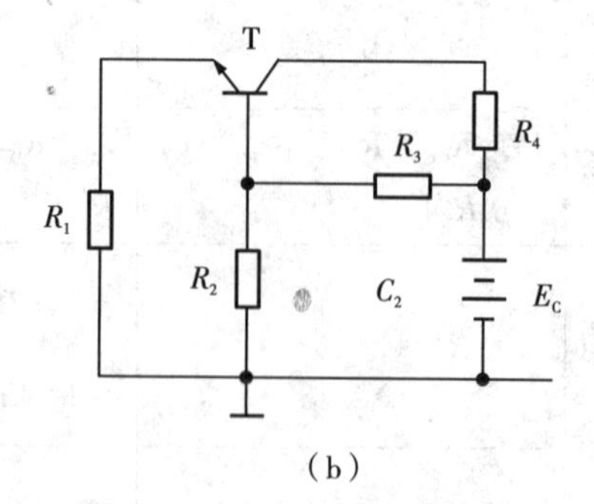

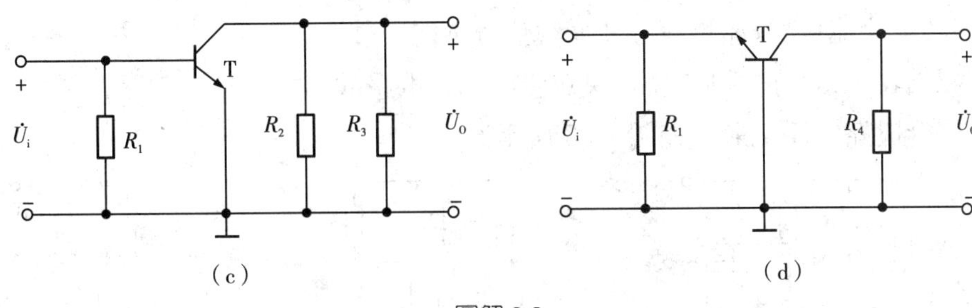

图解 **2-9**

(2)由交流通路图解 2-9(c)、(d)可知,图例 2-9(a)、(b)所示电流分别为共射电路、共基电路。

(3)图例 2-9(a)电路:$I_{BQ}=\dfrac{E_C-U_{BEQ}}{R_1+R_2+(1+\beta)R_3}$,$I_{CQ}=\beta I_{BQ}$,$U_{CEQ}=E_C-(1+\beta)I_{BQ}R_c$。

$\dot{A}_u=-\beta\dfrac{R_2/\!/R_3}{r_{be}}$,$R_i=r_{be}/\!/R_1$,$R_o=R_2/\!/R_3$

图例 2-9(b)电路:$I_{BQ}=(\dfrac{R_2}{R_2+R_3}U_{CC}-U_{BEQ})/[R_2/\!/R_3+(1+\beta)R_1]$,$I_{CQ}=\beta I_{BQ}$,

$U_{CEQ}=U_{CC}-I_{CQ}R_4-I_{EQ}R_1$。

$\dot{A}_u=\dfrac{\beta R_4}{r_{be}}$,$R_i=R_1/\!/\dfrac{r_{be}}{1+\beta}$,$R_o=R_4$。

2.7　多级放大电路

2.7.1　多级放大电路概述

单级放大电路的增益有限,很多情况下往往需要更高增益,这就需要将多个单级放大电路按照一定的耦合形式连接起来,构成多级放大电路。由于各级电路是前后相连的,它的总放大倍数应当是各单级放大倍数的乘积,计算时可先将各单级的增益计算出来,然后再把它们相乘。

1. 耦合形式

多级放大电路的连接,产生了单元电路间的级联问题,即耦合问题。放大电路的级间耦合必须要保证信号的传输,且保证各级的静态工作点正确。

直接耦合——耦合电路采用直接连接或电阻连接,不采用电抗性元件连接。直接耦合电路可传输低频甚至直流信号,因而缓慢变化的漂移信号也可以通过直接耦合放大电路。

电抗性元件耦合——级间采用电容或变压器耦合。即阻容耦合、变压器耦合，只传输交流信号，漂移信号和低频信号不能通过。

根据输入信号的性质，就可决定级间耦合电路的形式。

耦合电路的简化形式如图 2-37 所示。

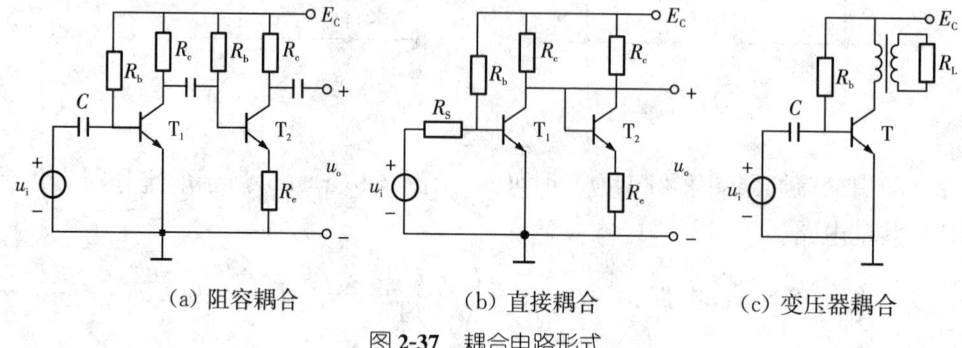

图 2-37 耦合电路形式

2. 零点漂移

零点漂移是三极管的工作点随时间而逐渐偏离原有静态值的现象。

产生零点漂移的主要原因是温度的影响，所以有时也用温度漂移或时间漂移来表示。工作点参数的变化往往由相应的指标来衡量。

一般将在一定时间内，或一定温度变化范围内的输出级工作点的变化值除以放大倍数，即将输出级的漂移值归算到输入级来表示。例如 μV/℃ 或 μV/min。

3. 直接耦合放大电路的构成

直接耦合或电阻耦合使各放大级的工作点互相影响，这是构成直接耦合多级放大电路时必须要加以解决的问题。

(1)电位移动直接耦合放大电路。

如果将基本放大电路去掉耦合电容，前后级直接连接，如图 2-38 所示。于是

$$U_{C1}=U_{B2}$$

$$U_{C2}=U_{B2}+U_{CB2}>U_{B2}(U_{C1})$$

这样，集电极电位就要逐级提高，为此后面的放大级要加入较大的发射极电阻，从而无法设置正确的工作点。这种方式只适用于级数较少的电路。

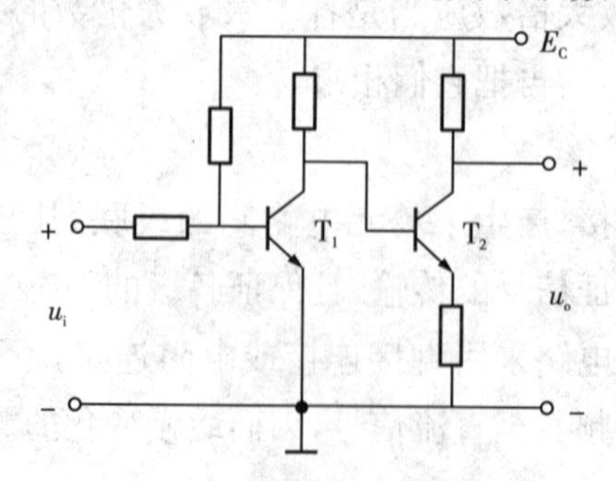

图 2-38 前后级的直接耦合

(2) NPN+PNP 组合电平移动直接耦合放大电路。

由于 NPN 管集电极电位高于基极电位，PNP 管集电极电位低于基极电位，级间采用 NPN 管和 PNP 管搭配的方式，可避免集电极电位的逐级升高。如图 2-39所示。

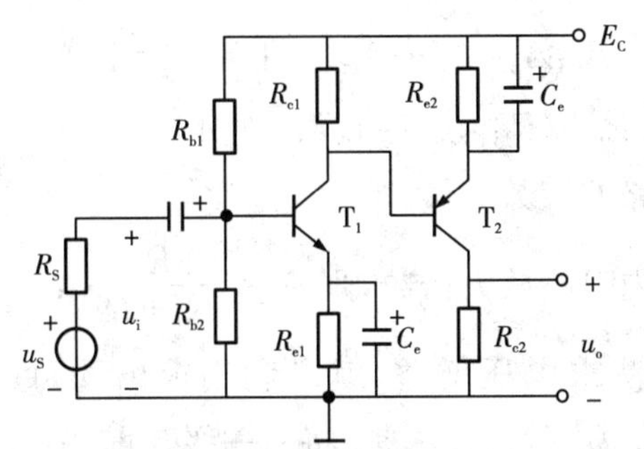

图 2-39　**NPN** 和 **PNP** 管组合

(3)电流源电平移动放大电路。

在模拟集成电路中常采用一种电流源电平移动电路，如图 2-40 所示。电流源在电路中的作用实际上是个有源负载，其上的直流压降小，通过 R_1 上的压降可实现直流电平移动。但电流源交流电阻大，在 R_1 上的信号损失相对较小，从而保证信号的有效传递。同时，输出端的直流电平并不高，实现了直流电平的合理移动。

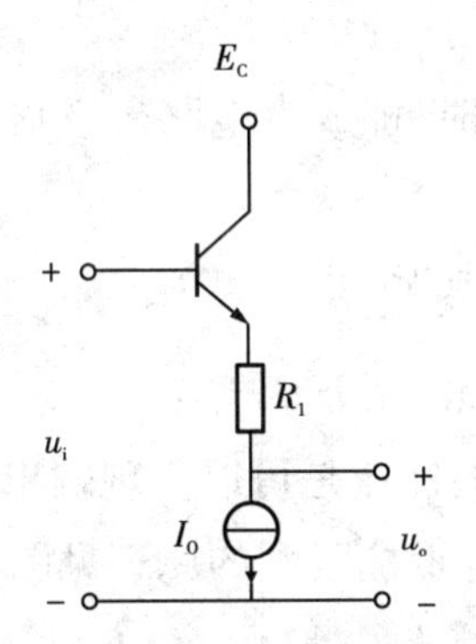

图 **2-40**　电流源电平移动电路

2.7.2　多级放大电路电压放大倍数的计算

在求分立元件多级放大电路的电压放大倍数时有多种处理方法，通常是在求出每一级的电压放大倍数的基础上，再求总的放大倍数。单级放大电路的放大倍数求解方法同前，在已知各级的静态工作点基础上，得到每一级的 h 参数，然后用微变等效电路法求各级放大倍数。

求电压增益的基本方法是，先求出每一级放大电路的放大倍数 A_{ui}，然后再将各级 A_{ui} 相乘即可求出总的 A_u。对于每一级的 A_{ui}，后面的一级电路的输入端自然成为该级电路的负载，在求每一级放大电路的放大倍数时，应当将后一级的输

入电阻 $R_{i(i+1)}$ 作为前一级的负载 R_{Li} 考虑，即把后级的输入电阻与该级输出电阻并联 $R_{Oi}/\!/R_{Li}$，作为该级总的负载电阻，即 $R'_{Li}=R_{Oi}/\!/R_{(i+1)}$，从而求出放大倍数 A_{ui}，即：

$$A_u=A_{u1}A_{u2}A_{u3}\cdots A_{un}=\prod_{i=1}^{n}A_{ui},i=1、2、\cdots、n \tag{2-53}$$

上式中每级 $R'_{Li}=R_{Oi}/\!/R_{(i+1)}$，$i=1、2、\cdots、n-1$

其中 n 为放大电路的级数。

如果考虑信号源内阻的放大倍数，则 $A_{us}=\dfrac{R_{i1}}{R_s+R_{i1}}A_u$ (2-54)

还可以运用开路法求电压增益，就是利用求出的每一级开路的放大倍数 A_{uoi}，来计算多级放大倍数 A_u。方法是：将后一级与前一级断开，计算前一级的开路电压放大倍数 A_{uo} 和它的负载电阻 R_{L1}，其后一级的输入电阻 R_{i2} 作为前一级的负载来考虑。因此，计算总的电压放大倍数时，即各级放大电路连接后的放大倍数，再将输出电阻和负载电阻的分压关系考虑进去。这种方法简称开路电压法。设放大电路的级数为 n 级，则

$$A_u=\lambda_1A_{uo1}\lambda_2A_{uo2}\lambda_3A_{uo3}\cdots\lambda_nA_{uon}=\prod_{j=1}^{n}\lambda_jA_{uoj},j=1、2、\cdots、N \tag{2-55}$$

$\lambda_j=\dfrac{R_{i(j+1)}}{R_{oj}+R_{i(j+1)}}$，即后一级的输入电阻 $R_{i(j+1)}$ 作为该级的负载电阻 R_{Lj}，λ_j 为各级输出端分压系数。当 $j=n$ 时（即放大电路末级）有：$\lambda_n=\dfrac{R_L}{R_{on}+R_L}$。 (2-56)

2.7.3 变压器耦合的特点

采用变压器耦合也可以隔除直流，传递一定频率的交流信号，因此各放大级的 Q 互相独立。变压器耦合的优点是可以实现输出级与负载的阻抗匹配，以获得有效的功率传输。变压器耦合阻抗匹配的原理见图 2-41(a)。

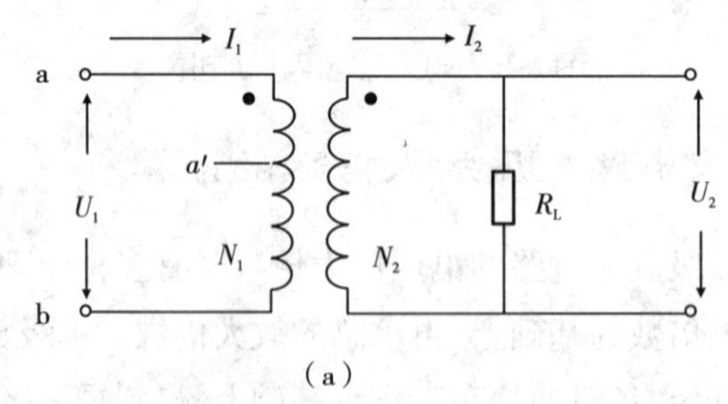

(a)

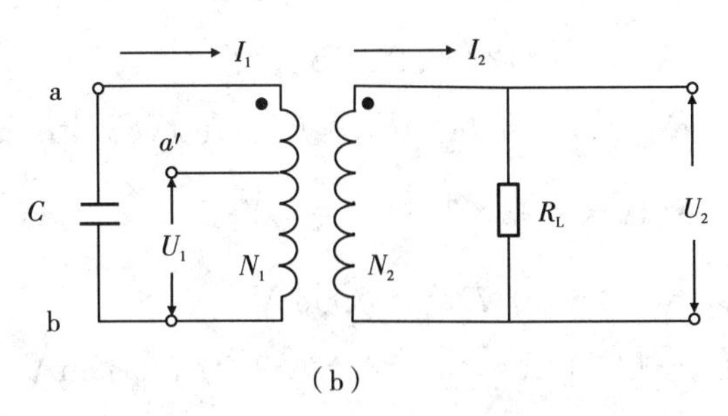

图 2-41　变压器的阻抗匹配

在理想条件下,变压器原副边的安匝数相等,有 $I_1 N_1 = I_2 N_2$,且 $U_2 = I_2 R_L$,并可以认为:$U_1 = I_1 R_1$,R_1为等效在原边的电阻。

根据原副边功率相等,即 $I_1 U_1 = I_2 U_2$,

$$得:R_1 = \left(\frac{N_1}{N_2}\right)^2 R_L \tag{2-57}$$

$$或:n^2 = \frac{R_1}{R_L} \tag{2-58}$$

即可以通过调整匝比 n 来使原副端阻抗匹配。

当变压器的原端作为谐振回路使用时,为了使较小的三极管输出电阻不影响谐振回路的 Q 值,在原端采用抽头的方式以实现匹配。此时将 U_1 接在 $a'b$ 之间就可以减轻三极管对 Q 值的影响。如图 2-41(b)所示。

例 2-10　设三极管的 $\beta_1 = \beta_2 = \beta = 100$,$U_{BE1} = U_{BE2} = 0.7$ V。计算总电压放大倍数。分别用直接求解法和开路电压法计算。

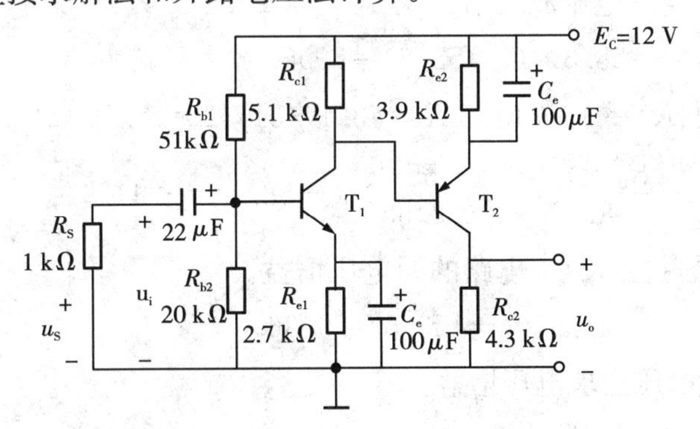

图例 2-10　两级放大电路计算例

(1) 用输入电阻法求电压增益。

各级的静态工作点

$$I_{BQ1} = \frac{E_C - U_{BE1}}{(R_{b1} /\!/ R_{b2}) + (1+\beta) R_{e1}} = \frac{3.38 - 0.7}{(51 /\!/ 20) + 101 \times 2.7} \text{ mA} = 0.0093 \text{ mA}$$

$= 9.3\ \mu\text{A}$

$$I_{CQ1} = \beta I_{BQ1} = 0.93 \text{ mA}$$

$U_{C1}=U_{B2}=U_c-I_{CQ1}R_{c1}=(12-0.93\times5.1)\ \text{V}=7.26\ \text{V}$

$U_{CEQ1}=E_C-I_{CQ1}R_{c1}-(I_{CQ1}+I_{BQ1})R_{e1}\approx E_C-I_{CQ1}(R_{c1}+R_{e1})$

$$=(12-0.93\times7.8)\ \text{V}=4.7\ \text{V}$$

$U_{E2}=U_{B2}+U_{BE2}=(7.26+0.7)\ \text{V}=7.96\ \text{V}$

$I_{EQ2}\approx I_{CQ2}=(E_C-U_{E2})/R_{e2}=[(12-7.96)/3.9]\ \text{mA}=4.04/3.9\ \text{mA}=1.04\ \text{mA}$

$U_{C2}=I_{CQ2}R_{c2}=(1.04\times4.3)\ \text{V}=4.47\ \text{V}$

$U_{CEQ2}=U_{C2}-U_{E2}=(4.47-7.96)\ \text{V}=-3.45\ \text{V}$

各级三极管的输入电阻

$$r_{be1}=r_{bb}+(1+\beta)\frac{26(\text{mV})}{I_{E1}(\text{mA})}=300\ \Omega+101\times\frac{26}{0.93}\ \Omega=3.1\ \text{k}\Omega$$

$$r_{be2}=r_{bb}+(1+\beta)\frac{26(\text{mV})}{I_{E2}(\text{mA})}=300\ \Omega+101\times\frac{26}{1.04}\ \Omega=2.8\ \text{k}\Omega$$

各级电压放大倍数

$$A_{u1}=-\frac{\beta(R_{c1}/\!/R_{i2})}{r_{be1}}=-\frac{100\times(5.1/\!/2.8)}{3.1}=-58.3$$

式中 $R_{i2}=r_{be2}$ 作为第一级的负载电阻。

$$A_{u2}=-\frac{\beta(R_{c2}/\!/R_L)}{r_{be2}}=-\frac{100\times4.3}{2.8}=-153.6$$

两级放大电路的电压放大倍数

$A_u=A_{u1}A_{u2}=-58.3\times(-153.6)=8955$

因输入电阻：$R_{i1}=r_{be1}/\!/R_{b1}/\!/R_{b2}=3.1/\!/51/\!/20=2.55\ \text{k}\Omega$

所以：$A_{us1}=\frac{R_{i1}}{R_S+R_{i1}}A_{u1}=\frac{2.55}{1+2.55}\times(-58.3)=-41.9$

考虑信号源内阻时放大电路的源电压增益。

$A_{us}=A_{us1}A_{u2}=-41.9\times(-153.6)=6436$

(2) 用开路电压法求电压增益。

第一级的开路电压增益

$$A_{u1}=-\frac{\beta R_{c1}}{r_{be1}}=-\frac{100\times5.1}{3.1}=-164.5$$

$R_{o1}\approx R_{c1}$

$$A_{u2}=-\frac{R_{i2}}{R_{o1}+R_{i2}}\times\frac{\beta R_{c2}}{r_{be2}}=-\frac{2.8}{5.1+2.8}\times\frac{100\times4.3}{2.8}=-54.3$$

$A_u=A_{u1}A_{u2}=(-164.5)\times(-54.3)=8932$

例 2-11　共射一共基电路如图例 2-11(a)所示，已知两只 BJT 的 $\beta=100$，$U_{BEQ}=0.7$ V，$r_{ce}=\infty$，其他参数如图所示。(1)当 $I_{CQ2}=0.5$ mA，$U_{CEQ1}=U_{CEQ2}=4$ V，$R_1+R_2+R_3=100$ kΩ 时，求 R_c、R_1、R_2 和 R_3 的值。(2)求该电路的总电压增益 A_v。(3)求该电路的输入电阻 R_i；和输出电阻 R_o。

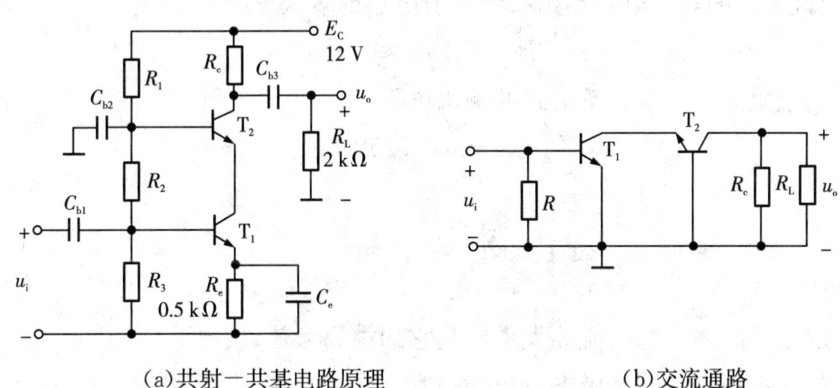

(a)共射一共基电路原理　　(b)交流通路

图例 **2-11**　共射一共基电路原理及其交流通路

解：(1)由图可知 $I_{EQ1}\approx I_{CQ1}=I_{EQ2}\approx I_{CQ2}=0.5$ mA。因 BJT 的 $\beta=100$，故两管基极的静态电流很小，计算时可以忽略。

$U_{EQ1}=I_{EQ1}R_e\approx I_{CQ2}R_e=(0.5\times0.5)$ V$=0.25$ V

$U_{BQ1}=U_{BEQ}+U_{EQ1}=(0.7+0.25)$ V$=0.95$ V

$U_{CQ2}=U_{EQ1}+2U_{CEQ1}=(0.25+8)$ V$=8.25$ V

$U_{BQ2}=U_{EQ1}+2U_{CEQ1}+U_{BEQ}=(0.25+4+0.7)$ V$=4.95$ V

$$R_c=\frac{E_C-U_{CQ2}}{I_{CQ2}}=\frac{(12-8.25)\ \text{V}}{0.5\text{mA}}=7.5\ \text{k}\Omega$$

忽略基极静态电流的情况下，可认为流过 R、$R2$、R 的直流电流相等，为 $E_C/(R_1+R_2+R_3)$，于是求得

$$R_3=\frac{U_{BQ1}}{\dfrac{E_C}{R_1+R_2+R_3}}=\frac{0.95\times100}{12}\text{k}\Omega\approx7.9\ \text{k}\Omega$$

$$R_2=\frac{U_{BQ2}-U_{BQ1}}{\dfrac{E_C}{R_1+R_2+R_3}}=\frac{(4.95-0.95)\times100}{12}\ \text{k}\Omega\approx33.3\ \text{k}\Omega$$

$$R_2=\frac{E_C-U_{BQ2}}{\dfrac{E_C}{R_1+R_2+R_3}}=\frac{(12-4.95)\times100}{12}\ \text{k}\Omega\approx58.8\ \text{k}\Omega$$

(2)求 A_v。

图例 2-11(b)是图例 2-11(a)所示电路的交流通路，其中 $R=R_C/\!/R_L$。

三极管的输入电阻 $r_{b1}=r_{b2}=r_{bb'}+(1+\beta)\dfrac{26\ \text{mA}}{I_{CQ}}=[200+(1+100)\dfrac{26\ \text{mA}}{0.5\ \text{mA}}]\Omega$

$\approx 5.45\ \text{k}\Omega$

$$A_v=\frac{v_o}{v_i}=A_{v1}A_{v2}=-\frac{\beta\frac{r_{b2}}{1+\beta}}{r_{b1}}\cdot\frac{\beta(R_C/\!/R_L)}{r_{b2}}\approx-\frac{\beta(R_C/\!/R_L)}{r_{b1}}\approx-29$$

(3)该电路的输入电阻为第一级共射电路的输入电阻

$$R_i=R/\!/r_{b1}\approx 3\ \text{k}\Omega$$

输出电阻为第二级共基电路的输出电阻

$$R_o\approx R_c=0.5\ \text{k}\Omega$$

本章小结

1. 双极型晶体管的电流放大系数是它的主要参数，按电路组态的不同有共射极电流放大系数 β 和共基极电流放大系数 α 之分。为了保证器件的安全运行，还有几项极限参数，如集电极最大允许功率损耗 P_{CM} 和若干反向击穿电压，如 $U_{(BR)CER}$ 等，使用同时应当予以注意。

2. 双极型晶体管在放大电路中有共射、共集和共基三种组态，根据相应的电路输出量与输入量之间的大小与相位的关系，分别将它们称为“反相电压放大器”、“电压跟随器”和“电流跟随器”。三种组态中的双极型晶体管都必须工作在发射结正偏，集电结反偏的状态。

3. 放大电路的分析方法有图解法和小信号模型分析法，前者是承认电子器件的非线性，后者则是将非线性特性的局部线性化。通常使用图解法或用近似计算法求 Q 点，而用小信号模型分析法求电压增益、输入电阻和输出电阻。

4. 放大电路静态工作点不稳定的原因主要是由于受温度的影响。常用的稳定静态工作点的电路有射极偏置电路等，它是利用反馈原理来实现的，又称“分压式电流负反馈偏置电路”。

5. 图解法，要掌握直流负载线与交流负载线的求解方法。求静态工作点时，首先画出电路的直流通路，对于常用的分压式电流负反馈偏置电路，可以先按照 $I_C\approx I_E=\frac{U_B-U_{BE}}{R_e}$，然后在输出特性曲线上找到它与直流负载线的交点。动态求解时，应先过 Q 点作交流负载线，然后再根据输出信号沿交流负载线移动情况进行分析。

6. 小信号模型分析时，应先作出电路的交流通路，其次把三极管用 h 参数等效模型替换，掌握简化的 h 参数中 h_{ie} 求解方法和 h_{fe} 的含义，然后求输入回路、输出回路的电压、电流关系，以 $i_C=\beta i_B$ 为代换变量，求出电路的 A_u、R_i、R_o 等参数。

7. 共射放大电路有发射极带电阻和不带电阻两种表达形式，它们的电压放大倍数(或称电压增益),输入、输出电阻等有很大不同。

8. 共基极、共集电极电路与共射电路相比,在电压增益、输入输出电阻等方面的异同。

9. 多级放大电路的增益,多级的电压增益是各单级电压增益的乘积,有输入电阻法和开路电压法两种计算方法;多级放大电路的输入电阻等于第一级的输入电阻,多级放大电路的输出电阻等于最后一级的输出电阻。

应用与讨论

1. 双极型晶体管是由两个 PN 结组成的三端有源器件,分 NPN 和 PNP 两种类型,它的三个端子分别称为发射极 e、基极 b 和集电极 c。由于硅材料的热稳定性好,因而硅 BJT 得到广泛应用。

2. 在双极型晶体管(BJT)的输入和输出特性中,输出特性用得较多。从输出特性上可以看出,用改变基极电流的方法可以控制集电极电流,因而双极型晶体管是一种电流控制器件。

3. 在使用 h 参数等效电路时,需要注意的几个问题:(1)电压源 $h_{re}u_{ce}$ 和电流源 $h_{fe}i_b$ 是受控源。$h_{re}u_{ce}$ 为受控电压源,$h_{fe}i_b$ 为受控电流源,方向不能任意假定,当 $u_{ce}=0$ 或 $i_b=0$ 时,一定有 $h_{re}u_{ce}=0$ 或 $h_{fe}i_b=0$。$h_{re}u_{ce}$ 常被忽略。(2)h 参数的大小与静态工作点有关。(3)等效电路中所反映的量都是微变量,适用于交流小信号情况,静态工作点是不能由 h 参数等效电路来计算的。

4. 半导体材料的光敏性和热敏性会使双极型晶体管的温度稳定性变差,但可利用它来制成特殊半导体器件,如光敏器件和热敏器件。

习 题 2

2-1 测得某放大电路中 BJT 的三个电极 A、B、C 的对地电位分别为 $U_A=-9$ V,$U_B=-6$ V,$U_C=-6.2$ V,试分析 A、B、C 中哪个是基极 b、发射极 e、集电极 c,并说明此 BJT 是 NPN 管还是 PNP 管。

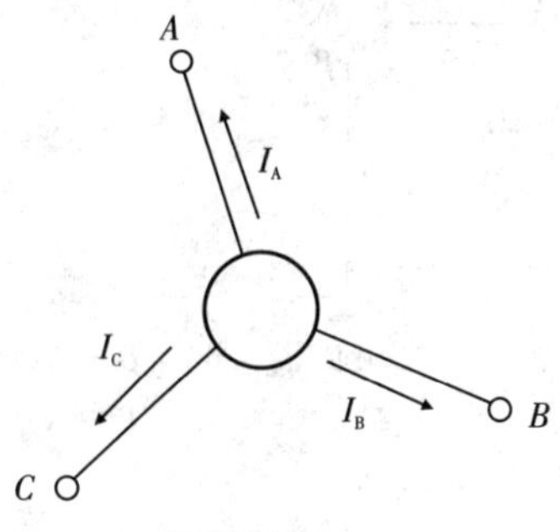

图题 **2-2**

2-2 某放大电路中 BJT 三个电极 A、B、C 的电流如图题 2-2 所示，用万用表直流电流挡测得，$I_A=-2$ mA，$I_B=-0.04$ mA. $I_C=+2.04$ mA，试分析 A、B、C 中哪个是基极 b、发射极 e、集电极 c，并说明此管是 NPN 还是 PNP 管，它的 $\beta=$？

2-3 某 BJT 的极限参数 $I_{CM}=100$ mA，$P_{CM}=150$ mW，$U_{(BR)CEO}=30$ V，若它的工作电压 $U_{CE}=10$ V，则工作电流 I_C 不得超过多大？若工作电流 $I_C=1$ mA，则工作电压的极限值应为多少？

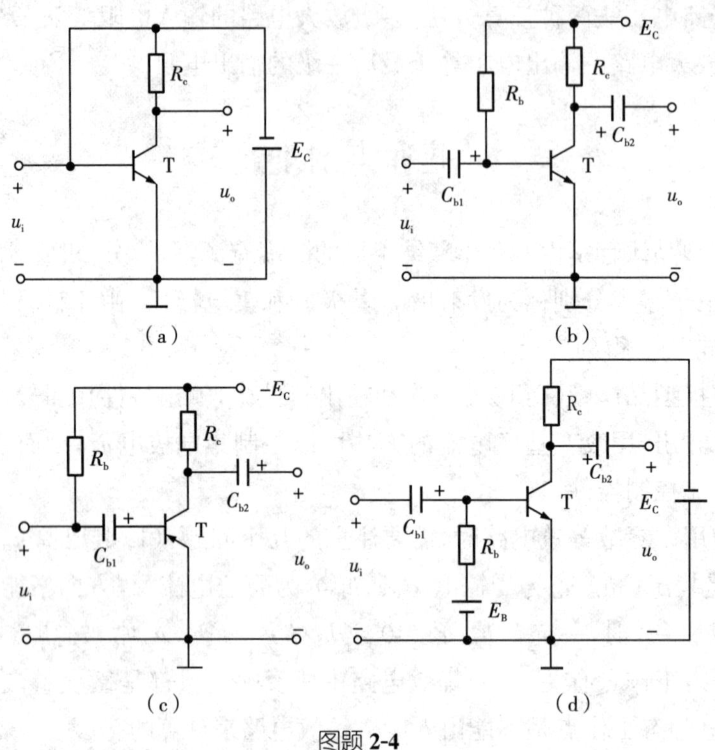

图题 **2-4**

2-4 试分析图题 2-4 所示各电路对正弦交流信号有无放大作用，并简述理由(设各电容的容抗可忽略)。

2-5 电路如图题 2-5 所示，设 BJT 的 $\beta=80$，$U_{BE}=0.6$ V，I_{CEO}、U_{CES} 可忽略不计，试分析当开关 S 分别接通 A、B、C 三位置时，BJT 各工作在其输出特性曲线的哪个区域，并求出相应的集电极电流 I_C。

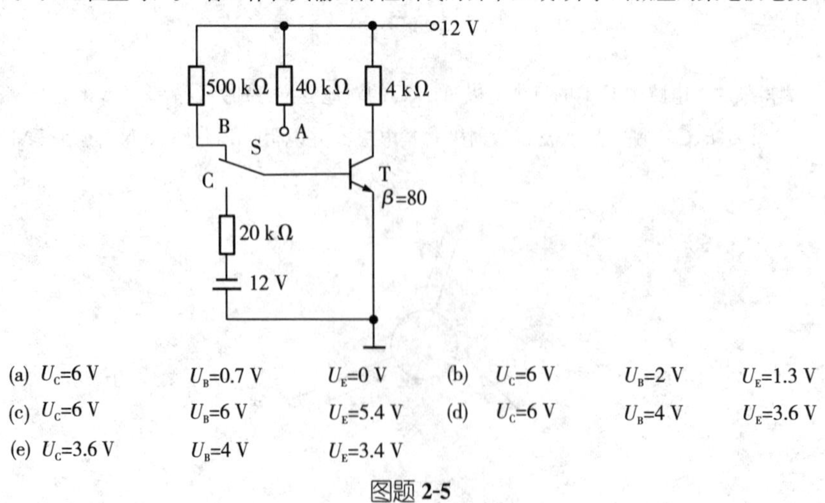

图题 **2-5**

2-6　测量某硅 BJT 各电极对地的电压值如下，试判别管子工作在什么区域。

2-7　BJT 的输出特性如图题 2-7 所示。求该器件的 β 值；当 $i_C=10$ mA 和 $i_C=20$ mA 时，管子的饱和压降 U_{CES} 为多少？

2-8　设输出特性如图题 2-7 所示的 BJT 接入图题 2-8 所示的电路，图中 $E_C=15$ V，$R_C=1.5$ kΩ，$i_B=20$ μA，求该器件的 Q 点。

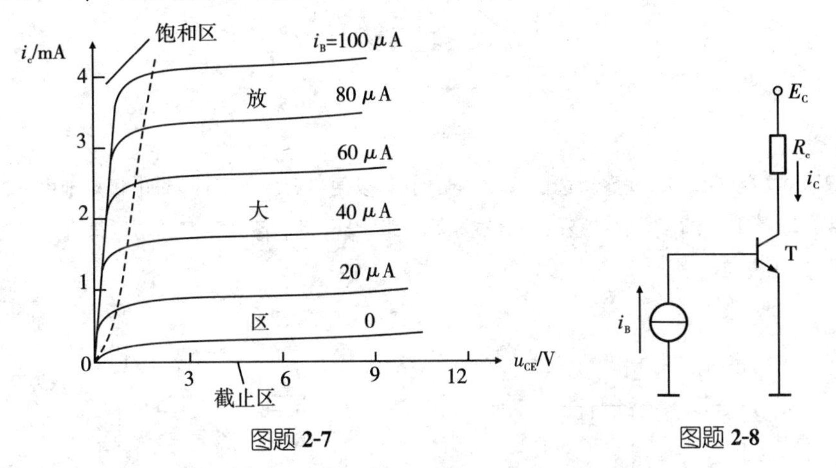

图题 **2-7**　　　　图题 **2-8**

2-9　若将图题 2-7 所示输出特性的 BJT 接成图题 2-8 的电路，并设 $E_C=12$ V，$R_C=1$ kΩ，在基极电路中用 $E_B=2.2$ V 和 $R_b=50$ kΩ 串联以代替电流源 i_B。求该电路中的 I_{BQ}、I_{CQ} 和 U_{CEQ} 的值，设 $U_{BEQ}=0.7$ V。

2-10　设输出特性如图题 2-7 所示的 BJT 连接成图题 2-4(d)所示的电路，其基极端上接 $E_B=3.2$ V 与电阻 $R_b=20$ kΩ 相串联，而 $E_C=6$ V，$R_C=200$ Ω，求电路中的 I_{BQ}、I_{CQ} 和 U_{CEQ} 的值，设 $U_{BEQ}=0.7$ V。

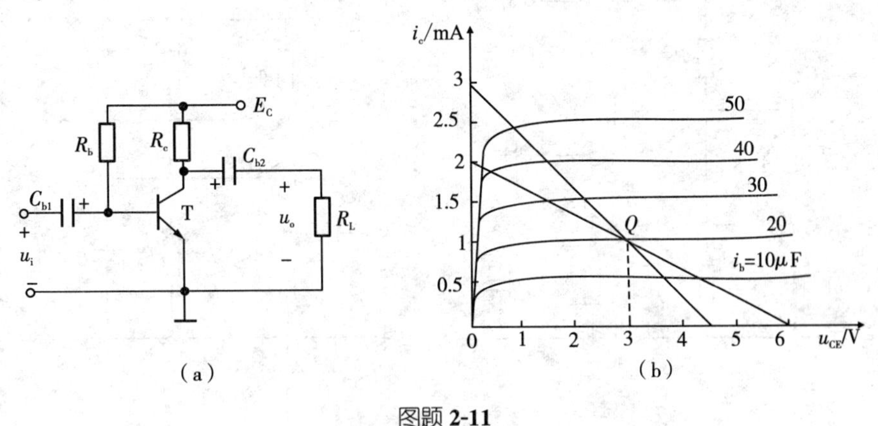

图题 **2-11**

2-11　电路如图题 2-11(a)所示，该电路的交、直流负载线绘于图题 2-11(b)中，试求：(1)电源电压 E_C，静态电流 I_{BQ}、I_{CQ} 和管压降 U_{CEQ} 的值；(2)电阻 R_b、R_C 的值；(3)输出电压的最大不失真幅度；(4)要使该电路能不失真地放大，基极正弦电流的最大幅值是多少？

2-12　设 PNP 型硅 BJT 的电路如图题 2-12 所示。问 U_B 在什么变化范围内，使 T 工作在放大区？令 $\beta=100$。

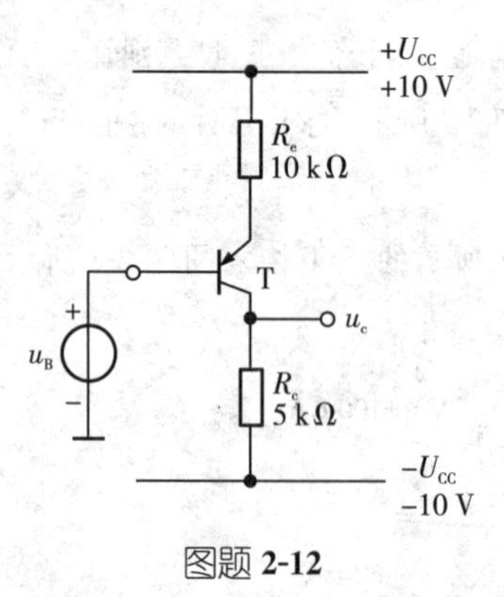

图题 **2-12**

2-13 在图题 2-12 中，试重新选取 R_e 和 R_c 的值，以便当 $u_B=1$ V 时，集电极对地电压 $u_c=0$。

2-14 画出图题 2-14 所示电路的小信号等效电路，设电路中各电容容抗均可忽略，并注意标出电压、电流的正方向。

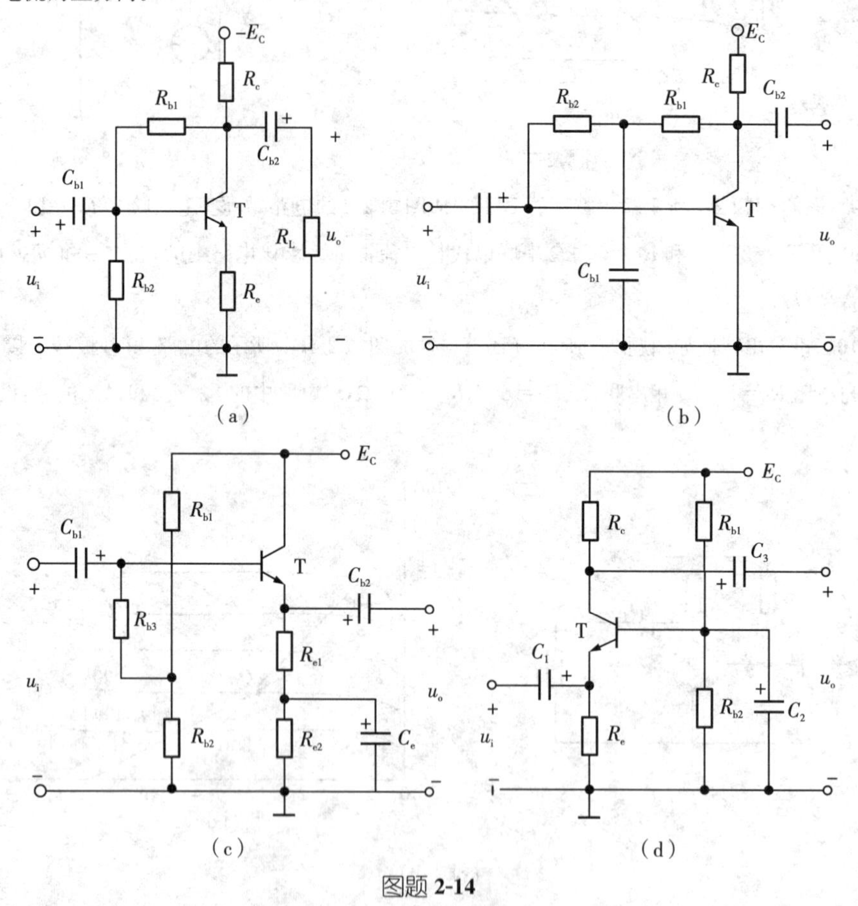

图题 **2-14**

2-15 单管放大电路如图题 2-15 所示，已知 BJT 的电流放大系数 $\beta=50$。(1)估算 Q 点；(2)画出简化 h 参数小信号等效电路；(3)估算 BJT 的输入电阻 r_{be}；(4)如输出端接入 4 kΩ 的电阻负载，计算 $A_u=u_o/u_i$ 及 $A_{us}=u_o/u_s$。

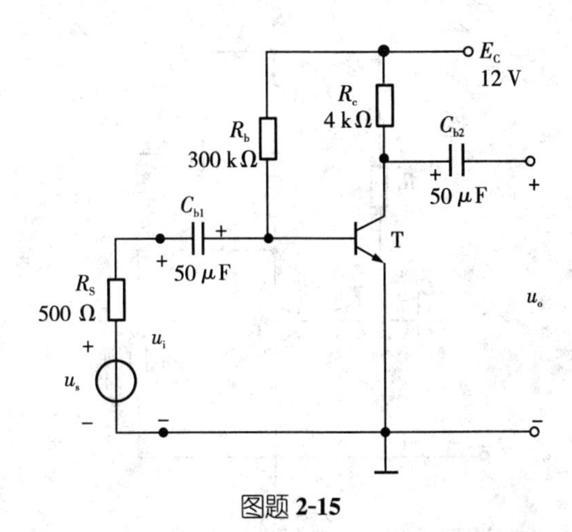

图题 2-15

2-16　放大电路如图题 2-11 所示，已知 $E_C=12$ V，BJT 的 $\beta=20$。若要求 $A_u\geqslant 100$，$I_{CQ}=1$ mA. 试确定 R_e、R_c 的值，并计算 U_{CEQ}。设 $R_L=\infty$。

2-17　电路如图题 2-17 所示，已知 BJT 的 $\beta=100$，$U_{BEQ}=-0.7$ V。(1)试估算该电路的 Q 点；(2)画出简化的 h 参数小信号等效电路；(3)求该电路的电压增益 A_u、输入电阻 R_i、输出电阻 R_o；(4)若 u_o 中的交流成分出现图题 2-17 所示的失真现象，问是截止失真还是饱和失真？为消除此失真，应调整电路中的哪个元件？如何调整？

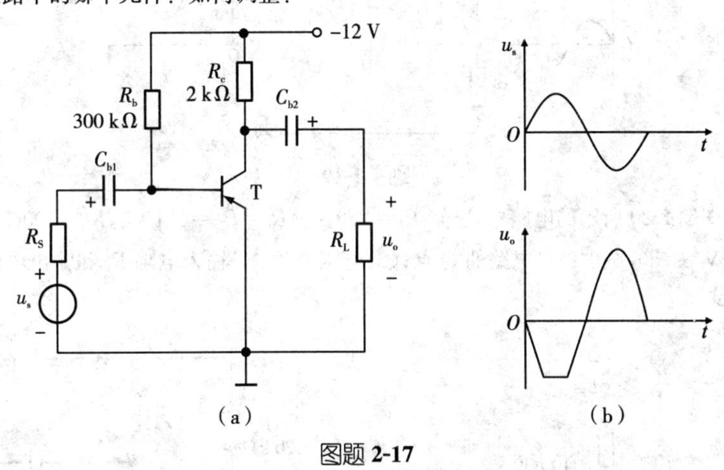

图题 2-17

2-18　在图题 2-18 所示电路中，设电容 C_1、C_2、C_3 对交流信号可视为短路。(1)写出静态电流 I_{CQ} 及电压 U_{CEQ} 的表达式；(2)写出电压增益 A_v 小输入电阻 R_i；和输出电阻 R_o 的表达式；(3)若将电容 C_3 开路，对电路将会产生什么影响？

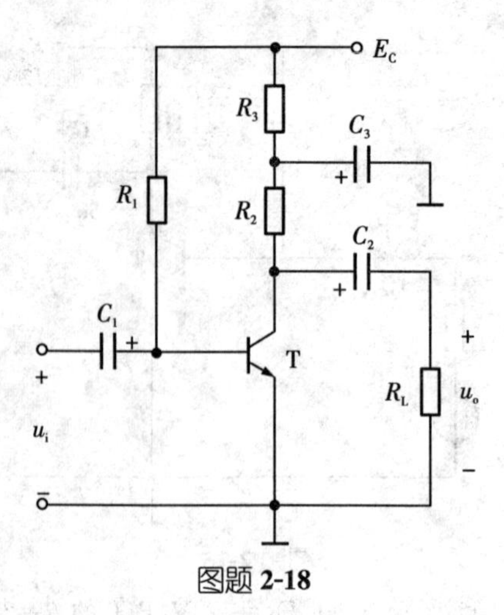

图题 **2-18**

2-19　图题 2-19 所示电路属于何种组态？其输出电压 u_0 的波形是否正确？若有错，请改正。

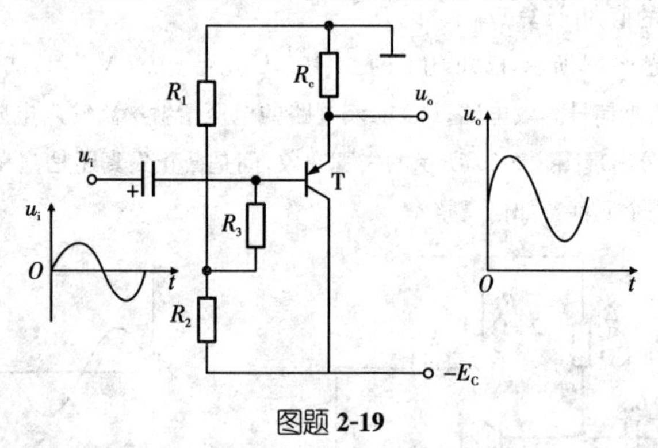

图题 **2-19**

2-20　在图题 2-20 所示的电路中，已知 $R_b=260\ \mathrm{k\Omega}$，$R_e=R_L=5.1\ \mathrm{k\Omega}$，$R_S=500\ \Omega$。

$U_{EE}=12$ V，$\beta=50$，试求：(1)电路的 Q 点；(2)电压增益 A_v、输入电阻 R_i 和输出电阻 R_o；(3)若 $u_s=200$ mV，求 u_o。

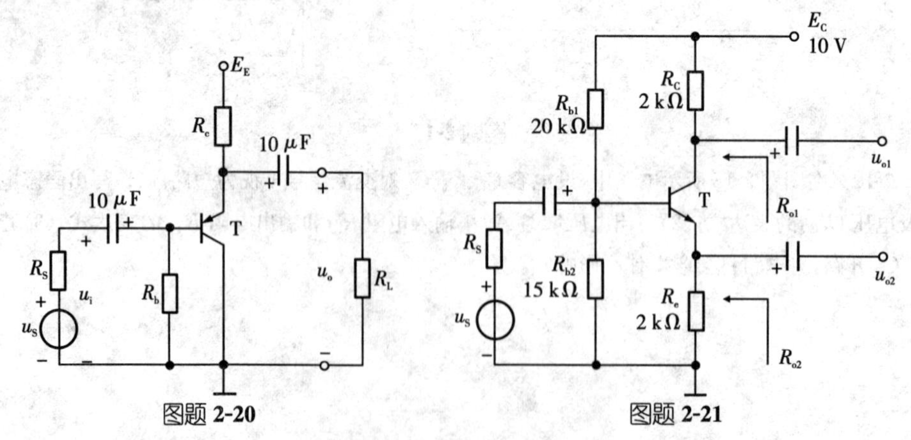

图题 **2-20**　　　　图题 **2-21**

2-21　电路如图题 2-21 所示，设 $\beta=100$，试求：(1)Q 点；(2)电压增益 $A_{us1}=u_{o1}/u_s$ 和 $A_{us2}=u_{o2}/u_s$。(3)输入电阻 R_i；(4)输出电阻 R_{o1} 和 R_{o2}。

2-22　共基极电路如图题 2-22 所示。射极电路里接人一恒流源，设 $\beta=100$，$R_S=0$，$R_L=\infty$。试确定电路的电压增益、输入电阻和输出电阻。

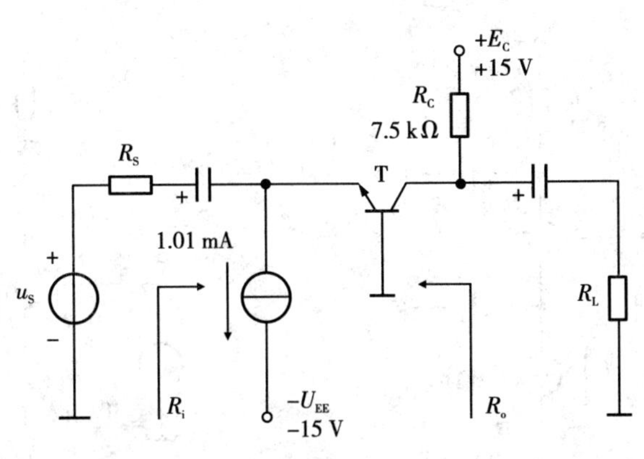

图题 2-22

2-23　电路如图题 2-23(a)所示。BJT 的电流放大系数为 β，输入电阻为 r_{be}，略去了偏置电路。试求下列三种情况下的电压增益 A_u、输入电阻 R_i 和输出电阻 R_o：①$u_{s2}=0$，从集电极输出；②$u_{s1}=0$。从集电极输出；③$u_{s2}=0$，从发射极输出。并指出上述①、②两种情况的相位关系能否用图 b 来表示？符号"＋"表示同相输入端，即 u_c 和 u_e 同相，而符号"－"表示反相输入端，即 u_c 和 u_b 反相。

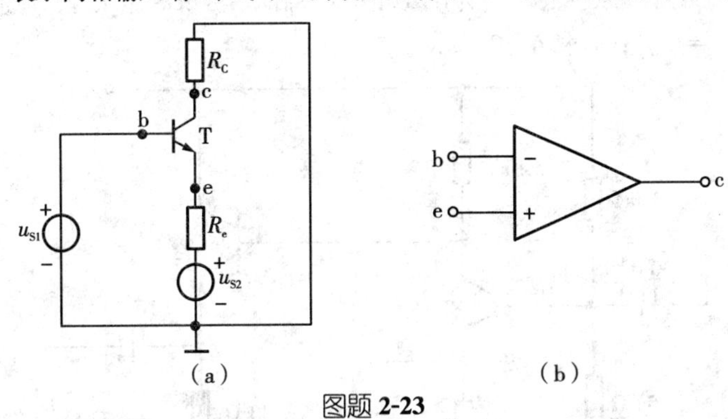

图题 2-23

2-24　电路如图题 2-24 所示，设 BJT 的 $\beta=100$。(1)求各电极的静态电压值 U_{BQ}、U_{EQ}及 U_{CQ}；(2)求 r_{be}的值；(3)若 Z 端接地，X 端接信号源且 $R_S=10$ kΩ，Y 端接一 10 kΩ 的负载电阻，求 $A_{us}(u_y/u_s)$；(4)若 X 端接地. Z 端接一 $R_S=200$ Ω 的信号电压 u_s. Y 端接一 10 kΩ 的负载电阻，求 $A_{us}(u_y/u_s)$；(5)若 Y 端接地，X 端接一内阻 R_S 为 100 Ω 的信号电压 u_s，Z 端接一负载电阻 1 kΩ. 求 $A_{us}(u_y/u_s)$。电路中容抗可忽略。

2-25　电路如图题 2-25 所示。设两管的 $\beta=100$. $U_{BEQ}=0.7$ V. 试求：(1) I_{CQ1}、U_{CEQ1}、I_{CQ2}、U_{CEQ2}；(2) A_{v1}、A_{v2}以及 A_v、R_i 和 R_o。

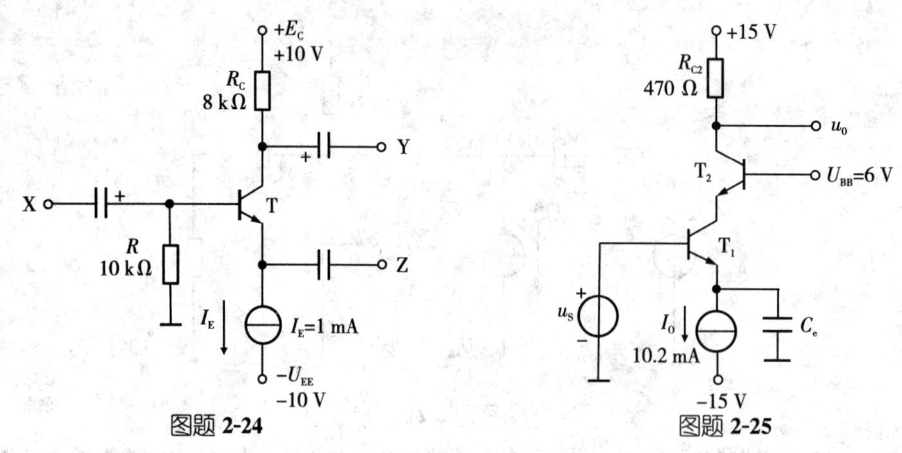

图题 2-24　　　　图题 2-25

2-26　电路如图题 2-26 所示。设两管的 $\beta=100$，$U_{BEQ}=0.7$ V。(1)估算两管的 Q 点(设 $I_{BQ2}\ll I_{CQ1}$)；(2)求 A_u、R_i 和 R_o。

2-27　电路如图题 2-27 所示。设两管的特性一致，$\beta_1=\beta_2=50$。$U_{BEQ1}=U_{BEQ2}=0.7$ V。(1)试画出该电路的交流通路，说明 T_1、T_2 各为什么组态；(2)估算 I_{CQ1}、U_{CEQ1}、I_{CQ2}、U_{CEQ2}(提示：因 $U_{BEQ1}=U_{BEQ2}$，故有 $I_{BQ1}=I_{BQ2}$)；(3)求 A_v、R_i 和 R_o。

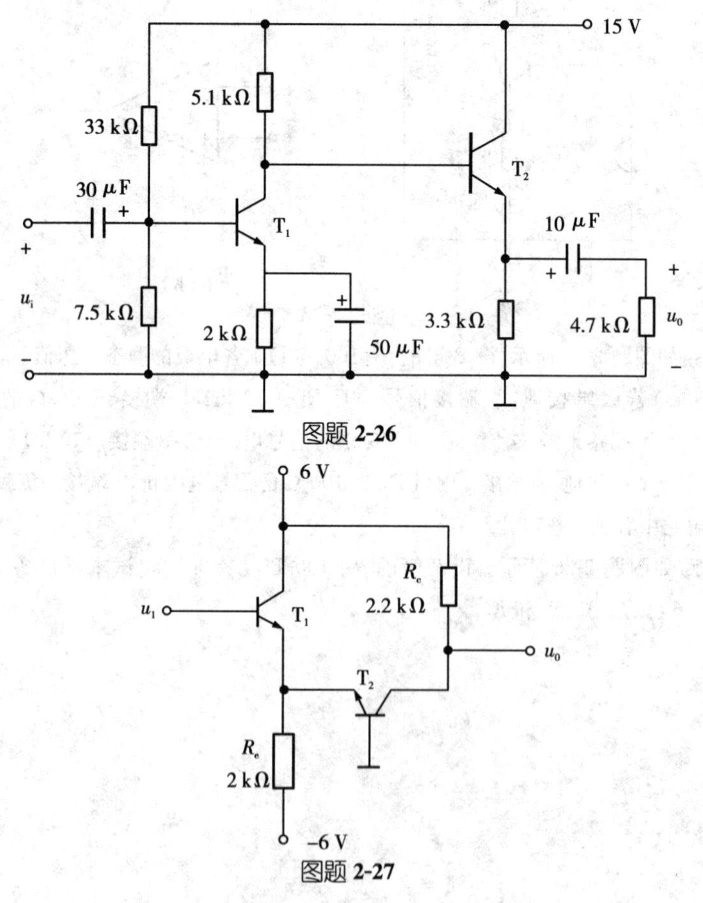

图题 2-26

图题 2-27

场效应管及其放大电路

学习要求

1. 掌握结型、绝缘栅型场效应管的类型、结构特点以及工作在放大区的条件。

2. 掌握不同类型场效应管放大电路的静态工作点设置、直流通路、交流通路、直流负载线、交流负载线，最大不失真输出电压，图解法，微变等效电路法等概念。

3. 能够用近似计算、图解法求解基本放大电路的静态工作点、放大倍数及其动态范围。

4. 使用微变等效电路法求场效应管放大电路的放大倍数、输入输出电阻。

场效应管是一种利用电场效应来控制电流大小的半导体器件。具有体积小、重量轻、耗电省、寿命长等特点，还具有输入阻抗高、噪声低、热稳定性好、抗辐射能力强等优点，因而应用范围广泛。它的制造工艺简单，在大规模和超大规模集成电路中得到广泛的应用。

根据结构的不同，场效应管可以分为两大类：结型场效应管(JFET)和金属一氧化物一半导体场效应管(MOSFET)。由于其导电载流子、沟道形成等不同，又分为N沟道、P沟道、增强型、耗尽形等多种不同形式。

本章首先介绍各类场效应管的结构、工作原理、特性曲线及参数，然后介绍场效应管放大电路和各种放大器件电路性能的比较。

3.1 场效应半导体三极管

场效应半导体三极管只有一种载流子参与导电，它是一种用输入电压控制输出电流的半导体器件。从参与导电的载流子来划分，它有电子作为载流子的N沟道器件和空穴作为载流子的P沟道器件。从场效应三极管的结构来划分，它有结型场效应三极管JFET(Junction type Field Effect Transister)和绝缘栅型场效应三极管IGFET(Insulated Gate Field Effect Transister) 之分。IGFET也称金属－氧化物－半导体三极管 MOSFET（Metal Oxide Semicon-ductor FET）。

3.1.1 绝缘栅场效应三极管的工作原理

1. N 沟道增强型 MOSFET

(1)结构。

N 沟道增强型 MOSFET 的结构示意图和符号见图 3-1。它基本上是一种左右对称的拓扑结构，是在 P 型半导体上生成一层 SiO_2 薄膜绝缘层，然后用光刻工艺扩散两个高掺杂的 N 型区，从这两个 N 型区分别引出电极，一个电极 D(Drain)称为“漏极”，漏极“D”相当于双极型三极管的集电极；一个是电极 S(Source)称为“源极”；在源极和漏极之间的绝缘层上镀一层金属铝作为栅极 G(Gate)，源极“S”相当于发射极，栅极“G”相当于的基极。P 型半导体称为“衬底”，用符号 B 表示。

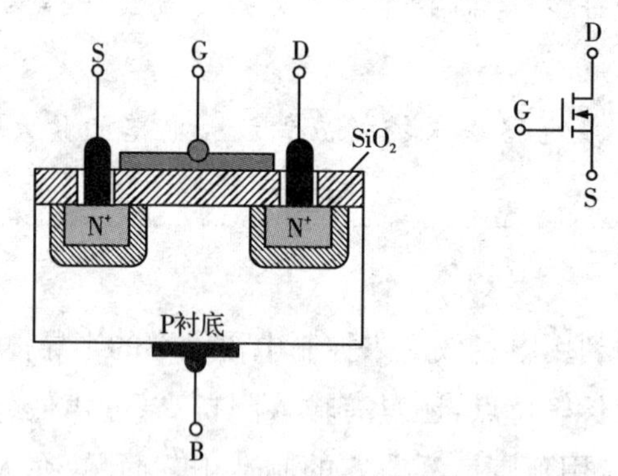

图 3-1 N 沟道增强型 MOSFET 的结构示意图和符号

(2)工作原理。

①栅源电压 U_{GS} 的控制作用。

当 $U_{GS}=0$ V 时，漏源之间相当两个背靠背的二极管，在 D、S 之间加上电压不会在 D、S 间形成电流。

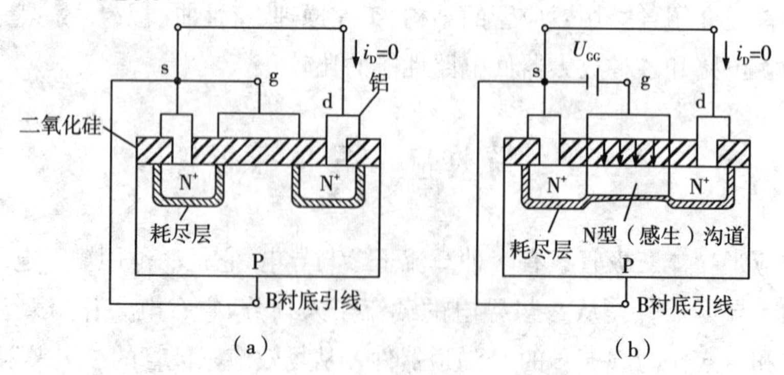

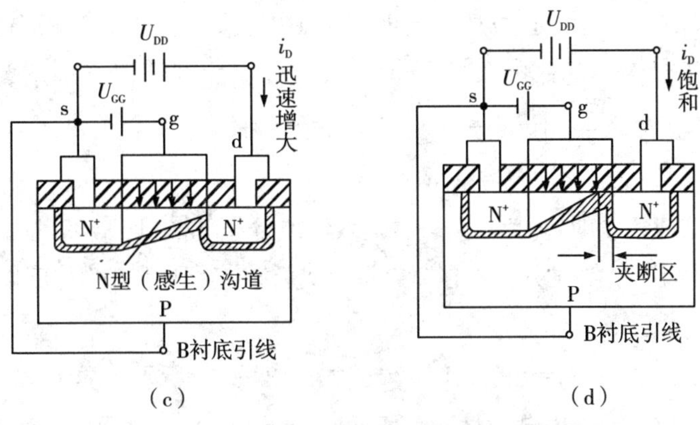

图 3-2　N 沟道增强型基本工作原理示意图

当栅极加有电压时，若 $0<U_{GS}<U_{GS(th)}$（$U_{GS(th)}$ 称为开启电压）时，通过栅极和衬底间的电容作用，将靠近栅极下方的 P 型半导体中的空穴向下方排斥，出现了一薄层负离子的耗尽层。耗尽层中的少子将向表层运动，但数量有限，不足以形成沟道，将漏极和源极沟通，所以仍然不足以形成漏极电流 I_D。

进一步增加 U_{GS}，当 $U_{GS}>U_{GS(th)}$ 时，由于此时的栅极电压已经比较强，在靠近栅极下方的 P 型半导体表层中聚集较多的电子，可以形成沟道，将漏极和源极沟通。如果此时加有漏源电压，就可以形成漏极电流 I_D。在栅极下方形成的导电沟道中的电子，因与 P 型半导体的载流子空穴极性相反，故称为反型层。随着 U_{GS} 的继续增加，I_D 将不断增加。在 $U_{GS}=0$ V 时 $I_D=0$，只有当 $U_{GS}>U_{GS(th)}$ 后才会出现漏极电流，这种 MOS 管称为增强型 MOS 管。U_{GS} 对漏极电流的控制关系可用 $i_D=f(U_{GS})\big|_{U_{DS}=\text{const}}$ 这一曲线描述，称为转移特性曲线，见图 3-3。

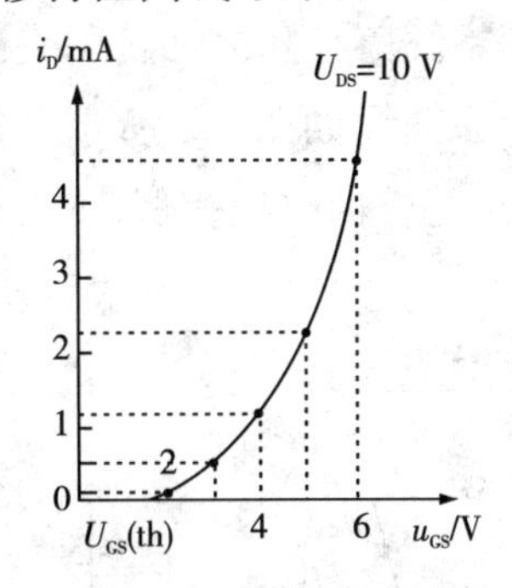

图 3-3　转移特性曲线

转移特性曲线的斜率 g_m 的大小反映了栅源电压对漏极电流的控制作用。g_m 的量纲为 mA/V，所以 g_m 也称为“跨导”(单位为 mS)，可表示为：

$$g_m=\frac{\Delta i_D}{\Delta u_{GS}}\bigg|_{U_{DS}} \tag{3-1}$$

其中 U_{DS} 表示 u_{DS} 为常数。

②漏源电压 U_{DS} 对漏极电流 I_D 的控制作用。

当$U_{GS}>U_{GS(th)}$，且固定为某一值时，漏源电压U_{DS}变化对漏极电流I_D的影响。U_{DS}的不同变化对沟道的影响如图 3-4 所示。根据此图可以有如下关系：

$$\begin{cases}U_{DS}=U_{DG}+U_{GS}=-U_{GD}+U_{GS}\\U_{GD}=U_{GS}-U_{DS}\end{cases}\qquad(3\text{-}2)$$

当U_{DS}为 0 或较小时，相当$U_{GD}>U_{GS(th)}$，沟道分布如图 3-4(a)，此时U_{DS}基本均匀降落在沟道中，沟道呈斜线分布。在紧靠漏极处，沟道达到开启的程度以上，漏源之间有电流通过。

当U_{DS}增加到使$U_{GD}=U_{GS(th)}$时，沟道如图 3-4(b)所示。这相当于U_{DS}增加使漏极处沟道缩减到刚刚开启的情况，称为“预夹断”，此时的漏极电流I_D基本饱和。当U_{DS}增加到$U_{GD}<U_{GS(th)}$时，沟道如图 3-4(c)所示。

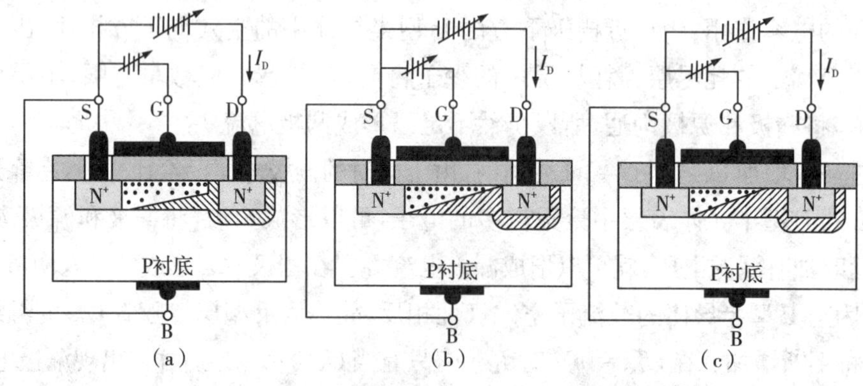

图 3-4　漏源电压U_{DS}对沟道的影响

当$U_{GS}>U_{GS(th)}$，且固定为某一值时，U_{DS}对I_D有影响，此时预夹断区域加长，伸向 S 极。U_{DS}增加的部分基本降落在随之加长的夹断沟道上，I_D基本趋于不变。即$i_D=f(U_{DS})\big|_{U_{GS}=\text{const}}$这一关系曲线如图 3-5 所示。这一曲线称为漏极输出特性曲线。与双极型晶体管的输出特性曲线很相似。

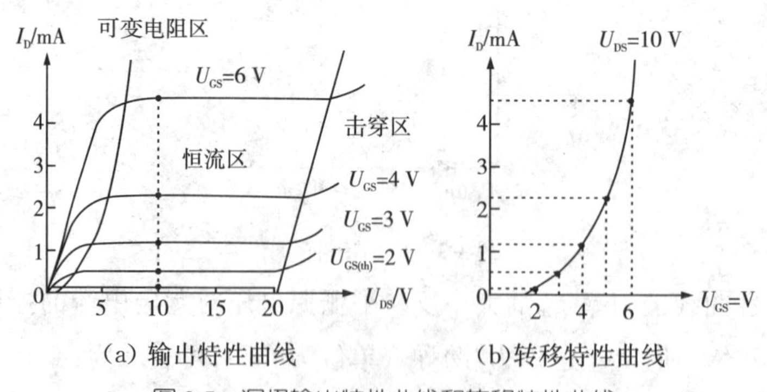

(a) 输出特性曲线　　(b)转移特性曲线

图 3-5　漏极输出特性曲线和转移特性曲线

2. N 沟道耗尽型 MOSFET

N 沟道耗尽型 MOSFET 的结构和符号如图 3-6(a)所示，它是在栅极下方的SiO_2绝缘层中掺入了大量的金属正离子。所以当$U_{GS}=0$时，这些正离子已经感应出反型层，形成了沟道。于是，只要有漏源电压，就有漏极电流存在。当$U_{GS}>0$时，将使I_D进一步增加。$U_{GS}<0$时，随着U_{GS}的减小漏极电流逐渐减小，直至$I_D=0$。对应$I_D=0$的U_{GS}称为夹断电压，用符号$U_{GS(off)}$表示，有时也用U_P表示。N沟道耗尽型MOSFET的转移特性曲线如图3-6(b)所示。

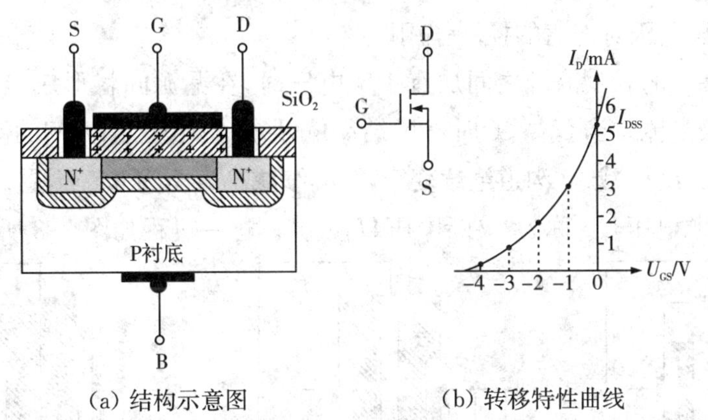

(a) 结构示意图　　(b) 转移特性曲线

图3-6　N沟道耗尽型MOSFET的结构和转移特性曲线

3. P沟道耗尽型MOSFET

P沟道MOSFET的工作原理与N沟道MOSFET完全相同，只不过导电的载流子不同，供电电压极性不同而已。这如同双极型三极管有NPN型和PNP型一样，将供电的电源极性反接，在电路中使用的电解电容极性反接即可。

3.1.2　结型场效应三极管

1. 结型场效应三极管的结构

结型场效应三极管的结构与绝缘栅场效应三极管相似，工作机理也相同。结型场效应三极管的结构如图3-7所示，它是在N型半导体硅片的两侧各制造一个PN结，形成两个PN结夹着一个N型沟道的结构。两个P区即为栅极，N型硅的一端是漏极，另一端是源极。

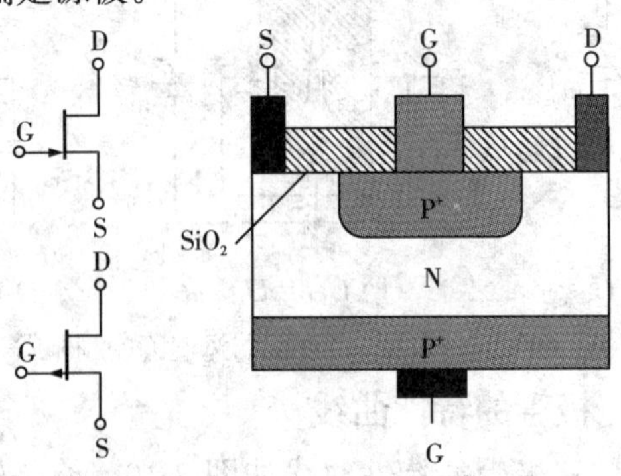

图3-7　结型场效应三极管的结构

2. 结型场效应三极管的工作原理

结型场效应三极管的结构中没有绝缘层，只能工作在反偏的条件下，对于 N 沟道结型场效应三极管只能工作在负栅压区，P 沟道的只能工作在正栅压区，否则将会出现栅流。现以 N 沟道为例说明其工作原理。

（1）栅源电压对沟道的控制作用。

当$U_{GS}=0$时，在漏、源之间加有一定电压时，在漏源间将形成多子的漂移运动，产生漏极电流。当$U_{GS}<0$时，PN 结反偏，形成耗尽层，漏源间的沟道将变窄，I_D将减小，U_{GS}继续减小，沟道继续变窄，I_D继续减小直至为 0。当漏极电流为零时所对应的栅源电压U_{GS}称为"夹断电压$U_{GS(off)}$"。这一过程如图 3-8 所示。

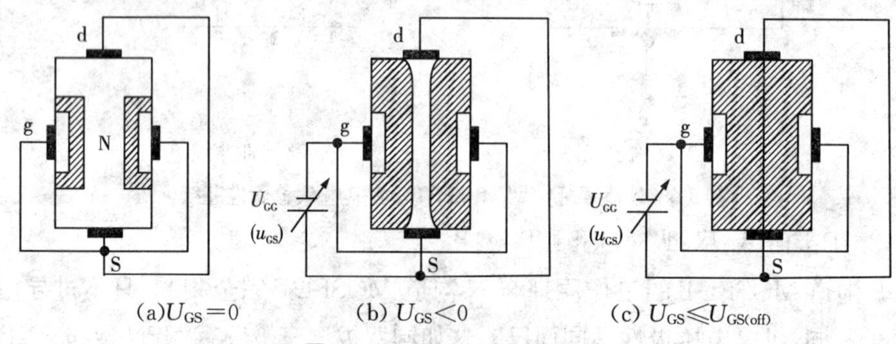

图 3-8　U_{GS}对沟道的控制作用

（2）漏源电压对沟道的控制作用。

在栅极加有一定的电压，且$U_{GS}>U_{GS(off)}$，若漏源电压U_{DS}从零开始增加，则$U_{GD}=U_{GS}-U_{DS}$将随之减小。使靠近漏极处的耗尽层加宽，沟道变窄，从左至右呈楔形分布，如图 3-9(a)所示。当U_{DS}增加到使$U_{GD}=U_{GS}-U_{DS}=U_{GS(off)}$时，在紧靠漏极处出现预夹断，如图 3-9(b)所示。当U_{DS}继续增加，漏极处的夹断继续向源极方向生长延长。以上过程与绝缘栅场效应三极管的十分相似，见图 3-9。

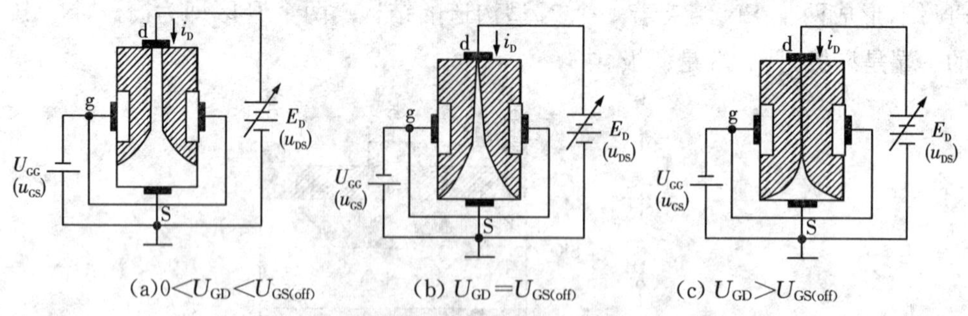

图 3-9　漏源电压U_{DS}变化对沟道的控制作用

3. 结型场效应三极管的特性曲线

N 沟道结型场效应三极管的特性曲线如图 3-10，(a)是转移特性曲线，(b)是输出特性曲线。它与绝缘栅场效应三极管的特性曲线基本相同，只不过绝缘栅场效应管的栅压可正、可负，而结型场效应三极管的栅压只能是 P 沟道的为正或 N

沟道的为负。

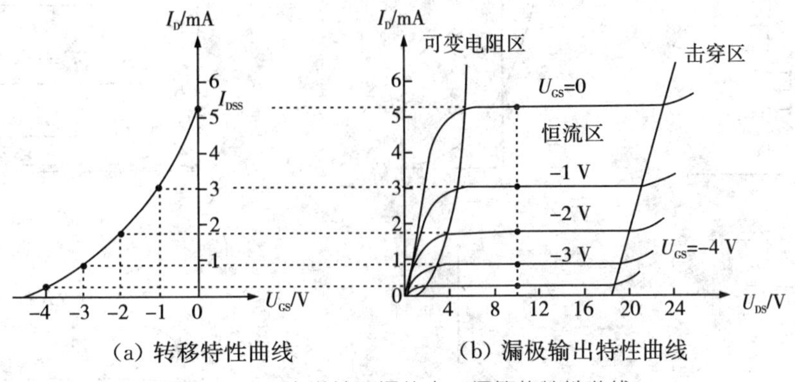

(a) 转移特性曲线　　(b) 漏极输出特性曲线

图 **3-10**　**N** 沟道结型场效应三极管的特性曲线

3.1.3　伏安特性曲线

场效应三极管的特性曲线类型较多，根据导电沟道的不同以及是增强型还是耗尽型可有四种转移特性曲线和输出特性曲线，其电压和电流方向也有所不同。如果按统一规定的正方向，特性曲线就要画在不同的象限。为了便于绘制，将 P 沟道管子的正方向反过来设定。有关曲线绘于图 3-11 之中。

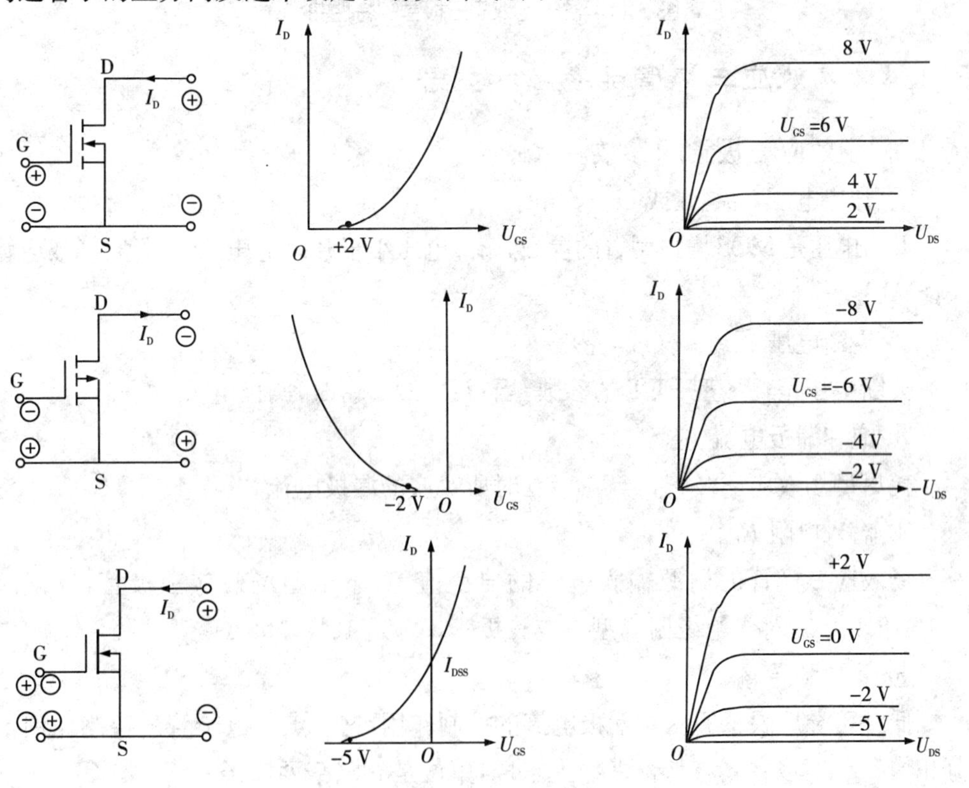

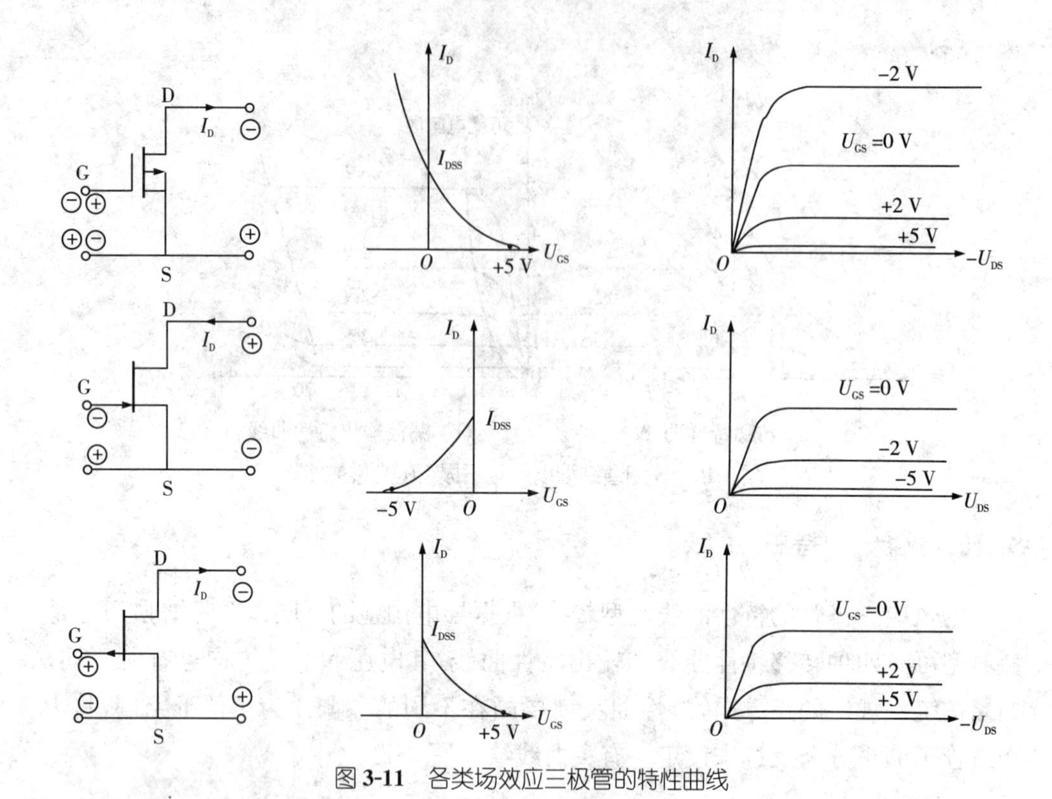

图 3-11　各类场效应三极管的特性曲线

3.1.4　场效应三极管的参数和型号

1. 场效应三极管的参数。

① 开启电压 $U_{GS(th)}$（或 U_T）。

开启电压是 MOS 增强型管的参数，栅源电压小于开启电压的绝对值，场效应管不能导通。

② 夹断电压 $U_{GS(off)}$ （或 U_P）。

夹断电压是耗尽型 FET 的参数，当 $U_{GS}=U_{GS(off)}$ 时，漏极电流为零。

③ 饱和漏极电流 I_{DSS}。

耗尽型场效应三极管，当 $U_{GS}=0$ 时所对应的漏极电流。

④ 输入电阻 R_{GS}。

场效应三极管的栅源输入电阻的典型值，对于结型场效应三极管，反偏时 R_{GS}大于 10^7 Ω，对于绝缘栅场型效应三极管，R_{GS}是 $10^9 \sim 10^{15}$ Ω。

⑤ 低频跨导 g_m。

低频跨导反映了栅压对漏极电流的控制作用，这一点与电子管的控制作用十分相像。g_m可以在转移特性曲线上求取，单位是 mS(毫西门子)。

⑥ 最大漏极功耗 P_{DM}。

最大漏极功耗可由 $P_{DM}=U_{DS}I_D$决定，与双极型三极管的 P_{CM}相当。

2. 场效应三极管的型号

场效应三极管的型号有两种命名方法。其一是与双极型三极管相同,第三位字母 J 代表结型场效应管,O 代表绝缘栅场效应管。第二位字母代表材料,D 是 P 型硅,反型层是 N 沟道;C 是 N 型硅 P 沟道。例如,3DJ6D 是结型 N 沟道场效应三极管,3DO6C 是绝缘栅型 N 沟道场效应三极管。

第二种命名方法是 CS××#,CS 代表场效应管,××以数字代表型号的序号,#用字母代表同一型号中的不同规格。例如,CS14A、CS45G 等。

3.1.5 双极型和场效应型三极管的比较

半导体器件的外特性上有不少相同之处,场效应管与晶体管的输出特性也相似,例如,晶体管的输入特性与二极管的伏安特性相似,二极管的反向特性(特别是光电二极管在第三象限的反向特性)与晶体管的输出特性相似。

场效应管的栅极 g、源极 s、漏极 d 对应于晶体管的基极 b、发射极 e、集电极 c,它们的作用相似。从三极管的结构、温度特性、输入电阻、集成工艺等多种特征进行比较,可以看出场效应管比双极型晶体管有很多优越性,为便于比较,将它们的一些特征列入表 3-1。

表 **3-1**　双极型和场效应三极管的比较

比较特征	双极型三极管	场效应三极管
结构	NPN 型、PNP 型	结型耗尽型,N 沟道、P 沟道
		绝缘栅增强型,N 沟道、P 沟道
		绝缘栅耗尽型,N 沟道、P 沟道
	C、E 一般不可倒置使用	D、S 一般可倒置使用
载流子	多子扩散、少子漂移	多子漂移
输入量	电流输入	电压输入
控制	电流控制电流源 CCCS(β)	电压控制电流源 VCCS(g_m)
噪声	较大	较小
温度特性	受温度影响较大	较小,并有零温度系数点
输入电阻	几十到几千欧姆	几兆欧姆以上
静电影响	不受静电影响	易受静电影响
集成工艺	不易大规模集成	适宜大规模和超大规模集成

因此,在选用场效应管或晶体三极管时,可从以下几方面考虑:

(1)场效应管用栅—源电压 u_{GS}控制漏极电流 i_D,栅极基本不取电流。而晶体管工作时基极总要索取一定的电流。因此,要求输入电阻高的电路应选用场效应管;而信号源可以提供一定的电流,则可选用晶体管。

(2)场效应管只有多子参与导电。晶体管内既有多子又有少子参与导电,而少子数目受温度、辐射等因素影响较大,因而场效应管比晶体管的温度稳定性好、抗辐射能力强。所以在环境条件变化很大的情况下应选用场效应管。

(3)场效应管的噪声系数很小,所以低噪声放大器的输入级要求信噪比;②较高的电路噪声要求应选用场效应管。当然也可选用特制的低噪声晶体管。

(4)场效应管的漏极与源极可以互换使用,互换后特性变化不大。而晶体管的发射极与集电极互换后特性差异很大,因此只在特殊需要时才互换。

(5)场效应管比晶体管的种类多,特别是耗尽型 MOS 管,栅-源电压 u_{GS} 可正、可负、可零,均能控制漏极电流。因而在组成电路时场效应管比晶体管更灵活。

例 3-1 某未画完的场效应管放大电路如图例 3-1 所示,试将合适的场效应管接入电路,使之能够正常放大。要求给出两种方案。

解:(1)分析,根据电路接法,u_i(一端接地)为信号输入端,应当接入场效应管的栅极,另一方面,它的信号是以零为中心,上下波动的,显然只能采用耗尽型场效应管,可分别采用耗尽型 N 沟道和 P 沟道 MOS 管,如图解 3-1 所示。

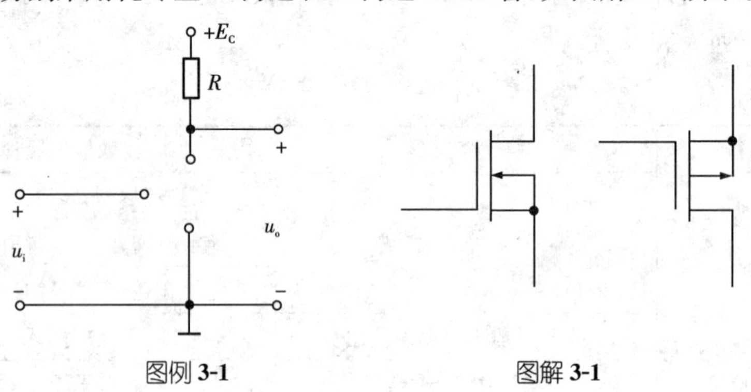

图例 3-1　　图解 3-1

3.2　场效应三级管放大电路的分析方法

3.2.1　场效应管放大电路及其组成

场效应管和双极型三极管一样,可以实现能量的控制,也具有放大作用,因此可以用来组成各种放大电路。由于栅—源之间电阻可达 10^{-12}～10^{-7} Ω,所以常作为高输入阻抗放大器的输入级。

先用场效应管来组成一个放大电路,通过比较,掌握它和双极型三极管放大电路之间的区别。

首先,双极型三极管是一种电流控制元件,利用基极电流 i_B 来控制集电极电流

i_C的变化,它的放大作用以电流放大系β来实现,在三极管输出特性曲线的水平部分(放大区),集电极电流i_C的值主要取决于i_B,而几乎与U_{CE}无关。而场效应管是利用栅—源之间电压u_{GS}变化来控制漏极电流i_D的变化的,是电压控制元件,它的放大作用以跨导g_m来体现,在场效应管漏极特性曲线的水平部分,漏极电流的值主要取决于u_{GS},而几乎与U_{DS}无关。以上两种放大元件的输出特性见图 3-12。

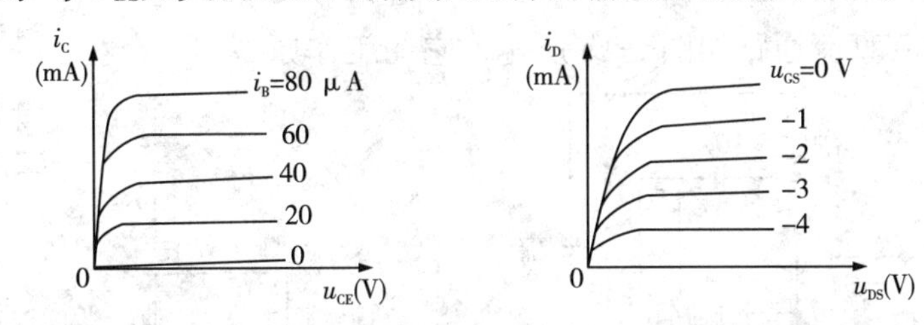

(a)双极型三极管的输出特性曲线　　(b)场效应管的输出特性曲线

图 3-12　双极型三极管与场效应管输出特性曲线的比较

其次,在正常工作范围内,双极型三极管需要一定的输入电流i_b,共射输入电阻r_{be}仅为 1 kΩ 的数量级。而场效应管的栅极几乎不取电流,其输入电阻r_{gs}高达10^7 Ω 以上。为了保证栅极不取电流,对于 N 沟道的结型场效应管放大电路中,要始终保证$u_{GS}<0$,使栅源之间的 PN 结始终处于反向偏置状态。而如果是 N 沟道耗尽型绝缘栅场效应管,则也可在正栅压下工作。

为了给放大电路设置合适的静态工作点,对于场效应管,要预先在栅极回路中加一个合适的偏压。而对于双极型三极管,要在基极回路中预先加一个偏流。

根据上述特点,利用电极间的对应关系,即 b→G,e→S,c→D,在基本共射电路的基础上,可以组成图 3-13 所示的共源极基本放大电路。图中E_D为漏极直流电源,提供负载所需的能量,E_G给栅极提供一个负偏压。假定场效应管为 N 沟道耗尽型,则电源的极性应如图中所示。R_D为漏极负载电阻,C_2为隔直电容,它们的作用分别与共射基本放大电路中R_c和C_2的作用相同。

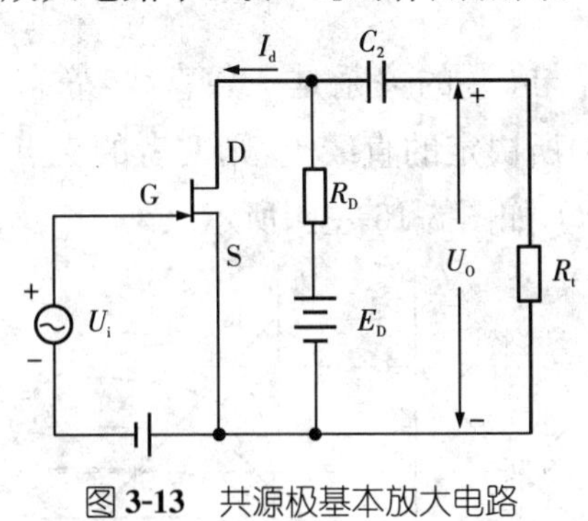

图 3-13　共源极基本放大电路

3.2.2　静态工作点的分析

为了保证场效应管能起正常的放大作用,也同样要给它设置合适的静态工作点，即合适的U_{GSQ}、I_{DQ}、U_{DSQ}值，为了减少电源的种类，栅极的偏压一般用自给偏压的办法来供给。同时，和双极型三极管电路一样，它也存在一个工作点稳定的问题。因此，也要求找到能使工作点趋于稳定的电路。

1. 自给偏压电路

典型的自给偏压电路，如图 3-14 所示。和晶体三级管一样，为了分析问题方便，可以画出其直流通路如图 3-15 所示。它的工作原理如下：

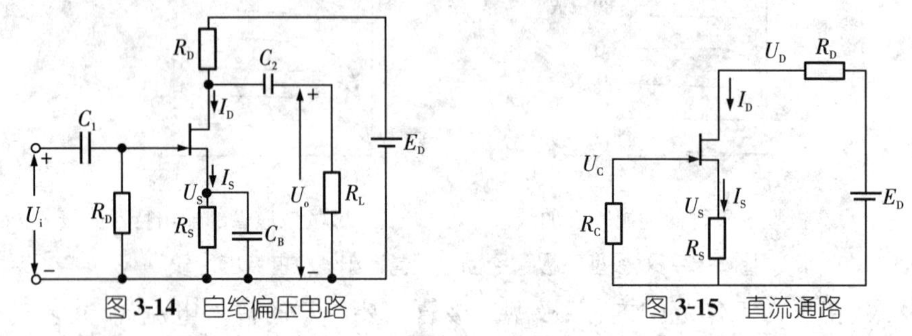

图 3-14　自给偏压电路　　　　图 3-15　直流通路

当有I_S流过R_S时，必然会在R_S上产生一个压降U_S，而于栅极不取电流，所以：

$$U_{GS}=U_G-U_S=-I_SR_S=-I_DR_D \tag{3-3}$$

可见，U_{GS}是依靠场效应管自身的电流I_D产生的，所以称这种接法为自给偏压电路。为了减少R_S对交流放大倍数的影响，在R_S两端也并联一个足够大的电容C_S。我们已经知道，I_D是随U_{GS}变化的，而现在U_{GS}又取决于I_D的大小，那么，怎样才能求出静态工作点I_D和U_{GS}的值呢？下面介绍两种常用的方法。

(1)图解法

首先，可作出图 3-16 左边的$i_D=f(u_{GS})$曲线。我们把这条曲线叫做栅源特性曲线，或转移特性曲线。

I_D与U_{GS}的另外一个关系，是式(3-3)所给出的，即

$$-\frac{U_{GS}}{I_D}=R_S$$

显然，它所表示的I_D与U_{GS}的关系是一条直线，静态工作点既要在转移特性曲线上，又要在由式(3-3)所决定的直线上，则两者的交点U_{GSQ}、I_{DQ}即是在转移特性曲线上的静态工作点Q，如图 3-16 左图所示。

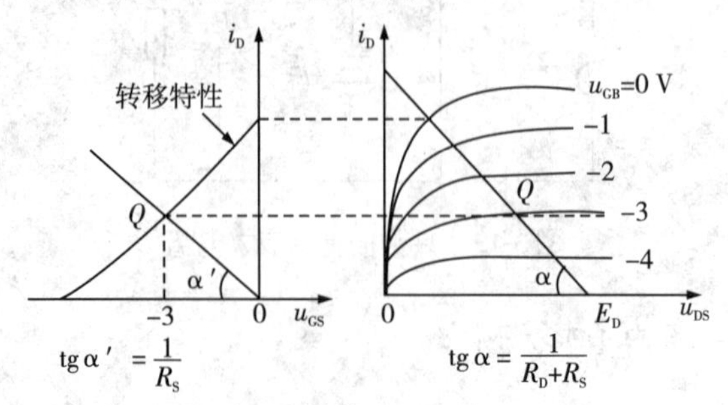

图 3-16　求自给偏压电路静态工作点的图解法

其次，可作出输出特性曲线 $i_D=f(u_{DS})$，如图 3-16 右边的。并由漏极回路可知：

$$U_{DS}=E_D-I_D(R_D+R_S) \tag{3-4}$$

根据上式，在场效应管的输出特性上作出直流负载线，方法与晶体三级管作直流负载线的方法相同，设它与横轴的夹角为 α，则 $\mathrm{tg}\alpha=\frac{1}{R_D+R_S}$，由这条直线与 I_{DQ} 的交点得到 U_{DSQ} 即是在输出特性曲线上的静态工作点 Q。

(2)计算法。

已经知道，场效应管的 I_D 和 U_{GS} 之间的关系可用以下近似式表示

$$I_D=I_{DSS}\left(1-\frac{U_{GS}}{U_P}\right)^2 \tag{3-5}$$

式中 I_{DSS} 为饱和漏电流，U_P 为夹断电压。

在电路中，I_D 和 U_{GS} 之间又满足式(3-3)，将式(3-5)和(3-3)联立求解，即可计算出静态时的 I_D 和 U_{GS} 值。

2. 静态工作点稳定电路

和双极型三极管一样，场效应管的 I_{DSS} 及 U_P 都会因为温度的变化而改变，这就提出了一个稳定工作点的问题。其实，自给偏压电路本身就具有一定的稳定工作点的作用。因为，当 I_D 受温度的影响而增加时，必将引起 U_S 增加，结果 U_{GS} 将比原来更负一些，这就抑制了 I_D 的增加。

从这里可以设想，如果把 R_S 取得更大一些，不就可以使工作点更稳定了吗？但是，随着 R_S 的加大，U_{GS} 将越来越负，从图 3-16 的漏栅特性上可以看到，其结果不但使放大倍数大大减小，甚至会产生严重的非线性失真。

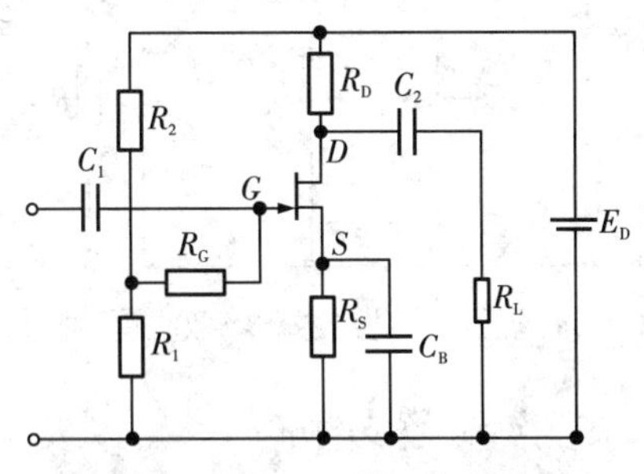

图 3-17　栅极接正电位的偏置电路

为了解决这个矛盾，就采用了图 3-17 所画出的工作点稳定电路。在这个电路中，由于栅极接了一个固定的正电位，就使得我们可以把 R_S 选得比较大，而 Q 点又不致于过低。在确定静态工作点的时候，同样可以采用图解法和计算法。与图 3-17 电路所不同的只不过是由于 $U_G\neq0$，所以式(3-4)现在应改成

$$U_{GS}=U_G-U_S=\frac{R_1}{R_1+R_2}E_D-I_DR_S \tag{3-6}$$

在利用计算法求解时，只要解如下联立方程即可

$$\begin{cases} U_{GS}=\dfrac{R_1}{R_1+R_2}E_D-I_DR_S \\ I_D=I_{DSS}\left(1-\dfrac{U_{GS}}{U_P}\right)^2 \end{cases} \tag{3-7}$$

在利用图解法求解时，需要注意的是，在作栅源回路的负载线时，应将起始点从坐标原点沿横轴平移至 $U_G=\dfrac{R_1}{R_1+R_2}E_D$ 处，如图 3-18 所示。

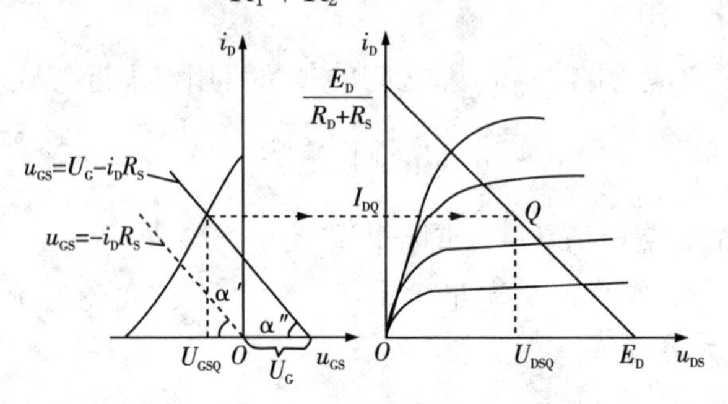

图 3-18　$U_{GS}\neq 0$ 时静态工作点的图解法

图 3-17 的电路也适用于 N 沟道增强型绝缘栅场效应管设置正向偏压，此时的转移特性曲线右移，并总有 $u_{GS}>0$，即可以 $U_S=0$，所以可以省去源极电阻 R_S，如图 3-19 所示。还应指出，为了使工作点受温度的影响最小，应尽量将栅偏压设置在零温度系数附近。

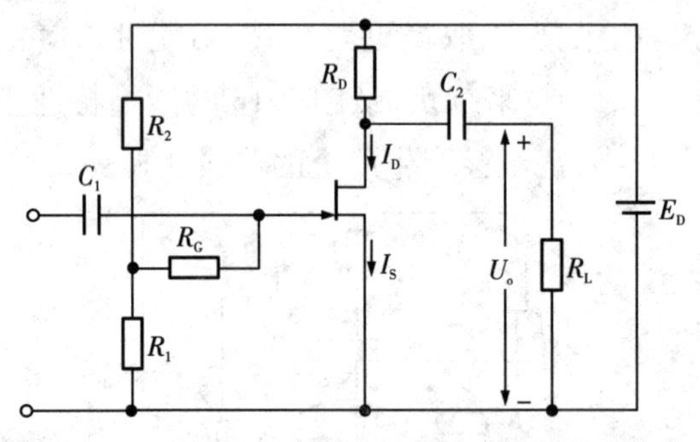

图 3-19　N 沟道增强型绝缘栅场效应管的偏置电路

3.2.3　交流工作状态的图解分析

场效应管的输入特性和输出特性是非线性的。对其放大电路进行定量分析时，同晶体三极管放大电路一样，常用图解法和微变等效电路法。

1. 交流负载线

如图 3-17 所示的电路，在求放大倍数时，要考虑交流通路，因此漏极的负载电路应包括 C_2 和 R_L 的支路，其交流通路如图 3-20 所示，图中 $R'_G=R_1/\!/R_2+R_G$。现在来分析在这种情况下负载线的画法。

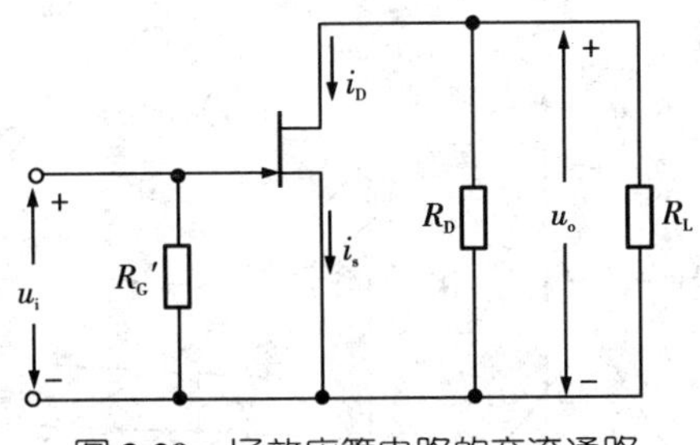

图 3-20　场效应管电路的交流通路

从图 3-20 中可知，输出回路的交流通路包括 R_D 和 R_L 是并联的，用 R'_L 来表示，这时负载线的斜率将由 R'_L 决定。其次，这条直线应该通过图 3-18 所示的 Q 点，因为当 u_i 的瞬时值为零时，电路的外界条件将和静态时相同，因此通过 Q 点作一条斜率为 $-1/R'_L$ 的直线，就是由交流通路得到的负载线，通称为交流负载线，即当 $i_D=0$ 时，有

$$U'_{DS}=U_{DSQ}+I_{DQ}R'_L$$

则这条直线经过 Q 点，它的斜率为

$$-1/R'_L \tag{3-8}$$

其中 $R'_L=R_D /\!/ R_L$

这条直线即交流负载线。

当 u_{GS} 随着信号电压变化时，输出回路的工作点将沿着交流负载线运动。所以，交流负载线才是放大电路动态工作点移动的轨迹，如图 3-21 所示。

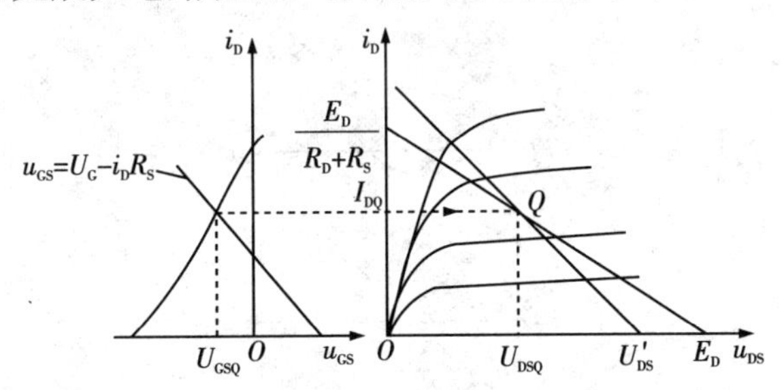

图 3-21　场效应管电路动态工作图解法

由以上分析可知，放大电路的输出端接有耦合电容和负载电阻 R_L 时，交、直流负载线的斜率分别为 $-1/R'_L$、$-1/R_D$。

有两种方法作交流负载线：①过任一点作斜率为 $-1/R'_L$ 的直线，再过 Q 点作该直线的平行线。②过 Q 点作斜率为 $-1/R'_L$ 的直线。

2. 求电压放大倍数

假设给放大电路输入一个正弦电压 u_i，则在线性范围内，场效应管的 u_{GS}、i_D 和 u_{DS} 都将围绕各自的静态值按正弦规律变化。放大电路的动态工作情况如图 3-22所示。根据已知的 Δu_{GS} 在转移特性曲线上找到对应的 Δi_D，见图 3-22 左图，然后再根据 Δi_D 在输出特性的交流负载线上找到相应的 Δu_{GS}，见图 3-22 右图，电压放

大倍数为

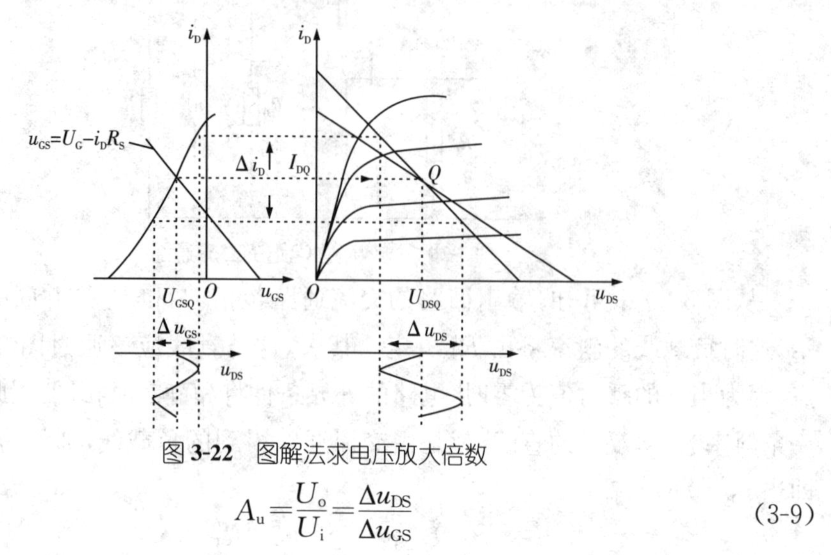

图 3-22　图解法求电压放大倍数

$$A_u=\frac{U_o}{U_i}=\frac{\Delta u_{DS}}{\Delta u_{GS}} \tag{3-9}$$

同晶体三级管放大电路的图解法求电压放大倍数的步骤相同，具体步骤如下：

即：①求交流负载电阻，$R'_L=R_L/\!/R_D$；②通过输出特性曲线上的 Q 点做一条直线，其斜率为 $1/R'_L$；③在 Q 点附近取Δu_{GS}，通过转移特性曲线得到Δi_D。再输出特性曲线上确定Δi_D曲线范围（两条曲线），并确定它与交流负载线的交点，作图可得到Δi_D和Δu_{DS}；④测量图中的Δu_{GS}和Δu_{DS}的值，代入公式(3-9)即得到电压放大倍数 A_u。

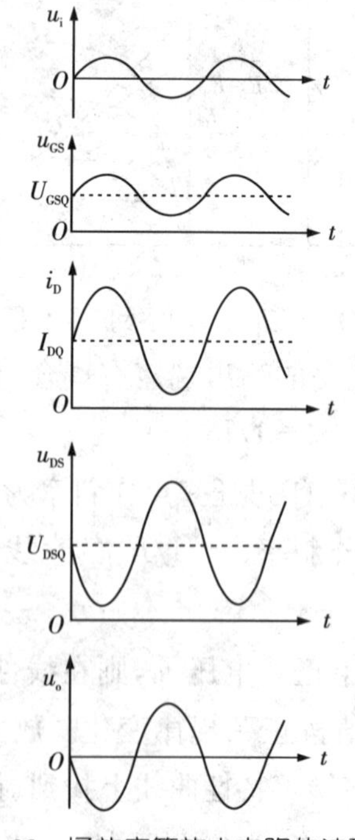

图 3-23　场效应管放大电路的波形图

3. 不同工作点或不同输入信号时的波形

(1)正常工作时各点的波形，通过图 3-22 所示动态图解分析，可以得到与正弦输入电压对应的 u_i、i_D、u_{DS}、u_o 波形如图 3-23。并得出如下结论：①由于在 R_D 上的压降随 i_D 的增大而增大，使得 u_{DS} 随之减小，因此，u_{DS}、u_o 是随 u_i 的增大而减小，其瞬时值变化的过程如下：$u_i\uparrow\rightarrow u_{GS}\uparrow\rightarrow i_D\uparrow\rightarrow u_{DS}\downarrow\rightarrow u_o\downarrow$，所以 u_o 与 u_i 相位相反；②u_{GS}、i_C 和 u_{DS} 含有直流和交流两种分量；③放大作用，是指输出的交流分量与输入的交流分量比值，不能把直流成分包含在内。

(2) 放大电路的最大不失真输出幅度，放大电路要想获得大的不失真输出幅度，可调整 U_{GSQ} 使工作点 Q 设置在输出特性曲线的中部(交流负载线上)，大约在可变电阻区和截止区的中点，如图 3-24 所示。

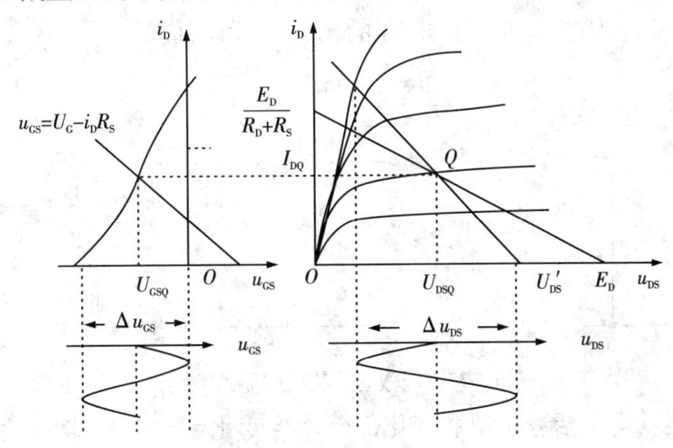

图 3-24　放大电路的最大不失真输出幅度

放大电路向电阻性负载提供的输出功率应为：

$$P_o=\frac{U_{om}}{\sqrt{2}}\times\frac{I_{om}}{\sqrt{2}}=\frac{1}{2}U_{om}I_{om}$$

放大电路的最大输出电压峰值为 $U_{om}=\frac{\Delta u_{DS}}{2}$，若忽略截止电流，由图 3-24 可知，$I_{om}=I_{DQ}=\frac{U_{om}}{R'_L}=\frac{\Delta u_{DS}}{2R'_L}$，所以放大电路向电阻性负载提供的输出功率可以写成：

$$P_o=\frac{1}{2}U_{om}I_{om}=\frac{\Delta u_{DS}^2}{8R'_L}$$

注意，这里是指 R'_L 上得到的功率，而不是指 R_L。

(3)截止失真与饱和失真，从图 3-24 还可以看出，当静态工作点 Q 设置偏低或偏高时，会引起输出电压 u_{DS} 波形的顶部或底部出现非线性失真，即截止失真或饱和失真，对 N 沟道场效应管电路而言，截止失真—由于放大电路的工作点达到了场效应管的截止区而引起的非线性失真；饱和失真—由于放大电路的工作点达到了场效应管的饱和区而引起的非线性失真。对于P沟道型的失真情况，读者可自行分析。

和分析晶体三极管电路相同，图解法分析放大电路比较直观、形象，较适合大信号工作状态下的动态设计，不适合较小信号状态下的动态设计；而静态工作点设计比较方便。

3.2.4 场效应管的微变等效电路

1. 场效应管的微变参数

(1)微变参数的等效。

由于场效应管基本上是一个电压控制元件，所以可以用图3-25所示的微变等效电路来表示。因为i_D是u_{GS}与u_{DS}的函数，故可写成

$$i_D = f(u_{GS}, u_{DS})$$

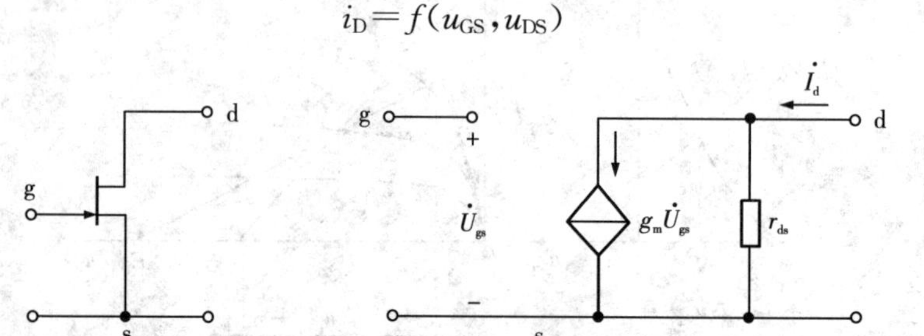

图3-25 场效应管的微变等效电路

式中的变量均包括静态值和变化部分。当变化量很小时，增量之间的关系可以写成微分的形式：

$$di_D = \left.\frac{\partial i_D}{\partial u_{GS}}\right|_{U_{DS}} du_{GS} + \left.\frac{\partial i_D}{\partial u_{DS}}\right|_{U_{GS}} du_{DS} \tag{3-10}$$

其中U_{DS}、U_{GS}分别为Δu_{DS}、$\Delta u_{GS}=0$的情况，是在工作点Q附近。这里可以定义

$$g_m = \left.\frac{\partial i_D}{\partial u_{GS}}\right|_{U_{DSQ}} \quad \text{为场效应管的跨导} \tag{3-11}$$

$$\frac{1}{r_{ds}} = \left.\frac{\partial i_D}{\partial u_{DS}}\right|_{U_{GSQ}} \quad \text{为场效应管的漏极电导} \tag{3-12}$$

如果用i_d、u_{gs}、u_{ds}分别表示i_D、u_{GS}、u_{DS}的变化部分，则式(3-10)可以写成如下形式

$$i_d = g_m u_{gs} + \frac{1}{r_{ds}} u_{ds} \tag{3-13}$$

g_m和r_{ds}的数值，可以从场效应管的转移特性曲线和输出特性曲线上求出，如图3-26所示。从转移特性可知，g_m是$U_{DS}=U_{DSQ}$那条转移特性曲线上Q点的导数，也可根据公式(3-1)的方法从3-26左图中近似得到。而从输出特性可知，r_d是

$U_{GS}=U_{GSQ}$那条输出特性曲线上 Q 点的导数，同样可近似用 $r_{ds}\approx\frac{\Delta u_{DS}}{\Delta i_D}$得到。

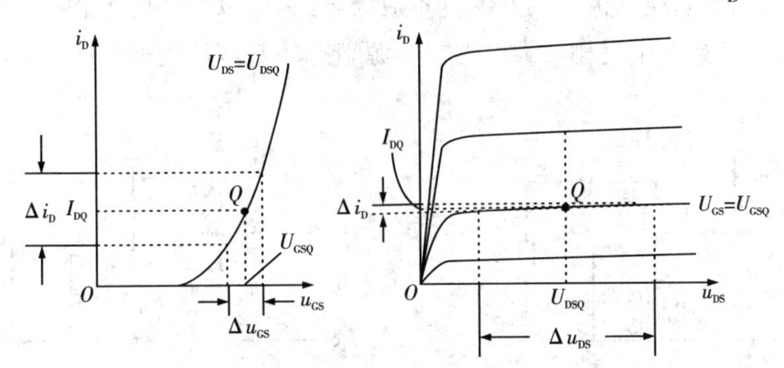

图 3-26　从特性曲线上求 g_m和 r_{ds}

通常 r_D的数值都在几百千欧的数量级，所以当负载电阻比 r_D小很多时，可以认为 r_D为开路。g_m的数值约为 0.1～20 mA/V。结型场效应管的 r_{GS}在 $10^7\,\Omega$ 以上，绝缘栅型场效应管的 r_{GS}更高，大于 $10^9\,\Omega$。

(2)参数 g_m的公式表示。

g_m的数值也可以通过将式(3-5)对 u_{GS}求偏导数来得到

$$g_m=\frac{\partial i_D}{\partial u_{GS}}=-\frac{2I_{DSS}}{U_P}\left(1-\frac{u_{GS}}{U_P}\right)\tag{3-14}$$

当 $u_{GS}=0$ 时，以 g_{m0}表示此时的 g_m值，则有

$$g_{m0}=-\frac{2I_{DSS}}{U_P}\tag{3-15}$$

将 g_{m0}值代入式(3-14)，则可得

$$g_m=-g_{m0}\left(1-\frac{u_{GS}}{U_P}\right)\tag{3-16}$$

2. 场效应管放大电路的三种接法

场效应管的源极、栅极和漏极与晶体管的发射极、基极和集电极相对应，因此在组成放大电路时也有三种接法，即共源放大电路、共漏放大电路和共栅放大电路。以 N 沟道结型场效应管为例，三种接法的交流通路如图 3-27 所示，其中共栅电路一般较少使用。

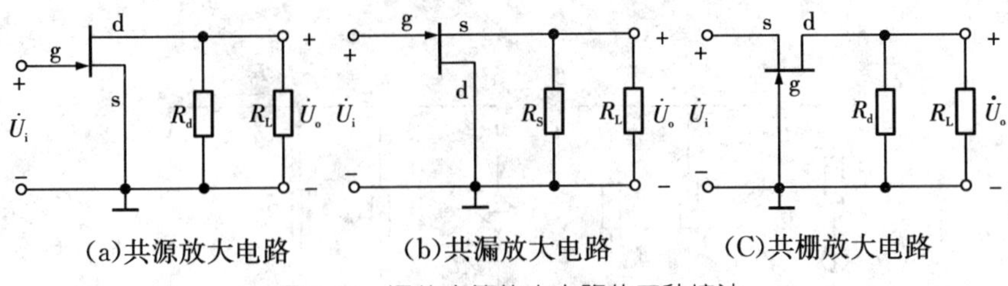

图 3-27　场效应管放大电路的三种接法

3. 共源组态基本放大电路

对于采用场效应三极管的共源基本放大电路，可以与共射组态接法的基本放大电路相对应，是一个反相放大电器。共源组态的基本放大电路如图 3-28 所示。

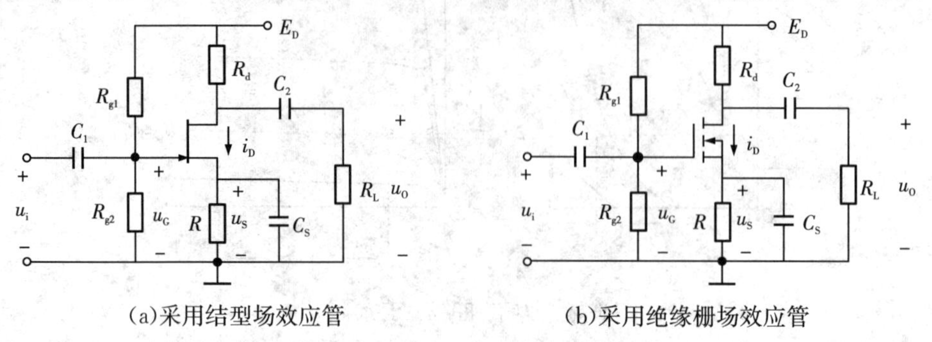

(a)采用结型场效应管　　(b)采用绝缘栅场效应管

图 **3-28**　共源组态接法基本放大电路

(1)直流分析。

将共源基本放大电路的直流通路画出，如图 3-29 所示。图中 R_{g1}、R_{g2} 是栅极偏置电阻，R 是源极电阻，R_d 是漏极负载电阻。与共射基本放大电路的 R_{b1}、R_{b2}，R_e 和 R_c 分别一一对应。而且只要结型场效应管栅源 PN 结是反偏工作，无栅流，那么 JFET 和 MOSFET 的直流通路和交流通路相同。

根据图 3-29 可写出下列方程

$U_G = E_D R_{g2}/(R_{g1}+R_{g2})$

$U_{GSQ} = U_G - U_S = U_G - I_{DQ}R$

$I_{DQ} = I_{DSS}[1-(U_{GSQ}/U_{GS(off)})]^2$

$U_{DSQ} = U_{DD} - I_{DQ}(R_d + R)$

于是可以解出 U_{GSQ}、I_{DQ} 和 U_{DSQ}。

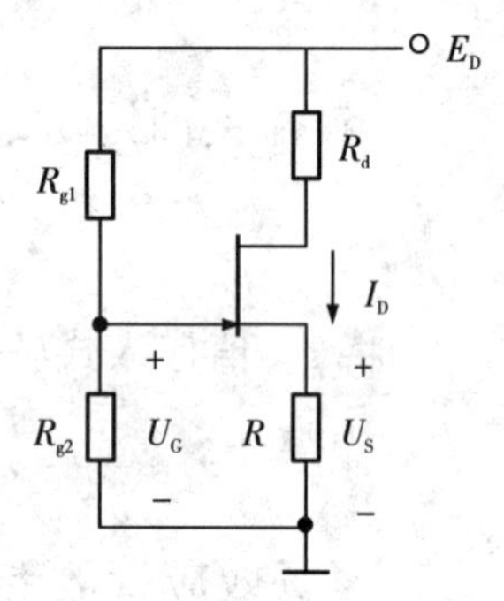

图 **3-29**　共源基本放大电路的直流通路

(2)交流分析。

画出图 3-28 电路的微变等效电路，如图 3-30 所示。与双极型三极管相比，场效应管输入电阻无穷大，相当于开路。VCCS 的电流源还并联了一个输出电阻 r_{ds}，在双极型三极管的简化模型中，因输出电阻很大视为开路，在此可暂时保留。其他部分与双极型三极管放大电路情况一样。

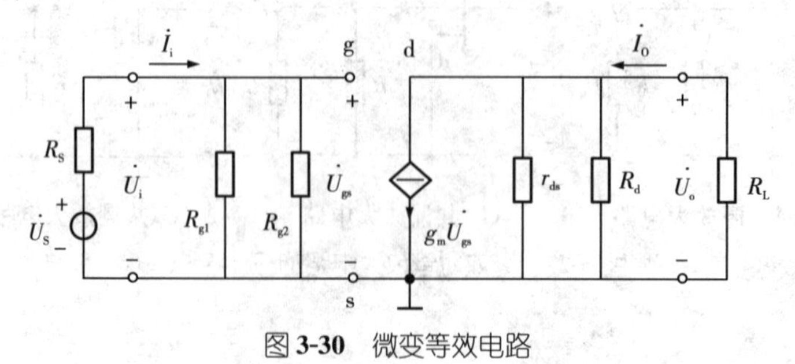

图 **3-30**　微变等效电路

①电压放大倍数。

输出电压为

$$\dot{U}_o=-g_m\dot{U}_{gs}(r_{ds}//R_d//R_L)$$

$$\dot{A}_u=-g_m\dot{U}_{gs}(r_{ds}//R_d//R_L)/\dot{U}_{gs}=-g_m(r_{ds}//R_d//R_L)=-g_mR'_L$$

如果有信号源内阻 R_S时

$$\dot{A}_u=-g_mR_L{}'R_i/(R_i+R_S)$$

式中 R_i是放大电路的输入电阻。

②输入电阻。

$$R_i=\dot{U}_i/\dot{I}_i=R_{g1}//R_{g2}$$

③输出电阻。

为计算放大电路的输出电阻，可按双口网络计算原则将放大电路画成图3-31的形式。

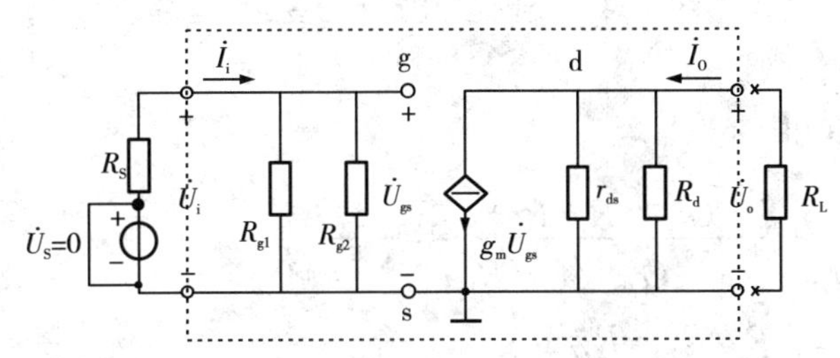

图 3-31　计算 R_o的电路模型

将负载电阻 R_L开路，并假设在输出端加上一个电源 $\dot{U}'_o$，将输入电压信号源短路，但保留内阻。然后计算 $\dot{I}'_o$，于是

$$R_o=\dot{U}'_o/\dot{I}'_o=r_{ds}//R_d$$

4. 共漏组态基本放大电路

共漏组态基本放大电路如图 3-32 所示，是一个电压跟随电路，其直流工作状态和动态分析如下。

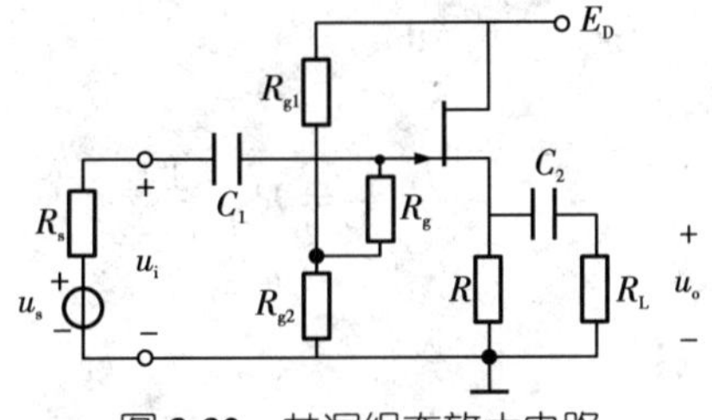

图 3-32　共漏组态放大电路

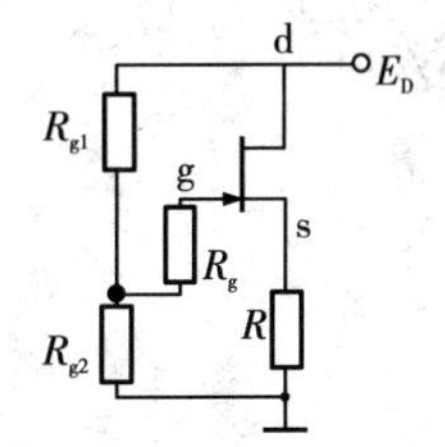

图 3-33　共漏放大电路的直流通路

(1)直流分析。

共漏组态接法基本放大电路的直流通路如图 3-33 所示，于是有

$$U_G = E_D R_{g2}/(R_{g1}+R_{g2})$$
$$U_{GSQ} = U_G - U_S = U_G - I_{DQ}R$$
$$I_{DQ} = I_{DSS}[1-(U_{GSQ}/U_{GS(off)})]^2$$
$$U_{DSQ} = E_D - I_{DQ}R$$

由此可以解出 U_{GSQ}、I_{DQ} 和 U_{DSQ}。

(2)交流分析。

将图 3-32 的 CD 放大电路的微变等效电路画出，如图 3-34 所示。

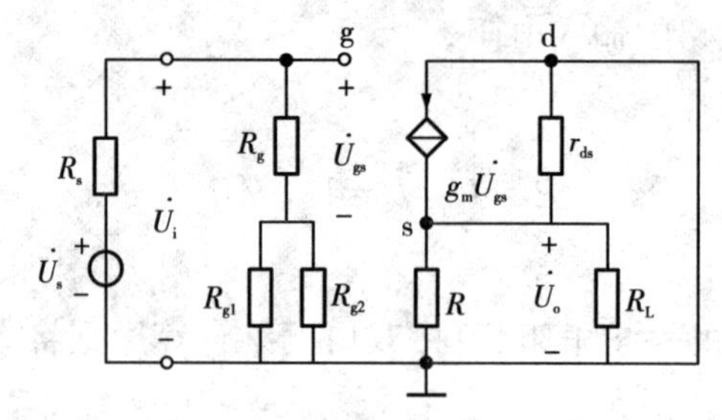

图 3-34　共漏放大电路的微变等效电路

①电压放大倍数。

由图 3-34 可知

$$\dot{A}_u = \frac{\dot{U}_o}{\dot{U}_i} = \frac{g_m\dot{U}_{gs}(r_{ds}/\!/R/\!/R_L)}{\dot{U}_{gs}+g_m\dot{U}_{gs}(r_{ds}/\!/R/\!/R_L)} = \frac{g_m R'_L}{1+g_m R'_L}$$

式中 $R'_L = r_{ds}/\!/R/\!/R_L \approx R/\!/R_L$。

$\dot{A}_u$ 为正，表示输入与输出同相，当 $g_m R'_L \gg 1$ 时，$\dot{A}_u \approx 1$。

比较共源和共漏组态放大电路的电压放大倍数公式，分子都是 $g_m R'_L$，分母对共源放大电路是 1，对共漏放大电路是 $(1+g\ mR'_L)$。

②输入电阻。

$$R_i = R_g + R_{g1}/\!/R_{g2}$$

③输出电阻。

计算输出电阻的原则与其他组态相同，将图 3-34 改画为图 3-35。

$$I'_o = \frac{\dot{U}'_o}{(R/\!/r_{ds})} - g_m\dot{U}_{gs} = \dot{U}'_o/[R/\!/r_{ds}/\!/(1/g_m)]\dot{U}'_o = \dot{U}_{gs}$$

$$R_o = \frac{\dot{U}'_o}{\dot{I}'_o} = R/\!/r_{ds}/\!/(1-g_m) = \frac{R/\!/r_{ds}}{1+(R/\!/r_{ds})g_m} \approx \frac{R}{1+g_m R} = R/\!/\frac{1}{g_m}$$

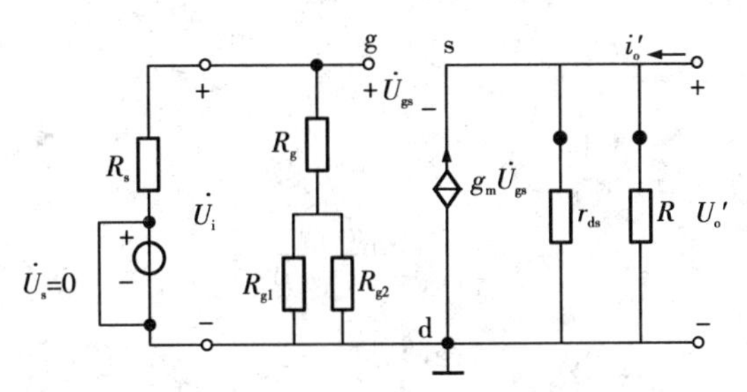

图 3-35　求输出电阻的微变等效电路

5. 共栅组态基本放大电路

共栅组态放大电路如图 3-36 所示，其微变等效电路如图 3-37 所示。

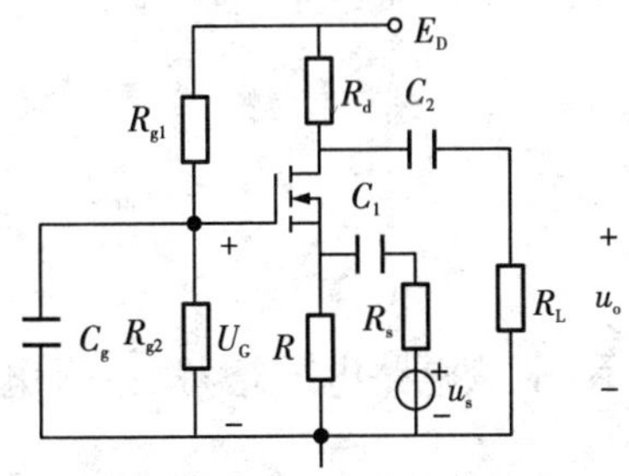

图 3-36　共栅组态放大电路

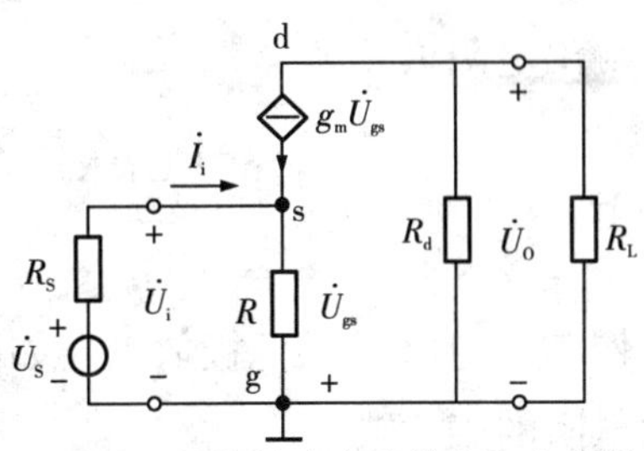

图 3-37　共栅放大电路微变等效电路

(1)直流分析。

与共源组态放大电路相同。

(2)交流分析。

①电压放大倍数

$$\dot{A}_u=\frac{\dot{U}_o}{\dot{U}_i}=\frac{-g_m\dot{U}_{gs}(R_d/\!/R_L)}{-\dot{U}_{gs}}=g_m(R_d/\!/R_L)=g_mR_L$$

与共源组态大小相同，此处为同相没有负号，

需要说明的是，该电路的电流放大倍数为 $\dot{A}_i=\frac{I_o}{I_i}=\frac{g_m}{\frac{1}{R}+g_m}$，当 $g_m\gg\frac{1}{R}$时，$A_i=1$，所以具有电流跟随特性。

②输入电阻

$$R_i=\frac{\dot{U}_i}{\dot{I}_i}=\frac{-\dot{U}_{gs}}{-\frac{\dot{U}_{gs}}{R}-g_m\dot{U}_{gs}}=\frac{1}{\frac{1}{R}+g_m}=R/\!/\frac{1}{g_m}$$

③输出电阻

$$R_o\approx R_d$$

6. 三种接法基本放大电路的比较

三种基本放大电路的比较如下：

组态对应关系	CE/CB/CC	CS/CG/CD
电压放大倍数	CE: $\dot{A}_u=-\dfrac{\beta R'_L}{r_{be}}$	CS: $\dot{A}_u=-g_m R'_L$
	CC: $\dot{A}_u=\dfrac{\beta R'_L}{r_{be}+(1+\beta)R'_L}$	CD: $\dot{A}_u=\dfrac{g_m R'_L}{1+g_m R'_L}$
	CB: $\dot{A}_u=+\dfrac{\beta R'_L}{r_{be}}$	CG: $\dot{A}_u=+g_m R'_L$
输入电阻 R_i	CE: $R_b // r_{be}$	CS: $R_{g1} // R_{g2}$
	CC: $R_b // [r_{be}+(1+\beta)R_L]$	CD: $R_g+(R_{g1} // R_{g2})$
	CB: $R_e // [r_{be}/(1+\beta)]$	CG: $R // (1/g_m)$
输出电阻 R_o	CE: R_c	CS: $r_{ds} // R_d$
	CC: $R_e // \dfrac{r_{be}+R_b // R_s}{1+\beta}$	CD: $R // (1/g_m)$
	CB: R_c	CG: R_d

例 3-2 JFET 共源极放大器如图例 3-2 所示，求该电路电压增益、输入电阻、输出电阻的表达式。

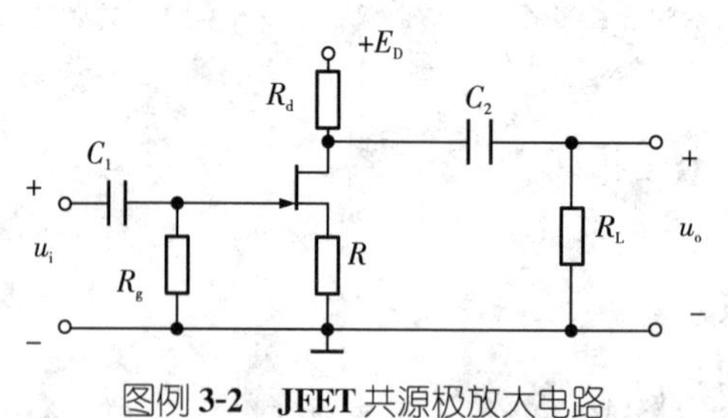

图例 **3-2** **JFET** 共源极放大电路

解：作图例 3-2 中电路的交流通路、低频小信号模型的等效电路，如图解 3-2(a)、(b)所示。

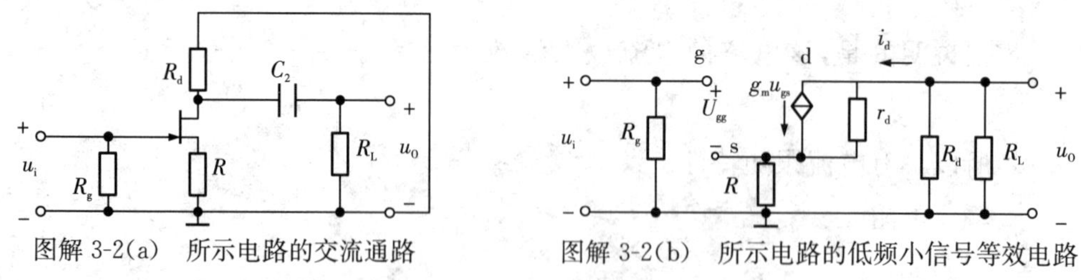

图解 3-2(a) 所示电路的交流通路　　图解 3-2(b) 所示电路的低频小信号等效电路

图解 **3-2** 图解 **3-2** 中电路的交流通路、低频小信号微变模型等效电路

求电压增益：

R_d 非常大，可视为开路。

$$A_u=\frac{u_0}{u_i}=\frac{-g_m u_{gs}(R_d // R_L)}{u_{gs}+g_m u_{gs}R}=\frac{-g_m(R_d // R_L)}{1+g_m R}$$

求输入电阻：

因为场效应管的输入电流 $i_g=0$，所以 $R_i=R_g$。

求输出电阻：根据求输出电阻的定义，可作出图解 3-2(b)所示电路的求输出电阻的等效电路，如图解 3-3 所示。

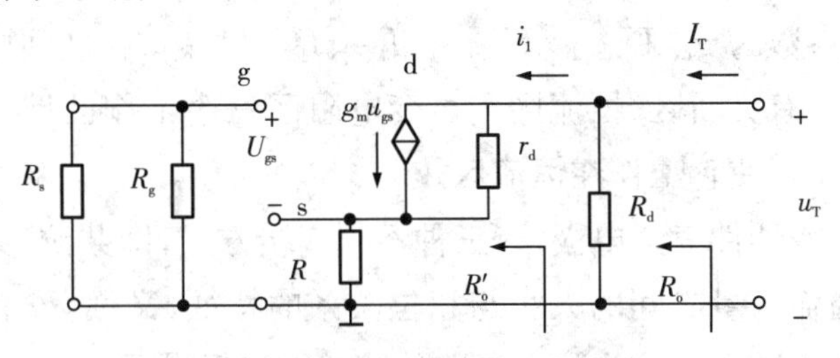

图解 **3-3**　图解 **3-2** 输出电阻等效电路

由图解 3-3 可知：

$$U_T=(i_1-g_m u_{gs})R_d+i_1 R$$

$$u_{gs}=-i_1 R$$

下式代入上式得

$$U_T=i_1 r_d(1+g_m R)+i_1 R$$

$$R'_o=\frac{U_T}{i_1}=r_d(1+g_m R)+R$$

一般情况下，$r_d \gg R$

$$R'_o \approx r_d(1+g_m R)$$

输出电阻

$$R_o=\frac{U_T}{I_T}=R_d /\!/ R'_o=R_d /\!/ [r_d(1+g_m R)]$$

$$R_o=R_d$$

本章小结

1. 双极型晶体管是电流控制电流器件，有两种载流子参与导电；本章介绍的场效应管是电压控制电流器件，只依靠一种载流子导电，属于单极型器件。虽然它与双极型器件的控制原理有所不同，但组成电路的形式极为相似，分析的方法仍然是图解法（亦可用公式计算）和小信号模型分析法。

2. 场效应管分为结型和绝缘栅型两种类型，每种类型又分为 N 沟道和 P 沟道两种，同一沟道的 MOS 管又分为增强型和耗尽型两种形式。场效应管工作在恒流区时，利用栅—源之间外加电压所产生的电场来改变导电沟道的宽窄，从而控制多子漂移运动所产生的漏极电流 i_D，可将 i_D 看成由电压 U_{GS} 控制的电流源。

3. 在场效应管放大电路中，U_{DS} 的极性决定于沟道性质，N（沟道）为正，P（沟道）为负；为建立合适的偏置电压 U_{GS}，不同类型的 FET，对偏置电压的极性有不同要求：JFET 的 U_{GS} 和 U_{DS} 极性相反，增强型 MOSFET 的 U_{GS} 和 U_{DS} 极性相同，耗尽型增强型 MOSFET 的 U_{GS} 可正、可负或为零。

4. 转移特性曲线描述了这种控制关系。输出特性曲线描述 U_{GS} 与 I_{DS} 之间的关系，它的主要参数为 g_m、$U_{GS(th)}$、$U_{GS(off)}$、I_{DSS}、I_{DM}、$U_{(BR)DS}$ 和极间电容。和晶体管相类似，场效应管有夹断区、恒流区和可变电阻区三个工作区域。要使场效应管处于放大状态，应当使它工作在恒流区。

5. 按三端有源器件三个电极，有三种不同连接方式，即共源、共漏、共栅组态。但依据输出量与输入量之间的大小与相位关系的特征，又称反相电压放大器、电压跟随器和电流跟随器。这为放大电路的综合设计提供了方便。

应用与讨论

1. 增强型绝缘栅场效应管，它的 U_{GS} 和 U_{DS} 极性相同，当 $U_{GS}=0$ 时，没有漏极电流通过，不需要像结型、耗尽型绝缘栅场效应管那样需要自给偏压，电路设计简单，大功率器件普遍采用这种。

2. 将场效应管与双极型晶体管结合，充分发挥场效应管输入阻抗高、噪声低和双极型晶体管 β 高的优点，可大大提高和改善电子电路的某些性能指标。双极晶体管一结型场效应管混合结构集成电路就是按这一特点发展起来的，使场效应管的应用范围得到扩展。

3. 由于 GaAs 的电子迁移率比硅大 5～10 倍，高速 GaAs MESFET 被用于高频放大和高速数字逻辑电路，其互导 g_m 可达 100 ms，甚至更高。

4. MOS 器件主要用于制成集成电路。由于微电子工艺水平的不断提高，在大规模和超大规模数字集成电路中应用极为广泛，同时在集成运算放大器和其他模拟集成电路中也得到了迅速的发展，其中 BiCMOS 集成电路更具特色，因此，MOS 器件的广泛应用必须引起读者的高度重视。

5. 场效应管和晶体管均可用于放大电路和开关电路，它们构成了品种繁多的集成电路。由于场效应管具有耗电省、工作电源的电压范围宽、集成工艺更简单等优点（且 VMOS 管有较好的散热性能），便于集成、批量以及制成大功率管等，因此场效应管越来越多地应用于大规模和超大规模集成电路、大功率驱动中，如模拟集成电路、开关电源、电机驱动等。

习 题 3

3-1 图题 3-1 是两个结型场效应管的转移特性曲线，假设进漏极的电流方向为正，试说明该结型场效应管是

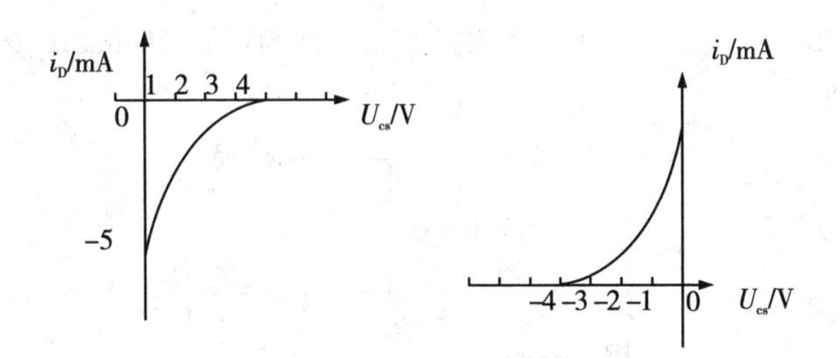

图题 **3-1**

(1)N 沟道还是 P 沟道的场效应管?

(2)夹断电压 Up=?

(3)饱和漏极电流是多少?

(4)电压 U_{DS}的极性如何确定?

3-2　说明 N 沟道增强型 MOSFET 是怎样形成反型层的? 增强型与耗尽层有何区别?

3-3　使用场效应管应注意什么? 能不能用鉴别晶体管的简易方法来鉴别场效应管的三个电极和性能好坏?

3-4　当 JFET 工作在饱和区时,漏极电流 i_D 与栅一源极电压 U_{GS}、夹断电压 U_P 的关系表达式是什么?

3-5　在 P 沟道 JFET 中,对栅一源电压 U_{GS}、漏源电压 U_{DS}的极性要求如何? 夹断电压 U_P 的极性是什么?

3-6　说出 MOS 场效应的详细分类。

3-7　在 MOS 场效应中,应如何理解增强型、耗尽型的含义?

3-8　在 MOS 场效应中,不管 MOS 管的类型如何,其栅一源极间的输入电阻都非常大,为什么?

3-9　MOS 型场效应管的转移特性曲线如图题 3-9 所示(其中漏极电流的方向以流进漏极为正),说明:

(1)夹断电压 U_P 或开启电压 U_T 的值(注意极性)?

(2)四个曲线分别代表哪种类型 MOSFET 的转移特性曲线?

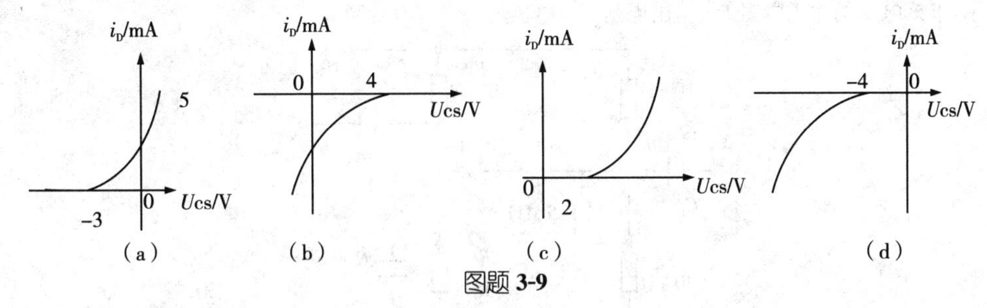

图题 **3-9**

3-10　写出增强型 MOSFET 工作在饱和区时,漏极电流 i_D 与栅一源电压 U_{GS}、开启电压 U_T 的关系表达式。

3-11　在四种 MOSFET 中,U_{DS}、U_{GS}的极性是如何要求的?

3-12　在四种 MOSFET 中,U_P 或 U_T 的极性是如何要求的?

3-13　在四种 MOS 场效应管时应该注意哪些事项?

3-14 电路图如图题 3-14 所示，已知场效应管的参数为：$I_{DSS}=4$ mA，$U_P=-4$ V，若 $U_{DS}=3$ V，求电阻 R_1 的值。

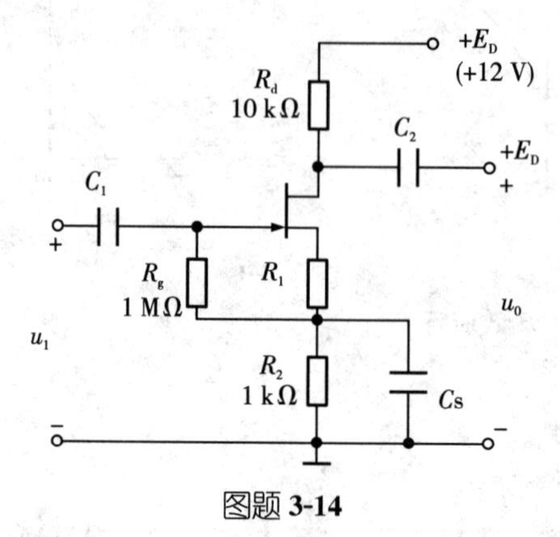

图题 **3-14**

3-15 电路图如图题 3-15 所示，已知场效应管的参数为：$g_m=4$ mA/V，电路的参数如图所示，求：

(1)画出电路的微变等效电路。

(2)输入电阻 R_i、输出电阻 R_o、电压增益 A_u。

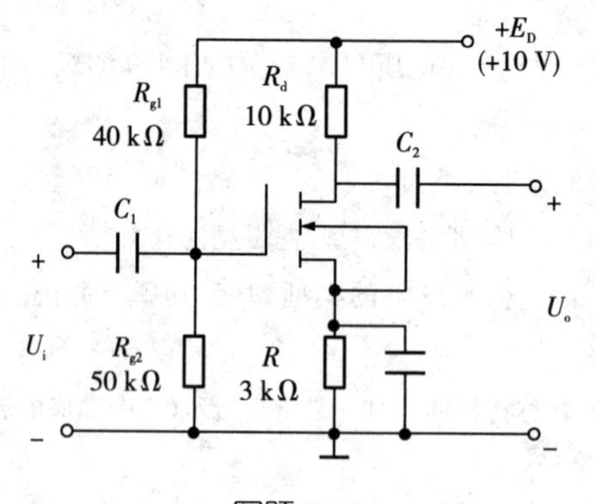

图题 **3-15**

3-16 电路如图题 3-16 所示，已知场效应管在工作点上的跨导为 $g_m=5$ mA/V，电路参数如图所示，求该电路的输入电阻 R_i、输出电阻 R_o、电压增益 A_u。

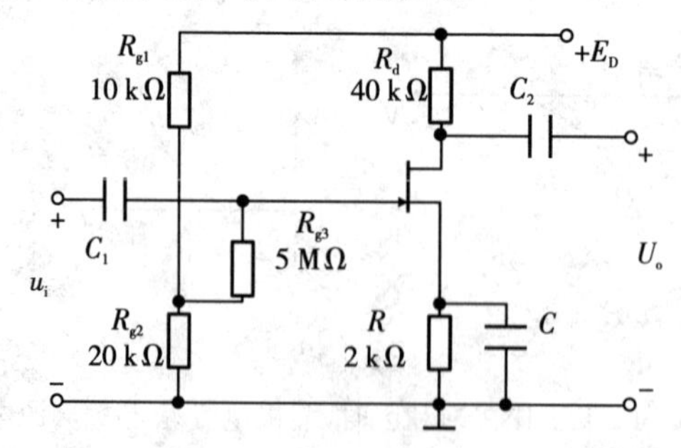

图题 **3-16**

3-17 电路如图题 3-17 所示，已知管子在工作点上的跨导为 $g_m=5$ mA/V，电路参数如图所示，求：

(1)画出电路的微变等效电路。

(2)电路的输入电阻 R_i、输出电阻 R_o、电压增益 A_u。

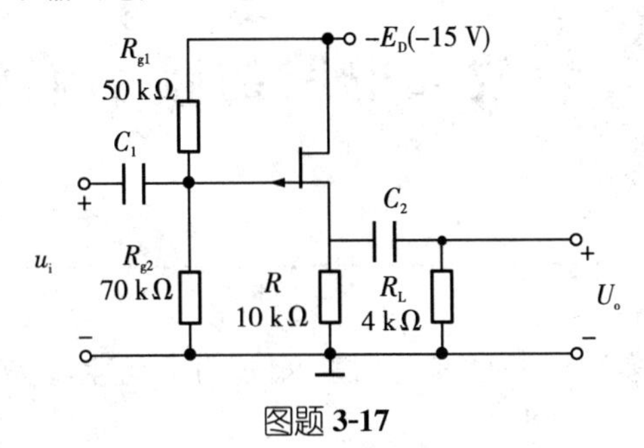

图题 **3-17**

3-18　仿真电路如图 3-18 所示。已知：$C_1=C_2=C_d=10\ \mu F$，$R_{g1}=R_{g2}=100\ k\Omega$，$R_{g3}=10\ k\Omega$，$R=R_L=100\ k\Omega$，$R_d=40\ k\Omega$，$E_D=+12\ V$。输入为正弦波。场效应管为理想场效应管。

(1)用示波器观察 U_i、U_D 的波形，计算 A_u。

(2)用万用表测量 i_D，U_{DS}，U_{GS}。

(3)改变 u_i 的大小，观察失真现象。

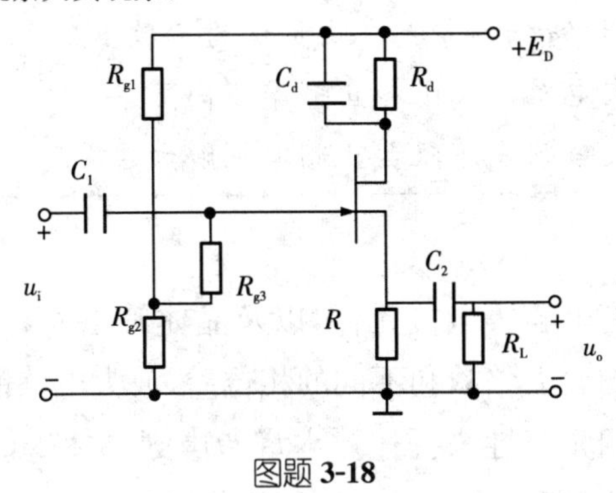

图题 **3-18**

放大电路的频率响应

学习要求

1. 了解放大电路的耦合电容是引起低频响应的主要原因，掌握下限截止频率求解方法。

2. 了解三极管的结电容和分布电容是引起放大电路高频响应的主要原因，掌握跨接在三极管的输入、输出端的结电容，等效到三极管输入回路和输出回路的方法。

3. 掌握三极管放大电路上限截止频率的求解方法，了解放大电路的增益和带宽是一对矛盾，通常增益带宽积近似认为常数。

4. 不同组态放大电路的上限截止频率不同。

5. 掌握多级放大电路上下限截止频率求解方法。

由于放大电路中有电容等电抗元件，以及晶体管结电容的存在，使得放大电路对不同频率有不同的放大倍数和不同的相位差，放大电路的这种特性即频率特性，可以用幅频特性、相频特性来描述。本章考虑到晶体管内部结电容和放大电路中的耦合电容、旁路电容的影响，分析不同频段放大电路的频率特性，用波特图表示放大电路的频率响应。

4.1 频率响应的概念

前面在分析放大电路时，假设输入信号为中频段的正弦波信号，对放大电路的等效方法只适用于电路的中频段响应，电路中的耦合电容、旁路电容均视为短路，没有考虑晶体管结电容对电路放大性能的影响。如果输入的信号频率很高或很低时，这种方法就不再适用，必须用幅频特性、相频特性来描述。

放大电路的幅频特性的描述：输入信号幅度固定，输出信号的幅度随频率变化而变化的规律，即$|\dot{A}|=|\dot{U}_o/\dot{U}_i|=f(\omega)$；放大电路的相频特性是描绘输出信号与输入信号之间相位差随信号频率变化而变化的规律，即$\angle\dot{A}=\angle\dot{U}_o-\angle\dot{U}_i=f(\omega)$。这些统称“放大电路的频率响应”，如图 4-1(a)、(b)所示，分别表示放大电路的幅频特性和相频特性，也称“频率响应”。

放大电路对不同频率成分信号的增益不同，从而使输出波形产生失真，称为“幅度频率失真”，简称“幅频失真”。放大电路对不同频率成分信号的相移不同，从而使输出波形产生的失真，称为“相频失真”。幅频失真和相频失真都是线性失真。

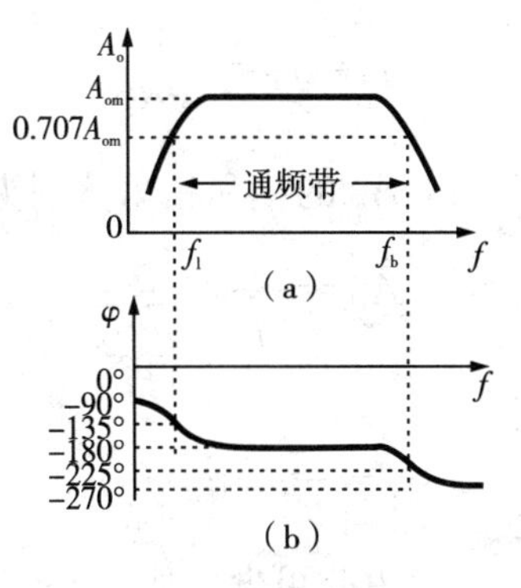

图 4-1　放大电路的频率特性

图 4-2 所示为含有两个频率的信号分别出现幅度失真和相位失真的情况。图 4-2(a)所示为两个频率的信号(基波和二次谐波)相叠加，当它们的幅度比例变化时，(如仅把二次谐波的幅度减小)，则它们叠加后的波形如图 4-2(b)所示；若它们的相移变化(如果仅改变二次谐波的相位，幅度不变)，则两频率叠加后的波形如图 4-2(c)所示。显然，它们合成后的波形与原来的波形都不相似。不管是改变信号的幅度比例或是改变相移，都会使叠加后的波形产生失真，而叠加后的信号并没有新的频率成分出现。

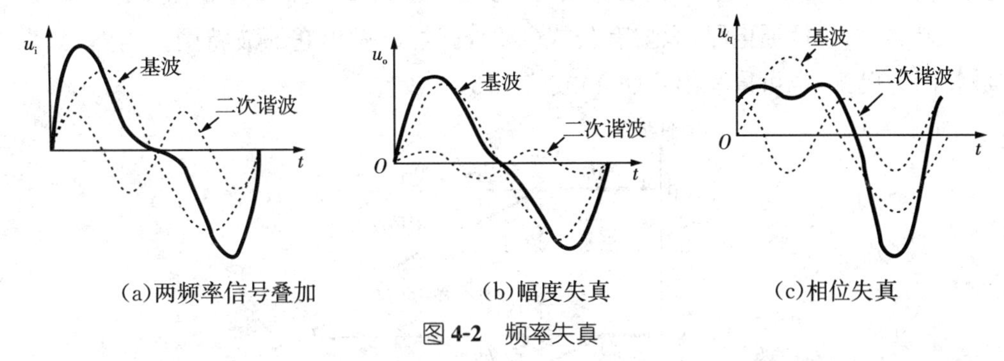

(a)两频率信号叠加　(b)幅度失真　(c)相位失真

图 4-2　频率失真

产生频率失真的原因是放大电路中存在电抗性元件，例如耦合电容、旁路电容、分布电容、变压器、分布电感等，并且三极管的电流放大系数 $\beta(\omega)$ 也是频率的函数。在研究频率特性时，三极管的低频小信号模型不再适用，而要采用高频小信号模型。

4.1.1　RC 低通电路

RC 低通电路如图 4-3 所示。

其电压放大倍数 $\dot{A}_{uh}$(也称“传递函数”)为

$$\dot{A}_{uh}=\frac{\dot{U}_o}{\dot{U}_i}=\frac{1}{1+j\omega RC}=\frac{1}{1+j\frac{\omega}{\omega_0}} \tag{4-1}$$

图 4-3　RC 低通电路

式中 $\omega_0=\frac{1}{RC}=\frac{1}{\tau}$。即上限截止频率为：

$$f_0=f_H=\frac{1}{2\pi RC} \tag{4-2}$$

$\dot{A}_{uh}$的模和相角分别为

$$\dot{A}_{uh}=\frac{1}{\sqrt{1+(\frac{f}{f_H})^2}} \tag{4-3}$$

$$\varphi=-\mathrm{arctg}(\frac{f}{f_H})$$

由此可做出如图 4-4 所示的 RC 低通电路的近似频率特性曲线。

幅频特性的 X 轴和 Y 轴坐标都采用对数坐标标定。f_H称为“上限截止频率”。当$f\geqslant f_H$时，幅频特性将以－20dB/dec 的斜率下降，在 f_H处的误差最大，有－3dB。当 $f=f_H$时，相频特性将滞后 45°，并具有－45°/dec 的斜率，在 0.1 f_H和 10 f_H处与实际的相频特性有最大的误差，其值分别为＋5.7°和－5.7°。这种用折线画出的频率特性曲线称为“波特图”，是分析放大电路频率响应的重要手段。

显然，对于低通电路，只要有公式(4-2)，就可以做出它的波特图。当然，如果波特图为已知，也可以写出式(4-1)或式(4-3)。

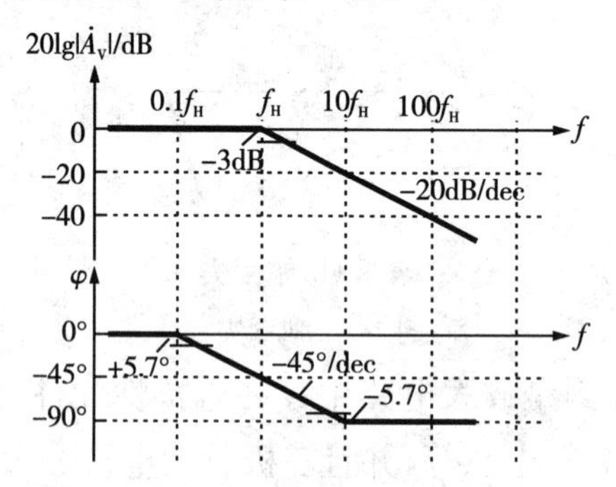

图 4-4　RC 低通电路的频率特性曲线

4.1.2　RC 高通电路

RC 高通电路如图 4-5 所示。其电压放大倍数$\dot{A}_u$ 为

$$\dot{A}_{uL}=\frac{\dot{U}_o}{\dot{U}_i}=\frac{j\omega/\omega_L}{1+j\omega/\omega_L}=\frac{jf/f_L}{1+jf/f_L} \tag{4-4}$$

式中 $\omega_L=\frac{1}{RC}=\frac{1}{\tau}$。

即下限截止频率为

$$f_0=f_L=\frac{1}{2\pi RC} \tag{4-5}$$

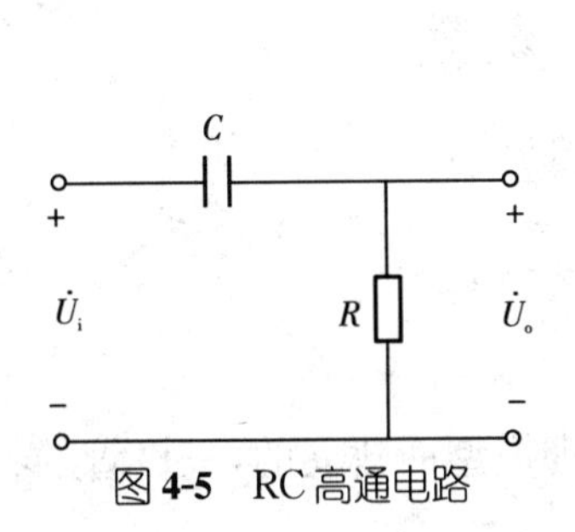

图 **4-5**　RC 高通电路

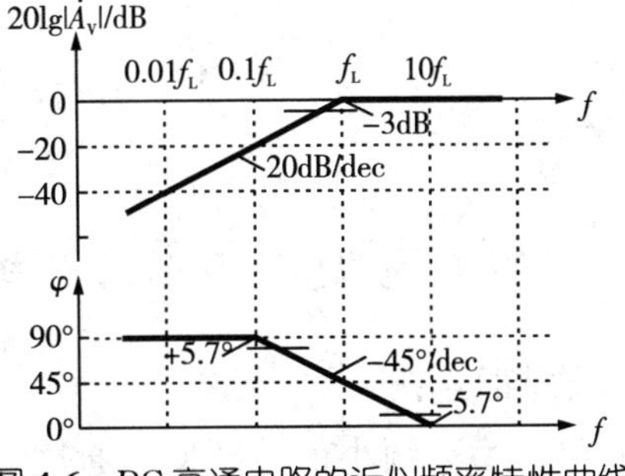

图 **4-6**　RC 高通电路的近似频率特性曲线

$\dot{A}_u$ 的模和相角分别为

$$A_{uL}=\frac{f/f_L}{\sqrt{1+(\frac{f}{f_L})^2}} \tag{4-6}$$

$$\varphi=90°-\text{arctg}(\frac{f}{f_L})$$

由此可作出如图 4-6 所示的 RC 高通电路的近似频率特性曲线。

显然，对于高通电路，若已知公式(4-5)，就可以绘出它的波特图。如果已知波特图也可以写出表达式(4-4)或(4-6)。

例 4-1　已知某电路的波特图如图例 4-1 所示，试写出 $\dot{A}_u$ 的表达式。

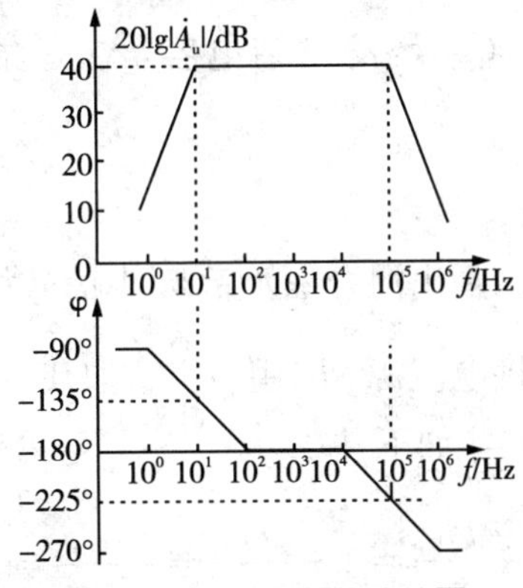

图例 **4-1**　某电路的波特图

解：由图可知，该电路可以看作是一个低通电路和一个高通电路组成，其高通的下限截止频率 $f_L=10$、低通的上限截止频率 $f_H=10^5$，由于 f_L 和 f_H 的值相差很大，该电路可以认为是这两个滤波其串联而成；图中还可以看出，其最大增益 $A_m=20\lg30=32$，而此处的相位是 180°，可将 $\dot{A}_m=-A_m=-32$ 看成是一个增益是−32dB 的放大电路，所以，总的电路应当是以上两个滤波器和这个具有−32dB 增益的放大电路串联而成，因此，其总的增益表达式可以写成：

$$\dot{A}_u\approx\dot{A}_m\cdot\dot{A}_{u_H}\cdot\dot{A}_{u_L}=-32\times\frac{1}{1+\frac{10}{jf}}\times\frac{1}{1+\frac{jf}{10^5}}=\frac{-32}{(1+\frac{10}{jf})(1+\frac{jf}{10^5})}$$

4.2 晶体管的频率参数

4.2.1 混合π型高频小信号模型

1. 物理模型

混合 π 型高频小信号模型是通过三极管的物理模型而建立的，三极管的物理结构如图 4-7 所示。

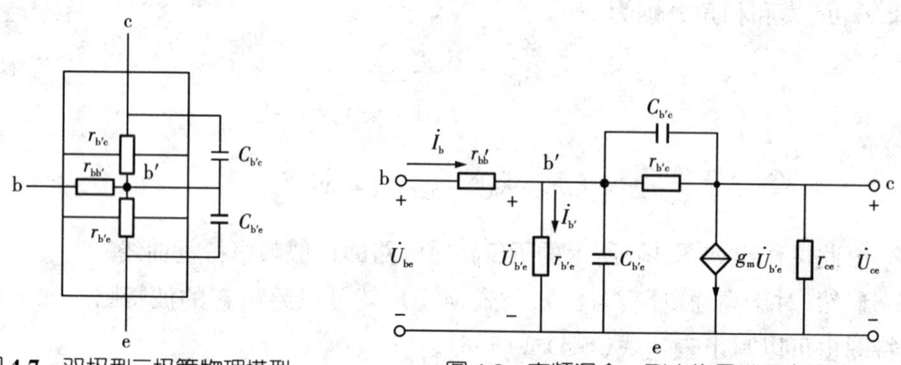

图 4-7 双极型三极管物理模型

图 4-8 高频混合 π 型小信号模型电路

图中 $r_{bb'}$ 基区的体电阻，b' 是假想的基区中的一个点。r_e 是发射结电阻，$r_{b'e}$ 是 r_e 归算到基极回路的电阻，$C_{b'e}$ 是发射结电容，$r_{b'c}$ 是集电结电阻，$C_{b'c}$ 是集电结电容。

2. 用 $g_m\dot{V}_{b'e}$ 代替 $\dot{I}_{bo}$

根据这一物理模型可以画出混合 π 型高频小信号模型，如图 4-8 所示。在高频混合 π 型小信号模型中将电流源 $\beta\dot{I}_{bo}$ 用 $g_m\dot{U}_{b'e}$ 取代。这是因为 β 本身就与频率有关，而 g_m 与频率无关。推导如下：

$$\beta_0\ \dot{I}_{bo}=\beta_0\ \frac{\dot{U}_{b'e}}{r_{b'\ e}}=\beta_0\ \frac{\dot{I}_{bo}\dot{U}_{b'e}}{\dot{I}_{bo}r_{b'\ e}}=\frac{\dot{I}_c\ \dot{U}_{b'e}}{\dot{U}b'e}=g_m\ \dot{U}_{b'e}$$

由于 $\dot{I}_{bo}$ 是流经 $r_{b'\ e}$ 的电流，则 $\dot{I}_c$ 与 $\dot{I}_{bo}$ 的关系应存在 $\dot{I}_c=\beta_0\dot{I}_{bo}$，这里 β_0 是真正反映三极管内部电流的放大关系。

β_0 即低频时的 β，而

$$g_m=\frac{\dot{I}_c}{\dot{U}_{b'e}}=\frac{\dot{I}_c/\dot{I}_{bo}}{\dot{U}_{be}/\dot{I}_{bo}}=\frac{\beta_0}{r_{b'e}} \tag{4-7}$$

g_m 称为跨导，还可写成

$$g_m=\frac{\beta_0}{r_{b'e}}=\frac{\beta_0}{(1+\beta_0)r_e}\approx\frac{1}{r_e}=\frac{I_E}{V_T} \tag{4-8}$$

由此可见 g_m 是与频率无关的 β_0 和 $r_{b'e}$ 的比，因此 g_m 与频率无关。若 $I_E=1\ \text{mA}$，$g_m=1\ \text{mA}/26\ \text{mV}\approx 38\ \text{mS}$。

3. 单向化

在 π 型小信号模型中，因存在 $C_{b'c}$ 和 $r_{b'c}$，对求解不便，可通过单向化处理加以变换。首先因 $r_{b'c}$ 很大，可以忽略，如图 4-8 可简化为图 4-9(a)所示，三极管的 b' 和 c 之间只剩下 $C_{b'c}$，可以用输入侧的 $C'_{b'c}$ 和输出侧的 $C''_{b'c}$，但变换前后应保证相关电流不能改变，如图 4-9(b)所示。

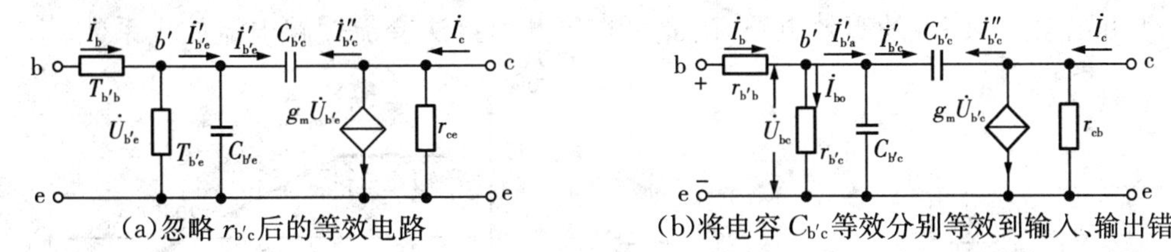

(a)忽略 $r_{b'c}$ 后的等效电路
(b)将电容 $C_{b'c}$ 等效分别等效到输入、输出错

图 4-9　高频混合 π 型小信号电路

由图 4-9(a)中输入侧 b' 点向右看进去有

$$\dot{I}_{b'e}=\dot{I}_{b'c}+\dot{I}_{b'e}$$

图 4-9(a)中得到

$$\dot{I}'_{b'c}=(\dot{U}_{b'e}-\dot{U}_{ce})j\omega C_{b'c}=\dot{U}_{b'e}(1-\frac{\dot{U}_{ce}}{\dot{U}_{b'e}})j\omega C_{b'c}$$

$$\dot{U}_{ce}=-g_m\dot{U}_{b'e}R'_c$$

$$\dot{I}_{b'c}=\dot{U}_{b'e}(1+g_mR'_c)j\omega C_{b'c}$$

令放大倍数 $|K|=g_mR'_c$，则有

$$C'_{b'c}=(1+|K|)C_{b'c} \tag{4-9}$$

由图 4-9(b)中输出侧向左看进去有

$$\dot{I}''_{b'c}=(U_{ce}-U_{b'e})j\omega C_{b'c}=\dot{U}_{ce}(1+\frac{1}{|K|})j\omega C_{b'c}$$

所以

$$C''_{b'c}=\frac{1+K}{K}C_{b'c} \tag{4-10}$$

由于 $C_{b'c}\ll C'_{b'c}$，所以 $C'_{b'c}\approx C_{b'e}+C'_{b'c}$ 则图 4-9 也可简化为图 4-10。其中 $C'_{b'c}$、$C''_{b'c}$ 如公式(4-9)、(4-10)所示。

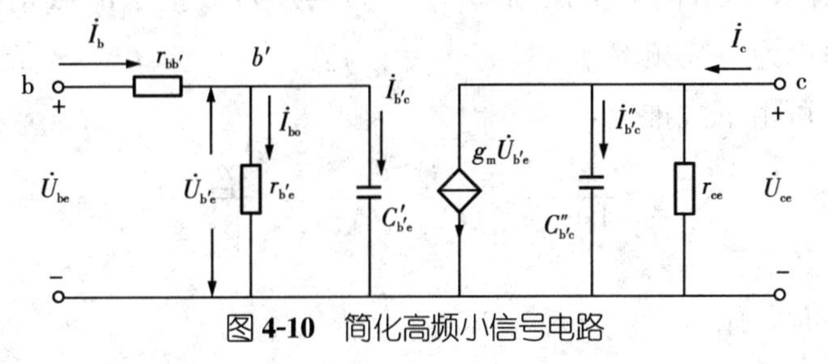

图 4-10　简化高频小信号电路

4.2.2 电流放大系数 β 的频响

从物理概念可以解释随着频率的增高，β 将下降。因为

$$\dot{\beta}=\frac{\dot{I}_c}{\dot{I}_b}\bigg|_{\dot{U}_{ce}=0} \tag{4-11}$$

式中 $\dot{U}_{ce}=0$ 是指在 $\dot{U}_{ce}$ 为一定的条件下，在等效电路中可将 CE 间交流短路，于是可作出图 4-11 的等效电路，由此可求出共射接法交流短路电流放大系数。

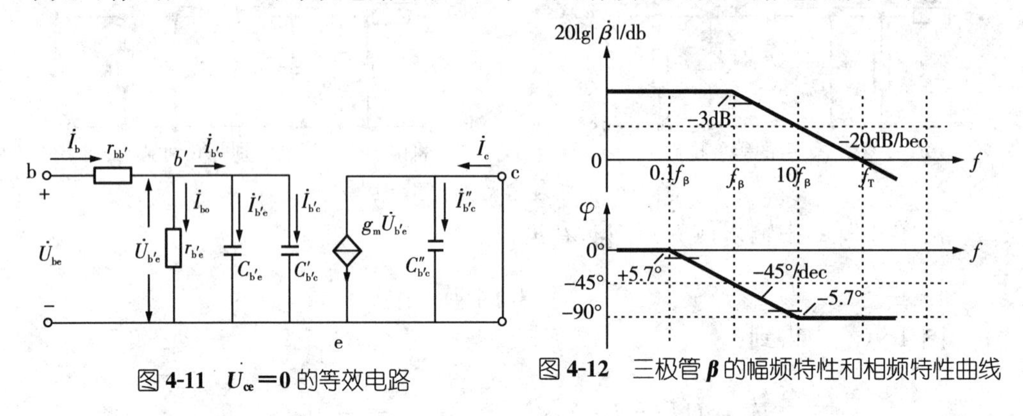

图 4-11 $\dot{U}_{ce}=0$ 的等效电路

图 4-12 三极管 β 的幅频特性和相频特性曲线

由于输出端短路，$\dot{U}_{ce}=0$，β 可由下式推出：

$$\dot{I}_b=\dot{I}_{b0}+\dot{I}'_{b'c}+\dot{I}_{b'c}=\dot{U}_{b'e}[(1/r_{b'e})+j\omega(C_{b'e}+C'_{b'c})]$$

$$\dot{I}_c=g_m\dot{U}_{b'e}+\dot{U}_{ce}\cdot j\omega C''_{b'c}\approx g_m\dot{U}_{b'e}$$

因 $K=0$，根据公式(4-9)可得

$$C'_{b'c}=C'_{b'c}$$

所以有

$$\dot{\beta}=\frac{g_m r_{b'e}}{1+j\omega r_{b'e}(C_{b'e}+C_{b'c})}=\frac{\beta_0}{1+j\dfrac{f}{f_\beta}} \tag{4-12}$$

$$f_\beta=\frac{1}{2\pi r_{b'e}(C_{b'e}+C_{b'c})} \tag{4-13}$$

由此可作出 β 的幅频特性和相频特性曲线，如图 4-12 所示。

当 $20\lg\beta$ 下降 3dB 时对应的频率 f_β 称为共发射极接法的截止频率，当 $\beta=1$ 时对应的频率称为特征频率 f_T，且有 $f_T=\beta_0 f_\beta$。

$f_T=\beta_0 f_\beta$ 可由下式推出：

$$\dot{\beta}=\frac{g_m r_{b'e}}{1+j\omega r_{b'e}(C_{b'e}+C_{b'c})}=\frac{\beta_0}{1+j\dfrac{f}{f_\beta}}$$

当 $f=f_T$ 时，有

$$|\dot{\beta}(f_T)|=\frac{g_m r_{b'e}}{\sqrt{1+[\omega r_{b'e}+(C_{b'e}+C_{b'c})]^2}}=\frac{\beta_0}{\sqrt{1+(\frac{f_T}{f_\beta})^2}}\approx 1 \quad (4\text{-}14)$$

因 $f_T \gg f_\beta$，所以 $f_T \approx \beta_0 f_\beta$。

例 4-2 已知晶体管的 $r_{b'e}=1\ \text{K}$，$C_{b'e}=12\ \mu\text{F}$，$C_{b'c}=5\ \mu\text{F}$，求晶体管的 f_β 为多少？

解： 代入公式（4-13）得：$f_\beta=\frac{1}{2\pi r_{b'e}(C_{b'e}+C_{b'c})}=\frac{1}{2\times 3.14\times 10^3\times(12+5)\times 10^{-12}}\approx 9.37\times 10^6(\text{Hz})=9.37\ \text{MHz}$

4.3 单级放大电路的频率响应

4.3.1 共射电路小信号模型

对于图4-13所示的共发射极接法的基本放大电路，分析其频率响应，需画出放大电路从低频到高频的全频段小信号模型，如图4-14所示。然后分低、中、高三个频段加以研究。

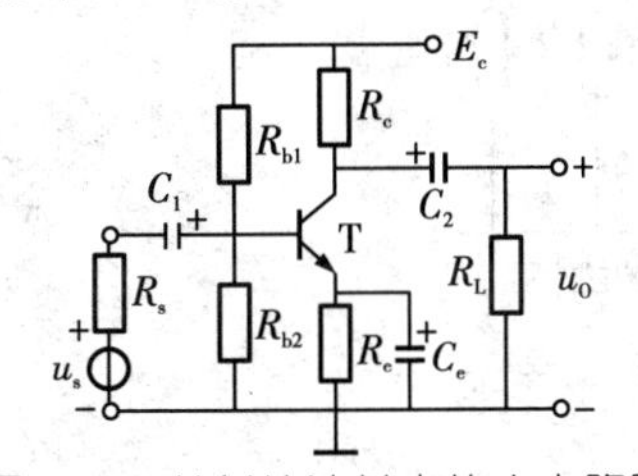

图 4-13 共射接法基本放大电路图

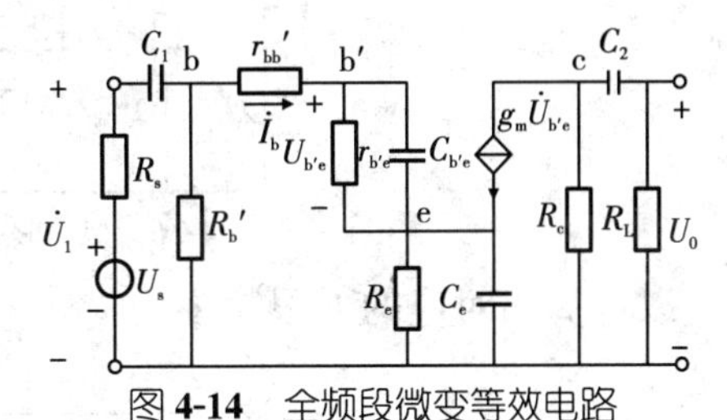

图 4-14 全频段微变等效电路

4.3.2 共射电路高频特性

将全频段小信号模型中的 C_1、C_2 和 C_e 短路，即可获得高频段小信号模型微变等效电路，如图4-15所示。

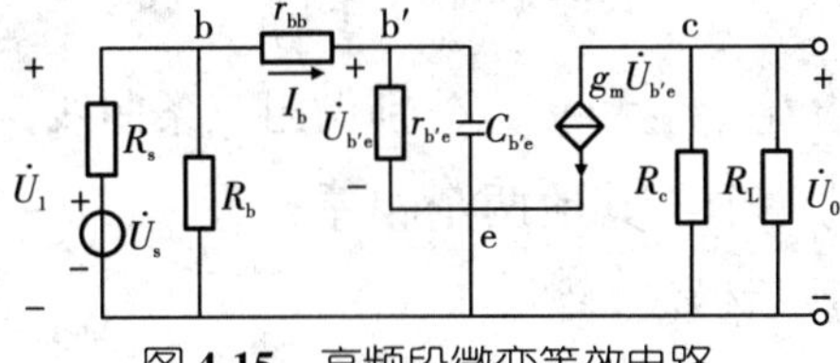

图 4-15 高频段微变等效电路

显然，这是一个RC低通环节，时间常数 $\tau_H=\{[(R_s/\!/R_b')+r_{bb'}]/\!/r_{b'e}\}C_{b'e}'$。

于是，上限截止频率

$$f_H=\frac{1}{2\pi\{[(R_s/\!/R_{b'})+r_{bb'}]/\!/r_{b'e}\}C_{b'e}} \quad (4\text{-}15)$$

因此,若仅考虑放大电路的高频特性,则其电压增益可写成如下形式:

$$\dot{A}_{usH}=A_{usM}\times\frac{1}{1+jf/f_H} \tag{4-16}$$

设放大电路的中频电压放大倍数为 A_{usM},其频率特性曲线与 RC 低通电路相似。只不过其幅频特性在 Y 轴方向上移了 20lg A_{usM}(dB)。相频特性则在 Y 轴方向下移 180°,以反映单级放大电路倒相的关系。

由式(4-15) 可以看出,对于特定的晶体管,结电容一定,要提高放大电路的上限频率,可以通过降低放大电路的输入电阻或减小信号源内阻的方法来改善。

4.3.3 共射电路低频特性

低频段的微变等效电路如图 4-16 所示,C_1、C_2 和 C_e 被保留,C'_π 被忽略。显然,该电路有三个 RC 电路环节,对应的时间常数:$\tau_{L1}=[(R'_b // r_{be})+R_S]C_1$、$\tau_{L2}=(R_c+R_L)C_2$ 和 $\tau_{L3}=[R_e//(R'_S+r_{be})/(1+\beta)]C_e$。当信号频率提高时,它们的作用相同,都有利于放大倍数的提高,相当于高通环节,有下限截止频率。

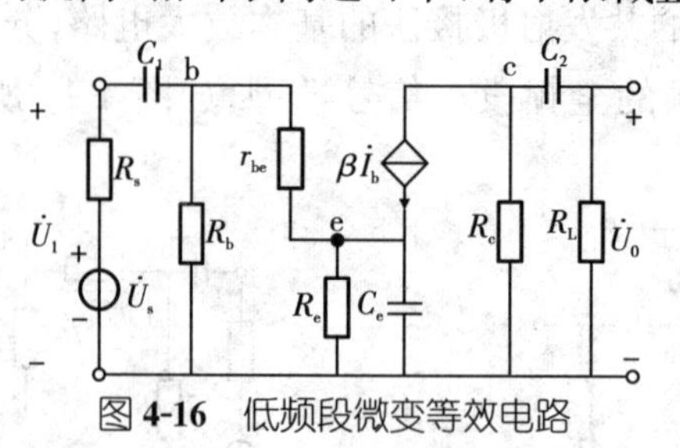

图 4-16 低频段微变等效电路

可以计算出对应的下限频率为:

$$f_{L1}=\frac{1}{2\pi[(R'_b // r_{be})+R_s]C_1} \tag{4-17}$$

$$f_{L2}=\frac{1}{2\pi(R_c+R_L)C_2} \tag{4-18}$$

$$f_{L3}=\frac{1}{2\pi\left(R_e // \dfrac{R'_s+r_{be}}{1+\beta}\right)C_e} \tag{4-19}$$

在波特图上可确定 f_{L1}、f_{L2} 和 f_{L3},分别做出三条曲线,然后将三条曲线相加。如果 τ_L 在数值上较小的一个与其他两个相差较大,有 4~5 倍之多,可将最大的 f_L 作为下限截止频率,然后做波特图。

当 R'_b 较大,并且 $R_e\gg 1/\omega C_e$ 时。为简单起见,将 C_e 归算到基极回路后与 C_1 串联,设 $C'_e=C_e/(1+\beta)$。同时在输出回路用戴维宁定理变换,得到简化的微变等效电路,如图 4-17 所示。所以输入回路的低频时间常数为 $\tau_{L1}=(C_1 // C'_e)(R_s+r_{be})$。显然,增大 τ_{L1}、τ_{L1},才能使 f_{L1}、f_{L2} 降下来。

$$f_{L1}=\frac{1}{2\pi(R_s+r_{be})\left(C_1/\!/\frac{C_e}{1+\beta}\right)} \tag{4-20}$$

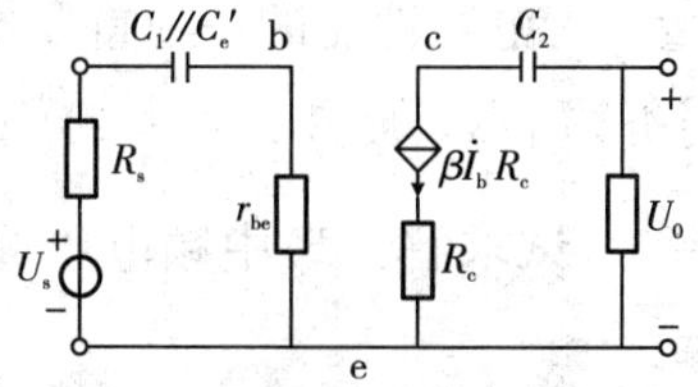

图 **4-17**　简化后的低频段等效电路

在此简化条件下，低频段的电压放大倍数的复数形式为

$$\dot{A}_{usL}=A_{usM}\times\frac{jf/f_{L1}}{1+jf/f_{L1}}\times\frac{jf/f_{L2}}{1+jf/f_{L2}} \tag{4-21}$$

若要改善放大电路的低频特性，需要加大耦合电容及其相应的等效电阻，以增大回路的时间常数，以降低下限频率。

4.3.4　单级共射电路总的频率特性

由式(4-16)、(4-21)可以得到总电压放大倍数的复数形式为

$$\dot{A}_{us}=A_{usM}\times\frac{jf/f_{L1}}{1+jf/f_{L1}}\times\frac{jf/f_{L2}}{1+jf/f_{L2}}\times\frac{1}{1+jf/f_H} \tag{4-22}$$

$$A_{usM}=-\frac{\beta R_L}{R_S+r_{be}}$$

设 $f_{L1}>f_{L2}$，可以画出单级基本放大电路的波特图，如图 4-18 所示。

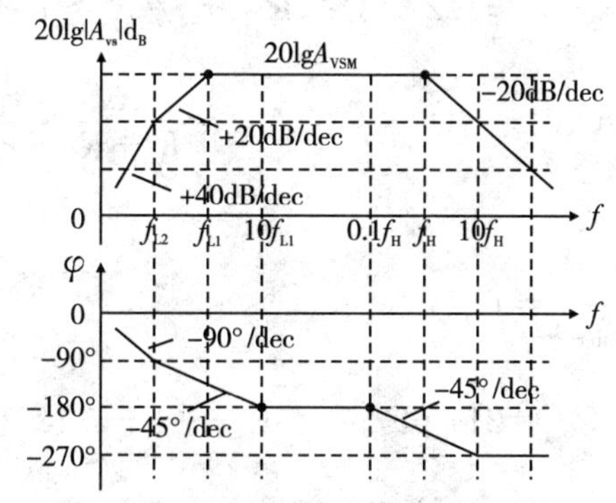

图 **4-18**　单级基本放大电路的波特图

其中 $f_{L1}=\dfrac{1}{2\pi(R_s+r_{be})\left(C_1/\!/\dfrac{C_e}{1+\beta}\right)}$

$$f_{L2}=\frac{1}{2\pi(R_c+R_L)C_2}$$

$$f_H=\frac{1}{2\pi\{[(R_s/\!/R_{b'})+r_{bb'}]/\!/r_{b'e}\}C_{b'e}}$$

由于 $C_{be}=C_{be}+(1-\dot{K}_u)C_{be}$，$\dot{K}_u=-g_m(R_c /\!/ R_L)$，若要使电压放大倍数 K 增加，$C'_{b'e}$也增加，上限截止频率就下降，通频带变窄。增益和带宽是一对矛盾，所以常把增益带宽积作为衡量放大电路性能的一项重要指标。

例 4-3 某电路如图例 4-3 所示。已知：$E_C=12$ V；晶体管的 $C_\mu=4$ pF，$f_T=50$ MHz，$r_{bb'}=100\ \Omega$，$\beta_0=80$。试求解：(1)中频电压放大倍数 $\dot{A}_{usm}$；(2) C'_π；(3) f_L 和 f_H；(4)画出波特图。

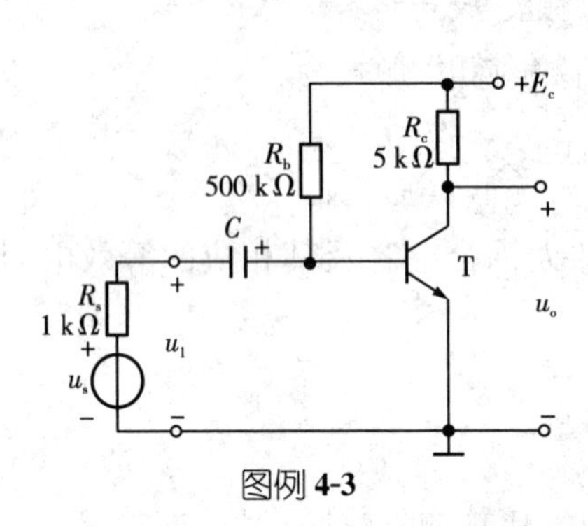

图例 4-3

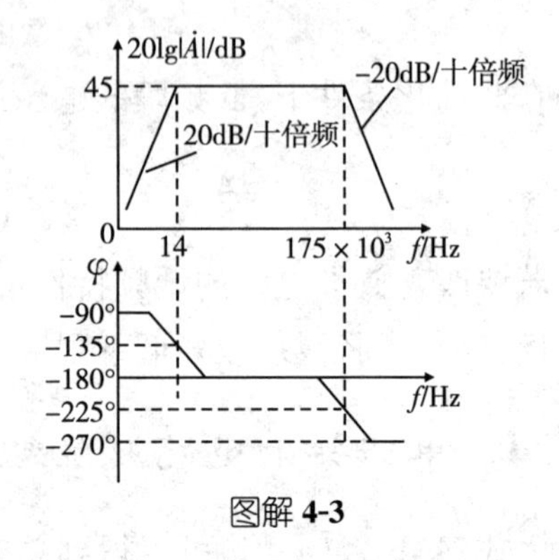

图解 4-3

解：(1)静态及动态的分析估算。

$I_{BQ}=\dfrac{U_{CC}-U_{BEQ}}{R_b}\approx 22.6\ \mu A$；　　$I_{EQ}=(1+\beta)I_{BQ}\approx 1.8$ mA

$U_{CEQ}=U_{CC}-I_{CQ}R_c\approx 3$ V；　　$r_{b'e}=(1+\beta)\cdot\dfrac{26\text{ mV}}{I_{EQ}}\approx 1.17\ k\Omega$

$r_{be}=r_{bb'}+(1+\beta)\dfrac{26\text{ mV}}{I_{EQ}}\approx 1.27\ k\Omega$；　$R_i=r_{be} /\!/ R_b\approx 1.27\ k\Omega$

$g_m=\dfrac{I_{EQ}}{U_T}\approx 69.2$ mA/V；　　$\dot{A}_{usm}=\dfrac{R_i}{R_i+R_s}\cdot\dfrac{r_{b'e}}{r_{be}}(-g_mR_c)\approx -178$

(2)估算 $C'_{b'e}$。

$f_T\approx\dfrac{1}{2\pi r_{b'e}(C_{b'e}+C_{b'c})}=1$ ；

得 $C_{b'e}\approx\dfrac{\beta_0}{2\pi r_{b'e}f_T}-C_{b'c}=214$ pF ；$C'_\pi=C_\pi+(1+g_mR_c)C_\mu\approx 1602$ pF

$C'_{b'e}=C_{b'e}+(1+g_mR_c)C_{b'c}\approx 1602$ pF。

(3)求解上限、下限截止频率：

$R=r_{b'e} /\!/ (r_{b'b}+R_s /\!/ R_b)\approx r_{b'e} /\!/ (r_{b'b}+R_s)\approx 567\ \Omega$。

$f_H=\dfrac{1}{2\pi RC'_\pi}\approx 175$ kHz；　　$f_L=\dfrac{1}{2\pi(R_s+R_i)C}\approx 14$ Hz。

(4)在中频段的增益 $20\lg|\dot{A}_{usM}|\approx 45$ dB。

频率特性曲线如图解 4-3 所示。

4.4　单级共集电极和共基极放大电路的高频特性

放大电路的上限截止频率影响放大电路带宽，由于密勒效应的影响，共射极放大电路的带宽较窄，而共基极和共集电极放大电路可以有效减弱或消除密勒效应，使增加带宽。

1. 共集电极放大电路的高频响应

从2.6节的共集电极放大电路分析已知，共集电极放大电路具有低输出阻抗和接近于1的电压增益。这里着重分析它的高频响应，图4-19是图2-32(a)所示共集放大电路的高频小信号等效电路，其中 $R'_L = Rc /\!/ R_L$。显然电容 $C_{b'c}$ 只接在输入回路中，因而不产生密勒效应。此外，信号源及电阻 R_b 可用戴维宁等效电路代替，如图4-20所示，其中 $U'_s = R_b U_s/(R_s + R_b)$，$R'_s = R_b /\!/ R_s$ 一般有 $R_b \gg R_s$，故 $U'_s \approx U_s$，$R'_s \approx R_s$。

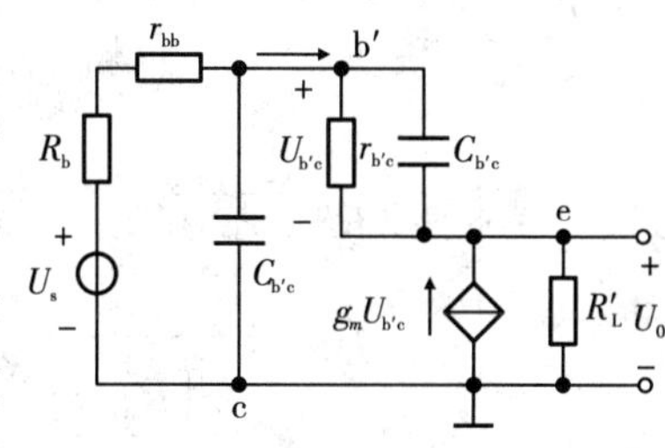

图4-19　共集电极高频简化电路

由图4-19可知，电阻 $r_{b'e}$ 和电容 $C_{b'e}$ 跨接在输入端b′和输出端e之间，参照式(4-9)和式(4-10)，可分别将 $C_{b'e}$ 和 $r_{b'e}$ 进行单向化处理。

由于共集放大电路的射极跟随作用，在一定的频率范围内可近似写成：

$$K \approx \frac{g_m R'_L}{1 + g_m R'_L} \tag{4-23}$$

比较图4-19和图4-8可以看出，输入和输出的极性相反，比照式(4-9)、式(4-10)，分别可得

$$C' = (1-K)C_{b'e} = \frac{1}{1+g_m R'_L} C_{b'e} \tag{4-24}$$

$$C'' = \frac{1-K}{K} C_{b'e} = \frac{1}{g_m R'_L} C_{b'e} \tag{4-25}$$

因 $K \approx 1$，所以密勒效应很小，它的输入等效电容 $C_i = C_{b'c} + C' = C_{b'c} + \frac{1}{1+g_m R'_L} C_{b'e}$ 和输出等效电容 $C_o = C'' = \frac{1}{g_m R'_L} C_{b'e}$ 都很小，所以共集电极电路的高频响应特性较好，上限截止频率很高。于是得到图4-20的等效电路，它的高频电压增益近似为：

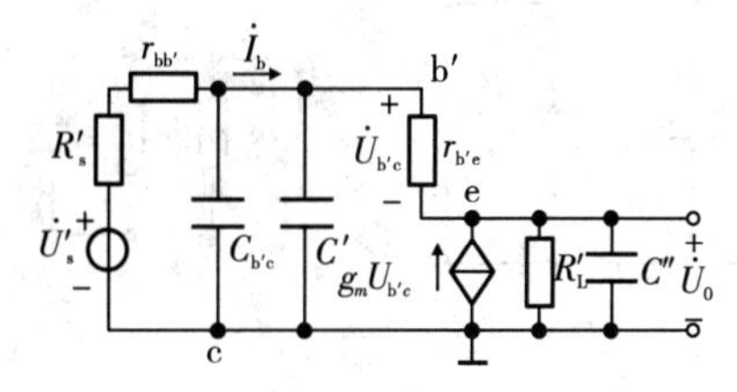

图4-20　共集电极高频简化等效电路

$$\dot{A}_{usH}=\frac{A_{usM}}{(1+j\frac{f}{f_{H1}})(1+j\frac{f}{f_{H2}})} \tag{4-26}$$

式中：

$$f_{H1}=\frac{1}{2\pi((R'_s+r_{bb'})//(r_{b'e}+(1+r_{b'e}g_m)R'_L))C_i}$$

$$\approx\frac{1}{2\pi(R'_s+r_{bb'})\left(C_{b'c}+\frac{1}{1+g_mR'_L}C_{b'e}\right)}$$

$$\approx\frac{1}{2\pi(R'_s+r_{bb'})C_{b'c}} \tag{4-27}$$

$$f_{H2}=\frac{1}{2\pi\left(R'_L//(\frac{R_s+r_{be}}{g_mr_{b'e}})\right)\frac{1}{g_mR'_L}C_{b'e}}\approx\frac{g_m^2r_{b'e}R'_L}{2\pi(R_s+r_{be})C_{b'e}} \tag{4-28}$$

$$A_{usM}\approx\frac{g_mR'_L}{1+g_mR'_L} \tag{4-29}$$

上述结果表明，由于共集电极放大电路增益很小，所以它的密勒电容效应很小，尤其是输出端内阻很小，使得它的上限截止频率 f_{H2} 很高，通过等效电路可知，$C_{b'c}$ 被等效到输入端，通常 $C_{b'c}$ 比 $C_{b'e}$ 要小，而由于电路增益接近 1，使得 $C_{b'e}$ 通过密勒效应等效到输入端的电容量大大减小，因此 f_{H1} 很高。所以共集电极放大电路的高频响应特性较好。当然，当输出端接有大的负载电容时，f_{H2} 会下降。

2. 共基极放大电路的高频特性

从 2.6 节的分析可知，共基极放大电路具有低输入阻抗、高输出阻抗和接近于 1 的电流增益。图 4-21(a)是图 2-36(a) 所示共基极放大电路的高频交流通路，其中 $R'_L=R_c//R_L$，图 4-21(b)是它的高频小信号等效电路。

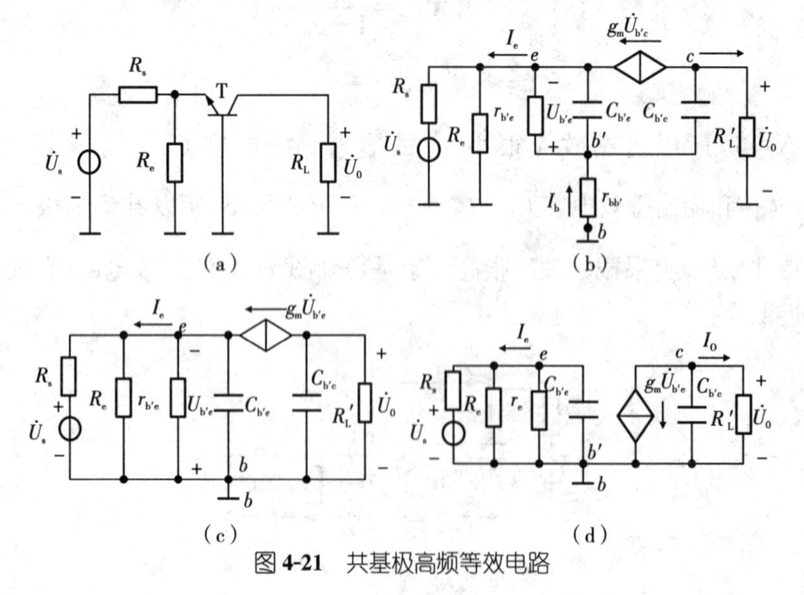

图 4-21　共基极高频等效电路

由于在很宽的频率范围内 $\dot{I}_b$ 比 $\dot{I}_c$ 和 $\dot{I}_e$ 小得多，而且 $r_{bb'}$ 的数值也很小，因此 b' 点的交流电位可以忽略，即 $U_{b'}=0$，这样简化后的等效电路如图 4-21(c)所示。由此图可见，集电结电容 $C_{b'e}$ 是接在输出端口，因而不存在密勒效应。

由图 4-21(c)可以写出

$$\dot{I}_e=\dot{U}_{b'e}\left(\frac{1}{r_{b'e}}+g_m+j\omega C_{b'e}\right)=\dot{U}_{b'e}\left(\frac{1}{(1+\beta)r_e}+\frac{1}{r_e}+j\omega C_{b'e}\right)$$

$$\approx\dot{U}_{b'e}\left(\frac{1}{r_e}+j\omega C_{b'e}\right)$$

由式(4-23)可得从 BJT 发射极看进去的输入导纳为

$$\frac{\dot{I}_e}{\dot{U}_{b'e}}=\frac{1}{r_{b'e}}+j\omega C_{b'e}$$

于是得到图 4-21(c)的等效电路，如图 4-21(d)所示，可得共基极放大电路的高频电压增益为

$$\dot{A}_{usH}=\frac{A_{usM}}{(1+j\dfrac{f}{f_{H1}})(1+j\dfrac{f}{f_{H2}})}$$

式中 $$f_{H1}=\frac{1}{2\pi(R_s/\!/R_e/\!/r_e)C_{b'e}} \tag{4-30}$$

$$f_{H2}=\frac{1}{2\pi R'_L C_{b'c}} \tag{4-31}$$

$$\dot{A}_{usM}=g_m R'_L\frac{r_e/\!/R_e}{R_s+r_e/\!/R_e} \tag{4-32}$$

上述结果表明，由于共基极放大电路中不存在密勒电容效应，而且 BJT 的输入电阻(即发射结的正向电阻 r_e 很小，因此 f_{H1} 很高，由于 $C_{b'e}$ 很小，f_{H2} 也很高。所以共基极放大电路具有比较好的高频响应特性。同样，输出端的负载电容会使 f_{H2} 下降。

例 4-4　设图 4-21(a)所示共基极放大电路中，$r_{b'e}=2.6\ \text{k}\Omega$，$r_{bb'}=100\ \Omega$，$f_T=400\ \text{MHz}$，$g_m=0.038$，$R_e=1\ \text{k}\Omega$，$R_c=R_L=5.1\ \text{k}\Omega$，$R_s=1\ \text{k}\Omega$，试求该电路的上限频率和中频电压放大倍数。

解：由 $r_{b'e}=2.6\ \text{k}\Omega$

可得 $r_{b'e}=\dfrac{r_{b'e}}{1+\beta_0}=\dfrac{2.63}{1+100}\ \text{k}\Omega=26\ \Omega$

将已知的相关参数代入式(4-26)和(4-27)，分别求得

$$f_{H1}=\frac{1}{2\pi(R_s/\!/R_e/\!/r_e)C_{b'e}}\approx426.7\ \text{MHz}$$

$$f_{H2}=\frac{1}{2\pi R'_L C_{b'e}}\approx124.9\ \text{MHz}。$$

$$A_{usM}=g_m R'_L \frac{r_e//R_e}{R_s+r_e//R_e}\approx 65$$

f_{H2}与f_{H1}的比值约为3.4，为方便与共射极放大电路相比较，取该电路的$f_{H1}\approx f_{H2}\approx 124.9$ MHz，可以说明，共基极放大电路与共射极放大电路相比，放大倍数相近，但是它的上限频率要高得多，主要原因有两点：一是共基极放大电路中没有密勒效应，二是共基极放大电路的输入电阻小。

4.5 场效应三极管高频小信号模型

场效应三极管的高频小信号模型如图4-22(a)所示。它是在低频模型的基础上增加了三个极间电容而构成的，其中C_{gs}、C_{gd}一般在10pF以内，C_{ds}一般不到1pF。为了分析方便，用密勒定理将C_{gd}折算到输入和输出侧。

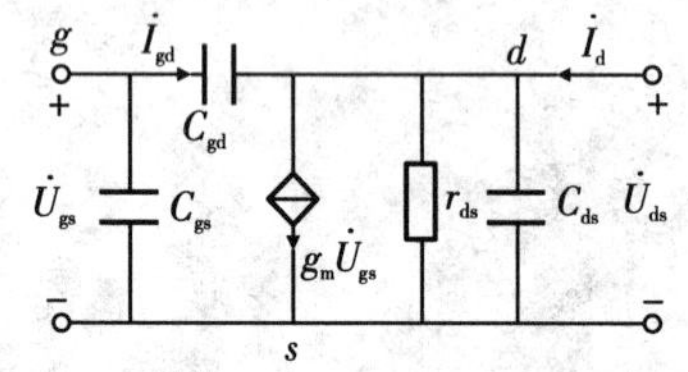

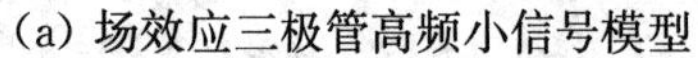
(a) 场效应三极管高频小信号模型

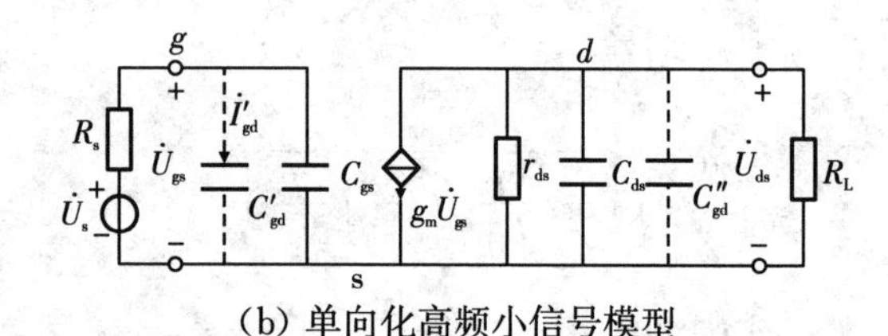

(b) 单向化高频小信号模型

图4-22 场效应三极管高频小信号模型

只要保证折算前后的电流相等即可，如图4-22(b)所示。于是从输入侧有

$$\dot{I}'_{gd}=\frac{\dot{U}_{gs}-\dot{U}_{ds}}{1/(j\omega C'_{gd})}=j\omega(1-\dot{K}_v)C'_{gd}\dot{U}_{gs}$$

式中$\dot{K}_v=\dot{U}_{ds}/\dot{U}_{gs}$为电压放大倍数，一般$|\dot{K}_v|\gg 1$，而

$$\dot{I}'_{gd}=\frac{\dot{U}_{gs}}{1/(j\omega C'_{gd})}=j\omega C'_{gd}\dot{U}_{gs}$$

根据$\dot{I}'_{gd}=\dot{I}_{gd}=$可得出

$$C'_{gd}=(1-\dot{K}_v)C_{gd}\approx \dot{K}_v C_{gd} \tag{4-33}$$

从输出侧，根据$\dot{I}''_{gd}=\dot{I}_{gd}$可得出

$$C''_{gd}=\frac{\dot{K}_v-1}{\dot{K}_v}C_{gd}\approx C_{gd} \tag{4-34}$$

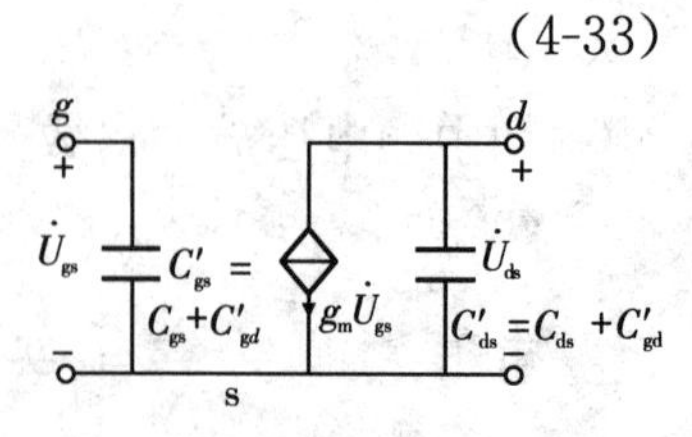

图4-23 场效应管高频小信号模型

因此，场效应三极管的高频小信号模型如图4-23所示。

对共源放大电路，因$R'_L\ll r_{ds}$，所以输出回路的高频时间常数为

$$\tau_{H2} \approx (C_{ds}+C_{gd})(r_{ds}/\!/R'_L) \approx C_{ds}R'_L \tag{4-35}$$

而输入回路的高频时间常数为

$$\tau_{H1} \approx R_s(C_{gs}+C'_{gd}) = R_s C'_{gs} \tag{4-36}$$

由于式中$(C_{gs}+C'_{gd})=C'_{gs} \gg C_{ds}$，$R_s$ 为信号源内阻，所以 $\tau_{H2} \ll \tau_{H1}$，于是也可将场效应三极管的高频小信号模型等效电路简化为如图 4-24 所示。

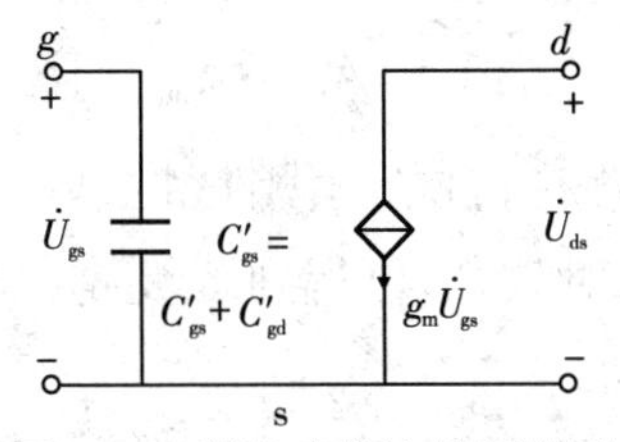

图 4-24　简化高频小信号模型

例 4-5　电路如图例 4-5 所示，已知 $C_{gs}=C_{gd}=5$ pF，$g_m=5$ mS，$C_1=C_2=C_s=10$ μF。试求 f_H、f_L 约为多少，并写出 $\dot{A}_{us}$的表达式。

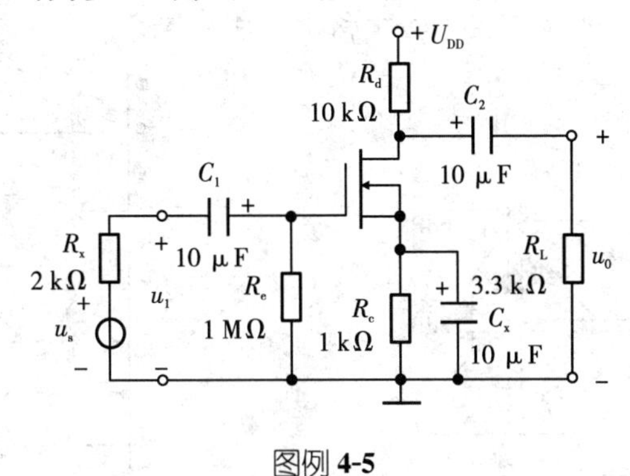

图例 4-5

解：f_H、f_L 和 $\dot{A}_{us}$的表达式分析如下：

$$\dot{A}_{usm}=\frac{R_i}{R_i+R_s}(-g_m R'_L) \approx -g_m R'_L \approx -12.4$$

$$f_L=\frac{1}{2\pi R_s C_s} \approx 16 \text{ Hz}$$

$$C'_{gs}=C_{gs}+(1+g_m R'_L)C_{gd} \approx 72 \text{ pF}$$

$$f_H=\frac{1}{2\pi(R_g/\!/R_s)C'_{gs}} \approx \frac{1}{2\pi R_s C'_{gs}} \approx 1.1 \text{ MHz}$$

$$\dot{A}_{us} \approx \frac{-12.4 \cdot \mathrm{j}\dfrac{f}{16}}{\left(1+\mathrm{j}\dfrac{f}{16}\right)\left(1+\mathrm{j}\dfrac{f}{1.1\times10^6}\right)}$$

4.6 多级放大电路的频率特性

对于多级放大电路，总的电压增益为各级电压增益的乘积。考虑到电路的增益的相位特性，对于2.7节的表达式可写成下面的形式

$$\dot{A}_u=\dot{A}_{u1}\dot{A}_{u2}\dot{A}_{u3}\cdots\dot{A}_{un}=\prod_{i=1}^{n}\dot{A}_{ui} \tag{4-37}$$

1.多级放大电路的幅频特性和相频特性

将上式取绝对值后再求对数，即可得到多级放大电路增益的对数幅频特性，

$$20\lg|\dot{A}_u|=20\lg|\dot{A}_{u1}|=20\lg|\dot{A}_{u2}|+20\lg|\dot{A}_{u3}|+\cdots+20\lg|\dot{A}_{un}|=\sum_{i=1}^{n}20\lg|\dot{A}_{ui}| \tag{4-38}$$

多级放大电路总的相位移为

$$\varphi=\varphi_1+\varphi_2+\varphi_3+\cdots+\varphi_n=\sum_{i=1}^{n}\varphi_i \tag{4-39}$$

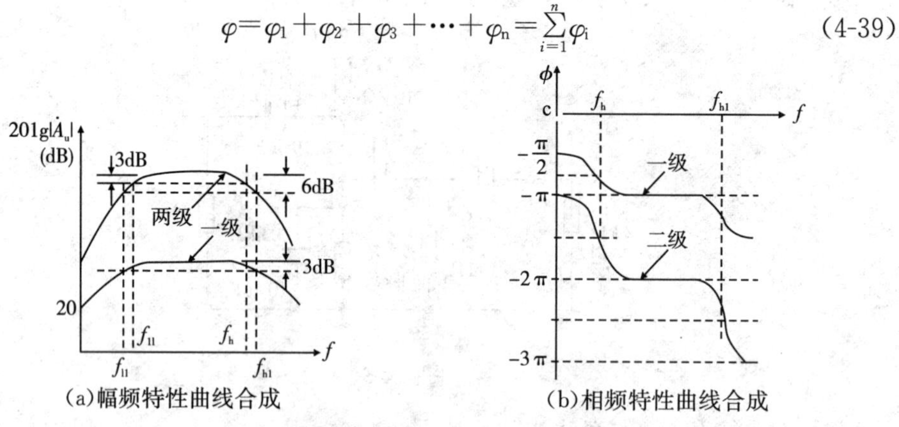

图4-25 两级放大电路频率特性曲线的合成

以上表达式中的$|\dot{A}_{ui}|$和φ_i分别为第i级放大电路的放大倍数和相位移。

式(4-38)、(4-39)说明，多级放大电路的对数增益等于各级对数增益的代数和；而相位移也是等于各级相位移的代数和，这样，当需要绘制总的幅频特性曲线和相频特性曲线时，只要把各级的特性曲线在同一横坐标下的纵坐标叠加起来就可以了。

比如，已知单级放大电路的幅频特性曲线和相频特性曲线如图4-25所示，若把具有同样参数的两级串联起来以后，只要把曲线每一点的纵坐标增加一倍就得到总的幅频特性和相频特性曲线。从曲线上还可以看到，原来对应于每级下降3 dB的频率（f_{H1}和f_{H2}），现在比中频段要下降6 dB。由此得出结论：多级放大电路下降3 dB的通频带，总是比它的每一级的通频带窄。

下面，具体讨论总的上、下限频率和每一级的上、下限频率之间的关系。

2. 多级放大电路的上限频率和下限频率

(1)上限频率。

可以证明,多级放大电路上限频率和组成它的各级上限频率之间的关系,可以用以下的近似公式来表示

$$\frac{1}{f_H} \approx 1.1\sqrt{\frac{1}{f_{H1}^2}+\frac{1}{f_{H2}^2}+\cdots+\frac{1}{f_{Hn}^2}} \tag{4-40}$$

一般级数愈多,式(4-40)的误差愈小,为了得出更准确的结果,可以在该式前面乘以修正系数 1.1。

从式(4-40)可以算出,具有同样 f_{H1} 的两级放大电路,其总的上限频率 f_H 是单级 f_{H1} 的 0.64 倍。

(2)下限频率。

计算多级放大电路下限频率的近似公式为

$$f_L \approx 1.1\sqrt{f_{L1}^2+f_{L2}^2+\cdots+f_{Ln}^2} \tag{4-41}$$

利用式(4-41)可以算出,当放大电路具有同样 f_{L1} 的两级串联组成时,总的下限频率 f_L 将上升为 f_{L1} 的 1.55 倍。

例 4-6　有一个由三级同样的放大电路组成的多级放大电路,为保证总的上限频率为 0.5 MHz,下限频率为 100 Hz,问每级单独的上限频率和下限频率应当是多少?

解:①计算每一级的上限频率 f_{H1}。

根据式(4-40),对于三级相同的放大电路,总的上限频率 f_H 和每一级的上限频率 f_{H1} 之间存在以下关系

$$\frac{1}{f_H} \approx 1.1\sqrt{\frac{1}{f_{H1}^2}+\frac{1}{f_{H2}^2}+\cdots+\frac{1}{f_{Hn}^2}} = 1.1\sqrt{3\times\frac{1}{f_{H1}^2}}$$

则　$f_{H1} \approx 1.1\sqrt{3} f_H = 1.9\times 0.5 \approx 1$ MHz

②计算每一级的下限频率 f_{L1}。

根据式(4-41),对于三级相同的放大电路,f_L 和 f_{L1} 之间存在以下关系

$$f_L \approx 1.1\sqrt{f_{L1}^2+f_{L2}^2+\cdots+f_{Ln}^2} = 1.1\sqrt{3\times f_{L1}^2}$$

则 $f_{L1} \approx \dfrac{f_L}{1.1\sqrt{3}} = \dfrac{100}{1.9} \approx 50$ Hz

可以看出,具有同样参数的三级放大电路,它的上限频率约为单级的 1/2 倍;它的下限频率约为单级的 2 倍。

本章小结

1. 放大电路的耦合电容是引起低频响应的主要原因，下限截止频率主要由低频时间常数中较小的一个决定。

2. 三极管的结电容和分布电容是引起放大电路高频响应的主要原因，上限截止频率由高频时间常数中较大的一个决定。

3. 由于 $C_{be}=C_{be}+(1-\dot{K}_v)C_{b\,e}$，$\dot{K}_v=-g_m(R_c /\!/ R_L)$，若电压放大倍数 K 增加，$C'_{b'e}$ 也增加，上限截止频率就下降，通频带变窄，通常增益带宽积近似认为常数。

4. 共基组态放大电路由于输入电容小它的上限截止频率比共发射极组态要高许多。

应用与讨论

1. 在实际的放大电路中，很少有各级参数完全相同的情况。当各级时间常数相差悬殊时，可取其主要作用的那一级作为估算的依据。例如，若其中某一级的上限频率 f_{Hi} 比其他各级小很多时，则可近似认为总的 $f_H \approx f_{Hi}$，同理，若其中某一级的下限频率 f_{Li} 比其他各级大很多时，可以近似认为总的 $f_L \approx f_{Li}$。

2. 电压放大倍数 K 增加会使上限截止频率下降，增益和带宽是一对矛盾，常把增益带宽积作为衡量放大电路性能的一项重要指标。

习 题 4

4-1 若某一放大电路的电压放大倍数为 100 倍，则换算为对数电压增益是多少 dB？另一放大电路的对数电压增益为 80 dB，则相当于电压放大倍数为多少倍？

4-2 在图题 4-2 的电路中，已知三极管的 $\beta=50$，$r_{be}=1.6\ \text{k}\Omega$，$r_{bb'}=300\ \Omega$，$f_T=100\ \text{MHz}$，$C_{b'c}=4\ \text{pF}$，试求下限频率 f_L 和上限频率 f_H。

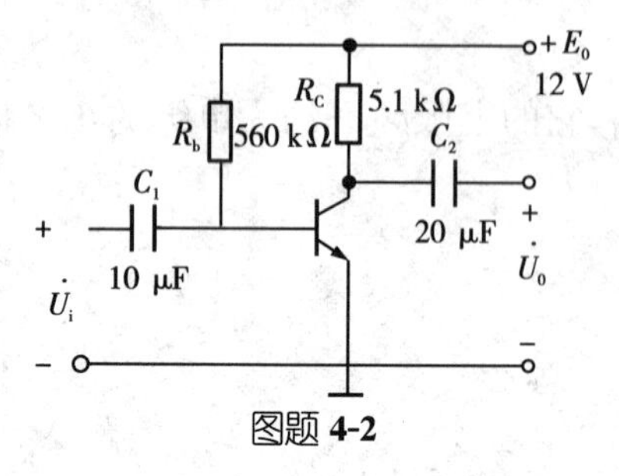

图题 **4-2**

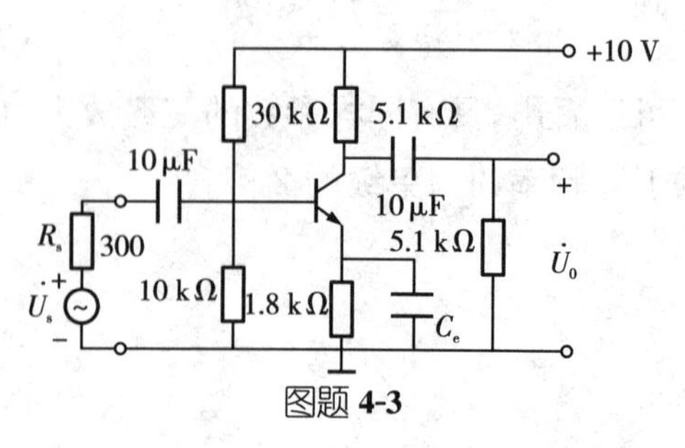

图题 **4-3**

4-3　图题 4-3 所示放大电路中，已知三极管的 $\beta=100$，$r_{be}=2.7\ \text{k}\Omega$，$r_{bb'}=100\ \Omega$，$f_T=100\ \text{MHz}$，$C_{b'c}=6\ \text{pF}$. 假设 C_e 很大，可以忽略其两端的交流压降。试计算 A_{usM}、f_L 和 f_H，并画出波特图。

4-4　在两级放大电路中，已知第一级的电压增益为 40 dB，$f_{L1}=10\ \text{Hz}$，$f_{H1}=20\ \text{kHz}$，第二级的电压增益为 20 dB，$f_{L2}=100\ \text{Hz}$，$f_{H2}=150\ \text{kHz}$。问总的电压增益为多少分贝，总的上、下限频率约为多少？

4-5　在图题 4-5 中已知 $r_{be1}=5.3\ \text{k}\Omega$，$r_{be2}=6\ \text{k}\Omega$，而除了 r_{be} 外，两个三极管的其余参数均相同，即 $\beta=100$，$r_{bb'}=100\ \Omega$，$f_T=250\ \text{MHz}$，$C_{b'c}=4\ \text{pF}$，负载电阻 $R_L=3.9\ \text{k}\Omega$。试估算放大电路的上下限频率。

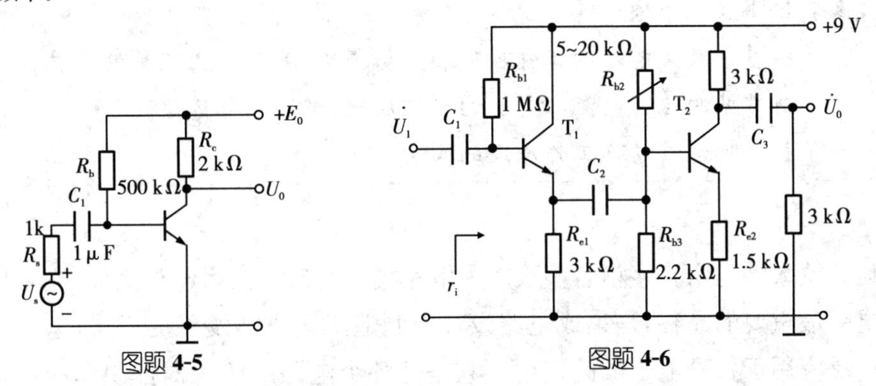

图题 4-5　　　　图题 4-6

4-6＊　在图题 4-6 中已知三极管的 $r_{bb'}=200\ \Omega$，$r_{b'e}=1.2\ \text{k}\Omega$，$g_m=40\ \text{mA/V}$，$C'_{b'c}=1000\ \text{pF}$。

①试画出包括外电路在内的简化的混合 π 等效电路图。

②估算中频电压放大倍数 A_{usM}，上限频率 f_H 如和下限频率 f_L（可以作合理简化）。

③画出对数幅频特性和相频特性。L_m 和 A_{um} 的关系可查下表：

A_{um}	10	20	30	40	50	60	100
L_m	20	26	30	32	34	35.6	40

4-7＊　在图题 4-6 中：

①输入电阻，r_i＝？（只要求列出各电阻的串并联关系，不需要具体计算）设各电容的容抗可以忽略。

②要使静态时 $I_{c2}=1\ \text{mA}$，则 R_{b2}＝？设 $U_{BE2}=0.7\ \text{V}$。

③若将一个足够大的电容器并联在 R_{e2} 的两端，计算 $\dfrac{\dot{U}_o}{\dot{U}_i}$＝？设 $\beta_1=\beta_2=100$，$r_{bb'}=400\ \Omega$。可进行合理的近似计算，要考虑相位关系。

④若 $C1=C2=C3=1\text{pF}$，并联在 R_{e2} 两端的电容器其容抗近似为零，试估计该放大电路的下限频率 f_L＝？选时间常数最小的回路进行近似计算，给定 $r_{be1}=4.4\ \text{k}\Omega$，$r_{be2}$ 由前面得出。

第5章 Chapter 5 集成运算放大电路

学习要求

1. 熟悉集成运放的组成及各部分的作用，正确理解主要指标参数的物理意义及其使用注意事项。

2. 掌握差分放大电路的工作原理和电路增益、输入输出阻抗的计算。

3. 了解常见的几种电流源电路的工作原理、电流估算方法。

3. 了解分析运放电路工作原理的方法。

运算放大器是由直接耦合多级放大电路集成制造的高增益放大器，它是模拟集成电路最重要的品种，是集成电路设计与制造工艺不断发展的成果，运算放大器被广泛应用于各种电子电路之中。它是把整个电路中的元器件制作在一块硅基片上，构成特定功能的电子电路，称为“集成电路”(IC)。集成电路按其功能来分，有数字集成电路和模拟集成电路。模拟集成电路种类繁多，有运算放大器、宽频带放大器、功率放大器、模拟乘法器、模拟锁相环、模－数和数－模转换器、稳压电源以及音像设备中的模拟集成电路等。

集成电路是一种将“管”和“路”紧密结合的器件，它以半导体单晶硅为芯片，采用专门的制造工艺，把晶体管、场效应管、二极管、电阻和电容等元件及它们之间的连线所组成的完整电路制作在一起，使之具有特定的功能。集成放大电路最初多用于各种模拟信号的运算（如比例、求和、求差，积分、微分……）上，故被称为“运算放大电路”，简称“集成运放”。集成运放广泛用于模拟信号的处理和产生电路中，因其高性能低价位，在大多数情况下，已经取代了分立元件放大电路。

本章首先了解模拟集成电路的特点及其组成，讨论模拟集成电路的重要单元，用 BJT 和 FET 组成的差分式放大电路，将重点讨论其工作原理和主要技术指标的计算；其次，组成模拟集成电路中普遍使用的直流偏置技术，即用集成工艺制造的双极型晶体管和场效应管构成的各种电流源。电流源除可为电路提供稳定的直流偏置外，还可作放大电路的有源负载以获得高增益；再对两种集成运放的实际电路进行简单分析，最后，介绍集成运放的技术参数。

5.1　差分放大电路

5.1.1　直流放大电路的特点

运算放大电路是高增益放大电路，而且对变化缓慢的信号也能进行放大，因此，内部的各级放大电路之间的耦合方法只能采用直接耦合方式，不能用阻容耦合、变压器耦合等方式将信号由前一级耦合到后一级。由于放大电路的增益很高，各级放大电路之间不能简单地连接在一起，不仅要考虑工作点是否合适，而且还要考虑它的稳定性问题。

1.级间的直接耦合

常用的直接耦合方式有以下几种：

(1)最简单的耦合。

图5-1所示电路就是最简单的直接耦合放大器。由于第一级集电极直接和第二级基极相连，所以第一级集电极静态工作电压 U_{ceQ1} 等于第二级基极静态工作电压，对于硅管，U_{beQ2} 为0.7 V左右，所以也为0.7 V左右。一般认为这一数值偏小，容易使放大器进入饱和区，如果放大器输入信号很弱，经第一级放大后的输入信号甚小于0.7 V，勉强可以工作，但这种耦合方式并不理想，因为第一级晶体管的集电结不完全处于反向偏置状态，它的优点是耦合方式简单。

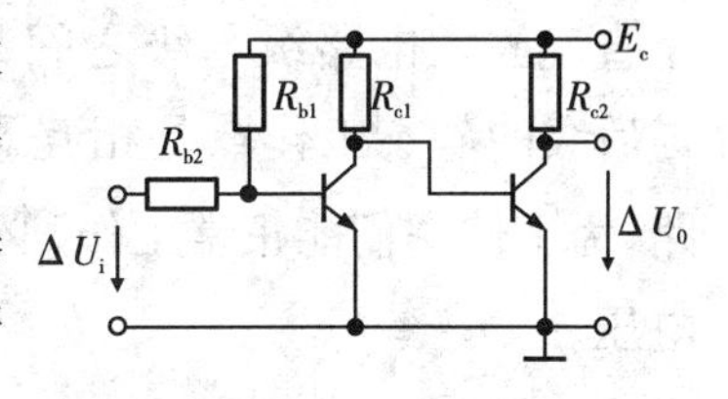

图5-1　最简单的直接耦合放大器

(2)第二级发射极接电阻的直接耦合。

为了提高第一级集电极静态工作电压，防止晶体管工作进入饱和状态，在第二级发射极接电阻 R_{e2}，见图5-2，第一级集电极静态工作电压

$$U_{ceQ1}=U_{beQ2}+I_{eQ2}\ R_{e2}\approx 0.7+I_{eQ2}\ R_{e2}$$

这种电路虽然使第一级放大器有一合适的静态工作电压，但是由于第二级发射极电阻 R_{e2} 有负反馈作用，使第二级放大倍数比没有发射极电阻时的放大倍数要低很多(读者可以按照第二章方法，在发射极接有电阻的情况下，求第二级放大电路的电压放大倍数)。

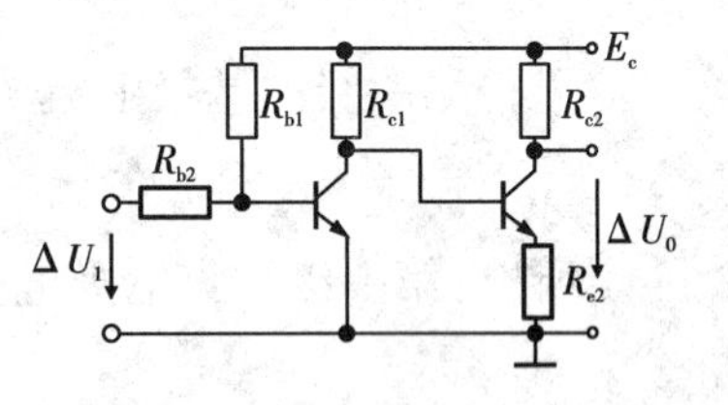

图5-2　第二级发射极接电阻的直接耦合

(3)第二级发射极接稳压管的直接耦合。

发射极电阻使放大倍数下降(又不能按照交流放大电路设计方法，在发射极

电阻旁接个旁路电容)，为了克服这一缺点，在第二级发射极接稳压管，见图 5-3，由于稳压管的内阻小，所以负反馈作用就小，放大倍数不会有明显下降。稳压管的内阻和流过它的电流有关，当流过稳压管电流太小时它的内阻显著增大。当第二级发射极静态电流较小时，可在稳压管和电源 E_c 之间加接电阻 R_{e3}，以增大流过稳压管的静态电流，从而降低稳压管的内阻。

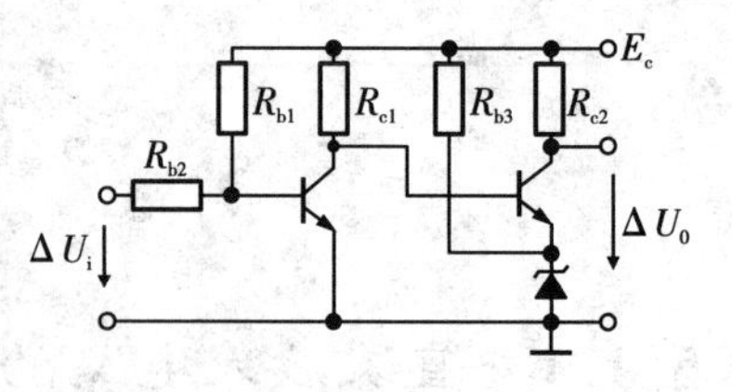

图 5-3　第二级发射极接稳压管的直接耦合

(4)NPN 管和 PNP 管的直接耦合。

图 5-1 所示电路是用 NPN 和 PNP 两种类型管子直接耦合。这种耦合方式，利用 PNP 管集电极电位比基极电位低的特点，克服了图 5-2 所示电路晶体管集电极电位逐级提高的缺点。然而，由于直流放大电路级与级之间是直接耦合的，前级与后级的静态工作点是相互影响。图 5-4 所示电路，为了使它们能正常工作，必须使第一级集电极静态电压等于第二级基极静态电压。

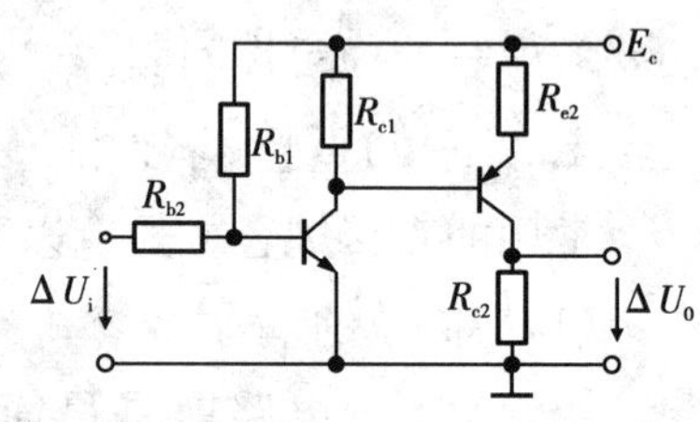

图 5-4　NPN 和 PNP 直接耦合

由第一级的集电极电压与第二级的基极电压相同 $U_{ceQ1}=E_c-(I_{cQ1}-\dfrac{I_{cQ2}}{\beta_2})R_{c1}$

得第一级的集电极电阻为 $R_{c1}=\dfrac{E_c-U_{beQ2}}{I_{cQ1}-\dfrac{I_{cQ2}}{\beta_2}}$

第二级的集电极电压 $U_{ceQ2}=E_c-I_{cQ2}R_{c2}$

可得第一级的基极电流 $I_{bQ1}=\dfrac{I_{cQ1}}{\beta_1}=\dfrac{E_c\dfrac{R_{b2}}{R_{b1}+R_{b2}}-U_{beQ1}}{\dfrac{R_{b1}R_{b2}}{R_{b1}+R_{b2}}}$

所以，第一级的集电极电阻为

$$R_{c1}=\frac{R_{b2}(\mathrm{E}_c-U_{beQ1})}{I_{bQ1}R_{b2}+U_{beQ1}}$$

上式中 R_{b2} 可以自己选取。在以上计算中 U_{beQ1} 和 U_{beQ2} 是估算的，会产生一定误差，所以放大器装好以后，必须适当微调 R_{b1} 使放大器静态工作点满足设计要求。若信号源内阻 R_s 不为零，则上式中的 R_{b2} 用 $R_{b2}+R_s$ 代替。

直流放大电路的放大倍数仍然是指输出电压变化量和输入电压变化量之比，但不是指输出端直流电压和输入端直流电压之比，所以放大倍数的计算和交流放大器是相同的。对变化量而言，交流放大器的等效电路、分析方法以及计算公式对直流放大器仍然适用。

2.零点漂移

(1)零点漂移概念。

直流放大电路级与级之间是直接耦合的,因温度或电源电压变化会使放大电路各级的直流电压发生缓慢的变化,特别是前级直流电压的变化经过逐级放大,在放大器的输出端会产生很大的电压变化。这种当输入信号为零时,由于温度、电源电压变化等原因而引起输出端电压变化的现象叫作“零点漂移”。

而交流放大电路存在隔离电容,对缓慢变化的电压信号起到隔离作用,不会由前级耦合到后级去,不存在零点漂移现象。零点漂移是直流放大器特有的问题,零点漂移越大,则放大器放大微弱信号能力越差,所以克服零点漂移是直流放大器的主要矛盾,当放大器放大倍数越高时,输出电压的漂移就越严重,而输出漂移电压的大小主要取决于放大电路第一级的零点漂移。

衡量一个放大电路零点漂移的严重程度,不能只看放大器输出电压漂移的大小。零点漂移的是否严重取决于等效到放大电路输入端漂移电压的大小。

零点漂移大小通常有两个指标来衡量:温漂(等效到放大器输入端)以 μV/℃表示;时漂(等效到放大器输入端)以 μV/8 小时表示。

在第2章中,用电流负反馈偏置电路来稳定放大器的静态工作点,对于单端式直流放大电路加了负反馈以后,可以使输出端的漂移电压减小,但它的倍数也下降,等效到输入端的漂移电压仍然没有变化。所以在单端式直流放大器中加负反馈不能减小零点漂移。当然可以改善放大电路的其他技术指标,如提高增益的稳定性,减小非线性失真,扩展放大电路的通频带以及改变放大电路的输入阻抗和输出阻抗等。

(2)单管直流放大器的零点漂移。

(a)温度变化引起的零点漂移。

由第2章知道晶体管的反向饱和电流 I_{cbo},在 I_c 不变的情况下,基极和发射极的正向压降 U_{be} 以及电流放大系数 β(或 α),都与温度有关。

若温度变化引起的输入电压 U_{be} 的变化为 ΔU_{be},电流放大系数 β 的变化为 $\Delta\beta$,集电极反向饱和电流 I_{cbo} 的变化为 ΔI_{cbo},对于图5-5单管直流放大电路,则可以证明温度变化所引起的放大电路输入端的零点漂移为:

$$\Delta U_{iD}=-\Delta U_{be}+(R_B+R_E)(\frac{\Delta\beta}{\beta}I_b+I_{cbo}) \qquad (5\text{-}1)$$

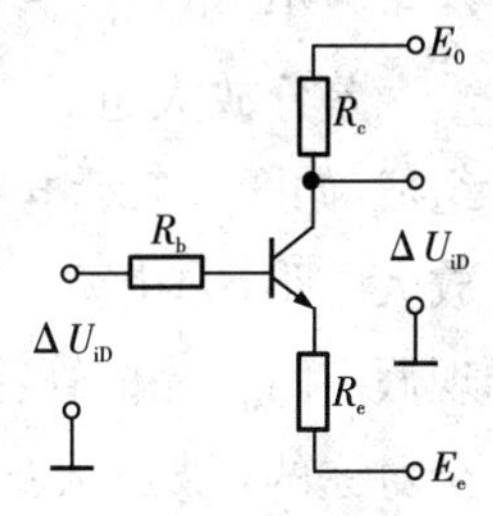

图5-5　单管直流放大电路

式中 $R_B=R_b+r'_{bb}$,$R_E=R_e+r_{eo}$

放大器输出端的零点漂移为:

$$\Delta U_{oD}=A\,\Delta U_{iD}=\frac{-\beta R_c}{R_B+R_E(1+\beta)}\Delta U_{iD} \qquad (5\text{-}2)$$

由式(5-1)可知，加大电阻 R_e 即增强负反馈，并不能减小零点漂移，反而使零点漂移有所增加。另一方面，硅管的零点漂移比锗管小，静态电流 I_c 小，输入回路电阻(R_B+R_E)小，则零点漂移就小。

为了减小零点漂移，一般选用硅管，晶体管静态电流选得较小，输入回路电阻也应选小一些。为了进一步减小单管直流放大器由温度变化而引起的零点漂移，还可采用温度补偿。

(b)零点漂移的补偿。

温度变化：对于硅管单管直流放大电路，在适当选取电路工作状态和电路元件参数后，它的零点漂移近似为ΔU_{be}，为了进一步减小零点漂移，可采用具有温度补偿的电路，如图 5-6 所示。由于温度变化时 U_d 也要发生变化，适当选配二极管 D，在一定温度范围内使ΔU_d 近似等于ΔU_{be}，二极管 D 往往是用同型号三极管的 be 结来代替。

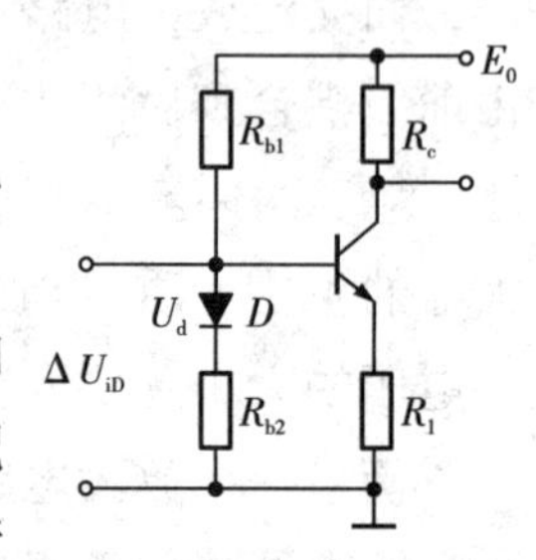

图 5-6　温度补偿电路

电源电压变化：当电源电压不稳定时，即供给电路的 E_e 的变化为ΔE_e，则由电源电压不稳定引起的零点漂移为：$\Delta U_{iD}=\Delta E_e+\dfrac{\Delta E_e}{A}$，为了减小由电源电压不稳定所引起的零点漂移，可用稳定度搞的稳压电源，对电源 E_e 稳定度的要求更高

5.1.2　基本差分放大电路

差分放大电路已是模拟集成运算放大电路输入级所采用的电路形式。下面对该电路进行分析和讨论。

1. 差分放大电路原理

单端式直流放大器，即使采用温度补偿电路，它的零点漂移一般只能做到几百微伏/℃。为了进一步减小零点漂移，可采用差动式直流放大电路。

差分放大电路是由对称的两个基本放大电路组成，如图 5-7 示电路是一个最基本的差动式直流放大电路，它由两个晶体管和一些电路元件组成，现假定两个晶体管特性完全一致，电路元件也是完全对称的，被放大的信号输入到两个晶体管的基极，放大后的信号从两个晶体管集电极输出。

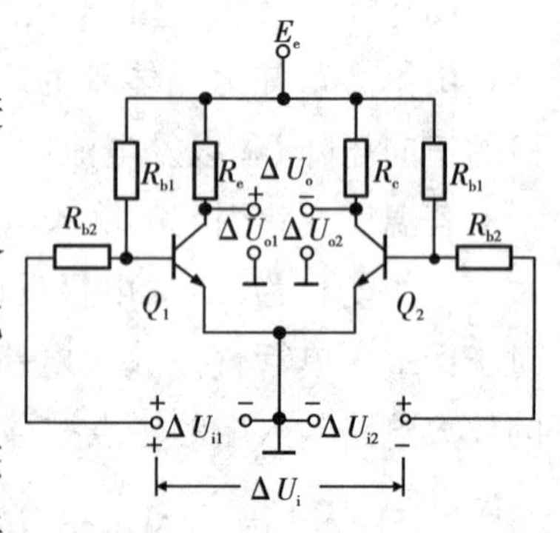

图 5-7　差动放大电路

由于电路完全对称，设 $\beta_1=\beta_2=\beta$、$U_{BE1}=U_{BE2}=V_{BE}$、$r_{be1}=r_{be2}=r_{be}$、$I_{CBO1}=I_{CBO2}=I_{CBO}$、$R_{c1}=R_{c2}=R_c$、$R_{b1}=R_{b2}=R_b$，若 $R_{b1}\gg r_{be}$，则每只管子的电压放大倍数

相等，且为

$$A_1 = A_2 = -\frac{\beta R_c}{R_b + r_{be}} \tag{5-3}$$

等效到输入端的漂移电压也相等，即$\Delta U_{i1} = \Delta U_{i2}$，所以有：

$$\Delta U_o = \Delta U_{oc1} - \Delta U_{oc2} = A_1 \ \Delta U_{ic1} - A_2 \ \Delta U_{ic2} = 0 \tag{5-4}$$

即两个三极管的特性一致，受温度、电源变化等影响使两晶体管集电极输出的信号也完全相同，两管集电极输出端之间没有电压，输出端的零点漂移被完全抑制。

而从两个三极管的基极输入信号时，两集电极的输出电压是

$$\Delta U_o = \Delta U_{o1} - \Delta U_{o2} = A_1 \ \Delta U_{i1} - A_2 \ \Delta U_{i2} = \frac{1}{2} A_1 \ \Delta U_i - (\frac{1}{2} A_2 \ \Delta U_i) = A_1 \ \Delta U_i$$

总的电压放大倍数是 $A = \frac{\Delta U_o}{\Delta U_i} = A_1 = -\frac{\beta R_c}{R_b + r_{ie}}$ (5-5)

上式表明，信号从两个基极输入时，差分放大电路的放大倍数与单个晶体管的电压放大倍数相同。

2. 射极耦合差分放大电路

差动式直流放大电路的零点漂移的大小取决于电路的不对称程度（包括晶体管特性的不对称程度），电路越对称，零点漂移就越小。实际上，差动式直流放大电路要做到完全对称是不可能的，两个晶体管的温度特性参数不可能完全相同，所以输出端的零点漂移就不可能被完全抑制。

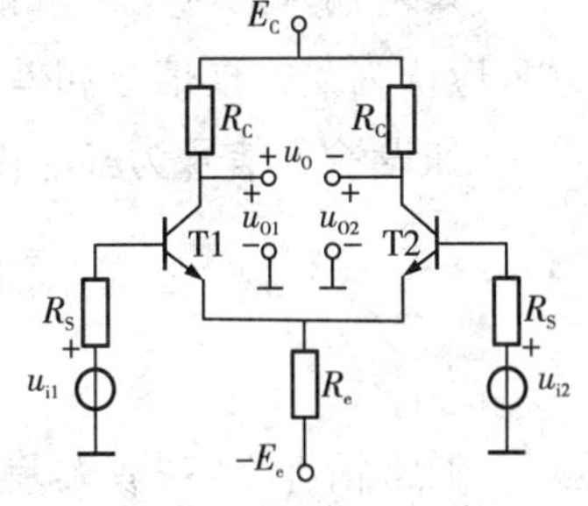

图 **5-8**　差分放大电路

另一方面，假设两个晶体管保持一致，当漂移电压很大时，每只晶体管工作仍可能进入饱和区或者截止区，以至于电路失去放大能力，而对于单只晶体管，它的零点漂移没有被抑制，所以这种电路实际上不能使用，而通常采用射极耦合的方式。

如图 5-8 所示是一个典型的差动式直流放大器，它和图 5-7 所示电路的不同点在于它的发射极接一个公共电阻 R_e，使差动直流放大电路的性能得到很大改善。为了使差分放大电路在静态时，其输入端基本上是零电位，将 R_e 从接地改为接负电源 $-E_E$，此时，偏置电阻 R_b 可以取消，基极偏置电流由 $-E_e$ 和 R_e 提供。

3. 差模信号和共模信号

差模信号是指在两个输入端加上幅度相等，极性相反的信号；共模信号是指在两个输入端加上幅度相等，极性相同的信号。如图 5-9 所示。理想的差分放大电路仅对差模信号具有放大能力，对共模信号不予放大。

温度对三极管放大电路的影响相当于加入了共模信号。

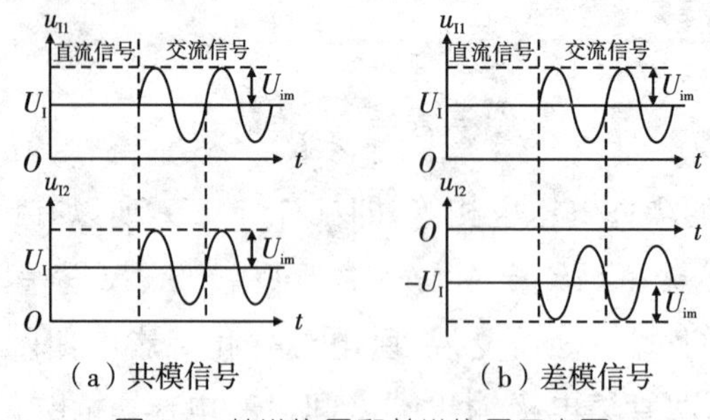

（a）共模信号　　　　（b）差模信号

图 **5-9**　共模信号和差模信号示意图

在讨论差动式直流放大器放大原理时，由于差分放大电路是对称的，两个晶体管的输入信号数值相等、极性相反，所以，加在每一个晶体管的输入电压为：

$$\Delta U_{id1}=-\Delta U_{id2}=\frac{1}{2}\Delta U_{id} \tag{5-6}$$

这个信号称为“差模信号”。

在讨论零点漂移时，两个晶体管的等效输入漂移信号数值相等、极性相同，即

$$\Delta U_{ic1}=-\Delta U_{ic2}=\Delta U_{ic} \tag{5-7}$$

这种型号称为“共模信号”。

如果输入的两个信号幅度不等，则可以认为既包含共模信号，又包含差模信号，应认为是共模信号和差模信号的代数和，通常把它们分开加以计算。

如设输入信号为ΔU_{i1}和ΔU_{i2}，则其差模输入信号和共模输入信号分别为：

$$\Delta U_{id}=\Delta U_{i1}-\Delta U_{i2} \tag{5-8}$$

$$\Delta U_{ic}=\frac{\Delta U_{i1}+\Delta U_{i2}}{2} \tag{5-9}$$

通常情况下，在放大差模信号的同时，$\Delta U_{id}\neq 0$ 在放大电路的输入端也存在共模干扰信号$\Delta U_{ic}\neq 0$，有时这种共模干扰信号比差模输入信号大得多，在信号源阻抗比较高的情况下更是如此。

4. 差分放大电路的交流等效

由于差分电路的两只管子是对称的，可以将两只管子在差模和共模信号输入情况下分别等效为两个独立的电路，这样可为以后分析问题带来更多方便。

(1)差模信号输入情况下的交流等效。

常见的差分放大电路如图 5-10 所示，负载电阻接在两个集电极之间。由于两只管子完全对称，当输入差模信号时，$\Delta U_{id1}=-\Delta U_{id2}=\frac{\Delta U_{id}}{2}$，$I_{e1}$的增加与 I_{e2}的减少是相等的，所以，两管发射极在 R_e上的电压降不变，即$\Delta U_e=0$，“e”点可视为接地；另外，由于 I_{c1}的增加与 I_{c2}的减少也是相等的，即在 R_L 中点位置“L”上的电压降也不会发生变化，即$\Delta U_L=0$，“L”点也视为接地，所以有图 5-11(a)交流通路，可以将此电路看成两个完全独立的电路，每个电路相当于一个三极管的共射电

路，它的微变等效电路如图 5-11(b)所示，单只三极管放大倍数为

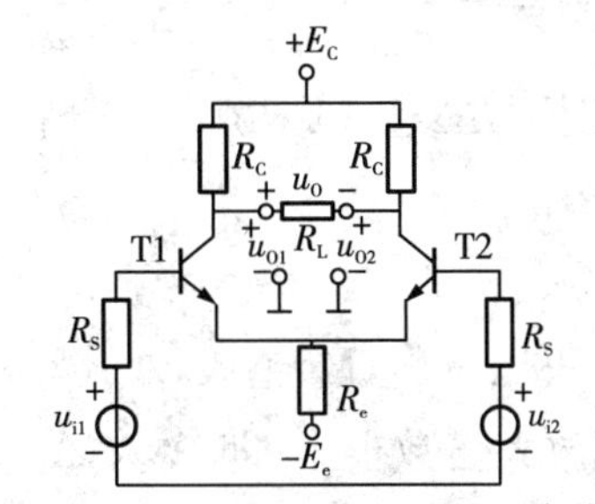

图 5-10　接有 R_L 的差分放大电路

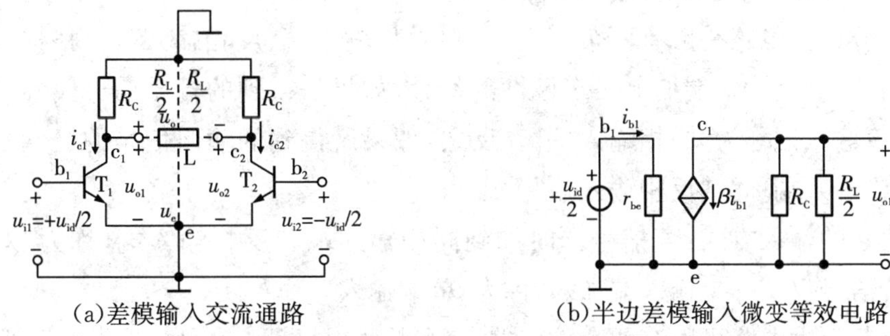

(a)差模输入交流通路
(b)半边差模输入微变等效电路

图 5-11　差模信号输入时差分放大电路的等效

$$A_{ud1}=-\frac{\beta(R_c /\!/ \frac{R_L}{2})}{R_s+r_{be}} \tag{5-10}$$

输入电阻 $R_{id1}=R_s+r_{be}$　(5-11)

输出电阻为 $R_{od1}=R_c$　(5-12)

(2)共模信号输入情况下的交流等效。

图 5-10 的 R_e 看成两个电阻 $2R_e$ 并联，设两只管子发射极之间的电流为 I'_e，当输入共模信号时，$\Delta U_{ic1}=\Delta U_{ic2}=\Delta U_{ic}$，$I_{e1}=I_{e2}$，则两只管子的发射极在 $2R_e$上的电压降同时增加和减小，两三极管发射极之间的电流 $I'_e=0$，则这两个管子发射极之间的连线可视为开路；另外，由于 $I_{c1}=I_{c2}$，所以，两管子的集电极之间的电流为零，即 $I_L=0$，也视为开路，则电路被分成两个完全独立的电路，每个独立的电路是一个发射极有电阻的单只三极管共射电路，所以有图 5-12(a)的交流通路，它的的微变等效电路如图 5-12(b)所示。共模信号输入时，单只三极管放大倍数为

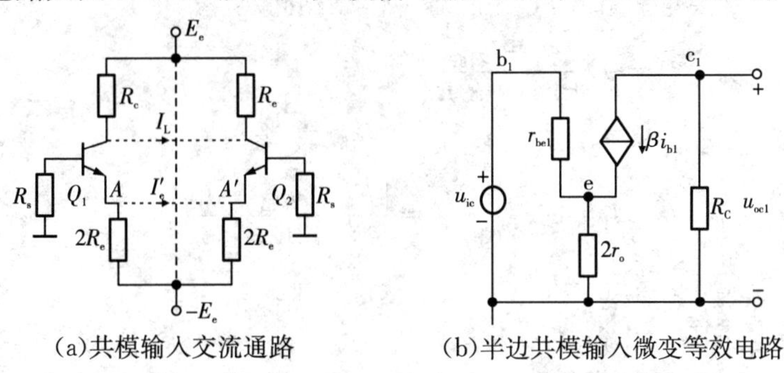

(a)共模输入交流通路
(b)半边共模输入微变等效电路

图 5-12　共模信号输入时差分放大电路的等效

$$A_{uc}=\frac{\Delta U_{oc1}}{\Delta U_{ic}}=-\frac{\beta R'_L}{R_b+r_{be}+(1+\beta)2R_e}\approx-\frac{R'_L}{2R_e} \tag{5-13}$$

其中 $R'_L=R_c$，一般情况下：$\beta\gg1$，$(1+\beta)2R_e\gg R_b+r_{be}$。

输入电阻 $R_{ic}=(1+\beta)2R_e$ (5-14)

输出电阻 $R_{oc}=R_c$ (5-15)

比较式 5-10 和式 5-13 可以看出，R_e 越大，A_{uc}越小。与差模输入信号情况下的放大倍数相比，通常共模放大倍数很小，即 $A_{uc}\ll A_{ud}$。

5. 差分放大电路的输入和输出方式

差分放大电路一般有两个输入端，即同相输入端、反相输入端。根据规定的正方向，在一个输入端加上一定极性的信号，如果所得到的输出信号极性与其相同，则该输入端称为“同相输入端”。反之，如果所得到的输出信号的极性与其相反，则该输入端称为“反相输入端”。

信号的输入方式：若信号同时加到同相输入端和反相输入端，称为“双端输入”；若信号仅从一个输入端加入，称为“单端输入”。

差分放大电路可以有两个输出端，一个是集电极 C_1，另一个是集电极 C_2。从 C_1 和 C_2 之间输出称为“双端输出”，仅从集电极 C_1 或 C_2 对地输出称为“单端输出”。

总结起来，差分放大电路的差模工作状态可分为四种：双端输入、双端输出（双—双），双端输入、单端输出（双—单），单端输入、双端输出（单—双），单端输入、单端输出（单—单）。

图 5-10 是一个双端输入、双端输出（双—双）差分放大电路。

6. 差分放大电路的静态计算

由于电路完全对称，两晶体管的集电极电压相同，发射极电流相同，即：$U_{c1}=U_{c2}$，$I_{e1}=I_{e2}$。在计算静态工作点时，可将集电极的负载电阻 R_L 开路，发射极电阻等效为两个电阻并联（一个电阻 R_e 化为两个电阻 $2R_e$ 的并联），图 5-8 等效为图 5-10 所示电路，这样可以将图 5-10 电路沿中间垂线对称分开，只要计算其中一个管子的静态工作点即可，Q_1 和 Q_2 静态工作点相同。

基极电流为 $I_B=\dfrac{|E_e|-U_{BE}}{R_s+2(1+\beta)R_e}$

基极电压 $U_B=-I_BR_s$

集电极电流 $I_C\approx I_E=\dfrac{|E_e|-U_E}{2R_e}=\dfrac{|E_e|+U_B-U_{BE}}{2R_e}$

集电极电压：$U_C=E_C-I_CR_c$

发射极电压：$U_E=U_B-U_{BE}$

集射极之间电压：$U_{CE}=U_C-U_E$

当$|U_B| \ll |E_e|$时，图 5-10 所示的静态工作点可以采用以下方法来估算：

$$I_C \approx I_E \approx \frac{|E_e| - |U_{BE}|}{2R_e} \tag{5-16}$$

$$I_B = \frac{I_C}{\beta} \tag{5-17}$$

$$U_B = -I_B R_s \tag{5-18}$$

$$U_C = E_c - I_C R_c \tag{5-19}$$

由此可知，发射极电阻 R_e 是相对于差分电路的一半而言，其值为 $2R_e$。

5.1.3 差分放大电路的主要技术指标

1. 差模电压增益

(1) 双端输入、双端输出差模电压增益。

双端输入差分放大电路如图 5-12 所示。负载电阻 R_L 接在两集电极之间，U_i 接在两输入端之间，也可看成 $U_i/2$ 和$-\frac{U_i}{2}$各接在两输入端与地之间。

由于输入的是差模信号$\Delta U_{id1} = -\Delta U_{id2} = \frac{\Delta U_{id}}{2}$

参考图 5-11 有，$A_{ud} = \frac{\Delta U_{od2} - \Delta U_{od1}}{\Delta U_{id2} - \Delta U_{id1}} = \frac{\Delta U_{od1}}{\Delta U_{id1}} = A_{ud1}$，根据式(5-10)有差模电压增益为：

$$A_{ud} = -\frac{\beta R_L'}{R_s + r_{be}} \quad (R_L' = R_c // \frac{R_L}{2}) \tag{5-20}$$

这种方式适用于对称输入和对称输出，输入、输出均不接地的情况。

(2)双端输入、单端输出差模电压增益。

输出端取自于其中一个管子的集电极(ΔU_{o1}或ΔU_{o2})，称为“单端输出”，相当于双端输出的一半，即：

$$A_{ud1} = \frac{1}{2} A_{ud} = -\frac{\beta (R_c // R_L)}{2(R_s + r_{be})} \tag{5-21}$$

或 $A_{ud2} = \frac{1}{2} A_{ud} = -\frac{\beta (R_c // R_L)}{2(R_s + r_{be})}$

双端输入单端输出，因只利用了一个集电极输出的变化量，所以它的差模电压放大倍数是双端输出的二分之一。这种方式适用于将差分信号转换为单端输出信号。

(3)单端输入差模电压增益。

有时需要一端输入信号，另一端接地，即$\Delta U_{i1} = \Delta U_{id}$，$\Delta U_{i2} = 0$，这种输入方式称为单端输入(或不对称输入)。可以将单端输入的信号转换为双端输入，其转换过程可见图 5-12 所示。右侧的 R_s+r_{be} 归算到发射极回路的值为 $(R_s+r_{be})/(1+\beta)\ll R_e$，故 R_e 对 I_e 分流极小，可忽略，于是有

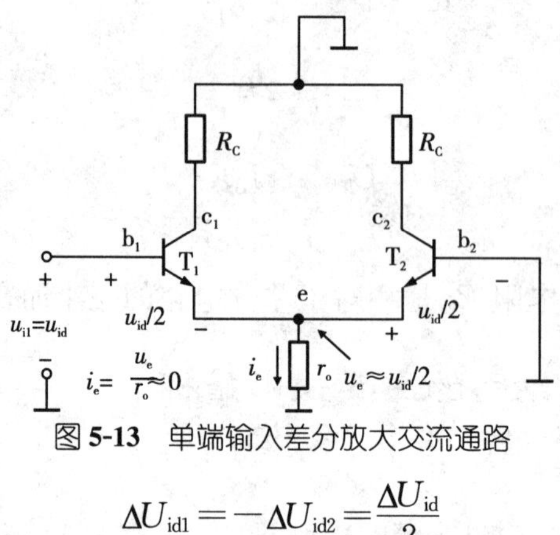

图 5-13　单端输入差分放大交流通路

$$\Delta U_{id1}=-\Delta U_{id2}=\frac{\Delta U_{id}}{2}$$

则双端输出时的电压增益

$$A_{\mu d}=-\frac{\beta(R_c /\!/ \frac{R_L}{2})}{R_s+r_{be}} \tag{5-22}$$

这种方式用于将单端信号转换成双端差分信号，可用于输入端一端接地的情况。

而单端输入单端输出的电压增益自然是单端输入双端输出的 1/2，即

$$A_{ud}=-\frac{\beta(R_c /\!/ R_L)}{2(R_s+r_{be})}$$

而输出端可以是双端输出也可以是单端输出，双端输出适合于负载不接地的情况。

通过从 T_1 或 T_2 的集电极输出，可以得到输出与输入之间或反相或同相的关系。从 T_1 的基极输入信号，从 C_1 输出，为反相；从 C_2 输出为同相。

2. 输入输出电阻

(1)差模输入电阻。

差模输入时，两个输入信号之间相当于串联，不论是单端输入还是双端输入，差模输入电阻 R_{id} 是基本放大电路的两倍。

$$R_{id}=R_{id1}+R_{id2}=2(R_s+r_{be}) \tag{5-23}$$

(2)差模输出电阻。

输出电阻在单端输出时，$R_{od}=R_{od1}$　(5-24)

双端输出时，两个输出端相当于串联 $R_{od}=R_{od1}+R_{od2}=2R_{od1}$　(5-25)

3. 共模电压增益

温漂信号属共模信号，它对差分放大电路中 I_{c1} 和 I_{c2} 的影响相同。如果输入

信号极性相同，幅度也相同，则输入是共模信号，共模信号对放大电路来说也是变化量，不能视为直流量。

$$\Delta U_{ic1}=\Delta U_{ic2}=\Delta U_{ic}$$

(1)双端输出的共模电压增益。

双端输出的共模信号电压为

$$\Delta U_{oc}=\Delta U_{oc1}-\Delta U_{oc2}=A_1\ \Delta U_{ic1}-A_2\ \Delta U_{ic2}=0$$

所以，其共模电压增益 $A_{uc}=\dfrac{\Delta U_{oc}}{\Delta U_{ic}}=0$。　(5-26)

这与差模信号输入时不同。共模电压增益 A_{vc} 的大小，取决于差分电路的对称性，双端输出时可以认为等于零。说明抑制共模信号的能力很强，但是由于电路不能完全对称，而且单管是否正常工作才能说明它具有的共模抑制能力。

(2)单端输出的共模电压增益。

单端输出时和式(5-13)相同，即

$$A_{uc}=\frac{\Delta U_{oc1}}{\Delta U_{ic}}=-\frac{\beta R'_L}{R_b+r_{be}+(1+\beta)2R_e}\approx-\frac{R'_L}{2R_e} \tag{5-27}$$

可以看出，R_e 越大，A_{uc} 越小，说明它的抑制能力越强。

4. 共模抑制比

为说明差分放大电路对共模信号的抑制能力，常用共模抑制比 K_{CMR} 作为一项技术指标来衡量。其定义为差模信号电压增益与共模信号电压增益之比的绝对值，即：

$$K_{CMR}=\left|\frac{A_{ud}}{A_{uc}}\right|$$

或

$$K_{CMR}=20\lg\left|\frac{A_{ud}}{A_{uc}}\right|\ (\text{dB}) \tag{5-28}$$

双端输出时 K_{CMR} 可认为等于无穷大，通常用单端输出时共模抑制比来衡量差分放大电路的共模抑制能力：

$$K_{CMR}=\left|\frac{A_{ud1}}{A_{uc1}}\right|=\left|\frac{A_{ud2}}{A_{uc2}}\right|=\left|\frac{-\beta R'_L/2(R_b+r_{be})}{-R'_L/2R_e}\right|\approx\frac{\beta R_e}{R_b+r_{be}} \tag{5-29}$$

显然，提高共模抑制比的有效方法是加大 R_e。

然而，仅仅靠加大 R_e 的办法来抑制差分放大电路的零点漂移会带来两个问题：一是提高电源电压，加大 R_e 时，I_e 电流会减小，要维持 I_e 的大小则必须加大电源的电压，这会带来额外的成本和电路；二是带来集成电路的制造成本提高，在集成电路制造时，大电阻比晶体管成本的制作成本要高很多。

理想的电流源可以提供恒定的电流，内阻为无穷大。因此可以用晶体管来设计电流源电路，由于它具有很高的内阻，用来替代差分电路中的 R_e，很容易达到

$10^4\ \Omega$ 以上,使共模抑制比大大提高,非常有效地抑制了零点漂移。

电流源电路可很好地替代电阻差分放大电路的射极电阻,还可用于静态工作点设置、替代有源负载等,具有成本低、指标高、性能稳定等优点,成为模拟集成电路中非常重要的组成部分。

例 5-1 在图例 5-1(a)所示的差动放大电路中,已知 $E_c=E_e=12\ \text{V}$,$\beta_1=\beta_2=50$,$R_{c1}=R_{c2}=30\ \text{k}\Omega$,$R_e=30\ \text{k}\Omega$,$R_{s1}=R_{s2}=10\ \text{k}\Omega$,在两个集电极之间接入负载电阻 $R_L=20\ \text{k}\Omega$,试求电路的静态工作点、差模电压放大倍数和差模输入、输出电阻,以及单端输出时的共模抑制比。

解:①求静态工作点。由式(5-10)、(5-11)和(5-12)可求得

$$I_C\approx\frac{|E_e|-|U_{BE}|}{2R_e}=\frac{12-0.7}{2\times30}\approx2\ \text{mA}$$

$$I_B=\frac{I_C}{\beta}=\frac{0.2}{50}=0.04\ \text{mA}=40\ \mu\text{A}$$

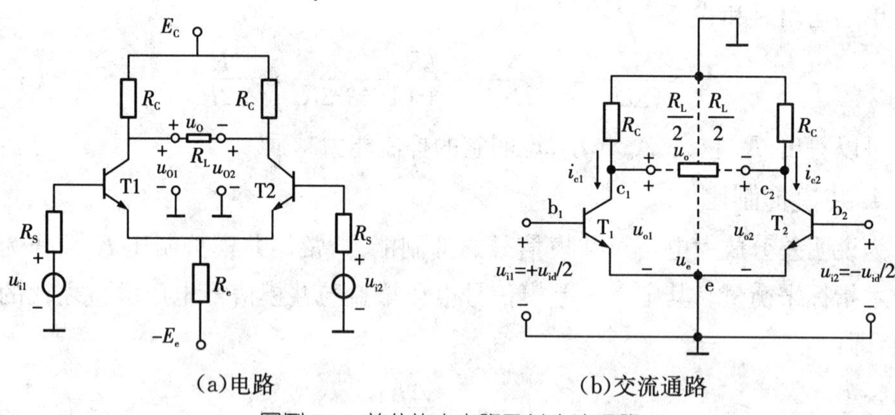

图例 **5-1** 差分放大电路及其交流通路

$$U_B=-I_BR_s=-0.04\times10\times103=-40\ \text{mA}$$

$$U_C=E_c-I_CR_c=12-0.2\times30=6\ \text{V}$$

②求 A_d 和 r_{id}、r_{od}。

图例 5-1(b)所示是图例 5-1(a)差动放大电路的交流通路,为了计算 A_d,还需先求出管子的 r_{be}

$$r_{be}=300+(1+\beta)\frac{26}{I_{E1}}=300+(1+50)\frac{26}{0.2}=6.93\ \text{k}\Omega$$

负载电阻 R_L 接在两个集电极之间,当输入差模信号时,每个管子各带一半负载电阻,所以

$$R'_L=R_c/\!/\frac{R_L}{2}=\frac{30\times20/2}{30+20/2}=7.5\ \text{k}\Omega$$

由图可求得电压放大倍数为

$$A_{ud}=-\frac{\beta R'_L}{R_s+r_{be}}=-\frac{50\times7.5}{10+6.93}=-34$$

由式(5-18)、(5-19)求其输入、输出电阻分别为：

$$R_{id}=2(R_s+r_{be})=2\times(10+6.93)=33.9\ k\Omega$$

$$R_{od}=2R_c=2\times30=60\ k\Omega$$

③求共模抑制比。

由式(5-22)得共模放大倍数

$$A_{uc}\approx-\frac{R'_L}{2R_e}=-\frac{7.5}{2\times30}=0.125$$

单端输出时的差模放大倍数 $A_{ud1}=\frac{1}{2}A_{ud}=-\frac{34}{2}=-17$

共模抑制比 $K_{CMR}=\left|\frac{A_{ud}}{A_{uc}}\right|=\frac{17}{0.125}=136$。

5.2　模拟集成电路中的直流偏置技术

在双极型晶体管和场效应管放大电路中，一般是利用外加电阻元件来建立它们的静态工作点。但在集成电路中制造一个三端器件比制造一个电阻所占用的面积小，也必将经济，因而采用双极型晶体管或场效应管制成电流源。

所谓电流源是指电流恒定的电源。虽然理想电流源是不存在的，但是，前面讨论晶体管的输出特性在放大区内均具有近似恒流的特性，其动态输出电阻值很高，利用它获得以较好的电流源，也可使模拟集成电路能得到稳定的直流偏置。

电流源是一个使输出电流恒定的电源电路，与电压源相对应。它的设计还具有以下优点：(1) 用电流源做有源负载，可获得增益高、动态范围大的特性；(2)用电流源给电容充电，以获得线性电压输出；(3)电流源还可单独制成稳流电源使用，(4) 电流源电路在模拟集成放大器中用以稳定静态工作点，十分有利放大器的耦合。

集成电路设计时还应考虑，电流源电路是一个电流负反馈电路，并利用 PN 结的温度特性，对电流源电路进行温度补偿，以减小温度对电流的影响。

在模拟集成电路中，常用的电流源电路有：基本电流源、镜像电流源、精密电流源、微电流源、多路电流源等。

5.2.1 双极型晶体管电流源电路

1. 基本电流源

用普通的三极管接成电流负反馈电路，即可构成一个基本的电流源电路。分压偏置基本放大电路具有这一功能，其电路如图 5-14(a)所示。分压偏置电路对工作点具有稳定作用，也就是有稳流特性，对 I_o 有稳定作用。图 5-14(b)是接入稳压管的电路，是改进的电流源电路，可提高对 I_o 的稳定作用。

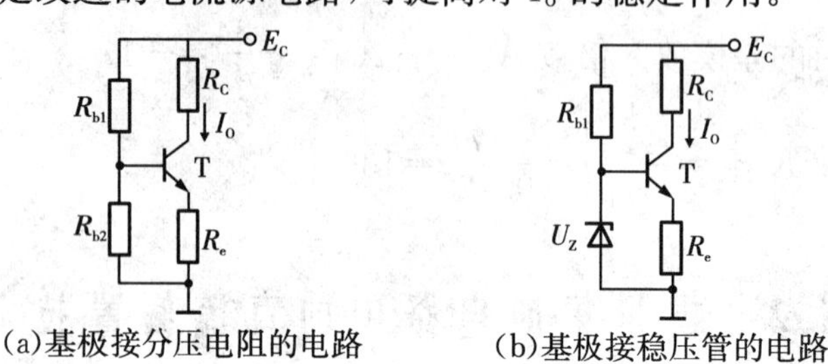

(a)基极接分压电阻的电路　　(b)基极接稳压管的电路

图 5-14　三极管电流源

电流源电路的内阻大越大说明其稳流特性越好。下面就通过图 5-15 所示的等效电路来求该电路的内阻，以探讨其稳流特性。

由图 5-14(a)可得

$$\mathrm{d}\dot{I}_b R_b + \mathrm{d}\dot{I}_b r_{be} + R_e(\mathrm{d}\dot{I}_b + \mathrm{d}\dot{I}_o) = 0$$

$$-\mathrm{d}\dot{U}_o + (\mathrm{d}\dot{I}_o - \beta \mathrm{d}\dot{I}_b) r_{ce} + R_e(\mathrm{d}\dot{I}_b + \mathrm{d}\dot{I}_o) = 0$$

其中 $R_b = R_{b1} /\!/ R_{b2}$

解得

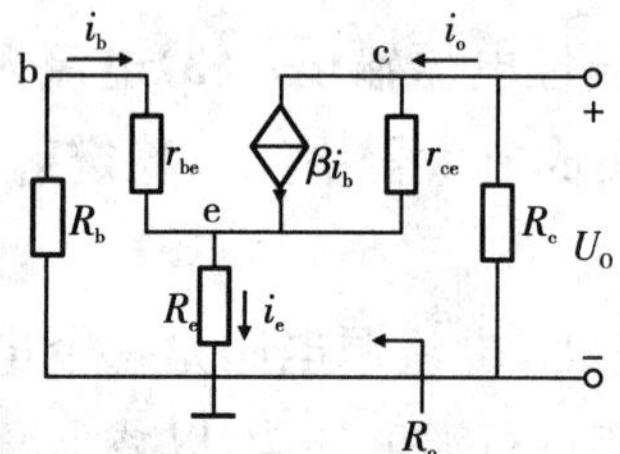

图 5-15　求 R_o 微变等效电路

$$\mathrm{d}\dot{U}_o = \mathrm{d}\dot{I}_o\left[r_{ce} + R_e + \frac{R_e}{R_b + r_{be} + R_e}(\beta r_{ce} - R_e)\right]$$

$$\mathrm{d}\dot{U}_o \approx \mathrm{d}\dot{I}_o\left[r_{ce} + \frac{R_e}{R_b + r_{be} + R_e}\beta r_{ce}\right]$$

$$R_o = \frac{\mathrm{d}\dot{U}_o}{\mathrm{d}\dot{I}_o} = r_{ce}\left(1 + \frac{\beta R_e}{R_b + r_{be} + R_e}\right) \tag{5-30}$$

对于图 5-14(b)所示电路所对应的图 5-15 中的 R_b 可写成 $R_b = R_{b1} /\!/ r_z$，与图 5-14(a)相比，通常 $r_z \ll R_{b2}$，所以 R_b 大大减小，由式(5-30)可知 R_o 得到增大。

由式(5-30)可知 $R_b + R_{be} \ll R_e$ 时，有 $R_o \approx r_{ce}(1+\beta)$　　(5-31)

由于 R_e 的存在，使电路的内阻 R_o 比三极管的 r_{ce} 又有较大提高，如果把这种电路用在差分放大电路的发射极上，可以做到 $R_o \gg R_e$，因而，电路的共模抑制比可以大大提高。

2. 镜像电流源

镜像电流源电路，如图 5-16 所示，它的特点是工作三极管的集电极电流是电流源电路电流的镜像(相等)。

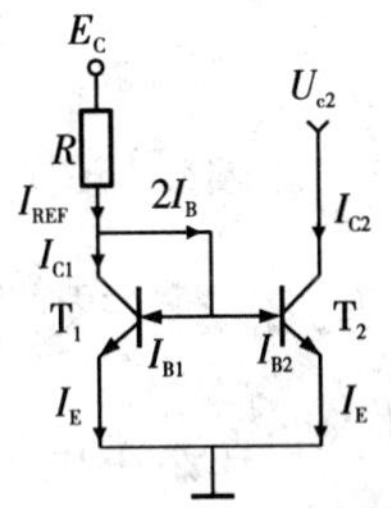

设三极管 T_1、T_2 匹配，即

$\beta_1 = \beta_2 = \beta, U_{BE1} = U_{BE2} = U_{BE}$，则 $I_{B1} = I_{B2}$，所以 $I_{C1} = I_{C2}$

$$I_{REF} = I_{C1} + 2I_B = I_{C2} + 2I_B \tag{5-32}$$

即：

$$I_{REF} = I_{C2}\left(1 + \frac{2}{\beta}\right) \tag{5-33}$$

且，当 $\beta \gg 2$ 时，

$$I_{C2} = I_{REF}，\left(\text{其中 } I_{REF} = \frac{U_{CC} - U_{BE}}{R}\right) \tag{5-34}$$

I_{C2} 和 I_{REF} 是镜像关系。

图 5-16　镜像电流源电路

3. 比例电流源

在镜像电流源电路中，若增加两个发射极电阻，使两个发射极电阻中的电流成一定的比例关系，即可构成比例电流源。其电路如图 5-17 所示。

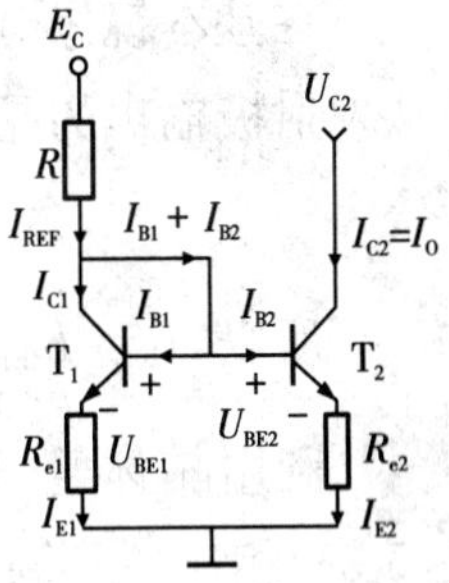

因两三极管基极对地电位相等，于是有

$$U_{BE1} + I_{E1}R_{e1} = U_{BE2} + I_{E2}R_{e2}$$

因　$U_{BE1} \approx U_{BE2}$，$I_{E1}R_{e1} \approx I_{E2}R_{e2}$

所以

$$\frac{I_O}{I_{REF}} \approx \frac{I_{E2}}{I_{E1}} = \frac{R_{e1}}{R_{e2}} \tag{5-35}$$

图 5-17　比例电流源

4. 微电流源

微电流源电路如图 5-18 所示，通过接入 R_e 电阻得到一个比基准电流小许多倍的微电流源，适用于微功耗的集成电路中。

由图可得：

$U_{BE1} = U_{BE2} + I_{E2}R_e$

$I_{E2}R_e = U_{BE1} - U_{BE2} = \Delta U_{BE}$

$I_O \approx I_{E2} = \Delta U_{BE}/R_e$

I_O 与 I_{REF} 的关系如下

$$I_{REF} \approx I_{E1} \approx I_{S1} e^{U_{BE1}/U_T}$$

$$I_O = I_{C2} \approx I_{E2} \approx I_{S2} e^{U_{BE2}/U_T}$$

$$\Delta U_{BE} = U_{BE1} - U_{BE2} = U_T (\ln \frac{I_{REF}}{I_{S1}} - \ln \frac{I_o}{I_{S2}})$$

一般有 $I_{S1} = I_{S2}$，所以

$$I_O = \frac{\Delta U_{BE}}{R_e} = \frac{U_T}{R_e} \ln \frac{I_{REF}}{I_O}$$

$$\ln \frac{I_{REF}}{I_O} = \frac{I_O R_e}{U_T} \tag{5-36}$$

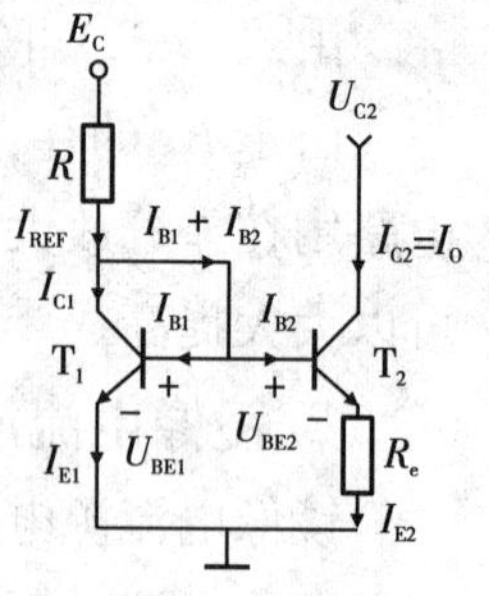

图 5-18　微电流源

因ΔU_{BE}小，$I_O \ll I_{REF}$。同时 I_O 的稳定性也比 I_{REF} 好。

5.2.2　改进的电流源电路

在基本电流源电路中，都假设三级管的 β 很大的情况下，做了一些近似，若 β 并不足够大，电流源计算的误差就比较大，比如镜像电流源把基极电流 I_{B1}、I_{B2} 忽略后才有公式(5-27)的表达式，为了减小基极电流的影响，稳定输出电路，可对基本镜像电流源电路加以改进。

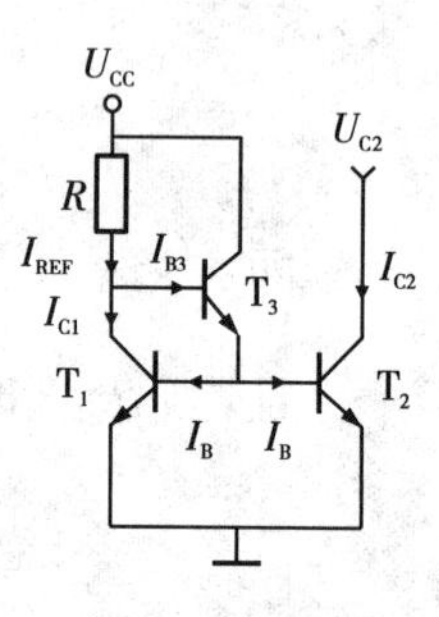

图 5-19　加射极输出器的镜像电流源

1. 加射极输出器的镜像电流源

在基本镜像电流源图 5-16 所示的电路中 T_1 管的集电极与基极之间加一只从发射极输出的晶体管 T_3，构成图 5-19 所示的电路，有

$$I_{c3} = I_{B1} + I_{B2} = \beta_3 I_{B3}$$

所以，$$I_R = I_{REF} = I_{C1} + I_{B3} = I_{C1} + \frac{2I_{B1}}{\beta_3} \tag{5-37}$$

利用晶体管 T3 的放大作用，减小了 I_{B1}、I_{B1} 对基准电路 I_R 的影响，与式(5-33)相比，I_{B3} 将比图 5-16 镜像电流源的 $2I_B$ 小 β_3 倍，因此 I_{C2} 和 I_{REF} 更加接近。

2. 高输出阻抗电流源

高输出阻抗电流源，又叫威尔逊电流源，是一种镜像电流源的改进电路，如图 5-20 所示。该电路的基准电流为

$$I_{REF} = \frac{E_C - U_{BE2} - U_{BE3} + E_E}{R}$$

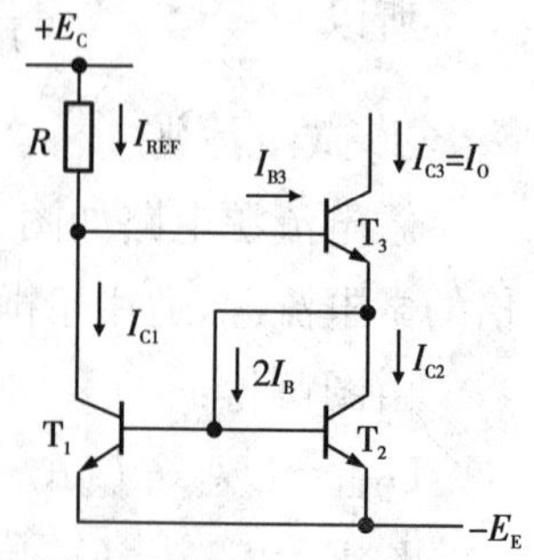

图 5-20　高输出阻抗电流源

设这三个晶体管的 β 相同，

$$I_R=I_{C1}+I_{B3}=I_{C2}+\frac{I_{C3}}{\beta}=\frac{\beta^2+\beta+2}{\beta^2+2\beta}I_{C3}\ {}^*$$

$$I_{C3}=\left(1-\frac{2}{\beta^2+2\beta+2}\right)I_R\approx I_R \tag{5-38}$$

当 $\beta=10$ 时，$I_{C3}=0.984I_R$，可见，即使 β 很小时也可以认为 $I_{C3}\approx I_R$，I_{C3} 受基极电流的影响很小。

精密镜像电流源和普通镜像电流源相比，其精度提高了 β 倍。电路如图。

3. 多路电流源电路

集成运放是一个多级放大电路，因而需要多路电流源分别给各级提供合适的静态电流。可以利用一个基准电流去获得多个不同的输出电流，以适应各级的需要。

(1)多微电流源：通过一个基准电流源稳定多个三极管的工作点电流，即可构成多路电流源，电路见图 5-21。图中一个基准电流 I_{REF} 可获得多个恒定电流 I_{C2}、I_{C3}、…。

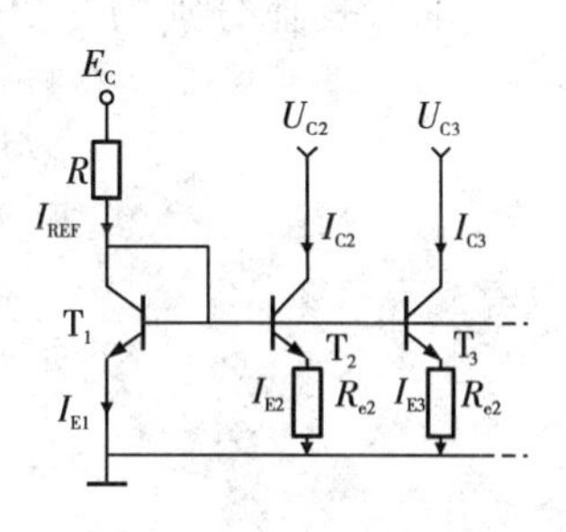

图 5-21　多路微电流源

由式(5-28)可得：

$$\ln\frac{I_{REF}}{I_{C2}}=\ln\frac{I_{C2}R_e}{U_T},\ln\frac{I_{REF}}{I_{C3}}=\ln\frac{I_{C3}R_e}{U_T},\cdots,(\text{其中 } I_{REF}=\frac{E_C-U_{BE}}{R}) \tag{5-39}$$

可根据式(5-33)求出各个晶体管的集电极电流 I_{Ci}($i=2$、3、4、…)。

(2)多路比例电流源电路：图 5-22 所示是在比例电流源基础上得到的多路电流源，I_R 为基准电流，I_{c1}、I_{c2}、I_{c3} 为三路输出电流。根据 $T_0\sim T_3$ 的接法，可得

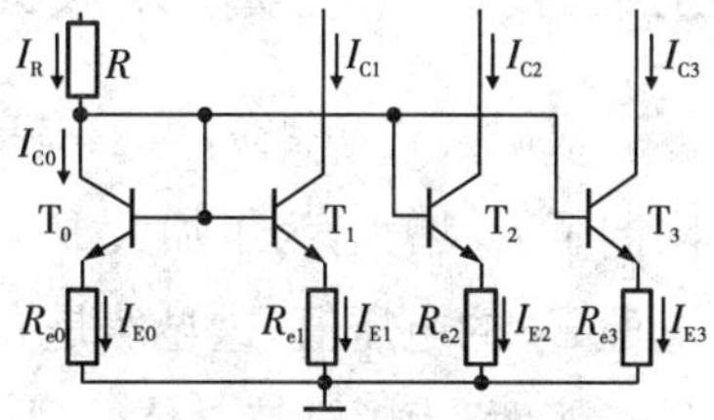

$$U_{BE0}+I_{E0}R_{e0}=U_{BE1}+I_{E1}R_{e1}=U_{BE2}+I_{E2}R_{e2}=U_{BE3}+I_{E3}R_{e3}$$

图 5-22　多路比例电流源

由于各管的 b－e 间电压 U_{BE} 数值大致相等，因此可得近似关系

$$I_{E0}R_{e0}\approx I_{E1}R_{e1}\approx I_{E2}R_{e2}\approx I_{E3}R_{e3} \tag{5-40}$$

当 I_{E0} 确定后，各级只要选择合适的电阻，就可以得到所需的电流。

(3)多集电极管构成的多路比例电流源，常见图 5-23 所示的多路电流源。T 为多横向 NPN 型管，当基极电流一定时，集电极电流之比等于它们的集电极面积之比，设各集电区的面积分别为 S_0、S_1、S_2，则

* 由 $I_{C2}=I_{C3}-2I_{C2}=I_{C3}-2\frac{I_{C2}}{\beta}=I_{C3}-\frac{2}{\beta}I_{C2}$ 得 $I_{C2}=\frac{\beta}{\beta+2}I_{C3}$

$$\frac{I_{C1}}{I_{C0}}=\frac{S_1}{S_0},\frac{I_{C2}}{I_{C0}}=\frac{S_2}{S_0} \tag{5-41}$$

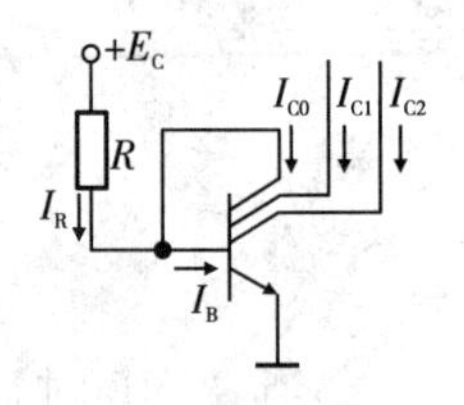

图 5-23　多集电极管电流源

(4)场效应管多路电流源:由场效应管同样可以组成镜像电流源、比例电流源等。在实际电路中,常见图 5-24 所示的多路电流源。T_0-T_3 均为 N 沟道增强型 MOS 管。它们的开启电压 $U_{GSs(th)}$ 等参数相等,在 $U_{CS0}=U_{CS1}\cdots U_{CS1}=U_{CS3}$ 时,它们漏极电流 I_D 正比于沟道的宽长比。设宽长比 W/L=S,且 $T_0\sim T_3$ 的宽长比分别为 S_0、S_1、S_2、S_3,则

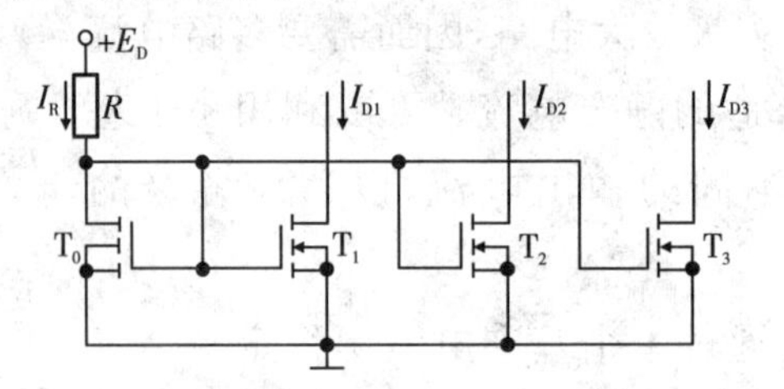

图 5-24　场效应管多路镜像电流源

$$\frac{I_{D1}}{I_{D0}}=\frac{S_1}{S_0},\frac{I_{D2}}{I_{D0}}=\frac{S_2}{S_0},\frac{I_{D3}}{I_{D0}}=\frac{S_3}{S_0} \tag{5-42}$$

可以通过改变场效应管的几何尺寸来获得各种数值的电流。

为了获得更加稳定的输出电流,多路电流源中还可以采用带有射极输出器的电流源和威尔逊电流源等形式,这里不赘述。

5.2.3　改进的差分放大电路

根据公式(5-23),为了提高共模抑制比,自然想到应加大 R_e,然而,负电压 E_E 限制了 R_e 增大,为了加大 R_e,又要保持差分管一定的工作电流 I_E,势必要提高负电源 E_E 的电压值,这显然是有限的,而且是不经济的,为此可用恒流源 T_3 来代替 R_e。然而,为了维持晶体管(场效应管)的静态电流不变,在增大 $R_c(R_d)$的同时必须提高电源电压 E_E。当电源电压增加到一定程度时,电路的设计就变得不合理了。在集成运放中,常用电流源电路取代 R_e(或 R_d),这样在电源电压不变的情况下,既可获得合适的静态电流,对于交流信号,又可得到很大的等效的 R_e(或 R_d)。

1. 射极基本电流源差分放大电路

电流源动态电阻大,可提高共模抑制比。同时电流源的管子压降只有几伏,不必靠提高负电源电压来提高射极电阻 R_e 的值。这种电路是发射极接基本电流源的差分放大电路,电路如图 5-25(a)所示。

T_3 晶体管基极电压为

$$U_{R_{b1}}=\frac{R_{b1}}{R_{b1}+R_{b2}}(E_C+E_E)$$

电流源电流值为

$$I_{C3} \approx I_{E3} = \frac{U_{R_e}}{R_e} = \frac{U_{R_{b1}} - U_{BE}}{R_e} \tag{5-43}$$

也可采用稳压管电流源电路，如图 5-25(b)所示。

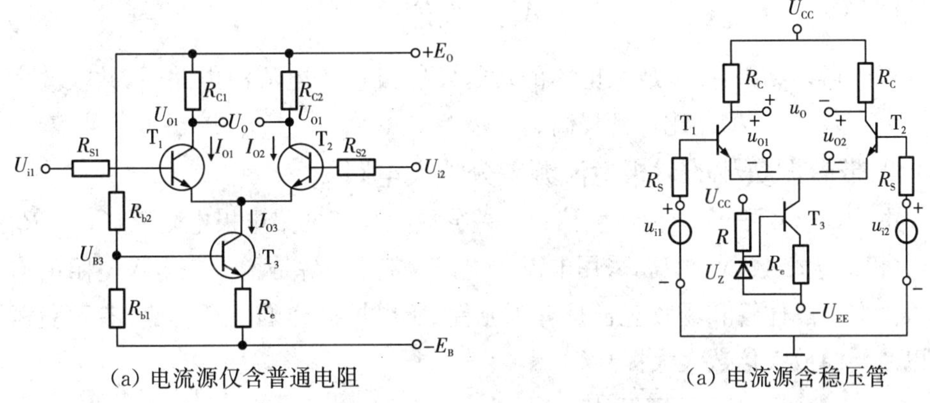

(a) 电流源仅含普通电阻　　(a) 电流源含稳压管

图 5-25　基本电流源的差分放大电路

$$I_{e3} = \frac{U_Z - U_{BE3}}{R_e} \tag{5-44}$$

或发射极采用镜像电流源电路差分放大电路的，如图 5-26 所示，T_1 和 T_2 是差分对管，它们的发射极接电流源 T_3，T_4 和 T_3 组成镜像电流源电路，镜像电流源的电流大小可近似为

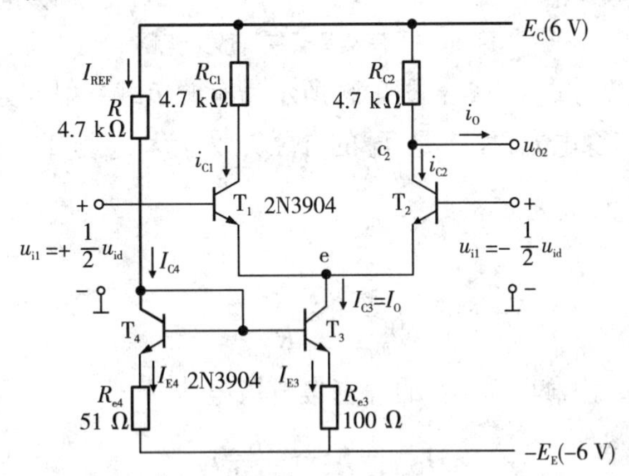

图 5-26　带恒流源的差分放大电路

$$I_o = I_{C3} \approx I_{REF} \approx \frac{E_C - (-E_E)}{R}$$

所以

$$I_{C1} = I_{C2} = \frac{1}{2} I_{C3} \approx \frac{E_C - (-E_E)}{2R} \tag{5-45}$$

电流源输出电阻

$$R_{o3}=\left(1+\frac{\beta R_e}{R_b+r_{be3}+R_e}\right)r_{ce}$$

$$A_d=\frac{\beta_1 R_{c1}}{R_{s1}+r_{be1}}，其中\ r_{be1}=r_{bb'1}+(1+\beta)\frac{26}{I_{E1}} \tag{5-46}$$

$$A_c=-\frac{\beta_1 R_{c1}}{2R_{o3}} \tag{5-47}$$

可以得出结果：差分放大电路的对管发射极接入电流源电路后，共模放大倍数大大下降，共模抑制比得到提高。

2.带有源负载的射极恒流源差分放大电路

由式(5-39)可知，差模放大倍数与差分放大电路的集电极电阻 R_{c1} 有关，R_{c1} 越大，共模放大倍数 A_d 越高，采用电流源电路来替代 R_{c1} 是增大集电极电阻的有效方法。由于晶体管和场效应管是有源元件，所以把这样的负载称为“有源负载”。可以使差模放大倍数大大提高。

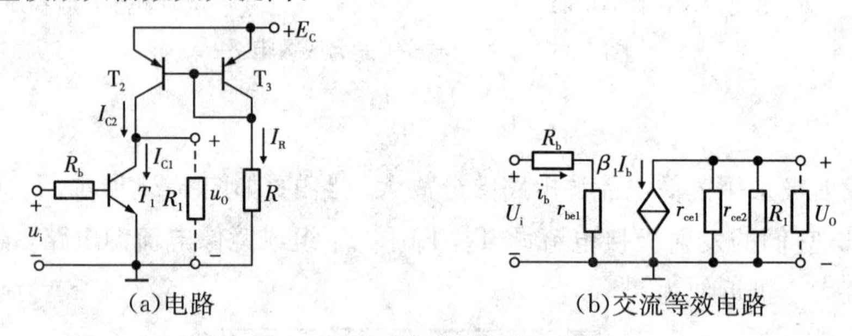

图 5-27 有源负载共射放大电路

(1)有源负载共射放大电路：图 5-27 所示为有源负载共射放大电路。T_1 为放大管，T_2 与 T_3 构成镜像电流源，T_2 是 T_1 的有源负载。设 T_2 与 T_3 管特性完全相同，因 $\beta_1=\beta_2=\beta_3$，$I_{C2}=I_{C3}$。

基准电流

$$I_R=\frac{E_C-U_{BE3}}{R}$$

据式(5-27)知，空载时 T_1 管的静态集电极电流

$$I_{CQ1}=I_{C2}=\frac{\beta}{\beta+2}I_R$$

可见，电路中并不需要很高的电源电压，只要适当地选择 E_C 和 R，就可以得到合适的集电极电流 I_{CQ1}。

应当指出，输入端的 U_1 中含有直流分量，为 T_1 提供静态基极电流 I_{BQ1}，I_{BQ1} 应等于 I_{C1}/β_1，而 I_{C1} 不应与镜像电流源提供的 I_{C2} 产生冲突。应当注意，当电路带上负载电阻 R_L 后，由于 R_L 对 I_{c2} 的分流作用，I_{cQ1} 将有所变化。

若负载电阻 R_L 很大，则 T_1 管和 T_2 管在 h 参数等效电路中的 $1/h_{22}$ 就不能忽略不计，即应考虑 c—e 之间动态电阻中的电流，因此图 5-27(a)所示电路的交流

等效电路如图 5-27(b)所示。这样,电路的电压放大倍数

$$A_u=-\frac{\beta_1(r_{ce1}/\!/r_{ce2}/\!/R_L)}{R_b+r_{be1}} \tag{5-48}$$

若 $R_L \ll (r_{ce1}/\!/r_{ce2})$,则

$$A_u=-\frac{\beta_1 R_L}{R_b+r_{be1}} \tag{5-49}$$

说明 T_1 管集电极的动态电流 $\beta\dot{I}_b$,全部流向负载 R_L,有源负载使 $|\dot{A}_u|$ 大大提高。

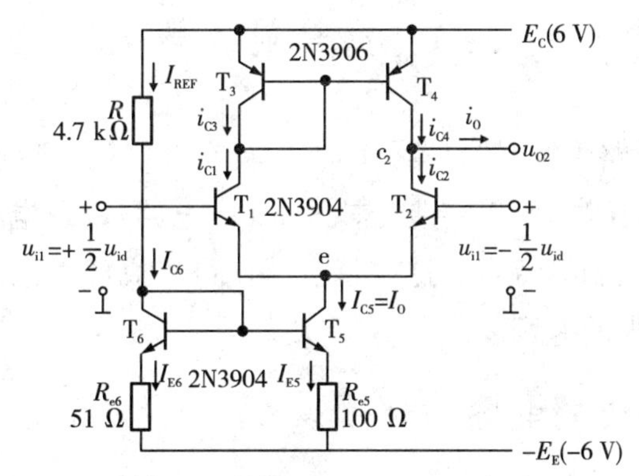

图 5-28　带恒流源的差分放大电路

(2)有源负载差分放大电路:利用镜像电流源可以使单端输出差分放大电路的差模放大倍数提高到接双端输出时的情况,常见的电路形式如图 5-28 所示。

T_1、T_2 对管是差分放大管,它们的发射极连接的 T_5 为电流源的输出,T_6、T_5 对管,R,R_{e6},R_{e5} 组成镜像恒流源电路,即 $I_{C5}=I_o=I_{C6}=I_{REF}$,可以得到 $I_o=(E_C-U_{BE})/R$。

静态时,T_1 管和 T_2 管的发射极电流 $I_{E1}=I_{E2}=I_o$,$I_{c1}=I_{c2}\approx I_{o/2}$,$I_{C1}=I_{C2}\approx I_{o/2}$。若 $\beta_3\gg 2$,则 $I_{C3}=I_{C1}$;而因 $I_{C4}=I_{C3}$,所以 $I_{C4}=I_{C1}$,$\Delta I_o=i_o=I_{C4}-I_{C2}\approx 0$。

当差模信号ΔU_1 输入时,根据差分放大电路的特点,动态集电极电流$\Delta I_{C1}=-\Delta I_{C2}$,而$\Delta I_{C3}\approx\Delta I_{C1}$,由于 I_{C3} 和 I_{C4} 的镜像关系,$\Delta I_{C3}=\Delta I_{C4}$;所以,$\Delta I_o=\Delta I_{C4}-\Delta I_{C2}=I_{C1}-(-\Delta I_{C1})=2\,\Delta I_{C1}$。由此可见,输出电流约为单端输出时的两倍,因而电压放大倍数接近双端输出时的情况。这时输出电流与输入电压之比

$$A_u=\frac{\Delta I_o}{\Delta U_i}=\frac{2\,\Delta I_{C1}}{2\,\Delta I_{B1}r_{be}}=\frac{\beta}{r_{be}}$$

当电路带负载电阻 R_L 时,其电压放大倍数的分析与图 5-27 所示电路相同,若 R_L 可以与$(r_{be1}/\!/r_{be2})$相比,则

$$A_u=\frac{\Delta U_o}{\Delta U_i}=\frac{2\,\Delta I_{C1}}{2\,\Delta I_{B1}r_{be}}\cdot(r_{ce1}/\!/r_{ce2}/\!/R_L)=\frac{\beta_1(r_{ce1}/\!/r_{ce2}/\!/R_L)}{r_{be1}} \tag{5-50}$$

若 $R_L\ll(r_{ce1}/\!/r_{ce2})$,则

$$A_u \approx \frac{\beta_1 R_L}{r_{be1}} \tag{5-51}$$

说明利用镜像电流源作有源负载，不仅可以将 T_1 管的集电极电流变化转换为输出电流，而且还将所有变化电流流向负载 R_L。

若将图 5-27(a)和图 5-28 所示电路中的晶体管用合适的场效应管取代，则构成有源负载共源放大电路和差分放大电路，也具有上述晶体管电路的特点，分析过程相类似，这里不再赘述。

5.3 运算放大器

通常，在集成电路中，相邻元器件的参数具有良好的一致性，纵向晶体管的 β 大，横向晶体管的耐压高，便于制造互补式 MOS 电路，以及电阻的阻值和电容的容量均受到一定的限制等特点。这些特点就使得集成放大电路与分立元件放大电路在结构上有较大的差别。

5.3.1 集成运放的电路概述

1. 集成运放的电路结构特点

集成运放电路中晶体管和场效应管为主要元件，电阻与电容的数量很少。归纳起来，集成运放有如下特点：

(1)因为硅片上不能制作大电容，所以集成运放均采用直接耦合方式。

(2)因为相邻元件具有良好的对称性，而且受环境温度和干扰等影响后的变化也相同，所以集成运放中大量采用各种差分放大电路(作输入级)和恒流源电路(作偏置电路或有源负载)。

(3)因为制作不同形式的集成电路，只是所用掩膜不同，增加元器件并不增加制造工序，所以集成运放允许采用复杂的电路形式，以达到提高各方面性能的目的。

(4)因为硅片上不宜制作高阻值电阻，所以在集成运放中常用有源元件(晶体管或场效应管)取代电阻。

(5)集成晶体管和场效应管因制作工艺不同，性能上有较大差异，所以在集成运放中常采用复合形式，以得到各方面性能具佳的效果。

2. 集成运放电路的组成及其各部分的作用

集成运放电路由输入级、中间级、输出级和偏置电路等四部分组成，如图 5-29 所示。它有两个输入端，一个输出端，图中所标 u_P、u_N、、u_o 均以“地”为公共端。

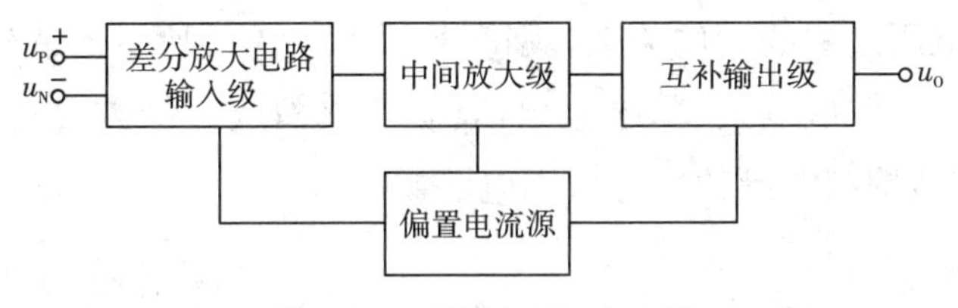

图 **5-29**　运算放大器方框图

(1) 输入级。

要使用高性能的差分放大电路，它必须对共模信号有很强的抑制力，而且采用双端输入、双端输出的形式。输入级又称“前置级”，它往往是一个双端输入的高性能差分放大电路。一般要求其输入电阻高，差模放大倍数大，抑制共模信号的能力强，静态电流小。输入级的好坏直接影响着集成运放的大多数参数，因此，随着产品的不断更新，输入级的变化很大。

(2) 中间放大级。

要提供高的电压增益，以保证运放的运算精度。中间级的电路形式多为差分电路和带有源负载的高增益放大器。中间级是整个放大电路的主放大器，其作用是使集成运放具有较强放大能力，多采用共射(或共源)放大电路。为了提高电压放大倍数，常采用复合管作放大管，以电流源作集电极负载。其电压放大倍数可达千倍以上，

(3) 输出级。

互补输出级由 PNP 和 NPN 两种极性的三极管或复合管组成，以获得正负两个极性的输出电压或电流，具体电路参阅功率放大器。输出级具有输出电压线性范围宽、输出电阻小(即带负载能力强). 非线性失真小等特点。集成运放的输出级多采用互补输出电路。

(4) 偏置电路。

偏置电流源用于设置集成运放各级放大电路的静态工作点，可提供稳定的几乎不随温度而变化的偏置电流，以稳定工作点。偏置电路与分立元件不同，集成运放采用电流源电路为各级提供合适的集电极(或发射极、漏极)静态工作电流，从而确定合适的静态工作点。

3. 运算放大器符号与传输特性

运算放大器的符号中有三个引线端，两个输入端，一个输出端。一个称为同相输入端，即该端输入信号变化的极性与输出端相同，用符号‘＋’或‘IN＋’表示；另一个称为反相输入端，即该端输入信号变化的极性与输出端相异，用符号“－”或“IN－”表示。输出端一般画在输入端的另一侧，在符号边框内标有“＋”号。实际的运算放大器通常有正、负电源端，有的品种还有补偿端和调零端。

集成运放有同相输入端和反相输入端，这里的“同相”和“反相”是指运放的输

入电压与输出电压之间的相位关系，其符号如图 5-30(a)所示。从外部看，可以认为集成运放是一个双端输入、单端输出，具有高差模放大倍数，高输入电阻、低输出电阻，能较好地抑制温漂的差分放大电路。

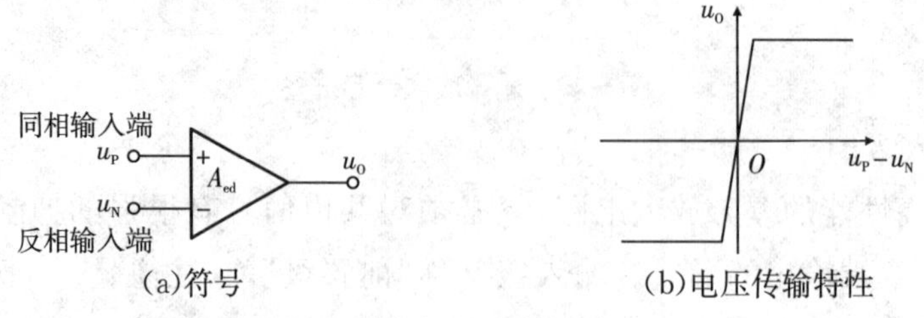

图 **5-30** 集成运放的符号和电压传输特性

集成运放的输出电压 u_o 与输入电压(即同相输入端与反相输入端之间的电位差)(u_P-u_N)之间的关系曲线称为“电压传输特性”，即

$$u_o=f\ (u_P-u_N) \tag{5-52}$$

对于正、负两路电源供电的集成运放，电压传输特性如图 5-30(b)所示。从图示曲线可以看出，集成运放有线性放大区域(称为“线性区”)和饱和区域(称为“非线性区”)两部分。在线性区，曲线的斜率为电压放大倍数；在非线性区，输出电压只有两种可能的情况，$+U_{OM}$或$-U_{OM}$。

由于集成运放放大的是差模信号，且没有通过外电路引入反馈，故称其电压放大倍数为差横开环放大倍数，记作 A_{od}，因而当集成运放工作在线性区时

$$u_o=A_{od}(u_P-u_N) \tag{5-53}$$

通常 A_{od}非常高，可达几十万倍，因此集成运放电压传输特性中的线性区非常之窄。如果输出电压的最大值$U_{oM}=\pm 14\ \text{V}$，$A_{od}=5\times 10^5$，那么只有当$|u_P-u_N|<28\ \mu\text{V}$ 时，电路才工作在线性区。换言之，若$|u_P-u_N|>28\ \mu\text{V}$，则集成运放进入非线性区，因而输出电压要么是$+14$ V，要么就是-14 V。

5.3.2 运算放大器的主要参数

运算放大器的技术指标很多，其中一部分与差分放大器和功率放大器相同，另一部分则是根据运算放大器本身的特点而设立的。各种主要参数均比较适中的是通用型运算放大器，对某些项技术指标有特殊要求的是各种特种运算放大器。

1. 运算放大器的静态技术指标

在考察集成运放的性能时，常用下列参数来描述：

(1)输入失调电压 U_{IO}及其温漂 $\mathrm{d}U_{IO}/\mathrm{d}T$：在规定工作温度范围内，输入失调电压随温度的变化量与温度变化量之比值。由于集成运放的输入级电路参数不可能绝对对称，所以当输入电压为零时，u_o 并不为零。U_{IO}是使输出电压为零时在

输入端所加的补偿电压，若运放工作在线性区，则 U_{IO} 的数值是 u_I 为零时输出电压折合到输入端的电压，即

$$U_{IO}=-\frac{U_O|_{u_I=0}}{A_{ud}} \tag{5-54}$$

U_{IO} 愈小，表明电路参数对称性愈好。对于有外接调零电位器的运放，可以通过改变电位器滑动端的位置使得输入为零时输出为零。dU_{IO}/dT 是 U_{IO} 的温度系数，是衡量运放温漂的重要参数，其值愈小，表明运放的温漂愈小。

(2)输入失调电流 I_{IO} 及其 dI_{IO}/dT：输入失调电流 I_{IO}(input offset current)表示在零输入时，差分输入级的差分对管基极电流之差，即

$$I_{IO}=|I_{B1}-I_{B2}| \tag{5-55}$$

I_{IO} 用于表征差分级输入电流不对称的程度，输入失调电流温漂 dI_{IO}/dT：在规定工作温度范围内，输入失调电流随温度的变化量与温度变化量之比值。

(3)输入偏置电流 I_B(input bias current)：运放两个输入端偏置电流的平均值，用于衡量差分放大对管输入电流的大小。即

$$I_{IB}=\frac{1}{2}(I_{B1}+I_{B2}) \tag{5-56}$$

I_{IB} 愈小，信号源内阻对集成运放静态工作点的影响也就愈小。而通常 I_{IB} 愈小，往往 I_{IO} 也愈小。

(4)最大差模输入电压 U_{idmax}(maximum differential mode input voltage)：运放两输入端能承受的最大差模输入电压，超过此电压时，差分管将出现反向击穿现象。

(5)最大共模输入电压 U_{icmax}(maximum common mode input voltage)：在保证运放正常工作条件下，共模输入电压的允许范围。共模电压超过此值时，输入差分对管出现饱和，放大器失去共模抑制能力。

2. 运算放大器的动态技术指标

(1)开环差模增益 A_{od}(open loop voltage gain)：运放在无外加反馈条件下，输出电压与输入电压的变化量之比，即 $A_{od}=\Delta u_o/(u_P-u_N)$。常用分贝(dB)表示，其分贝数为 $20\lg|A_{od}|$。通用型集成运放的 A_{od} 通常在 10^5 左右，即 100 dB 左右。

(2)共模抑制比 K_{CMR}(common mode rejection ratio)：与差分放大电路中的定义相同，是差模电压增益 A_{od} 与共模电压增益 A_{oc} 之比，常用分贝数来表示。

$$K_{CMR}=20\lg(A_{od}/A_{oc})\ (\text{dB})$$

(3)差模输入电阻 r_{id}(input resistance)：输入差模信号时，运放的输入电阻。r_{id} 愈大，从信号源索取的电流愈小。

(4)-3dB 带宽 f_H(-3dB band width)：运算放大器的差模电压放大倍数 A_{od}

在高频段下降 3dB 所定义的带宽 f_H。由于集成运放中晶体管(或场效应管)数目多,存在较多的极间电容;又因很多元件制作在一小块硅片上,分布电容和寄生电容较多;因此,当信号频率升高时,这些电容的容抗变小,使信号受到损失,导致 A_{ud} 数值下降,且产生相移。

(5)单位增益带宽 f_C(BW·G)(unit gain band width):A_{od} 下降到 0 分贝(即 $A_{od}=1$,失去电压放大能力)时的信号频率,定义为单位增益带宽 f_C。与晶体管的特征频率 f_T 相类似。

(6)转换速率 S_R(压摆率)(slew rate):反映运放对于快速变化的输入信号的响应能力。转换速率 S_R 的表达式为

$$S_R=\left|\frac{dU_o}{dt}\right|_{max} \tag{5-57}$$

(7)等效输入噪声电压 U_n(equivalent input noise voltage):输入端短路时,输出端的噪声电压折算到输入端的数值。这一数值往往与一定的频带相对应。

5.3.3 集成运放的等效

1. 集成运放的低频等效电路

在分立元件放大电路的交流通路中,用晶体管、场效应管的交流等效模型取代管子,对电路进行分析。然而,由于集成运放电路比起单个的晶体管、场效应管的元件要多很多,如果,在集成运放电路中所有的管子都用等效模型去取代运放,那么势必使等效电路非常复杂。因此,为简化问题,在一定的精度范围内,构造一个等效电路,使之与运放(或其它复杂电路)的输入端口和输出端口的特性相同或相似。根据分析的问题不同,可构造不同模型。

通常情况下,仅仅研究对输入信号(即差模信号)的放大问题,可用简化的集成运放低频等效电路,如图 5-31 所示。从运放输入端看进去,等效为一个电阻 r_{id}:从输出端看进去,等效为一个电压受 u_i(即 u_P-u_N)控制的电压源 $A_{od}u_i$,内阻为 r_o,若将集成运放理想化,则 $r_o=0$。

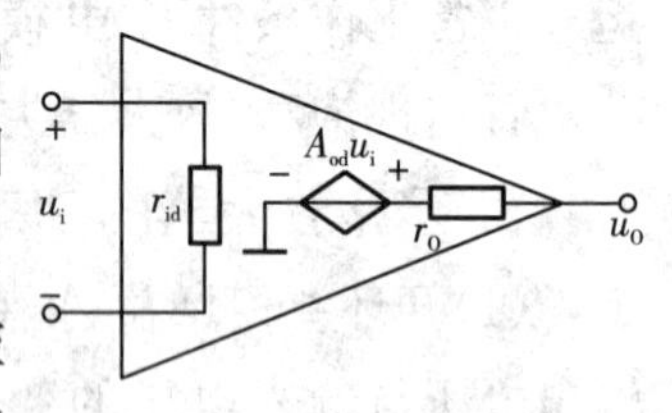

图 5-31 简化的集成运放低频等效电路

若考虑失调因素对电路的影响,对于输入回路,考虑差模输入电阻 r_{id}、偏置电流 I_{IB}、失调电压 U_{IO} 和失调电流 I_{IO} 等四个参数;对于输出回路,考虑差模输出电压 u_{id}、共模输出电压 u_{oc} 和输出电阻 r_o 等三个参数,图 5-32 所示为考虑失调因素的集成运放的低频等效电路。

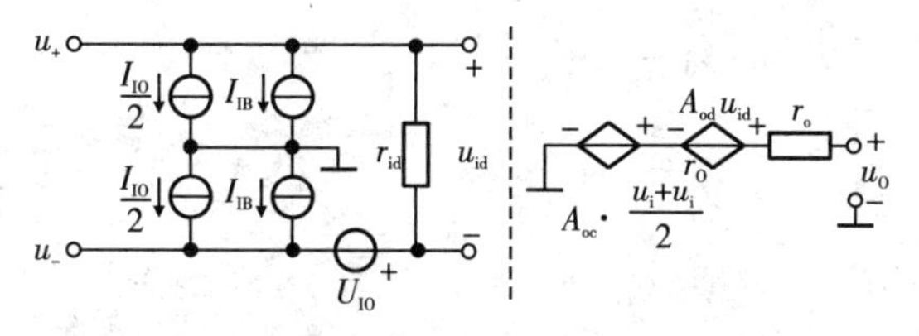

(a)输入端等效电路　　(b)输出端等效电路

图 5-32　集成运放的符号和电压传输特性

显然,图示电路 r_{id} 没有考虑管子的结电容及分布电容、寄生电容等的影响,因此,只适用于输入信号频率不高情况下的电路分析。

2. 理想运算放大器

(1) 理想运算放大器的条件。

满足下列参数指标的运算放大器可以视为理想运算放大器:①差模电压放大倍数$A_{ud}=\infty$(实际上 $A_{id}\geqslant 80$ dB 即可)。②差模输入电阻 $R_{id}=\infty$(实际上 R_{id} 比输入端外电路的电阻大 2～3 个量级即可)。③输出电阻 $R_{io}=0$(实际上 R_{io} 比输入端外电路的电阻小 2～3 个量级即可)。④带宽足够宽。⑤共模抑制比足够大。

在做一般原理性分析时,可以把运算放大器视为理想器件,这有利于简化问题。但要注意实际的运用条件不要使运算放大器的某个技术指标明显下降。

(2)理想运放的低频特性:理想运算放大器具有"虚短"和"虚断"的特性,这两个特性对分析线性运用的运放电路十分有用。为了保证线性运用,运算放大器必须在闭环下工作。

"虚短",是指在运算放大器处于线性状态时,可把两输入端视为等电位,这一特性称为"虚假短路",简称"虚短"。显然不能将两输入端真正短路。由于运放的电压放大倍数很大,一般通用型运算放大器的开环电压放大倍数都在 80 dB 以上。而运放的输出电压是有限的,一般在 10～14 V。因此,运放的差模输入电压不足 1 mV,两输入端近似等电位,相当于"短路"。开环电压放大倍数越大,两输入端的电位越接近相等。

"虚断",是指在运放处于线性状态时,可以把两输入端视为等效开路,这一特性称为"虚假开路",简称"虚断"。显然不能将两输入端真正断路。由于运放的差模输入电阻很大,一般通用型运算放大器的输入电阻都在 1 MΩ 以上。因此,流入运放输入端的电流往往不足1 μA,远小于输入端外电路的电流。故通常可把运放的两输入端视为开路,且输入电阻越大,两输入端越接近开路。

(3)应用举例,下面实例说明虚短和虚断的运用(具体应用还将在第七章详细介绍)。

有一理想运算放大器组成的反相比例运算电路如图 5-33 所示,试求输出电压的表达式和电压增益。

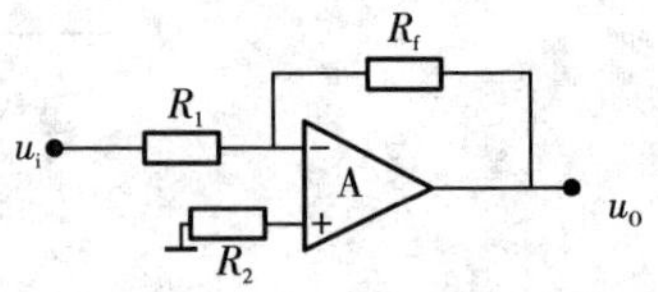

图 5-33 中，根据虚断，$i'_I \approx 0$，所以，$i'_I R = 0$，故 $u_+ \approx 0$，且 $i_I \approx i_f$

根据虚短，$u_+ \approx u_- \approx 0$ 有

$i_I = (u_I - u_-)/R_1 \approx u_I/R_1$

$u_o \approx -i_f R_f = -u_I R_f/R_1$

∴电压增益

$$A_{uf} = u_o/u_I = -R_f/R_1 \tag{5-58}$$

图 5-33　集成运放组成的反相比例运算电路

输出电压增益仅与外电路 R_f、R_1 的选取有关，而与集成运算放大电路本身的参数无关。

5.3.4 运算放大器分类

为满足实际使用中对集成运放性能的特殊要求，除性能指标比较适中的通用型运放外，发展了适应不同需要的专用型集成运放。它们在某些技术指标上比较突出。根据运算放大器的技术指标可以对其进行分类，主要有通用、高速、宽带、高精度、高输入电阻和低功耗等几种。

1. 通用型

通用型运算放大器的技术指标比较适中，价格低廉。通用型运放也经过了几代的演变，早期的通用Ⅰ型运放已很少使用。以典型的通用型运放 CF741 (μA741)为例，输入失调电压 1～2 mV、输入失调电流 20 nA、差模输入电阻 2 MΩ，开环增益 100 dB、共模抑制比 90 dB、输出电阻 75 Ω、共模输入电压范围±13 V、转换速率 0.5 V/μs。

2. 高速型和宽带型

单位增益带宽和转换速率高的运放为高速型运放。它的种类很多，增益带宽多在 10 MHz 左右，有的高达千兆赫，转换速率大多在几十伏/微秒至几百伏/微秒，有的高达几千伏/微秒。适用于宽频带放大器，高速模—数转换器、数—模转换器，锁相环电路和视频放大电路，以及高速数据采集测试系统。用于小信号放大时，可注重 f_H 或 f_c，用于高速大信号放大时，同时还应注重 S_R。例如：AD9618，S_R=1800 V/μS，BW · G=8000 MHz；CF357，S_R=50 V/μS，BW · G=20 MHz。

3. 高精度(低漂移型)

高精度型运放具有低失调、低温漂、低噪声、高增益等特点，它的失调电压和失调电流比通用型运放小两个数量级，而开环差模增益和共模抑制比均大于100dB。适用于对微弱信号的精密测量和运算，常用于精密仪表放大器，精密测试系统，精密传感器信号变送器等高精度的仪器设备中。例如：

OP177　　$V_{IO}=4\ \mu V$　　$I_{IO}=0.3\ nA$

$\frac{dV_{IO}}{dT}=0.03\ \mu V/℃$　　$\frac{dI_{IO}}{dT}=1.5\ pA/℃$

CF714　　$V_{IO}=30\sim 60\ \mu V$　　$I_{IO}=0.4\sim 0.8\ nA$

$\frac{dV_{IO}}{dT}=0.3\sim 0.5\ \mu V/℃$　　$\frac{dI_{IO}}{dT}=8\sim 12\ pA/℃$

4. 高输入阻抗型

具有高输入电阻(r_{id})的运放称为“高阻型运放”。它们的输入级多采用超 β 场效应管，r_{id} 大于 10^9，适用于测量放大电路、信号发生电路或采样－保持电路。用于测量设备及采样保持电路中。例如：AD549，$I_{IB}<0.040\ pA$，$R_{id}>10^{13}\ \Omega$；CF155/255/355，

$$I_{IB}=30\ pA, R_{id}>10^{12}\ \Omega。$$

5. 低功耗型

低功耗型运放具有静态功耗低，工作电源电压低等特点，它们的功耗只有几毫瓦，甚至更小，电源电压为几伏，而其他方面的性能不比通用型运放差。适用于能源有严格限制的情况，例如空间技术、军事科学、生物科学研究及工业中的遥感遥测等领域，工作于较低电压下，工作电流微弱。

例如：OP22　　正常工作时，静态功耗可低至 36 μW。

OP290　　在±0.8 V 电压下工作，功耗为 24 μW。

CF7612　　在±5 V 电压下工作，功耗为 50 μW。

6. 功率型

在许多场合下还需要能够输出大功率(如几十瓦)的大功率型运放。一般输出功率大于 1 W，输出电流可达几个安培以上。例如：LM12：$I_o=10$ A，TP1465：$I_o=0.75$ A

5.3.5　集成运放电路简介

集成运放是一种高性能的直接耦合放大电路。尽管品种繁多，内部电路结构也各不相同，但是它们的基本组成部分、结构形式和组成原则基本一致。因此，对于典型电路的分析具有普通意义，一方面可从中理解集成运放的性能特点，另一方面可以了解复杂电路的分析方法。

从上一节的分析中可知，集成运放有四个组成部分，因此，在分析集成运放电路时，首先应将电路“化整为零”，分为偏置电路、输入级、中间级和输出级四个部分。

在集成运放电路中，通常电流源是可以直接估算出来的，该电流通常是偏置电路的基准电流，与之相关联的电流源(如镜像电流源，比例电电流源等)部分，就

可以将偏置从电路中分离出来；余下的放大电路，按信号的流通方向，以“输入”和“输出”为线索，既可将各级放大电路分开，得出每一级属于哪种基本放大电路。为了克服温漂，一般集成运放的输入级都采用差分放大电路；为了增大放大倍数，中间级多采用共射(共源)放大电路，为了提高带负载能力且具有尽可能大的不失真输出电压范围，输出级多采用互补式电压跟随电路。以下以 F007 电路为例进行分析。

1. 双极型集成运放

F007 是通用型集成运放，其电路如图 5-34 所示，它由±15 V 两路电源供电。从图中可以看出，从$+E_c$ 经 T_{12}、R_5 和 T_{11} 到$-E_E$ 所构成的回路的电流能够直接估算出来，因而 R_5 中的电流为偏置电路的基准电流。T_{10}与 T_{11}够成微电流源，而且 T_{10}的集电极电流 I_{C10}等于 T_9 管集电极电流 I_{C9}与 T_3、T_4 的基极电流 I_{B3}、I_{B4}之和，即 $I_{C10}=I_{C9}+I_{B3}+I_{B4}$；$T_8$ 与 T_9 为镜像关系，为第一极提供静态电流；T_{13}与 T_{12}为镜像关系，为第二、三级提供静态电流。F007 的偏置电路如图中所标注，其分析估算参见公式(5-28)、(5-30)、(5-31)。将偏置电路分离出来后，可得到 F007 的放大电路部分，如图 5-35 所示。根据信号的流通方向可将其分为三级，下面就各级作具体分析。

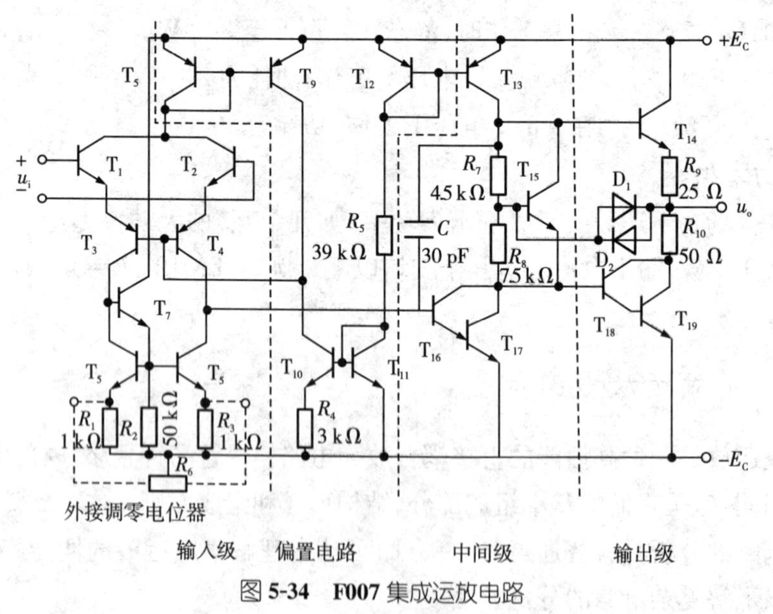

图 5-34　**F007** 集成运放电路

(1)输入级，输入信号 u_I 加在 T_1 和 T_2 管的基极，而从 T_4 管(即 T_6 管)的集电极输出信号，故输入级是双端输入、单端输出的差分放大电路，完成了整个电路对地输出的转换。T_1 与 T_2、T_3 与 T_4 管两、两特性对称，构成共集—共基电路，从而提高电路的输入电阻，改善频率响应。T_1 与 T_2 管为纵向管，β 大；T_3 与 T_4 为横向管，β 小但耐压高；T_5、T_6 与 T_7 管构成的电流源电路作为差分放大电路的有源负载;因此输入级可承受较高的输入电压并具有较强的放大能力。

T_5、T_6 与 T_7 构成的电流源电路不但作为有源负载,而且将 T_3 管集电极动态电流转换为输出电流Δi_{B16}的一部分。由于电路的对称性,当有差模信号输入时,$\Delta i_{C3}=-\Delta i_{C4}$,$\Delta i_{C5}=\Delta i_{C3}$(忽略 T_7 管的基极电流),$\Delta i_{C5}=\Delta i_{C6}$(因为 $R_1=R_3$),因而$\Delta i_{C6}\approx\Delta i_{C4}$,所以$\Delta i_{B16}=\Delta i_{C4}-\Delta i_{C6}\approx 2\,\Delta i_{C4}$,输出电流加倍,当然会使电压放大倍数增大。电流源电路还对共模信号起抑制作用,当共模信号输入时,$\Delta i_{C3}=\Delta i_{C4}$,而$\Delta i_{C6}=\Delta i_{C5}\approx\Delta i_{C3}$(忽略 T_7 管的基极电流),$\Delta i_{B16}=\Delta i_{C4}-\Delta i_{C6}\approx 0$,可见,共模信号基本不传递到下一级,提高了整个电路的共模抑制比。

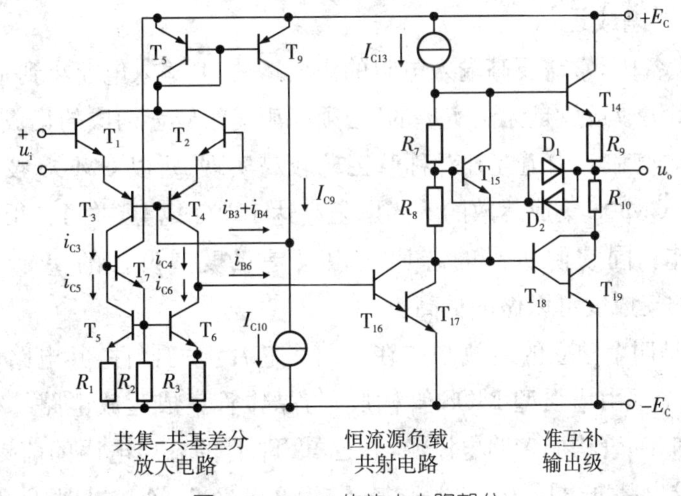

图 5-35　**F007** 的放大电路部分

此外,当某种原因使输入级静态电流增大时,T_8 与 T_9 管集电极电流会相应增大,但因为 $I_{C10}=I_{C9}+I_{B3}+I_{B4}$,且 I_{C10}基本恒定,所以 I_{C9}的增大势必使 I_{B3}、I_{B4}减小,从而使输入级静态电流 I_{C1}、I_{C2}、I_{C3}、I_{C4}减小,使它们基本不变。当某种原因使输入级静态电流减小时,各电流的变化与上述过程相反。

综上所述,输入级是一个输入电阻大,输入端耐压高,对共模信号抑制能力强、有较大差模放大倍数的双端输入、单端输出整分放大电路。

(2)中间级,是以 T_{16}和 T_{17}组成的复合管为放大管,以电流源为集电极负载的共射放大电路,具有很强的放大能力。

(3)输出级,是准互补电路,T_{18}和 T_{19}复合而成的 PNP 型管与 NPN 型管 T_{14},构成互补形式,为了弥补它们的非对称性,在发射极加了两个阻值不同的电阻 R_4和 R_{10}。R_7、R_8 和 T_{15}构成 U_{BE}倍增电路,为输出级设置合适的静态工作点,以消除交越失真。R_9 和 R_{10}还可作为输出电流 i_O(发射极电流)的采样电阻与 D_1、D_2共同构成过流保护电路,这是因为 T_{14}导通时 R_7 上电压与二极管 D_1 上电压之和等于 T_{14}管 b−e 间电压与 R_9 上电压之和,即

$$u_{R7}+u_{D1}=u_{BE14}+i_{OR9}$$

当 i_O 未超过额定值时，$u_{D1}<U_{ON}$，D_1 截止；而当 i_O 过大时，R_9 上电压变大使 D_1 导通，为 T_{14} 的基极分流，从而限制了 T_{14} 的发射极电流，保护了 T_{14} 管。D_2 在 T_{18} 和 T_{19} 导通时起保护作用。

在图 5-34 中，电容 C 的作用是相位补偿，具体分析见第 6 章；外接电位器 R_w 起调零作用，改变其滑动端，可改变 T_5 和 T_6 管的发射极电阻，以调整输入级的对称程度。

F007 的电压放大倍数可达几十万倍，输入电阻可达 2 MΩ 以上。读者可自行分析电路的输入电阻、输出电阻和电压放大倍数。

2. 单极型集成运放

在测量设备中，常需要高输入电阻的集成运放，其输入电流小到 10 pA 以下，这对于双极型集成运放是无法实现的，必须采用场效应管构成的集成运放。由于同时制作 N 沟道和 P 沟道互补对称管工艺较易实现，所以 CMOS 技术被广泛用于集成运放。CMOS 集成运放的输入电阻高达 $10^{10}\,\Omega$ 以上，并可在很宽的电源电压范围内工作。同它们所需的芯片面积只是双极型设计的 1/5～1/3，因此 CMOS 电路的集成度可以做的更高。

C14573 是四个独立的运放制作在同一个芯片上的器件，其电路原理图如图 5-36 所示，它全部由增强型 MOS 管构成，与晶体管集成运放电路结构相类比可知。T_1、T_2 和 T_7 管构成多路电流源，在已知 T_1 管的开启电压的前提下，利用外接电阻可以求出基准电压 I_R，一般选择 I_R 为 20～200 μA。根据 T_1、T_2 和 T_7 管的结构尺寸可以得到 T_3、T_4 与 T_8 管的漏极电流，它们为放大电路提供静态电流。把偏置电路简化后，便可得到如图 5-37 所示的放大电路部分。由图可知：C14573 是两级放大电路。

第一级是以 P 沟道管 T_3 和 T_4 为放大管，以 T_5 和 T_6 管构成的电流源为有源负载。采用共源形式的双端输入、单端输出差分放大电路，有源负载使单端输出电路的动态输出电流近似等于双端输出时的情况。由于第二级电路从 T_8 的删极输入，其输入电阻非常大，所以使第一级具有很强的电压放大能力。

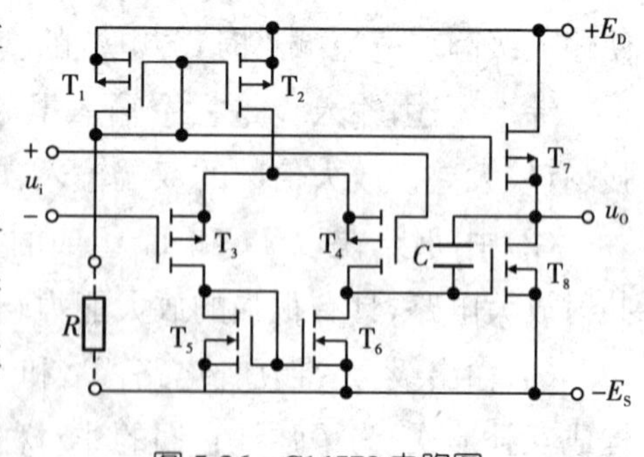

图 5-36　C14573 电路图

第二级是共源放大电路，以 N 沟道 T_8 为放大管，漏极带有源负载，因此也具有很强的电压放大能力。但它的输出电阻很大，只能带高阻抗的负载，适用于以场效应管为负载的电路。

电容 C 起相位补偿作用。

在使用时，工作电源电压 U_{DD} 与 U_{SS} 之间的差值应满足 5 V$\leqslant(U_{DD}-U_{SS})\leqslant$ 15 V；可以单电源供电（正、负均可），也可以双电源供电，并允许正负电源不对称。使用者可根据对输出电压动态范围的要求选择电源电压的数值。

例 5-2　F324 为通用型四运放电路，图例 5-2 为其中的一个运放内部电路，若 I_R 为四运放提供的电流源电流约 0.5 μA，假设构成电流源多集电极管的集电区面积相同，且 $\beta_{12}=\beta_{13}=10\beta_{11}$，试分析：

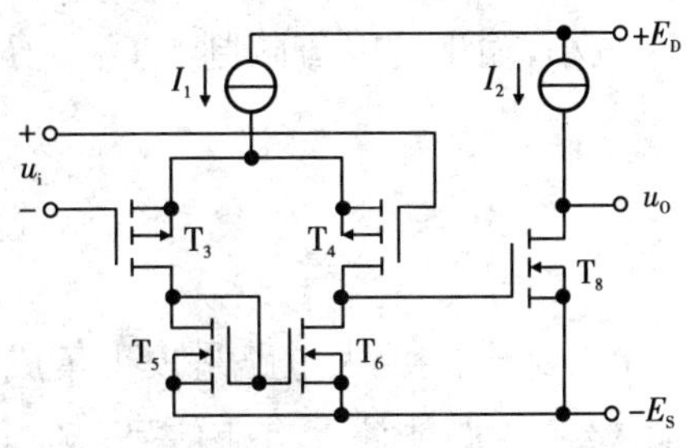

图 5-37　C14573 的放大电路部分

(1)偏置电路由哪些元件组成？基准电流约为多少？画出电路放大部分。

(2)哪些是放大管，组成几级放大电路，每级各是什么基本电路？

(3)R_2 的作用是什么？

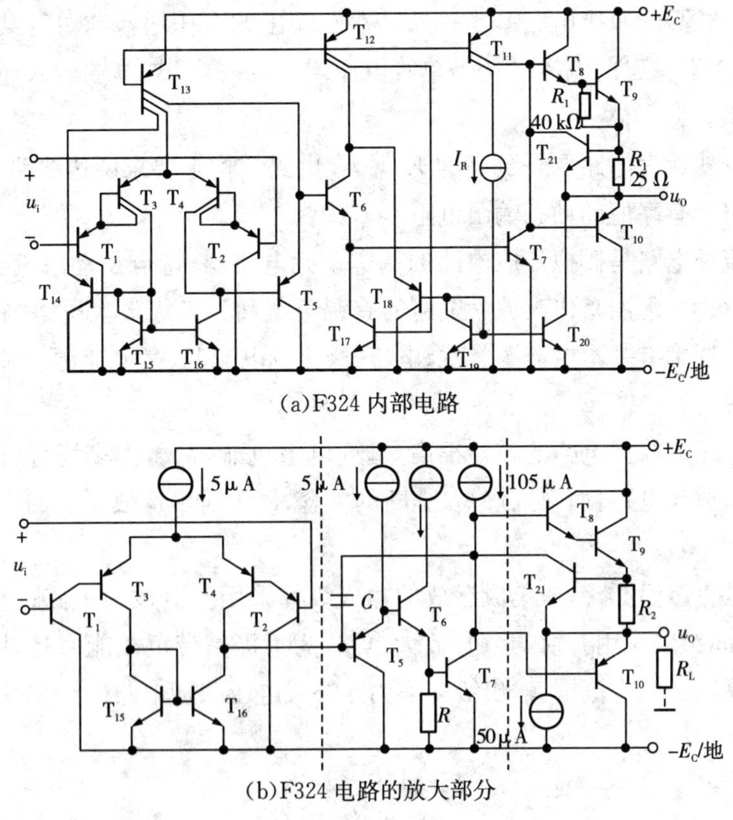

(a)F324 内部电路

(b)F324 电路的放大部分

图例 5-2　通用型运放 F324 内部电路及其放大部分

解：(1)偏置电路由 T_{11}、T_{12}、T_{13}、T_{18}、T_{19}、T_{20} 构成，其中 T_{13} 提供两个电流源，电路的放大部分如图例 5-2(b)所示。

(2)图示电路为三级放大电路，T_1～T_4 构成共集－共基差分放大电路；T_5～T_7 构成共集－共射－共集电路；T_9、T_{10} 构成互补输出级。

(3)R_2 为输出级限流电路，当 I_9 较小时(I_9 为输出级电流)，T_{21} 截止，此时有

$$U_{C21}=U_{BE8}+U_{BE9}+I_{9R2}+U_O$$

当电流 I_9 过大时，使 T_{21} 导通，U_{C21} 反而下降，T_8 的基极电流 I_{B8} 减小，从而使 I_{C9} 减小，输出的电流限制为 U_{BE21}/R_2，起到了保护输出的晶体管 T_9、T_{10} 的作用。

本章小结

1. 差分式放大电路是模拟集成电路的重要组成单元，特别是作为集成运放的输入级，它既能放大直流信号，又能放大交流信号；它对差模信号具有很强的放大能力，又对共模信号具有很强的抑制能力。

2. 根据电路输入、输出方式不同，共有四种典型电路。分析这些电路的重点是看两个输入端的信号分量，电流源电路的输出电阻大小等，而对其指标的计算与共射(或共源)的单级电路基本一致。双端输出的电压增益与单管共射级电压增益相同，单端输出的电压增益是单管电压增益的一半，与单端输入还是双端输入没有关系。

3. 差分式放大电路要得到高的 K_{CMR}，在电路结构上要求两边电路对称；偏置电流源电路具有高值的动态输出电阻。

4. 电流源电路是模拟集成电路的基本单元电路，其特点是动态输出电阻(小信号电阻)很大，常用来作为放大电路的有源负载和为各级放大电路的 Q 点提供偏置电流。通常有基本电流源、镜像电流源、比例电流源、微电流源以及一些改进的电流源等。

5. 由于运算放大电路的增益很高，输入电阻也非常大，许多场合可将其等效为理想运算放大电路，而引入虚短、虚断的概念，便于对由运放组成的实际电路进行估算。

6. 为了克服温漂，一般集成运放的输入级都采用差分放大电路；为了增大放大倍数，中间级多采用共射(共源)放大电路，为了提高带负载能力且具有尽可能大的不失真输出电压范围，输出级多采用互补式电压跟随电路。

应用与讨论

1. 集成电路运算放大器使用集成工艺制成的、具有高增益的直接耦合多级放大电路、它一般由输入级、中间级、输出级和偏置电流四部分组成。为了抑制温漂和提高共模抑制比，常采用差分式放大电路做输入级；中间为电压增益级；互补对称电压跟随电路常用作输出级；电流源电路构成偏置电路和有源负载电路。

2. 分析集成运放时，可将其“化整为零”，分为偏置电路、输入级、中间级和输出级四个部分，先找到电路中的电流源电路，并通过估算该偏置电路的基准电流，及与之相关联的电流源(如镜像电流源，比例电电流源等)部分，再将偏置从电路中分离出来；余下的放大电路按信号的流通方向，以“输入”和“输出”为线索，既可将各级放大电路分开，得出每一级属于哪种基本放大电路。

3. 由于 BJT 差放电路的传输特性可知：$-u<u_{id}<+u_r$ 时，差放电路工作在小信号线性放大区；$-4\ V>U_{id}>+4\ V$ 时，差分电路工作在限幅区。

4. 实际 A_{uo}、r_i、K_{CMR}都是有限值，r_o、U_{io}、I_{io}、I_{ib}、$\Delta U_{io}/\Delta T$ 和$\Delta I_{io}/\Delta T$ 等并不为零，这些都给运放电路的输出带来误差，应用时，要考虑运放参数对电路的影响，合理选择运放的电器元件，使电路输出误差减至最小。

5. 集成运放内部电路的工作原理和定性分析方法，掌握它的主要性能指标，以根据电路系统的要求以合理选择元件。

6. 集成运放按制造工艺分别有 BJT、CMOS 和兼容型 BiJFET 和 BiCMOS 集成运放。CMOS 集成运放具有 ri 大、偏流小的特点，二兼容型具有 BJT 和 FET 两种器件的优点，即 g_m 和 r_i 都大。目前由于电路设计和制造工艺的提高，可以制造出多种高性能的集成运放。

7. 差分式放大电路可由 BJT、JFET、CMOSFET 或 BiCMOS 组成。在相同偏置条件下，BJT 的 gm 比 FET 大，而 BJT 的 ri 小，FET 的 ri 则很大。由 BiCMOS 技术制成的差放电路，可得到极高的 r_i 和高值的 g_m。目前 BiCMOS 在模拟集成电路中得到越来越广泛的应用。

习 题 5

5-1　选择合适答案填入空内。

(1)集成运放电路采用直接耦合方式是因为(　　)。

A. 可获得很大的放大倍数　　B. 可使温漂小　　C. 集成工艺难于制造大容量电容

(2)通用型集成运放适用于放大(　　)。

A. 高频信号　　B. 低频信号　　C. 任何频率信号

(3)集成运放制造工艺使得同类半导体管的(　　)。

A. 指标参数准确　　B. 参数不受温度影响　　C. 参数一直性好

(4)集成运放的输入级采用差分放大电路是因为可以(　　)。

A. 减小温漂　　B. 增大放大倍数　　C. 提高输入电阻

(5)为增大电压放大倍数，集成运放的中间级多采用(　　)。

A. 共射放大电路　　B. 共集放大电路　　C. 共基放大电路

5-2　判断下列说法是否正确，用“√”和“×”表示判断结果。

(1)运放的输入失调电压 U_{IO}是两输入端电位之差。　　(　　)

(2)运放的输入失调电流 I_{IO} 是两输入端电流之差。（　）

(3)运放的共模抑制比 $K_{CMR}=\left|\dfrac{A_d}{A_c}\right|$。（　）

(4)有源负载可以增大放大电路的输出电流。（　）

(5)在输入信号作用时,偏置电路改变了各放大管的动态电流。（　）

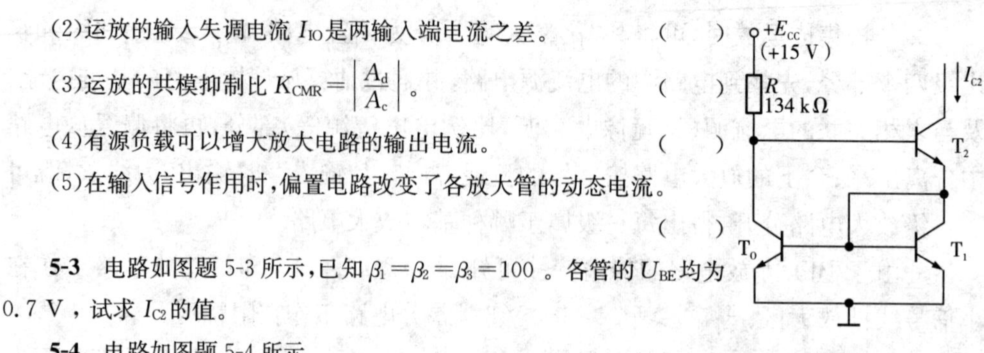

图题 5-3

5-3　电路如图题 5-3 所示,已知 $\beta_1=\beta_2=\beta_3=100$ 。各管的 U_{BE} 均为 0.7 V，试求 I_{C2} 的值。

5-4　电路如图题 5-4 所示。

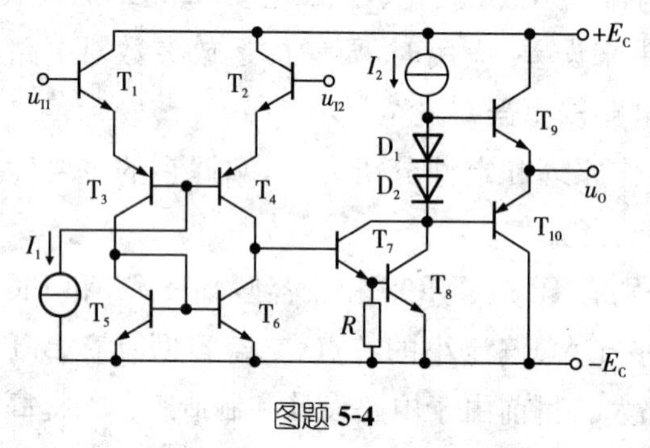

图题 5-4

(1)说明电路是几级放大电路,各级分别是哪种形式的放大电路(　　　　　　　);

(2)分别说明各级采用了哪些措施来改善其性能指标(　　　　　　　)。

5-5　根据下列要求,将应优先考虑使用的集成运放填入空内。已知现有集成运放的类型是:①通用型 ②高阻型　③高速型　④低功耗型　⑤高压型　⑥大功率型　⑦高精度型

(1)作低频放大器,应选用(　　)。

(2)作宽频带放大器,应选用(　　)。

(3)作幅值为 1 μV 以下微弱信号的量测放大器,应选用(　　)。

(4)作内阻为 100 kΩ。信号源的放大器,应选用(　　)。

(5)负载需 5 A 电流驱动的放大器,应选用(　　)。

(6)要求输出电压幅值为±80 V 的放大器,应选用(　　)。

(7)宇航仪器中所用的放大器,应选用(　　)。

5-6　已知几个集成运放的参数如表题 5-6 所示,试分别说明它们各属于哪种类型的运放?

表题 5-6

特性指标	A_{od}	r_{id}	U_{IO}	I_{IO}	I_{IB}	−3dBfH	KCMR	SR	增益带宽
单位	dB	MΩ	mV	nA	nA	Hz	dB	V/μV	MHz
A1	100	2	5	200	600	7	86	0.5	
A2	130	2	0.01	2	40	7	120	0.5	
A3	100	1000	5	0.02	0.03		86	0.5	5
A4	100	2	2	20	150		96	65	12.5

5-7　多路电流源电路如图题 5-7 所示,已知所有晶体管的特性均相同,U_{BE} 均为 0.7 V。试求 I_{C1}、I_{C2} 各为多少。

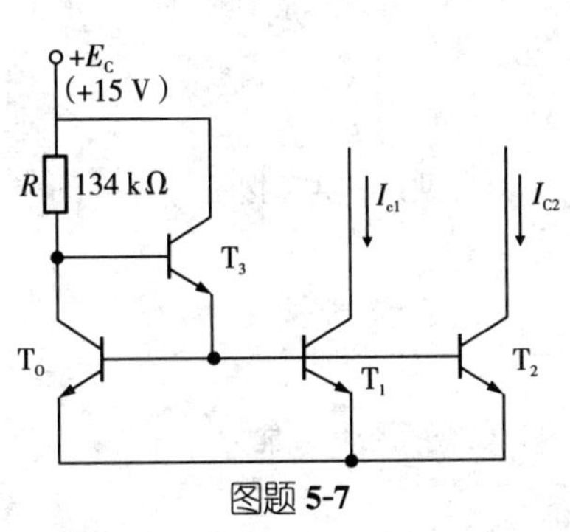

图题 5-7

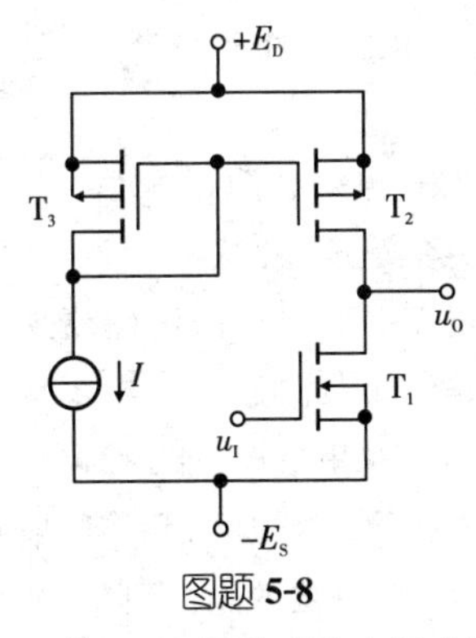

图题 5-8

5-8 电路如图题 5-8 所示，T_1管的低频跨导为 g_m，T_1 和 T_2 管 d—s 间的动态电阻分别为 r_{ds1} 和 r_{ds2}。试求解电压放大倍数 $A_u = \Delta u_O / \Delta u_I$ 的表达式。

5-9 电路如图题 5-9 所示，T_1 与 T_2 管特性相同，它们的低频跨导为 g_m；T_3 与 T_4 管特性对称；T_2 与 T_4 管 d—s 间的动态电阻分别为 r_{ds2} 和 r_{ds4}。试求出电压放大倍数 $A_u = \Delta u_O / \Delta(u_{I1} - u_{I2})$ 的表达式。

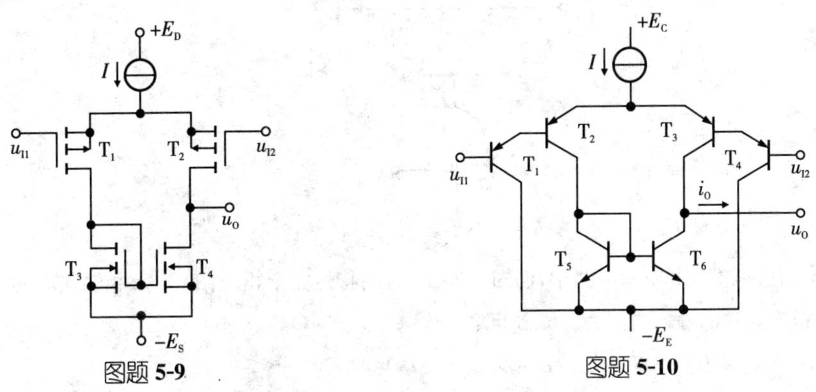

图题 5-9　　图题 5-10

5-10 电路如图题 5-10 所示，具有理想的对称性。设各管 β 均相同。

(1)说明电路中各晶体管的作用；(2)若输入差模电压为$(u_{I1} - u_{I2})$产生的差模电流为Δi_D，则电路的电流放大倍数 $A_i = \dfrac{\Delta i_O}{\Delta i_D} = ?$

5-11 电路如图题 5-11 所示，T_1 和 T_2 管的特性相同，所有晶体管的 β 均相同，R_{c1} 远大于二极管的正向电阻。当 $u_{I1} = u_{I2} = 0$ V 时，$u_O = 0$ V。

(1)求解电压放大倍数的表达式；(2)当有共模输入电压时，$u_O = ?$ 简述理由。

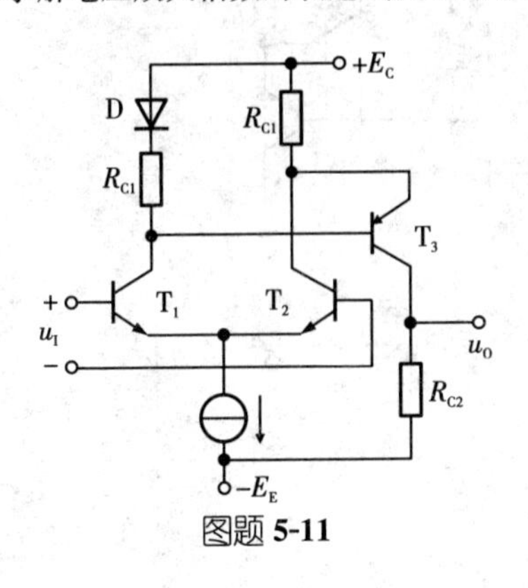

图题 5-11

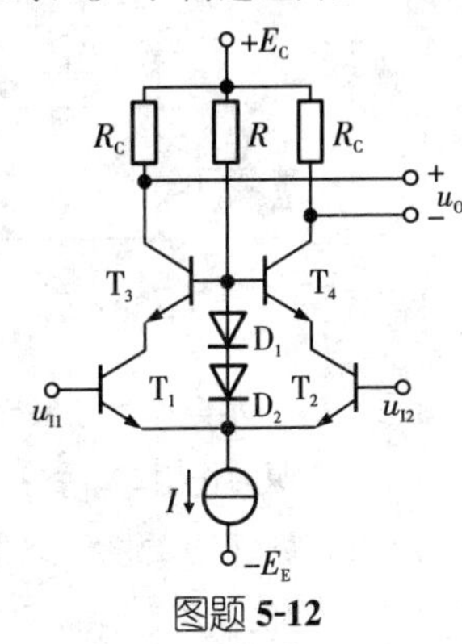

图题 5-12

5-12 电路如图题 5-12 所示，T_1 和 T_2 管为超 β 管，电路具有理想的对称性。选择合适的答案填入空内。

(1)该电路采用了(　　)。

A. 共集—共基接法　　B. 共集—共射接法　　C. 共射—共基接法

(2)电路所采用的上述接法是为(　　)。

A. 增大输入电阻　　B. 增大电流放大系数　　C. 展宽频带

(3)电路采用超 β 管能够(　　)。

A. 增大输入级的耐压值　　B. 增大放大能力　　C. 增大带负载能力

(4)T_1 和 T_2 管的静态压降约为(　　)。

A. 0.7 V　　B. 1.4 V　　C. 不可知

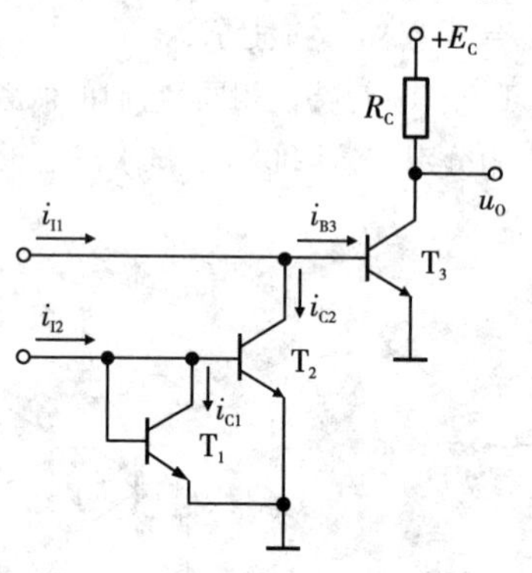

图题 **5-13**

5-13 在图题 5-13 所示电路中，已知 T_1～T_3 管的特性完全相同，$\beta \gg 2$；反相输入端的输入电流为 i_{I1}，同相输入端的输入电流为 i_{I2}。试问：

(1)$i_{C2} \approx$?；(2)$i_{B3} \approx$?；(3)$A_{ui} = \Delta u_O / (\Delta i_{I1} - \Delta i_{I2}) \approx$?

5-15 比较图题 5-14 所示两个电路，分别说明它们是如何消除交越失真和如何实现过流保护的。

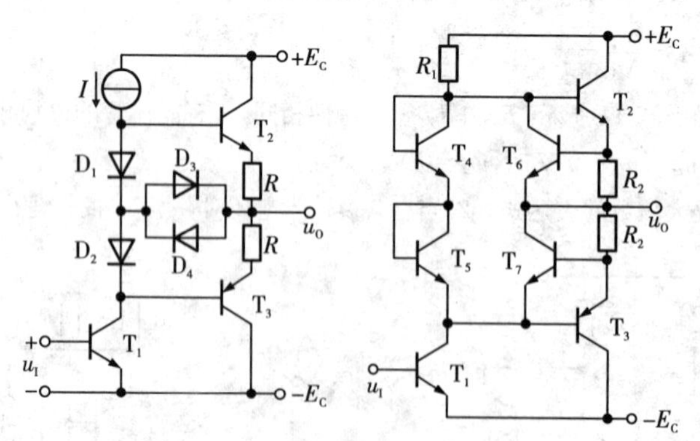

图题 **5-14**

5-15 图题 5-15 所示电路是某集成运放电路的一部分，单电源供电。试分析：

(1)100 μA 电流源的作用；

(2)T_4 的工作区域(截止、放大、饱和)；

(3)50 μA 电流源的作用；

(4)T_5 与 R 的作用。

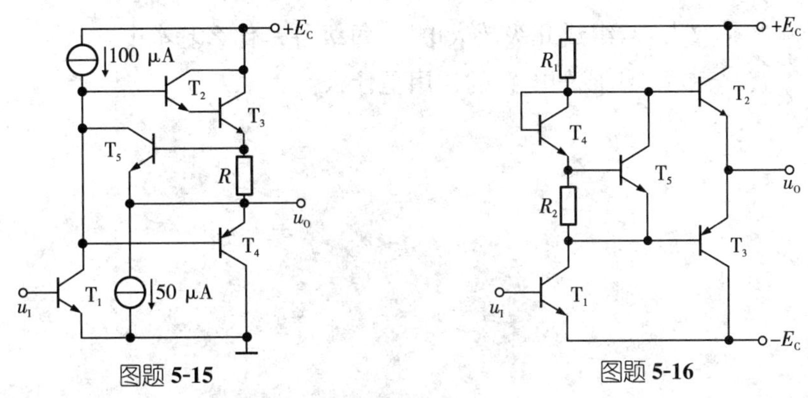

图题 **5-15**　　　　图题 **5-16**

5-16　电路如图题 5-16 所示，试说明各晶体管的作用。

5-17　图题 5-17 所示简化的高精度运放电路原理图，试分析：

(1)两个输入端中哪个是同相输入端，哪个是反相输入端；(2)T_3 与 T_4 的作用；(3)电流源 I_3 的作用；(4)D_2 与 D_3 的作用。

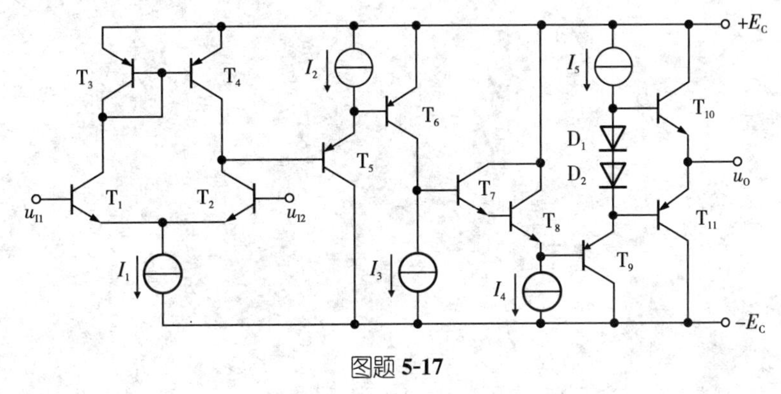

图题 **5-17**

5-18　通用型运放 F747 的内部电路如图题 5-18 所示，试分析：

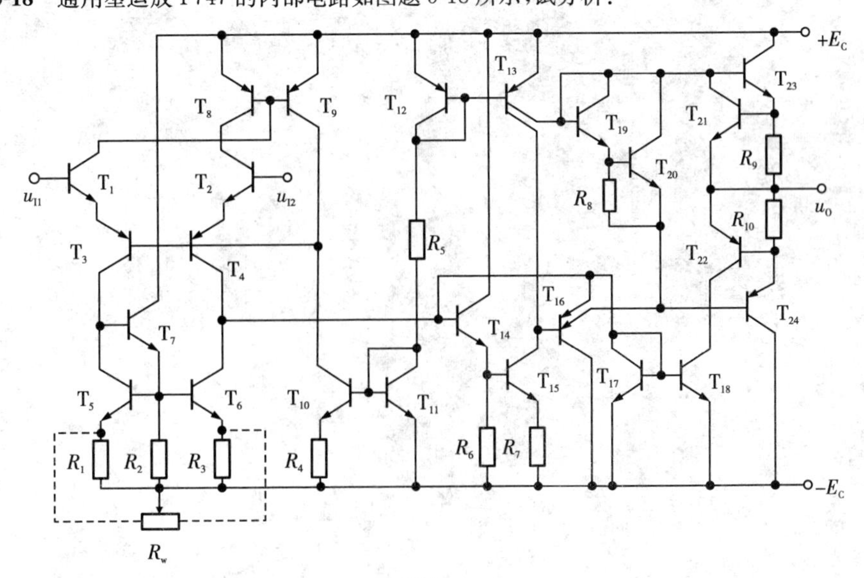

图题 **5-18**

(1)偏置电路由哪些元件组成？基准电流约为多少？

(2)哪些是放大管，组成几级放大电路，每级各是什么基本电路？

(3)T_{19}、T_{20}和R_8组成的电路的作用是什么？

第6章 Chapter 6 放大电路中的反馈

学习要求

1. 能够正确判断电路中是否引入了反馈及反馈的性质，例如是直流反馈还是交流反馈，是正反馈还是负反馈；如为交流负反馈，是哪种组态的反馈等。

2. 理解负反馈放大电路放大倍数A_f在不同反馈组态下的物理意义，了解负反馈对放大电路的影响，并能够估算深度负反馈条件下的放大倍数。

3. 掌握负反馈四种组态对放大电路性能的影响，并能够根据需要在放大电路中引入合适的交流负反馈。

4. 能够应用方框图法求负反馈放大电路的增益、输入输出电阻。

5. 理解负反馈放大电路产生自激振荡的原因，能够利用环路增益的波特图判断电路的稳定性，并了解消除自激振荡的方法。

反馈理论已被广泛应用于许多领域，如电子技术和控制科学、生物科学、人类社会学等领域。负反馈在电子线路中得到广泛的应用，按照极性的不同，反馈分为负反馈和正反馈两种。适当引入负反馈可以改善放大电路的一些性能指标。正反馈会造成放大电路的工作不稳定，可以使电路产生振荡，它多用于产生波形的电路中。

本章引入负反馈的概念，将电路中的基本放大电路和反馈网络划分开来，总结出负反馈放大电路的分析方法。通过学习，理解负反馈放大电路基本概念、分类、一般表达式及其对放大电路的影响；掌握负反馈放大电路极性和类型判别方法；从四种常用的负反馈组态出发，归纳出反馈的一般表达式和方框图的计算方法。以及深度负反馈放大电路增益的简单计算，最后对负反馈放大电路的稳定性问题进行了讨论。

6.1 反馈的概念及基本关系式

反馈在电子技术中得到了广泛的应用。在各种电子设备中，人们经常采用反馈的方法来改善电路的性能，以达到预定的指标。凡是在精度、稳定性等方面要求比较高的放大电路，大都包含着某种形式的反馈。

6.1.1 反馈概念的建立

反馈的现象在前面第 2 章基本放大电路中遇到过，图 2-31 所示的静态工作点的稳定电路就是一例。这个具体例子，可以帮助理解反馈的概念。这里，放大电路的输出是电流 I_{CQ}，利用 $I_{CQ}=I_{EQ}$在 R_e上的压降把输出量反送到放大电路的基极回路，改变了 U_{BEQ}、I_{BQ}，而 $I_{CQ}=\beta I_{BQ}$，使电路的静态工作电流 I_{CQ}保持稳定。见第 2 章第 2.5 节所述。

在放大电路中，信号的传输是从输入端传送到输出端，这个方向称为正向传输。而从信号的输出端取出一部分或全部送回到放大电路的输入回路，与原输入信号相加或相减后再作用到放大电路的输入端的过程叫作反馈。反馈信号的传输是反向传输，反馈电路也称“反馈网络”。没有反馈网络的放大电路也称“开环放大电路”，引入反馈的放大电路称为“反馈放大电路”，也称“闭环放大电路”。

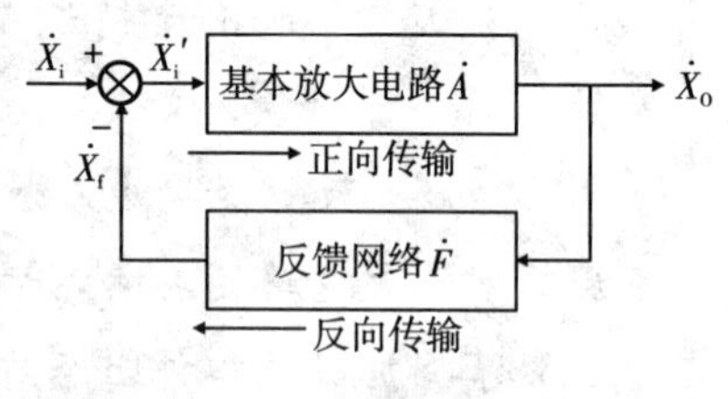

图 6-1 反馈概念方框图

反馈放大电路的示意图见图 6-1 方框图所示，它由基本放大电路 A 和反馈网络 F 组成。其中，$\dot{X}_i$ 是反馈放大电路的输入信号，$\dot{X}_o$ 是输出信号，$\dot{X}_f$ 是反馈信号，$\dot{X}_i'$ 是基本放大电路的净输入信号。对于负反馈放大电路而言，$\dot{X}_i'$ 是输入信号 $\dot{X}_i$ 与反馈信号 $\dot{X}_f$ 相减后的差值信号，即：

$$\dot{X}_i'=\dot{X}_i-\dot{X}_f \tag{6-1}$$

以上这些量都采用了复数表示，因为要考虑实际电路的相移，它可以是电压，也可以是电流。

为了简化分析，假设反馈环路中信号是单向传输的，即如图中箭头所示，认为信号从输入到输出的正向传输（放大）只经过基本放大电路，而不通过反馈网络，因为反馈网络一般由无源元件组成，没有放大作用，故其正向传输作用可以忽略。基本放大电路的增益为 $\dot{A}=\dfrac{\dot{X}_o}{\dot{X}_i'}$，即放大电路的开环增益；信号从输出到输入的反向传输只通过反馈网络，而不通过基本放大电路（其内部反馈作用很小，可以忽略），反向传输系数为 $\dot{F}=\dfrac{\dot{X}_f}{\dot{X}_o}$，称为“反馈系数”。反馈放大电路的增益为 $\dot{A}_f=\dfrac{\dot{X}_o}{\dot{X}_i}$，即放大电路的闭环增益。

要判断一个放大电路中是否存在反馈，只要看该电路的输出回路与输入回路之间是否存在反馈网络，即反馈通路。若没有反馈网络，则不能形成反馈，这种情况称为开环。若有反馈网络存在，则能形成反馈，称这种状态为闭环。闭环放大电路通常可划分为基本放大电路(即开环)和反馈网络两部分组成。

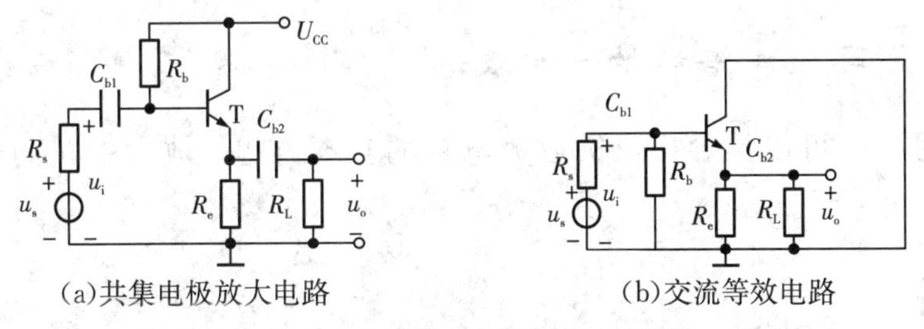

6-2　共集电极放大电路及其等效电路

图 6-2(a)为共集电极放大电路，它的交流通路如图 6-2(b)所示，即将电容 C_{b1}、C_{b2} 视为交流短路，电源 E_C 视为交流的“地”。由该图看出，发射极电阻 R_e 和负载电阻 R_L 既在输入回路中，又在输出回路中(输出电流 I_o 的变化，将影响基本放大电路的净输入信号变化)，它们构成了反馈通路，因而该电路中存在着反馈。

6.1.2　正反馈和负反馈

1. 正反馈和负反馈

由图 6-1 所示的反馈放大电路组成框图可以得知，反馈信号送回到输入回路与原输入信号共同作用后，对净输入信号的影响有两种效果：一种是使净输入信号量比没有引入反馈时减小了，即 $|\dot{X}_i'|<|\dot{X}_i|$，这种反馈称为“负反馈”；另一种是使净输入信号量比没有引入反馈时增加了，即 $|\dot{X}_i'|>|\dot{X}_i|$，这种反馈称为“正反馈”。在放大电路中一般引入负反馈。

2. 瞬时极性法判断放大电路的正反馈和负反馈

判断反馈极性的基本方法是瞬时变化极性法，简称“瞬时极性法”。在放大电路的输入端，假设一个输入信号的电压极性，可用“+”、“−”或“↑”、“↓”表示。按信号传输方向，经基本放大电路内部各点到输出端，再经反馈网络，依次判断并标出相关点的瞬时极性，直至判断出反馈信号的瞬时极性。如果反馈信号的瞬时极性使净输入信号减弱，则为负反馈；反之为正反馈。

具体做法是：先假设输入信号在某一瞬时变化的极性为正(相对于公共端“地”而言)，用(+)号标出，然后根据基本放大电路中各级(或各点)的信号与其前一级(或前一点)信号间的相位关系，逐级(或逐点)标出相对极性，如果下一级输出与输入同相位，则用与输入相同极性的符号标出，即输入是(+)此处也是(+)，输入是(−)此处也是(−)，如果下一级输出与输入相位相反，则用与输入相反极性的符号标出;这样,从输入到输出逐级标出放大电路中各有关点电位的瞬时极性,或有关支路电流的瞬时流向,直至经过反馈网络标到输入回路,比较最后所标的极性符号与原来假设的输入信号极性符号是否一致或者相反,如果符号相反,表示反馈信号是削弱了净输入信号,则为负反馈,如果符号一致,则为正反馈。

6.1.3 闭环放大倍数的一般表达式

根据图 6-1 可以推导出反馈放大电路的基本方程。放大电路的开环放大倍数

$$\dot{A}=\frac{\dot{X}_o}{\dot{X}_i'} \tag{6-2}$$

反馈网络的反馈系数:

$$\dot{F}=\frac{\dot{X}_f}{\dot{X}_o} \tag{6-3}$$

放大电路的闭环放大倍数:

$$\dot{A}_f=\frac{\dot{X}_o}{\dot{X}_i} \tag{6-4}$$

可以推出:

$$\dot{A}_f=\frac{\dot{X}_o}{\dot{X}_i}=\dot{A}\dot{X}_i'/(\dot{X}_i'+\dot{X}_f)=\frac{\dot{A}}{1+\dot{A}\dot{F}} \tag{6-5}$$

即为闭环放大倍数的一般表达式。

6.1.4 反馈深度

由公式(6-5)可以看出,引入负反馈后,放大电路的闭环增益$\dot{A}_f$ 的大小与 $1+\dot{A}\dot{F}$ 有关,是衡量反馈程度的重要指标,它反映了反馈对放大电路影响的程度。通常把$|1+\dot{A}\dot{F}|$称为“反馈深度”,通常用 D 来表示:

$$D=|1+\dot{A}\dot{F}| \tag{6-6}$$

当$|1+\dot{A}\dot{F}|\gg 1$ 时称为深度负反馈,由式(6-5)可得到放大电路的闭环放大倍数为:

$$\dot{A}_f=\frac{\dot{A}}{1+\dot{A}\dot{F}}\approx\frac{1}{\dot{F}} \tag{6-7}$$

即深度负反馈条件下,闭环放大倍数近似等于反馈系数的倒数,也就是说在

深度负反馈条件下，闭环增益取决于反馈系数，而与开环增益（有源器件的参数）具体数值基本无关。反馈网络一般是无源元件（如 R、C）组成的，其稳定性优于有源器件半导体三极管，因此深度负反馈时的放大倍数比较稳定。

例 6-1　如图 6-3 所示，试判断该电路是正反馈还是负反馈？

解：首先找到基本放大电路的通路和反馈网络支路，按照瞬时极性法，当输入信号增大时，沿基本放大电路到输出回路，再沿反馈支路返回到输入回路，反馈过来的信号使运放 A_1 的净输入信号减小，则可以判定图 6-3 的电路为负反馈电路，瞬时极性的符号如图 6-3 中所示。

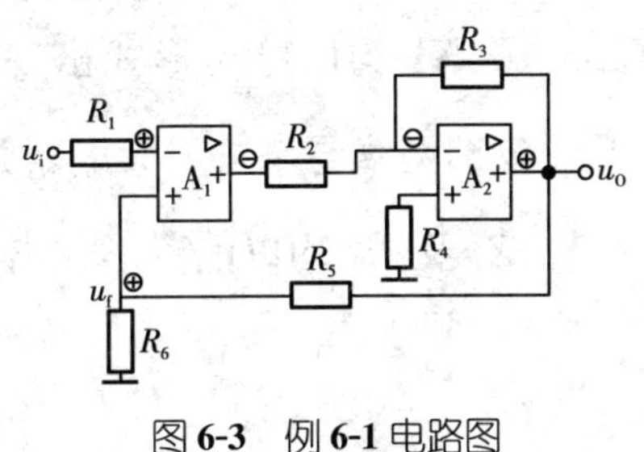

图 **6-3**　例 **6-1** 电路图

6.2　放大电路的反馈类型

表达式(6-1)到(6-5) 中，$\dot{X}_i$、$\dot{X}_f$ 和 $\dot{X}_o$ 可以是电压信号，也可以是电流信号，增益 $\dot{A}$ 的量纲与反馈组态相对应，它们需根据反馈类型的不同而分别用电压或电流信号来表示。

1. 电压反馈和电流反馈

电压反馈与电流反馈由反馈网络在放大电路输出端的取样对象决定。如果把输出电压的一部分或全部取出来回送到放大电路的输入回路。如图 6-4 所示。这时反馈信号 $\dot{X}_f$ 和输出电压 $\dot{U}_o$ 成比例，即 $\dot{X}_f=\dot{F}\dot{U}_o$ 时，则称为“电压反馈”，输出以电压形式出现，即 $\dot{X}_o=\dot{U}_o$；否则，当反馈信号 $\dot{X}_f$ 与输出电流 $\dot{I}_o$ 成比例，即 $\dot{X}_f=\dot{F}\dot{I}_o$ 时，则称为“电流反馈”，输出以电流形式出现，即 $\dot{X}_o=\dot{I}_o$ 如图 6-5 所示。

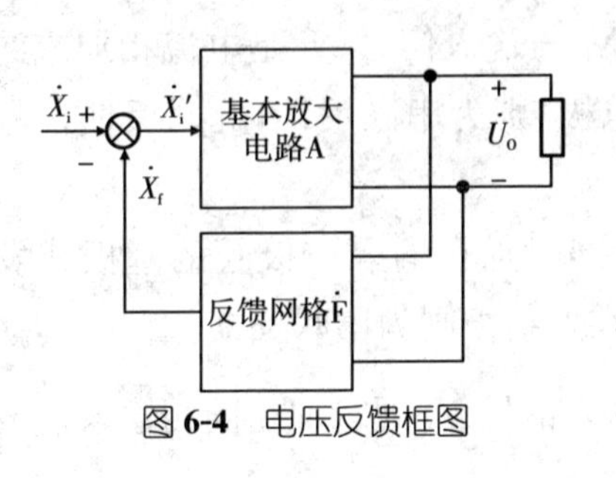

图 **6-4**　电压反馈框图

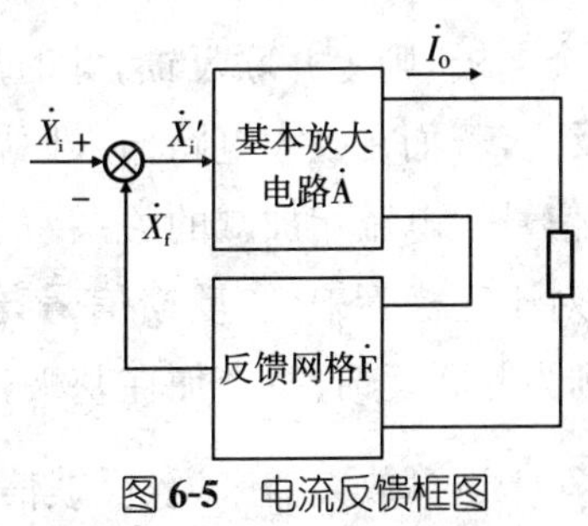

图 **6-5**　电流反馈框图

判断电压与电流反馈的常用方法是“输出短路法”，即令输出短路($\dot{U}_o=0$，或 $R_L=0$)，看反馈信号 $\dot{X}_f$ 是否还存在，若反馈信号不存在了($\dot{X}_f=0$)，说明反馈信号与输出电压有关，则为电压反馈；若反馈信号仍然存在($\dot{X}_f\neq0$)，说明反馈信号与输出电压没有关系，而是与输出电流有关，则为电流反馈。

2. 串联反馈和并联反馈

是串联反馈还是并联反馈由反馈网络在放大电路输入端的连接方式判定。在放大电路输入端，凡是反馈网络与基本放大电路串联连接，以实现电压比较的称为串联反馈。这时，$\dot{X}_f$、$\dot{X}_i$ 及 $\dot{X}'_i$ 均以电压形式出现，即 $\dot{X}_f=\dot{U}_f$、$\dot{X}_i=\dot{U}_i$ 及 $\dot{X}'_i=\dot{U}'_i$，如图 6-6 所示。凡是反馈网络与基本放大电路并联连接，以实现电流比较的称为并联反馈。这时，$\dot{X}_f$、$\dot{X}_i$ 及 $\dot{X}'_i$ 均以电流形式出现，即 $X_f=\dot{I}_f$、$\dot{X}_i=\dot{I}_i$ 及 $\dot{X}'_i=\dot{I}'_i$，如图 6-7 所示。

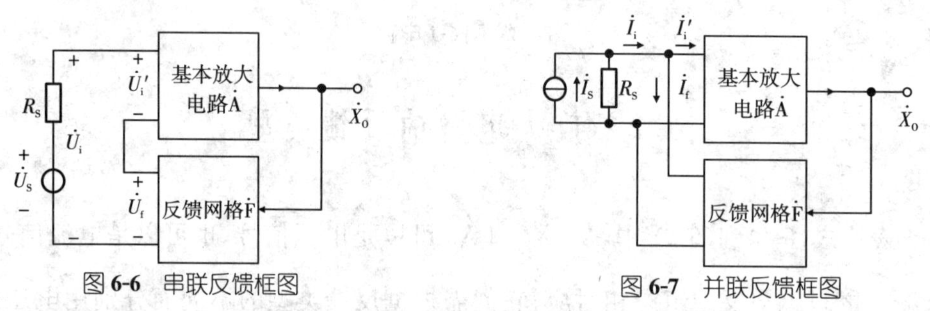

图 **6-6** 串联反馈框图　　图 **6-7** 并联反馈框图

判断是串联反馈还是并联反馈的常用方法是“输入开路法”，即令输入开路($\dot{I}_i=0$)，看反馈信号 $\dot{X}_f$ 能否加到基本放大器的输入端，如果反馈信号 $\dot{X}_f$ 不能加到基本放大器的输入端，即不存在 $\dot{X}'_i=-\dot{X}_f$($\dot{X}'_i=0$)，说明输入信号、反馈信号和净输入信号之间成串联关系，则为“串联反馈”；若反馈信号 $\dot{X}_f$ 仍加到基本放大器的输入端，存在 $\dot{X}'_i=-\dot{X}_f$，($\dot{X}'_i\neq0$)，说明输入信号、反馈信号和净输入信号之间成并联关系，则为“并联反馈”。

还可以这样判断，如果反馈信号 $\dot{X}_f$ 与输入信号 $\dot{X}_i$ 加在放大电路输入回路的同一个电极，则为并联反馈，此时反馈信号 $\dot{X}_f$ 与输入信号 $\dot{X}_i$ 是电流相加减的关系；反之，若加在放大电路输入回路的两个电极，则为串联反馈，此时反馈信号与输入信号是电压相加减的关系。

对于三极管来说，反馈信号与输入信号同时加在输入三极管的基极或发射极，则为并联反馈；一个加在基极，另一个加在发射极则为串联反馈。

对于运算放大器来说，反馈信号 $\dot{X}_f$ 与输入信号 $\dot{X}_i$ 同时加在同相输入端或反相输入端，则为并联反馈；一个加在同相输入端，另一个加在反相输入端则为串联反馈。

3. 放大电路反馈类型的表示形式

根据上面的分析，实际放大电路的反馈形式应当是它们的组合，即可以有：电压串联负反馈、电压并联负反馈、电流串联负反馈、电流并联负反馈四种反馈类型。因此，$\dot{X}_i$、$\dot{X}_f$ 和 $\dot{X}_o$ 的表示形式也随之变化。可以把公式(6-4)的表达式以量纲的形式，按照这四种反馈类型分别写成如下形式：

电压串联负反馈：

$$\begin{cases} \dot{A}_{uuf}=\dfrac{\dot{U}_o}{\dot{U}_i}，\text{为闭环电压增益} \\ \dot{A}_{uu}=\dfrac{\dot{U}_o}{\dot{U}_i'}，\text{为开环电压增益} \\ \dot{F}_{uu}=\dfrac{\dot{U}_f}{\dot{U}_o}，\text{为电压反馈系数} \end{cases} \tag{6-8}$$

电压并联负反馈：

$$\begin{cases} \dot{A}_{uif}=\dfrac{\dot{U}_o}{\dot{I}_i}，\text{为闭环互阻增益} \\ \dot{A}_{ui}=\dfrac{\dot{U}_o}{\dot{I}_i'}，\text{为开环互阻增益} \\ \dot{F}_{iu}=\dfrac{\dot{I}_f}{\dot{U}_o}，\text{为互导反馈系数} \end{cases} \tag{6-9}$$

电流串联负反馈：

$$\begin{cases} \dot{A}_{iuf}=\dfrac{\dot{I}_o}{\dot{U}_i}，\text{为闭环互导增益} \\ \dot{A}_{iu}=\dfrac{\dot{I}_o}{\dot{U}_i'}，\text{为开环互导增益} \\ \dot{F}_{ui}=\dfrac{\dot{U}_f}{\dot{I}_o}，\text{为互阻反馈系数} \end{cases} \tag{6-10}$$

电流并联负反馈：

$$
\begin{cases}
\dot{A}_{iif}=\dfrac{\dot{I}_o}{\dot{I}_i},\text{为闭环电流增益} \\
\dot{A}_{ii}=\dfrac{\dot{I}_o}{\dot{I}'_i},\text{为开环电流增益} \\
\dot{F}_{ii}=\dfrac{\dot{I}_f}{\dot{I}_o},\text{为电流反馈系数}
\end{cases}
\tag{6-11}
$$

4. 交流反馈和直流反馈

反馈信号只有交流成分时为交流反馈，反馈信号只有直流成分时为直流反馈，既有交流成分又有直流成分时为交直流反馈。

交、直流反馈的判断方法是：存在于放大电路交流通路中的反馈为交流反馈。引入交流负反馈是为了改善放大电路的性能。存在于直流通路中的反馈为直流反馈。引入直流负反馈的目的是稳定放大电路的静态工作点。

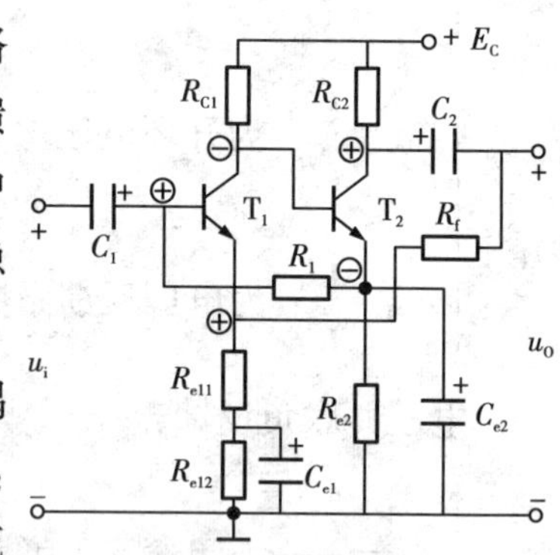

图 6-8　两级反馈放大电路

如图 6-8 所示，为两级放大电路，由于是直接耦合，工作点的稳定是通过反馈支路 R_1 来实现，R_{e2} 两端只有直流电压，通过 R_1 为 T_1 提供静态的直流电流，其反馈过程仍然可以用瞬时极性判别法来判断，该反馈是负反馈，可使两级的工作点稳定，但是，由于 R_{e2} 并上了一个电容 C_e，使得其两端没有交流电压，所以，该支路只存在直流反馈，而没有交流反馈；另外，可以分析，对于 R_f 支路，反馈信号取自于输出电压 u_o，由于 u_o 是交流信号，没有直流信号成分，所以 R_f 支路只存在交流反馈，而没有直流反馈。

5. 反馈放大电路的方框图等效方法

一个实际反馈放大电路，由于其内部的输入和输出是相互影响的，通常情况下，直接进行求解计算是很繁琐的。如果能够将一个反馈放大电路按照图 6-1 所示的那样，划分为基本放大电路 A 和反馈网络 F 两部分，就能比较快捷、方便地利用公式(6-5)求出反馈放大电路的性能指标 A_f、R_{if}、R_{of}，把这种方法通常称为“方框图法”。

方框图放的关键在于怎样将一个据图的反馈放电电路分解为基本放电电路和反馈网络。冲原则上说，入江基本放大电路分解出来时，既要排除反馈的作用，又要考虑反馈网络的负载效应，使分级后的基本放电电路是一个无反馈放大电路，而放大电路的输入端和输出端的赋值状况应与分解前相同。

(1)基本放大电路的等效和反馈信号的标注。

为了能将反馈放大电路等效为基本放大电路 A 和反馈网络 F 两部分，通常假设反馈环内的信号是单向传输的，即信号从输入到输出的正向传输只经过基本放大电路，反馈网络的正向传输作用被忽略；而信号从输出到输入的反向传输只经过反馈网络，基本放大电路的反向传输作用被忽略。因此，对于不同组态的反馈电路，可按以下原则进行分解：

(a)基本放大器的输入端等效方法，为避免反馈网络对放大电路的影响，并考虑放大电路输入端的负载效应，令输出端 $X_o=0$，使得 $X_f=0$(串联反馈 $U_f=0$，并联反馈 $I_f=0$)，对于电压反馈，令 $U_o=0$，电流反馈，令 $I_o=0$，即可画出基本放大电路的输入回路；

(b)基本放大电路的输出回路的等效方法，为避免反馈网络对放大电路的影响，并考虑放大电路输出端的负载校应，在计算时，串联电路，令输入端开路 $I_i=0$，并联电路，令输入端短路 $U_i=0$，即可画出基本放大电路的输出回路。

(c)反馈信号位置和方向可以按照反馈类型在基本放电电路的输出短表示，通常在在等效的基本放大电路的输出回路中，找到反馈网络或反馈元件，标明反馈信号 X_f的位置和方向信息。

(2)反馈放大电路的分析步骤。

总体来说，在分析反馈放大电路时，要经历以下几个步骤：

(a)先确定电路的反馈性质和反馈类型；

(b)画出基本放大电路的交流等效电路，并标出 X_i、X_f、X_o等信号的位置和方向；

(c)然后再计算电路增益 A_f和输入输出电阻 R_{if}、R_{of}。

其中确定反馈类型是非常关键的一步，以便画出基本放大电路的等效电路、明确 A_f中的量纲，以便进行下一步计算。

6.反馈放大电路增益的量纲转换

根据反馈类型得到的增益具有于不同量纲，而通常使用电压增益的情况较多，因此，在实际应用中，往往需要将不同量纲的增益换算为电压增益，有时还需要求出源电压增益。下面将分别以四种反馈类型来说明其变换方法。

(1)不同反馈类型的增益 A_f转换为电压增益 A_{uuf}：

(a)电压串联负反馈，由于 $\dot{A}_{uuf}=\dfrac{\dot{U}_o}{\dot{U}_i}$，不需要变换，形式同公式(6-8)所示。

(b)电压并联负反馈，由公式(6-9)可知，$\dot{A}_{uif}=\dfrac{\dot{U}_o}{\dot{I}_i}$，所以

$$\dot{A}_{uuf}=\frac{\dot{U}_o}{\dot{U}_i}=\frac{\dot{U}_o}{\dot{I}_i}\cdot\frac{\dot{I}_i}{\dot{U}_i}=\frac{\dot{A}_{uif}}{R_{if}} \tag{6-12}$$

(c)电流串联负反馈，由公式(6-10)可知，$\dot{A}_{\rm iuf}=\dfrac{\dot{I}_{\rm o}}{\dot{U}_{\rm i}}$，所以

$$\dot{A}_{\rm uuf}=\frac{\dot{U}_{\rm o}}{\dot{U}_{\rm i}}=\frac{\dot{I}_{\rm o}}{\dot{U}_{\rm i}}\cdot\frac{\dot{U}_{\rm o}}{\dot{I}_{\rm o}}\cdot=\dot{A}_{\rm iuf}R'_{\rm L} \tag{6-13}$$

(d)电压并联负反馈，由公式(6-11)可知，$\dot{A}_{\rm iif}=\dfrac{\dot{U}_{\rm o}}{\dot{I}_{\rm i}}$，所以

$$\dot{A}_{\rm uuf}=\frac{\dot{U}_{\rm o}}{\dot{U}_{\rm i}}=\frac{\dot{I}_{\rm o}}{\dot{I}_{\rm i}}\cdot\frac{R'_{\rm L}}{R_{\rm if}}=\dot{A}_{\rm iif}\frac{R'_{\rm L}}{R_{\rm if}} \tag{6-14}$$

(2)不同反馈类型的源电压增益 $A_{\rm uuf}$：

由于电压增益与源电压增益存在一定的分压关系，其分压关系如公式(2-52)，源电压增益与前面计算的电压增益的关系为：

$$\dot{A}_{\rm uusf}=\frac{U_{\rm O}}{U_{\rm S}}=\frac{R_{\rm if}}{R_{\rm S}+R_{\rm if}}\dot{A}_{\rm uuf} \tag{6-15}$$

将公式(6-12)、(6-13)、(6-14)、(6-14)代入公式(6-15)可得不同类型的反馈放大电路的源电压增益可表示为：

$$\begin{cases}\dot{A}_{\rm uusf}=\dfrac{R_{\rm if}}{R_{\rm S}+R_{\rm if}}\dot{A}_{\rm uuf}\text{，电压串联负反馈}\\[2ex]\dot{A}_{\rm uusf}=\dfrac{1}{R_{\rm S}+R_{\rm if}}\dot{A}_{\rm uif}\text{，电压并联负反馈}\\[2ex]\dot{A}_{\rm uusf}=\dfrac{R_{\rm if}R'_{\rm L}}{R_{\rm S}+R_{\rm if}}\dot{A}_{\rm iuf}\text{，电流串联负反馈}\\[2ex]\dot{A}_{\rm uusf}=\dfrac{R'_{\rm L}}{R_{\rm S}+R_{\rm if}}\dot{A}_{\rm iif}\text{，电流并联负反馈}\end{cases} \tag{6-16-a}$$

由于串联负反馈，使输入阻抗增大，通常 $R_{\rm if}\gg R_{\rm s}$，并联负反馈，使输入阻抗减小，通常$R_{\rm if}\ll R_{\rm s}$，所以上式源电压增益又可近似写成如下形式：

$$\begin{cases}\dot{A}_{\rm uusf}=\dot{A}_{\rm uuf}\text{，电压串联负反馈}\\[2ex]\dot{A}_{\rm uusf}=\dfrac{1}{R_{\rm S}}\dot{A}_{\rm uif}\text{，电压并联负反馈}\\[2ex]\dot{A}_{\rm uusf}=R'_{\rm L}\dot{A}_{\rm iuf}\text{，电流串联负反馈}\\[2ex]\dot{A}_{\rm uusf}=\dfrac{R'_{\rm L}}{R_{\rm S}}\dot{A}_{\rm iif}\text{，电流并联负反馈}\end{cases} \tag{6-16-b}$$

例 6-2 试判断图 6-8 所示电路中的级间反馈是电压反馈还是电流反馈、是串联反馈还是并联反馈？试写出是交流反馈还是直流反馈？闭环增益的表示形式，画出其交流退路和基本放大电路的等效电路，并在基本放大电路图上标出反

馈信号的位置和方向。

解:通过 R_f 引入级间交流负反馈,R_f 为反馈支路。

(1)判是电压反馈还是电流反馈:首先将输出短路,即 $U_o=0$,从图中可以看出,经过反馈电阻 R_f 反馈回来的信号 $\dot{X}_f=0$,所以是电压反馈。

(2)判是串联反馈还是并联反馈:将输入开路,即 $\dot{I}_i=0$,输入端开路,此时,反馈信号 $\dot{X}_f$ 不能加到 T 的基极与发射极之间,使得净输入信号 $\dot{X}'_i=0$,因此是串联反馈。

(3)经 R_f 的反馈支路是交流反馈。还有经 R_1 的反馈支路为直流负反馈,目的是稳定两级的静态工作点。

(4)电压串联负反馈,$\dot{A}_{uuf}=\dfrac{\dot{U}_o}{\dot{U}_i}$

(5)画出交流通路,将电容 C_1、C_2、C_{e1}、C_{e2} 和电源 E_c 视为短路,画出的交流通路如图例 6-2(a)所示。

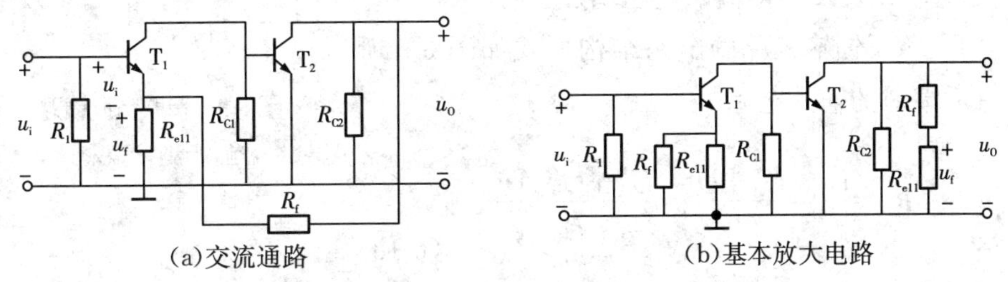

图例 **6-2**　图 **6-7** 的交流通路和基本放大电路的等效电路

(6)基本放大电路,由于是电压串联反馈,所以在画输入回路时,将输出端短路,R_f 的另一端接地;画输出回路时,将输入端开了,则 R_f 与 R_{e11} 串联,并将 u_f 的方向标注输出回路上,如图例 6-2(b)所示。

6.3　负反馈对放大电路的影响

负反馈对放大电路的增益、输入输出电阻、非线性失真、通频带等都有不同程度的影响,通常可以通过负反馈来改善放大电路性能,这种方法被广泛应用于放大电路和反馈控制系统之中。

1. 负反馈对增益的影响

根据负反馈基本方程,不论何种负反馈,都可使反馈放大倍数下降 $|1+AF|$ 倍,只是不同的反馈组态 AF 有不同的量纲。

在一般情况下,增益的稳定性常用有、无反馈时增益的相对变化量之比来衡量。用 dA/A 和 dA_f/A_f 分别表示开环和闭环增益的相对变化量。将 $A_f=1+AF$

对A求导数得

$$dA_f=\frac{(1+AF)\cdot dA-AF\cdot dA}{(1+AF)^2}=\frac{dA}{(1+AF)^2}$$

$$\frac{dA_f}{A_f}=\frac{1}{(1+AF)}\cdot\frac{dA}{A} \tag{6-17}$$

在负反馈条件下，增益的稳定性也得到了提高，它比无反馈时提高了$(1+AF)$倍。

放大电路的增益可能由于元器件参数的变化、环境温度的变化、电源电压的变化、负载大小的变化等因素的影响而不稳定，引入适当的负反馈后，可提高闭环增益的稳定性。

2. 负反馈对输入电阻的影响

负反馈对输入电阻的影响与反馈加入的方式有关，即与串联反馈或并联反馈有关，而与电压反馈或电流反馈无关。

(1) 串联负反馈使输入电阻增加。

串联负反馈输入端的电路结构形式如图 6-9 所示，有反馈时的输入电阻

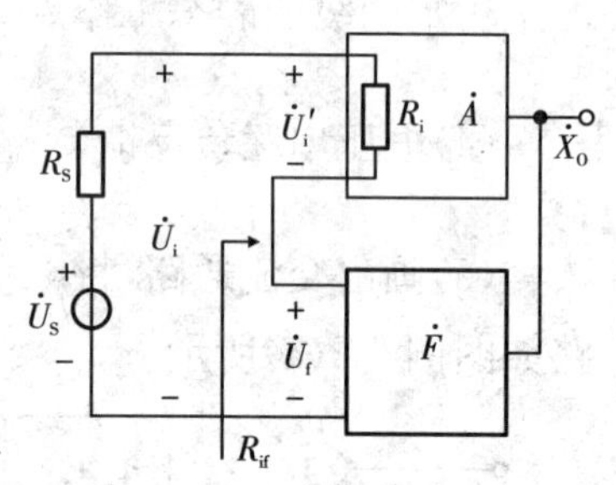

图 6-9　串联负反馈对输入电阻的影响

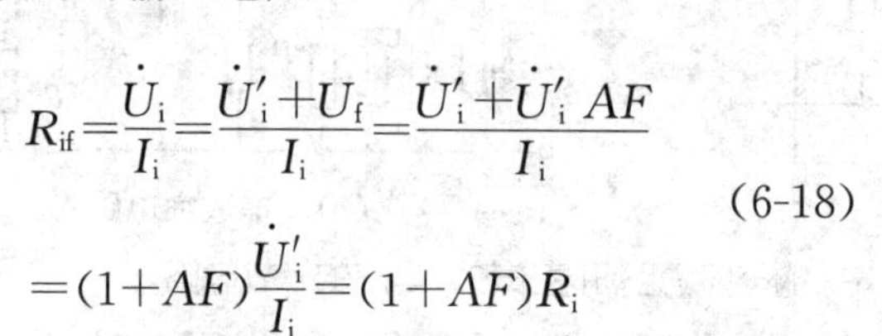

$$R_{if}=\frac{\dot{U}_i}{I_i}=\frac{\dot{U}_i'+U_f}{I_i}=\frac{\dot{U}_i'+\dot{U}_i'AF}{I_i}$$

$$=(1+AF)\frac{\dot{U}_i'}{I_i}=(1+AF)R_i \tag{6-18}$$

式中 $R_i=r_{id}$。

式(6-18)表明，引入串联负反馈后，输入电阻增加了。闭环输入电阻是开环输入电阻的$(1+AF)$倍。当引入电压串联负反馈时，$R_{if}=(1+A_{uu}F_{uu})R_i$。当引入电流串联负反馈时，$R_{if}=(1+A_{iu}F_{ui})R_i$，串联反馈使输入电阻增大，使源信号电压输入到放大电路时，在信号源内阻R_s的压降较小，放大电路的输入端R_{if}对信号源的分压较大，可以使放大电路的A_s值较大，串联反馈适用于信号源内阻较小的场合。

(2) 并联负反馈使输入电阻减小。

并联负反馈输入端的电路结构形式如图 6-10 所示，有反馈时的输入电阻：

$$R_{if}=\frac{\dot{U}_i}{\dot{I}_i}=\frac{\dot{U}_i}{\dot{I}_i'+\dot{I}_f}=\frac{\dot{U}_i}{\dot{I}_i'+\dot{F}\dot{X}_o}$$

$$=\frac{\dot{U}_i}{\dot{I}_i'+\dot{F}\dot{I}_i'\dot{A}}=\frac{1}{1+\dot{A}\dot{F}}r_{id} \tag{6-19}$$

由式(6-19)可知，输入电阻 R_{if} 小于开环输入电阻 R_i，闭环输入电阻是开环输入电阻的(1＋AF)分之一。当引入电压并联负反馈时，$R_{if}=R_i/(1+A_{ui}F_{iu})$。当引入电流并联负反馈时，$R_{if}=R_i/(1+A_{ii}F_{ii})R_i$，并联反馈使输入电阻减小，使源信号电流输入到放大电路时，在信号源内阻 R_s 的分流较小，放大电路的输入端 R_{if} 对信号源的分流较大，可以使放大电路的 A_s 值较大，并联反馈适用于信号源内阻较大的场合。

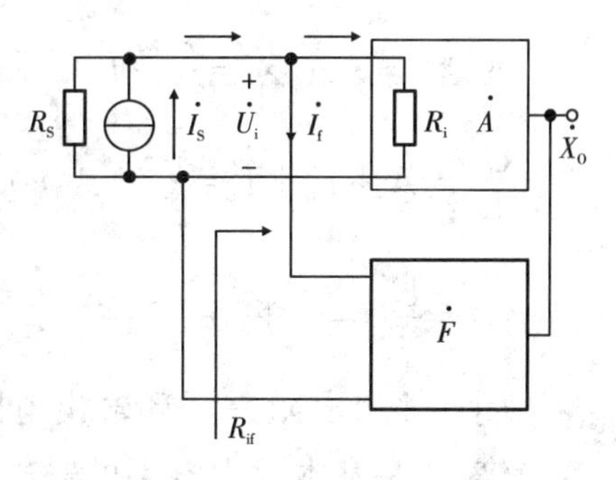

图 6-10 并联负反馈对输入电阻的影响

3. 负反馈对输出电阻的影响

负反馈对输出电阻的影响取决于反馈网络在放大电路输出回路的取样方式，即是电压还是电流负反馈。而与串联反馈还是并联反馈无直接关系。测量输出电阻时，令输入信号源 $X_S=0$，即串联反馈时令 $U_S=0$，并联反馈时令 $I_S=\infty$，将 R_L 开路，在输出端加一测试电压 U_O，得到输出电阻。

(1) 电压负反馈使输出电阻减小。

电压负反馈可以使输出电阻接近于电压源的特性，图 6-11 为求输出电阻的等效电路。有：

$$\dot{I}'_o=\frac{U'_o-\dot{A}\dot{X}'_i}{R_o}=\frac{U'_o+\dot{A}\dot{X}_f}{R_o}=\frac{\dot{U}'_o+\dot{A}\dot{F}U'_o}{R_o}=\frac{U'_o(1+\dot{A}\dot{F})}{R_o}$$

$$R_{of}=\frac{\dot{U}_o}{\dot{I}_o}=\frac{R_o}{1+\dot{A}\dot{F}} \tag{6-20}$$

闭环输出电阻是开环输出电阻的(1＋AF)分之一，R_o 是基本放大电路的输出电阻。当输入端引入并联负反馈时，$R_{of}=R_o/(1+A_{uis}F_{iu})$。当引入串联负反馈时，$R_{of}=R_o/(1+A_{uus}F_{uu})R_i$，要注意的是，这里的 A_{uus}、A_{uis} 都是含有信号源电路且 $X_s=0$，负载开路($R_L=\infty$)时的增益。电压负反馈放大电路使输出电阻小，输出电压在输出电阻上的降落小，带负载能力强，输出电压的稳定性好。

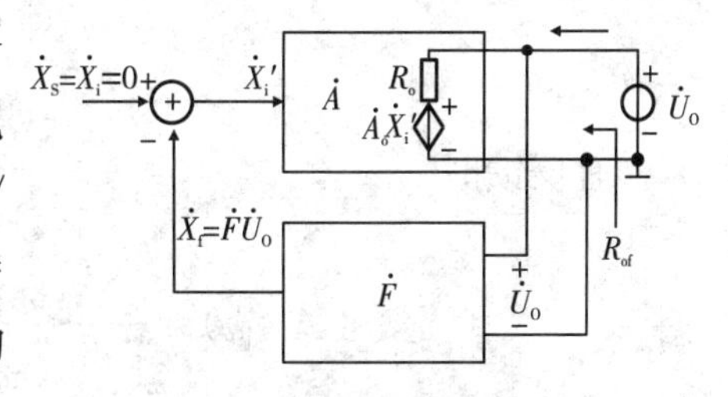

图 6-11 电压负反馈对输出电阻的影响

(2) 电流负反馈使输出电阻增大。

电流负反馈可以使放大电路接近电流源的特性，图 6-12 为求输出电阻的等效电路，有：

$$\dot{A}_{is}\dot{X}'_i=-\dot{A}_{is}\dot{X}_f=\dot{A}_{is}\dot{F}\dot{I}'_o$$

$$\frac{\dot{U}'_o}{R_o}=\dot{A}_{is}\dot{F}\dot{I}'_o+\dot{I}'_o=(1+\dot{A}_{is}\dot{F})\dot{I}'_o$$

$$R_{of}=\frac{\dot{U}'_o}{\dot{I}'_o}=(1+\dot{A}\dot{F})R_o \qquad (6\text{-}21)$$

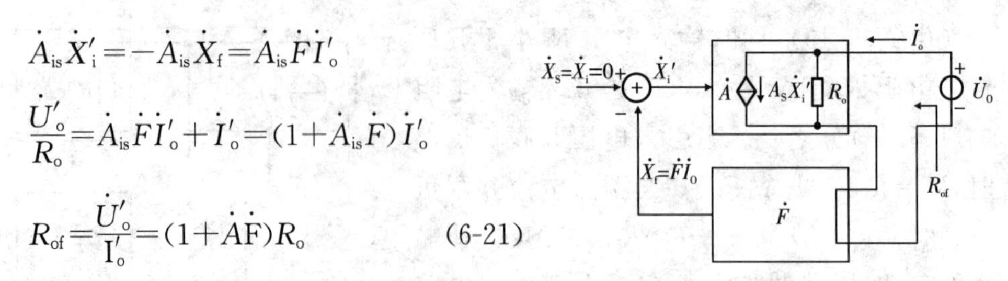

图 6-12　电流负反馈对输出电阻的影响

闭环输出电阻是开环输出电阻的$(1+AF)$倍，R_o是基本放大电路的输出电阻。当输入端引入并联负反馈时，$R_{of}=R_o(1+A_{iis}F_{ii})$。当引入串联负反馈时，$R_{of}=R_o(1+A_{ius}F_{ui})$，注意，计算时使用的$A_{iis}$、$A_{ius}$都是含有信号源电路且$X_s=0$，负载短路时的开环增益。电流负反馈使输出电阻增大，具有远距离传输的能力，输出电流的稳定性好。

4. 负反馈对通频带的影响

放大电路加入负反馈后，增益下降，但通频带却加宽了，见图 6-13。

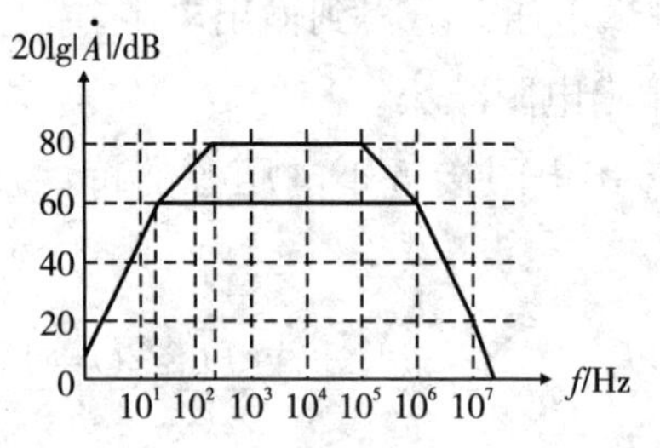

图 6-13　负反馈对通频带的影响

无反馈时的通频带$\Delta f=f_H-f_L\approx f_H$

放大电路高频段的增益为

$$\dot{A}(j\omega)=\frac{A_m}{1+j\frac{\omega}{\omega_H}}$$

有反馈时

$$\dot{A}_f(j\omega)=\frac{\dot{A}(j\omega)}{1+\dot{A}(j\omega)F}=\frac{A_m/(1+j\frac{\omega}{\omega_H})}{1+A_mF(1+j\frac{\omega}{\omega_H})}$$

$$=\frac{A_m/(1+A_mF)}{1+j\omega/\omega_H(1+A_mF)}=\frac{A_{mf}}{1+j\frac{\omega}{\omega_{Hf}}} \qquad (6\text{-}22)$$

有反馈时的通频带 $\Delta f_F=(1+A_mF)f_H$

负反馈放大电路扩展通频带有一个重要的特性，即增益与通频带之积为常数

$$A_{mf}\omega_{Hf}=\frac{A_m(1+A_mF)}{(1+A_mF)}\omega_H=A_m\omega_H \qquad (6\text{-}23)$$

5. 负反馈对非线性失真的影响

由于功率放大电路中输出级的信号幅度较大，在动态过程中，放大器件的工作难免在进入的放大电路的非线性区域，即传输特性的非线性区域，而输出波形产生非线性失真。引入负反馈后，可使这种非线性失真减小，现以下例说明：

负反馈可以改善放大电路的非线性失真，可通过图 6-14 来加以说明。现假设放大电路对于输入的正弦波信号产生了失真，比如输出信号的上下半周出现了不对称失真（是一种非线性失真），反馈信号也是一个与输出信号成比例的失真信号，这种反馈信号与输入信号叠加，使净输入信号产生相反的失真，从而弥补了放大电路本身的非线性失真。

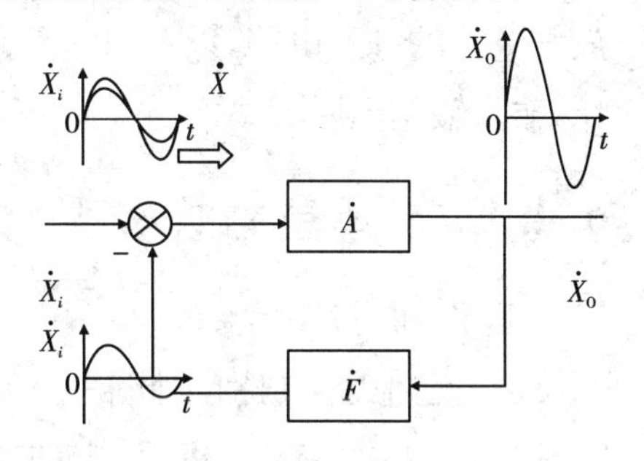

图 6-14　负反馈对非线性失真的影响

有反馈时的放大电路的稳定性与反馈深度有关，可以证明，负反馈减小非线性失真的程度与反馈深度（$1+AF$）有关。负反馈只能改善反馈环内产生的非线性失真。如果输入波形本身就是失真的，引入负反馈是不会改善这种失真的。

加入负反馈后，放大电路的输出幅度会下降，为了能够使有反馈时放大电路与无反馈时放大电路的输出信号相当，必须要加大输入信号，使其输出幅度基本达到原来有失真时的输出幅度才能有效地进行比较。

6. 负反馈对噪声、干扰和温漂的影响

原理同负反馈对放大电路非线性失真的改善。负反馈只对反馈环内的噪声和干扰有抑制作用，且必须加大输入信号后才使抑制作用有效。

在此要分析反馈的属性、求放大倍数等动态参数。

例 6-3　设放大电路的放大倍数 $A=100$，放大倍数的变化$\Delta A/A=10\%$，若反馈系数$F=0.09$，求引入负反馈后的 A_f和ΔA_f的值。

解：已知 $A=100$，$\Delta A/A=10\%$，$F=0.09$

可以求得：$|1+AF|=|1+100\times0.09|=10$

$$\Delta A=A\times\Delta A/A=10$$

所以，$A_f=A/|1+AF|=100/10=10$

$$\Delta A_f=\Delta A/|1+AF|^2=10/10^2=0.1$$

6.4 反馈放大器的分析和近似计算

下面将以四种反馈类型的电路为例,介绍其反馈性质、反馈类型的判断,基本放大电路的等效电路,以及对其开环增益 A、反馈系数 F 的求解,进而求得闭环增压,输入输出电阻。

6.4.1 电压串联负反馈

1. 判断方法

(1)反馈极性判别:对图 6-15 (a)所示电路,根据瞬时极性法判断,当 U_i 为"+"时,经 R_f加在发射极 R_{e1}上的反馈电压 U_f为'+',与输入电压极性相同,使净输入信号 $U_i'=U_{be}$减弱,即为负反馈。

(2)反馈类型判断:将输入端开路,输入信号消失,反馈信号不能加到输入端,故为串联负反馈;将输出端短路,反馈信号消失,则是电压反馈。后级对前级的这一反馈是交流反馈,同时 R_{e1}上还有第一级本身的负反馈。在图 6-15 (a)中标出输入回路中的输入信号 $X_i=U_i$、反馈信号 $X_f=U_f$、净输入信号 $X_i'=U_i'$,以及输出回路中 $X_o=U_o$的位置和方向,$A_f=A_{uuf}$为电压增益,无量纲。

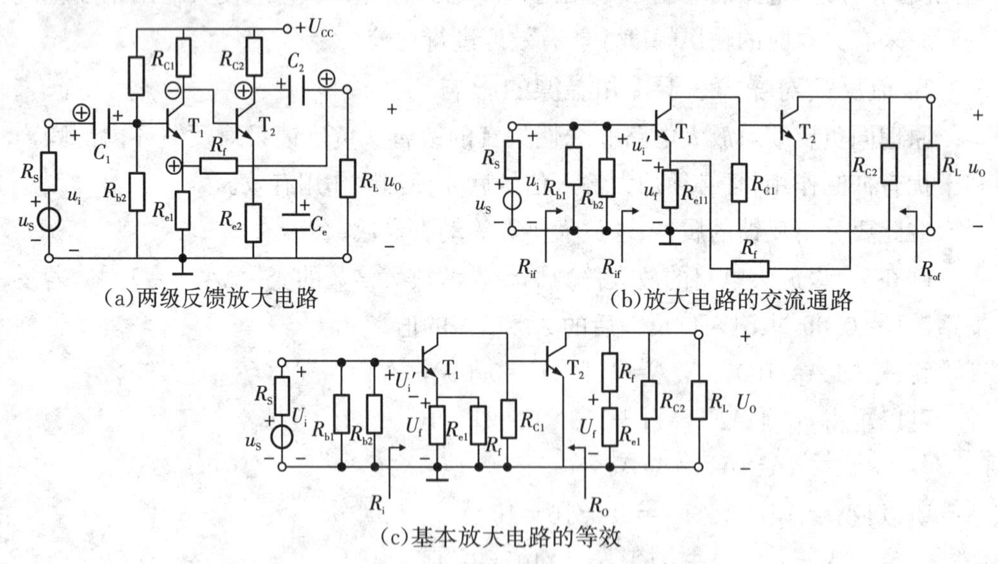

(a)两级反馈放大电路
(b)放大电路的交流通路
(c)基本放大电路的等效

图 6-15 电压串联负反馈放大电路的等效

2. 画等效电路

(1)放大电路的交流通路,将图 6-15(a)中的电容 C_1、C_2、C_e,电源 U_{cc},信号源 U_s 等短路,得到交流通路如图 6-15(b)所示。

(2)基本放大电路等效电路,画输入回路:因电压反馈,令 $U_o=0$,将输出端短路(使反馈到输入端的信号消失),可画出基本放大电路的输入回路;画输出回路:

因串联反馈，将输入端开路（使输入信号不能通过反馈网络影响输出端），可画出基本放大电路的输出回路，并在输出回路中标出反馈信号 U_f，图 6-15（c）所示。

3.闭环放大倍数

（1）开环增益。图 6-15(c)所示是一个两级放大电路，单级放大电路放大倍数分别为：

$$A_{uu1}=\frac{\dot{X}_{o1}}{\dot{X}'_i}=\frac{\dot{U}_{o1}}{\dot{U}'_i}=-\frac{\beta_1(R_{c1}//r_{be2})}{r_{be1}+(1+\beta_1)(R_{e1}//R_f)}$$

$$A_{uu2}=\frac{\dot{X}_o}{\dot{X}_{o1}}=\frac{\dot{U}_o}{\dot{U}_{o1}}=-\frac{\beta_2(R_{c2}//R_L//(R_{e1}+R_f))}{r_{be2}}=\frac{\beta_2(R'_L//(R_{e1}+R_f))}{r_{be2}}$$

$$\therefore A_{uu}=\frac{\dot{X}_o}{\dot{X}'_i}=\frac{\dot{U}_o}{\dot{U}'_i}=A_{uu1}\cdot A_{uu2}=$$

$$\left(-\frac{\beta_1(R_{c1}//r_{be2})}{r_{be1}+(1+\beta_1)(R_{e1}//R_f)}\right)\cdot\left(-\frac{\beta_2(R'_L//(R_{e1}+R_f))}{r_{be2}}\right)$$

$$=\frac{\beta_1(R_{c1}//r_{be2})}{r_{be1}+(1+\beta_1)(R_{e1}//R_f)}\cdot\frac{\beta_2(R'_L//(R_{e1}+R_f))}{r_{be2}} \tag{6-24}$$

（2）反馈系数，由图 6-15(c)的输出回路可求得：

$$\dot{F}_{uu}=\frac{\dot{X}_f}{\dot{X}_o}=\frac{\dot{U}_f}{\dot{U}_o}=\frac{R_{e1}}{R_f+R_{e1}} \tag{6-25}$$

（3）反馈深度。将上面公式(6-24)、(6-25)代入公式(6-6)即可求出反馈深度 D：

$$D=1+A_{uu}F_{uu}=1+\frac{\beta_1(R_{c1}//r_{be2})}{r_{be1}+(1+\beta_1)(R_{e1}//R_f)}\cdot\frac{\beta_2[R'_L//(R_{e1}+R_f)]}{r_{be2}}\cdot\frac{R_{e1}}{R_f+R_{e1}} \tag{6-26}$$

（4）闭环电压增益。

$$\dot{A}_{uuf}=\frac{\dot{X}_o}{\dot{X}_i}=\frac{\dot{U}_o}{\dot{U}_i}=\frac{\dot{A}_{uu}}{1+\dot{A}_{uu}\dot{F}_{uu}}$$

$$=\frac{\dfrac{\beta_1(R_{c1}//r_{be2})}{r_{be1}+(1+\beta_1)(R_{e1}//R_f)}\cdot\dfrac{\beta_2[R'_L//(R_{e1}+R_f)]}{r_{be2}}}{1+\dfrac{\beta_1(R_{c1}//r_{be2})}{r_{be1}+(1+\beta_1)(R_{e1}//R_f)}\cdot\dfrac{\beta_2[R'_L//(R_{e1}+R_f)]}{r_{be2}}\cdot\dfrac{R_{e1}}{R_f+R_{e1}}}$$

$$=\frac{\beta_1\beta_2(R_{c1}//r_{be2})\cdot[R'_L//(R_{e1}+R_f)](R_f+R_{e1})}{r_{be2}[r_{be1}+(1+\beta_1)(R_{e1}//R_f)]+\beta_1\beta_2(R_{c1}//r_{be2})[R'_L//(R_{e1}+R_f)]R_{e1}} \tag{6-27}$$

4.输入输出电阻

（1）输入电阻。串联反馈使输入电阻增加，即：

$R_{if}=R_i(1+AF)$

其中 $R_i=r_{be1}+(1+\beta_1)\cdot(R_{e1}/\!/R_f)$

若考虑入端 $R_{b1}/\!/R_{b2}$，则总的入端电阻 $R'_{if}=R_{b1}/\!/R_{b2}/\!/R_{if}$ (6-28)

(2)输出电阻。电压反馈使输出电阻减小，即：$R_{of}=\dfrac{R_o}{(1+A_{uuo}F)}$ (6-29)

其中 $R_o=(R_{e1}+R_f)/\!/R_{c2}$，$A_{uuo}=\dfrac{\dot{X}_o}{\dot{X}'_i}=\dfrac{\dot{U}_o}{\dot{U}'_i}=A_{uu1}\cdot A_{uuo2}$ 为输出端开路($R_L=\infty$)时的电压放大倍数。

6.4.2 电压并联负反馈

1.判断方法

(1)反馈极性判别：对图 6-16 (a)所示电路，根据瞬时极性法判断，反馈电压为'－'，与输入电压极性相反，使净输入信号 I_b减弱，即为负反馈。

(2)反馈类型判断：将输入端开路，基本放大电路仍有输入信号，即反馈信号可以加到输入端，故为并联负反馈；将输出端短路，反馈信号消失，则是电压反馈。后级对前级的这一反馈是交流反馈，同时 R_{e1} 上还有第一级本身的负反馈。在图 6-16 (a)中标出输入回路中的输入信号$X_i=I_i$、反馈信号 $X_f=I_f$、净输入信号 $X'_i=I'_i$，以及输出回路中 $X_o=U_o$的位置和方向，$A_f=A_{uif}$为互阻增益，为电阻的量纲。

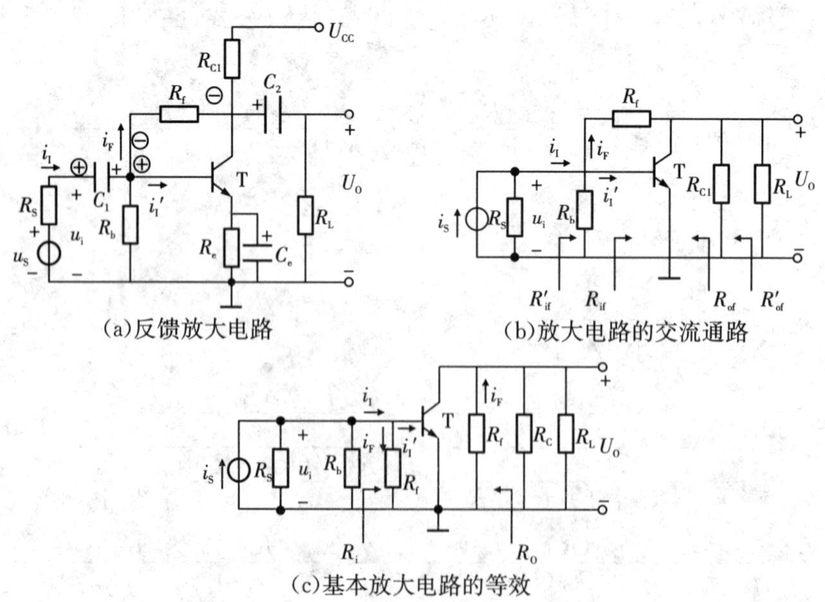

图 6-16 电压并联负反馈放大电路的等效

2.画等效电路

(1)放大电路的交流通路，将 6-16(a)中的电容 C_1、C_2、C_e，电源 U_{cc}，信号源 U_s

等短路，对于并联反馈，可将信号源等效为电流源和内阻 R_s 并联。画出交流通路如图 6-16(b)所示。

(2)基本放大电路等效电路，画输入回路：因电压反馈，令 $U_o=0$，将输出端短路(使反馈到输入端的信号消失)，可画出基本放大电路的输入回路；画输出回路：因并联反馈，将输入端短路(使输入信号不能通过反馈网络影响输出端)，可画出基本放大电路的输出回路，并在输出回路中标出反馈信号 I_f，图 6-16 (c)所示。

3. 闭环放大倍数

(1)开环增益。

图 6-16(c)所示是一个两级放大电路，单级放大电路放大倍数分别为：

$$A_{ui}=\frac{\dot{X}_o}{\dot{X}'_i}=\frac{\dot{U}_o}{\dot{I}'_i}=-\beta(R_f/\!/R_c/\!/R_L)\text{为互阻增益，具有电阻的量纲。} \tag{6-30}$$

(2)反馈系数有图 6-16(c)的输出回路可求得：

$$\dot{F}_{iu}=\frac{\dot{X}_f}{\dot{X}_o}=\frac{\dot{I}_f}{\dot{U}_o}=-\frac{1}{R_f} \tag{6-31}$$

为互导反馈系数，具有电导的量纲。

(3)反馈深度 $1+AF$。

$$D=1+\dot{A}_{ui}F_{iu}=1+(-\beta(R_f/\!/R_c/\!/R_L))\cdot\left(-\frac{1}{R_f}\right)=1+\frac{\beta(R_f/\!/R_c/\!/R_L)}{R_f} \tag{6-32}$$

(4)闭环互阻增益：

$$\dot{A}_{uif}=\frac{\dot{X}_o}{\dot{X}_i}=\frac{\dot{U}_o}{\dot{I}_i}=R_f$$

闭环电压增益：$\dot{A}_{uuf}=\dfrac{\dot{U}_o}{\dot{U}_i}=\dfrac{\dot{U}_o}{\dot{I}_iR_{if}}=\dfrac{\dot{A}_{uif}}{\dot{R}_{if}}=\dfrac{R_f}{R_{if}}$ (6-33)

闭环源电压增益：

$$\dot{A}_{uufs}=\frac{\dot{U}_o}{\dot{U}_i}\cdot\frac{\dot{U}_i}{\dot{U}_s}=\frac{\dot{U}_o}{\dot{I}_iR_{if}}\cdot\frac{I_i\dot{R}_{if}}{\dot{I}_sR_s}=\frac{\dot{A}_{uif}}{R_{if}}\cdot\frac{R_{if}}{R_{if}+R_s}$$

$$=\frac{A_{uif}}{R_{if}+R_s}=-\frac{R_f}{R_{if}+R_s} \tag{6-34}$$

由于并联反馈 R_{if}很小，当 $R_{if}\ll R_s$ 时，可以近似写成：$\dot{A}_{uufs}=\dfrac{\dot{A}_{uif}}{R_s}=\dfrac{R_f}{R_s}$

4. 输入输出电阻

(1)输入电阻。串联反馈使输入电阻增加，即：

$$R_{if}=\frac{R_i}{1+AF}$$

其中 $R_i = r_{be1}$ (6-35)

若考虑入端 $R_{b1} // R_{b2}$，则总的入端电阻 $R'_{if} = R_{b1} // R_{b2} // R_{if}$

(2)输出电阻。

电压反馈使输出电阻减小，即：$R_{of} = \dfrac{R_o}{(1 + A_{uuo}F)}$ (6-36)

其中 $R_o = R_f$，$A_{uuo} = \dfrac{\dot{X}_o}{\dot{X}'_i} = \dfrac{\dot{U}_o}{\dot{U}'_i} = A_{uu1} \cdot A_{uuo2}$ 为输出端开路($R_L = \infty$)时的电压放大倍数。

6.4.3 电流串联负反馈

1. 判断方法

(1)反馈极性判别：对图 6-17 (a)所示电路，根据瞬时极性法判断，当 U_i 为'＋'时，I_o加在发射极 R_{e1} 上的反馈电压 U_f 为'＋'，与输入电压 U_i极性相同，使净输入信号 $U'_i = U_{be}$减弱，即为负反馈。

(2)反馈类型判断：将输入端开路，输入信号消失，反馈信号不能加到输入端，故为串联负反馈；将输出端短路 $U_o = 0$，而反馈信号(与 I_o有关)仍然存在，则是电流反馈。在图 6-17 (a)中标出输入回路中的输入信号 $X_i = U_i$，反馈信号 $X_f = U_f$，净输入信号 $X'_i = U'_i$，以及输出回路中 $X_o = I_o$的位置和方向，确定 $A_f = A_{iuf}$ 具有电导的量纲。

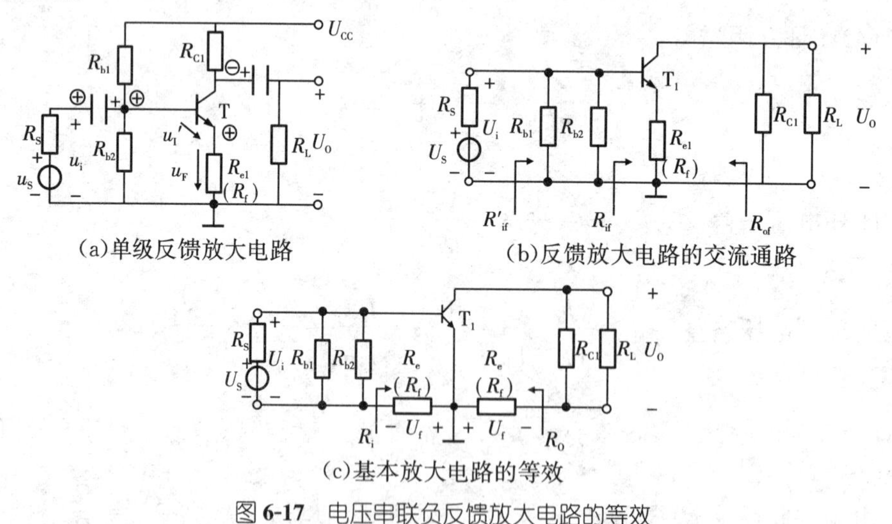

(a)单级反馈放大电路

(b)反馈放大电路的交流通路

(c)基本放大电路的等效

图 6-17 电压串联负反馈放大电路的等效

2. 画等效电路

(1)放大电路的交流通路，将图 6-17(a)中的电容 C_1、C_2、电源 U_{cc}、信号源 U_s 等短路，得到交流通路如图 6-17(b)所示。

(2)基本放大电路的等效电路，画输入回路：因电流反馈，令 $I_o = 0$，将输出端开路(使反馈到输入端的信号消失),可画出基本放大电路的输入回路;画输出回路:因串联反馈,将输入端开路(使输入信号不能通过反馈网络影响输出端),可画出基本放大电路的输出回路,并在输出回路中标出反馈信号 I_f,如图 6-17 (c)所示。

3.闭环放大倍数

(1)开环增益。按照图 6-17(c)所示基本放大电路放大倍数分别为:

$$\dot{A}_{iu}=\frac{\dot{X}_o}{\dot{X}'_i}=\frac{\dot{I}_o}{\dot{U}'_i}=\frac{\beta}{r_{be}+R_{e1}} \tag{6-37}$$

(2)反馈系数。由图 6-17(c)的输出回路可求得:

$$\dot{F}_{ui}=\frac{\dot{X}_f}{\dot{X}_o}=\frac{\dot{U}_f}{\dot{I}_o}=R_{e1} \tag{6-38}$$

(3)反馈深度 $1+A_{iu}F_{ui}$:

$$D=1+A_{iu}F_{iu}=1+\frac{\beta}{r_{be}+R_{e1}}R_{e1} \tag{6-39}$$

(4)闭环互导增益:

$$\dot{A}_{iuf}=\frac{\dot{X}_o}{\dot{X}_i}=\frac{\dot{I}_o}{\dot{U}_i}=\frac{\dot{A}_{iu}}{1+\dot{A}_{iu}\dot{F}_{ui}}=\frac{\beta}{r_{be1}+(1+\beta)R_{e1}} \tag{6-40}$$

电压增益:$\dot{A}_{uuf}=\frac{U_o}{\dot{U}_i}=\frac{\dot{I}_o\cdot(-R_{c1}/\!/R_L)}{\dot{U}_i}=\dot{A}_{iuf}\cdot(-R'_L)=$

$$-\frac{\beta\cdot R'_L}{r_{be1}+(1+\beta)\cdot R_{e1}} \tag{6-41}$$

上式与公式(2-33)形式相同。

4.输入输出电阻

(1)输入电阻。

串联反馈使输入电阻增加,即:

$$R_{if}=R_i(1+AF) \tag{6-42}$$

其中 $R_i=r_{be1}+R_{e1}$

若考虑入端 $R_{b1}/\!/R_{b2}$,则总的入端电阻 $R'_{if}=R_{b1}/\!/R_{b2}/\!/R_{if}$。

(2)输出电阻。

电压反馈使输出电阻增大,即:$R_{of}=(1+A_{uuo}F)R_o$

可近似认为:$R_o=\infty$,所以,$R_{of}=(1+A_{uuo}F)R_o=\infty$

所以放大电路的输出电阻为:$R'_{of}=R_{c1}/\!/(1+A_{uuo}F)R_o=R_{c1}$。　　(6-43)

6.4.4 电流并联负反馈

1. 判断方法

(1)反馈极性判别：对图 6-18 (a)所示电路，根据瞬时极性法判断，经 R_f反馈回来的电压为'—'，与输入极性相反，使净输入信号 I_b减弱，即为负反馈。

(2)反馈类型判断：将输入端开路，基本放大电路仍有输入信号，即反馈信号可以加到输入端，故为并联负反馈；将输出端短路($U_o=0$)，反馈信号(与 I_o有关)仍然存在，则是电流反馈。后级对前级的这一反馈是交流反馈，同时 R_{e1}上还有第一级本身的负反馈。在图 6-18 (a)中标出输入回路中的输入信号 $X_i=I_i$、反馈信号 $X_f=I_f$、净输入信号 $X'_i=I'_i$，以及输出回路中 $X_o=I_o$的位置和方向，$A_f=A_{iif}$为电流增益，无量纲。

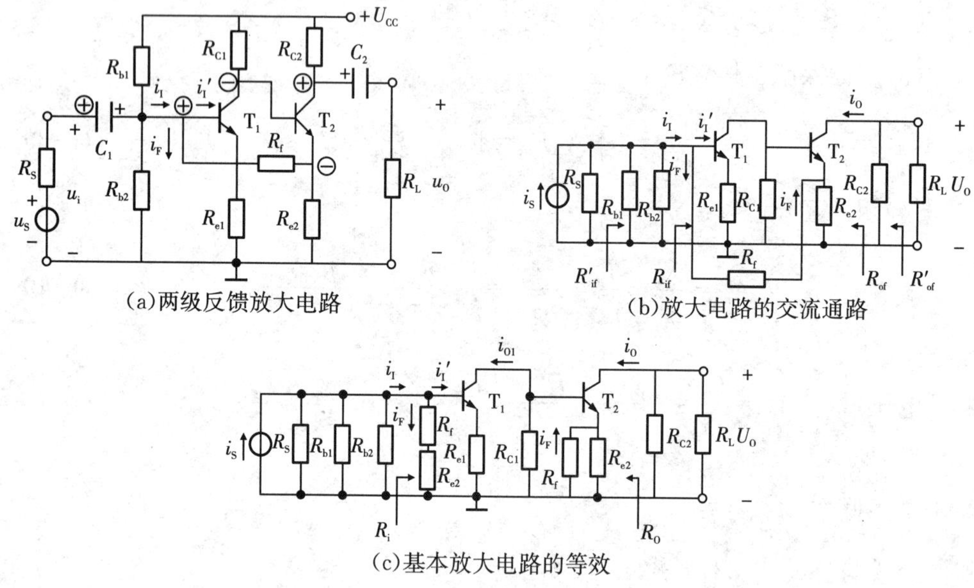

图 6-18 电流并联负反馈放大电路的等效

2. 画等效电路

(1)放大电路的交流通路，将 6-18(a)中的电容 C_1、C_2、电源 U_{cc}、信号源 U_s 等短路，得到交流通路如图 6-18(b)所示。由于是并联反馈，入端的信号的电压源可等效为电流源。

(2)基本放大电路等效电路，画输入回路：因电流反馈，令 $I_o=0$，将输出端开路(使反馈到输入端的信号消失)，可画出基本放大电路的输入回路；画输出回路：因并联反馈，将输入端短路(使输入信号不能通过反馈网络影响输出端)，可画出基本放大电路的输出回路，并在输出回路中标出反馈信号 I_f，如图 6-18 (c)所示。

3. 闭环放大倍数

(1)开环增益，图 6-18(c)所示是一个两级放大电路，单级放大电路电流增益分别为：

$$A_{ii1}=\frac{\dot{X}_{o1}}{\dot{X}'_{i}}=\frac{\dot{I}_{o1}}{\dot{I}'_{i}}=\beta_1$$

$$A_{ii2}=\frac{\dot{X}_{o}}{\dot{X}_{o1}}=\frac{\dot{I}_{o}}{\dot{I}_{o1}}=-\frac{\beta_2 R_{c1}}{r_{be2}+R_{c1}+(1+\beta_2)(R_{e2}/\!/R_f)}$$

$$\therefore A_{ii}=\frac{\dot{X}_{o}}{\dot{X}'_{i}}=\frac{\dot{I}_{o}}{\dot{I}'_{i}}=A_{ii1}\cdot A_{ii2}=-\frac{\beta_1\beta_2 R_{c1}}{r_{be2}+R_{c1}+(1+\beta_2)(R_{e2}/\!/R_f)} \tag{6-44}$$

(2)反馈系数有图 6-18(c)的输出回路可求得：

$$\dot{F}ii=\frac{\dot{X}_f}{\dot{X}_o}=\frac{\dot{I}_f}{\dot{I}_o}=-\frac{R_{e2}}{R_f+R_{e2}} \tag{6-45}$$

(3)反馈深度 $1+A_{iu}F_{ui}$：

$$D=1+A_{ii}F_{ii}=1+\left(-\frac{\beta_1\beta_2 R_{c1}}{r_{be2}+R_{c1}+(1+\beta_2)(R_{e2}/\!/R_f)}\right)\cdot\left(-\frac{R_{e2}}{R_f+R_{e2}}\right) \tag{6-46}$$

(4)闭环电流增益：

$$\dot{A}_{iif}=\frac{\dot{X}_o}{\dot{X}_i}=\frac{\dot{I}_o}{\dot{I}_i}=\frac{\dot{A}_{ii}}{1+\dot{A}_{ii}\dot{F}_{ii}}=\frac{\dfrac{\beta_1\beta_2 R_{c1}}{r_{be2}+R_{c1}+(1+\beta_2)(R_{e2}/\!/R_f)}}{1+\dfrac{\beta_1\beta_2 R_{c1}}{r_{be2}+R_{c1}+(1+\beta_2)(R_{e2}/\!/R_f)}\cdot\dfrac{R_{e2}}{R_f+R_{e2}}}$$

$$=\frac{\beta_1\beta_2 R_{c1}(R_f+R_{e2})}{[r_{be2}+R_{c1}+(1+\beta_2)(R_{e2}/\!/R_f)](R_f+R_{e2})+\beta_1\beta_2 R_{c1}R_{e2}} \tag{6-47}$$

闭环电压放大倍数

$$\dot{A}_{uuf}=\frac{\dot{U}_o}{\dot{U}_i}=\frac{\dot{I}_o(-R_{C2}/\!/R_L)}{\dot{I}_i(r_{be1}+(1+\beta)R_{e1})}=-\dot{A}_{iif}\frac{(-R_{C2}/\!/R_L)}{(r_{be1}+(1+\beta)R_{e1})}$$

$$=-\frac{\beta_1\beta_2 R_{c1}(R_f+R_{e2})}{[r_{be2}+R_{c1}+(1+\beta_2)(R_{e2}/\!/R_f)](R_f+R_{e2})+\beta_1\beta_2 R_{c1}R_{e2}}\cdot\frac{(-R_{C2}/\!/R_L)}{(r_{be1}+(1+\beta)R_{e1})}$$

4.输入输出电阻

(1)输入电阻。

并联反馈使输入电阻减小，即：

$$R_{if}=\frac{R_i}{1+A_{ii}F_{ii}} \tag{6-48}$$

其中 $R_i=(r_{be1}+(1+\beta_1)R_{e1})/\!/(R_f+R_{e2})$

若考虑入端 $R_{b1}/\!/R_{b2}$，则总的入端电阻 $R'_{if}=R_{b1}/\!/R_{b2}/\!/R_{if}$

(2)输出电阻。

电流反馈使输出电阻增大，即：$R_{of}=(1+A_{ii}F_{ii})R_o$

可近似认为：$R_o=\infty$，所以，$R_{of}=(1+A_{ii}F_{ii})R_o=\infty$

所以放大电路的输出电阻为：$R'_{of}=R_{c2}//(1+A_{ii}F_{ii})R_o=R_{c2}$。 (6-49)

例 6-4 设某单级电压并联负反馈放大电路如图例 6-4(a)所示，求电路的电压增益 A_{uuf}。输入输出电阻 R'_{if}、R'_{of}。已知图中的 $R_e=4\ \text{k}\Omega$，$R_f=40\ \text{k}\Omega$，$R_s=10\ \text{k}\Omega$，$\beta=50$，$r_{be}=1.1\ \text{k}\Omega$，$h_{re}=h_{oe}=0$。

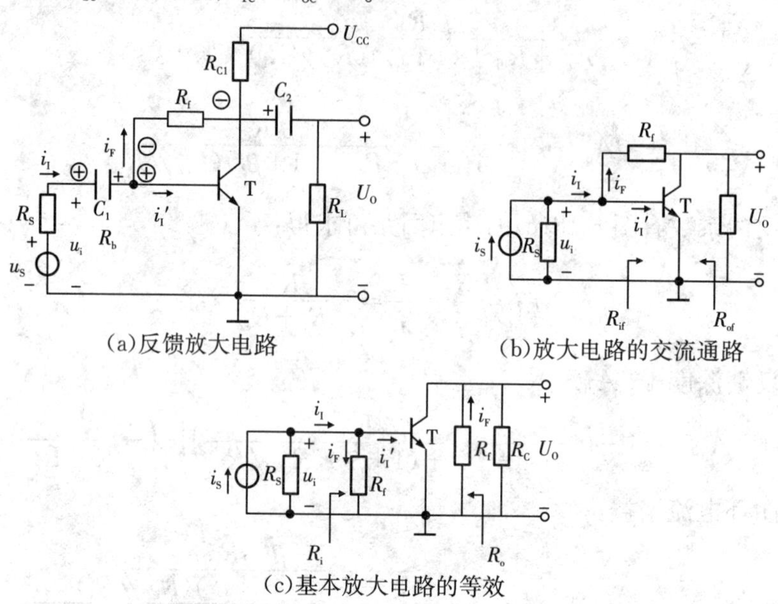

(a)反馈放大电路
(b)放大电路的交流通路
(c)基本放大电路的等效

图例 6-4 电压并联负反馈放大电路的等效

解：

①画出基本放大电路的等效电路：首先将电容 C_1、C_2 短路，画出放大电路的交流通路如图例 6-4(b)所示；因电压反馈，将输出端短路，画出输入回路；因是并联反馈，再将输入端短路，画出输出回路，可得到基本放大电路的等效电路如图例 6-4(c)所示。在图例 6-4 (b)中标出输入回路中的输入信号 $X_i=I_i$、反馈信号 $X_f=I_f$、净输入信号 $X'_i=I'_i$，以及图例 6-4 (c)中输出回路中 $X_o=U_o$的位置和方向，$A_f=A_{uif}$为互阻增益，是电阻的量纲。

②反馈放大电路增益：

$$A_{ui}=\frac{\dot{X}_o}{\dot{X}'_i}=\frac{\dot{U}_o}{\dot{I}'_i}=-\beta(R_f//R_c)=-\beta\frac{R_fR_c}{R_f+R_c}=-50\times\frac{40\times4}{40+4}\approx-181.82(\text{k}\Omega)$$

$$\dot{F}_{iu}=\frac{\dot{X}_f}{\dot{X}_o}=\frac{\dot{I}_f}{\dot{U}_o}=-\frac{1}{R_f}=-\frac{1}{40(\text{k}\Omega)}=-0.025(\frac{1}{\text{k}\Omega})$$

$$D=1+A_{ui}\dot{F}_{iu}=1+(-181.82)\cdot(-0.025)\approx5.55$$

$$A_{uif}=\frac{\dot{U}_o}{\dot{I}_i}=\frac{A_{ui}}{D}=\frac{-181.82}{5.55}=-32.8(\text{k}\Omega)$$

③ 输入输出电阻：

$R_i = r_{be} // R_f = 1.1 // 40(\text{k}\Omega) = 1.07(\text{k}\Omega)$，

$R_{if} = \dfrac{R_i}{D} = \dfrac{1.07(\text{k}\Omega)}{5.55} = 193\ \Omega$

$R_o = R_f = 40(\text{k}\Omega)$

因：$A_{uio} = \dfrac{\dot{U}_o}{\dot{I}'_i} = -\beta R_f = -50 \times 40 \approx -2000(\text{k}\Omega)$，

即：$D' = 1 + A_{uio}\dot{F}_{iu} = 1 + 2000 \times 0.025 = 51$

所以 $R_{of} = \dfrac{R_o}{D'} = \dfrac{40(\text{k}\Omega)}{51} = 0.784(\text{k}\Omega) = 784\Omega$

$R'_{of} = R_{of} // R_c = 0.784 // 4(\text{k}\Omega) = 0.769(\text{k}\Omega)$。

④电压放大倍数 A_{uuf}：

$$A_{uuf} = \frac{\dot{U}_o}{\dot{U}_i} = \frac{\dot{U}_o}{\dot{I}_i R_{if}} = \frac{A_{uif}}{R_{if}} = \frac{-32.8(\text{k}\Omega)}{0.193(\text{k}\Omega)} = -170$$

源电压放大倍数：

可以通过 A_{uuf} 求源电压放大倍数：$A_{uufs} = \dfrac{\dot{U}_o}{\dot{U}_i}\dfrac{\dot{U}_i}{\dot{U}_s} = A_{uuf}\dfrac{\dot{R}_{if}}{R_s +_i R_{if}} = -170 \times \dfrac{0.193}{0.193+10} = 3.2$

也可以通过 A_{uif} 直接求源电压放大倍数：

$A_{uufs} = \dfrac{A_{uif}}{R_{if} + R_s} = \dfrac{-32.8}{0.193+10} = -3.2$，或简写为：$A_{uufs} = \dfrac{A_{uif}}{R_s} = \dfrac{-32.8(\text{k}\Omega)}{10(\text{k}\Omega)} = 3.3$。

6.5　深度负反馈条件下的近似计算

以上用方框图法来求反馈放大电路的增益和输入输出电阻，求解过程变得简单而有规律，使计算大大简化。然而，由公式(6-7)可知，当反馈深度 $D \gg 1$ 时，电路的增益仅仅与反馈系数 F 有关，而 F 一般是由无源元件所决定，若通过 F 来估算电路的增益可以使计算更加简单。大多数负反馈放大电路，特别是由集成运放组成的反馈放大电路，一般都满足深度负反馈的条件，使用这种方法，可以快速估算电路的增益，很有实用价值。即使电路的开环增益不够高，这种方法对于实际工程应用也很有意义。

1. 深度负反馈放大电路的等效方法

根据由公式(6-7)的原理，只需要画基本放大电路的输出回路，在此输出回路中标出反馈信号的位置和方向，以此求出 $1/F$ 的值。

反馈放大电路等效为基本放大电路 A 和反馈网络 F 两部分时，是假设反馈环内的信号是单向传输的，即信号从输入到输出的正向传输只经过基本放大电路，反馈网络的正向传输作用被忽略；而信号从输出到输入的反向传输只经过反馈网络，基本放大电路的反向传输作用被忽略。由于深度负反馈情况下，只需在基本放大电路的输出回路中找到反馈网络的等效电路，因此，基本放大电路的输入回路可省略。

在画基本放大电路的输出回路的等效电路时，为避免反馈网络对放大电路的影响，对串联电路，令输入端开路，即令 $I_i=0$，此时便没有反馈电压加到放大电路的输入端；而对并联电路，令输入端短路，即令 $U_i=0$，此时便没有反馈电流流入到放大电路的输入端，即可画出基本放大电路的输出回路，电流反馈 $X_o=U_o$，电流反馈 $X_o=I_o$。按照反馈类型，在此输出回路中找到反馈网络或反馈元件，标明反馈信号 X_f 的位置和方向信息，串联反馈 $X_f=U_f$，并联反馈 $X_f=I_f$。

根据以上分析，在对反馈放大电路进行分析和计算时，要经历以下几个步骤：

(1)先确定电路的反馈性质和反馈类型；

(2)画出基本放大电路输出回路的等效电路，并标出 X_f、X_o 信号的位置和方向；

(3)计算电路增益。

其中确定反馈类型是非常关键的一步，以便画出基本放大电路的等效电路，明确 F 中的量纲，才能进行下一步计算。

2. 深度负反馈放大电路的源电压增益的近似表示

由 6.3 节可知，对于串联反馈，使输入电阻增加，并联反馈，使输入电阻减小，电压反馈使输出电阻减小，电流反馈使输出电阻增加，与 R_i、R_o 都相差 D 倍的关系。深度负反馈情况下输入输出电阻 R_{if}、R_{of} 没有简单的估算方法，通常情况下，对于深度反馈情况下可近似认为

$$\begin{cases} \text{深度串联：} R_{if}=\infty \\ \text{深度并联：} R_{if}=0 \\ \text{深度电压：} R_{of}=0 \\ \text{深度电流：} R_{of}=\infty \end{cases} \tag{6-51}$$

将上述输入输出电阻代入公式(6-16-a)，则深度负反馈情况下不同类型的反馈放大电路的源电压增益的近似表示形式同公式(6-16-b)，在此不再重复。

3. 深度负反馈放大电路增益的近似估算方法

仍以上一节电路为例，看一下用深度负反馈方法来估算反馈放大电路的增益的估算方法。

(1)电压串联负反馈。

电路原理如图6-14(a)所示，首先判断反馈类型：将输出端短路，反馈信号消失，即该电路为电压反馈；再将输入端开路，反馈信号不能加到基本放大电路的(两个)输入端(或看输入信号端、反馈信号端、基本放大电路输入端没有公共端)，所以是串联反馈；然后画出输出回路的等效电路：将输入端开路，反馈电阻的一端接地，画出的基本放大电路的输出回路，并标出反馈电压的位置和方向如图6-14(c)所示，由此可以得到其反馈系数为$\dot{F}_{uu}=\frac{R_{e1}}{R_f+R_{e1}}$，所以其深度负反馈增益为

$$\dot{A}_{uuf}=1+\frac{R_f}{R_{e1}} \tag{6-52}$$

(2)电压并联负反馈。

电路原理如图6-15(a)所示，首先判断反馈类型：将输出端短路，反馈信号消失，即该电路为电压反馈；再将输入端开路，反馈信号仍能加到基本放大电路的输入端(或看输入信号端、反馈信号端、基本放大电路输入端有公共端)，所以是并联反馈；然后画出输出回路的等效电路：将输入端开路，画出的基本放大电路的输出回路，并标出反馈电流的位置和方向如图6-15(c)所示，由此可以得到其反馈系数为$\dot{F}_{iu}=\frac{U_f}{U_O}=-\frac{1}{R_f}$，所以其深度负反馈互阻增益为

$$\dot{A}_{uif}=\frac{U}{I}=-R_f \tag{6-53}$$

由于并联反馈放大电路输入阻抗R_{if}很小，当它远远小于信号源内阻R_s时，$\dot{A}_{uufs}=-\frac{R_f}{R_s}$。

(3)电流串联负反馈。

电路原理如图6-16(a)所示，首先判断反馈类型：将输出端短路，反馈信号仍然存在，即该电路为电流反馈；再将输入端开路，反馈信号不能加到基本放大电路的输入端(或看输入信号端、反馈信号端、基本放大电路输入端没有公共端)，所以是串联反馈；然后画出输出回路的等效电路：因串联反馈，则将输入端开路，画出输出回路，在基本放大电路的输出端标出反馈电压的位置和方向如图6-16(c)所示；最后求电路的闭环增益：由图6-16(c)中可以求出其反馈系数为$\dot{F}_{ui}=R_{e1}$，所以其深度负反馈互导增益：$\dot{A}_{iuf}=\frac{1}{R_{e1}}$，参考公式(6-13)可得电压增益：

$$\dot{A}_{uuf}=\dot{A}_{iuf}\cdot(-R'_L)=-\frac{R'_L}{R_{e1}} \tag{6-54}$$

在第2章的公式(2-33)中，当$\beta\gg1$、$r_{be}\ll(1+\beta)R_e$时，其$\dot{A}_{uuf}$的近似结果与本公式相同。

(4)电流并联负反馈。

电路原理图 6-17(a)所示，首先判断反馈类型：将输出端短路，反馈信号仍然存在，即该电路为电流反馈；将输入端开路，反馈信号仍能加到基本放大电路的输入端(或看输入信号端、反馈信号端、基本放大电路输入端有公共端)，所以是并联反馈；然后画出输出回路的等效电路：由于是并联反馈，将输入端短路，画出输出回路，在基本放大电路的输出端标出反馈电流的位置和方向如图 6-17(c)所示；最后求电路的闭环增益：由图 6-17(c)中可以求出其反馈系数为$\dot{F}_{\rm ii}=\dfrac{R_{\rm e2}}{R_{\rm f}+R_{\rm e2}}$，所以其深度负反馈电流增益为$\dot{A}_{\rm iif}=1+\dfrac{R_{\rm f}}{R_{\rm e2}}$，其电压增益可表示为

$$\dot{A}_{\rm uuf}=-(1+\frac{R_{\rm f}}{R_{\rm e2}})\frac{R'_{\rm L}}{R_{\rm if}} \tag{6-55}$$

4. 常见几种集成运放反馈放大电路的增益估算

由于集成运放具有很高的增益，由此组成的反馈放大电路很容易满足深度负反馈的条件：$D=|1+FA|\gg 1$，所以可以运用深度负反馈的方法来估算放大电路的增益，图 6-19(a)、(b)、(c)、(d)是几种常见的几种由集成运放组成的反馈放大电路。

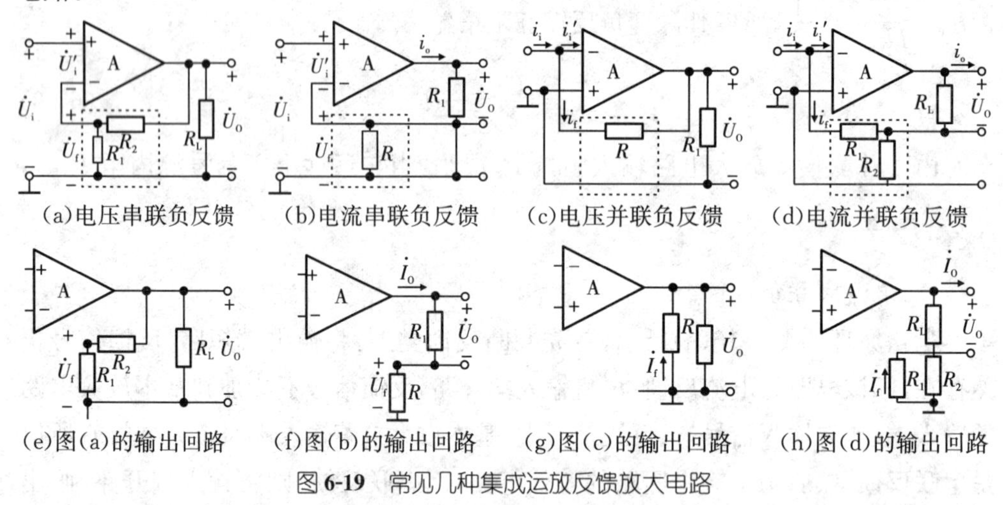
(a)电压串联负反馈　(b)电流串联负反馈　(c)电压并联负反馈　(d)电流并联负反馈

(e)图(a)的输出回路　(f)图(b)的输出回路　(g)图(c)的输出回路　(h)图(d)的输出回路

图 **6-19**　常见几种集成运放反馈放大电路

(1)先确定电路的反馈类型：首先将输出短路，看各图中的反馈信号是否为零，(a)图、(c)图反馈信号消失，是电压反馈，而(b)图、(d)图反馈信号仍然存在，是电流反馈；在将输入端开路($I_{\rm i}=0$)，(a)图、(b)图的反馈信号不能加到基本放大电路的输入端，是串联反馈，(c)图、(d)图的反馈信号仍能加到基本放大电路的输入端，是串联反馈。所以：(a)图所示电路为电压串联负反馈，(b)图所示电路为电流串联负反馈，(c)图所示电路为电压并联负反馈，(d)图所示电路为电流并联负反馈。

(2)画出基本放大电路输出回路的等效电路：对于串联反馈(a)图、(b)图，将输入端开路；对于并联反馈(c)图、(d)图，将输入端短路，画出其对应的基本放大电路

输出回路的等效电路如图(e)(f)(g)(h)所示。(a)图电压串联 U_f、U_o信号,(b)图电流串联 U_f、I_o信号,(c)图电压并联 I_f、U_o信号和(d)图电流并联 I_f、I_o信号,它们的位置和方向分别标在如图(e)(f)(g)(h)上。

(3)计算电路增益:由图(e)中可求得,$\dot{F}_{uu}=\dfrac{U_f}{U_o}=\dfrac{R_1}{R_2+R_1}$,则图(a)的增益为 $\dot{A}_{uu}=\dfrac{1}{F_{uu}}=1+\dfrac{R_2}{R_1}$;由图(f)中可求得,$\dot{F}_{ui}=\dfrac{U_f}{I_o}=R$,则图(b)的增益为 $\dot{A}_{iu}=\dfrac{1}{F_{ui}}=\dfrac{1}{R}$;由图(g)中可求得,$\dot{F}_{iu}=\dfrac{I_f}{U_o}=\dfrac{1}{R}$,则图(c)的增益为 $\dot{A}_{ui}=\dfrac{1}{F_{iu}}=R$;由图(h)中可求得,$\dot{F}_{ii}=\dfrac{I_f}{I_o}=\dfrac{R_2}{R_1+R_2}$,则图(d)的增益为 $\dot{A}_{ii}=\dfrac{1}{F_{ii}}=1+\dfrac{R_1}{R_2}$。由此得到图(a)、(b)、(c)、(d)电路的源电压增益分别为:

$$
\begin{cases}
\dot{A}_{uusf}=\dot{A}_{uuf}=1+\dfrac{R_2}{R_1};\\
\dot{A}_{uusf}=R'_L\dot{A}_{iuf}=\dfrac{R'_L}{R};\\
\dot{A}_{uusf}=\dfrac{1}{R_S}\dot{A}_{uif}=\dfrac{R}{R_S};\\
\dot{A}_{uusf}=\dfrac{R'_L}{R_S}\dot{A}_{iif}=\left(1+\dfrac{R_1}{R_2}\right)\dfrac{R'_L}{R_S}。
\end{cases}
$$

例 6-5　如图例 6-5(a)所示为某一多级反馈放大电路,若其中 $R_f=100\ \text{k}\Omega$,$R_{b2}=1\ \text{k}\Omega$,试用深度负反馈方法求电路的电压增益。

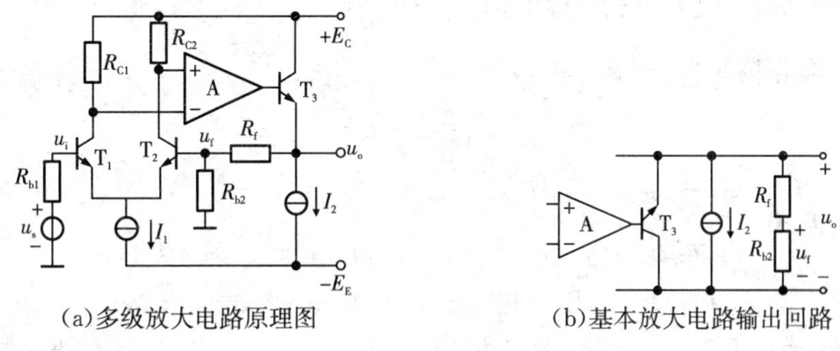

(a)多级放大电路原理图　　(b)基本放大电路输出回路

图例 6-5　多级反馈放大电路

解:对于深度负反馈放大电路,现分为以下几步求解:

(1)首先判断反馈类型:将输出端短路,反馈信号消失,即该电路为电压反馈;再将输入端开路,反馈信号不能加到基本放大电路的(两个)输入端(或看输入信号端、反馈信号端、基本放大电路输入端没有公共端),所以是串联反馈;

(2)画出输出回路的等效电路:将输入端开路,画出基本放大电路的输出回路,并标出反馈电压的位置和方向如图例 6-5(b)所示;

(3)求电路的闭环增益:由图例 6-5(b)中可以求出其反馈系数为 $\dot{F}_{uu}=\frac{R_{b2}}{R_f+R_{b2}}$,所以其深度负反馈增益:$\dot{A}_{uuf}=1+\frac{R_f}{R_{b2}}=1+\frac{100}{1}=101$(倍)。

6.6 负反馈放大电路的稳定性讨论

负反馈可以改善放大电路的性能指标,一般情况下,A 和 F 都是频率的函数,即它们的幅值和相位角都是频率的函数,负反馈引入不当,会引起放大电路自激。为了使放大电路正常工作,必须要研究放大电路产生自激的原因和消除自激的有效方法。当 $|1+\dot{A}\dot{F}|=0$ 时,则 $|\dot{A}_f|=\infty$,即使输入为零,仍有输出信号,这就是说,但是

6.6.1 负反馈放大电路的自激条件

1. 产生自激振荡的原因

根据反馈的基本方程 $\dot{A}_f=\frac{\dot{A}}{1+\dot{A}\dot{F}}$(见公式 6-5),可知当 $|1+\dot{A}\dot{F}|=0$ 时,相当于放大倍数为无穷大,即 $|\dot{A}_f|=\infty$,也就是不需要输入($U_i=0$),放大电路就有输出($U_o\neq0$)。就是说,放大电路在没有输入信号时,也会有输出信号,即电路产生了振荡,放大电路不能正常工作。这种现象称为“自激振荡”。在负反馈放大电路中,自激振荡现象是要设法消除的。

把自激振荡时 $|1+\dot{A}\dot{F}|=0$ 改写为:

$$\dot{A}\dot{F}=-1 \tag{6-56}$$

$$\text{又可写为}\begin{cases}\text{幅度条件} \quad |\dot{A}\dot{F}|=1 \\ \text{相位条件} \quad \varphi_{AF}=\varphi_A+\varphi_F=\pm(2n+1)\pi \qquad n=0,1,2,3,\cdots\end{cases} \tag{6-57}$$

本来 U_f 与 U_i 相位相反,相位相差 $-180°$,而 φ_{AF} 是放大电路和反馈电路的总附加相移,如果出现了附加相移,会使总的相移为 $-360°$,负反馈变为正反馈,同时,幅度条件满足:$|\dot{A}\dot{F}|=1$ 的条件,即放大电路满足 $\dot{A}\dot{F}=-1$ 的自激条件,电路将产生自激。因此,如果要使电路不产生振荡,必须使 $\dot{A}\dot{F}\neq-1$,即当 $|\dot{A}\dot{F}|=1$ 时,$\varphi_{AF}<-180°$,或者当 $\varphi_{AF}=-180°$ 时,$|\dot{A}\dot{F}|<1$。

2. 反馈放大电路的稳定程度

假设某反馈放大电路的环路增益 $\dot{A}\dot{F}$ 幅度频率特性用波特图表示,如图

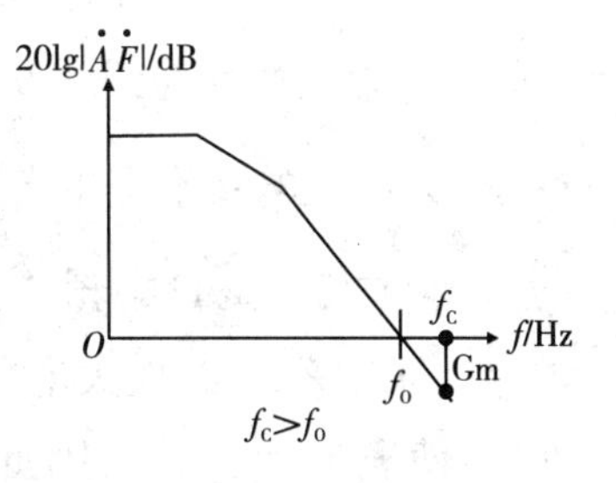

图 6-21　反馈放大电路稳定状态

6-21，图中 f_0 为 $|\dot{A}\dot{F}|=1$（波特图上是以对数表示的坐标）时的频率，f_c 为当 φ_{AF} 达到 $-180°$ 时的频率，此时，$|\dot{A}\dot{F}|$ 的幅度已经下降到 0 电平以下，如果仅改变反馈系数 F 的大小，可以使 $\dot{A}\dot{F}$ 的幅频特性曲线 $|\dot{A}\dot{F}|$ 整体上移或下移，$|\dot{A}\dot{F}|$ 增大时，随着 $\dot{A}\dot{F}$ 幅频曲线上移（或横坐标下移）到 $|\dot{A}\dot{F}|=1$ 时，$20\lg|\dot{A}\dot{F}|=0$ dB这条线与幅频特性的交点称为切割频率 f_0，幅度和相位条件满足自激条件，使电路出现自激状态，把此状态称为自激振荡的临界状态。把 $20\lg|\dot{A}\dot{F}|=0$ dB 这条线称为临界自激线。而 $20\lg|\dot{A}\dot{F}|>0$ 的状态，称为自激状态。

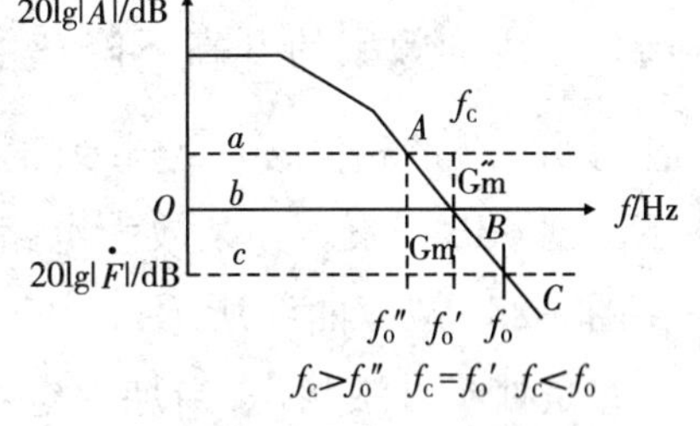

图 6-22　波特图表示调整 F 值

通常情况下，要使电路稳定，在 $20\lg|\dot{A}\dot{F}|=0$ 时，要使 $\varphi_{AF}>-180°$，要有一定的裕量 φ_m，$\varphi_m=180°-|\varphi_{AF}|$，这个 φ_m 称为相位裕度；另一方面，在 $\varphi_{AF}=-180°$ 时，应使 $20\lg|\dot{A}\dot{F}|<0$，要有一定的裕量 $G_m=20\lg|\dot{A}\dot{F}|<0$ dB，这里的 G_m 称为幅度裕度。一般在工程上为了保险起见，相位裕度 $\varphi_m\geq45°$（$AF=1$ 时），幅度裕度 $|G_m|\geq10$ dB（$\varphi_A=-180°$时）。

6.6.2　消除自激的常用方法

1. 减小 F 法

由于在许多情况下，反馈电路是由电阻构成的，所以 $\varphi_F=0°$，则附加相移 $\varphi_{AF}=\varphi_A+\varphi_F=\varphi_A$，转化为求基本放大电路的相移，可以认为 $20\lg|\dot{A}|+20\lg|\dot{F}|=20\lg|\dot{A}\dot{F}|$，即：

$$\varphi_{AF}=\varphi_A+\varphi_F=\varphi_A$$

$$20\lg|\dot{A}\dot{F}|=20\lg|\dot{A}|+20\lg|\dot{F}|$$

如图 6-22 所示，而 F 的变化，相当于横坐标上、下移动，可以通过调整反馈系数 F 的大小，来改变 $\dot{A}\dot{F}$ 的值。具体方法是在 $\dot{A}$ 的波特图上找到 $\varphi_A=-180°$时对应的 f_c，在 f_c 为相移 φ_{AF} 达到 $-180°$时的频率，按照 F 的值上下移动横坐标。如 $20\lg|\dot{F}|=0$，横坐标与 $20\lg|\dot{A}|$ 幅频特性曲线的交点为图中"B"点所示，对应的频率为 f_0'；如 $20\lg|\dot{F}|<0$，相当于横坐标上移 $20\lg|\dot{F}|$ 至 a 的位置，它与

$20\lg|\dot{A}|$幅频特性曲线的交点为图中"A"点所示，对应的频率为 f''_o，此时 $f_c>f_o$，$G''_m<0$，放大电路不产生自激；当 $20\lg|\dot{F}|>0$，相当于横坐标下移 $20\lg|\dot{F}|$至 c 的位置，它与 $20\lg|\dot{A}|$幅频特性曲线的交点为图中"C"点所示，对应的频率为 f_o，此时 $f_c<f_o$，$G''_m>0$，放大电路会产生自激。显然，要使放大电路不产生自激，应减小 F，使横坐标上移。因此，要使放大电路处于稳定状态，则应判断，当 $\varphi_A=-180°$时，是否幅度裕度 $G_m<0$dB，且 $|G_m|\geqslant10$dB，($G_m=20\lg|\dot{A}\dot{F}|$)，如不能满足，可减小 F，使 $20\lg|\dot{F}|$下移，直至满足幅度裕度 $G_m<0$dB，且 $|G_m|\geqslant10$dB 为止。

2. 电容补偿法

还可以通过加补偿电容的方法，使频率特性曲线随频率的升高下降速度加快，可以使得当 $\dot{A}\dot{F}$ 的相位 $\varphi_{AF}=-180°$时，$\dot{A}\dot{F}$ 的幅度下降到 0dB 以下。如某放大电路的幅频特性见图 6-23 中"a"曲线所示，这里 $f_c<f_o$，放大电路是处于自激状态，当加上电容时，而新的幅频特性曲线，设$|\dot{A}\dot{F}|$相位 φ_{AF}达到$-180°$时的频率 f'_c，有 $20\lg|\dot{A}\dot{F}|<0$，有幅度裕度 $G_m<0$，因此电容补偿可使负反馈放大电路消除自激。幅频特性曲线如图 6-23 中"b"曲线所示。

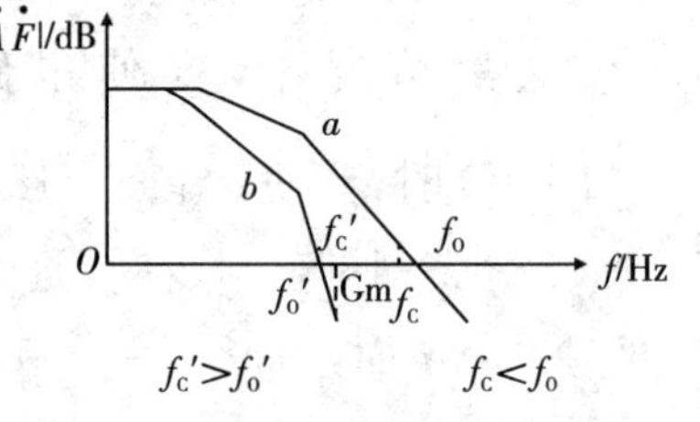

图 6-23　补偿电容的方法防止自激

判断自激的条件可归纳如下：

稳定状态：$f_c>f_0$，即当 $\varphi_A=-180°$时，$G_m<0$ dB($AF<1$)，不满足幅度条件；

自激状态：$f_c\leqslant f_0$，即当 $\varphi_A=-180°$时，$G_m\geqslant0$ dB($AF\geqslant1$)，满足幅度条件，其中 $f_c=f_0$，即当 $\varphi_A=-180°$时，$G_m=0$ dB($AF=1$)为临界状态。

例 6-6　有一个三极点直接耦合开环放大器的频率特性方程式如下：

$$\dot{A}_v=\frac{\dot{U}_o}{\dot{U}_{id}}=\frac{10^5}{(1+j\dfrac{f}{10^4})(1+j\dfrac{f}{10^6})(1+j\dfrac{f}{10^7})}$$

当取反馈系数 F 分别为 10^{-4}、10^{-2}时，试判断放大电路是否可能自激，如果留有一定的幅度裕度，反馈系数取多少合适。

解：先作出 $\dot{A}\dot{F}$、$\dot{A}$ 幅频特性曲线和相频特性曲线，如图例 6-6 所示。根据频率特性方程，放大电路在高频段有三个极点频率 f_{p1}、f_{p2}和 f_{p3}。10^5代表中频电压放大倍数$|\dot{A}|$，相当 100dB。总的相频特性曲线是用每个极点频率的相频特性曲线合成而得到的，相频特性曲线的纵坐标是 $\dot{A}$ 相移 φ_A。

加入负反馈后，放大倍数降低，频带展宽。当反馈系数 $F_3=10^{-1}$，与开环 $\dot{A}$ 波特图交于 E 点，对应的附加相移 $\varphi_A=-225°$，当 $\varphi_A=-180°$时，有 $|\dot{A}\dot{F}|=100\times10^{-1}=10>1$，满足自激的幅度条件，放大电路产生自激；若减小负反馈量，当反馈系数 $F_3=10^{-2}$，与开环 $\dot{A}$ 波特图交于 D 点，对应的附加相移 $\varphi_A=-180°$时，放大电路有 40 dB的增益，$|\dot{A}\dot{F}|=100\times10^{-2}=1$，刚好满足幅度条件，放大电路仍然自激(临界自激)；若取反馈量 $F=0.001$(比 0.01小)，相当于图中的 $M'N'$ 这条线。此时距 MN 这条线有 $G_m=-20$ dB 的裕量，满足 $|G_m|\geqslant10$ dB，电路稳定。

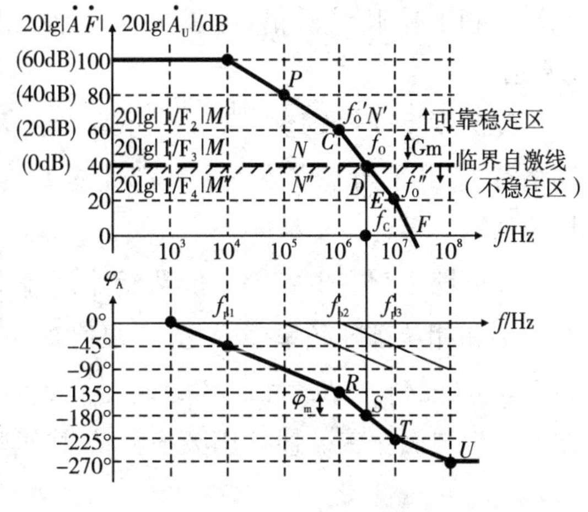

图例 6-6 环路增益波特图

本章小结

1. 反馈的概念：将输出的一部分或全部通过一定方式送回到输入回路的过程称为反馈，通过电路的构成可判断电路有无反馈，通过瞬时极性判别法判断电路是正反馈还是负反馈；通过反馈网络的主要器件类型判断电路是直流反馈还是交流反馈。

2. 负反馈放大电路有四种类型：电压串联负反馈、电压并联负反馈、电流串联负反馈及电流并联负反馈放大电路。四种反馈类型：通过对放大电路输出端短路看是否仍然存在反馈信号，来判断是电压反馈还是电流反馈；通过反馈网络与输入端的连接方式来判断是串联反馈还是并联反馈。

3. 负反馈对放大电路的影响：放大电路的许多性能指标得到了改善，如提高了放大电路增益的稳定性，减小了非线性失真，抑制了干扰和噪声。负反馈使放大电路的闭环增益 A_f减小，$A_f=A/(1+FA)$，负反馈使放大电路的通频带得到了扩展(而增益—带宽积近似是常量)。负反馈对放大电路所有性能的影响程度均与反馈深度$(1+AF)$有关。

4. 反馈放大电路的等效，一般将反馈电路划分为基本放大电路和反馈网络两部分，并分别用 A 和 F 来表示。这种等效通常假设反馈环内的信号是单向传输的。

5. 反馈放大电路的输入输出电阻的计算，串联反馈和并联反馈分别使输入阻

抗提高和下降 $1+FA$ 倍，电流反馈和电压反馈分别使输出阻抗增加和减小 $1+FA$ 倍。

6. 深度反馈：当 $1+FA \gg 1$ 时：$A_f=1/F$，反馈放大电路的放大增益仅和反馈网络有关，几乎与基本放大电路都性能无关，这种方法有利于对反馈放大电路的快速估算。

7. 电路中存在电容等电抗性元件，它们的阻抗随信号频率而变化，因而使 AF 的大小和相位都随频率而变化，当幅值条件 $|AF| \geqslant 1$ 及相位条件 $\varphi_a+\varphi_f=(2n+1)\times180^\circ$（或 $\Delta\varphi_a+\Delta\varphi_f=\pm180^\circ$）同时满足时，电路就会从原来的负反馈变成正反馈而产生自激振荡。通常用频率补偿法来消除自激振荡。

应用与讨论

1. 设计负反馈放大电路时，依据负反馈的上述作用可引入符合设计要求的负反馈，首先选择反馈类型，然后确定反馈系数的大小，再选择反馈网络中的电阻阻值，最后检验设计效果。

2. 有无反馈的判断方法是：看放大电路的输出回路与输入回路之间是否存在反馈网络（或反馈通路），若有则存在反馈，电路为闭环的形式；否则就不存在反馈，电路为开环的形式。

3. 交、直流反馈的判断方法是：存在于放大电路交流通路中的反馈为交流反馈。引入交流负反馈是为了改善放大电路的性能；存在于直流通路中的反馈为直流反馈。引入直流负反馈的目的是稳定放大电路的静态工作点。

4. 反馈极性的判断方法是：瞬时变化极性法，即假设输入信号在某瞬时的极性为（+），再根据各类放大电路输出信号与输入信号间的相位关系，逐级标出电路中各有关点电位的瞬时极性或各有关支路电流的瞬时流向，最后看反馈信号是削弱还是增强了净输入信号，若是削弱了净输入信号，则为负反馈，反之则为正反馈。实际放大电路中主要引入负反馈。

5. 电压、电流反馈的判断方法是：输出短路法，即设 $R_L=0$（或 $U_o=0$），若反馈信号 X_f 不存在了，则是电压反馈；若反馈信号 X_f 仍然存在，则为电流反馈。电压负反馈的输出电阻小，能稳定输出电压，电流负反馈输出电阻大能稳定输出电流。

6. 串联、并联反馈的判断方法是：将反馈放大电路输入端开路，看是否仍有静输入信号，若 X_i' 仍然存在，则为并联反馈；否则，则为串联反馈。为了使负反馈的效果更好，当信号源内阻较小时，宜采用串联负反馈；当信号源内阻较大时，宜采用并联负反馈。

7. 反馈放大电路的等效：在基本放大电路的输入回路等效时，不考虑反馈信号（电

压反馈令 $U_o=0$，电流反馈令 $I_o=0$）；基本放大电路输出回路等效时，令输入端经过对输出端的影响为零（串联反馈令入端开路，并联反馈令入端短路），考虑反馈网络在输入、输出回路的负载效应，反馈网络的等效可以在输出回路中标出，这样，A 和 F 可以分别计算，然后根据反馈放大电路的性质，计算反馈电路的增益。

8. 先根据等效的基本放大电路求出其输入、输出电阻，再根据反馈类型确定的 R_{if} 与 R_i、R_{of} 与 R_o 的关系，计算出 R_{if}、R_{of}。求输出电阻 R_{of} 用到的 A 应是 $R'_L=\infty$（输出端开路）、$U_s=0$（输入端的信号源短路）时的值 A_{os}。

9. 深度负反馈：先画出基本放大电路的输出回路等效电路（对串联反馈，令入端开路，并联反馈，令入端短路），再求 $F=X_f/X_o$，即可求出 A_f。

10. 电压增益的转换：由于反馈放大电路的闭环增益 A_f 的量纲由反馈类型来确定，在实际应用中如果需要的是电压增益，除电压串联负反馈类型的增益，其他三种形式的增益都需要进行变换，近似的变换方法是，电压并联：$A_{uf}=A_f/R_s$，电流串联：$A_{uf}=A_fR'_L$，电流并联：$A_{uf}=A_fR'_L/R_s$。

习 题 6

6-1　在图题 6-1 所示的各电路中，哪些元件组成了级间反馈通路？它们所引入的反馈是正反馈还是负反馈？是直流反馈还是交流反馈（设各电路中电容的容抗对交流信号均可忽略）？

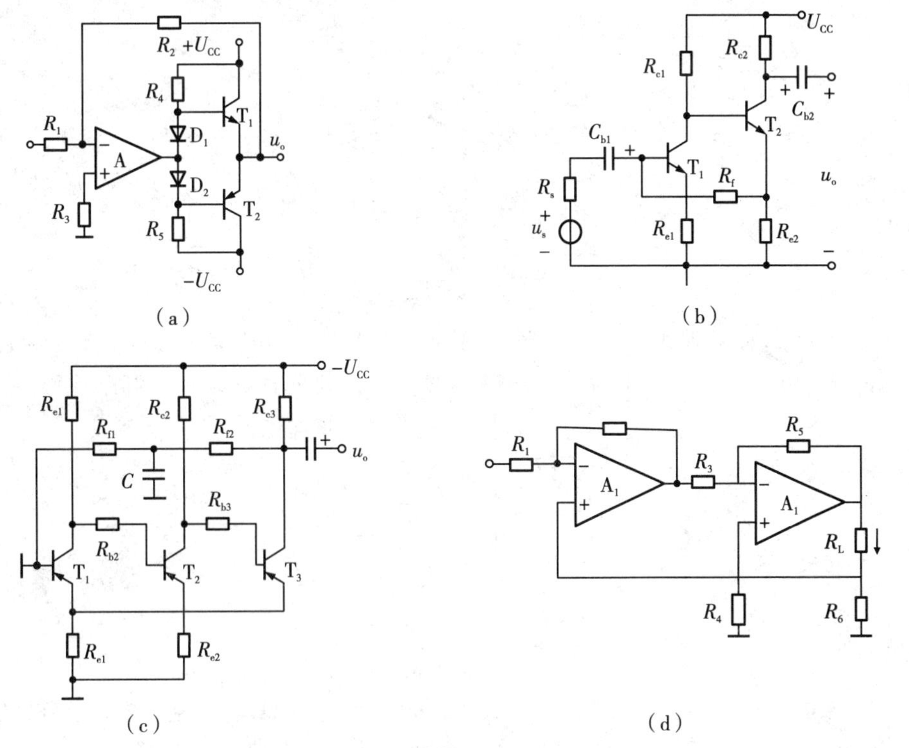

图题 6-1

6-2 试判断图题 6-1 所示各电路中级间交流反馈的组态。

6-3 电路如图题 6-1 所示。(1)分别说明由 R_n、R_a 引入的两路反馈的类型及各自的主要作用;(2)指出这两路反馈在影响该放大电路性能方面可能出现的矛盾是什么?(3)为了消除上述可能出现的矛盾,有人提出将 R_a 断开,此办法是否可行?为什么?你认为怎样才能消除这个矛盾?

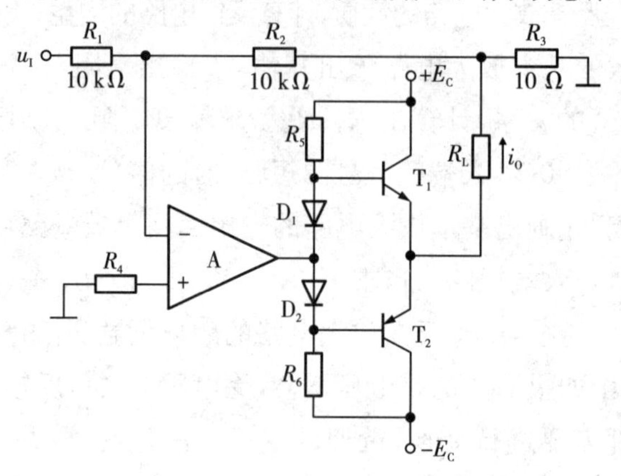

图题 **6-4**

6-4 设图题 6-5 所示电路中运放的开环增益 A_U 很大。(1)指出所引反馈的类型;(2)写出输出电流 i_o 的表达式;(3)说明该电路的功能。

6-5 由集成运放 A 及晶体管 T_1、T_2 组成的放大电路如图题 6-5 所示,试分别按下列要求将信号源 U_s、电阻 R_f 正确接入该电路。(1)引入电压串联负反馈;(2)引入电压并联负反馈;(3)引入电流串联负反馈;(4)引入电流并联负反馈。

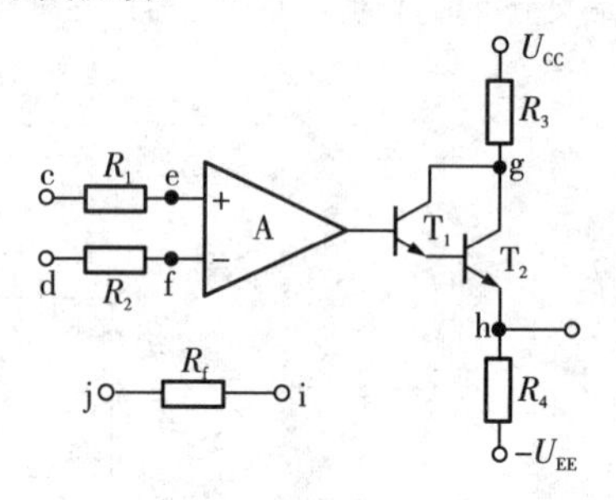

图题 **6-5**

6-6 某反馈放大电路的方框图如图题 6-6 所示,已知其开环电压增益 $A=2000$,反馈系数 $F=0.049\ 5$。若输出电压 $U_o=2$ V,求输入电压 U_i、反馈电压 U_f 及净输入电压 U_i' 的值。

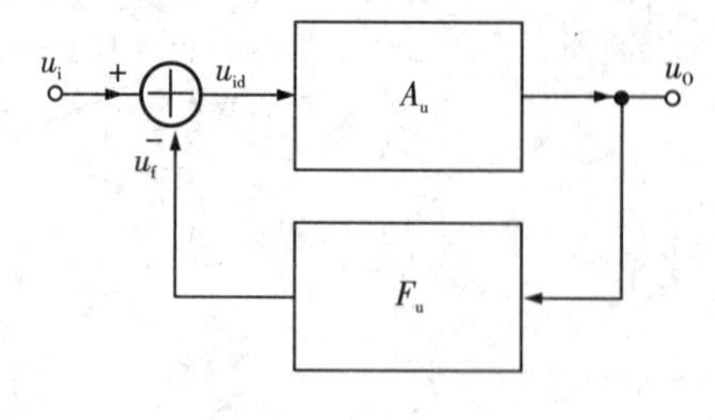

图题 **6-6**

6-7 某电流并联放大电路的 $A_{uu}=106$,$R_i=47$ kΩ,$R_o=5.1$ kΩ,求反馈系数 F、闭环电压增益 A_{uuf}。

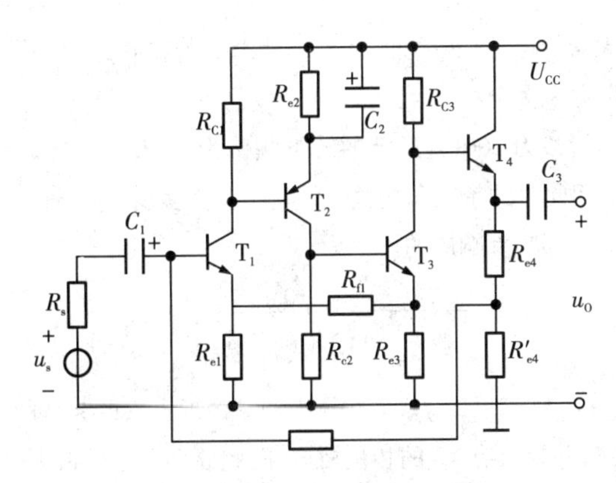

图题 **6-10**

6-8　一放大电路的开环电压增益为 $A=104$，当它接成负反馈放大电路时，其闭环电压增益为 $A_f=50$，若 A_o 变化 10%，问 A_f 变化多少？

6-9　负反馈放大电路的反馈系数 $F=0.01$，试绘出闭环电压增益 A_{uf} 与开环电压增益 A_{vo} 之间的关系曲线，设 A_{uo} 在 1 与 1000 之间变化。

6-10　图题 6-10 所示各电路中，哪些电路能稳定输出电压？哪些电路能稳定输出电流？哪些电路能提高输入电阻？哪些电路能降低输出电阻？

6-11　电路如图题 6-11 所示。(1)指出由 R_f 引入的是什么类型的反馈；(2)若要求既提高该电路的输入电阻又降低输出电阻，图中的连线应作哪些变动？(3)连线变动前后的闭环电压增益 A_o 是否相同？估算其数值。

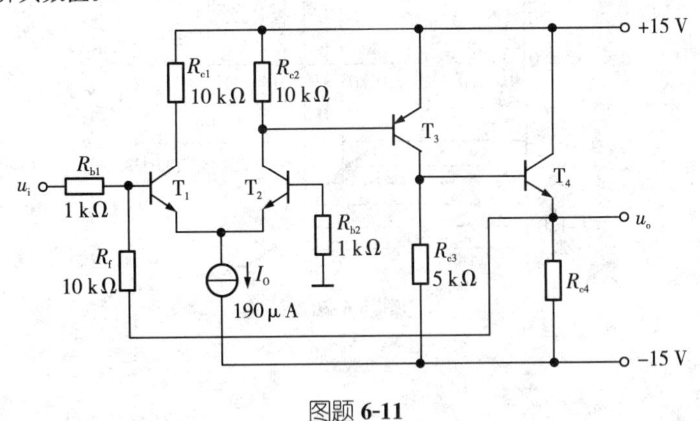

图题 **6-11**

6-12　电路如图 6-10 所示，试近似计算它的闭环电压增益并定性地分析它的输入电阻和输出电阻。

6-13　电路如图题 6-1(a)、(b)、(c)、(d)所示，试在深度负反馈的条件下，近似计算它们的闭环增益和闭环电压增益。

6-14　试近似计算图题 6-10 所示电路的闭环互阻增益 A_f，设 R_s 的值很高。

6-15　设计一个反馈放大电路，用以放大麦克风的输出信号。已知麦克风的输出信号是 10 mV，输出电阻 $R_s=5$ kΩ。要求该放大电路的 $U_o=0.5$ V，$R_{of}=75$ Ω。所用运算放大器的 $R_i=10$ kΩ，$R_o=100$ Ω，低频电压增益 $A_u=10^4$。

6-16　试设计一个 $A_{if}=10$ 的负反馈放大电路，用于驱动 $R_o=50$ Ω 的负载。它由一个内阻 $R_o=10$ kΩ 的电流源提供输入信号 i，所用运算放大器的参数同题 6-15。

6-17 设某运算放大器的增益—带宽积为 4×10^5 Hz，若将它组成一同相放大电路时，其闭环增益为 50，问它的闭环带宽为多少？

6-18 一运放的开环增益为 106，其最低的转折频率为 5 Hz。若将该运放组成一同相放大电路，并使它的增益为 100，问此时的带宽和增益—带宽积各为多少？

6-19 某集成运放的开环频率响应的表达为

$$A=\frac{10^5}{\left(1+\mathrm{j}\frac{f}{f_{H1}}\right)\left(1+\mathrm{j}\frac{f}{f_{H2}}\right)\left(1+\mathrm{j}\frac{f}{f_{H3}}\right)}$$

其中 $f_{H1}=1$ MHz，$f_{H2}=10$ MHz，$f_{H3}=50$ MHz。(1)画出它的波特图；(2)若利用该运放组成一电阻性负反馈放大电路，并要求有 45°的相位裕度，问此放大电路的最大环路增益为多少？(3)若用该运放组成一电压跟随器，能否稳定地工作？

6-20 设某运放开环频率响应如图题 6-20 所示。若将它接成一电压串联负反馈电路，其反馈系数 $F=R/(R_1+R_2)$。为保证该电路具有 45°的相位裕度，试问 F 的变化范围为多少？环路增益的范围为多少？

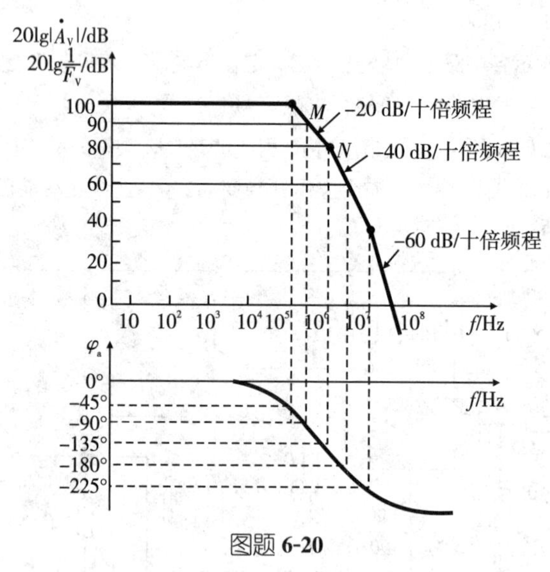

图题 6-20

模拟集成运放的应用

学习要求

1. 掌握比例、求和、积分等基本运算电路和了解对数、反对数电路的工作原理和输入输出关系；

2. 熟悉有源滤波、采样保持、电压比较、电压一电流转换等电路的工作原理和对信号的处理作用；

3. 了解矩形波、锯齿波等波形发生电路的特点和工作原理。

运算放大电路多应用于模拟信号的运算电路中，运用范围非常广泛，本章仅对运算放电路在信号的运算、信号的处理和非正弦波形的发生等几个方面作介绍，以便掌握该应用电路的基本分析方法，为今后开展集成运放的应用工作打下基础。

本章通过对加、减、乘、除、积分、微分运算，有源滤波器，电压—电流转换，信号整形，振荡电路等电路的介绍，加强对各种应用电路分析和理解。运算放大电路可以工作在线性区，也可以工作在非线性区；很多情况下，集成运放可看成是理想运算放大器，这在实际应用电路中是允许而且是有效的。

7.1 概述

集成运放最早应用于信号的运算，随着集成运放各项技术指标不断改善，价格日益低廉，使得集成运放广泛用于信号的运算、处理、变换和测量以及产生各种正弦或非正弦的信号等，不仅在模拟电子技术中被普遍采用，而且在脉冲数字电路中也得到日益广泛的应用。

对于种类繁多、形式各异的运放应用电路，有时在分析它们的工作原理时，先把集成运放看成理想器件，引入“虚短”和“虚断”的概念，这在第5章第3节已有描述，把集成运放作为线性放大电路来使用，即集成运放工在线性区。

1. 线性区

当集成运放工作在线性区时，作为一个线性放大的输出信号和输入信号之间满足公式(5-46)的关系，即：$u_O=f(u_P-u_N)$，集成运放的电压传输特性如图5-31

(b)所示,通常集成运放的开环放大倍数 A_{od} 很大,当引入深度的负反馈时,运放的净输入非常小,可保证输出压不超出线性范围。

①理想运算放大电路的同相输入端与反相输入端电位相等。因为理想运放的开环放大倍数 $A_{od}=\infty$,可以得到在线性范围内运放的差动输入电压为

$$u_P=u_N \tag{7-1}$$

即"虚短"。其中 u_P、u_N 分别为运放的同相输入端和反相输入端的电压。

②理想运放的输入电流等于零。因为理想运放的输入电阻 $r_{id}=\infty$,所以在运算放大电路的同相输入端和反相输入端都没有电流流入,即得到

$$i_P=i_N=0 \tag{7-2}$$

即"虚断"。其中 i_P、i_N 分别为流向运放的同相输入端和反相输入端的电流。

公式(7-1)、(7-2)是两个重要结论,运用这两个结论可大大简化运放应用电路的分析过程。由于大多数应用电路中的集成运放都工作在线性区,因此对这两个结论必须牢固掌握,并要求能用以分析具体的电路。

当然,实际上由于 A_{od} 和 r_{id} 并不是无穷大,因此 u_P 和 u_N 不可能完全相等,而有一个微小的差值;输入电流 i_P 和 i_N 也不可能完全等于零。对于实际的运放,A_{od} 愈大,r_{id} 愈高,则式(7-1)和(7-2)的误差愈小。

2. 非线性区

当集成运放的工作范围超出线性区时,输出和输入电压之间不再满足公式(5-46)的关系,即 $u_O\neq f(u_P-u_N)$。由于 A_{od} 值很大,如运放处在开环工作状态(即未接深度负反馈),甚至接入正反馈时,只要输入端加上很小的电压变化量,其输出电压立即超出线性放大范围,达到正向饱和电压 U_+ 或负向饱和电压 U_-,而 U_+ 或 U_- 在数值上接近于运放的正负电源电压,因此,理想运放工作在非线性区时,有如下两点结论。

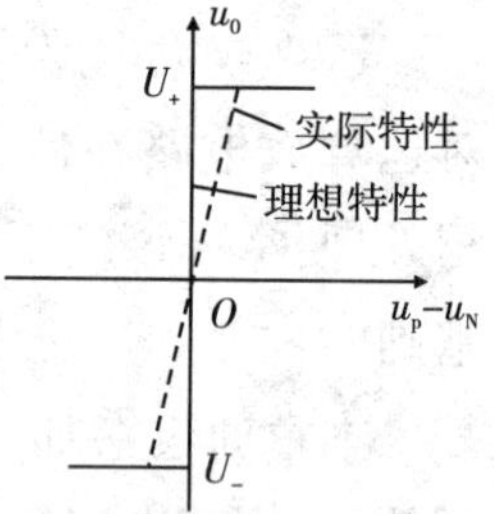

图7-1 运放工作在非线性区时的输入输出特性

①输出电压 u_o 只有两种可能的状态,即等于 U_+ 或 U_-;而输入电压 u_P 与 u_N 不一定相等。

$$\begin{cases}当\ u_P>u_N时,u_o=U_+\\ 当\ u_P<u_N时,u_o=U_-\end{cases} \tag{7-3}$$

$u_P=u_N$ 点是两种状态的转换点。如图 7-1 理想运放的输入输出特性中实线所示。

②运放的输入电流等于零。由于理想运放的 $r_{id}=\infty$,虽然 $i_P\neq i_N$ 输入电流仍然为零。

实际的运放 $A_{od}\neq\infty$,当输入电压 u_P 和 u_N 的差值很小,经放大 A_{od} 倍后,u_o 仍小于

饱和电压值U_+(或$|U_-|$)时，运放的工作范围尚在线性区内。所以，在实际的输入输出特性上，从U_-转换到U_+时，中间有一个线性放大的过渡范围，(如图 7-1 中虚线所示)。接入正反馈可以加速转换过程，使输入输出特性更接近于理想特性。

总之，分析运放的应用电路时，首先将集成运放当作理想运算放大器，以便抓住主要矛盾，忽略次要因素；然后判断其中的集成运放是否工作在线性区。在此基础上分析具体电路的工作原理，其他问题也就迎刃而解了。

例 7-1　如模拟集成运放电路 F007 的开环增益为 100 dB，即开环放大倍数 $A_{od}=10$，当它工作在线性区时，若要使输出电压 $u_o=10\ V$，输入电阻 $r_{id}=2\ M\Omega$，则实际的输入端电压和电流是多少？

解：差动输入电压为

$$u_P=u_N=\frac{u_o}{A_{od}}=\frac{10}{10^5}=0.1\ mV$$

输入电流为

$$i_P=-i_N=\frac{u_P-u_N}{r_{id}}=\frac{0.1\times10^3}{2\times10^6}=0.05\times10^{-9}=0.05\ nA$$

即实际的输入电压为 0.1 mV，输入电流 0.05 nA。

通过此例子可以看出，运放的差动输入电压和输入电流都很小，与电路中输出端电量相比可以忽略不计，因此，在实际分析放大电路时，将其中的运算电路看成理想器件是允许的。

7.2　在信号运算方面的应用

运算放大器的应用，最早开始于模拟量的运算，由于它具有体积小、灵活性大、省电、寿命长等优点，很快就被各方面所注意并加以利用。尤其在实时控制和物理量的测量方面，模拟运算仍有其优越性。

用集成运放实现的基本运算有比例、求和、积分、微分、对数、指数、乘法和除法，等等。对模拟量进行上述运算时；要求输出信号反映输入信号的某种运算结果，由此可以想到，输出电压将在一定的范围内变化，而不能只有U_+和U_-两种状态。因此集成运放须工作在线性区，此时式(7-1)和(7-2)表示的两条重要结论是适用的。为了保证运放工作在线性区，从随后将要介绍的电路中可以看到，电路中都引入了深度的负反馈。

7.2.1　比例运算放大电路

比例运算放大电路包括反相比例、同相比例和差动比例三种基本运算电路，是运算电路的基础。下面根据理想运算放大器工作在线性区时的两条重要结论，来分析三种比例运算放大电路的工作原理。

1. 反相比例运算电路

(1)电路组成。

如图 7-2 所示,输入电压 u_i经过电阻 R_1 接到集成运放的反向输入端,运放的同向输入端经 R_2电阻接地。输出电压 u_o将反馈电阻 R_f引回到反向输入端。

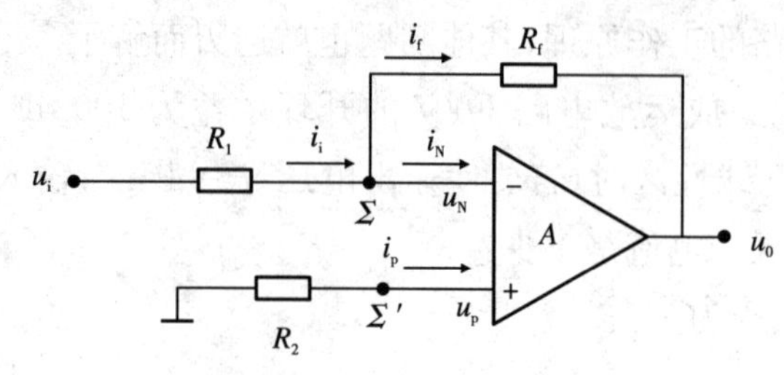

图 7-2　反相比例运算电路

集成运放的反相输入端和同相输入端,是运放输入级两个差分对管的基极,为使差分放大电路的参数保持对称,应使两个差分对管基极对地的电阻尽量一致,以免静态基极电流流过这两个电阻时,在运放输入端产生附加的偏差电压。因此,通常选择 R_2的阻值为

$$R_2=R_1/\!/R_f$$

即同向输入端所接的电阻 R_2为电路的平衡电阻。

(2)工作原理。

反相比例运算电路中反馈的组态是电压并联负反馈,集成运放工作在线性区,利用在第 5 章(5.3.3)中提到的“虚短”和“虚断”的概念,来分析反相比例运算电路的输出输入关系。

①电压放大倍数:由于“虚断”,可得 $i_P=i_N=0$,即 R_2上没有压降,又根据流入 u_P节点的电流$\sum i=0$,则

$$\begin{cases}u_P=0\\ i_i=i_f\end{cases} \tag{7-4}$$

又因“虚短”,可得 $u_P=u_N=0$, 根据上式中 $i_i=i_f$,可得

$$\frac{u_P-u_N}{R_1}=\frac{u_N-u_o}{R_f}$$

因 $u_N=0$,所以反相比例运算电路的输出电压与输入电压的关系为:$u_o=-\frac{R_f}{R_1}u_i$,所以可得电压放大倍数

$$A_{od}=\frac{u_o}{u_i}=-\frac{R_f}{R_1} \tag{7-5}$$

②输入电阻:

$$R_i=\frac{u_i}{i_i}=\frac{u_i-0}{i_i}=R_1 \quad (7\text{-}6)$$

②输入电阻：$R_0=$?

(3)电路特点。

反相比例运算放大电路特点：(1)运放两个输入端电压相等并等于 0，故没有共模输入信号，这样对运放的共模抑制比没有特殊要求。(2)$u_P=u_N=0$，而 $u_P=0$，反相端没有真正接地，故称虚地点。(3)电路在深度负反馈条件下，电路的输入电阻为 R_1，输出电阻近似为零。

(4)几点结论。

①反相比例运算电路实际上是一个深度的电压并联负反馈电路。在理想情况下，反相输入端∑点电位等于零，称为虚地。因此加在集成运放输入端的共模输入电压极小。

②电压放大倍数 $A_f=-\frac{R_f}{R_1}$，即输出电压与输入电压的幅值成正比，但相位相反。也就是说，电路实现了反相比例运算。比值$|A_f|$决定于电阻 R_f和 R_1之比，而与集成运放内部各项参数无关。只要 R_f和 R_1的阻值比较精确而稳定，就可以得到比较准确的比例运算关系。比值$|A_f|$可以大于 1，也可以小于 1。当 $R_f=R_1$时，$A_f=-1$，称为单位增益倒相器。

③由于引入了深度电压并联负反馈，因此电路的输入电阻不高，输出电阻很低。

2. 同相比例运算电路

(1)电路组成。

同相输入时，信号 u_i接至同相输入端，但为了保证电路稳定工作，反馈仍须接到反相输入端，如图 7-3 所示。此时电路引入了一个电压串联负反馈。在同相比例运算的实际电路中，也应使 $R_2=R_1 /\!/ R_f$，以保持两个输入端对地的电阻相等。

(2)工作原理。

①电压放大倍数：必须注意，在图 7-3 中，根据虚短、虚断的概念有

$$u_P=u_N=u_i$$

即反相输入端∑、同相输入端∑'的电位不等于零。由此可见，同相运算的特点是集成运放输入端的输入电压比较高，不存在虚地现象。但∑与_∑'两点可以看成虚短路。

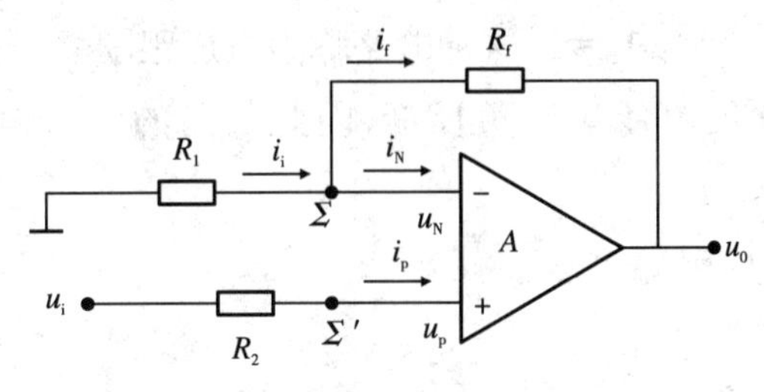

图 7-3　同相比例运算电路

由图 7-3 可知

$$u_P=\frac{R_1}{R_1+R_f}u_o$$

而 $u_N=u_i$，又因为 $u_P=u_N$，所以

$$\frac{R_1}{R_1+R_f}u_o=u_i$$

由上式可求得电压放大倍数为

$$A_{od}=\frac{u_o}{u_i}=1+\frac{R_f}{R_1} \tag{7-7}$$

②输入电阻：根据电压串联负反馈时的特点，由图 7-3 可知，同相比例运算电路的输入电阻为

$$R_i=R_2+(1+A_{od}F)r_{id}+(R_1 /\!/ R_f)\approx(1+A_{od}F)r_{id} \tag{7-8}$$

式中 A_{od} 为集成运放的开环电压放大倍数；$F=R_1/(R_1+R_f)$ 是反馈系数；r_{id} 是集成运放的差模输入电阻。

③输出电阻：$R_0=$？

(3)电路特点。

同相比例运算放大电路的特点有：

①输入电阻很高，输出电阻很低。

②由于 $u_i=u_P=u_N$，电路不存在虚地，且运放存在共模输入信号，因此要求运放有较高的共模抑制比。

(4)几点结论。

①同相比例运算放大电路是一个深度的电压串联负反馈放大电路。因为 $u_+=u_-=u_i$，所以不存在虚地现象，在选用集成运放时要考虑到输入端具有较高的共模输入电压。

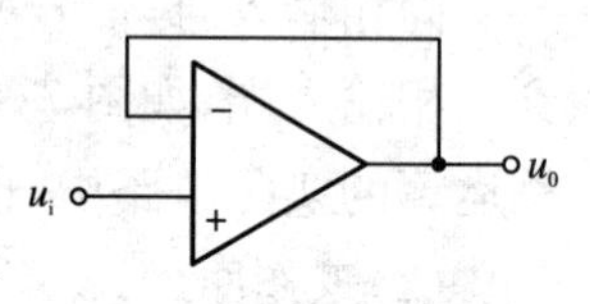

图 **7-4** $\boldsymbol{A_f=1}$ 时的同相比例运算电路

②电压放大倍数 $A_f=1+R_f/R_1$，即输出电压与输入电压的幅值成正比，且相位相同。也就是说，电路实现了同相比例运算。比值 A_f 也只取决于电阻 R_f 和 R_1 之比，而与集成运放的内部参数无关，所以比例运算的精度和稳定性主要取决于电阻 R_f 和 R_1 的精确度和稳定度。一般情况下，A_f 值恒大于 1。当 $R_f=0$ 或 $R_1=\infty$ 时，$A_f=1$，这种电路称为电压跟随器。如图 7-4 所示。

③由于引入了深度电压串联负反馈，因此电路的输入电阻很高，输出电阻很低。

3. 差动比例运算电路

(1)电路组成。

在图 7-5 中，输入电压 u_i 和 u_i' 分别加到运放的两个输入端，随后将要证明，电

路的输出电压 u_o 与两个输入电压之差成正比，所以称为差动比例运算电路。为了保证运放的输入端处于平衡工作状态，应使两个输入端对地的电阻相等；同时为了降低共模增益，通常使

$$R_1=R_1'$$

$$R_f=R_f'$$

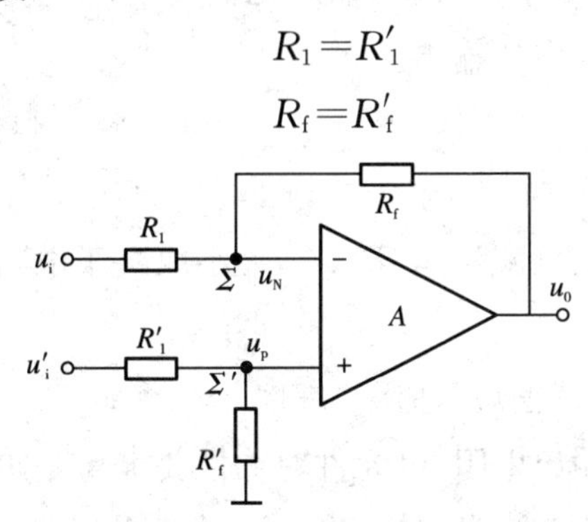

图 7-5　差动比例运算电路

(2)工作原理。

在理想条件下，由于集成运放输入电流为零，利用叠加定理可求得反相输入端 Σ 点的电位为

$$u_P=\frac{R_f}{R_1+R_f}u_i+\frac{R_1}{R_1+R_f}u_o$$

而同相输入端 Σ'点的电位为

$$u_N=\frac{R_f'}{R_1'+R_f'}u_i'$$

根据虚短概念有 $u_+=u_-$，

所以$\frac{R_f}{R_1+R_f}u_i+\frac{R_1}{R_1+R_f}u_o=\frac{R_f'}{R_1'+R_f'}u_i'$。

当满足条件 $R_1=R_1'$，$R_f=R_f'$ 时，整理上式，可得

$$u_o=-\frac{R_f}{R_1}(u_i-u_i')$$

则电压放大倍数为

$$A_f=\frac{u_o}{u_i-u_i'}=-\frac{R_f}{R_1} \tag{7-9}$$

在电路元件对称的条件下，差动比例运算电路的输入电阻为

$$R_i=2R_1 \tag{7-10}$$

由式(7-9)可知，电路的输出电压 u_o 与两个输入电压之差 u_P-u_N 成正比，实现了差动比例运算。其比值$|A_f|$同样决定于电阻 R_f 和 R_1 之比，而与集成运放内部参数无关。由以上分析还可以知道，运放的两个输入端 Σ 和 Σ′点加有较高的共模输入电压，电路中不存在虚地现象。

(3)电路特点。

①差分式放大电路的缺点是存在共模输入电压。因此为保证运算精度应当选择共模抑制比较高的集成运放。

②对元件的对称性要求比较高，如果元件失配，不仅在计算公式中将带来附加误差，而且将产生共模电压输出。

③输入阻抗不高。

(4)几点结论。

①实现差分比例运算(减法运算)，A_{of}大小取决于电阻R_f和R_1之比，与集成运放内部参数无关。

②共模输入电压高，“虚短”，但不“虚地”。

③输入电阻不高，输出电阻低，元件对称性要求高。如果元件失配，不仅给计算结果带来误差，而且将产生共模电压输出，降低共模抑制比。可以用多个集成运放构成性能更好的差分式放大电路。

④差分式放大电路也广泛应用于检测仪器中。

4. 三种比例运算电路性能特点比较

三种比例运算电路性能各有特点，而三种电路的输出电阻都很低，便于和后面要连接的电路相匹配，这是他们的共同优点。在设计运算电路时还要注意其他性能，如放大倍数、输入电阻等，具体性能特点列于表 7-1。

表 7-1　三种比例运算电路的比较

	反相输入	同相输入	差分输入
电路组成	要求：$R_2=R_1 /\!/ R_f$ 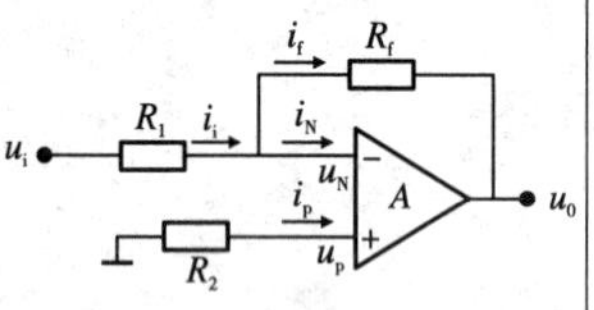	要求：$R_2=R_1 /\!/ R_F$ 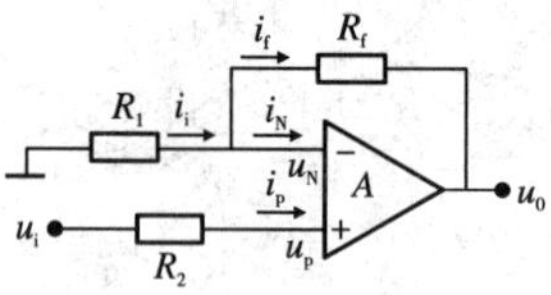	要求：$R_1=R_1'$，$R_f=R_f'$ 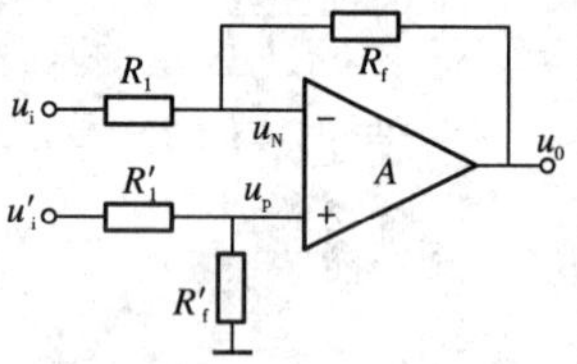
电压放大倍数	u_o与u_i反相， $\lvert A_{uf}\rvert$大于1，等于1，或小于1	u_o与u_i同相 A_{uf}大于或等于1	(当$R_1=R_1'$、$R_f=R_f'$时)
R_{if}	$R_{if}=R_1$ 不高	$R_{if}=(1+A_{od}F)R_{id}$ 高	$R_{if}=2R_1$ 不高
R_o	低	低	低
性能特点	反相比例运算； 电压并联负反馈； “虚地”，共模输入电压低 输入电阻不高； 输出电阻低。	同相比例运算； 电压串联负反馈； “虚短”但不“虚地”，共模输入电压高；输入电阻高； 输出电阻低。	差分比例运算(即减法运算)； “虚短”但不“虚地”，共模输入电压高；输入电阻不高； 输出电阻低； 元件对称性要求高。

7.2.2 求和运算

求和电路的输出量反映多个模拟输入量相加的结果。用运放实现求和运算时，可以采用反相输入方式，也可以采用同相输入或双端输入的方式。可以在反相运算或同相运算放大电路的基础上，在其输入端增加一些支路，即可构成反相或同相输入求和电路。

1. 反相输入求和电路

图 7-6 示出了有三个输入信号（代表三个变量）的情况，是在反相比例运算电路的基础上，增加了两个输入支路构成的三输入端反相输入求和电路。

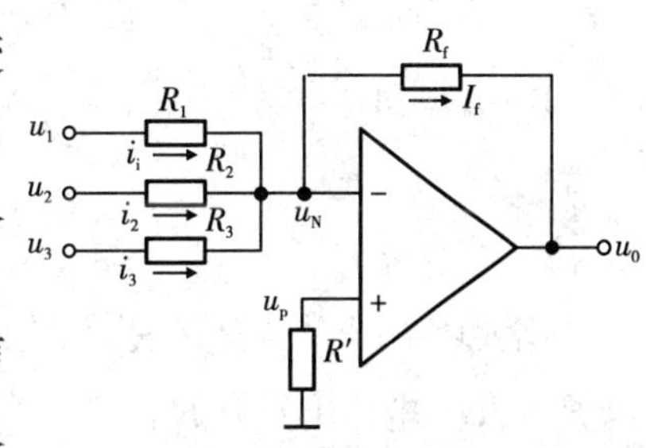

图 7-6　反相求和运算电路

根据虚短和虚断的概念，此时三个输入信号电压产生的电流都流向 R_f，由于从 u_N 点流入集成运放的电流等于零，因此

$$i_1+i_2+i_3=i_f$$

又因为 u_P 点为虚地，故上式可写成

$$\frac{u_{i1}}{R_1}+\frac{u_{i2}}{R_2}+\frac{u_{i3}}{R_3}=-\frac{u_o}{R_f}$$

或

$$\begin{aligned}u_o&=-(i_1+i_2+i_3)R_f\\&=-\left(\frac{u_{i1}}{R_1}+\frac{u_{i2}}{R_2}+\frac{u_{i3}}{R_3}\right)R_f\\&=-\left(\frac{R_f}{R_1}u_{i1}+\frac{R_f}{R_2}u_{i2}+\frac{R_f}{R_3}u_{i3}\right)\end{aligned}\tag{7-11}$$

当 $R_1=R_2=R_3=R$ 时，则公式(7-11)成为

$$u_o=-\frac{R_f}{R}(u_{i1}+u_{i2}+u_{i3})\tag{7-12}$$

当 $R=R_f$ 时，输出等于三输入反相之和。即

$$u_o=-(u_{i1}+u_{i2}+u_{i3})\tag{7-13}$$

按照同样的原则，输入端也可扩充到四个或五个，等等。

若想消除上式中的负号，可在图 7-6 的输出端再接入一级反相电路，则可以实现完全符合常规意义上的算术加法。

根据上面的分析可以看出，反相输入求和电路的实质是利用Σ点虚地和输入电流为零的特点，通过电流相加的方法实现电压相加。

2. 同相输入求和电路

图 7-7 示出了输入求和信号加到同相端的情况。设到同相端的电流可以忽略，

即在同相比例运算电路的基础上，增加两个输入支路，就构成了三输入端同相输入求和电路，如图 7-7 所示。因运放具有虚断的特性，根据节点电流法进行计算，即流入任一节点电流的代数和等于零的原理(即$\sum i=0$)，列出节点电流方程，则有

$$\frac{u_{i1}-u_P}{R'_1}+\frac{u_{i2}-u_P}{R'_2}+\frac{u_{i3}-u_P}{R'_3}=\frac{u_P}{R'}$$

$$u_P=R_p\left(\frac{u_{i1}}{R'_1}+\frac{u_{i2}}{R'_2}+\frac{u_{i3}}{R'_3}\right)$$

其中 $R_p=R'/\!/R'_1/\!/R'_2/\!/R'_3$

则 $u_o=(1+\frac{R_f}{R_1})u_o=(1+\frac{R_f}{R_1})R_p(\frac{u_{i1}}{R'_1}+\frac{u_{i2}}{R'_2}+\frac{u_{i3}}{R'_3})$ (7-14)

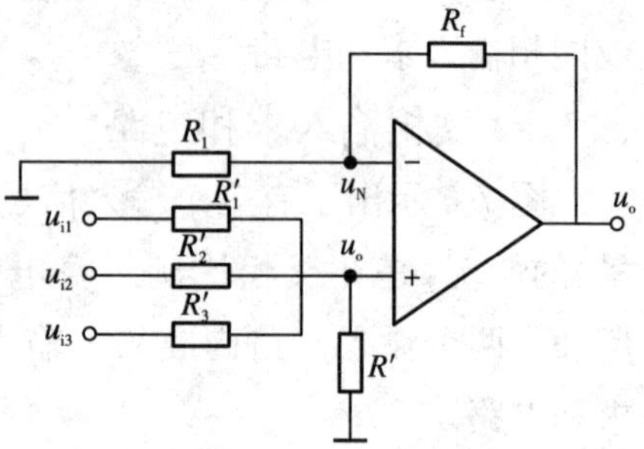

图 7-7 同相求和运算电路

当式中 $R_p=R'/\!/R'_1/\!/R'_2/\!/R'_3$，$R_n=R_f/\!/R_f$。当 $R_p=R_n$，电路中只有 R'_1、R'_2、R'_3 时，有

$$u_o=u_{i1}+u_{i2}+u_{i3} \tag{7-15}$$

公式(7-15)虽然在形式上和式(7-13)相似(由于是同入所以没有负号)，但是由于 R_p 和每一个输入回路的电阻都有关系，所以在调节某一回路的电阻值(以满足某一给定系数)时，将影响其他回路的比值，因此要反复调节才能确定，这给调试工作带来了不方便。

3. 双端输入求和电路

双端输入也称差分输入，将图 7-6 和图 7-7 合并在一起，就可以实现输入信号的加减，双端输入求和运算电路如图 7-8 所示。其输出电压表达式的推导方法与同相输入运算电路相似。利用 $u_P=u_N$ 的概念并忽略运放的输入电流则有

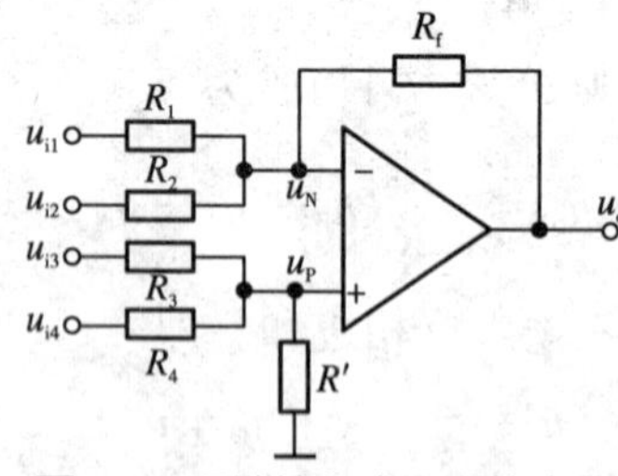

图 7-8 双端输入求和运算电路

$$\begin{cases}\dfrac{u_{i1}-u_N}{R_1}+\dfrac{u_{i2}-u_N}{R_2}=\dfrac{u_N-u_O}{R_f}\\[2ex]\dfrac{u_{i3}-u_P}{R_3}+\dfrac{u_{i4}-u_P}{R_4}=\dfrac{u_P}{R'}\end{cases}$$

将上式联立求解即得

$$u_o=\frac{R_f}{R_n}\left(\frac{R_p}{R_3}u_{i3}+\frac{R_p}{R_4}u_{i4}-\frac{R_n}{R_1}u_{i1}-\frac{R_n}{R_2}u_{i2}\right) \tag{7-16}$$

其中式中 $R_p = R_3 /\!/ R_4 /\!/ R$，$R_n = R_1 /\!/ R_2 /\!/ R_f$，如有更多的输入端，也根据同样的方法来分析。

当 $R_1 = R_2 = R_3 = R_4 = R$，$R_f = R'$ 时，$R_p = R_n$。于是

$$u_o = \frac{R_f}{R}(u_{i3} + u_{i4} - u_{i1} - u_{i2}) \tag{7-17}$$

从上式可以看出，电路的多个输入信号之间同时可以实现加法和减法运算。但是，这种电路的参数调整十分繁琐，因此，实际中很少使用。如果需要实现加法和减法运算，一般考虑采用两级反向求和电路来实现。

7.2.3　积分和微分运算

1. 积分运算

积分电路是模拟计算机中的基本单元，利用它可以实现对微分方程的模拟；同时它也是控制和测量系统中的重要单元，利用它的充放电过程可以实现延时、定时，以及产生各种波形。这些在本章后面将分别进行介绍。

简单 RC 电路如图 7-9(a)所示，以实现近似的积分关系，由图 7-9(b)的波形可见，当输入电压 u_i 为一阶跃电压时，输出电压 u_o 只在开始部分随时间增长，近似与输入电压成积分关系。这是因为仅在开始一段当 u_C 很小可以忽略时，即

$$i_o = \frac{u_i - u_C}{R} \approx \frac{u_i}{R}$$

所以 $u_o = u_C = \frac{1}{C}\int i\mathrm{d}t \approx \frac{1}{RC}\int u_i \mathrm{d}t$

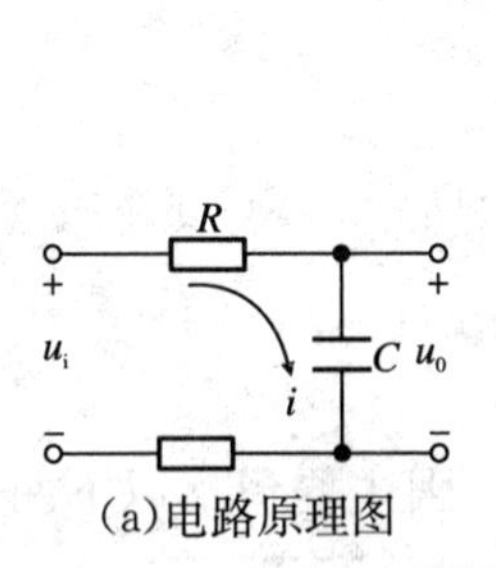

(a)电路原理图

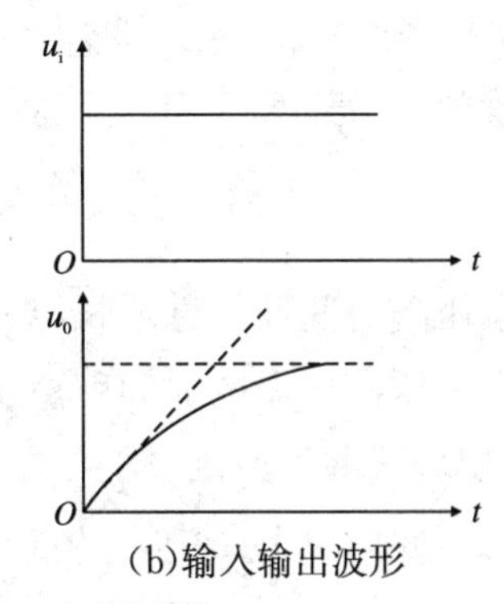

(b)输入输出波形

图 7-9　简单 RC 积分电路图

但是随着充电过程的进行，u_C 不断增长，使充电电流 i 不断衰减，因此充电的速度变慢，于是，输出电压不再随时间直线增长，而只能按指数规律上升，如图 7-9(b)所示。为了克服这个缺点，以便得到更加准确的积分关系，可以采用集成运放组成的积分电路。

(1)基本积分电路。

输出信号与输入信号的积分成正比的电路，称为积分电路，它是一种应用比

较广泛的模拟信号运算电路,它是模拟电子计算机的基本组成单元,在控制和测量系统中也常常用到积分电路。积分电路能将方波转换成三角波,积分电路具有延迟作用,积分电路还有移相作用。此外,积分电路还可用于延时和定时。在各种波形(矩形波、锯齿波等)发生电路中,积分电路也是重要的组成部分。

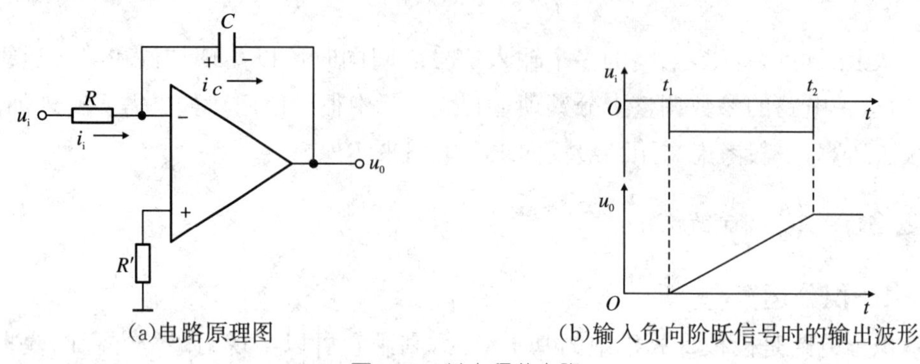

(a)电路原理图　(b)输入负向阶跃信号时的输出波形

图 **7-10**　基本积分电路

采用集成运放的基本积分电路见图 7-10(a)。它和反相比例放大的不同之处,只在于用电容 C 来代替反馈电阻 R_f,利用虚地的概念可知 $i_i=\dfrac{u_i}{R}$,若忽略 i_+,则 $i_C=i_i$,于是

$$u_o=-u_C=\frac{-1}{C}\int i_C\mathrm{d}t\approx-\frac{1}{RC}\int u_i\mathrm{d}t \tag{7-18}$$

即输出电压与输入电压成积分关系。当 u_i 是一个负向阶跃电压时,在 $t_1\sim t_2$ 之间一段时间内 u_i 等于常数,见图 7-10(b),由于 u_N 点为虚地,因此充电电流 i_c(等于输入电流 i_i)不随 u_o 而变化,基本上也是常数,所以图 7-10(a)所示的电路能够实现比较准确的积分运算。当 u_i 是常数时,公式 (7-28)可表示为

$$u_o=-\frac{t}{RC}u_i \tag{7-19}$$

即输出电压随时间而线性增长,如图 7-10(b)所示。RC 的数值愈大,达到某一给定的输出电压值所需的时间就愈长。

(2)产生积分误差的原因。

在实际的运放积分电路中,产生积分误差的原因主要包括以下两个方面:

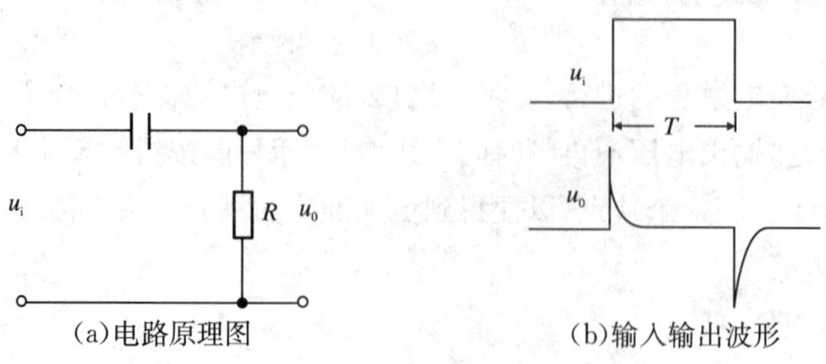

(a)电路原理图　(b)输入输出波形

图 **7-11**　简单 RC 微分电路

一方面是由于集成运放不是理想特性而引起的。例如当 $u_i=0$ 时，u_o也应为零，但是运放的输入偏置电流流过积分电容，使 u_o缓慢上升。改进的办法有：选用 I_B值小的集成运放，如以超 β 管或者场效应管作为前置级的集成运放，也可以采用补偿输入偏流的电路。又如由于集成运放的通频带不够宽，使积分电路对快速变化的输入信号反应迟钝，使输出波形出现滞后现象。为了解决这个问题，除了选用频带比较宽的组件外，还可以采用快速电路。

产生积分误差的另一方面原因是由积分电容引起的。例如由于电容存在泄漏电阻以及电容本身的吸附效应等都将给积分运算带来较大的误差，为此需要选用泄漏电阻大的电容(如聚苯乙烯电容等)以及吸附效应小的电容(如云母电容、精密密封聚苯乙烯电容等)。

2. 微分运算

微分运算是积分运算的逆运算。将图 7-9(a)中 R 和 C 的位置互换，即可组成简单的 RC 微分电路，如图 7-11(a)所示。

假设输入信号 u_i为一矩形波，根据电容两端电压不能突变以及 RC 电路充放电的特点，不难得出，当满足条件 $RC \ll T$(T 为矩形波宽度)时，输出波形 u_o如图(b)所示。波形图说明，当 u_i为常数时，u_o基本上等于零；当 u_i产生正向或负变的跳变时，u_o就有相应的正向或负向输出电压。所以这个电路的输出电压反映输入电压的"变化"，即 u_o与 u_i之间实现近似的微分关系。

利用微分电路还可实现波形变换，例如将矩形波变成尖脉冲。

采用集成运放的基本微分电路见图 7-12。与图 7-10(a)中的基本积分电路比较，两者的区别仅在于 R 和 C 交换了位置。利用虚地的概念则有

$$u_o=-i_R R=-i_C R=-RC\frac{du_C}{dt}=-RC\frac{du_i}{dt} \tag{7-20}$$

故知输出电压是输入电压的微分。

这种基本微分电路存在的缺点是，当输入信号频率升高时，电容的容抗减小，则放大倍数增大，造成电路对输入信号中的高频噪声非常敏感，因而输出信号中的噪声成分严重增加，信噪比大大下降。存在的另一个缺点是微分电路中的 RC 元件形成一个滞后的移相环节，它和组件中原有的滞后环节共同作用，很容易产生自激振荡，使电路的稳定性变差。甚至，输入电压发生突变时有可能超过运放所允许的共模电压，以致使运放的输出产生堵塞而无法正常工作。

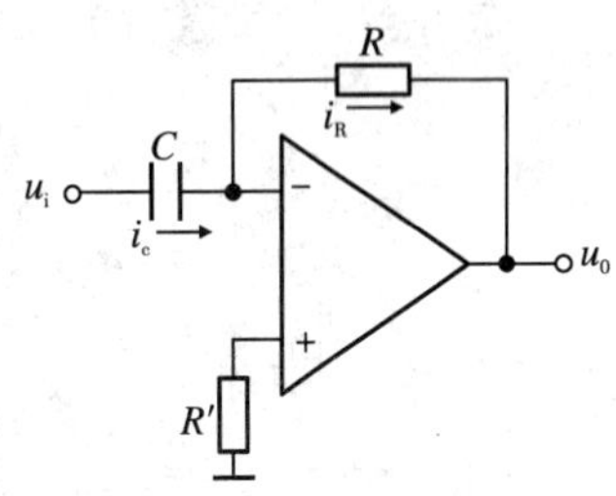

图 **7-12**　基本微分电路

为了克服以上缺点，常常采用图 7-13 所示的实用微分电路。主要措施是在输入

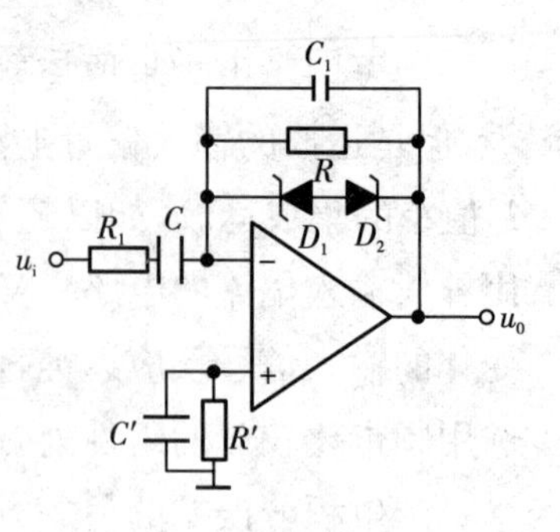

图 7-13 实用的微分电路

回路中接入一个电阻 R_1（以限制输入电流）与微分电容串联，反馈回路中接入一个电容 C_1（起相位补偿作用）与微分电阻并联，使 $RC_1 \approx R_1C$ 且很小。在正常的工作频率范围内，R_1 和 C_1 对微分电路的影响很小。

但当频率高到一定程度时，R_1 和 C_1 的作用使闭环放大倍数降低，从而抑制了高频噪声。同时 C_1R 形成一个超前环节，对相位进行补偿，提高了电路的稳定性。此外，在反馈回路中加接两个稳压管，用以限制输出幅度。最后，在 R' 的两端也并联一个电容 C'，以便对相位进行补偿。

将比例运算、积分运算和微分运算三部分组合在一起，可组成 PID（即 Proportional、Integral、Differential）调节器。它的作用是，比例用在常规调节，积分用在克服积累误差，微分用来反应变化的趋势，常用于石油、化工等企业的控制仪表中。

7.2.4 对数和反对数运算电路

1. 对数运算

可以利用二极管的电压和电流之间的对数关系来组成基本对数运算电路。

在控制系统和量测仪表中，经常遇到需要实现对数运算的情况。例如实现两个变化量的乘积，可以分别取它们的对数，相加后再取反对数；又如用分贝表示增益也需要进行对数运算。

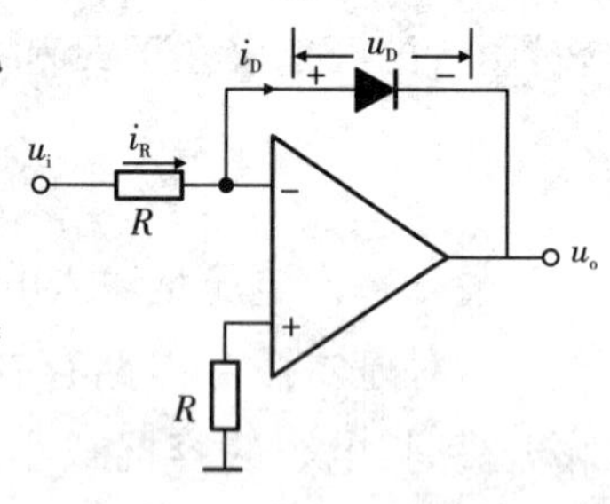

图 7-14 基本对数运算电路

由第 1 章的第 3 节的公式(1-3)可知，二极管的电流 i_D 与电压 u_D 之间的关系为

$$i_D = I_S(e^{\frac{u_D}{U_T}} - 1)$$

式中 I_S 为二极管的反向饱和电流，在常温下（T=300 K），u_T=26 mV。则当 $u_D \gg U_T$ 时，上式可近似为

$$i_D = I_S e^{\frac{u_D}{U_T}} \tag{7-21}$$

或 $u_D = U_T \ln \dfrac{i_D}{I_S}$

即二极管的电压和电流之间成对数关系。

在图 7-14 中，利用虚地的原理可得

$$\begin{aligned} u_O &= -u_D = -U_T \ln \frac{i_D}{I_S} = -U_T \ln \frac{u_i}{RI_S} \\ &= -U_T(\ln \frac{u_i}{R} - \ln I_S) \end{aligned} \tag{7-22}$$

由于二极管的 I_S、U_T都是温度的函数，而且当 i_D接近 I_S时，误差较大，所以将双极型三极管接成二极管的形式作为反馈支路，可以获得较大的工作范围，见图 7-15 所示。图中的二极管 D 是用来防止当 u_i为负时，u_o为正，造成三极管 U_{BE}反向偏置，而容易损坏。R_W是用来设定 $u_i=0$ 时的 u_o值，并可借此调整小电流时的对数误差。

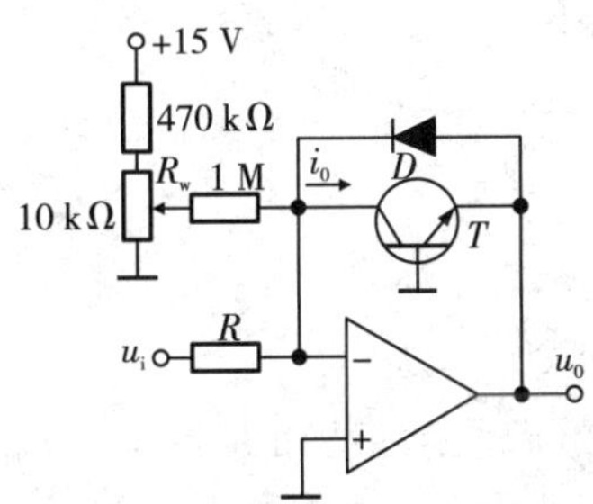

图 7-15　利用三极管的对数特性组成的对数电路

为了克服温度变化对 I_B的影响，可以将两个三极管的 u_{BE}相减，以实现温度补偿，电路见图 7-16 所示。设 T_1和 T_2匹配较好，$I_{S1}\approx I_{S2}$，则由图可得以下关系

$$u_O=-(1+\frac{R_4}{R_3})U_T\ln(\frac{R_2}{R_1}\frac{u_i}{E})\tag{7-23}$$

其中 R_8可选择合适的热敏电阻以补偿 U_T的温度系数。C_1和 C_2用来作为相位补偿的。

u_o和 $u_i=0$ 的关系见图 7-17，可见输出与输入之间成对数关系。

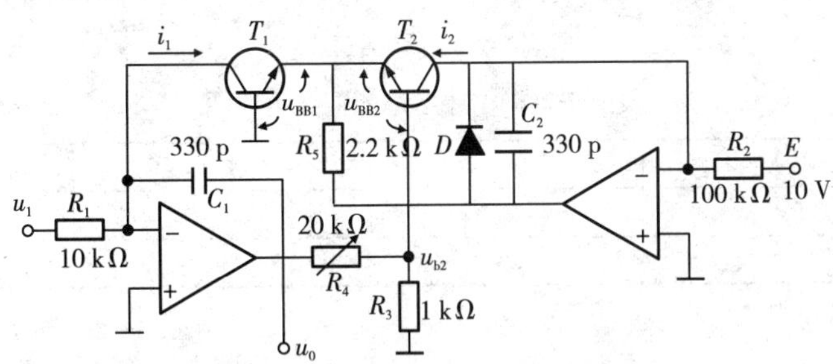

图 7-16　利用两个三级管进行温度补偿

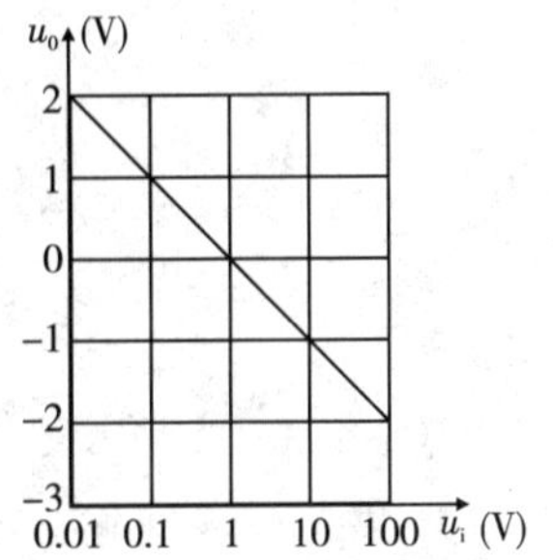

图 7-17　对数放大电路输入输出关系

2. 反对数运算

反对数运算又称“指数电路”，是对数运算的逆运算，只要将有关元件互换，就

可以实现，见图 7-18 所示。

因 $i_i = -i_c = -I_S e^{u_{BE}/U_T}$

或 $\ln \frac{i_i}{I_S} = \frac{u_i}{U_T}$

所以有

$u_O = -i_R R = -i_e R \approx i_C R$

$\quad = +RI_S e^{\frac{u_i}{U_T}}$

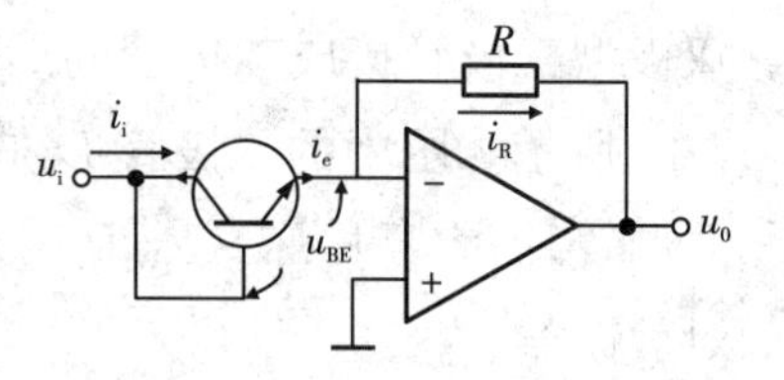

图 7-18　反对数运算电路

或 $u_O = +RI_S \ln^{-1}(\frac{u_i}{U_T})$　　　　(7-24)

所以，u_o 和 $u_i = 0$ 成反对数关系。

例 7-2　电路如图例 7-2(a)所示，已知 $R_1 = 10\ \text{k}\Omega$，$R_f = 50\ \text{k}\Omega$。试求：

1. A_{uf}、R_2；

2. 若 R_1 不变，要求 A_{uf} 为 -10，则 R_f、R_2 应为多少？

3. 电路参数如图(b)和(c)所示，集成运放输出电压的最大幅值为 ±14 V，请填写下表。

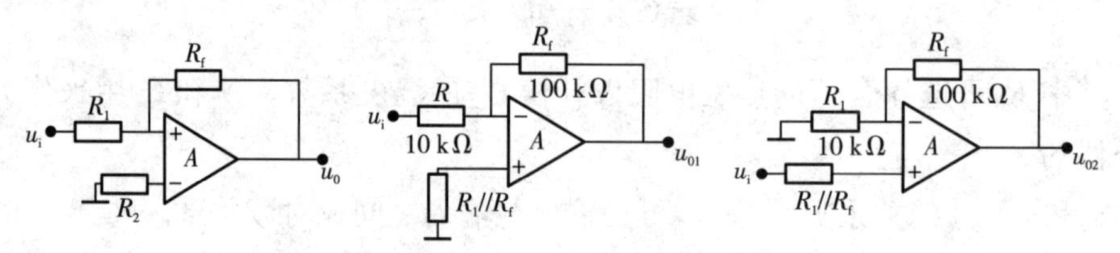

图例 7-2　几种运算电路

表例 7-2(a)　集成运放输入电压值

u_I/V	0.1	0.5	1.0	1.5
u_{O1}/V				
u_{O2}/V				

解：

1. $A_{uf} = -\frac{R_f}{R_1} = -\frac{50}{10} = -5$

$R_2 = R_1 /\!/ R_f = 10 \times \frac{50}{10+50} = 8.3\ \text{k}\Omega$

2. 因 $A_{uf} = -\frac{R_f}{R_1} = -\frac{R_f}{10} = -10$

故得 $R_f = -A_{uf} \times R_1 = -(-10) \times 10 = 100\ \text{k}\Omega$

表例 7-2(b)　集成运放输入输出电压值

u_I/V	0.1	0.5	1.0	1.5
u_{O1}/V	−1	−5	−10	−14
u_{O2}/V	1.1	5.5	11	14

$R_2 = R_1 /\!/ R_f = 10 \times \frac{100}{10+50} = 9.1\ \text{k}\Omega$

3. $u_{O1} = -(R_f/R)u_I = -10u_I$；$u_{O2} = (1+R_f/R)u_I = 11u_I$。

将表例 7-1(a)中集成运放输入电压值带入上述公式，即可得到相应的输出电压值见表例 7-1(b)。注意，当集成运放工作到非线性区时，输出电压不是+14 V，就是−14 V。

例 7-3　假设一个控制系统中，要求其输出、输入电压之间的关系为 $u_o = -3u_{i1} - 10u_{i2} - 0.53u_{i3}$。现采用图例 7-3 所示的求和电路，试选择电路中的参数以满足以上关系。

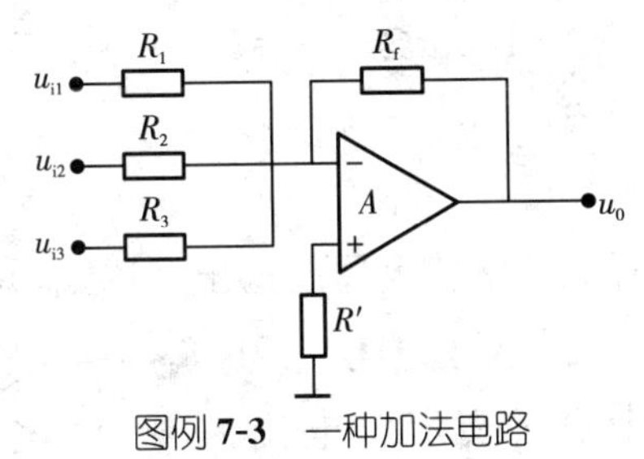

图例 7-3　一种加法电路

解：

根据电路得 $u_o = -(\frac{R_f}{R_1}u_{i1} + \frac{R_f}{R_2}u_{i2} + \frac{R_f}{R_3}u_{i3})$

即 $u_o = -3u_{i1} - 10u_{i2} - 0.53u_{i3}$ 所以有

$\frac{R_f}{R_1} = 3, \frac{R_f}{R_2} = 10, \frac{R_f}{R_3} = 0.53, R' = R_1 /\!/ R$

取 $R_f = 20\ \text{k}\Omega$，代入上式可得：$R_1 = 6.67\ \text{k}\Omega, R_2 = 2\ \text{k}\Omega$

$R_3 = 37.74\ \text{k}\Omega, R' = 0.3\ \text{k}\Omega$。

例 7-4　试用集成运放实现以下运算关系：

$u_o = 0.2u_{i1} - 10u_{i2} + 1.3u_{i3}$，

解题参考图如图例 7-4 所示：

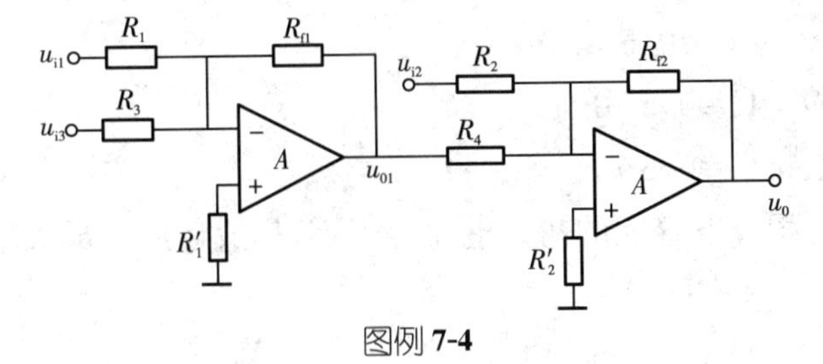

图例 7-4

解：

$u_{O1} = -(\frac{R_{f1}}{R_1}u_{i1} + \frac{R_{f1}}{R_3}u_{i3}) = -(0.2u_{i1} + 1.3u_{i3})$

$$u_O=-(\frac{R_{f2}}{R_2}u_{O1}+\frac{R_{f2}}{R_4}u_{i2})=-(u_{O1}+10u_{i2})$$

$$u_{O1}=-(\frac{R_{f1}}{R_1}u_{i1}+\frac{R_{f1}}{R_3}u_{i3})=-(0.2u_{i1}+1.3u_{i3})$$

$$u_O=-(\frac{R_{f2}}{R_2}u_{O1}+\frac{R_{f2}}{R_4}u_{i2})=-(u_{O1}+10u_{i2})$$

比较得：

$$\frac{R_{f1}}{R_1}=0.2,\frac{R_{f1}}{R_3}=1.3,\frac{R_{f2}}{R_4}=1,\quad \frac{R_{f2}}{R_2}=10$$

选 $R_{f1}=20\ \text{k}\Omega$，得：$R_1=100\ \text{k}\Omega$，$R_3=15.4\ \text{k}\Omega$；

选 $R_{f2}=100\ \text{k}\Omega$，得：$R_4=100\ \text{k}\Omega$，$R_2=10\ \text{k}\Omega$。

$R'_1=R_1/\!/R_3/\!/R_{f1}=8\ \text{k}\Omega$，

$R'_2=R_2/\!/R_4/\!/R_{f2}=8.3\ \text{k}\Omega$。

例 7-5 求图例 7-5 所示数据放大器的输出表达式，并分析 R_1 的作用。

解：u_{s1} 和 u_{s2} 为差模输入信号，为此 u_{o1} 和 u_{o2} 也是差模信号，R_1 的中点为交流零电位。对 A_3 是双端输入放大电路。

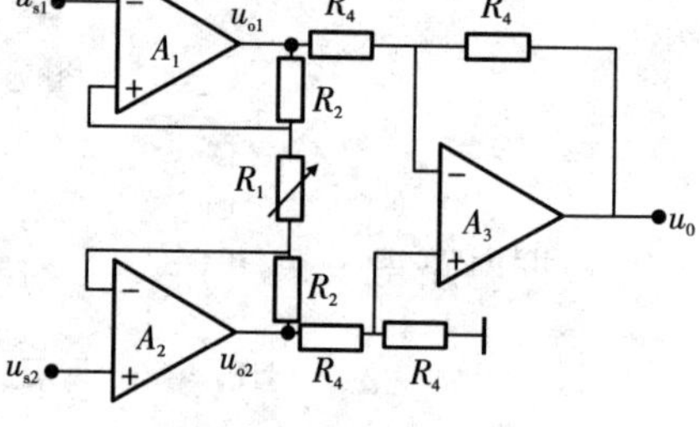

图例 7-5 数据放大电路图

所以：

$$u_{o1}=(1+\frac{R_2}{R_1/2})u_{S1}$$

$$u_{o2}=(1+\frac{R_2}{R_1/2})u_{S2}$$

$$u_o=u_{o2}-u_{o1}=\left(1+\frac{2R_2}{R_1}\right)(u_{S2}-u_{S1})$$

显然调节 R_1 可以改变放大器的增益。产品的数据放大器，如 AD624 等，R_1 有引线连出，同时有一组 R_1 接成分压器形式，可选择连线接成多种的 R_1 数值。

例 7-6 基本积分电路的输入电压为矩形波，若积分电路的参数分别为以下三种情况，试分别画出相应的输出电压波形。

①$R=100\ \text{k}\Omega$，$C=0.5\ \mu\text{F}$；

②$R=50\ \text{k}\Omega$，$C=0.5\ \mu\text{F}$；

③$R=10\ \text{k}\Omega$，$C=0.5\ \mu\text{F}$。

已知 $t=0$ 时积分电容上的初始电压等于零，集成运放的最大输出电压 $U_{opp}=\pm 14\ \text{V}$。

解：①$R=100\ \text{k}\Omega$，$C=0.5\ \mu\text{F}$

$t=(0\sim10)$ ms 期间，$u_i=+10\ \text{V}$，$U_o(0)=0$，

$$u_{o1}=-\frac{U_i}{RC}(t-t_0)+U_o(0)=(-200t)\ \text{V}$$

u_{o1}将以每秒 200 V 的速度负方向增长。

当 $t=10$ ms 时，$u_{o1}=(-200\times0.01)U=-2$ V

在 $t=(10\sim30)$期间，$u_i=-10$ V，

$t_0=10$ ms，$U_o(t_0)=-2$ V，

$u_{o1}=[200(t-0.01)-2]$ V，

即 u_{o1}从-2 V 开始往正方向增长，

当 $t=20$ ms 时，得 $u_{o1}=0$ V，

当 $t=30$ ms 时，得 $u_{o1}=2$ V。

在 $t=(30\sim50)$期间，$u_i=+10$ V，

u_{o1}从$+2$ V 开始，又以每秒 200 V 的速度往负方向增长，以后重复。

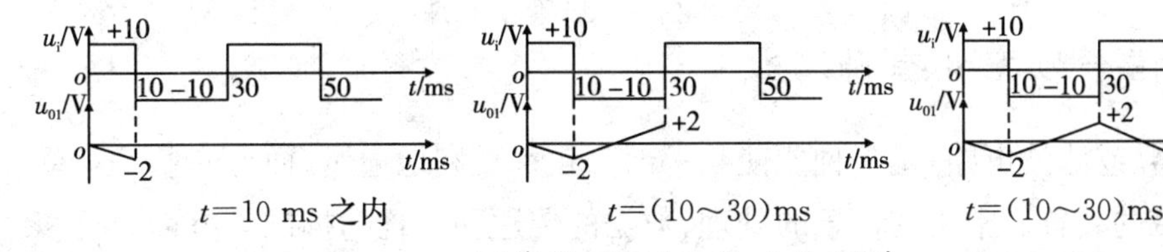

$t=10$ ms 之内　　$t=(10\sim30)$ms　　$t=(10\sim30)$ms

(a)当 $R=100$ kΩ，$C=0.5$ μF 时

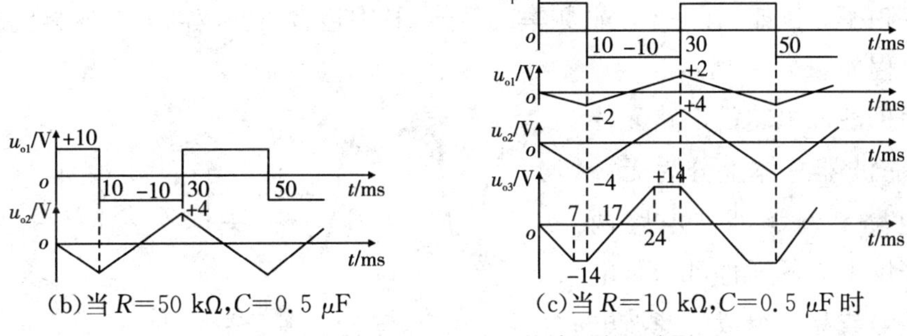

(b)当 $R=50$ kΩ，$C=0.5$ μF　　(c)当 $R=10$ kΩ，$C=0.5$ μF 时

图例 7-6　取不同 R、C 值时的输出电压波形

②$R=50$ kΩ，$C=0.5$ μF

在 $t=(0\sim10)$ ms 期间：$u_{o2}=(-400t)$V，即 u_{o2}将以每秒 400 V 的速度负方向增长。

当 $t=10$ ms 时，$u_{o2}=(-400\times0.01)$V$=-4$ V。

$t=(10\sim30)$ ms 期间：$u_{o2}=[400(t-0.01)-4]$ V

可见，积分时间常数影响输出电压的增长速度。

③$R=10$ kΩ，$C=0.5$ μF

在 $t=(0\sim10)$ ms 期间：$u_{o3}=(-2000t)$V，

当 $t=10$ ms 时，$u_{o3}=(-2000\times0.01)$V$=-20$ V，超出 $U_{opp}=\pm14$ V，达到饱和；当$t=7$ ms 时，u_{o3}增长到-14 V。

$t=(10\sim30)$ ms 期间：$u_{o2}=[2000(t-0.01)-14]$ V

当 $t=17$ ms 时，$u_{o3}=0$ V；当 $t=24$ ms 时，$u_{o3}=+14$ V。

由图可见，当积分时间常数继续减小时，输出电压的增长速度及输出电压幅度将继续增大。但当 u_o 达到最大值后，将保持不变，此时输出波形成为梯形波。

7.3 在信号处理方面的应用

在自动化系统中，经常需要进行以下几方面的信号处理：如信号的滤波、信号的采样和保持、信号幅度的比较和信号幅度的选择等。在上述几种应用电路中，集成运放的工作状态是不同的。例如在各种有源滤波和采样保持电路中，运放一般工作在线性区，而在信号幅度的比较和选择电路中，运放电路常常工作在非线性区。当分析运放电路的工作原理时，要注意它们的工作状态。

7.3.1 信号频率的有源滤波

滤波器（或滤波电路）是一种能使某一部分频率顺利地通过，而另一些频率受到较大衰减的装置。常用在信息的处理、数据的传送和干扰的抑制等方面。可以用来滤除噪声和分离各种不同信号，滤波的结果就是得到一个特定频率或消除一个特定频率。例如，有一个较低频率的信号，其中包含一些较高频率成分的干扰。滤波过程如图 7-19 所示。

根据滤波电路的电路元件不同，滤波器总体上分为无源滤波电路和有源滤波电路两类。若仅由无源元件（电阻，电容，电感）或晶体组成的滤波电路，则称为无源滤波电路或晶体滤波器；由有源器件构成的滤波电路称为有源滤波电路。有源滤波器实际上是一种具有特定频率响应的放大器，即选频放大电路，可以在运算放大电路的基础上增加一些 R、C 等无源元件而构成的。

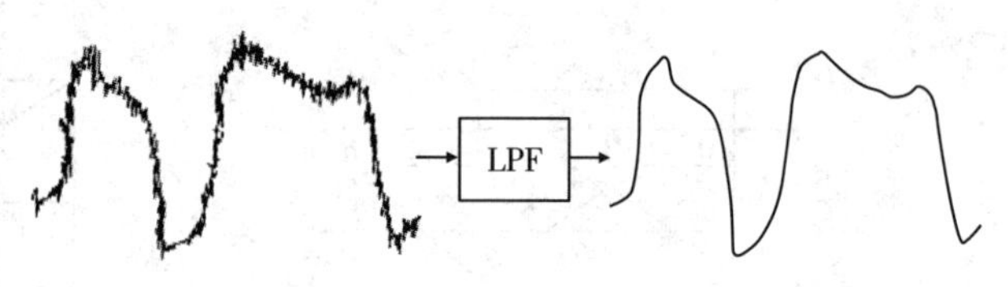

图 7-19　信号的滤波过程

滤波器都常以它所工作的频率范围来定名，如低通滤波器（LPF）是指低频信号能通过而高频信号不能通过的滤波器；高通滤波器（HPF）的性能则相反；带通滤波器（BPF）是指频率在某一个通频带范围内的信号能通过而在此之外均不能通过的滤波器；带阻滤波器（BEF）的性能则与之相反。滤波器的频率特征是用系统的幅频特性和相频特性来描述。大多情况下，不考虑线性相位滤波时，滤波器的性能可仅用幅频特性来描述。

上述各种滤波电路的理想幅度频率特性如图 7-20 所示。

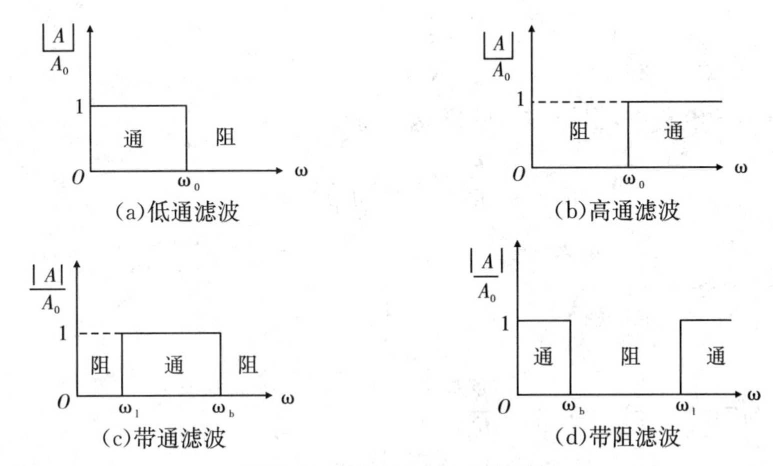

图 **7-20**　滤波电路的理想特性

1. 低通滤电路

①一阶 RC 有源滤波电路。

最基本的低通滤波电路是图 7-21(a)所示的无源 RC 网络，它的输入输出关系是

$$\frac{\dot{U}_O}{\dot{U}_i}=\frac{\frac{1}{j\omega C}}{R+\frac{1}{j\omega C}}=\frac{1}{1+j\omega RC}=\frac{1}{1+j\frac{\omega}{\omega_0}}=\frac{1}{1+j\frac{f}{f_0}} \tag{7-25}$$

其中 $f_0=\frac{\omega_0}{2\pi}=\frac{1}{2\pi RC}$。

由上式可知，当频率由零逐渐升高时，$\left|\frac{\dot{U}_O}{\dot{U}_i}\right|$ 逐渐下降，所以属于低通滤波电路。

为了提高增益和带负载能力，可将 RC 滤波电路接到组件的同相输入端，如图 7-21(b)所示，或作为反馈支路接到反相输入端，如图 7-21(c)所示。

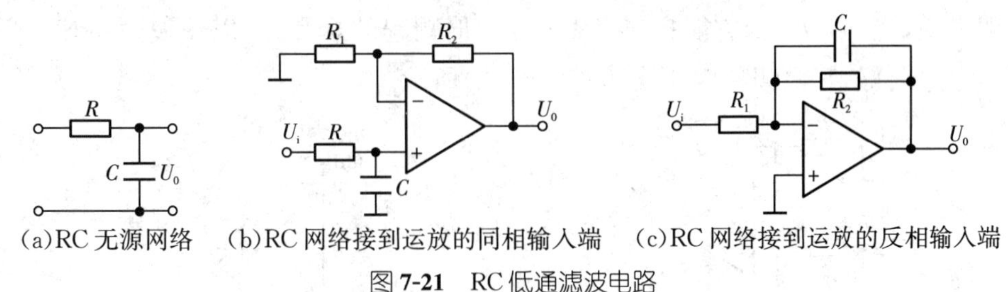

图 **7-21**　RC 低通滤波电路

在图 7-21(b)和(c)的电路中，都接有深度负反馈，因此集成运放工作在线性区，利用 $I_P=I_N=0$ 和 $U_P=U_N$ 的结论，对于图(b)的电路不难得出

$$\dot{A}=\frac{U_o}{U_i}=\frac{1+\frac{R_f}{R_1}}{1+j\frac{\omega}{\omega_0}}=\frac{A_u}{1+j\frac{\omega}{\omega_0}}=\frac{A_u}{1+j\frac{f}{f_0}} \tag{7-26}$$

其中 $f_0=\frac{\omega_0}{2\pi}=\frac{1}{2\pi R_f C}$，$A_u=1+\frac{R_f}{R_1}$。

在图(c)的电路中，根据虚地的概念可得

$$\dot{A}=\frac{U_o}{U_i}=-\frac{R_f}{R_1}\times\frac{1}{1+j\omega R_f C}=-\frac{A_u}{1+j\frac{\omega}{\omega_0}} \tag{7-27}$$

或 $\dot{A}=-\frac{A_u}{1+j\frac{f}{f_0}}$。

其中 $f_0=\frac{\omega_0}{2\pi}=\frac{1}{2\pi R_f C}$，$A_u=\frac{R_f}{R_1}$。

比较公式（7-25）、（7-26）和（7-27），可知它们属于同一种形式，而且和单级放大电路的高频响应一致（见公式 4-16），图 7-22 是归一化以后的对数幅频特性曲线，当 $f=f_0$ 时，增益下降 3dB。f_0 称为截止频率。由幅频特性曲线可以清楚地看出，上述电路具有低通滤波的特点。

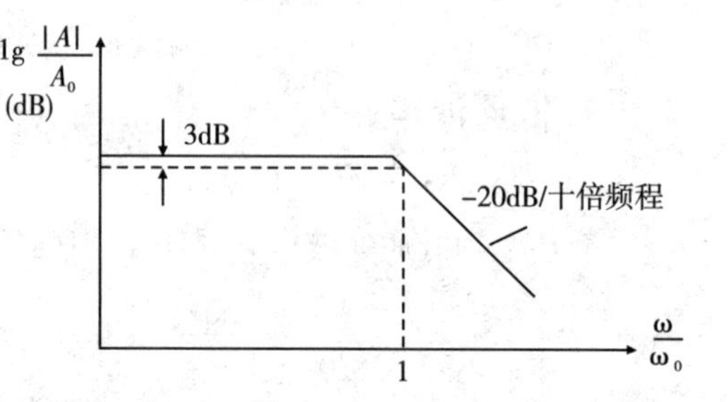

图 7-22　一阶 RC 低通滤波器的幅频特性

理想的情况下，当 $f>f_0$ 时，滤波电路的输出应立即减为零。显然，这种滤波电路的滤波效果不够好，它以 −20dB/十倍频程的斜率衰减，即在比截止频率高十倍的频率处，幅度只下降了 20dB。

②二阶同相型有源滤波电路。

为了使输出电压在高频段以更快的下降速率改善滤波效果，在图 7-21(b)的基础上再加一级 RC 低通滤波电路，如图 7-23(a)所示，称为二阶有源滤波电路。一般来说，当 $f>f_0$ 时，它能提供 −40dB/十倍频程的衰减，所以滤波效果比一阶滤波电路要好，其幅频特性曲线如图 7-23(b)所示。

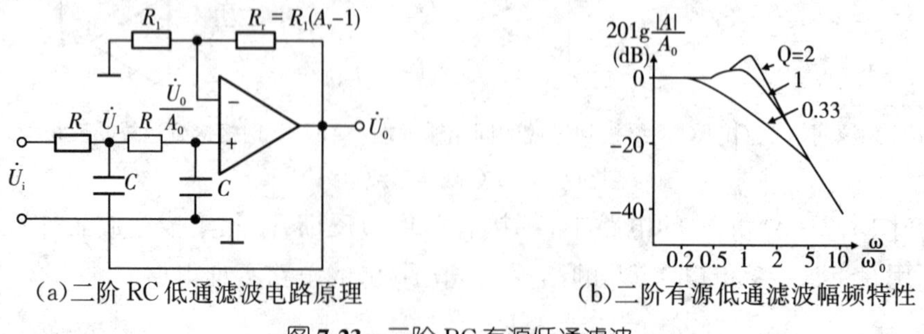

(a)二阶 RC 低通滤波电路原理　(b)二阶有源低通滤波幅频特性

图 7-23　二阶 RC 有源低通滤波

注意电路中第一级的电容 C 不接地而改接到输出端。这种接法相当于在二阶有源滤波电路中引入了反馈，目的是为了让输出电压在高频段迅速下降，而在

接近 f_0 附近又不致下降太多，有利于改善滤波特性。原因是在 f 接近 f_0 且低于 f_0 附近，$\dot{U}_o$ 与 $\dot{U}_i$ 的相位差小于 90°，则 $\dot{U}_o$ 通过 C 引到输入端的反馈将使 $\dot{U}_i$ 的幅度增大，从而提高了这一频段输出电压幅度。而当 f 远大于 f_0 时，$\dot{U}_o$ 与 $\dot{U}_i$ 基本上反相，电容 C 引入的反馈将使 $\dot{U}_i$ 的幅度减小，因而促进了高频段输出衰减，当然，此时 $|\dot{U}_o|$ 已经很小，所以作用不是很大。

为了简化分析过程，令两级滤波电路中的电阻、电容值相等，并令 $R_f=R_1(A_u-1)$，其中 A_u 为通频带内的电压放大倍数。根据理想运放差动输入电压为零的原则，可求得

$$\frac{R_1}{R_1+R_f}\dot{U}_o=\frac{\dot{U}_o}{A_u}$$

再根据理想运放输入电流为零的原则，可列出以下节点方程

$$\begin{cases}-\dfrac{1}{R}\dot{U}_i+(\dfrac{2}{R}+j\omega C)\dot{U}_i-j\omega CU_o-\dfrac{1}{R}\dfrac{\dot{U}_o}{A_u}=0\\[2ex]-\dfrac{1}{R}\dot{U}_i+(\dfrac{1}{R}+j\omega C)\dfrac{\dot{U}_o}{A_u}=0\end{cases}$$

可解得

$$\dot{A}_u=\frac{\dot{U}_O}{\dot{U}_i}=\frac{A_u}{1+(3-A_u)j\omega CR+(j\omega CR)^2}=\frac{A_u}{1-(\dfrac{f}{f_0})^2+j\dfrac{1}{Q}\dfrac{f}{f_0}} \tag{7-28}$$

式中 $A_u=1+\dfrac{R_f}{R_1}$、$f_0=\dfrac{\omega_0}{2\pi}=\dfrac{1}{2\pi RC}$、$Q=\dfrac{1}{3-A_u}$，这里的 Q 类似谐振回路的品质数，Q 愈大，$f=f_0$ 时的 $|\dot{A}_u|$ 值也愈大。

$\dfrac{1}{Q}$ 通称为阻尼系数。由公式(7-28)可知，当 $Q=1$ 时，在 $f=f_0$ 的情况下，$|\dot{A}_u|=A_u$ 即保持了通频带的增益，而高频段幅度衰减很快，故滤波效果较好。在图 7-23(b) 中示出了不同的 Q 值时对幅频特性的影响。需要指出，当 $A_u=3$ 时，Q 将趋于无穷大，意味着电路将产生自激振荡，因此 R_f 必须小于 $2R_1$，且要求元器件性能稳定。

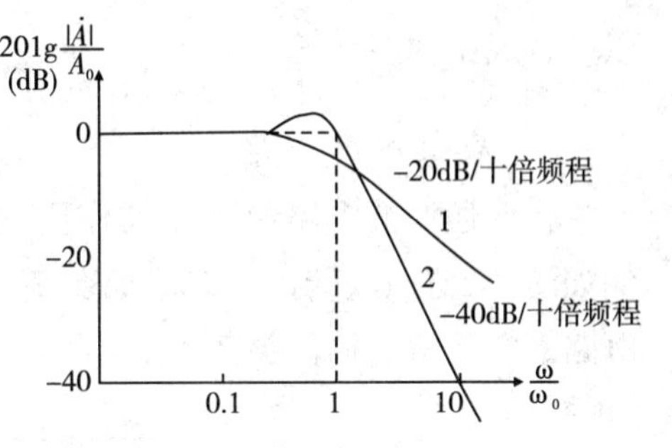

图 7-24　低通滤波幅频特性比较

一阶和二阶低通滤波器幅频特性的比较见图 7-24 所示，可见后者比前者更接近于理想特性。若需进一步改善滤波性能，可将几个典型二阶电路串接起来，

因此图 7-23(a)可以看成是组成有源低通滤波器的基本单元。

③二阶反相型低通有源滤波电路。

在反相比例积分器的输入端再加一节 RC 低通电路，构成二阶反相型低通滤波，如图 7-25 所示，二阶反相型低通滤波电路的改进电路如图 7-26 所示。

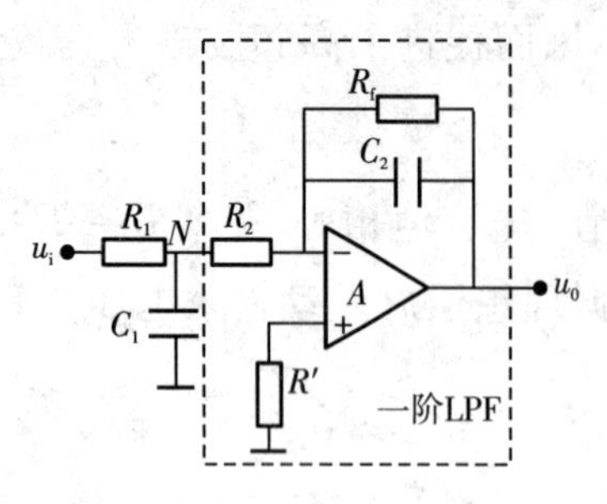

图 7-25　反相型二阶低通滤波电路

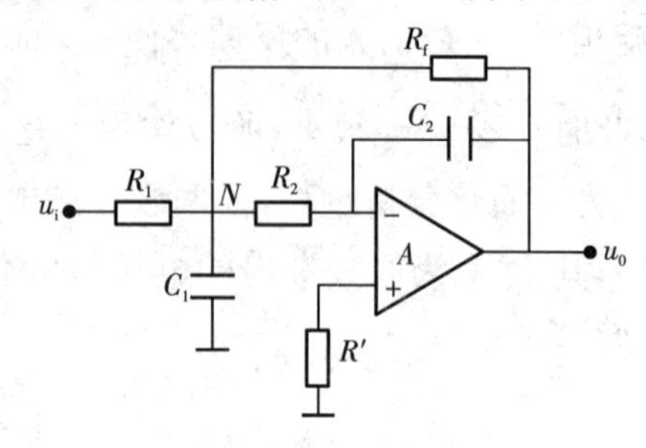

图 7-26　多路反馈反相型二阶 LPF

由图 7-26 可知

$$\dot{U}_o=\frac{-1}{sC_2R_2}\dot{U}_N$$

对于节点 N，可以列出下列方程

$$\frac{\dot{U}_i-\dot{U}_N}{R_1}-j\omega C_1\dot{U}_N-\frac{\dot{U}_N}{R_2}-\frac{\dot{U}_N-\dot{U}_o}{R_f}=0$$

传递函数为

$$\dot{A}_u=\frac{-R_f/R_1}{1+j\omega C_2R_2R_f(\frac{1}{R_1}+\frac{1}{R_2}+\frac{1}{R_f})+(j\omega)^2C_1C_2R_2R_f}$$

或
$$\dot{A}_u=\frac{A_u}{1-(\frac{f}{f_0})^2+j\frac{1}{Q}(\frac{f}{f_0})} \tag{7-29}$$

以上各式中 $A_u=-\frac{R_f}{R_1}$、$f_0=\frac{1}{2\pi\sqrt{C_1C_1R_2R_f}}$、$Q=(R_1\parallel R_2\parallel R_f)\sqrt{\frac{C_1}{R_2R_f}}$。

2. 高通滤波电路

将低通滤波电路中起滤波作用的电阻、电容互换，即可变成高通滤波电路。例如图 7-23(a)经转换后即成如图 7-27(a)所示的二阶赛伦一凯型高通有源滤波电路。它的输入输出关系为

$$\dot{A}_u=\frac{(j\omega CR)^2}{1+(3-A_u)j\omega CR+(j\omega CR)^2}A_u$$

或
$$\dot{A}_u=\frac{A_u}{1-(\frac{f_0}{f})^2+j\frac{1}{Q}(\frac{f_0}{f})} \tag{7-30}$$

式中 $A_u=1+\frac{R_f}{R_1}$、$f_0=\frac{1}{2\pi CR}$、$Q=\frac{1}{3-A_u}$与式 7-28 前同。将式(7-30)和式

(7-28)对比，可知前者是将后者的 $j\omega CR$ 变成$\frac{1}{j\omega CR}$得到的，所以高滤波电路的频率响应和低通滤波是“镜象”关系，如图 7-27(b)所示。当 $f \ll f_0$ 时，幅频特性曲线的斜率为+40 dB/十倍频程；同样注意：当 $A_u \geqslant 3$ 时，电路自激。

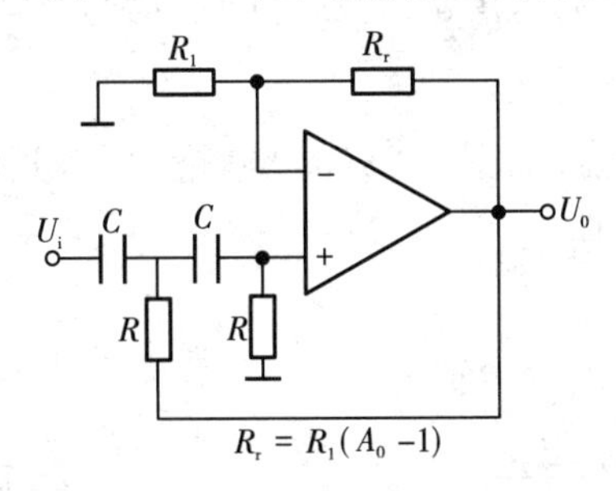

(a)二阶 RC 高通滤波电路原理

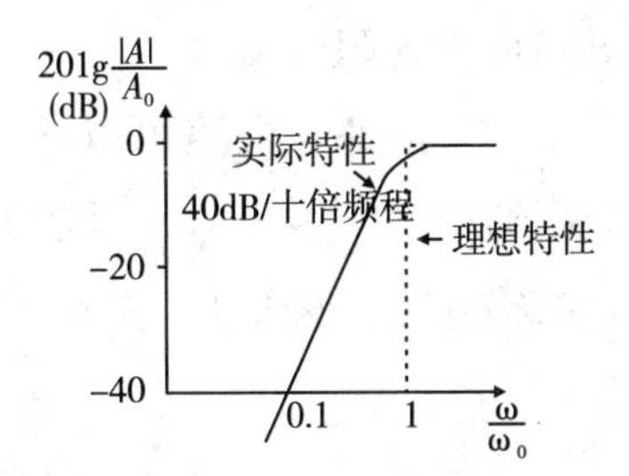

(b)二阶有源高通滤波幅频特性

图 **7-27**　二阶 RC 有源高通滤波

3. 带通滤波电路和带阻滤波电路

(1)带通与带阻的作用。

带通滤波电路的作用是只允许某一段频带内的信号通过，比通频带下限频率低和比上限频率高的信号都被阻断。常用于在许多信号(包括干扰、噪声)中获取所需要的信号。

带阻电路的性能和带通滤波相反，即在规定的频带内，信号不能通过(或受到很大衰减)，而在其余频率范围，信号则能顺利通过。经常用在抗干扰的设备中。

(2)带通滤波。

将低通滤波和高通滤波电路进行不同的组合，即可获得带通或带阻滤波电路，其原理示意图见图 7-28 所示。

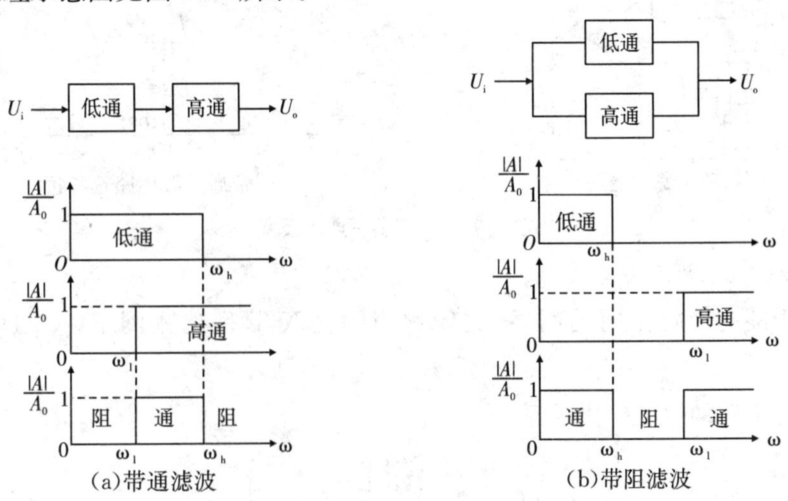

(a)带通滤波　　(b)带阻滤波

图 **7-28**　带通和带阻滤波示意图

在图 7-28(a)中，低通滤波器的上限截止角频率为 ω_h，它允许 $\omega < \omega_h$ 的信号通

过;而高通滤波器的下限截止角频率为 ω_l,只允许 $\omega>\omega_l$ 的信号通过,将二者串联时,若 $\omega_h>\omega_l$ 则电路成一个带通滤波器,其通频带是二者频带的覆盖部分,即为 $\omega_h-\omega_l$。在图 7-28(b)中,凡是 $\omega<\omega_h$ 的信号均可从低通滤波器通过,凡是 $\omega>\omega_l$ 的信号皆可由高通滤波器通过。若 $\omega_h<\omega_l$,则角频率在 ω_h 至 ω_l 之间的信号被阻断,因此电路成为带阻滤波器。

典型的带通滤波电路可以从二阶低通滤波(如图 7-23(a))电路中,将其中一级改成高通(如图 7-27(a))而成,如图 7-29(a)所示。

它的输入输出关系是

$$\dot{A}_u=\frac{\dot{U}_o}{\dot{U}_i}=\frac{(1+\frac{R_f}{R_1})\frac{1}{\omega_0 RC}\times\frac{j\omega}{\omega_0}}{1+\frac{B}{\omega_0}\times\frac{j\omega}{\omega_0}+(\frac{j\omega}{\omega_0})^2} \tag{7-31}$$

式中 $\omega_0=\dot{A}_u=\sqrt{\frac{1}{R_2C^2}(\frac{1}{R}+\frac{1}{R_3})}$ 代表中心角频率,$B=\frac{1}{C}(\frac{1}{R}+\frac{2}{R_2}-\frac{R_f}{R_1R_3})$ 代表角频带宽;$Q=\frac{\omega_0}{B}$ 代表频率选择性能。这种电路的优点是改变 R_f 和 R_1 的比例就可改变频宽而不影响中心频率。图 7-29(b)为中心频率是 1000 Hz,其上限频率为 1051 Hz,下限频率为 951 Hz,Q 值为 10,增益为 2 的带通滤波电路选频特性(此时 $R=159.15\ \text{k}\Omega$,$R_2=23.32\ \text{k}\Omega$,$R=11.66\ \text{k}\Omega$,$R_f=R_1=46.64\ \text{k}\Omega$,$C=0.01\ \mu\text{F}$)。如果需要进一步提高选择性,可用图 7-29(a)的电路为基本单元,组成多级串联电路。

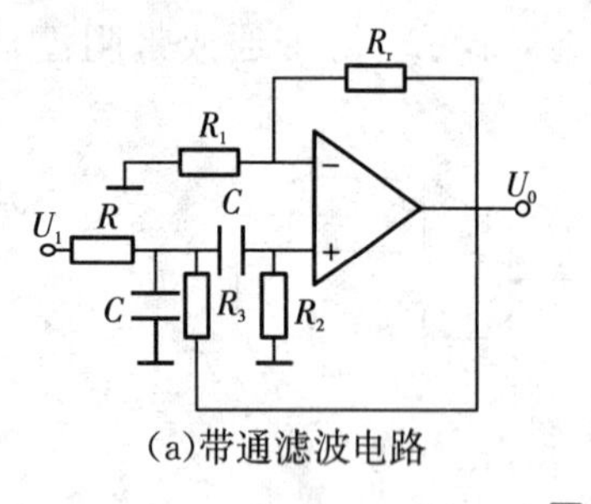

(a)带通滤波电路

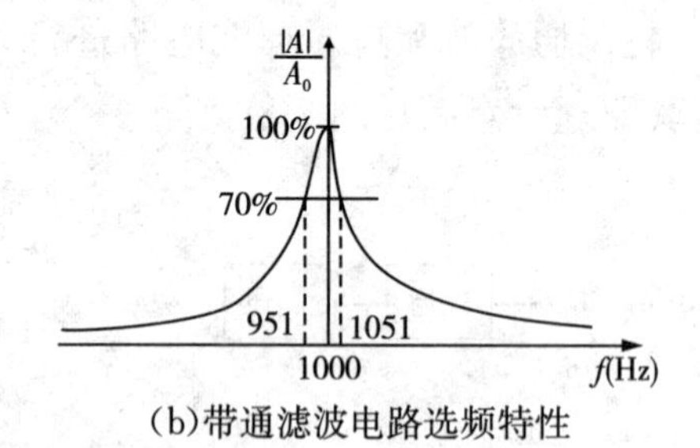

(b)带通滤波电路选频特性

图 7-29　典型带通滤波

(3)带阻滤波。

对于能起带阻作用的网络,比较常用的是双 T 型选频网络,如图 7-30(a)所示。

这种电路的输入输出关系是

$$\dot{A}_u=\frac{\dot{U}_o}{\dot{U}_i}=\frac{A_u\left[1+\left(\frac{j\omega}{\omega_0}\right)^2\right]}{1+2(2-A_u)\frac{j\omega}{\omega_0}+(\frac{j\omega}{\omega_0})^2} \tag{7-32}$$

式中 $\dot{A}_u=1+\dfrac{R_f}{R_1}$，$\omega_0=\dfrac{1}{RC}$。由式可见，$A_u$愈接近2，$|\dot{A}_u|$愈大，即起到使阻断范围变窄的作用。图7-30(a)所示的带阻滤波电路的选频特性见图7-30(b)，图中虚线部分表示双T网络本身的选频特性。

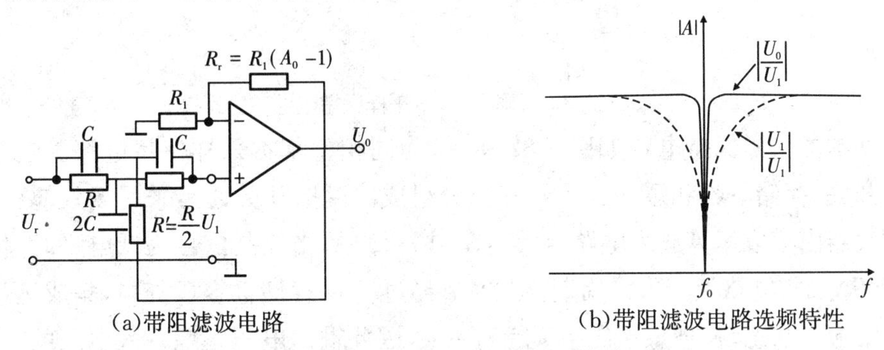

(a)带阻滤波电路　　(b)带阻滤波电路选频特性

图7-30　双T网络组成的带阻滤波

这种电路的优点是用的元件少，便于调节，但滤波性能受元件参数变化的影响较大。

要想获得好的滤波特性，一般需要较高的阶数。滤波器的设计计算显得比较麻烦，可借助于工程计算曲线和计算机辅助设计软件来完成。

7.3.2　信号幅度的采样保持

采样保持电路常用于输入信号变化较快，或具有多路输入信号的数据采集系统中，也可用于其他一切要求对信号进行瞬时采样和存储的场合。它的工作状态由外部控制信号来决定，工作过程分为“采样”和“保持”两个周期。例如当控制信号为低电平时，电路进入采样周期，要求输出信号快速、准确地跟踪输入信号的变化，进行采样；当控制信号为高电平时，电路处于保持周期，要求输出信号保持上一次采样结束时的状态，直到下一次采样开始。输入输出波形见图7-31所示。

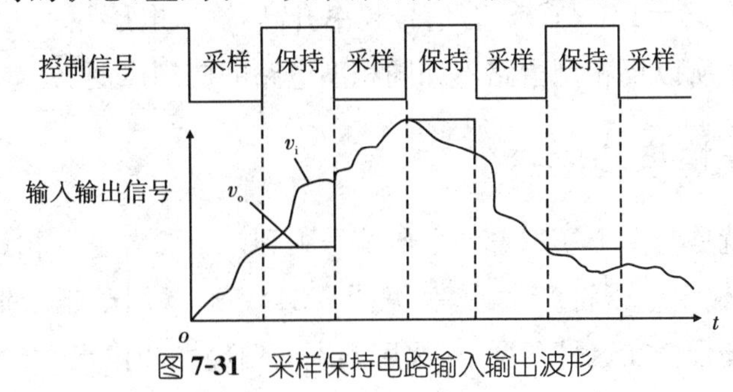

图7-31　采样保持电路输入输出波形

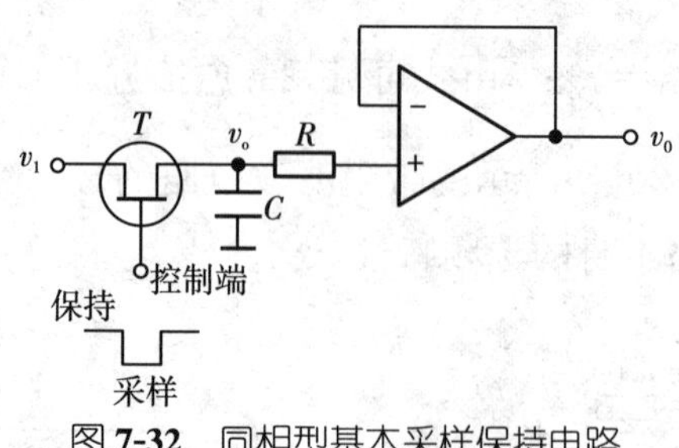

图 7-32　同相型基本采样保持电路

基本的采样保持电路如图 7-32 所示，为同相型基本采样保持电路。电路由模拟开关、存储电容和缓冲放大器三部分组成。模拟开关通常采用场效应管，缓冲放大器由集成运算放大电路组成。在图 7-32 中，当控制信号为低电平时，场效应管 T 导通，电路处于采样周期。此时 u_i 经过 T 向存储电容 C 充电，集成运放工作在跟随器状态，在理想情况下 $u_o = u_C = u_i$，因此输出电压跟踪输入电压的变化，当控制信号为高电平时，T 截止，输入信号被断开，电路处于保持周期，$u_o = u_C$。

这种基本采样保持电路存在缺点，首先，在保持周期，由于集成运放的输入偏置电流、电容器的泄漏电流和场效应的漏电流，使电容上的电压逐渐下降（不能永远保持变），影响保持期间的精度；其次，在采样时，存储电容直接接在输入信号后面，加重了信号源的负载。

基本采样保持电路也可以接成反相型，如图 7-33 所示。除了前面已经提到的由于电子元件漏电流等造成的误差以外，反相型电路本身还存在原理性误差，而且只限于应用在低速场合。在图 7-33 中，为了在采样时达到 $|u_o| = u_i$，要求 $R_f = R_1$，同时，对比图 7-21(c)可知，采样期间电路实质上是一个一阶低通滤波电路，其截止角频率为 $\omega_0 = 1/(R_f C)$。若信号频率升高，输出电压跟不上输入信号的变化而产生误差。所以反相型电路不如同相型电路的应用广泛。

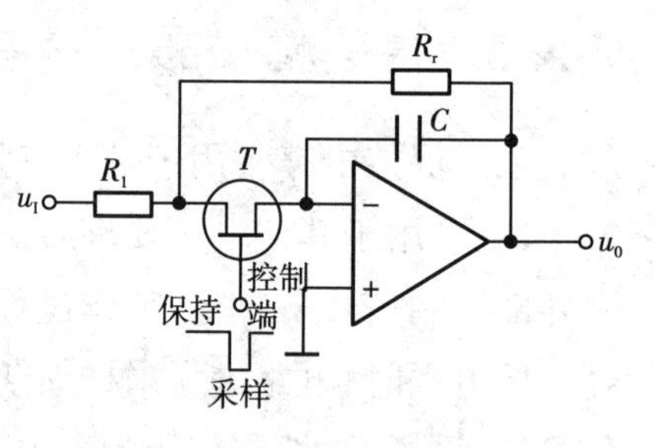

图 7-33　反相型基本采样保持电路

7.3.3　信号幅度的比较

幅度比较就是将一个模拟量的电压信号去和一个参考电压相比较，在二者幅度相等的附近，输出电压将产生跃变（见图 7-34）。通常用于越限报警、模数转换和波形变换等场合。在这种情况下，幅度鉴别的精确性和稳定性以及输出反应的快速性是主要指标。集成运放的开环放大倍数愈高，则输出状态转换时的特性（见图 7-1）愈陡，其比较精度就高。输出反应的快速性与运放的上升速率、增益带宽积有关，所以应该选择上述两项指标都高的运算放大器来组成比较电路，也可采用专用的集成比较器。

进行信号幅度的比较时，输入信号是连续变化的模拟量，但是输出电压只有两种状态：高电平或低电平，所以集成运放通常工作在非线性区。从电路构成来看，运放通常是处于开环状态，有时为使输入输出特性在转换时更加陡直，以提高比较精度，也在电路中引入正反馈。

常用的幅度比较电路有电压幅度比较器，具有滞回特性的比较器。这些比较器的阈值是固定的，有的只有一个阈值，有的具有两个阈值。

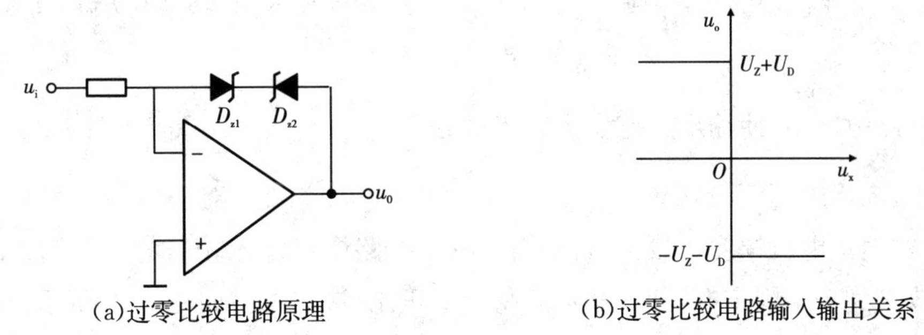

(a)过零比较电路原理　　(b)过零比较电路输入输出关系

图 7-34　过零比较电路

1. 过零比较电路

(1)过零比较。一个简单的幅度比较电路如图 7-34(a)所示。若不加稳管 D_{z1} 和 D_{z2}，在理想情况下，当 $u_i>0$ 时，$u_o=U_-$；当 $u_i<0$ 时，$u_o=U_+$。U_+ 和 U_- 分别是集成运放的正、负向输出饱和电压。接稳压管的目的是将输出电压箝位在某个特定值，以满足与比较输出端连接的数字电路对逻辑电平的要求。此时电路的输入输出关系将如图(b)所示，其中 U_z 代表稳压管工作在反向时的稳压值，U_D 代表稳压管的正向压降。利用这种电路可以将输入的正弦波变成矩形波，如图 7-35 所示。

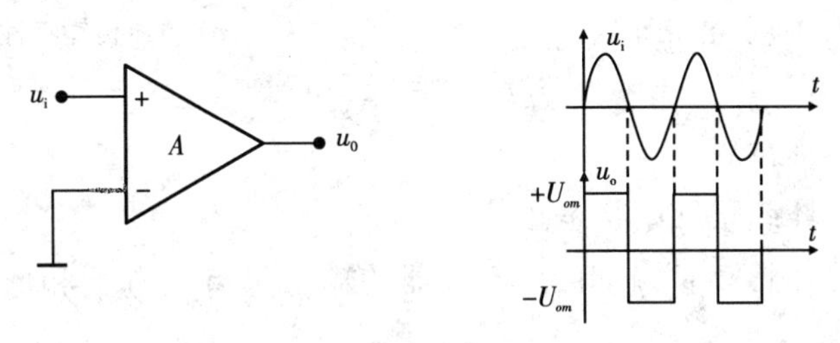

图 7-35　用比较器实现波形变换

(2)电平检测。如果在反向输入端再引入一个固定电压 U_R，如图 7-36 所示，则比较电路的输出将在 $u_i=-\frac{R_1}{R_2}U_R$ 的幅度下转换状态，可以用来检测输入信号的电平。

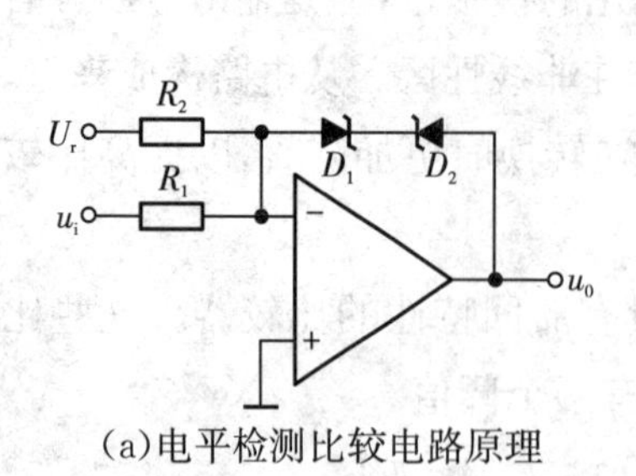

(a)电平检测比较电路原理

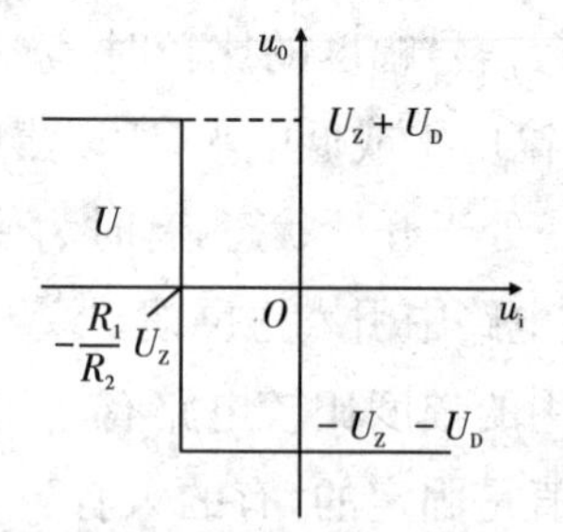

(b) 电平检测比较电路输入输出关系

图 **7-36** 电平检测比较电路

在此电路中,使输出状态发生转换的临界电压为$-\dfrac{R_1}{R_2}U_R$,而在图 7-34(a)的电路中,临界电压等于 0 V。

(3)固定电压幅度比较。可以将图 7-34 电路中过零比较器的一个输入端从接地改接到一个固定电压值U_{REF}上,得到电压比较器,电路如图 7-37 所示。调节U_{REF}可方便地改变阈值。还可以使用另一种形式的二极管限幅电路,即两个背靠背的稳压管中任意一个被反向击穿时,另一个稳压管是正向导通的,两个稳压管两端总的稳定电压均为U_z,比较器的传输特性如图 7-37(b)所示。

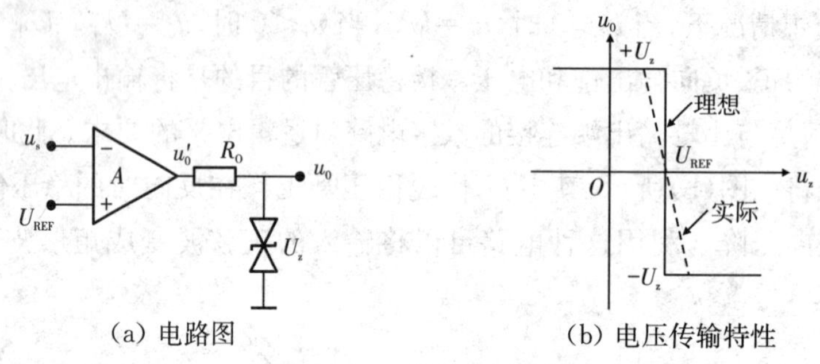

(a) 电路图 (b) 电压传输特性

图 **7-37** 固定电压比较器

比较器的基本特点:

①工作在开环或正反馈状态。

②开关特性,因开环增益很大,比较器的输出只有高电平和低电平两个稳定状态。

③非线性,因是大幅度工作,输出和输入不成线性关系。

2. 具有滞回特性的比较电路

上面所提到的过零比较电路在实际工作时,容易在临界电压附近由一个极限值转换到另一个极限值。这在控制系统中,对执行机构将是很不利的,为了改进这个缺点,可使电路具有滞回的输出特性,如图 7-38(b)所示。方法是从输出端引一个电阻(分压支路)到运算放大电路的同相输入端,当输入电压 u_i 从零逐渐增大,且 $u_i \leqslant U_T$ 时,$u_O=+U_{om}$,U_T 称为上限阀值(触发)电平。

$$U_T=\frac{R_f U_{REF}}{R_f+R_1}+\frac{R_1}{R_f+R_1}U_{om}$$

当输入电压 $u_i \geqslant U_T$ 时，$u_O=-U_{om}$。此时触发电平变为 U'_T，U'_T 称为下限阀值(触发)电平。

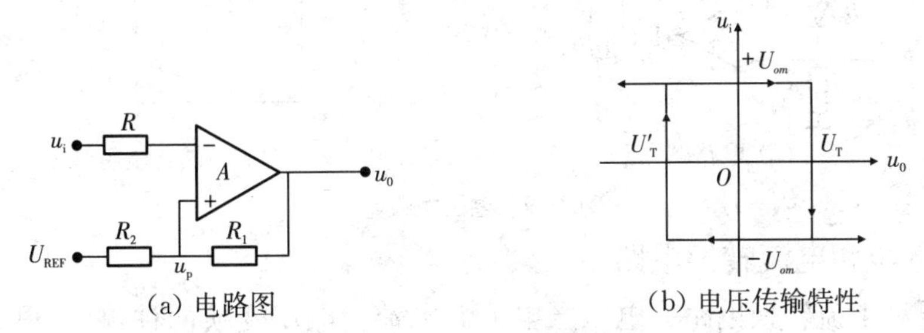

(a) 电路图　　(b) 电压传输特性

图 7-38　滞回比较器电路

$$U'_T=\frac{R_f}{R_f+R_1}U_{REF}+\frac{R_1}{R_f+R_1}(-U_{om})$$

当 u_i 逐渐减小，且 $u_i=U'_T$ 以前，u_o 始终等于 $-U_{om}$，因此出现了如图 7-38(b)所示的滞回特性曲线。

U_T 和 U'_T 的差别称为回差，回差电压

$$\Delta u=U_T-U'_T=2\frac{R_1}{R_f+R_1}U_{om}。$$

不难看出，改变 R_2 的数值可以改变回差的大小。为了保证比较电路的精度，除了电阻的阻值和参考电压值都必须稳定外，运算放大电路的失调电压和温漂都要很低。

3. 窗口比较器

窗口比较器又叫“双限比较器”，是指在输入信号的上升沿和下降沿翻转电压不同的比较器，两个电压之间的值为窗口宽度。

窗口比较器的电路如图 7-39(a)所示。电路由两个幅度比较器和一些二极管与电阻构成。设 $R_1=R_2$，则有

$$U_L=\frac{(E_C-2U_D)R_2}{R_1+R_2}=\frac{1}{2}(E_C-2U_D)$$

$$U_H=U_L+2U_D$$

窗口比较器的电压传输特性如图 7-39(b)所示。当 $u_i>V_H$时，u_{O1} 为高电平，D_3 导通；u_{o2} 为低电平，D_4 截止，$u_O=u_{O1}$。

当 $u_i<U_L$时，u_{O2} 为高电平，D_4 导通；u_{O1} 为低电平，D_3 截止，$u_O=u_{O2}$。

当 $U_H>u_i>U_L$时，u_{O1} 为低电平，u_{O2} 为低电平，D_3、D_4 截止，u_O=低电平。

高电平信号的电位水平高于某规定值 U_H的情况，相当比较电路正饱和输出。

低电平信号的电位水平低于某规定值 U_L的情况，相当比较电路负饱和输出。

该比较器有两个阈值，传输特性曲线呈窗口状，故称为窗口比较器。

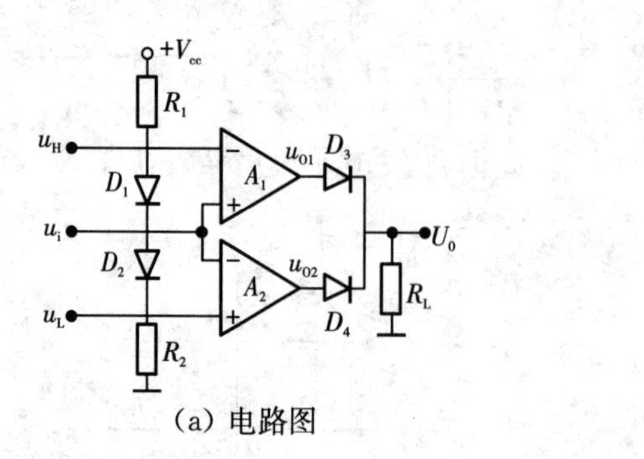

(a) 电路图

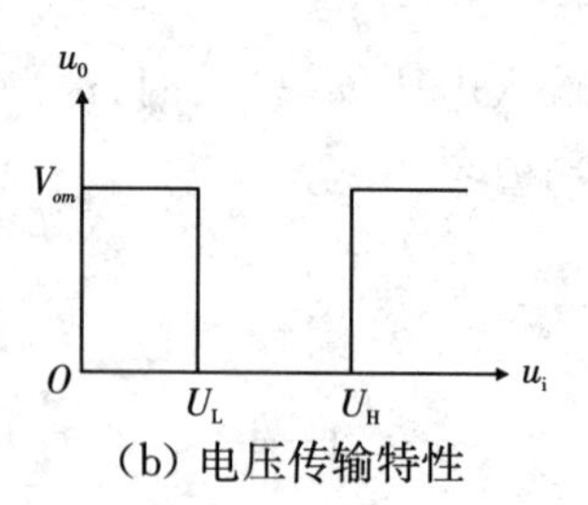

(b) 电压传输特性

图 7-39 窗口比较电路

4. 电压和电流转换电路

电压和电流转换电路有电压－电流和电流—电压变换两种，顾名思义，就是将电压信号转换为电流信号，或是将电流信号转换为电压信号，它们是很有用的电子电路，被广泛应用于放大电路和传感器的连接处。

(1)电流—电压变换器。

图 7-40 是电流－电压变化器。

由图可知

$$u_O = -i_S R_f$$

可见输出电压与输入电流成比例。

输出端的负载电流为：

$$i_O = \frac{u_O}{R_L} = -\frac{i_S R_f}{R_L} = -\frac{R_f}{R_L} i_S$$

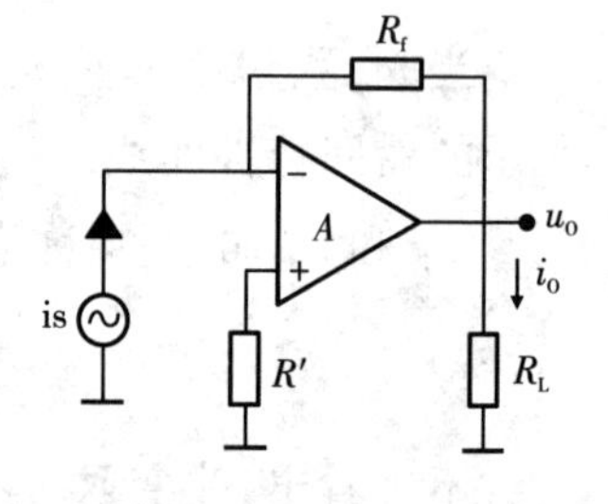

图 7-40 电流—电压变化器

若 R_L 固定，则输出电流与输入电流成比例，此时该电路也可视为电流放大电路。

(2)电压—电流变换器。

图 7-41 的电路为电压－电流变换器，由图 7-41(a)可知

$u_S = i_O R$ 或 $i_O = \frac{1}{R} u_S$ 所以输出电流与输入电压成比例。

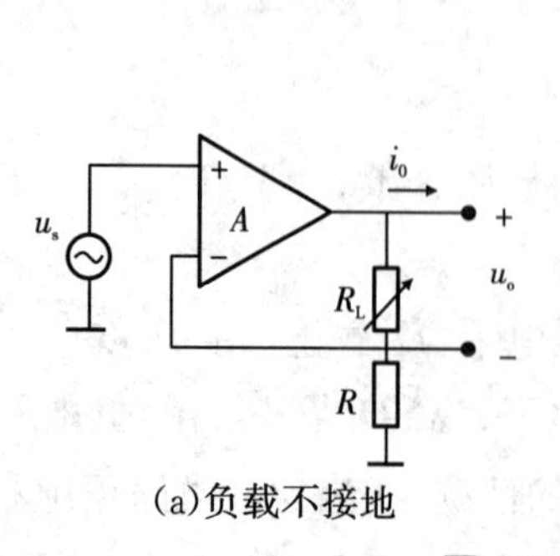

(a)负载不接地

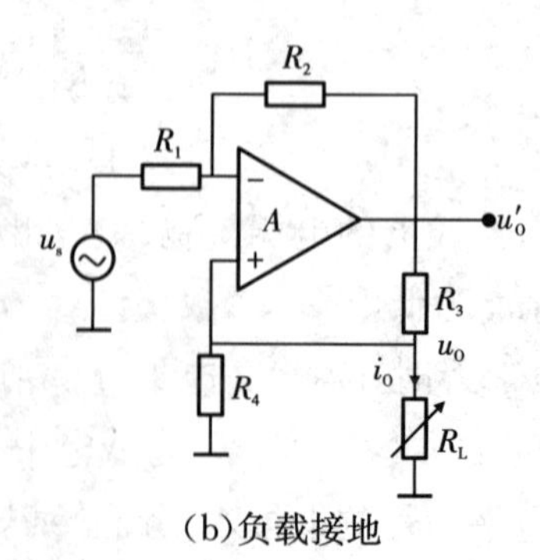

(b)负载接地

图 7-41 电压—电流变换器

对图 7-41(b)电路，R_1 和 R_2 构成电流并联负反馈；R_3、R_4 和 R_L 构成电压串联

正反馈。由图可得

$$u_N = u_S \frac{R_2}{R_1+R_2} + u'_O \frac{R_1}{R_1+R_2}$$

$$u_P = u_O = i_O R_L = u'_O \frac{R_4 /\!/ R_L}{R_3 + (R_4 /\!/ R_L)}$$

由 $u_N = u_P$ 可解得：

$$i_O = -\frac{R_2}{R_1} \times \frac{u_s}{\left(R_3 + \frac{R_3}{R_4}R_L - \frac{R_2}{R_1}R_L\right)}$$

讨论：

①当分母为零时，$i_O \to \infty$，电路自激。

②当 $R_2/R_1 = R_3/R_4$ 时，则 $i_O = -\frac{1}{R_4}u_S$，说明 i_O 与 u_S 成正比，实现了输出电流与输入电压之间的线性变换

例7-7　要求二阶压控型LPF的 $f_c=400$ Hz，Q 值为0.7，试求图例7-7电路中的电阻、电容值。

解： 根据 f_C，选取 C，再求 R。

(1) C 的容量不易超过1 μF。因大容量的电容器体积大，价格高，应尽量避免使用。

取 $C=0.1\mu F$，$1\ k\Omega < R < 1\ M\Omega$，

$$f_C = \frac{1}{2\pi RC} = \frac{1}{2\pi R \times 0.1 \times 10-6} = 400\ \text{Hz}$$

计算出 $R=3979\ \Omega$，取 $R=3.9\ k\Omega$

(2)根据 Q 值求 R_1 和 R_f，因为 $f=f_c$ 时 $Q=\frac{1}{3-A_u}=0.7$，则 $A_u=1.57$。根据 A_u 与 R_1、R_f 的关系，集成运放两输入端外接电阻的对称条件，即

$$A_u = 1+\frac{R_f}{R_1} = 1.57、R_1 /\!/ R_f = R+R = 2R。$$

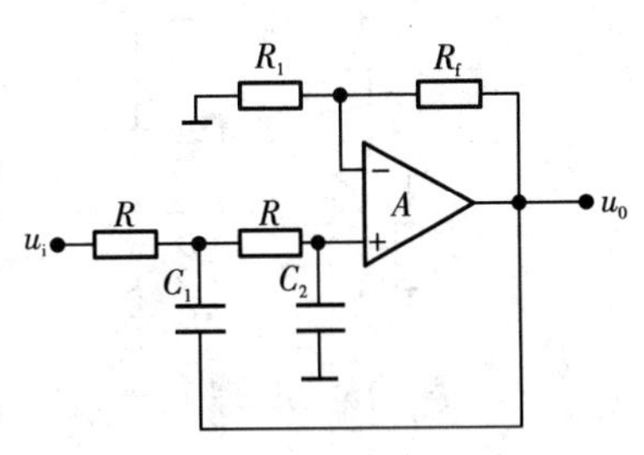

图例7-7　二阶压控型LPF

解得：

$$R_1 = 5.51 \times R, R_f = 3.14 \times R, R = 3.9\ k\Omega$$

$$R_1 = 5.51 \times R = 5.51 \times 3.9\ k\Omega = 21.5\ k\Omega$$

$$R_f = 3.14 \times R = 3.14 \times 3.9\ k\Omega = 12.2\ k\Omega$$

7.4 在波形发生方面的应用

在自动化设备和系统中,经常需要一定的波形作为测试和传送信息的依据。在模拟系统中使用的波形归为正弦波和非正弦波,方波、锯齿波等是非正弦周期性信号称为非正弦波。集成运放可应用于产生上述不同类型的波形。在产生正弦波的电路中,集成运放可以作为放大环节,再配以一定的选频网络等,即可产生正弦波振荡,其中的运放一般是工作在线性区,用运算放大电路产生正弦波信号的方法将在后面第 9 章中介绍。

用集成运放产生非正弦波信号,有方波发生电路、三角波发生电路和锯齿波发生电路等。常常用于脉冲和数字系统中信号源。其中的运放是作为一个开关元件,其输出电压只有两种状态,因此大都工作在非线性区。其电路的组成、工作原理以及分析方法均与正弦波振荡电路有着明显的区别。

7.4.1 产生方波的电路

方波又称"矩形波",常用于脉冲和数字系统作为信号源,可以由滞回比较器和 RC 定时电路产生,见图 7-42 所示。其中电路中的集成运放和电阻 R_1、R_2组成滞回比较器,电阻 R_f和电容 C 构成充放电回路,稳压管 D_{z1}、D_{z2}和 R 的作用是钳位,将比较器输出电压限制在稳压管的稳定电压值正负 U_z。

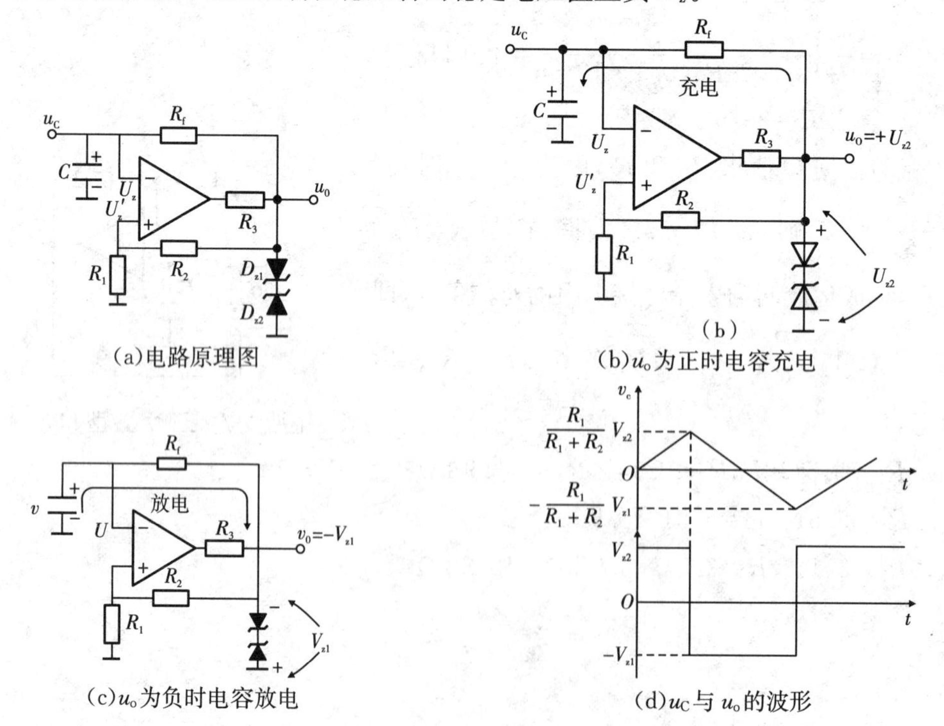

图 7-42 方波振荡电路

1. 工作原理

参阅图 7-42，假设 $t=0$ 时，即电源刚接通时设 $u_C=0$，而滞回比较器的输出为 $u_O=+U_Z$，所以 $u_P=\frac{R_2}{R_1+R_2}U_Z$。

此时的输出电压 $+U_z$ 将通过电阻 R_f 对电容 C 充电，u_C 升高，而此电容上的电压接到集成运放的反相输入端，即 $u_N=u_C$。当电容上的电压上升到 $u_N=u_P$ 时，滞回比较器将发生跳变，由高电平变为低电平，使得 $u_o=-U_z$。此后又重复上述过程，电容如此反复地充放电，滞回比较器的输出端反复地在高低电平之间跳变，于是就产生了正负交替的矩形波。如图 7-42 所示。

方波发生器波形的产生简要描述为：

(1) 当 $u_C=u_N\geqslant u_P$ 时，$u_o=-U_Z$，所以 $u_P=-\frac{R_1}{R_1+R_2}U_Z$，电容 C 放电，u_C 下降。

(2) $u_O=u_N\leqslant u_P$ 时，$u_O=+U_Z$，返回初态。

方波的周期 T(即振荡周期)用过渡过程公式可以方便地求出：

$$T=2R_fC\ln(1+\frac{2R_2}{R_1})$$

由此可知，改变充放电时间常数 RC 以及滞回比较器的电子 R_1 和 R_2，即可调节方波的振荡周期。但是振荡周期与稳压管的电压 U_z 无关。方波的幅度取决于 U_z。

2. 占空比可调的矩形波电路

由图 7-42 所示，输出电压 U_o 为正负半周对称的矩形波，其占空比等于 50%。为了改变输出方波的占空比，应改变电容器 C 的充电和放电时间常数来实现。占空比可调的矩形波电路如图 7-43 所示。电位器 R_w 和二极管 D_1、D_2 的作用是将电容充电和放电的回路分开，并调节充电和放电两个时间常数的比例。如果将电位器的滑动端向下移动，充电时间常数减小，放电时间常数增大，于是输出端为高电平的时间缩短，输出端为低电平的时间加长；相反，如果将电位器的滑动端向上移动，充电时间常数增大，放电时间常数减小，于是输出端为高电平的时间加长，输出端为低电平的时间缩短。

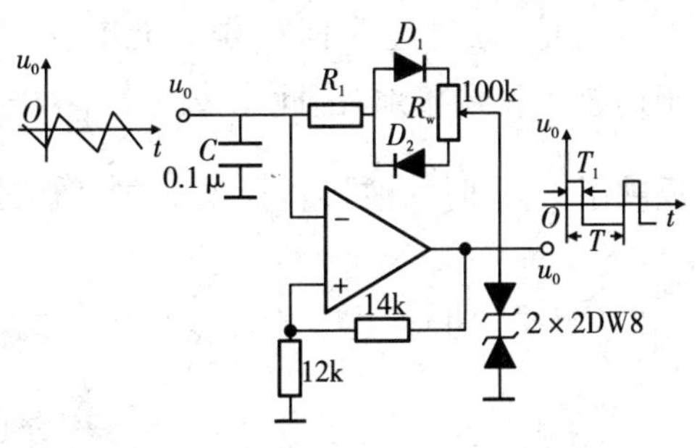

图 7-43　占空比可调的矩形波发生电路

C 充电时，充电电流经电位器的上半部、二极管 D_1、R_1；C 放电时，放电电流经 R_1、二极管 D_2、电位器的下半部。

占空比为：$\frac{T_1}{T}=\frac{\tau_1}{\tau_1+\tau_2}$

公式中，$\tau_1=(R'_w+r_{d1}+R_1)C$，$\tau_2=(R_w-R'_w+r_{d2}+R_1)C$

其中，R_w 是电位器中点到上端电阻，r_{d1} 是二极管导 D_1 通电阻，r_{d2} 是二极管 D_2 导通电阻。改变 R_w 的中点位置，即可改变占空比。

7.4.2 三角波发生器

三角波发生器的电路如图 7-44 所示。它是由 A_1 组成滞回比较器和由 A_2 组成的积分器闭环组合而成的。积分器的输出反馈给滞回比较器，作为滞回比较器的 U_{REF}。

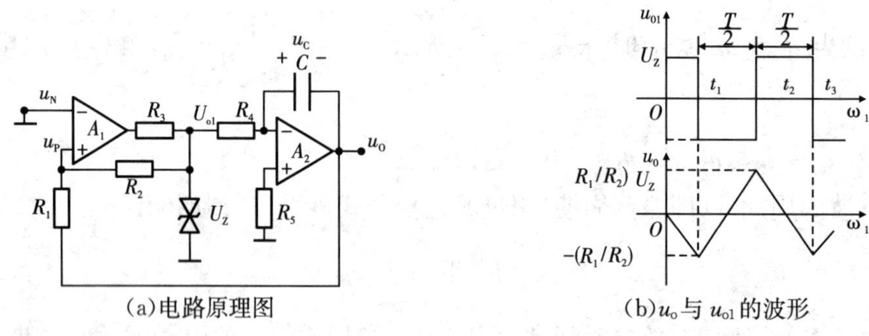

(a)电路原理图　　(b)u_o 与 u_{o1} 的波形

图 7-44　三角波发生电路

设 $t=0$，$u_C=0$，$u_{o1}=+U_Z$，则 $u_O=-u_C=0$，运放 A_1 的同相端对地电压为：

$$u_P=\frac{R_1}{R_1+R_2}U_Z+\frac{R_2}{R_1+R_2}u_O$$

此时，u_{o1} 通过 R 向 C 恒流充电，u_C 线性上升，u_o 线性下降，从而使 u_P 下降。由于运放反相端接地，因此当 u_P 下降略小于 0 是，A_1 翻转，u_{o1} 跳变为 $-U_Z$。图 7-44 反映了 $t=t_1$ 时的波形。根据上式可知，此时 u_o 略小于 $-\frac{R_1}{R_2}U_Z$。

在 $t=t_1$ 时，$u_C=-u_o=\frac{R_1}{R_2}U_Z$，$u_{o1}=-U_Z$，运放 A_1 的同相端对地电压为

$$u_P=\frac{R_1}{R_1+R_2}U_Z+\frac{R_2}{R_1+R_2}u_o$$

此时，电容 C 恒流放电，u_C 线性下降，u_o 线性上升，则 u_P 也上升。当 u_P 上升到略大于 0 时，A_1 翻转，u_o 跳变为 U_Z，如此周而复始，就可在 u_o 端输出幅度为 $\frac{R_1}{R_2}U_Z$ 的三角波。同时在 u_{o1} 端得到幅度为 U_Z 的方波。

如图 7-44 所示，在 $t_1 \sim t_2$ 期间，电容 C 的放电时间

$$T_1=t_2-t_1=\frac{C}{i_C}\Delta u_C=\frac{C}{-\frac{U_Z}{R}}\left(-\frac{2R_1}{R_2}U_Z\right)=2R_4C\frac{R_1}{R_2}$$

在 $t_2 \sim t_3$ 期间，电容 C 恒流充电，同理，可得充电时间

$$T_2 = 2R_4C\frac{R_1}{R_2}$$

因此，周期和频率依次为 $T = T_1 + T_2 = 4R_4C\frac{R_1}{R_2}$

或：$f = \frac{1}{T} = \frac{R_2}{4R_4CR_1}$

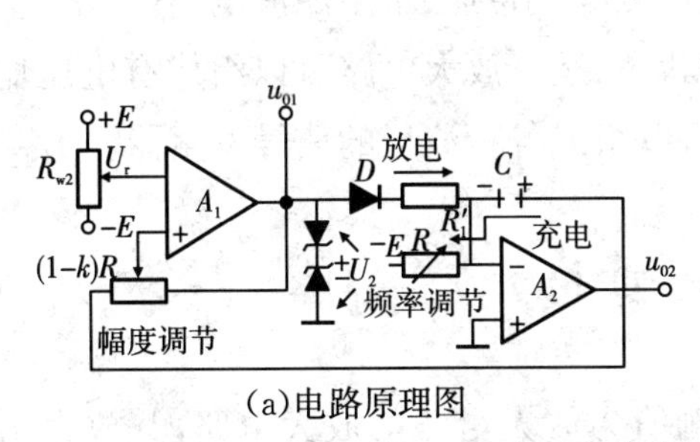

(a)电路原理图

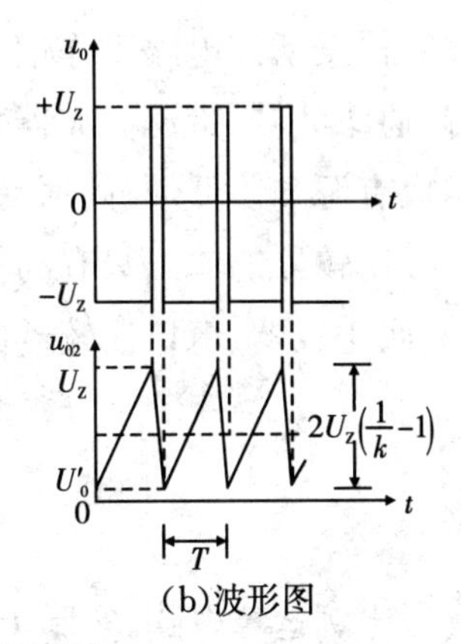

(b)波形图

图 7-45　幅度和频率可调的锯齿波发生器

输出峰值 U_{om}：正向峰值 $U_{om} = \frac{R_1}{R_2}U_Z$，负向峰值 $U_{om} = -\frac{R_1}{R_2}U_Z$。

7.4.3　锯齿波发生器

锯齿波信号也是一种常用的非正弦波信号，在示波器的扫描电路和数字电压表等电路中较为常见。锯齿波发生器的电路如图 7-45(a)所示，显然为了获得锯齿波，应改变积分器的充、放电时间常数。图中的二极管 D 和 R' 将使充电时间常数减小为 $(R/\!/R')C$，而放电时间常数仍为 RC。锯齿波电路的波形图如图 7-45(b)所示。于是有：

$$\frac{U_Z}{\mathrm{RC}} \cdot T_2 = \frac{2R_1}{R_2}U_Z$$

$$T_2 = \frac{2R_1\mathrm{RC}}{R_2}$$

$$T_1 = \frac{2R_1}{R_2}(R/\!/R')C$$

所以锯齿波的振荡周期 T 为 $T_1 + T_2$。

本章小结

1. 比例运算电路有反相比例运算、同相比例运算和差分比例运算三种基本形

式，改变运算放大电路外围的相关电阻阻值，可以调整输出电压与输入电压之间的比例关系；在反相运算或同相运算放大电路的基础上，在其输入端增加一些支路，还可构成反相或同相输入求和电路。

2. 积分、微分电路，可以根据电路对信号的积分或微分关系，进行波形变换；运放组成的电路还可以对输入信号进行对数或指数的处理；运放还可以组成电流一电压变换器和电压一电流变换器。

3. 根据滤波电路工作信号的频率范围不同，滤波器分为四大类。即低通滤波器、高通滤波器、带通滤波器和带阻滤波器。运算放大电路可以利用电阻、电容电路组成有源二阶低通、高通滤波电路，也可以组成带通、带阻滤波电路。

4. 比较器的输出只有高低电平两种状态，运算放大电路可以组成有电压比较器、滞回比较器、窗口比较器电路等，还可以组成各种波形的信号发生器。

应用与讨论

1. 比例运算电路，实际上就是以比例值为放大增益的放大电路，其放大倍数由运算放大器外围电路来确定，求和电路实际上就是多输入端放大电路。

2. 积分、微分电路实际上也是一阶低通、一阶高通滤波电路。只是应用的场合不同，积分、微分电路用于信号的运算，一般用于对非正弦波的运算，而对于低通、高通滤波电路主要是用于对不同频率信号的处理。

3. 电压一电流转换电路多用于放大电路和传感器的连接处。如电压转换为电流的电路，理想情况下输出端是电流源电路，具有很高的输出电阻，因此，当用于传感器的信号传输时，可以大大延长信号的传输距离，因此被广泛采用。

4. 二阶有源滤波电路与一阶有源滤波电路，其滤波特性要优越的多，但在调整电压增益调整时，要注意避免产生自激振荡。

习 题 7

7-1 按照题意，在下列选项中选择一个合适的运算电路。

(1)欲实现 $A_u=-100$ 的放大电路，应选用(　　)。

(2)欲将方波电压转换成三角波电压，应选用(　　)。

(3)欲将方波电压转换成尖顶波波电压，应选用(　　)。

运算电路：

A. 反相比例运算电路　　B. 同相比例运算电路

C. 积分运算电路　　D. 微分运算电路

E. 加法运算电路　　F. 乘方运算电路

7-2　按照题意,在下列选项中选择一个合适的滤波电路。

(1)为了避免 50H_z电网电压的干扰进入放大器,应选用(　　)滤波电路。

(2)已知输入信号的频率为 10kH_z～12kH_z,为了防止干扰信号的混入,应选用(　　)滤波电路

(3)为了获得输入电压中的低频信号,应选用(　　)滤波电路。

(4)为了使滤波电路的输出电阻足够小,保证负载电阻变化时滤波特性不变,应选用(　　)滤波电路。

滤波电路:

A. 带通　　B. 带阻　　C. 高通

D. 低通　　E. 有源　　F. 无源

7-3　按照题意,在下列选项中选择一个合适的运算电路填空。

(1) ()运算电路可实现 $A_u>1$ 的放大器。

(2) (　　)运算电路可实现 $A_u<0$ 的放大器。

(3)(　　)运算电路可将三角波电压转换成方波电压。

(4)(　　)运算电路可实现函数 $Y=aX_1+bX_2+cX_3$,a、b 和 c 均大于零。

(5)(　　)运算电路可实现函数 $Y=aX_1+bX_2+cX_3$,a、b 和 c 均较小于零。

(6)(　　)运算电路可实现函数 $Y=aX^2$。

运算电路:

A. 反相比例　　B. 同相比例

C. 积分　　D. 微分

E. 加法　　F. 乘方

G. 同向求和　　H. 反向求和

7-3　电路如图题 7-3 所示,求下列情况下,u_O和 u_i的关系式。

(1)S_1和 S_3闭合,S_2断开时;

(2)S_1和 S_2闭合,S_3断开时。

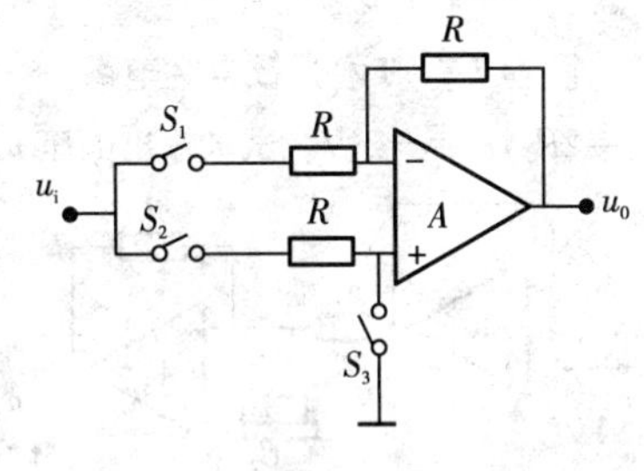

图题 **7-3**

7-4　试求图题 7-4 所示各电路输出电压与输入电压的运算关系式。

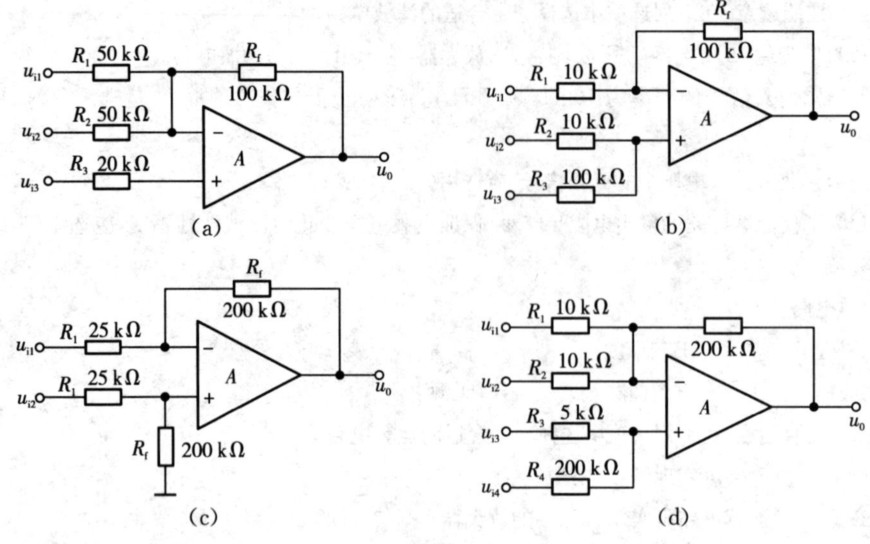

图题 **7-4**

7-5 在图题 7-5 所示电路中,设 A 为理想运放:

(1)列出 A_{uf} 和 R_{if} 的表达式。

(2)$R_1=2\ \text{M}\Omega$,$R_4=1\ \text{k}\Omega$,$R_2=R_3=470\ \text{k}\Omega$, 估算 A_{uf} 和 R_{if} 的数值。

(3)若采用虚线所示的反相比例运算电路,为了得到同样的 A_{uf} 和 R_{if} 值, R_1、R_2 和 R_f 应为多大?

(4)由以上结果,小结 T 型反馈网络电路的特点。

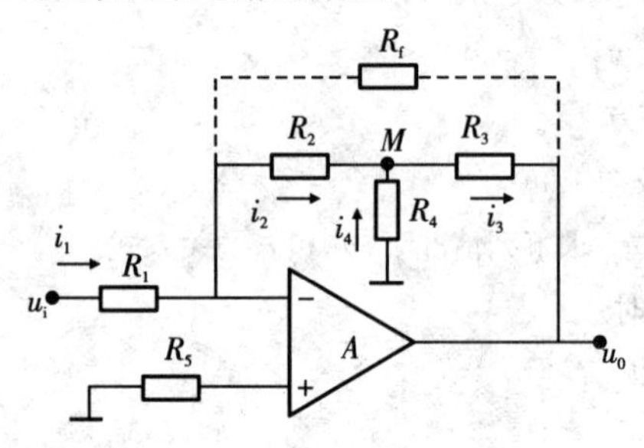

图题 **7-5** **T** 型反馈网络电路

7-6 在图题 7-6 中,已知 $R_f=2R_1$, $u_i=-2$ V。试求输出电压 u_o。

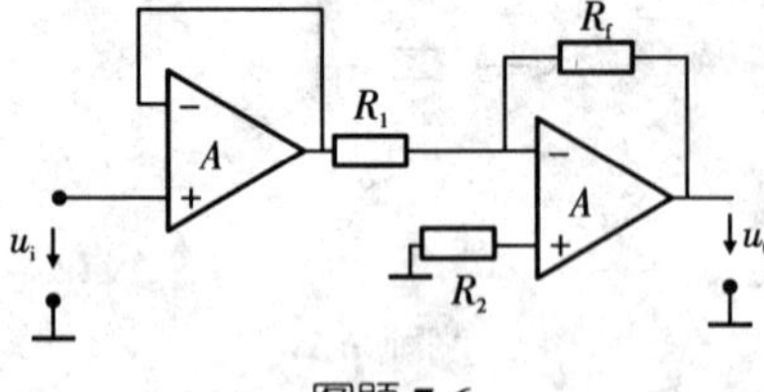

图题 **7-6**

7-7 设计一加减运算电路,使 $u_o=2u_{i1}+5u_{i2}-10u_{i3}$。

7-8 在图题 7-8(a)所示电路中,已知输入电压 u_i 的波形如图 7-8(b)所示,当 $t=0$ 时 $u_C=0$。试画出输出电压 u_O 的波形。

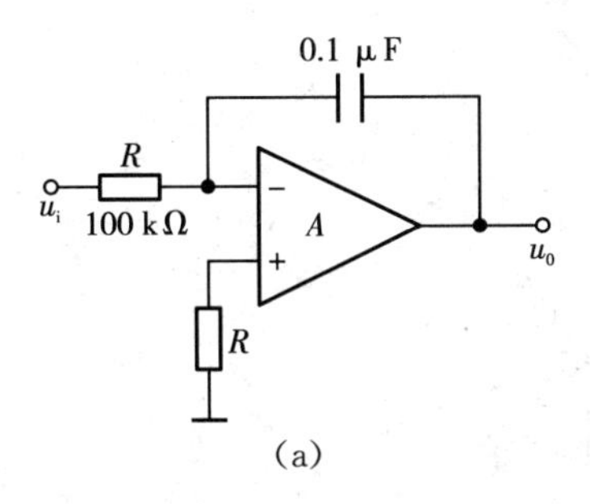

(a)

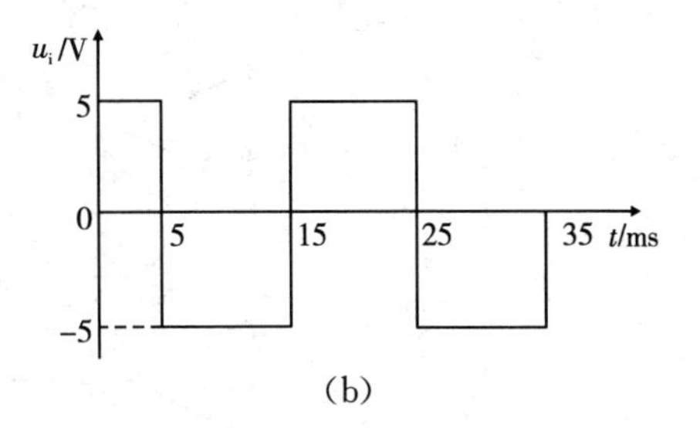

(b)

图题 **7-8**

7-9　已知图题 7-9 所示电路输入电压 u_i 的波形如图题 7-9(b)所示，且当 $t=0$ 时 $u_C=0$。试画出输出电压 u_O 的波形。

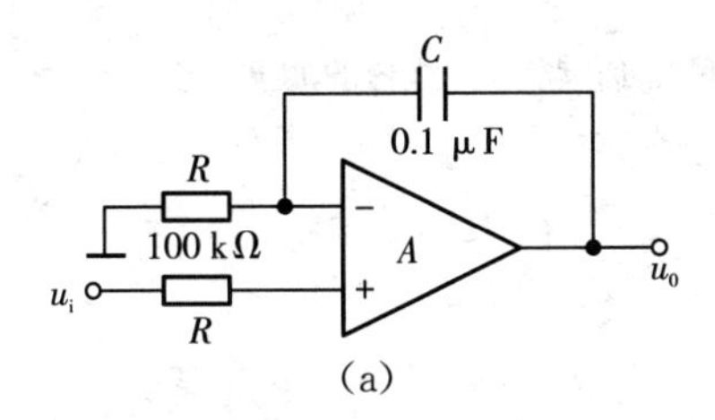

(a)

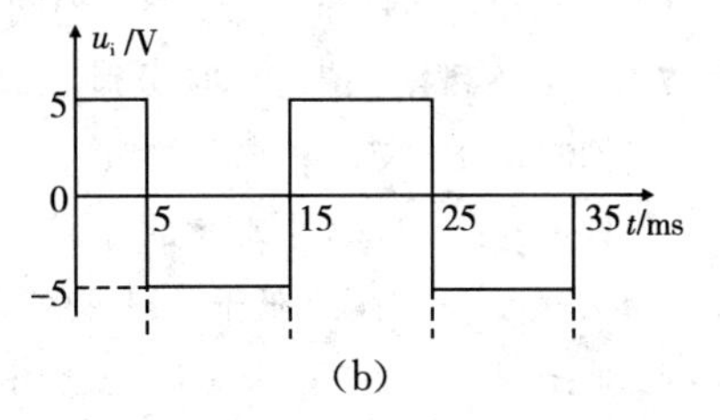

(b)

图题 **7-9**

7-10　试分别求解图题 7-10 所示各电路的运算关系。

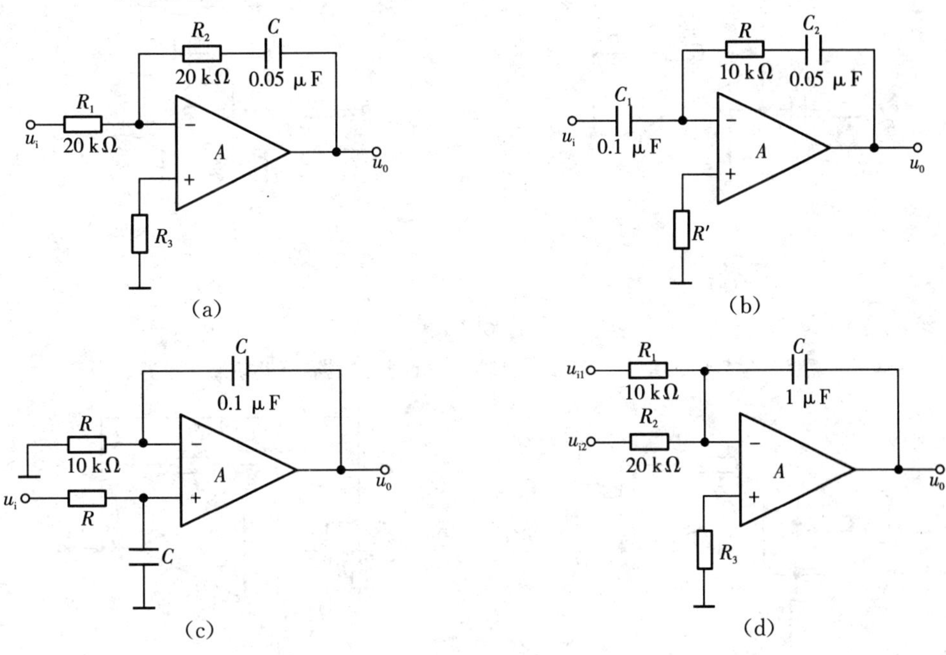

图题 **7-10**

7-11　在图题 7-11 所示电路中，已知 $u_{I1}=4$ V，$u_{I2}=1$ V。回答下列问题：

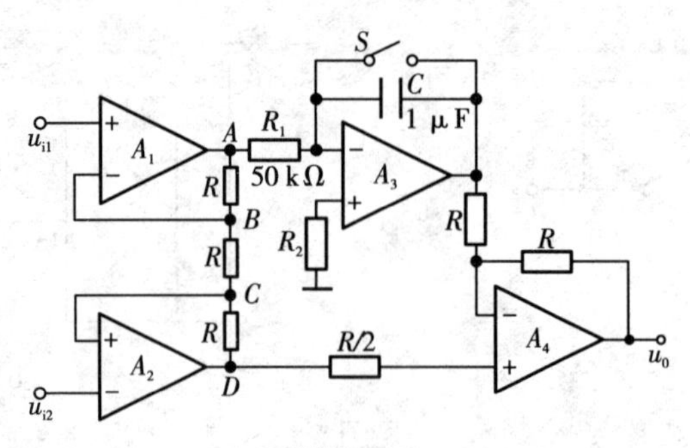

图题 **7-11**

(1)当开关 S 闭合时，分别求解 A 、B 、C 、D 和 u_O 的电位；

(2)设 $t=0$ 时 S 打开，问经过多长时间 $u_O=0$ ？

7-12 在下列各种情况下，应分别采用哪种类型(低通、高通、带通、带阻)的滤波电路。

(1)抑制 50 Hz 交流电源的干扰；

(2)处理具有 1 Hz 固定频率的有用信号；

(3)从输入信号中取出低于 2 kHz 的信号；

(4)抑制频率为 100 kHz 以上的高频干扰。

7-13 分别推导出下图题 7-13 所示各电路的传递函数，并说明它们属于哪种类型的滤波电路。

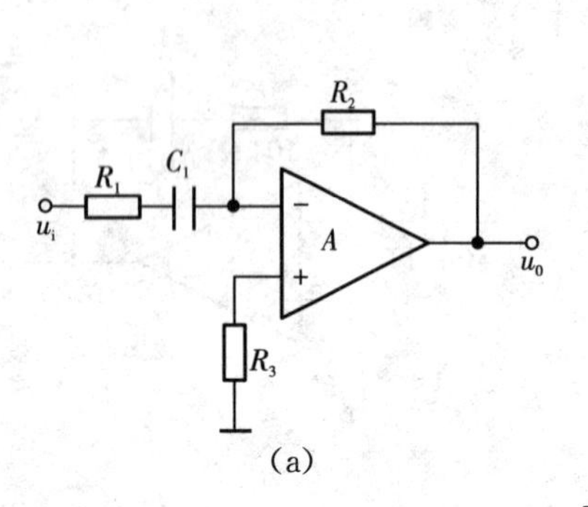

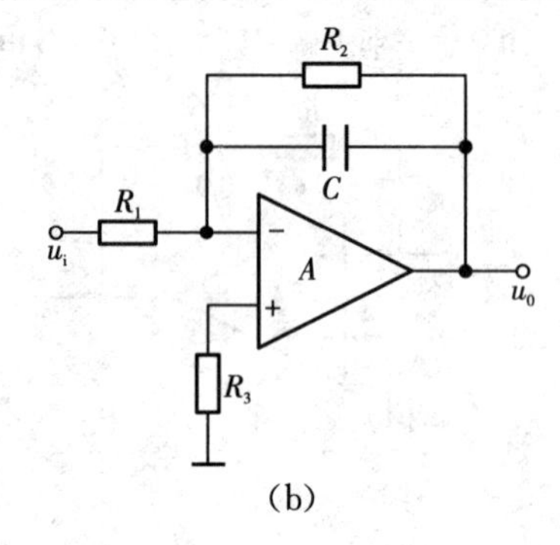

图题 **7-13**

7-14 试说明图题 7-14 所示各电路属于哪种类型的滤波电路，是几阶滤波电路。

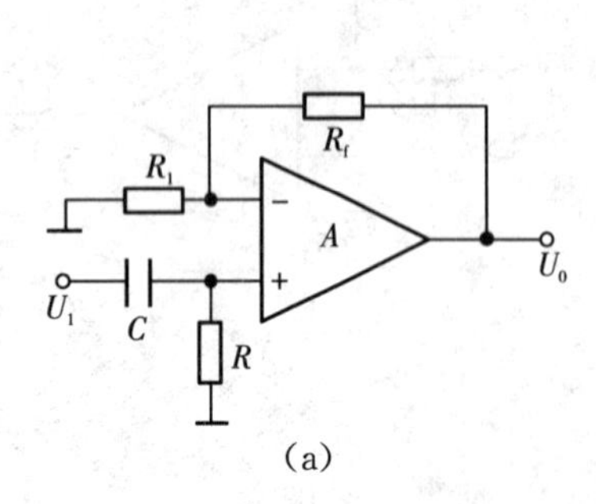

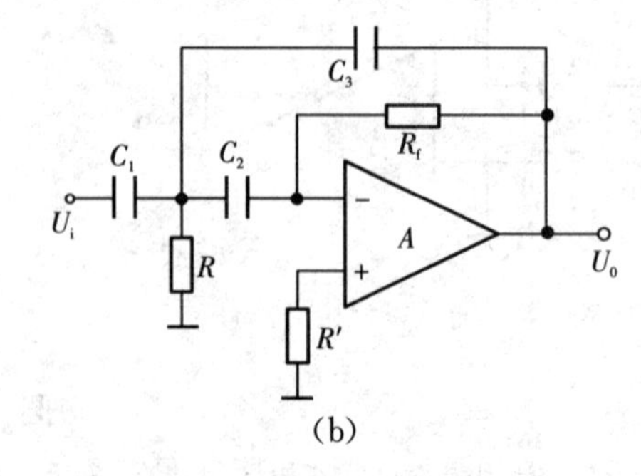

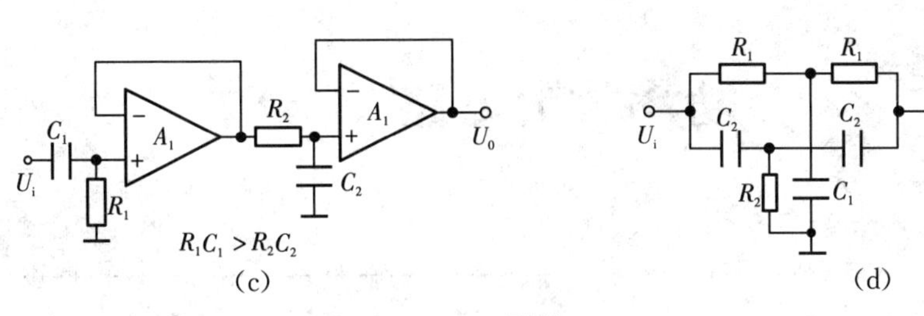

图题 **7-14**

7-15　设一阶 HPF 和二阶 LPF 的通带放大倍数均为 2，通带截止频率分别为 100 Hz 和 2 kHz。试用它们构成一个带通滤波电路，并画出幅频特性。

7-16　在图题 7-16 所示电路中，已知 $R_1=R_2=R'=R_f=R=100\ \text{k}\Omega$，$C=1\ \mu\text{F}$。

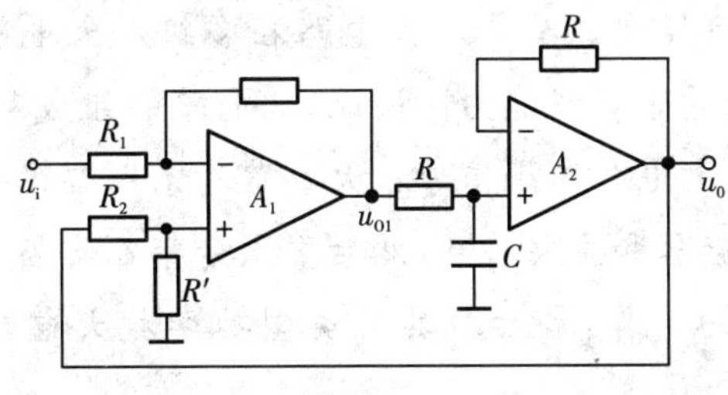

图题 **7-16**

(1)试求出 u_O与 u_I的运算关系。

(2)设 $t=0$ 时 $u_O=0$，且 u_i由零跃变为-1 V，试求输出电压由零上升到$+6$ V 所需要的时间。

功率放大电路

学习要求

在实用电路中，往往要求放大电路的末级(即输出级)输出一定的功率，以驱动负载。能够向负载提供足够信号功率的放大电路称为“功率放大电路”，简称“功放”。与小信号放大电路相比，在电源电压确定的情况下，输出功率和效率都要尽可能大。功率放大电路在多级放大电路中通常作为输出级使用，并具有较强的带负载能力。因此，从电路的组成和分析方法，到其元器件的选择，功率放大电路与小信号放大电路有着明显的区别。本章首先介绍功率放大电路的概念和主要特点，然后重点分析乙类互补对称电路的工作原理及其相关参数的计算，最后对其他类型功率放大电路的特点作简单介绍。

8.1 功率放大电路概述

功率放大电路是一种以输出较大功率为目的的放大电路。为了获得大的输出功率，必须首先考虑电路的输出信号电压要大，输出信号电流要大，放大电路的输出电阻要与负载匹配等问题。另一个必须考虑的问题是功率放大电路效率。为了提高功率放大电路的输出功率，降低三极管的功耗，一方面要提高电路的输出电流，另一方面还要减小三极管的静态工作电流(但不能使信号产生失真)，合理地设计功率放大电路可以较好地解决这个问题。

8.1.1 功率放大电路的特点

1. 主要性能指标

功率放大电路的主要技术指标为最大输出功率、转换效率和非线性失真。

(1)输出功率 P_o。对功率放大电路的主要要求就是给负载提供足够的输出功率，功率放大电路提供给负载的信号功率称为输出功率。在输入为正弦波且输出基本不失真条件下，输出功率是交流功率，表达式为

$$P_o = I_o \times U_o \tag{8-1}$$

式中 I_o 和 U_o 均为交流有效值。最大输出功率 P_{OM} 是在电路参数确定的情况下负载上可能获得的最大交流功率。

(2)转换效率 η。功率放大电路的最大输出功率与电源所提供的功率之比称为转换效率,可以表示为:

$$\eta=\frac{P_o}{P_E} \tag{8-2}$$

电源提供的功率 P_E 是直流功率,是电路元件消耗的功率与输出功率之和。如果放大电路输出效率不高,会使得电路中元件消耗很多能量,不仅造成能量浪费,而且电路中元件所消耗的电能将转换成热能,使得电路中元件的温度升高,从而影响工作。若选用较大容量的放大管和其他设备,会造成更多的浪费,因此,在一定的输出功率下,减小直流电源的功耗,以提高电路的效率,非常重要。

(3)非线性失真。在功率放大电路中,三极管工作在大信号状态,使得管子的特性曲线的非线性问题充分暴露出来。在实际的功率放大电路中,应根据负载的要求,尽量设法减小输出波形的非线性失真。

2. 功率放大电路的分析方法

因为功率放大电路的输出电压和输出电流幅值很大,功放管特性的非线性不可忽略,对电路进行分析时,常常采用图解法,不能采用微变等效电路法。另外,由于功放的输入信号较大,输出波形容易产生非线性失真,电路中应采用适当方法改善输出波形,如引入交流负反馈等方法。

3. 三极管的工作状态

通常三极管的工作状态根据其导通的时间 θ 分为甲类、乙类、甲乙类、丙类四个状态,它们的工作状态及它们的输出波形与工作点有关,其工作状态如图 8-1 所示。如果在信号的全部周期内三极管都处于导通状态,即三极管的导通角为 $\theta=360°$,则称三极管处于甲类工作状态,i_C 为一个完整的波形;如果在一个周期内只有一半导通,即导通角为 $\theta=180°$,则称三极管处于乙类状态,i_C 为半个周期的波形;若导通角介于甲类和乙类之间,导通角为 $180°<\theta<360°$,则称三极管处于甲乙类状态,i_C 为大于半个周期的波形;若导通角为 $\theta<180°$,则称三极管处于丙类状态,i_C 为小于半个周期的波形。显然,工作点越高,三极管消耗的平均功率越大。

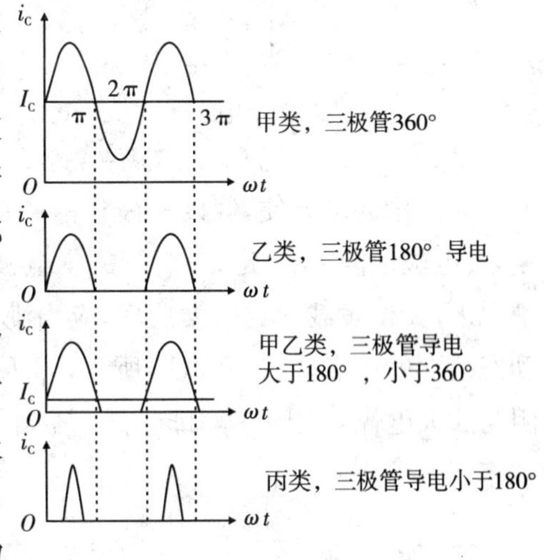

图 8-1　三极管的工作状态

8.1.2 功率放大电路的组成

在电源电压确定后,输出尽可能大的功率和提高转换效率始终是功率放大电路要研究的主要问题。因而围绕这两个性能指标的改善,可组成不同电路形式的功放。此外,还常为了改善功率放大电路的频率响应和消除非线性失真等来改进电路。

1. 共射放大电路的输出功率

图 8-2(a) 所示为小功率共射放大电路,静态时,若晶体管的基极电流忽略不计,直流电源提供的直流功率约为

$$P_E = I_{CQ}E_C$$

若集电极交流电流为正弦波,在 R_L上可能获得的交流功率 P_{om}:

$$P_{om} = \left(\frac{I_{CQ}}{\sqrt{2}}\right)^2 R_L = \frac{1}{2} I_{CQ}^2 R_L$$

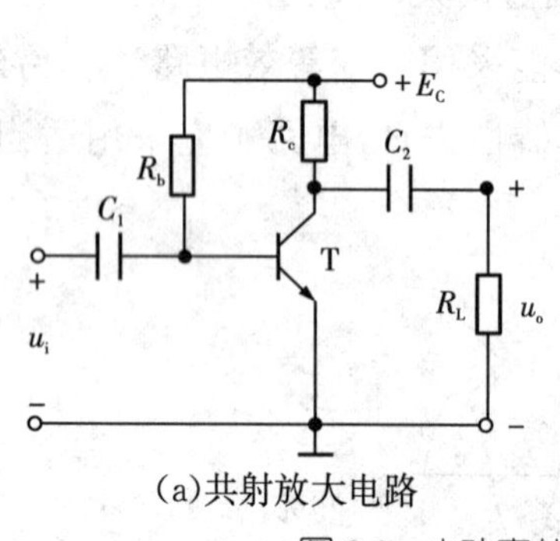

(a)共射放大电路

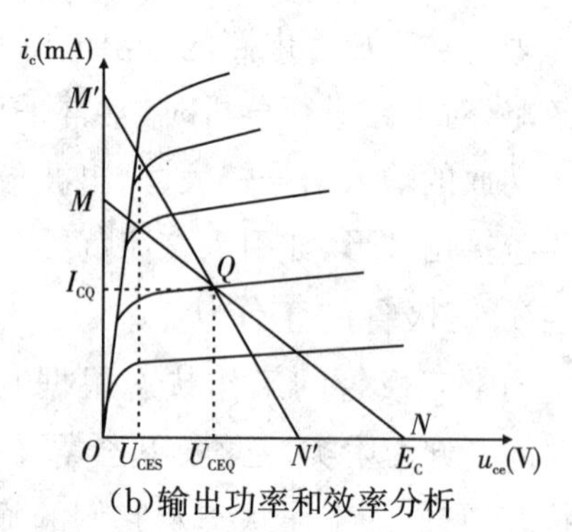

(b)输出功率和效率分析

图 8-2 小功率共射放大电路的输出功率和效率分析

为讨论问题方便,假设三极管饱和压降可以忽略 $U_{CES}=0$,在电源电压 E_C一定,集电极电阻 R_C一定,三极管的集电极最大电流 I_{CM}、最大耗散功率 P_{CM}足够的情况下,要使负载得到最大功率,应当满足两点(读者可以证明):①工作点 Q 位于动态范围的中点,如图 8-2(b)所示,即 $I_{CQ}R'_L=U_{CEQ}$、$I_{CQ}R_L=E_C-U_{CEQ}$;②负载电阻与放大电路内阻相等,即 $R_L=R_C$,由此可以得到当负载得到最大功率时的效率:

$$\eta=\frac{P_{om}}{P_E}=\frac{1}{12}\approx 8.3\%$$

可见这种电路的效率很低,电源提供的功率,绝大部分消耗在晶体管 T 和集电极电阻 R_C上,而负载电阻 R_L上所获得的功率(即输出功率)P_o很小。而通常情况下,R_L远远小于 R_C(比如扬声器,仅为几欧),输出功率 P_o更小,而电源提供的功率始终不变,使得效率更低,可见共射放大电路不宜作为功率放大电路。

2. 变压器耦合功率放大电路

为了提高输出功率和效率，可以将共射放大电路中的集电极电阻用负载替换，并利用变压器实现阻抗变换，同时调节 Q 点使晶体管的工作范围达到最大。电路如图 8-3 (a)所示为单管变压器耦合功率放大电路，因为变压器原边线圈电阻可忽略不计，所以直流负载线是垂直于横轴且过$(E_C, 0)$的直线，如图 8-3(b)所示，若忽略晶体管基极回路的损耗，当输入信号为零时，电源提供的功率为

$$P_E = I_{cq} E_c$$

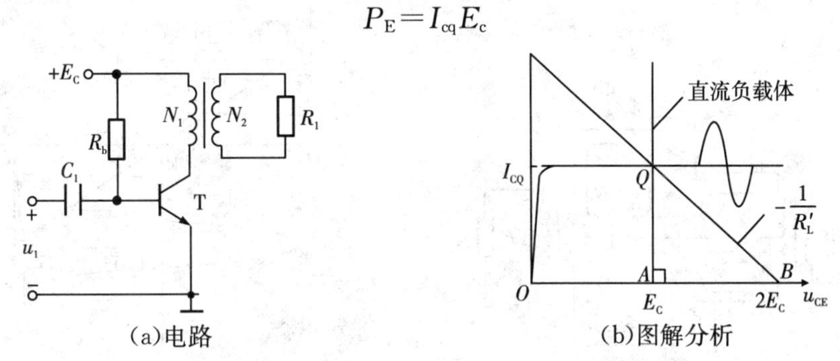

图 8-3　单管变压器耦合功率放大电路

由于电源电压 E_c 恒定，当 i_C 变化时，它在一个周期内的积分与 $I_{cq}E_c$ 相同。显然，电源提供的功率与输出信号的大小无关，而且，静态时，电源提供的功率全部消耗在管子上。

从变压器原边向负载方向看的交流等效电阻为

$$R'_L = \left(\frac{N_1}{N_2}\right)^2 R_L$$

故交流负载线的斜率为$-1/R'_L$，且过 Q 点，如图 8-3(b)中所画。通过调整变压器原、副边的匝数比 N_1/N_2，实现阻抗匹配，使工作点位于交流负载线的中点位置，此时，交流负载线与横轴的交点约为 $2E_C$，R'_L 中交流电流的最大幅值为 I_{CQ}，交流电压的最大幅值约为 E_c，当输入正弦波电压时，集电极动态电流的波形如图 8-3(b)中所画，在理想变压器的情况下，最大输出功率为

$$P_{om} = \frac{I_{CQ}}{\sqrt{2}} \cdot \frac{E_C}{\sqrt{2}} = \frac{1}{2} I_{CQ} E_C$$

则电路的最大效率

$$\eta = \frac{P_{om}}{P_E} = 50\%$$

由于电源提供的功率不变，因而，输入电压为零时，效率也为零；输入电压愈大，i_C 的幅值愈大，负载获得的功率就愈大，管子的损耗就愈小，因而转换效率也就愈高。由于在信号的整个周期内晶体管都处于导通状态，所以也称单管甲类变压器耦合功率放大电路，而它的最高效率不超过 50%，这种电路不适合用在较大功率的放大电路中，而常被用在小功率放大或某些大功率放大电路的前级(推动

级)电路中。

如果在输入信号为零时,电源几乎不消耗功率,并能在输出电压增大时电源消耗的功率才随之增大,即可把效率提高。于是想到当输入信号为零时,应使管子处于截止状态。而为了使负载上能够获得正弦波,常常需要采用两只管子,使它们各自处于乙类工作状态,并在信号的正、负半周交替导通,因此产生了变压器耦合乙类推挽功率放大电路,如图 8-4 (a)所示。

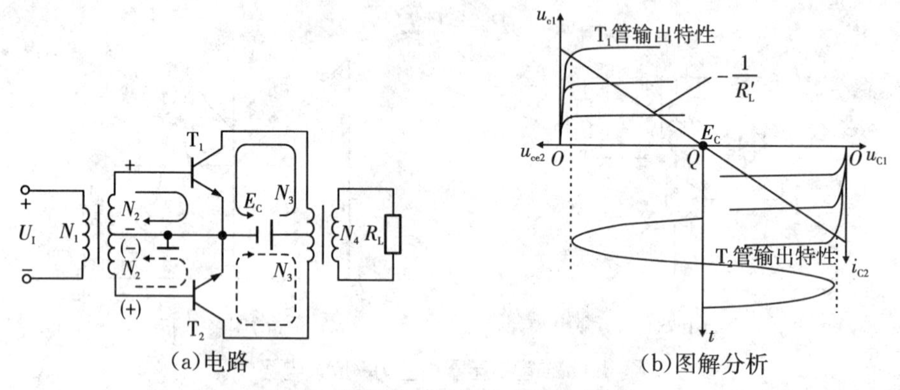

图 **8-4**　单管变压器耦合功率放大电路

为简化问题,设晶体管 b—e 间的开启电压忽略不计,T_1 和 T_2 是两个特性完全相同的晶体管,输入电压 U_I 为正弦波,经过变压器 B_1 耦合到 T_1 和 T_2 两个晶体管的基极,由于变压器 B_1 的作用,使两个管子的基极得到的信号是相位相反的。当输入电压为零时,由于 T_1 和 T_2 的发射结电压为零,均处于截止状态,因而电源提供的功率为零,负载上电压也为零。当输入信号使变压器副边电压极性为上"+"下"-"时,T_1 管导通,T_2 管截止,电流如图 8-4(a)中实线所示;当输入信号使变压器副边电压极性为上"-"下"+"时,T_2 管导通,T_1 管截止,电流如图 8-4 (a)中虚线所示,因此两只晶体管的集电极电流经过 M_2 耦合到负载上的电压仍然是正弦波电压,从而获得交流功率。图 8-4(b)为图(a)所示电路的图解分析,等效负载上能够获得的最大电压幅值近似等于 E_C。上述两只管子(T_1 和 T_2)在电路中交替导通的方式称为"推挽"工作方式。由于这两只管子仅在信号的正半周或负半周导通(即 $\theta=180°$),所以称其工作在乙类状态。图 8-4 (a)所示电路称为推挽乙类推挽功率放大电路。

输出的最大功率为:

$$P_{omax}=\frac{[(E_C-U_{CES})/\sqrt{2}]^2}{R'_L}=\frac{(E_C-U_{CES})^2}{2R'_L}$$

$$\approx\frac{E_C^2}{2R'_L}(\text{当 } E_C\gg U_{CES}\text{时}) \tag{8-3}$$

其中 $R'_L=\left(\frac{N_3}{N_4}\right)^2 R_L$

变压器耦合功率放大电路的优点是可以实现阻抗变换，可以使输出功率很容易达到最大；缺点是体积庞大、笨重，消耗有色金属，信号的损失也比较大。因变压器的原因，放大电路的低频和高频特性均较差。通常在功率较大但频率要求不高的情况下采用。

3. 无输出变压器的功率放大电路

无输出变压器的功率放大电路用一个大容量电容取代变压器，组成的乙类互补功率放大电路如图 8-5 所示。它由一对 NPN、PNP 特性相同的互补三极管组成。这种电路称为“OTL 互补功率放大电路”。

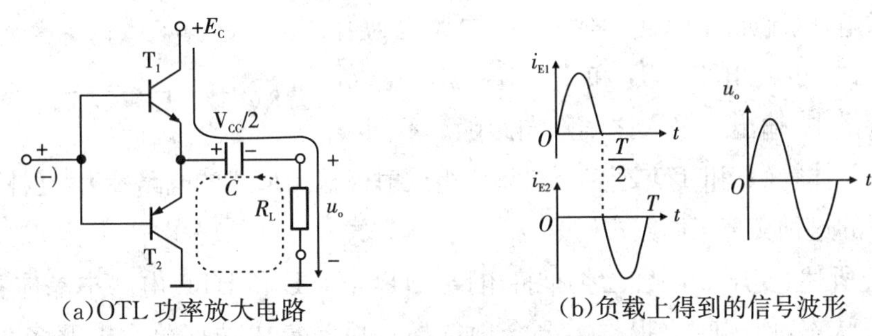

(a)OTL 功率放大电路　　　　(b)负载上得到的信号波形

图 **8-5**　**OTL** 功率放大电路工作原理

静态时，调整前级电路使基极电位为 $E_c/2$，由于 T_1 和 T_2 特性对称，发射极电位也为$E_c/2$，故电容上的电压为 $E_c/2$，极性如图 8-5(a)所标注。设电容容量足够大，对交流信号可视为短路；晶体管 b－e 间的开启电压忽略不计；输入电压为正弦波。当输入信号处于正半周时，且幅度远大于三极管的开启电压，此时 NPN 型三极管 T_1，导通，T_2管截止，有电流通过负载 R_L，按图中方向由上到下，与假设正方向相同，电流如图 8-5(a)由 T_1 和 R_L 组成的实线的电路为射极输出形式，$u_o \approx u_i$。当输入信号处于负半周时，且幅度远大于三极管的开启电压，此时 PNP 型三极管 T_2 导通，T_1 截止，有电流通过负载 R_L，按图中方向由下到上，与假设正方向相反，电流如图 8-5(a)中虚线所示。由 T_2 和 R_L组成的电路也为射极输出形式，$u_o \approx u_i$。故电路输出电压跟随输入电压。

于是两个三极管一个正半周、一个负半周轮流导电，即两只管子交替导通，两路电源交替供电，双向跟随，在负载上将正半周和负半周合成在一起，得到一个完整的不失真波形。如图 8-5(b)所示。显然，这种电路与有输出变压器的电路相比，省去了输出变压器，不但成本降低，而且频率特性也大有改善，但在同样的电源电压下，输出功率要小。

4. 无输出电容的功率放大电路

由于功率放大电路的输出电流很大，需要很大容量的输出电容，而大容量的电容一般为电解电容，且电容的两个极板是卷制而成，存在漏阻和电感效应，这会影响功率放大电路的低频特性。

为消除输出电容的影响，有如图 8-6 所示电路，称其为“无输出电容的功率放大电路”，简称 OCL 电路。

在 OCL 电路中，T_1 和 T_2 特性对称，采用双电源供电。静态时，T_1 和 T_2 均截止，输出电压为零。为简化问题，将晶体管 b—e 间的开启电压忽略、输入电压为正弦波。当 $u_i>0$ 时，T_1 管导通，T_2 管截止，正电源供电，电流如图 8-6 中实线所示，电路为射极输出形式，$u_0\approx u_i$；当 $u_i<0$ 时，T_2 管导通，T_1 管截止，负电源供电，电流如图 8-6 中虚线所示，电路也为射极输出形式，可见，电路中 T_1 和 T_2 交替工作，正、负电源交替供电，输出与输入之间双向跟随。不同类型的两只晶体管（T_1 和 T_2）交替工作，且均组成射极输出形式的电路称为“互补”电路，两只管子的这种交替工作方式称为“互补”工作方式。

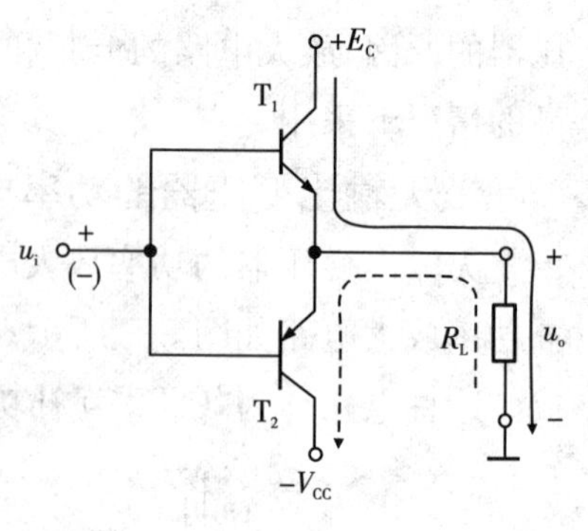

图 8-6　OCL 功率放大电路工作原理

综上所述，变压器耦合乙类推挽电路、OTL、OCL 和 BTL 电路中晶体管均工作在乙类状态，使用时应根据需要合理选择。目前集成功率放大电路多为 OCL 电路；某些大功率音频功率放大的电路多采用分立元件 OTL、OCL 电路或变压器耦合乙类推挽功率放大电路。

例 8-1　如图例 8-1 所示是某晶体管收音机的变压器耦合功率放大电路，设电源电压 $E_C=3\ \text{V}$，忽略晶体管的饱和压降 U_{BES}，扬声器（负载）电阻 $R_L=8\ \Omega$，输出变压器的变比为 2∶1，问扬声器上能够得到的最大输出功率是多少，最大输出时功放的效率是多少？

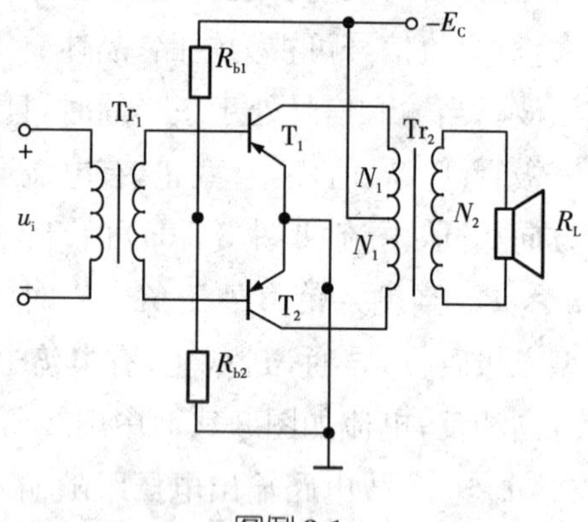

图例 8-1

解：已知 $E_C=3\ \text{V}$，忽略 U_{BES}，$R_L=8\ \Omega$，则输出的最大功率为

$$P_{omax}\approx\frac{E_C^2}{2R'_L}=\frac{3^2}{2\times32}\approx140\ \text{mW}$$

因电源提供的电流 $i_C=\dfrac{E_C-U_{CES}}{R_L}\sin\omega t$，则电源消耗的功率为

$$P_E=E_CI_C=E_C\,\frac{2}{2\pi}\int_0^{\pi}I_{Cm}\sin\omega t\,\mathrm{d}(\omega t)=E_C\,\frac{1}{\pi}\int_0^{\pi}\frac{U_{om}}{R_L}\sin\omega t\,\mathrm{d}(\omega t)$$

∴当 $E_C\gg U_{CES}$ 时

$$P_E=\frac{2}{\pi}\cdot\frac{E_C^2}{R'_L}$$

则最大输出时的效率为

$$\eta=\frac{P_{omax}}{P_E}=\frac{\pi}{4}\approx 0.78=78\%$$

显然，效率很高。

8.2　互补功率放大电路

8.2.1　OCL电路的组成及工作原理

为便于分析，前面的介绍忽略了晶体管 b－e 间的开启电压，从图 8-6 中看出，T_1、T_2 的两个基极是直接相连的，当$|u_i|$小于它们的开启电压时，两只管子都是截止的，正如 2.3.3 所述，这种状态属于零偏流状态，因此会使输出信号在正、负半周交替过零处出现非线性失真，这个失真称为“交越失真”，如图 8-7(a)所示，为解决交越失真，应当设置合适的静态工作点，使两只放大管均工作在临界导通或微导通状态，以消除交越失真，利用二极管恒压源提供偏置电压。甲乙类 OCL 功率放大电路，两个三极管的发射极直接连到负载电阻上，若两个管子的性能相同，则两个管子的基极电压 $U_{BB}=U_{BE1}+|U_{E2}|=2U_{BE1}$，此时的 OCL 功率放大电路如图 8-8(a)所示。由于二极管两端电压略小于两个功率管的基射极之间的电压，所以，通常在二极管电路中又串联一个小电阻，以调节它们的电压，实际电路如图 8-8(b)所示。

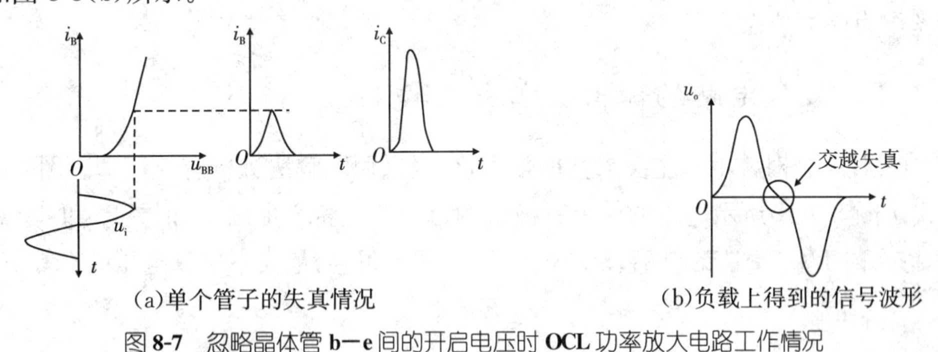

(a)单个管子的失真情况　　(b)负载上得到的信号波形

图 8-7　忽略晶体管 b－e 间的开启电压时 OCL 功率放大电路工作情况

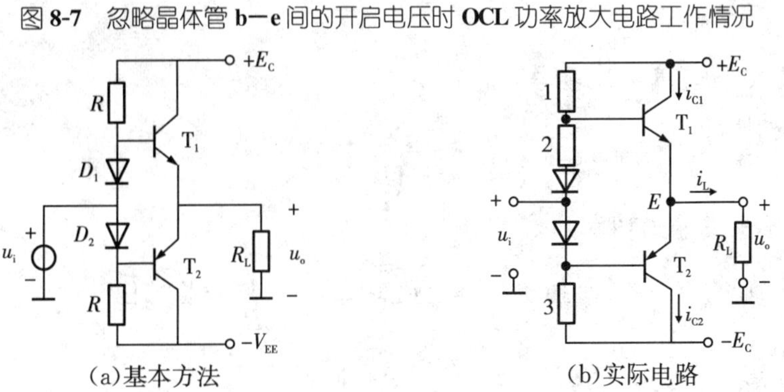

(a)基本方法　　(b)实际电路

图 8-8　消除交越失真的 OCL 功率放大电路

T_1 和 T_2 管在 u_i 的作用下，其输入特性中的图解分析如图 8-9(a)所示。综上所述，输入信号的正半周主要是 T_1 管发射极驱动负载，而负半周主要是 T_2 管发射极驱动负载，而且两管的导通时间都比输入信号的半个周期长，即在信号电压很小时，两只管子同时导通，总能保证至少有一只晶体管导通，因而消除了交越失真，所以它们工作在甲乙类状态，它合成后的集电极电流如图 8-9(b)所示。

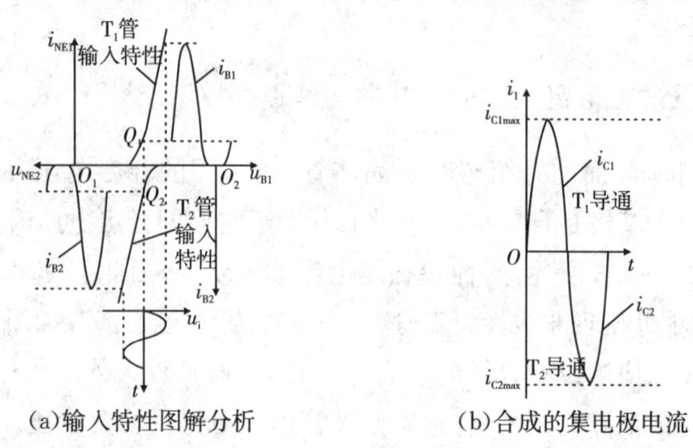

(a)输入特性图解分析　　(b)合成的集电极电流

图 **8-9**　$\mathbf{T_1}$ 和 $\mathbf{T_2}$ 管在 u_i 的作用下图解分析

OCL 电路还存在一个重要问题，就是由于输出端与负载之间没有隔直流电容，静态时输出应保持零电压，否则就要有直流电流流过负载，尤其是静态工作点失调或电路内元器件损坏时，将造成一个较大的电流长时间流过负载，可能造成电路损坏。为了防止出现此种情况，实际使用的电路中，常常在负载回路接入熔断丝作为保护措施。

8.2.2　OCL 电路的输出功率及效率

OCL 互补对称电路主要参数的估算，可以采用图解法进行有效计算。图8-10示出了图 8-8(b)所示电路的两个三极管的合成输出特性曲线。如果 T_1 和 T_2 对称，静态时 $U_{CE1}=+E_C$，$U_{CE2}=-E_C$，$U_{cem}=E_c-U_{CES}$，最大不失真电压的有效值

$$U_{om}=\frac{E_C-U_{CES1}}{\sqrt{2}}$$

1. 最大不失真输出功率

设饱和压降为

$$U_{CES1}=-U_{CES2}=U_{CES} \tag{8-4}$$

最大不失真输出功率

$$P_{omax}=\frac{[(E_C-U_{CES})/\sqrt{2}]^2}{R_L}=\frac{(E_C-U_{CES})^2}{2R_L}\approx\frac{E_C{}^2}{2R_L} \tag{8-5}$$

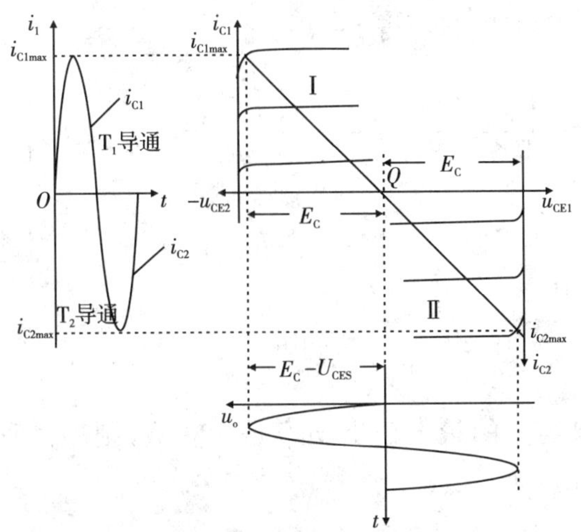

图 **8-10**　**OCL** 电路图解分析

在忽略基极回路电流的情况下，电源提供的电流

$$i_C=\frac{E_C-U_{CES}}{R_L}\sin\omega t$$

2. 电源功率 P_E

直流电源提供的功率为半个正弦波的平均功率，信号越大，电流越大，电源功率也越大。电源在负载获得最大交流功率时所消耗的平均功率等于其平均电流与电源电压之积，其表达式为

$$P_E=E_CI_C=E_C\frac{2}{2\pi}\int_0^{\pi}I_{Cm}\sin\omega t\,\mathrm{d}(\omega t)=E_C\frac{2}{2\pi}\int_0^{\pi}\frac{U_{om}}{R_L}\sin\omega t\,\mathrm{d}(\omega t)$$

$$\therefore P_E\approx\frac{2}{\pi}\cdot\frac{E_CU_{om}}{R_L}=\frac{2}{\pi}\cdot\frac{E_C(E_C-U_{CES})}{R_L} \tag{8-6}$$

一般情况下，$E_C\gg U_{CES}$，所以，P_E 可近似为

$$P_E\approx\frac{2}{\pi}\cdot\frac{E_C^2}{R_L} \tag{8-7}$$

显然 P_E 近似与电源电压的平方成比例。

3. 三极管的管耗 PT

电源输入的直流功率，有一部分通过三极管转换为输出功率，剩余的部分则消耗在三极管上，形成三极管的管耗。显然

$$P_T=P_E-P_o=\frac{2E_CU_{om}}{\pi R_L}-\frac{U_{om}{}^2}{2R_L} \tag{8-8}$$

将 P_T 画成曲线，如图 8-11 所示，显然，管耗与输出幅度有关，图中画阴影线的部分即代表管耗，P_T 与 U_{om} 成非线性关系，有一个最大值。

可用 P_T 对 U_{om} 求导的办法找出这个最大值，即

令：$\frac{\mathrm{d}P_T}{\mathrm{d}U_{om}}=\frac{2E_C}{\pi R_L}-\frac{2U_{om}}{2R_L}=0$，有 $U_{om}\big|_{P_T=P_{Tmax}}=\frac{2E_C}{\pi}$

再将U_{om}代入P_T表达式，可得P_{Tmax}为

$$P_{Tmax}=\frac{2E_CU_{om}}{\pi R_L}-\frac{U_{om}^2}{2R_L}=\frac{2E_C\frac{2}{\pi}E_C}{\pi R_L}-\frac{(\frac{2}{\pi}E_C)^2}{2R_L}$$

$$=\frac{2E_C^2}{\pi^2R_L}=\frac{4}{\pi^2}\cdot\frac{E_C^2}{2R_L}=\frac{4}{\pi^2}P_{omax}\approx0.4P_{omax}$$

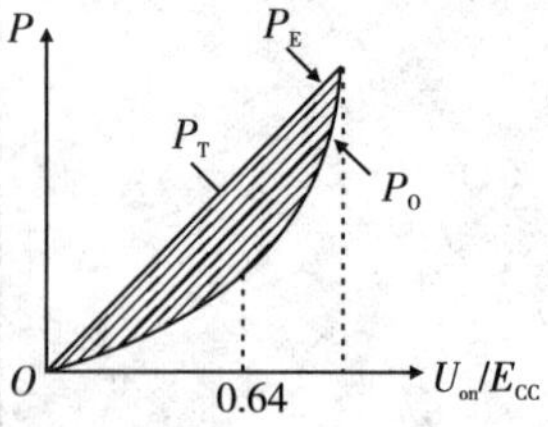

图 **8-11** 乙类互补功率放大电路的管耗

对一只三极管

$$P_{T1max}=\frac{1}{2}P_{Tmax}=0.2P_{omax} \tag{8-8}$$

这就是说，如果需要的最大输出功率是 100 W，则晶体管所消耗最大功率 20 W。

4. 效率η

$$\eta=\frac{P_o}{P_E}=\frac{I_{om}U_{om}}{2}\Big/\frac{2E_CI_{om}}{\pi}=\frac{\pi}{4}\frac{U_{om}}{E_C} \tag{8-9}$$

当$U_{om}=E_C$时效率最大，$\eta=\pi/4=78.5\%$。

5. 三极管的极限工作区

在大功率三极管的输出特性中，除了与普通三极管一样有放大区、饱和区、截止区外，从使用和安全角度还分为过电流区、过电压区和过损耗区。①过电流区是由最大允许集电极电流确定的，超过此值，β将明显下降；②过电压区由 c、e 间的击穿电压$U_{(BR)CEO}$所决定；③过损耗区由集电极功耗P_{CM}所决定。它们的位置如图 8-12 所示。

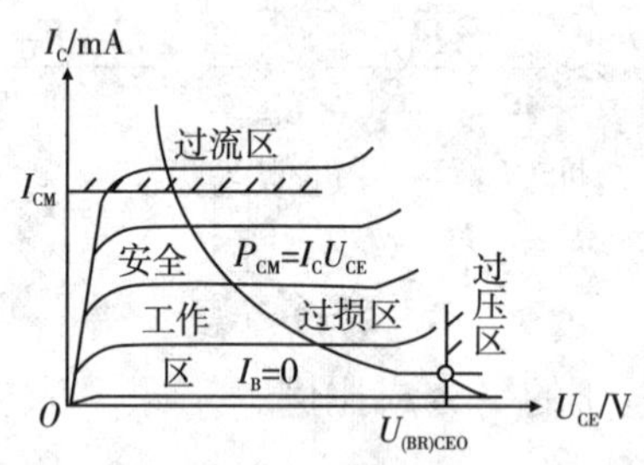

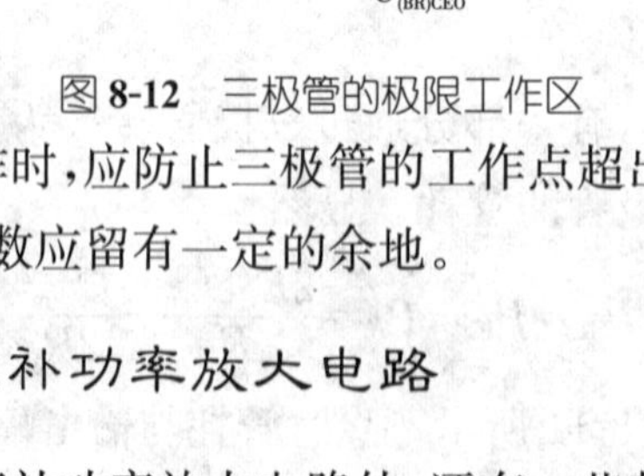

图 **8-12** 三极管的极限工作区

当功率放大电路工作时，应防止三极管的工作点超出安全工作区的范围。选用放大三极管时，极限参数应留有一定的余地。

8.2.3 其他类型互补功率放大电路

除了双电源的标准互补功率放大电路外，还有一些其他类型的互补功率放大电路。

1. 采用复合管的互补功率放大电路

当输出功率较大时，输出级的推动级，即末前级也应该是一个功率放大级，此

时往往采用复合管，提高电路的电流放大倍数，有足够的电流。复合管有四种形式，见图8-13。复合管的极性由前面的一个三极管决定。由NPN－NPN或PNP－PNP复合而成的一般称为“达林顿管”。

复合管组成原则：首先，在前后两个三极管的连接关系上，应保证前级三极管的输出电流与后级三极管的输入电流的实际方向一致。其次，外加电压的极性应保证前后两个三极管均为发射结正偏，集电结反偏，使两管都工作在放大区。

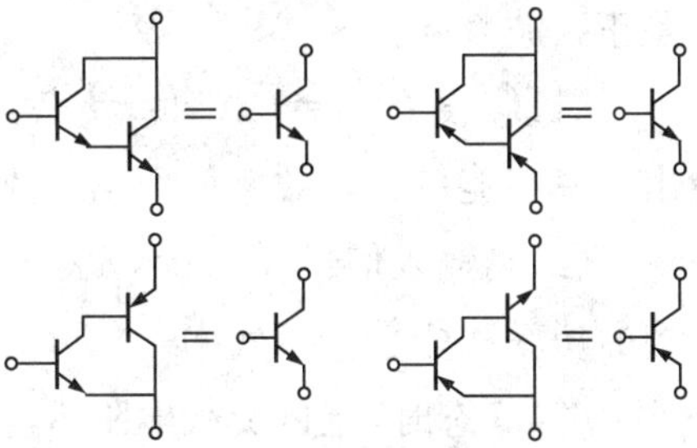

图8-13　四种类型的复合管

从图8-13可以推出：

两个相同类型的三极管组成的复合管，其类型与原来的相同，两个不同类型的三极管组成的复合管，其类型与前级三极管相同。

两个相同类型的三极管组成的复合管的$\beta=\beta_1+\beta_2+\beta_1\beta_2\approx\beta_1\beta_2$，即$\beta=\beta_1\beta_2$，两个不同类型的三极管组成的复合管的$\beta=\beta_1(1+\beta_2)\approx\beta_1\beta_2$，即$\beta\approx\beta_1\beta_2$。

两个相同类型的三极管组成的复合管的$r_{be}=r_{be1}+(1+\beta_1)r_{be2}$。

两个不同类型的三极管组成的复合管的$r_{be}=r_{be1}$。

由于复合管后面一个管子承受的电流很大，所以，复合管的功率大小取决于后一个晶体管的功率。

两个三极管组成的复合管，可以总结以下4点规律：

(1)电流放大倍数为两只管子的放大倍数相乘($\beta\approx\beta_1\beta_2$)。

(2)相同的三极管输入电阻大($r_{be1}+(1+\beta_1)r_{be2}$)。

(3)类型与前一个管子相同。

(4)功率由后一个三极管确定。

2. BTL互补功率放大电路

BTL互补功率放大电路方框图如图8-14所示。它是由两路功率放大电路和反相比例电路组合而成，负载接在两输出端之间。两路功率放大电路的输入信号是反相的，所以负载一端的电位升高时，另一端则降低，因此负载上获得的信号电压要增加一倍。BTL放大电路输出功率较大，负载可以不接地。

3. 双通道功率放大电路

双通道功率放大电路是用于立体声音响设备的功率放大电路，一般有专门的集成功率放大器产品。它有一个左声道功放和一个右声道功放，这两个功放的技术指标是相同的，需要在专门的立体声音源下才能显现出立体声效果。

有的高级音响设备一个声道分成二、三个频段放大，有相应的低频段、中频段和高频段放大器。

图 8-14　**BTL** 互补功率放大电路的方框图

例 8-2　某 OCL 功放如图例 8-2，已知电源电压 $E_C=15$ V，$R_L=8$ Ω，T_1、T_2 为互补对称管，输入信号是正弦波。问：

(1)假设 $U_{CES}=0$ V 时，负载可能得到的最大输出功率和能量转换效率最大值分别是多少？

(2)当输入信号 $u_i=10\sin\omega t$V 时，求此时负载得到的功率和能量转换效率。

(3)静态时，流过负载电阻 R_L 的电流 I_o 是多大？

(4)静态时，输出电压 U_O 应是多少？调整哪个电阻能满足这一要求？

(5)R_1、R_2、R_3、D_1、D_2 各起什么作用？

(6)动态时，若输出电压波形出现交越失真，应调整哪个电阻？如何调整？

(7)设 $V_{CC}=10$ V，$R_1=R_3=2$ kΩ，晶体管的 $U_{BE}=0.7$ V，$\beta=50$，$P_{CM}=200$ mW，静态时 $U_O=0$，若 D_1、D_2 和 R_2 三个元件中任何一个开路，将会产生什么后果？

(8)若 D_1、D_2 中有一个接反，会出现什么后果？

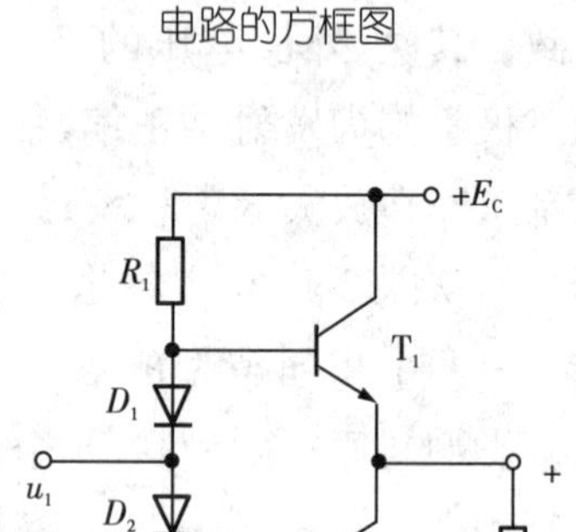

图例 8-2　OCL 功放电路

解：(1)$P_{om}\approx\dfrac{1}{2}\dfrac{U_{CC}^2}{R_L}=\dfrac{15^2}{2\times8}$ W$=14.06$ W

$$\eta_m=\frac{\pi}{4}=78.5\%$$

(2)对每半个周期来说，电路可等效为共集电极电路，所以 $A_u\approx1$，$u_o=u_i=10\sin w$ ，$U_{om}=10$ V

故　$P_{om}=\dfrac{1}{2}\dfrac{U_{om}^2}{R_L}=\dfrac{10^2}{2\times8}W=6.25$ W

$$\eta_m=\frac{P_O}{P_V}=\frac{\pi}{4}\frac{U_{om}}{E_C}=\frac{3.14\times10}{4\times15}=52.33\%$$

(3)$I_o=0$

(4)$U_O=0$，调 R_1 和 R_3 可满足要求。

(5)R_1、R_3 为功放管 T_1、T_2 提供基极电流通路，也为二极管支路提供电流通路。R_2、D_1、D_2 为 T_1、T_2 提供静态偏置电压 $U_{BE1}+|U_{BE2}|$，使之工作在甲乙类状态。

(6)增大 R_2。

(7)此时 T_1、T_2上的静态功耗均为：

$$P_C=\beta I_B U_{CEQ}=\beta\frac{2E_C-2|U_{BE}|}{R_1+R_3}E_C=2325\ \text{mW}\gg P_{CM}$$

故 T_1、T_2管将烧毁。

(8)T_2将失去跟随作用，并导致 T_1、T_2的基极电流过大，甚至有可能烧坏功放管。

8.3　集成功率放大器

集成功率放大器广泛用于音响、电视和小电机的驱动方面。集成功放是在集成运算放大器的电压互补输出级后，加入互补功率输出级而构成的。大多数集成功率放大器实际上也就是一个具有直接耦合特点的运算放大器，使用方法原则上与集成运算放大器相同。

集成功放使用时不能超过规定的极限参数，极限参数主要有功耗和最大允许电源电压。集成功放要加有足够大的散热器，保证在额定功耗下温度不超过允许值。集成功放一般允许加上较高的工作电压，但许多集成功放可以在低电压下工作，适用于无交流供电的场合。此时集成功放电源电流较大，非线性失真也较大。

OTL、OCL 和 BTL 电路均有各种不同输出功率和不同电压增益的集成电路。应当注意，在使用 OTL 电路时，需外接输出电容，为了改善频率特性，减小非线性失真，很多电路内部还引入了深度负反馈。本节以低频功放 LM386 为例，讲述集成功放的电路组成、主要性能指标和典型应用。

8.3.1　集成功率放大电路的分析

LM386 是一种音频集成功放，具有自身功耗低、电压增益可调、电源电压范围大、外接元件少和总谐波失真小等优点，广泛应用于录音机和收音机之中。

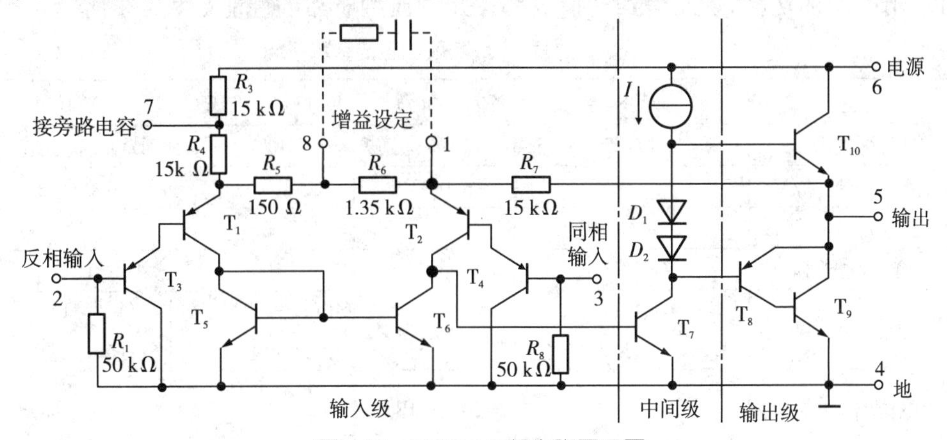

图 8-15　LM386 内部电路原理图

第一级为差分放大电路，T_1和T_3、T_2和T_4分别构成复合管，作为差分放大电路的放大管；T_5和T_6组成镜像电流源作为T_1和T_2的有源负载；信号从T_3和T_4管的基极输入，从T_2管的集电极输出，为双端输入单端输出差分电路。根据第5章关于镜像电流源作为差分放大电路有源负载的分析可知，它可使单端输出电路的增益近似等于双端输出电路的增益。

第二级为共射放大电路，T_7为放大管，恒流源作有源负载，以增大放大倍数。

第三级中的T_8和T_9管复合成PNP型管，与NPN型管T_{10}构成准互补输出级。二极管D_1和D_2为输出级提供合适的偏置电压，可以消除交越失真。

利用瞬时极性法可以判断出，引脚2为反相输入端，3为同相输入端。电路由单电源供电，故为OTL电路。输出端(引脚5)应外接输出电容后再接负载。

电阻R_7从输出端连接到T_2的发射极，形成反馈通路，并与R_5和R_6构成反馈网络，从而引入了深度电压串联负反馈，使整个电路具有稳定的电压增益。

应当指出，在引脚1和8（或者1和5)外接电阻时，应只改变交流通路，所以必须在外接电阻回路中串联一个大容量电容，如图8-15中所示。外接不同阻值的电阻时，电压放大倍数的调节范围为20～200，即电压增益的调节范围为26～46 dB。

8.3.2 集成功率放大电路的主要性能指标

集成功率放大电路的主要性能指标有最大输出功率、电源电压范围、电源静态电流、电压增益、频带宽、输入阻抗、输入偏置电流、总谐波失真等。

M386-1和LM386-3的电源电压为4～12 V，LM386-4的电源电压为5～18 V。因此，对于同一负载，当电源电压不同时，最大输出功率的数值将 不同；当然，对于同一电源电压，当负载不同时，最大输出功率的数值也将不同。已知电源的静态电流(可查阅手册)和负载电流最大值(通过最大输出功率和负载可求出)，可求出电源的功耗，从而得到转换效率。几种典型产品的性能如表8-1所示。

表**8-1** 几种集成功放的主要参数

型 号	LM386-4	LM2877	TDA1514A	TDA1556
电路类型	OTL	OTL(双通道)	OCL	BTL(双通道)
电源电压范围/V	5.0～18	6.0～24	± 10～±30	6.0～18
静态电源电流/mA	4	25	56	80
输入阻抗/Ω	50		1000	120
输出功率/W	1 (E_c=16 V,R_L=32 Ω)	4.5	48(E_c=±23 V, R_L=4 Ω)	22 (V_{cc}=14.4 V, R_L=4 Ω)
电压增益/dB	26～46	70 (开环)	89 (开环) 30 (闭环)	26 (闭环)

续表

型 号	LM386-4	LM2877	TDA1514A	TDA1556
频带宽/kHz	300（1,8开路）		0.02～25	0.02～15
增益频带宽积/kHz		65		
总谐波失真/%(或dB)	0.2%	0.07%	−90 dB	0.1%

表8-1中的电压增益均在信号频率为1 kHz条件下测试所得。应当指出，表中所示均为典型数据，使用时应进一步查阅手册，以便获得更确切的数据。

8.3.3　集成功率放大电路的应用

图8-16所示为LM386的一种基本用法，也是外接元件最少的一种用法，C_1为输出电容。由于引脚1和8开路，集成功放的电压增益为26 dB，即电压放大倍数为20。利用可调节扬声器的音量，R和C_2串联构成校正网络来进行相位补偿。

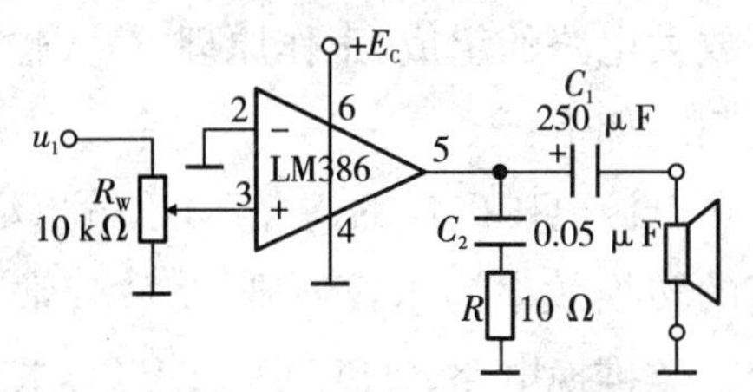

图8-16　LM386外接元件最少的用法

静态时输出电容上电压为$E_c/2$，LM386的最大不失真输出电压的峰－峰值约为电源电压E_c。设负载电阻为R_L，最大输出功率表达式为

$$P_{om}\approx\frac{\left(\frac{E_C}{2}/\sqrt{2}\right)^2}{R_L}=\frac{E_C^2}{8R_L} \tag{8-10}$$

此时的输入电压有效值的表达式为

$$U_{im}=\frac{\frac{E_C}{2}/\sqrt{2}}{A_u} \tag{8-11}$$

当$E_C=16$ V、$R_L=32\ \Omega$时，$P_{om}=1$ W，$U_{im}=283$ mV。

例8-3　图例8-3所示为LM386电压增益最大时的用法，C_3使引脚1和8在交流通路中短路，使$A_u=200$；C_4为旁路电容；C_5为去耦电容，滤掉电源的高频交流成分。当$E_C=16$ V，$R_L=32\ \Omega$时，P_{om}仍约为1 W。问输入电压的有效值为多少？

解：因$P_{om}=\frac{U_o^2}{R_L}$，所以$U_o=\sqrt{P_{om}R_L}=\sqrt{1\times32}\approx5.657$ V

则$U_i=\frac{U_o}{A_u}=\frac{5.657}{2000}$ V≈283 mV

当输出功率为 1 W 时,输入电压有效值约为 283 mV。

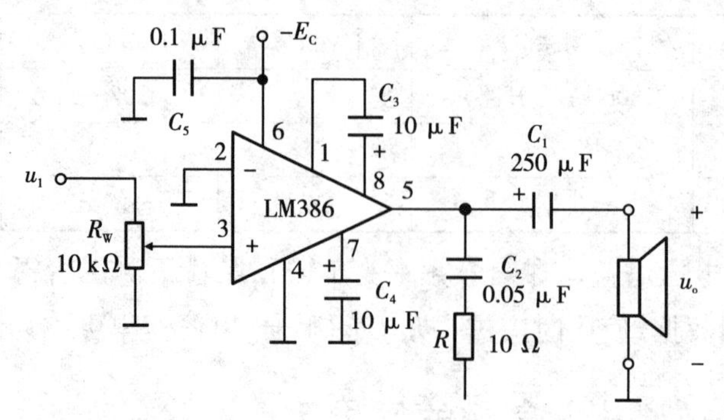

图例 **8-3** LM386 电压增益最大的用法

本章小结

本章主要阐明功率放大电路的组成、工作原理、最大输出功率和效率的估算,以及集成功放的应用。归纳如下:

1. 功率放大电路是在电源电压确定的情况下,以输出尽可能大的不失真的信号功率和具有尽可能高的转换效率为组成原则,功放管常工作在接近极限状态。低频功放有变压器耦合乙类推挽电路、OTL、OCL、BTL 电路等。

2. 功放的输入信号幅值较大,分析时应采用图解法。首先求出功率放大电路负载上可能获得的最大交流电压的幅值,从而得出负载上可能获得的最大交流功率,即电路的最大输出功率 P_{om}。同时求出此时电源提供的直流平均功率 P_E、P_{om} 与 P_E 之比为转换效率。

应用与讨论

1. 功率放大电路与前面所学的电压放大电路有明显的不同,为了得到比较大的输出功率,功率放大电路的输入信号幅度较大,三极管通常工作在大信号状态。分析时采用图解法,不能用微变等效电路法。

2. 对功率放大电路的要求则是,根据负载的要求,提供足够的输出功率,同时希望具有较高的效率,并尽量减小非线性失真。

3. OCL 为直接耦合功率放大电路,要使电路不产生交越失真,必须使两只晶体管设置合适的静态工作点,即静态时,使功放管微导通。

4. OTL、OCL 和 BTL 均有不同性能指标的集成电路,只需外接少量元件,就可成为实用电路。在集成功放内部均有保护电路,以防止功放管过流、过压、过损耗或二次击穿。

习 题 8

8-1 判断下列说法是否正确，用"√"和"×"表示判断结果。

(1)在功率放大电路中，输出功率越大，功放管的功耗越大。(　　)

(2)功率放大电路的最大输出功率是指在基本不失真情况下，负载上可能获得的最大交流功率。(　　)

(3)当 OCL 电路的最大输出功率为 1 W 时，功放管的集电极最大功耗应大于 1 W。(　　)

(4)功率放大电路与电压放大电路、电流放大电路的共同点是

①都使输出电压大于输入电压。(　　)

②都使输出电流大于输入电流。(　　)

③都使输出功率大于信号源提供的输入功率。(　　)

(5)功率放大电路与电压放大电路的区别是

①前者比后者电源电压高。(　　)

②前者比后者电压放大倍数数值大。(　　)

③前者比后者效率高。(　　)

④在电源电压相同的情况下，前者比后者的最大不失真输出电压大。(　　)

(6)功率放大电路与电流放大电路的区别是

①前者比后者电流放大倍数大。(　　)

②前者比后者效率高。(　　)

③在电源电压相同的情况下，前者比后者的输出功率大。(　　)

8-2 已知电路如图题 8-2 所示，T_1 和 T_2 管的饱和管压降 $|U_{CES}|=3$ V，$U_{CC}=15$ V，$R_L=8$ Ω，选择正确答案填入空内。

(1)电路中 D_1 和 D_2 的作用是消除(　　)。

A. 饱和失真　　B. 截止失真　　C. 交越失真

(2)静态时，晶体管发射极电位 U_{EQ}(　　)。

A. >0　　B. $=0$　　C. <0

(3)最大输出功率 P_{OM}(　　)。

A. ≈28 W　　B. =18 W　　C. =9 W

(4)当输入为正弦波时，若 R_1 虚焊，即开路，则输出电压(　　)。

A. 为正弦波　　B. 仅有正半波　　C. 仅有负半波

(5)若 D_1 虚焊，则 T_1 管(　　)。

A. 可能因功耗过大而烧坏　　B. 始终饱和　　C. 始终截止

8-3 电路如图题 8-2 所示。在出现下列故障时，分别产生什么现象？

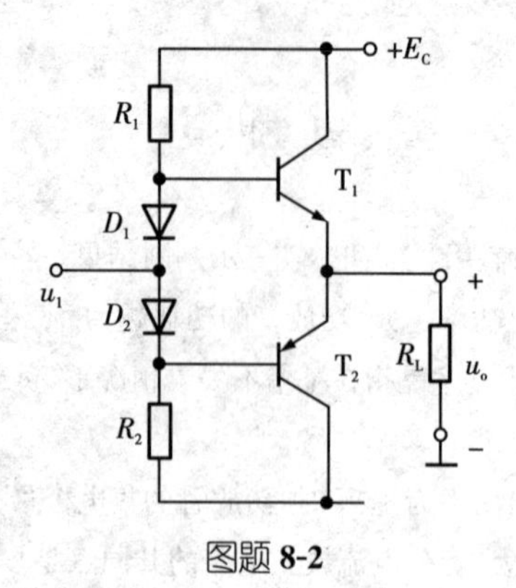

图题 **8-2**

(1)R_1开路；　　(2)D_1开路；　　(3)R_2开路；

(4)T_1集电极开路；　　(5)R_1短路；　　(6)D_1短路

8-4　在图题 8-2 所示电路中，已知 $U_{CC}=16$ V，$R_L=4$ Ω，T_1 和 T_2 管的饱和压降 $|U_{CES}|=2$ V，输入电压足够大。试问：

(1)最大输出功率 P_{om} 和效率 η 各为多少？

(2)晶体管的最大功耗 P_{Tmax} 为多少？

(3)为了使输出功率达到 P_{om}，输入电压的有效值约为多少？

8-5　在图题 8-5 所示电路中，已知二极管的导通电压为 $U_D=0.7$ V，晶体管导通时的 $U_{BE}=0.7$ V，T_2 和 T_3 管发射极静态电位 $U_{EQ}=0$ V。试问：(1)T_1、T_3 和 T_5 管的基极静态电位各为多少？(2)设 $R_2=10$ kΩ，$R_3=100$ Ω。若 T_1 和 T_3 管基极的静态电流可以忽略不计，则 T_5 管集电极静态电流约为多少？静态时 $u_I=$？(3)若静态时 $i_{B1}>i_{B3}$，则应调节哪个参数可使 $i_{B1}=i_{B3}$？如何调节？(4)电路中二极管的个数可以是 1、2、3、4 吗？你认为哪个最合适？为什么？

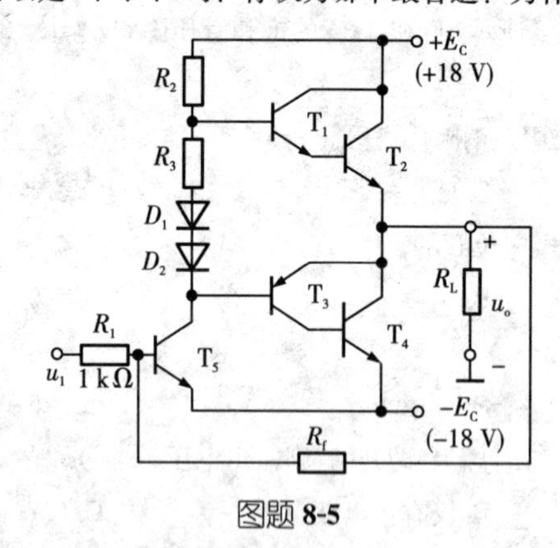

图题 **8-5**

电路中二极管的个数可以是 1、2、3、4 吗？你认为哪个最合适？为什么？

8-6　电路如图题 8-5 所示。在出现下列故障时，分别产生什么现象？

(1)R_2开路；(2)D_1开路；(3)R_2短路；

(4)T_1集电极开路；(5)R_3短路。

8-7　在图题 8-5 所示电路中，已知 T_2 和 T_4 管的饱和压降 $|U_{CES}|=2$ V，静态时电源电流可以忽略不计。试问：

(1)负载上可能获得的最大输出功率 P_{om} 和效率 η 各约为多少？

(2)T_2 和 T_4 管的最大集电极电流、最大管压降和集电极最大功耗各约为多少?

8-8　为了稳定输出电压,减小非线性失真,请通过电阻 R_f 在图题 8-5 所示电路中引入合适的负反馈;并估算在电压放大倍数数值约为 10 的情况下,R_f 的取值。

8-9　在图题 8-9 所示电路中,已知 $E_C=15$ V,T_1 和 T_2 管的饱和压降 $|U_{CES}|=2$ V,输入电压足够大。求解:

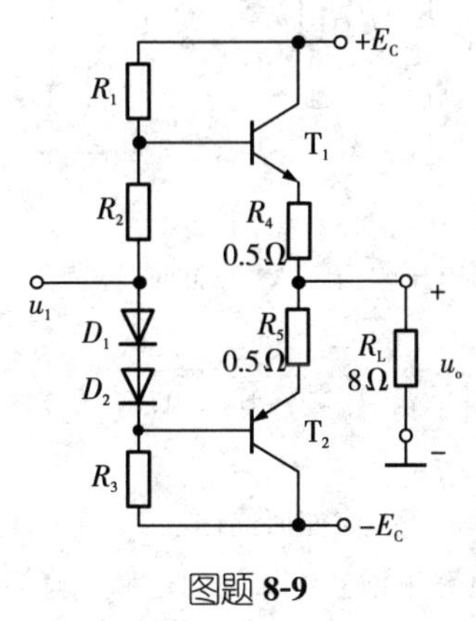

图题 **8-9**

(1)最大不失真输出电压的有效值;

(2)负载电阻 R_L 上电流的最大值;

(3)最大输出功率 P_{om} 和效率 η。

8-10　在图题 8-9 所示电路中,R_4 和 R_5 可起短路保护作用。试问:当输出因故障而短路时,晶体管的最大集电极电流和功耗各为多少?

8-11　在图题 8-11 所示电路中,已知 $E_C=15$ V,T_1 和 T_2 管的饱和压降 $|U_{CES}|=1$ V,集成运放的最大输出电压幅值为 ±13 V,二极管的导通电压为 0.7 V。

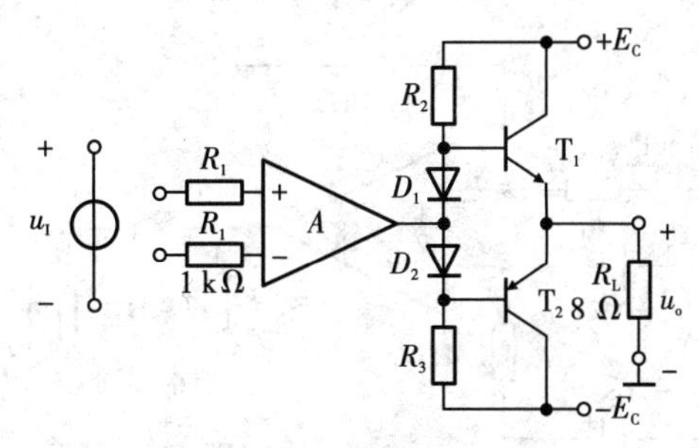

图题 **8-11**

(1)若输入电压幅值足够大,则电路的最大输出功率为多少?

(2)为了提高输入电阻,稳定输出电压,且减小非线性失真,应引入哪种组态的交流负反馈?画出图来。

8-12　OTL 电路如图题 8-12 所示。

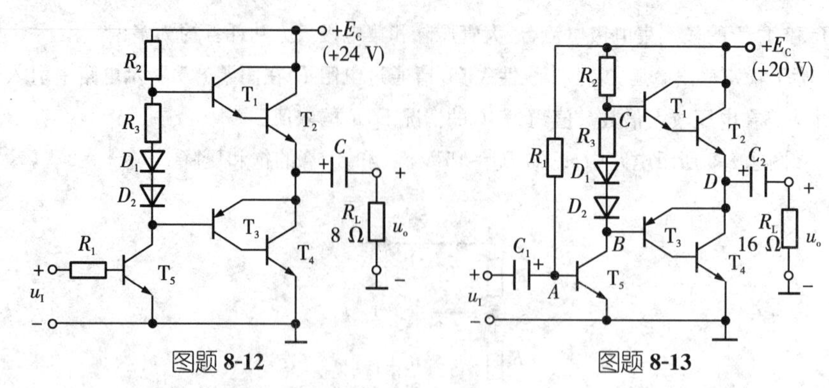

图题 **8-12**　　　　图题 **8-13**

(1)为了使得最大不失真输出电压幅值最大，静态时 T_2 和 T_4 管的发射极电位应为多少？若不合适，则一般应调节哪个元件参数？

(2)若 T_2 和 T_4 管的饱和压降 $|U_{CES}|=3$ V，输入电压足够大，则电路的最大输出功率 P_{om} 和效率 η 各为多少？

(3)T_2 和 T_4 管的 I_{CM}、$U_{(BR)CEO}$ 和 P_{CM} 应如何选择？

8-13　已知图题 8-13 所示电路中，T_2 和 T_4 管的饱和压降 $|U_{CES}|=2$ V，导通时的 $|U_{BE}|=0.7$ V，输入电压足够大。

(1)A、B、C、D 点的静态电位各为多少？

(2) 若管压降 $|U_{CE}|\geqslant 3$ V，为使最大输出功率 P_{om} 不小于 1.5 W，则电源电压至少应取多少？

8-14　LM1877N－9 为 2 通道低频功率放大电路，单电源供电，最大不失真输出电压的峰峰值 $U_{OPP}=(E_C-6)$V，开环电压增益为 70 dB。图题 8-14 所示为 LM1877N－9 中一个通道组成的实用电路，电源电压为 24 V，$C_1\sim C_3$ 对交流信号可视为短路；R_3 和 C_4 起相位补偿作用，可以认为负载为 8 Ω。

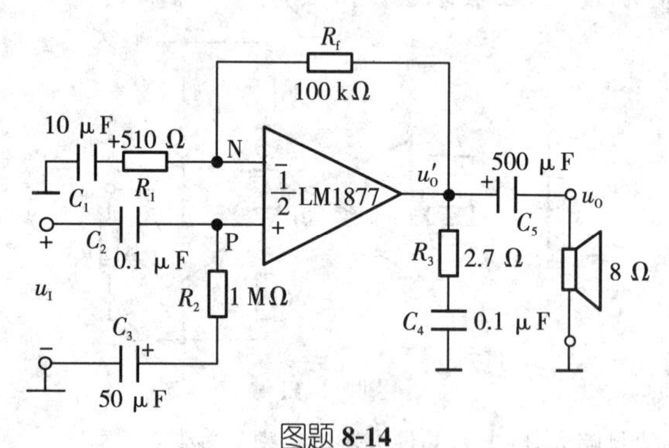

图题 **8-14**

(1)图示电路为哪种功率放大电路？

(2)静态时 u_P、u_N、u_O'、u_O 各为多少？

(3)设输入电压足够大，电路的最大输出功率 P_{om} 和效率 η 各为多少？

8-15　电路如图题 8-15 所示，回答下列问题：

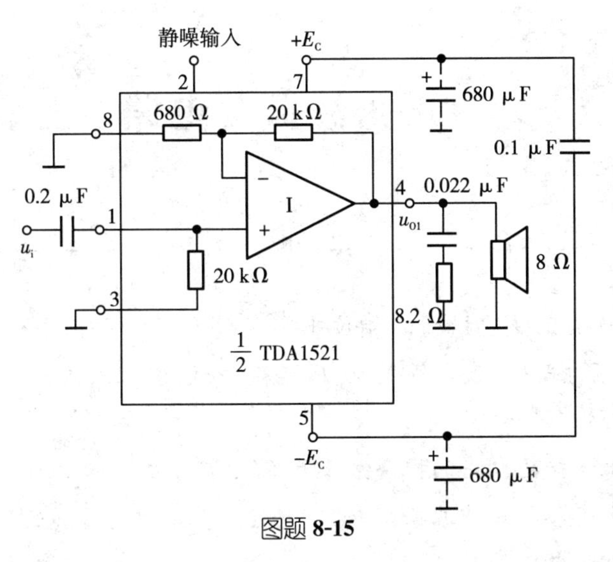

图题 **8-15**

(1)$\dot{A}_u=\dfrac{\dot{U}_{o1}}{\dot{U}_i}\approx$?

(2)若 $E_C=15$ V 时最大不失真输出电压的峰－峰值为 27 V,则电路的最大输出功率 P_{om} 和效率 η 各为多少?

(3)为了使负载获得最大输出功率,输入电压的有效值约为多少?

8-16　TDA1556 为 2 通道 BTL 电路,图题 8-16 所示为 TDA1556 中一个通道组成的实用电路。已知 $E_C=15$ V,放大器的最大输出电压幅值为 13 V。

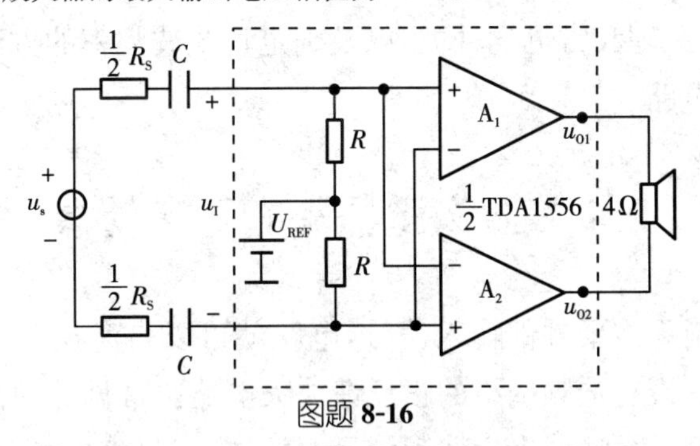

图题 **8-16**

(1)为了使负载上得到的最大不失真输出电压幅值最大,基准电压 U_{REF} 应为多少伏?静态时 u_{o1} 和 u_{o2} 各为多少伏?

(2)若 U_i 足够大,则电路的最大输出功率 P_{om} 和效率 η 各为多少?

(3)若电路的电压放大倍数为 20 ,则为了使负载获得最大输出功率,输入电压的有效值约为多少?

第9章 Chapter 9 正弦波振荡电路

学习要求

1. 掌握产生正弦波振荡的相位平衡条件和幅度平衡条件，对于典型的RC和LC振荡电路(文氏电桥式，变压器耦合、电感三点式和电容三点式等)会判断其能否振荡。

2. 熟悉上述振荡电路的振荡频率f_0的估算方法。

3. 了解上述各种正弦波振荡电路(包括石英晶体振荡电路)的特点，会根据需要选择振荡电路的类型。

4. 对振荡电路的频率稳定、起振过程和振幅稳定问题有一定了解。

模拟电路中正弦波信号常被用来作为测试信号而应用在电子设备中，如常见的低频信号发生器，它是不需要外部输入信号，就可以输出正弦波信号的电路。本章从振荡电路的概念开始，讲述了正弦波振荡电路的振荡条件，电路由哪些部分组成，它的工作原理和常见的种类，以及确定正弦波频率的方法，并介绍几种常见的正弦波振荡电路。

9.1 正弦波振荡的基本概念

振荡电路是指不需要外部输入信号，电路就可以自激振荡，产生一定频率和振幅信号的电路是带有选频网络的正反馈放大电路。常见的输出波形如正弦波、方波、三角波等，是各类波形发生器和信号源的核心部分。输出波形为正弦波，即正弦波振荡。正弦波振荡电路广泛的应用在测量、通信、自动控制、工业加工等设备，模拟电子电路中常将正弦波作为信号源或测试信号。

9.1.1 正弦波振荡电路的振荡条件

由第6章可知，放大电路引入反馈后，在一定的条件下能产生自激振荡，使电路不能正常工作，因此必须设法消除振荡。但是，在另一些情况下，又需要利用这种自激振荡现象，使放大电路变成可以产生高频或低频的正弦波信号的振荡电路。现在，先来讨论产生正弦波振荡的条件。

1. 正弦波振荡的平衡条件

在图 9-1 中，假设开关台接在 1 端，在放大电路的输入端加上一个正弦电压 u_i，即

$$u_i=\sqrt{2}U_i\sin\omega t$$

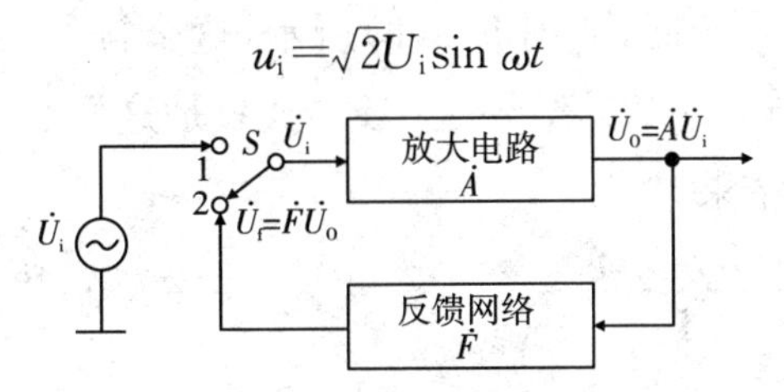

图 **9-1**　反馈放大电路产生振荡的条件

u_i经过放大电路和反馈网络后，在 2 端将得到一个同样频率的正弦电压 u_f，即

$$u_f=\sqrt{2}U_f\sin(\omega t+\varphi)$$

如果 u_f与原来的输入信号 u_i无论在幅度或者相位上都相等 $u_f=u_i$，则

$$\sqrt{2}U_f\sin(\omega t+\varphi)=\sqrt{2}U_i\sin\omega t$$

理想情况下，若将开关倒向 2 端，放大电路的输出信号 u_o仍将与原来完全相同，反馈信号作为放大电路的输入信号，得到的输出信号又被送入反馈网络形成反馈信号，周而复始，这样电路在输入端没有外加信号的情况下，输出端却得到了一个正弦波信号，也就是说，放大电路产生了角频率为 ω 的正弦振荡信号，用反馈信号来维持原来输入信号使电路满足自激振荡的平衡条件。

振荡电路输出的信号可以是电压形式，也可以是电流的形式，反馈到输入端的信号可以是电压形式，也可以是电流形式，因此，自激振荡的条件可写成

$$\dot{X}_f=\dot{X}_i$$

因为

$$\dot{X}_f=\dot{F}\dot{X}_o=\dot{F}\dot{A}X_i$$

所以产生正弦波振荡的条件是

$$\dot{A}\dot{F}=1 \tag{9-1}$$

上式可以分别用幅度平衡条件和相位平衡条件来表示：

$$\begin{cases}|\dot{A}\dot{F}|=1 & \text{幅度平衡条件}\\ \varphi_A+\varphi_F=\pm 2n\pi(n\text{ 取整数}) & \text{相位平衡条件}\end{cases} \tag{9-2}$$

$\dot{A}$ 和 $\dot{F}$ 都是频率的函数，一般只有在特定的频率下才能使电路满足公式(9-2)。而在第 6 章中已经讨论过负反馈放大电路产生自激振荡的条件是

$$\dot{A}\dot{F}=-1$$

它与式(9-2)相差一个负号,这是由于在放大电路中,为了改善电路的性能,引入的是负反馈,如图 9-2(a)所示,即放大电路中反馈信号与输入信号的极性相反。而这里要使放大电路产生振荡时,就要有意识地将反馈电路接成正反馈,使反馈信号与输入信号的符号相同,如图 9-2(b)所示,这个符号与规定的方向有关,因此,这里得到的结果与第 6 章的结果是一致的,只是这里是按照正反馈规定符号(方向)的方法得出的结果。

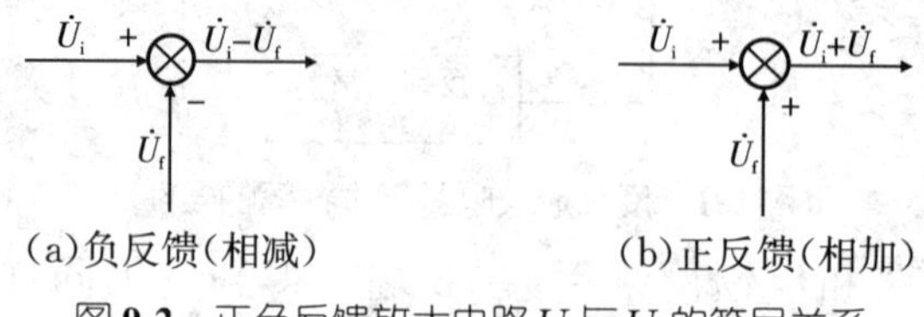

(a)负反馈(相减)　　(b)正反馈(相加)

图 **9-2**　正负反馈放大电路 U_i 与 U_f 的符号关系

2. 振荡电路的起振与稳定条件

式(9-2)所表示的幅度平衡条件 $|\dot{A}\dot{F}|=1$ 是表示振荡电路已经达到稳幅振荡时的情况。而在电路开始状态,$\dot{X}_f=\dot{X}_i=0$,尽管有 $\dot{A}\dot{F}=1$,输出信号将无法产生,若要求振荡电路能够自行起振,开始时电路必须满足 $|\dot{A}\dot{F}|>1$ 的幅度条件,输入端产生某种电压变化时(如接通电源的瞬间产生的电扰动),输出端相应会有一个很小的输出,由于电扰动富含多种频率的谐波,如果电路具备一定的频率选择功能,特定频率的正弦波经过正反馈网络反馈后,输入端的信号逐渐增大,输出信号的幅度也会不断增大。在不断的放大、反馈过程中,输出信号 $\dot{X}_o$ 越来越大,最后达到 $|\dot{A}\dot{F}|=1$,因此为了使输出量在电路通电后可以通过正反馈从小到大直至达到动态平衡,电路还需满足起振条件:

$$|\dot{A}\dot{F}|>1 \tag{9-3}$$

在这个振荡建立的过程中,随着振幅的增大,由于电路中非线性元件的限制,放大电路晶体管进入非线性区,放大倍数将减小,使 $|\dot{A}\dot{F}|$ 值逐步下降,因此电路将在输出量增大到一定程度时,达到动态的平衡,最后达到 $|\dot{A}\dot{F}|=1$,振荡电路就处于等幅振荡的状态。

9.1.2　正弦波振荡电路的组成和分析方法

1. 正弦波振荡电路的组成

振荡电路刚接通电源时,其中的放大电路将微小的波动信号放大后送至输出端,再由正反馈网络经选频后反馈送回输入端,通过多次放大、选频、反馈、再放大、再选频、再反馈的循环过程,使得输出信号不断增大,直至放大电路进入非线性区，放大倍数下降，输出信号幅度和频率稳定在某一数值，达到动态的平衡。选频网络不但将所需频率选出放大，使输出信号具备特定频率，并对其他频率的信号加以抑制，是振荡电路必不可少的部分，实际电路中正反馈网络往往和选频网络合并一起，即反馈网络本身具有选频特性。稳幅电路的作用是在外界条件变化影响到输出信号稳定性时，自动调节，避免输出信号幅值波动，这一环节也可以利用晶体管器件的非线性特点来实现，正弦波振荡电路一般都具备稳幅功能。

根据上述分析，电路中不仅包含如图 9-1 所示的放大电路和正反馈网络，还应包含有选频网络和稳幅环节（例如非线性元件），前者是为了获得单一频率的正弦波振荡，后者是为了达到稳幅振荡。因此，正弦波振荡电路一般包含四个部分：基本放大电路、正反馈网络、选频网络、稳幅电路。

2. 正弦波振荡电路的分析方法

正弦波振荡电路的选频网络若由 R、C 元件组成，则称为“RC 正弦波振荡电路”。若由 L、C 元件组成，则称为“LC 正弦波振荡电路”。通常可以采用下面的步骤来分析振荡电路的工作原理：

(1)判断能否产生正弦波振荡：①检查电路是否具备正弦波振荡的组成部分，即是否具有放大电路、反馈网络、选频网络和稳幅环节；②检查放大电路的静态工作点是否能保证放大电路正常工作；③分析电路是否满足自激振荡条件，首先检查相位平衡条件。至于幅度条件，一般比较容易满足。若不满足，在测试时，可以改变放大电路的放大倍数 $|\dot{A}|$ 或反馈系数 $|\dot{F}|$，使电路满足 $|\dot{A}\dot{F}|>1$ 的幅度条件。

判断相位平衡条件的方法是：断开反馈信号与放大电路的输入端点，并把放大电路的输入阻抗作为反馈网络的负载。在放大电路的断开端点加信号电压 $\dot{U}_i$，经放大电路和反馈网络得反馈电压 $\dot{U}_f$。根据放大电路和反馈网络的相频特性，分析 $\dot{U}_f$ 和 $\dot{U}_i$ 的相位关系。如果在某一特定频率相位差为 $\pm 2n\pi(n=0,1,2,\cdots)$，则电路满足相位平衡条件。

(2)求振荡频率和起振条件：振荡频率由相位平衡条件所决定，而起振条件可由幅度平衡条件 $|\dot{A}\dot{F}|>1$ 的关系式求得。为了计算振荡频率，需要画出断开反馈信号至放大电路的输入端点后的交流等效电路，写出回路增益 $\dot{A}\dot{F}$ 的表达式。令 $\varphi_A+\varphi_F=\pm 2n\pi$，可求得满足该条件的频率 f_o，f_o 即为振荡频率，对于 LC 振荡电路，其振荡频率一般由 LC 选频网络确定；然后令 $f=f_o$ 时的 $|\dot{A}\dot{F}|$ 值大于 1，即得起振条件。

例 9-1　某反馈放大电路如图例 9-1 所示，根据电路构成和相位平衡条件，判断该电路是否可能振荡？振荡频率是多少？

解:对照电路的电路组成:① 放大电路由三极管和变压器组成。由 R_{b1}、R_{b2}、R_e 组成分压式电流负反馈偏置电路,可以使晶体管工作在放大状态;②反馈网络由变压器组成。依照瞬时极性判别法,根据图中变压器的同名端,可以判断该反馈是正反馈,即假设输入到三极管基极的极性为"+",三极管的输出端则为"-",经过变压器之后反馈到基极的极性也为"+",与输入信号的极性相同,使净输入信号增加,即为正反馈;③选频网络由变压器的电感和并在它旁边的电容组成。在变压器的原边,并联有一电容 C,该电容与变压器的电感 L 并联,则电感 L 和电容 C 组成 LC 选频网络,振荡频率由 LC 选频网络确定;④三极管本身是非线性器件。假设合适地选择三极管放大电路的增益和变压器的变比使电路起振,集电极输出电压的幅度会越来越大,但电源电压是一定的,由于振荡电路受到电源电压的限制,输出电压增大到一定值时,输出的幅度不再增大,电路自动进入稳幅状态。就是说,随着输出幅度的增大,反馈到基极的电压也会不断增大,当输入信号增大到某个值时,会使三极管进入非线性区域,电压放大倍数会下降。

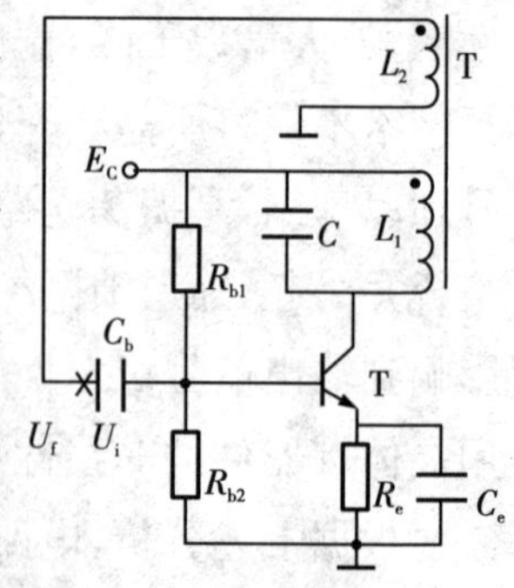

图例 **9-1**　反馈放大电路

鉴于以上分析,满足振荡电路组成的四个部分,电路可以振荡;

因为 LC 选频网络由变压器的电感 L 和其并联的电容 C 组成,所以,振荡频率 $f=\dfrac{1}{2\pi\sqrt{LC}}$。

9.2　RC 正弦波振荡电路

串并联网络振荡电路使用最广泛的振荡电路之一是 RC 桥式正弦波振荡电路,也称为"文氏桥振荡电路",它的选频网络是一个由 R、C 元件组成的串并联网络。振荡电路的原理图如图 9-3 所示。下面首先分析 RC 串并联网络的选频特性,并由相位平衡条件和幅度平衡条件求得电路的振荡频率和起振条件。然后介绍如何引入负反馈以改善振荡波形,以及振幅的稳定问题。

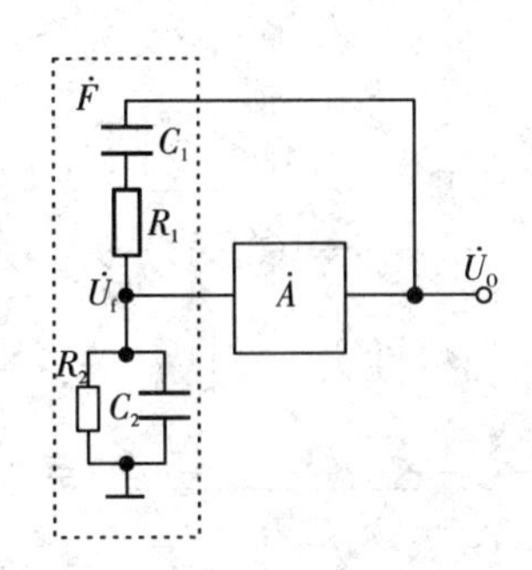

图 9-3　RC 串并联网络振荡电路的原理图

9.2.1　串并联网络振荡电路

1. RC 串并联网络的选频特性

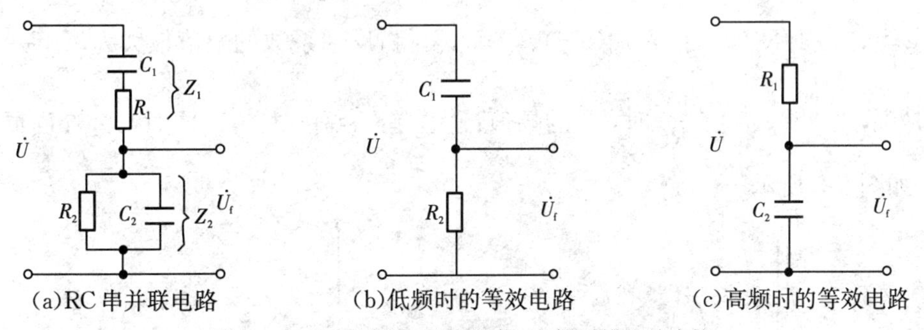

图 9-4　RC 串并联网络在低频、高频时的等效电路

为便于理解,先定性讨论一下 RC 串并联网络的频率特性。在图 9-3 中,输入幅度恒定的正弦电压 $\dot{U}$,当频率变化时,$\dot{U}_f$ 的变化情况可以从两方面来看。在频率比较低的情况下,由于 $1/\omega C_1 \gg R_1$,$1/\omega C_2 \gg R_2$,此时图 9-4(a)的低频等效电路如图(b)所示。ω 愈低,则$1/\omega C_1$ 愈大,$\dot{U}_f$ 的幅度愈小,且其相位愈加超前于 $\dot{U}$。当 ω 趋近于零时,$|\dot{U}_f|$趋近于零,φ_F 接近$+90°$;而当频率较高时,由于 $1/\omega C_1 \ll R_1$,$1/\omega C_2 \ll R_2$,此时图 9-4(a)的高频等效电路如图(c)所示。ω 愈高,则 $1/\omega C_2$ 愈小,$\dot{U}_f$ 的幅度愈小,其相位愈加滞后于 $\dot{U}$。当 ω 趋近于∞时,$|\dot{U}_f|$趋近于零,φ_F 接近$-90°$。由此可见,只有当角频率为某一中间值时,$|\dot{U}_f|$不为零,且 $\dot{U}_f$ 与 $\dot{U}$ 同相。

下面进行定量分析。图 9-4(a)电路的频率特性表示式为

$$\dot{F}=\frac{\dot{U}_f}{\dot{U}_o}=\frac{Z_2}{Z_1+Z_2}=\frac{R_2/(1+j\omega R_2C_2)}{R_1+(1/j\omega C_1)+[R_2/(1+j\omega R_2C_2)]}$$

$$=\frac{1}{(1+\frac{R_1}{R_2}+\frac{C_2}{C_1})+j(\omega R_1C_2-\frac{1}{\omega R_2C_1})} \tag{9-4}$$

为了便于调节振荡频率,一般取 $R_1=R_2=R$,$C_1=C_2=C$。令 $\omega_0=1/RC$,则

式(9-4)化简为

$$\dot{F}=\frac{1}{3+\mathrm{j}(\frac{\omega}{\omega_0}-\frac{\omega_0}{\omega})} \tag{9-5}$$

RC 串并联选频电路的幅频特性为：

$$|\dot{F}|=\frac{1}{\sqrt{(1+\frac{R_1}{R_2}+\frac{C_2}{C_1})^2+(\omega R_1C_2-\frac{1}{\omega R_2C_1})^2}}=\frac{1}{\sqrt{3^2+(\frac{\omega}{\omega_0}-\frac{\omega_0}{\omega})^2}} \tag{9-6}$$

相频特性为：

$$\varphi_F=-\tan^{-1}\frac{\frac{\omega}{\omega_0}-\frac{\omega_0}{\omega}}{3} \tag{9-7}$$

当 $\omega_0=1/RC$ 时，代入式(9-6)、(9-7)，可得，反馈系数的幅值最大为 $|\dot{F}|=\frac{1}{3}$，就是说，当 $f=f_0=\frac{1}{2\pi RC}$ 时，$\dot{U}_f$ 的幅值最大，是 $\dot{U}$ 幅值的 1/3，同时，$\dot{U}_f$ 与 $\dot{U}$ 同相位，如图 9-5 所示。

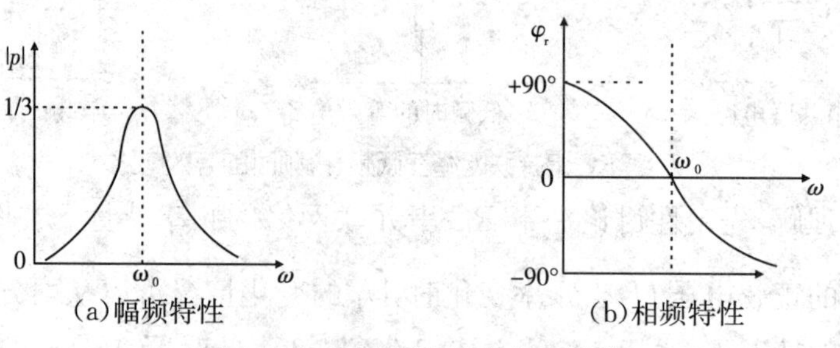

(a)幅频特性　　(b)相频特性

图 9-5　RC 串并联网络的频率特性

2. 振荡频率与起振条件

(1)振荡频率，为了满足振荡的相位平衡条件，要求 $\varphi_A+\varphi_F=\pm 2n\pi$。以上分析说明了当 $f=f_0$ 时，串并联网络中的 $\varphi_F=0$，则如果在此频率下能使 $\varphi_A+\varphi_F=\pm 2n\pi$，即放大电路的输出电压与输入电压同相，就能达到相位要求。在图 9-1 的 RC 串并联网络振荡电路原理图中，放大部分 $\dot{A}$ 采用运算放大电路，如图 9-6 所示，则在相当宽的中频范围内 φ_A 近似等于 2π。因此，电路在 f_0 时，$\varphi_A+\varphi_F=\pm 2n\pi$，而对于其他任何频率，即 $\varphi_F\neq 0$ 的频率信号，则不满足振荡的相位平衡条件，所以电路的振荡频率为

$$f=f_0=\frac{1}{2\pi RC} \tag{9-8}$$

式(9-8)表明，通过调整 R、C 的值，可以改变选频电路的振荡频率。

(2)起振条件：当 $f=f_0=\frac{1}{2\pi RC}$ 时，$|\dot{F}|=\frac{1}{3}$，根据式(9-2)幅度平衡条件可

知，此时放大电路的放大倍数$|\dot{A}|=|\dot{A}_u|=3$。即当放大电路的输出电压与输入电压同相，放大倍数为3时，放大电路可以稳定的振荡。为了满足振荡的幅度平衡条件，必须使$|\dot{A}\dot{F}|>1$，由此可以求得振荡电路的起振条件为$|\dot{A}_u|>3$，根据图9-6，由于基本放大电路的电压放大倍数$|\dot{A}_u|=\left|1+\dfrac{R_3}{R_4}\right|$，

$$\therefore R_3>2R_4 \tag{9-9}$$

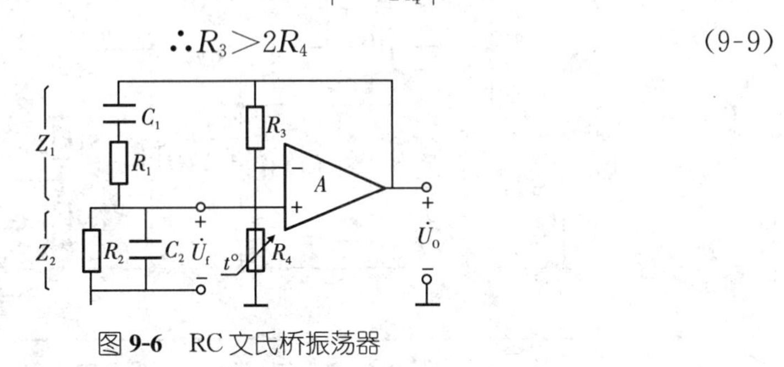

图9-6 RC文氏桥振荡器

3. 电路组成

RC串并联电路为正反馈网络，接在同相输入端和输出端之间，同时具备选频特性，使得符合振荡条件的频率信号可以正反馈到输入端；基本放大电路为同相比例运算放大电路，输入电压为RC选频网络提供的反馈电压$\dot{U}_f$，与输出电压$\dot{U}_o$同相，基本放大电路的电压放大倍数为$|\dot{A}_u|=|1+\dfrac{R_3}{R_4}|$，$R_3$、$R_4$取值合适，就可以满足$|\dot{A}_u|$略大于3的起振条件和幅度条件。

若$|\dot{A}_u|$选得过大，振荡幅度最后受到放大管非线性特性的限制，波形将会有显著失真。另外，受环境温度及元件老化等因素影响，放大电路的$|\dot{A}_u|$也会发生变化，这些都会直接影响振荡电路输出波形的质量，因此有必要在放大电路中引进负反馈，调整电位器R，可使振荡电路产生比较稳定且失真较小的正弦波信号。

这个电路也被称为“桥式振荡电路”。原因是选频电路中的R_1C_1、R_2C_2和负反馈电路中的R_3R_4构成桥路的四个臂，分别接在集成运放输出端和地，输出信号即集成运放的输出端和“地”连接桥路的两个顶点间电压，集成运放的净输入信号即同相输入端、反向输入端分别作为桥路的另外两个顶点间电压。

这种桥式振荡电路中的运放组成的放大电路，放大倍数仅为3左右，所以，这个放大电路还可以用低成本的晶体管来替代，如图9-6所示，因此，目前由晶体管组成的RC文氏桥振荡电路还有所见。由于晶体管的输入电阻较小，设计时应当考虑进去，如图中的R值在选取时应当略大于16 kΩ。

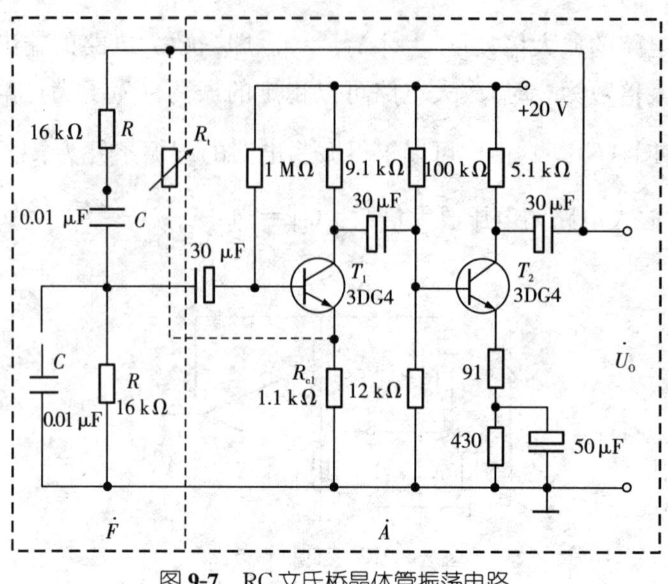

图 **9-7** RC 文氏桥晶体管振荡电路

9.2.2 RC 文氏桥振荡电路的稳幅过程

典型的 RC 正弦波振荡电路如图 9-6 所示，当某种原因使输出振荡幅度增大时，RC 文氏桥振荡电路利用热敏电阻 R_4 自动稳定振荡幅度。R_4 是正温度系数热敏电阻，当输出电压升高，R_4 上所加的电压升高，即温度升高，R_4 的阻值增加，负反馈增强，输出幅度下降。也可采用负温度系数热敏电阻，此时应放置在 R_3 的位置。

此外，还可以利用反并联二极管起到稳幅作用，通过二极管在电流变化时，动态电阻随之变化的非线性特点，使输出电压稳定，电路如图 9-8(a)所示。电路的电压增益为

$$A_{uf}=1+\frac{R''_p+R_3}{R'_p+R_4}$$

上式中 R''_p 是电位器上半部的电阻值，R'_p 是电位器下半部的电阻值。$R'_3=R_3 /\!/ R_D$，R_D 是并联二极管的平均等效电阻值。当 U_o 增大时，二极管支路的交流电流变大，R_D 减小，A_{uf} 减小，于是 U_o 下降。由图 9-8(b)可看出，二极管工作在 C、D 点所对应的等效电阻，小于工作在 A、B 点所对应的等效电阻，所以输出幅度小。二极管工作在 A、B 点，电路的增益较大，引起增幅过程。当输出幅度大到一定程度，增益下降，最后达到稳定幅度的目的。

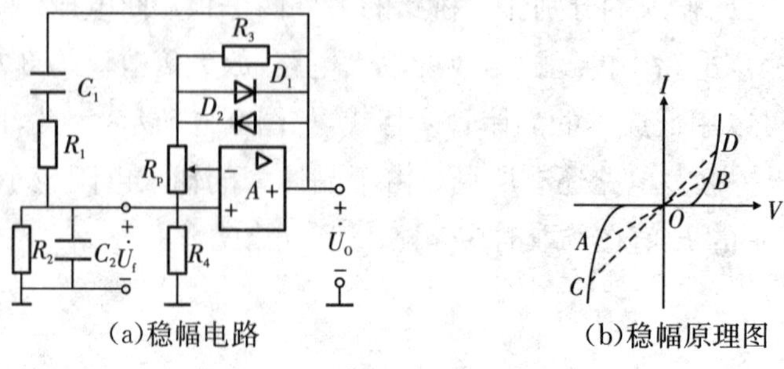

(a)稳幅电路　　(b)稳幅原理图

图 **9-8** 反并联二极管的稳幅电路

9.2.3　其他形式的RC正弦波振荡电路

除了文氏电桥振荡电路以外，其他常用的RC振荡电路有移相式振荡电路和双T选频网络振荡电路等，以上放大电路均为集成运放电路，属于集成运放在波形发生方面的应用。

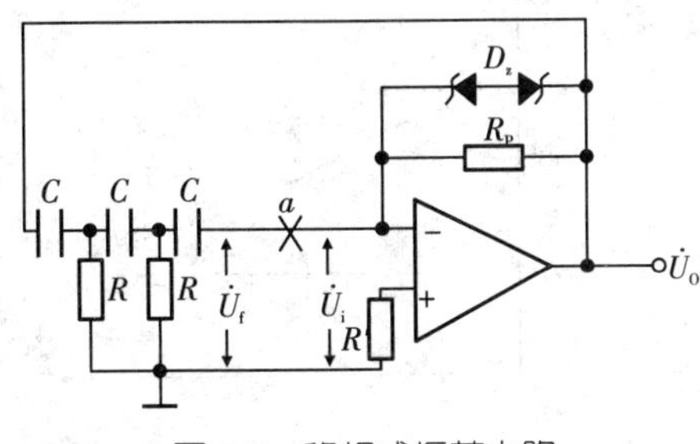

图9-9　移相式振荡电路

1. 移相式RC振荡电路

移相式振荡电路由一个反相放大电路和三节RC移相电路组成。

由于运算放大电路在其通频带范围内φ为180°，若要求满足式(9-2)的相位平衡条件，反馈网络还必须使通过它的某一特定频率的正弦电压再移相180°。

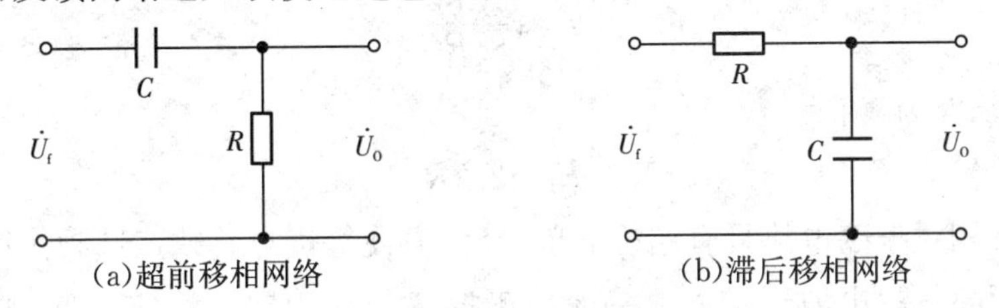

(a)超前移相网络　　(b)滞后移相网络

图9-10　RC移相电路

图9-10(a)和图9-10(b)的RC电路，就有超前移相和滞后移相的作用。我们知道，一节RC电路的最大相移不超过90°，不能满足振荡的相位条件；二节RC电路的最大相移虽然可以达到180°，但在接近180°时，超前移相RC网络的频率必然很低，滞后移相RC网络的频率必然很高，此时输出电压已接近于零，也不能满足振荡的幅度条件，所以实际上至少要用三节RC电路来移相180°，才能满足振荡条件。图9-9中采用三节RC超前移相网络组成振荡电路，它的第三节RC网络由C和放大电路A的输入电阻r_i组成①。

为了判断图9-9中的电路是否满足相位平衡条件，可以在图中a点处将电路断开，并加上输入信号$\dot{U}_i$，设$\dot{U}_i$的频率由低到高逐渐变化，然后观察$\dot{U}_f$与$\dot{U}_i$之间的相位差是否满足$\varphi_A+\varphi_F=\pm 2n\pi$的关系。因为放大电路在很宽的频率范围

---

①　本电路RC相移网络不是标准的三节RC网络，所以推导的结果与其他教材不同。

内 $\varphi_A=180°$。而对于三节 RC 网络来说，当频率很低时，$\varphi_F\approx3\times90°=270°$；当频率很高时，$\varphi_F\approx0$，所以，总的相频特性如图 9-11 所示。由图可见，φ 值在 180°到 450°之间连续变化，则其中必定有一个频率 f_0，其 φ 为 360°，因此满足相位平衡条件。

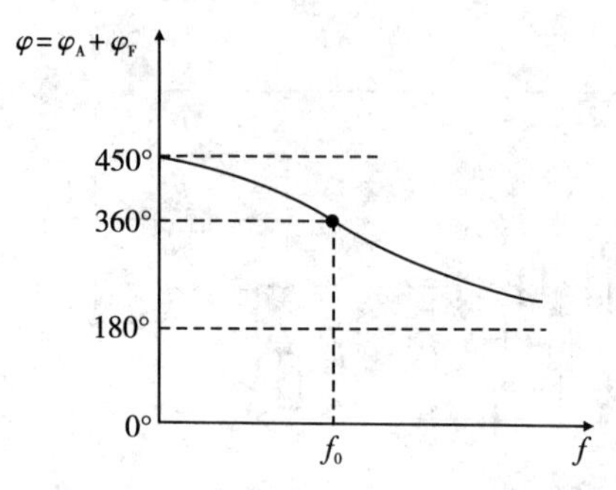

图 **9-11**　图 **9-9** 电路 a 点断开时的相频特性

在图 9-9 的电路中，运算放大电路采用电压并联负反馈，根据虚地概念，运算放大电路的输入电阻 $R_{if}=0$，则根据相位平衡条件和幅度平衡条件可以求得移相式电路的振荡频率为

$$f_0\approx\frac{\sqrt{6}}{8\pi RC} \tag{9-10}$$

起振条件为

$$R_f>2.1R \tag{9-11}$$

RC 移相式振荡电路具有结构简单、经济方便等优点。缺点选频作用较差，频率调节不方便，输出波形较差。一般用于振荡频率固定且稳定性要求不高的场合，其频率范围为几赫兹到几十千赫兹。

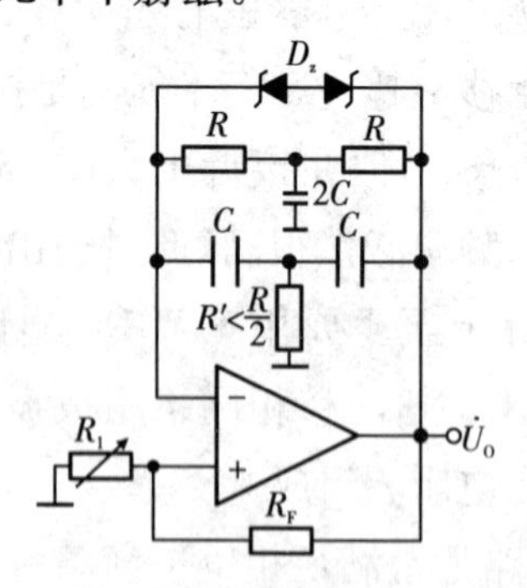

图 **9-12**　双 **T** 网络组成的正弦波振荡电路

2. 双 T 选频网络振荡电路

除了上述两种 RC 振荡电路以外，还有一种双 T 选频网络振荡电路，如图 9-12所示，可以证明，当满足关系 $R_3<R/2$ 时，振荡频率近似由下式决定

$$f_0\approx\frac{1}{5RC} \tag{9-10}$$

表 **9-1**　三种 RC 振荡电路的比较

电路形式	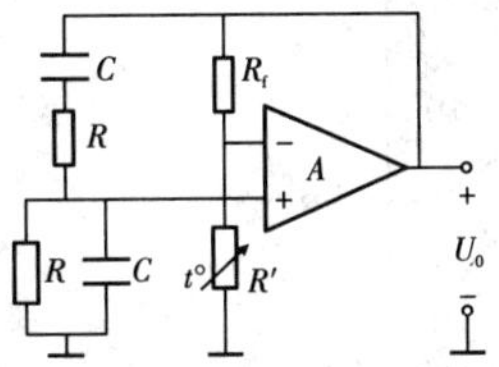 RC 并联网络振荡电路	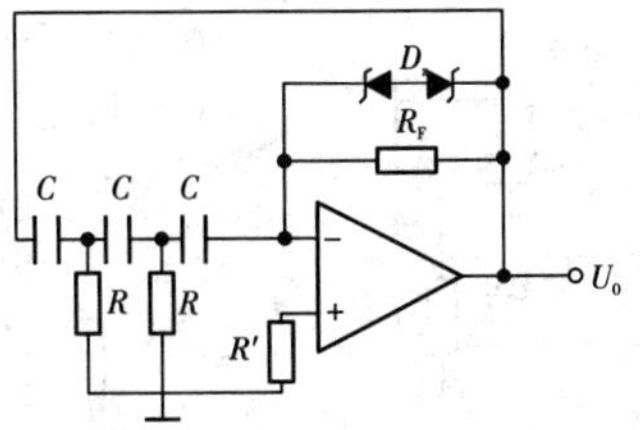 RC 移相振荡电路	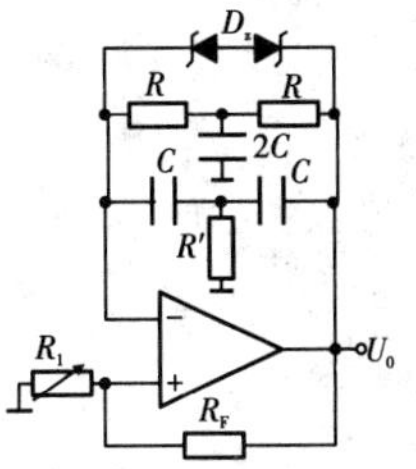 双 T 选频网络振荡电路
振荡频率	$f_0=\frac{1}{2\pi\mathrm{RC}}$	$f_0\approx\frac{1}{4\pi\sqrt{3}\mathrm{RC}}$	$f_0\approx\frac{1}{5\mathrm{RC}}$
起振条件	$\dot{A}>3, R_f>2R'$	$\lvert\dot{A}\dot{F}\rvert>1, R_f>4R$	$\lvert\dot{A}\dot{F}\rvert>1$,且 $R'<\frac{R}{2}$
电路特点及应用场合	可方便地连续改变振荡频率,便于加负反馈稳幅电路,容易得到良好的振荡波形。	电路简单,经济方便,适用于波形要求不高的轻便测试设备中。	选频特性好,适用于产生单一频率的振荡波形。

由于双 T 网络比 RC 串并联网络具有更好的选频特性,因此双 T 网络振荡电路有比较广泛的应用。其缺点是频率调节比较困难,因此较适用于产生单一频率的振荡。

三种 RC 振荡电路的比较见表 9-1。由表可见,RC 振荡电路的振荡频率均与 R、C 乘积成反比,如果需要振荡频率较高,势必要求 R 或 C 值较小,这在制造上和电路上将有困难,因此双 T 型振荡电路一般用来产生几赫兹到几百千赫兹的低频信号,若要产生较高频率的信号,则应采用 LC 正弦波振荡器。

3. 甚低频正弦波振荡电路

当工作在非常低的频率时,对于 RC 振荡电路,往往由于电阻值或电容值过大而无法实现。为此,可以采用图 9-13 所示的电路,主要措施是:①将 RC 并联结构的一个支路改接到反馈支路,这样可以采用较高的电阻而较少受运放输入电阻的影响;②利用二极管伏安特性的非线性来稳幅,即当振荡刚建立时,振幅较小,通过二极管的电流也小,故等效电阻大,加大了 A_2 的放大倍数,保证电路满足起振条件。当振幅过大时,二极管的等效电阻减小,使 A_2 的放大倍数下降,保证了振幅的稳定。电路的振荡频率为

$$f_0\approx\frac{1}{2\pi RC} \tag{9-11}$$

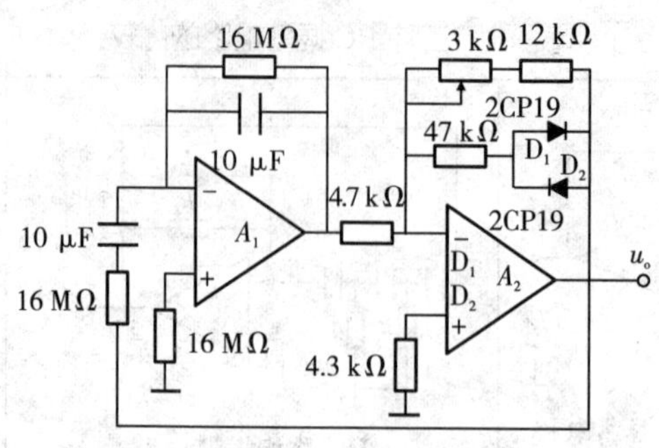

图 9-13　甚低频正弦波振荡电路

在图中给出的参数条件下,可以产生 0.001 Hz(即周期为 1000 s)的正弦波,其非线性失真约为 0.3%。

4. 正交正弦波振荡电路

在有些电子测量设备中,需要同时有正弦电压和余弦电压来分辨信息。为此,把正弦电压积分即可得到余弦电压,如图 9-14 所示。现在来分析如何能满足振荡条件而产生正弦电压。先在图中打叉(X)处断开,加 $\dot{U}'_{o1}$ 到 2 MΩ 电阻的左端为信号输入,则经 A_2 放大后,$\dot{U}'_{o2}$ 将比 $\dot{U}'_{o1}$ 领先 90°。再以作为 $\dot{U}'_{o2}$ 为对 A_1 的输入信号,将这部分的电路和图 7-23(a)相比,二者原理一致,即 A_1 是作为低通滤波以滤掉由于系统的非线性所产生的谐波。这种电路在整个频率范围内可移相 0°～−180°,则当 $\omega=\omega_0$ 时,$\dot{U}'_{o1}$ 将比 $\dot{U}'_{o2}$ 落后 90°,即 $\dot{U}'_{o1}$ 与 $\dot{U}'_{o2}$ 同相,满足相位平衡条件,可以起振。振幅的稳定是通过两个 2DW8 稳压管实现的。可得该电路的振荡频率为

$$f_0 \approx \frac{1}{2\pi RC} \tag{9-12}$$

在图中注出的元件参数条件下,可产生 0.5 Hz 的正弦和余弦电压,正弦信号幅度为2 V,余弦信号幅度约为 9 V,非线性失真在 1%左右。

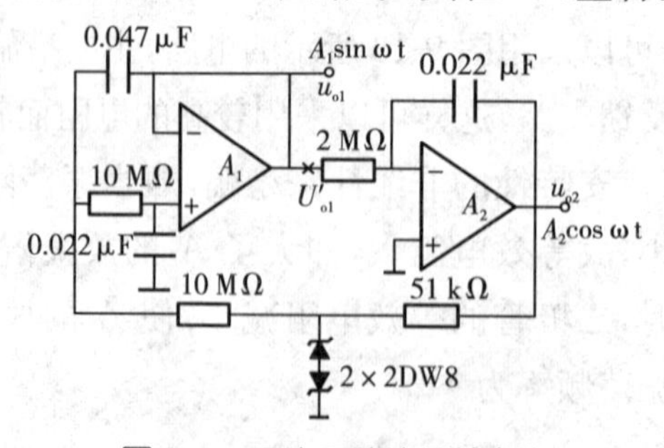

图 9-14　正交正弦波振荡电路

例 9-2　在图 9-6 所示的 RC 正弦波振荡电路中,若电容 $C_1=C_2=0.01\ \mu F$,电阻 $R_1=R_2=10\ k\Omega$,$R_4=20\ k\Omega$,电阻 R_3 的取值满足何种条件时,电路满足起振条件?

解:RC 选频网络的振荡频率为

$$f_0=\frac{1}{2\pi RC}=\frac{1}{2\pi\times10\times10^3\times0.01\times10^{-6}}\ \text{Hz}=1.592\ \text{kHz}$$

分析电路可知符合振荡相位条件,因此当放大电路的电压放大倍数 $A_u=1+\frac{R_3}{R_4}>3$ 时,满足 RC 正弦波振荡电路的起振条件。

即 $1+\frac{R_3}{20\ \text{k}\Omega}>3$,$R_3>40\ \text{k}\Omega$ 该电路就能够起振。

9.3　LC 正弦波振荡电路

LC 振荡电路与 RC 正弦波振荡电路类似,也由放大电路、正反馈网络、选频网络等电路组成,但选频电路由 LC 并联谐振电路构成,可以产生高频振荡(几百千赫以上),一般用分立元件组成放大电路。

根据反馈的方式不同,LC 正弦波振荡电路可分为变压器反馈式、电感三点式和电容三点式三种振荡电路。

在开始讨论 LC 振荡电路之前,先来回顾一下有关 LC 并联回路的几点性质。

9.3.1　LC 并联谐振电路的特性

LC 并联谐振电路如图 9-15 所示。它是一个 LC 并联电路,R 表示回路和回路所带负载的等效总损耗电阻。

先来定性分析一下,当信号频率变化时,并联电路阻抗 Z 的大小和性质如何变化。当频率很低时,容抗很大,可以认为开路,但感抗很小,则总的阻抗主要取决于电感支路,当频率很高时,感抗很大,可以认为开路,但容抗很小,此时总的阻抗主要取决于电容支路。所以,在低频时并联阻抗为电感性,而且随着频率的降低,阻抗越来越小,在高频时并联阻抗为电容性,且随着频率升高,阻抗值也愈来愈小。可以证明,只有在中间某一个频率 $f=f_0$时,并联阻抗为纯阻性,且等效阻抗接近最大值。频率 f_0即是 LC 电路的并联谐振频率。

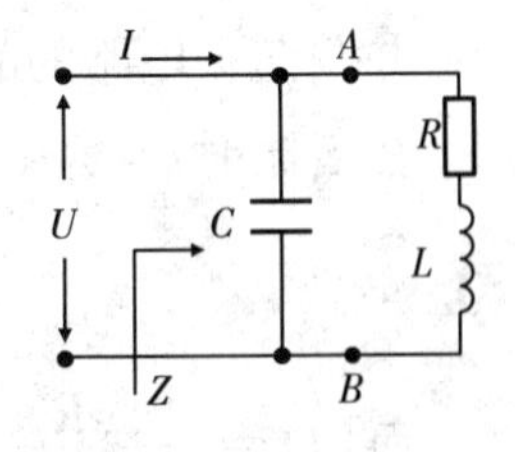

图 9-15　LC 并联回路

并联谐振频率的数值决定于电路的参数。由图 9-15 可求得电路的复数导纳为

$$Y=\text{j}\omega C+\frac{1}{R+\text{j}\omega L}=\frac{R}{R^2+(\omega L)^2}+\text{j}\left[\omega C-\frac{\omega L}{R^2+(\omega L)^2}\right]\tag{9-13}$$

在并联谐振角频率 $\omega=\omega_0$时,$\dot{I}$ 和 $\dot{U}$ 同相,Y 的虚部为零,即

$$\omega_0 C-\frac{\omega_0 L}{R^2+(\omega_0 L)^2}=0$$

从而解出

$$\omega_0=\frac{1}{\sqrt{\left(\frac{R}{\omega_0 L}\right)^2+1}}\cdot\frac{1}{\sqrt{LC}} \tag{9-14}$$

上式说明 ω_0 不仅与 L、C 有关，还与 R 有关。通常

$$Q=\frac{\omega_0 L}{R} \tag{9-15}$$

Q 称为谐振回路的品质因数，是 LC 电路的一项重要指标。一般的 LC 谐振电路 Q 值约为几十到几百。

由式(9-14)可见，当 $Q\gg 1$ 时

$$\omega_0\approx\frac{1}{\sqrt{LC}} \tag{9-16}$$

或

$$f_0=\frac{1}{2\pi\sqrt{LC}} \tag{9-17}$$

当 LC 并联电路谐振时，其等效阻抗的表达式可由式(9-13)求得

$$Z_0=\frac{1}{Y_0}=\frac{R^2+(\omega L)^2}{R}=\frac{(\omega L)^2}{R}\left(1+\frac{1}{Q^2}\right)$$

$$\approx\frac{1}{RC}=Q\omega_0 L=\frac{Q}{\omega_0 C}=Q\sqrt{\frac{L}{C}} \tag{9-18}$$

并联谐振电路的品质因数等于电感支路电流或电容支路电流与总电流之比。在谐振时，电容中电流的幅值为

$$|\dot{I}_C|=\omega_0 C|\dot{U}|=\frac{\omega_0 L}{R^2+(\omega_0 L)^2}|\dot{U}|$$

而 $|\dot{I}|=\frac{R}{R^2+(\omega_0 L)^2}|\dot{U}|$

则 $|\dot{I}_C|=Q|\dot{I}|$

或 $Q=I_L/I=I_C/I=\omega_0 L/R=1/(\omega_0 CR)$

当 $Q\gg 1$ 时

$$|\dot{I}_C|\gg|\dot{I}|,|\dot{I}_L|\gg|\dot{I}|,|\dot{I}_C|\approx|\dot{I}_L|$$

即对谐振回路外界影响可以忽略。这个结论对分析 LC 振荡电路是极为有用的。

下面再来分析不同 Q 值时 LC 并联回路的频率特性。LC 并联回路的等效阻抗表达式为

$$Z=\frac{-\mathrm{j}\frac{1}{\omega C}(R+\mathrm{j}\omega L)}{-\mathrm{j}\frac{1}{\omega C}+R+\mathrm{j}\omega L}\approx\frac{\mathrm{j}\omega L\left(-\mathrm{j}\frac{1}{\omega C}\right)}{R+\mathrm{j}\left(\omega L-\frac{1}{\omega C}\right)}$$

$$=\frac{\frac{L}{RC}}{1+\mathrm{j}\frac{\omega L}{R}\left(1-\frac{1}{\omega^2 LC}\right)}$$

在谐振频率附近，即当 $\omega=\omega_0$ 时，上式可近似表示为

$$Z\approx\frac{Z_0}{1+\mathrm{j}Q\left(1-\frac{\omega_0^2}{\omega^2}\right)} \tag{9-19}$$

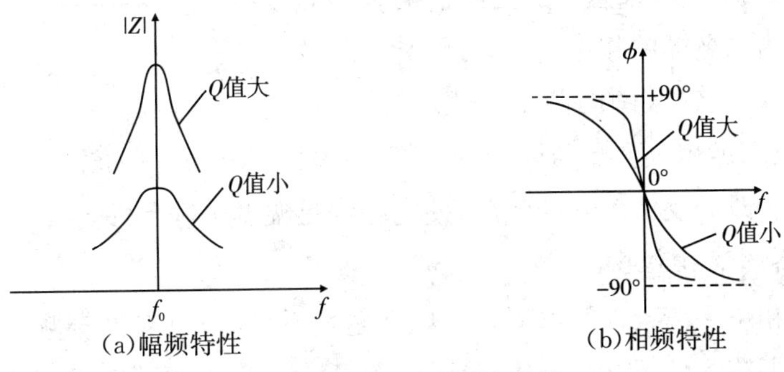

图 **9-16**　LC 回路的频率特性

由此可以画出 LC 并联电路的幅频特性和相频特性，LC 并联谐振曲线如图 9-16 所示。根据其并联谐振曲线可知，输出电压的大小与频率有关。在输入信号频率较高时，电感的感抗很大，电容的旁路作用加强，网络呈容性，输出减小；反之信号频率较低时，电容的容抗很大，网络呈感性，电感将短路输出；只有当输入信号频率 f 等于谐振频率 f_0 时，网络呈阻性。

由以上分析可以得出几点结论：①LC 并联电路具有选频特性，在谐振频率 f_0 处，电路为纯电阻性。当 $f<f_0$ 时，呈电感性。$f>f_0$ 时，呈电容性。且当频率 f_0 上升或下降时，等效阻抗 $|Z|$ 都将减小；②谐振频率 f_0 的数值与电路参数有关，当 $Q\gg1$ 时，$f_0\approx\frac{1}{2\pi\sqrt{LC}}$；③电路的品质因数 $Q=\frac{\omega_0 L}{R}$ 值愈大，则幅频特性愈尖锐，即选频特性愈好。同时，谐振时的阻抗值 Z_0 也愈大。

由公式(9-15)可知，对于谐振频率相同的两个 LC 并联谐振电路，选频特性与电容容量、电感数值有关，即品质因数越大（电容容量越小，电感数值越大），Q 值曲线越陡，选频特性就越好。如图 9-16 的谐振曲线，$Q_1>Q_2$，则 Q 值大的曲线较陡较窄，选频特性更好。

9.3.2 变压器反馈LC振荡电路

1. 电路的组成

变压器反馈LC振荡电路如图9-17所示，反馈信号是通过变压器来实现的。该电路是由放大、选频和反馈部分组成的正弦波振荡电路。选频网络由LC并联电路组成，LC并联谐振电路作为三极管的负载，反馈线圈L_2与电感线圈L相耦合，将反馈信号送入三极管的输入回路。反馈由变压器绕组L_2来实现，变压器的绕组相位关系是互为同名端的相位相同，互为异名端的相位相反，交换反馈线圈的两个线头，可改变反馈的极性，以满足相位平衡条件，实现正反馈。另一方面，可通过对反馈线圈的匝数比的选择来改变反馈信号的强度，使电路满足幅度平衡条件。

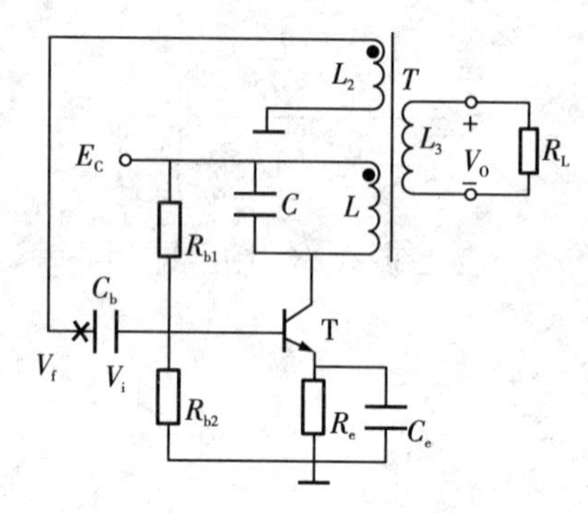

图9-17 变压器反馈LC振荡电路

2. 振荡频率和起振条件

从分析相位平衡条件的过程中可以清楚地看出，只有在谐振频率等于f_0时，电路才满足振荡条件，所以，变压器反馈LC振荡电路的振荡频率与并联LC谐振电路相同，为

$$f_0 \approx \frac{1}{2\pi\sqrt{LC}} \tag{9-20}$$

同时，为了满足幅度平衡条件，对放大管的β值也有一定要求，根据起振条件$|\dot{A}\dot{F}|>1$，β应与电路中其他参数之间有一定的配合关系。

$|\dot{A}|$和$|\dot{F}|$的值分别为

$$|\dot{A}| = \left|\frac{U_o}{U_i}\right| = \left|-\frac{\beta R'}{r_{be}}\right| = \frac{\beta R'}{r_{be}}$$

$$H|\dot{F}| = \left|\frac{\dot{U}_f}{\dot{U}_o}\right| = \left|\frac{j\omega_0 M}{j\omega_0 L_2 + R_i}\right|$$

因近似有$\omega_0 \approx \frac{1}{\sqrt{LC}}$，所以，振荡电路的起振条件为

$$\beta > \frac{r_{be}R'C}{M} \tag{9-21}$$

上式中r_{be}为三极管b，e间的等效电阻，M为绕组L_1和L_2之间互感，是折合到谐振回路中的等效总损耗电感。

实际式(9-21)对三极管的β值的要求并不太高，一般情况下比较容易满足。

关键要保证变压器绕组的同名端接线正确，以及相位平衡条件。如果电路的接线不发生错误，则不难使振荡电路起振。

3. 电路的特点

变压器反馈式 LC 正弦波振荡电路原理简单，与 RC 相比，失真较小，输出电压波形较稳定，可以产生上百兆的频率；但输出的频率稳定度也不高，并且由于存在磁路耦合，输出波形较差，损耗较大，通常用于要求不高的设备中。

9.3.3　电感三点式 LC 振荡电路

1. 电路组成

在实际工作中，为了避免确定变压器同名端的麻烦，也为了绕制线圈的方便，采取了自耦形式的接法，如图 9-18 所示，这种电路又称"电感三点式 LC 振荡电路"，是电感反馈式振荡电路的一种。图中 LC 并联电路的上端 1 通过耦合电容 C_b 接三极管的基极 b，中间抽头 2 接至电源 E_c，在交流通路中 2 端接地，所以 L_2 上的电压就是送回到三极管基极回路的反馈电压 U_f。

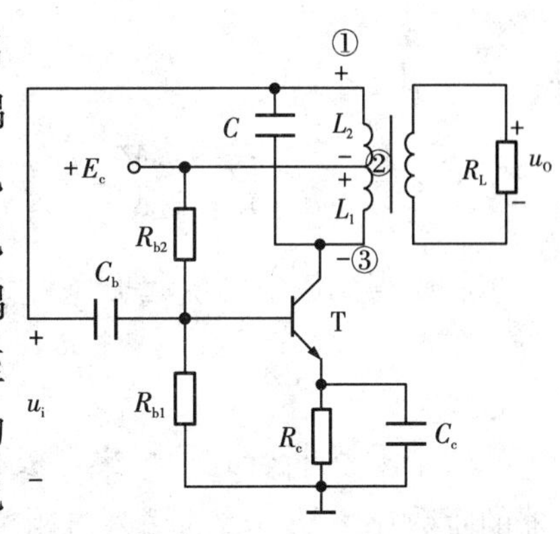

图 9-18　电感反馈式振荡电路(CE)

电感线圈 L_1 和 L_2 是一个线圈，2 点是中间抽头。三极管采用共基极放大电路，也可以采用共发射极放大电路。如果设某个瞬间集电极电流增大，线圈上的瞬时极性如图所示。反馈到发射极的极性对地为负(三极管是共基极接法)，使发射结的净输入增大，集电极电流增大，符合正反馈的相位条件；而振荡的幅度平衡条件只要设置合适的静态工作点就可以达到。图 9-19 是另一个电感三点式 LC 振荡电路。

根据前面的分析可知，电路满足相位平衡条件时，为方便分析问题，将谐振回路的阻抗折算到三极管的各个电极之间，有 Z_{be}、Z_{ce}、Z_{cb}，将 LC 振荡电路的交流通路等效为 9-20 所示，图中的 Z_{be}、Z_{ce}、Z_{cb} 分别是 L_2、L_1、C 的阻抗。发射极连接的是两个电抗性质相同的元件，而基极连接的是两个电抗性质相反的元件。这种连接方法简称"射同基反"。

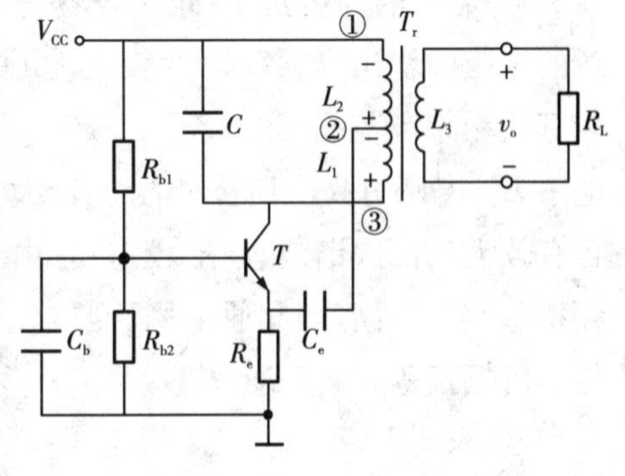

图 9-19　电感反馈式振荡电路(CB)

2. 振荡频率和起振条件

设电感线圈 L_1 和 L_2 的电感分别为 L_1、L_2，互感为 M，且品质因数远大于 1。如前所述，当谐振回路的 Q 值很高时，振荡频率基本上等于 LC 回路的谐振频率，电感三点式振荡电路的振荡频率为

$$f_0 \approx \frac{1}{2\pi}\sqrt{\frac{1}{C(L_1+L_2+2M)}}=\frac{1}{2\pi\sqrt{LC}} \tag{9-22}$$

式中 L 为回路的总电感，$L=L_1+L_2+2M$，M 为线圈 L_1 与 L_2 之间的互感，因起振条件 $|\dot{A}\dot{F}|>1$，$\dot{A}$ 和 $\dot{F}$ 的值分别为：

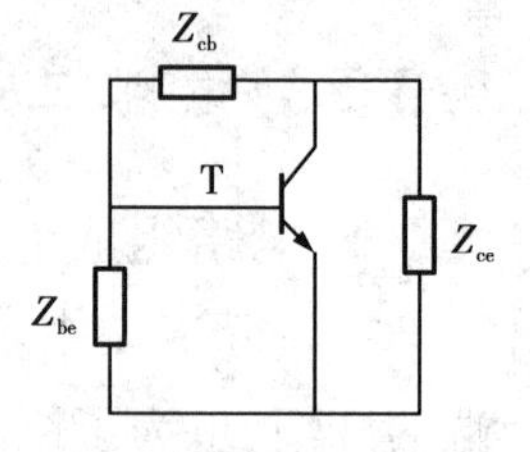

图 9-20　LC 三点式振荡电路交流通路

$$\dot{A}=\frac{\dot{U}_o}{\dot{U}_i}=\frac{\beta R'}{r_{be}}$$

$$\dot{F}=\frac{\dot{U}_f}{\dot{U}_o}=-\frac{j\omega L_2+j\omega M}{j\omega L_1+j\omega M}=-\frac{L_2+M}{L_1+M}$$

所以得到该电路的起振条件为

$$\beta>\frac{L_1+M}{L_2+M}\cdot\frac{r_{be}}{R'}$$

式中 R' 为折合到管子集电极和发射极间的等效并联总损耗电阻。根据变压器的匝数比将晶体管的输入电阻 R_i、振荡电路的负载电阻 R_L、LC 谐振回路的损耗电阻 R 全部等效到电感 L_1 两端，然后和晶体管的输出电阻 r_{oe} 并联即可得到 R'。

3. 电路特点

电感三点式振荡电路可以通过改变电容 C 来改变振荡频率，输出振幅较大，振荡频率范围较宽，一般在几十兆赫兹。

电感三点式振荡电路与纯电感电路对比，归纳起来有以下特点：①由于线圈 L_1 和 L_2 之间耦合很紧，因此比较容易起振。改变电感 L_1/L_2 的比值，可以获得满意的正弦波输出且振荡幅度较大；②调节频率方便。采用可变电容，可获得一个较宽的频率节范围；③一般用于产生几十兆赫以下的频率；④由于反馈电压取自电感 L_2，电感对高次谐波的阻抗较大，不能将高次谐波短路掉，因此输出波形中含有较大的高次谐波，波形较差；⑤由于电感反馈式振荡电路的输出波形较差，且频率稳定度不高，因此通常用于要求不高的设备中，例如高频加热器、民用接收机的本机振荡等。

1. 电路组成

为了获得良好的正弦波，可将图 9-18 中的 L_1、L_2 改用为对高次谐波呈现低阻抗的电容 C_1，C_2，同时将原来的 C 改成 L，以达到谐振的效果，这就是电容反馈式振荡电路。电感三点式中的电感和电容互换位置，使反馈电压取自电容，避免了输出波形中出现高次谐波的问题。为了构成放大管输出回路的电流通路，在电路中加了 R_c，见图 9-21(a)。

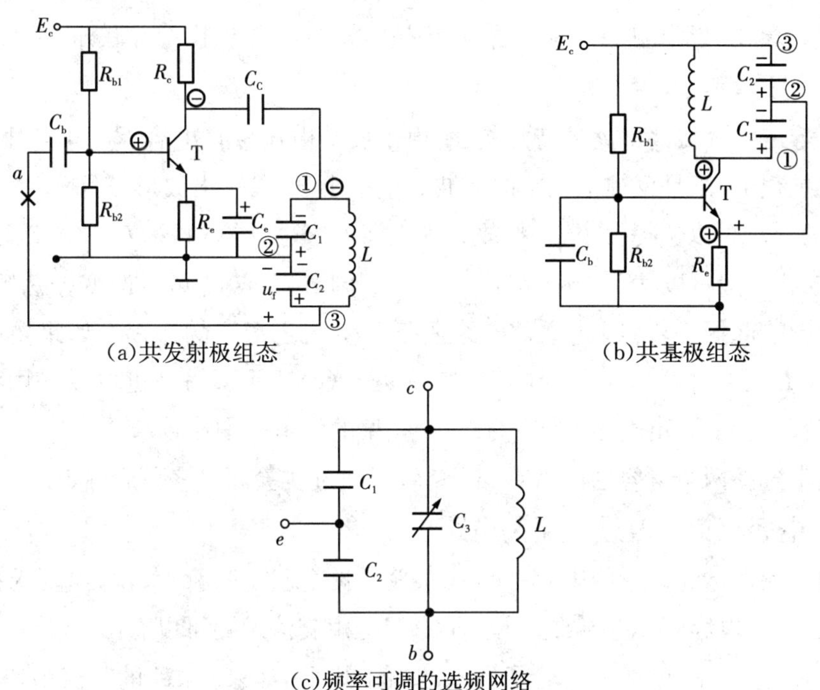

(a)共发射极组态

(b)共基极组态

(c)频率可调的选频网络

图 9-21　电容三点式 LC 振荡电器

在图 9-21(a)中，由于 3 端通过耦合电容 C_b 接三极管的基极 b，2 端接地，所以电容 C_2 两端的电压就是反馈电压 $\dot{U}_f$。假设将电路从 a 处断开，则不难看出，当 LC 回路谐振时，$\dot{U}_f$ 与 $\dot{U}_i$ 同相，电路满足相位平衡条件。

2. 振荡频率与起振条件

同理，振荡频率基本上等于 LC 回路的谐振频率，电容三点式振荡电路的振荡频率为

$$f_0 \approx \frac{1}{2\pi\sqrt{L\dfrac{C_1C_2}{C_1+C_2}}} \tag{9-23}$$

电路中的 $\dot{A}$ 和 $\dot{F}$ 的值分别为

$$|\dot{A}| = \left|\frac{U_o}{U_i}\right| = \frac{\beta R'}{r_{be}}$$

$$|\dot{F}|=\left|\frac{U_f}{U_o}\right|=\left|\frac{I_{C_2}/j\omega C_2}{I_{C_2}/j\omega C_1}\right|\approx\frac{C_1}{C_2}$$

根据起振条件$|\dot{A}\dot{F}|>1$,可以得起振条件为

$$\beta>\frac{C_2}{C_1}\cdot\frac{r_{be}}{R'} \tag{9-24}$$

式中R'为折合到管子集电极和发射极间的等效并联总损耗电阻。根据电容的容量比将晶体管的输入电阻R_i、振荡电路的负载电阻R_L、LC谐振回路的损耗电阻R全部等效到电感C_1两端,然后和晶体管的输出电阻r_{ce}并联即可得到R'。

3. 电路特点

电容三点式振荡电路的特点是:①由于反馈电压取自电容C_2,电容对于高次谐波阻抗很低,于是反馈电压中的谐波分量很小,所以输出波形较好;②因为电容C_1、C_2的容量可以选得较小,并将放大管极间电容也计算到C_1、C_2中去,因此振荡频率较高,一般可以达到100 MHz以上。③调节C_1或C_2可以改变振荡频率,但同时会影响起振条件,因此这种电路适于产生固定频率的振荡。如果要改变频率,可在L两端并联一个可变电容,如图9-21(c)所示。另外也可以采用可调电感改变频率。受固定电容C_1,C_2的影响,频率的调节范围比较窄。

通常选择两个电容之比为$C_1/C_2\leqslant1$,可通过实验调整来最后确定。

4. 电容反馈式改进型振荡电路

对于前面已经讨论的电容三点式振荡电路(见图9-21)来说,当要求振荡频率比较高时,电容C_1、C_2的数值比较小。但是由交流通路可以看出C_2并联在放大管的b、e之间。而C_1并联在管子的c、e之间,因此,如果C_1、C_2的容值小到可与三极管的极间电容大小相当时,管子的极间电容随温度等因素的变化对振荡频率的影响将非常显著,造成振荡频率不稳定。

为了克服上述缺点,提高频率的稳定性,可在图9-21电路的基础上加以改进,在电感L支路中串联一个电容C,如图9-22所示。此时振荡频率的表示式为

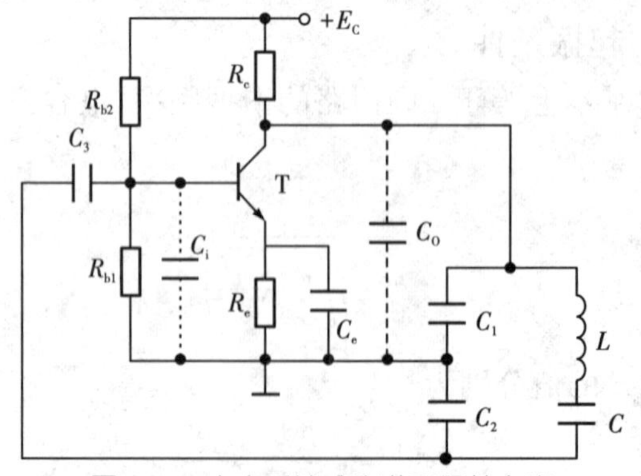

图9-22　电容反馈式改进型振荡电路

$$f_0 \approx \frac{1}{2\pi\sqrt{L \cdot \dfrac{1}{\dfrac{1}{C}+\dfrac{1}{C_1}+\dfrac{1}{C_2}}}} \tag{9-25}$$

在选择电容参数时，可以取 C_1、C_2 的电容值较大，以削弱极间电容变化的影响，而串联在 L 支路中的 C 容值较小，即 $C \ll C_1$，$C \ll C_2$，则此时 A 振荡频率近似为

$$f_0 \approx \frac{1}{2\pi\sqrt{LC}} \tag{9-26}$$

由于 f_0 基本上由 LC 确定，而与 C_1、C_2 的关系很小，所以当三极管的极间电容改变时，对 f_0 的影响也就很小。这种电路的频率稳定度可达 10^{-4} 到 10^{-5}。

例 9-3　某反馈放大电路如图例 9-3(a)所示，C_2、C_E 为交流旁路电容，C 为高频耦合电容，对高频交变电流的阻碍作用很小，偏置电阻 R_B 可忽略不计。试判断是否可能产生振荡？

解：画出该电路的交流通路，如图例 9-3(b)所示，可以看出振荡回路由 L、C_2、C_1 组成，为电容三点式振荡电路。该电路满足相位平衡条件，有可能产生振荡。

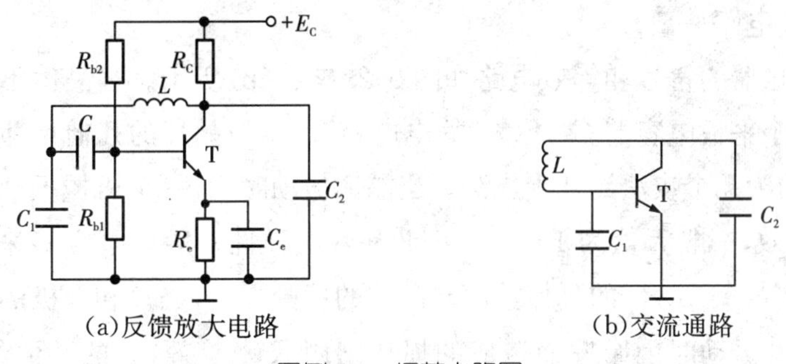

(a)反馈放大电路　　　　(b)交流通路

图例 9-3　振荡电路图

9.4　石英晶体振荡器

通过前面 9.3.1 分析可知，LC 谐振回路的 Q 值愈大，幅频特性曲线愈尖锐，选频性能愈好；同时，相频特性曲线在 ω_0 附近也愈陡，即频率的相对变化 $\frac{\Delta\omega}{\omega_0}$ 愈小，也就是说，频率的稳定度愈高。为了提高谐振回路的 Q 值，根据其表达式

$$Q=\frac{\omega_0 L}{R}=\frac{1}{R}\sqrt{\frac{L}{C}} \tag{9-27}$$

可见，应尽量减小回路的损耗电阻，并加大 $\frac{L}{C}$ 值。但 $\frac{L}{C}$ 有一定限制，因为 L 数值如选得太大，它的体积将要增加，线圈的损耗和分布电容也必然增加，另一方

面，由于L由金属线圈构成，温度变化使其体积变化，电感L也随之变化；C如选得太小，当并联的分布电容变化时，将显著影响频率的稳定性。因此在LC振荡电路中，即使采用了各种稳频措施，频率稳定度很难突破10^{-5}的数量级。在要求高频率稳定度的场合，往往采用高稳定度、高Q值的石英晶体替代LC振荡回路中的电感、电容元件，构成石英晶体正弦波振荡器。

9.4.1 石英晶体的基本特性和等效电路

1. 基本特性

若在石英晶片两极加一电场，晶片会产生机械变形。相反，若在外力作用下使晶片产生形变，则在晶片相应的方向上会产生一定的电场，这种物理现象称为“压电效应”。一般在外加电压作用下，晶片的机械振动的振幅和交变电场振幅都非常微小，由于晶体本身有一定的物理尺寸，所以在外加交变电压的频率为某一特定频率时，振幅才急剧增加，这种现象称为“压电谐振”。这和LC回路的谐振现象十分相似，因此石英晶体又称为“石英谐振器”。上述特定频率称为晶体的“固有频率”或“谐振频率”。

2. 等效电路

石英谐振器的符号和等效电路如图9-23(a)、(b)所示。当晶体不振动时，可把它看成一个平板电容器C_0，称为“静电电容”。C_0与晶片的几何尺寸、电极面积有关，一般约为几个皮法到几十皮法。当晶体振动时，有一个机械振动的惯性，用电感L来等效，一般L值为$10^{-3}\sim10^{2}$ H，晶片的弹性一般以电容C来等效，C值为$10^{-2}\sim10^{-1}$ pF。L、C的具体数值与晶体的切割方式，晶片和电极的尺寸、形状等有关。晶片振动时因摩擦而造成的损耗则用R来等效，它的数值约为$10^{2}\,\Omega$。由于晶片的等效电感很大，而C很小，R也小，因此回路的品质因数Q很大，可达$10^{4}\sim10^{6}$。加上晶片本身的固有频率只与晶片的几何尺寸有关，所以很稳定，而且可做得很精确。

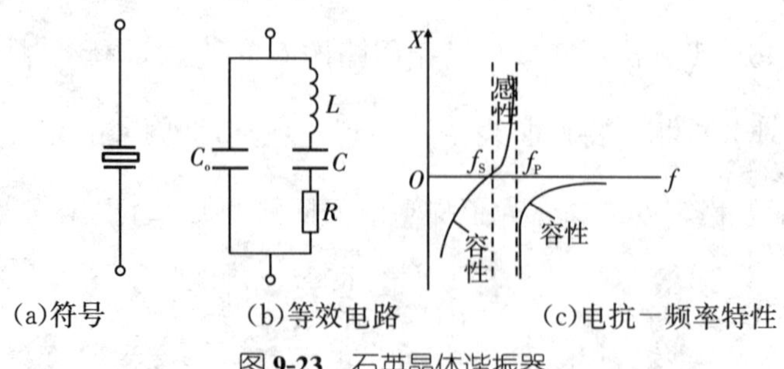

(a)符号　(b)等效电路　(c)电抗—频率特性

图9-23　石英晶体谐振器

从石英谐振器的等效电路可知，这个电路有两个谐振频率，当L、C、R支路串联谐振时，等效电路的阻抗最小(等于R)，串联谐振频率为

$$f_s=\frac{1}{2\pi\sqrt{LC}} \tag{9-28}$$

当等效电路并联谐振时，并联谐振频率为

$$f_p=\frac{1}{2\pi\sqrt{L\frac{CC_0}{C+C_0}}}=f_s\sqrt{1+\frac{C}{C_0}} \tag{9-29}$$

由于 $C \ll C_0$，因此 f_s和 f_p两个频率非常接近。

图 9-23(c)为石英谐振器的电抗一频率特性，在 f_s与 f_p之间，为电感性，f_s与 f_p十分接近，在此区域之外为电容性。

石英晶体振荡器具有体积小、重量轻、可靠性高、频率稳定度高等优点，被广泛应用于各类振荡电路和通信系统的频率发生器、时钟信号生成电路等。

9.4.2　石英晶体振荡电路

石英晶体振荡电路的形式多种多样，其基本电路有两类，即并联晶体振荡电路和串联晶体振荡电路。前者石英晶体工作在 f_s和 f_p之间，利用晶体作为一个电感来组成振荡电路，而后者则工作在串联谐振频率 f_s处，利用阻抗最小的特性来组成振荡电路。

1. 并联型晶体振荡电路

图 9-24(a)为并联型石英晶体正弦波振荡电路，电容 C_1、C_2与石英晶体并联，当 $f_s<f_0<f_p$时，石英晶体呈电感性，形成 LC 并联谐振回路，产生振荡，振荡频率等于石英晶体的并联谐振频率 f_p，C 为大电容，对交流视为通路。图 9-24(b)为图 9-24(a)的交流通路，可以看出选频网络由 C_1、C_2、C_s和石英晶体组成，与图 9-22 比较可以看出，图 9-24 相当于改进型的电容三点式振荡电路。所以振荡频率可表示为

$$f_0\approx\frac{1}{2\pi\sqrt{L\frac{C_s(C_0+C')}{C_s+C_0+C'}}} \tag{9-30}$$

式中 $C'=\frac{C_1C_2}{C_1+C_2}$。由式(9-30)可知，$f_0$在 f_s与 f_p之间，此时石英晶体的阻抗呈感性。实际上，由于 $C\ll C_0+C'$，因此在回路中起决定作用的电容是 C，则谐振频率近似为

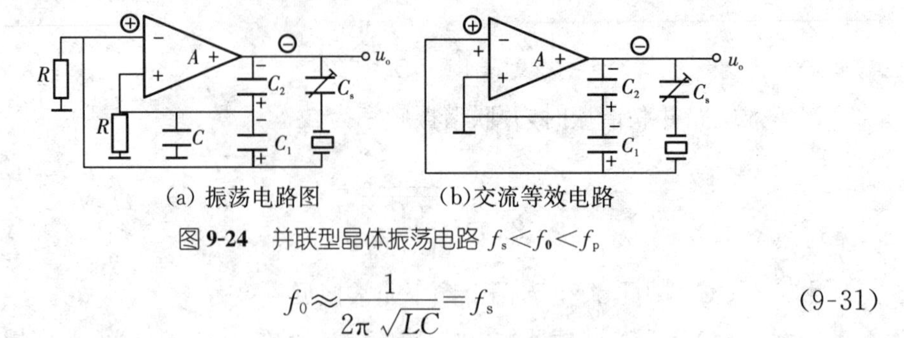

(a) 振荡电路图 (b)交流等效电路

图 9-24 并联型晶体振荡电路 $f_s < f_0 < f_p$

$$f_0 \approx \frac{1}{2\pi\sqrt{LC}} = f_s \tag{9-31}$$

从上式可知,振荡频率基本上由晶体的固有频率 f_s所决定,而与 C'的关系很小,也就是说 C'不稳定所引起的频率变化很小,因此振荡频率稳定度很高。

2. 串联型晶体振荡电路

图 9-25 是利用石英晶体组成的串联晶体振荡电路。与 LC 电感三点式振荡电路原理类似,晶体安装在 T_1、T_2组成的正反馈电路中。当振荡频率等于晶体的串联谐振频率 f_s时,晶体的阻抗最小,且为纯电阻,这时正反馈最强,晶体两端的相位差为零,反馈电压与输入电压相位相同,电路满足自激振荡条件。对于 f_s以外的其他频率,晶体的阻抗增大,晶体两端的相位差不为零,反馈电压与输入电压相位不相同,不满足自激振荡条件。因此振荡频率等于晶体的 f_s。

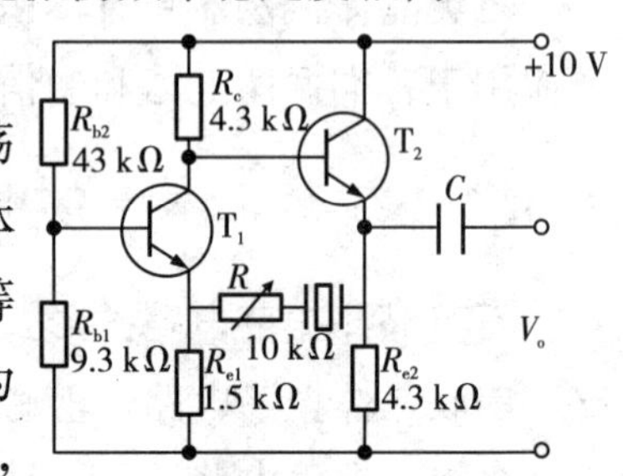

图 9-25 串联型晶体振荡电路

为获得良好的正弦波输出,在反馈支路中与晶体串联一个可调电阻,调节 R 可以改变反馈的强弱,使电路能够容易起振,又不使反馈量太大而造成输出波形失真。

由于晶体的固有频率与温度有关,因此石英谐振器必须在较窄的温度范围内工作,以保证很高的频率稳定度。当频率稳定度要求高于 $10^{-7} \sim 10^{-6}$时,或工作环境的温度变化很宽时,都应选用高精度和高稳定度的晶体,并把它放在恒温槽中,用温度控制电路来保持恒温槽温度的稳定,恒温槽的温度应根据石英谐振的频率温度特性曲线来确定。

例 9-4 怎样把图例 9-3(a)的电路改成晶体振荡电路?晶体的频率应是多少?

将图例 9-3(a)中的电感 L 用晶体替代即可成为晶体振荡电路,如图例 9-4 所示。晶体的并联谐振频率 f_p应当与原来 LC 的频率相同,即:

$$f_p = \frac{1}{2\pi\sqrt{L\dfrac{C_1C_2}{C_1+C_2}}}。$$

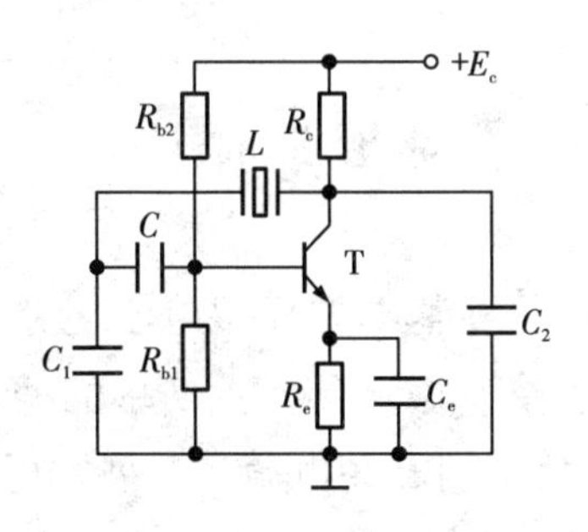

图例 **9-4**　晶体振荡电路

本章小结

本章主要讲述了正弦波振荡电路的工作原理、振荡条件和起振条件，介绍了三种不同的正弦波振荡电路的电路结构。具体内容如下：

1. 正弦波振荡电路不需要外接输入信号就可以产生一定频率的输出。电路由基本放大电路、选频网络、正反馈网络组成。常见的正弦波振荡电路有 RC 正弦波振荡电路、LC 正弦波振荡电路和石英晶体振荡电路。

2. 正弦波振荡的幅度平衡条件为 $|\dot{A}\dot{F}|>1$，相位平衡条件为 $|\dot{A}\dot{F}|\ \varphi_A+\varphi_F=2n\pi$（$n$ 取整数）。选频网络（一般同时具备正反馈功能）和放大电路必须满足这两个条件才有可能产生正弦波振荡。

3. RC 正弦波振荡电路采用 RC 串并联电路作为选频网络，当串并联电路中的电阻 R 相等，电容 C 相等时，振荡频率与 RC 的乘积成反比，即 $f=f_0=\dfrac{1}{2\pi RC}$，为使电路顺利起振，$\dot{A}_u$ 应略大于 3。

4. LC 正弦波振荡电路的振荡频率高于 RC 振荡电路，选频网络为 LC 电路，常见的有变压器反馈式、电感三点式和电容三点式。石英晶体振荡器原理与 LC 正弦波振荡电路类似，输出频率固定不可调，但稳定性高，振荡频率一般与 $\sqrt{LC}$ 成反比，即 $f=f_0=\dfrac{1}{2\pi\sqrt{LC}}$。

5. 判定三极管与 L、C 构成的三点式电路能否满足振荡的相位平衡条件，即 Z_{be}和 Z_{ce}同性质，同为电容或同为电感，且与 Z_{cb}性质相反，即满足相位平衡条件。简单地讲就是：若符合“射同基反”，即可判定电路满足相位平衡条件。

6. 晶体振荡电路分为并联型和串联型两类，前者电路的振荡频率在晶体的 f_s 和 f_p之间，而后者电路的振荡频率在晶体串联谐振频率 f_s处。

应用与讨论

1. 正弦波振荡电路也是一种基本的模拟电子电路。电子技术实验中使用的低频信号发生器就是一种正弦波振荡器。大功率的振荡电路还可以直接为工业生产提供能源，例如高频加热炉的高频电源。此外，诸如超声波探伤、无线电和广播电视信号的发送和接收等，都离不开正弦波振荡电路。总之，正弦波振荡在测量、自动控制、通讯和热处理等各种技术领域中都有着广泛的应用。

2. 这里所讨论的正弦波振荡电路，实质上是一个满足自激振荡条件的反馈放大电路，因此这类振荡电路又称为“反馈振荡电路”。

3. 在正反馈信号足够大时，正弦波振荡电路的起振是依靠选频网络来实现的，从电路元件中的噪声电压或电源接通的瞬变过程中选出符合相位平衡条件的振荡频率信号，在足够大的放大倍数和一定的反馈深度情况下，幅度才能由小增大。

4. 当振荡建立起来并达到稳定的振幅以后，电路满足$|\dot{A}\dot{F}|=1$的条件，在振荡电路中，通常由于放大管的非线性使$|\dot{A}\dot{F}|$值由大于1而逐渐变为等于1，因此输出波形总会有一定的失真。在RC串并联网络振荡电路中，依靠热敏电阻或其他非线性元件组成负反馈电路来实现稳幅，可以使放大三极管工作在线性区域，从而改善输出波形，在LC振荡电路中则依靠谐振回路的选频特性来使输出形基本上为正弦波。

5. 无论是RC或LC振荡电路，它们的振荡频率都主要由选频网络的相位—频率特性决定，改变选频网络的参数，即可改变振荡频率f_0。

6. RC振荡电路的f_0不能太高，一般可做到1 MHz，低频可达1 Hz以下；LC振荡电路的f_0可达100 MHz以上。很少利用它产生几十赫兹的正弦波。

7. 品质因数Q值越高，对LC振荡器的频率稳定度和相位噪声越有利。LC振荡电路的Q值一般不会超过几百，但石英晶体的Q值很高，可达到几千以上，电路的振荡频率稳定性很高。

习题 9

9-1 正弦波振荡器的振荡条件是什么？起振条件又是什么？

9-2 RC正弦波振荡电路、LC正弦波振荡电路和石英晶体正弦波振荡电路的特点分别是什么？

9-3 正弦波振荡电路若满足起振和相位、幅度平衡条件，是否一定可以输出稳定频率的正弦波？

9-4　石英晶体振荡器的串联谐振与并联谐振有什么区别？

9-5　判断图题 9-5 中各电路能否产生正弦波振荡，并简述理由。

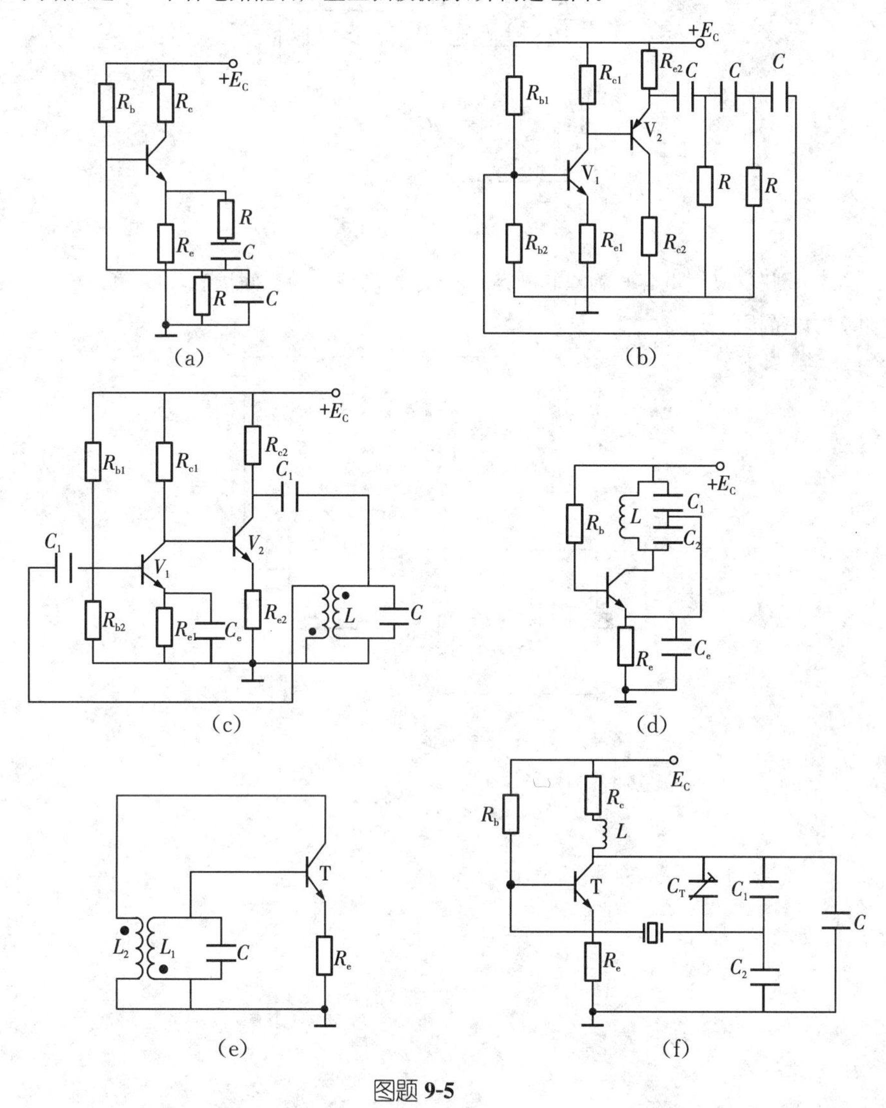

图题 9-5

9-6　图题 9-6 中 R_1 为可调电位器。问：1)电路可以起振时，R_1 应调节到多大？2)该电路有无稳幅措施？若有，试解释其稳幅过程。

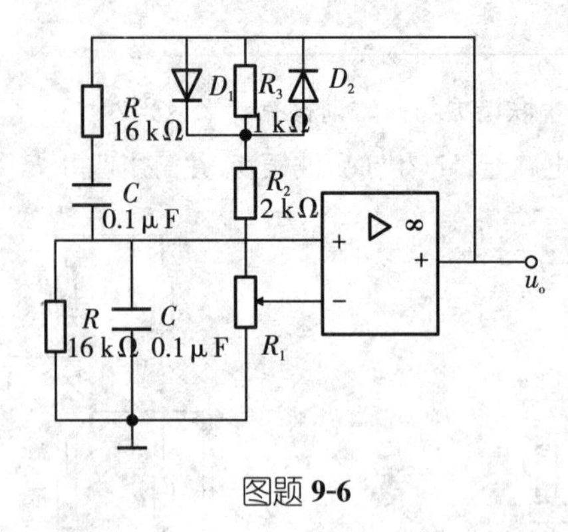

图题 **9-6**

9-7 图题 9-7 中电容 C 为双联电容器，可在 0.05～100 μF 间调节，请计算该正弦波振荡电路的频率输出范围。

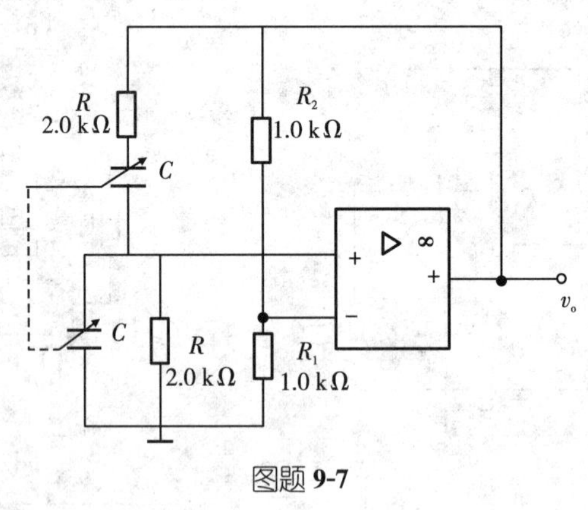

图题 **9-7**

第10章 Chapter 10 调制解调

学习要求

1. 掌握调制、解调的基本概念。

2. 掌握调幅波的表达式、波形、频谱、带宽、功率等基本特征。

3. 掌握模拟乘法器调幅原理和包络检波原理，理解同步检波原理。

4. 掌握角度调制信号的表达式、波形、频谱、带宽、功率等基本特征。

5. 掌握变容二极管直接调频电路的分析。

6. 掌握斜率鉴频器和相位鉴频器原理，熟悉比例鉴频器原理，了解脉冲计数式鉴频器原理。

调制与解调是通信系统中的重要环节。通常将待传输的低频调制信号加载到高频载波信号上去的过程称为“调制”，它有幅度调制和角度调制两大类；解调是调制的逆过程，从高频已调信号中还原出原调制信号的过程称为“解调”。

调制与解调都是用来对输入信号进行频谱变换，必须用非线性元件才能完成。幅度调制与解调属于频谱线性搬移，而角度调制与解调属于频谱非线性变换，所以角度调制解调的实现方法与幅度调制解调有所不同。

本章首先讨论调制解调的概念，然后讨论幅度调制解调的基本原理及应用电路，最后讨论角度调制解调的基本原理及应用电路。

10.1 调制解调的概念

调制就是用需传送的低频调制信号去控制高频载波信号的某一参量，并使其随调制信号呈线性关系变化。若用调制信号去控制载波信号的幅度，则称为“幅度调制”，简称“调幅”，用 AM 表示。若用调制信号去控制载波信号的频率或相位，则称为“频率调制”（简称“调频”，用 FM 表示）或“相位调制”（简称“调相”，用 PM 表示）。调频和调相都表现为载波信号的瞬时相位受到调变，故统称为“角度调制”，简称“调角”。

解调与调制过程相反。从高频调幅信号中取出原调制信号的过程称为“幅度解调”，也称为“检波”。从高频调频信号中取出原调制信号的过程称为“频率解调”,也称为“鉴频”。从高频调相信号中取出原调制信号的过程称为“相位解调”,也称为“鉴相”。

10.2 幅度调制与解调

10.2.1 调幅波的基本特征

1. 调幅波的表达式、波形

为了便于分析,设低频调制信号和高频载波信号分别为

$$u_{\Omega}(t)=U_{\Omega m}\cos \Omega t=U_{\Omega m}\cos 2\pi Ft \tag{10-1}$$

$$u_{c}(t)=U_{cm}\cos \omega_{c}t=U_{cm}\cos 2\pi f_{c}t \tag{10-2}$$

其中,Ω 和 F 分别是调制信号的角频率和频率,ω_c 和 f_c 分别是载波信号的角频率和频率。根据定义,调幅波的振幅随调制信号成线性关系变化,由此可得调幅波的振幅为

$$\begin{aligned}U_{AM}(t)&=U_{cm}+k_{a}U_{\Omega m}\cos \Omega t =U_{cm}\left(1+\frac{k_{a}U_{\Omega m}}{U_{cm}}\cos \Omega t\right)\cos \omega_{c}t\\&=U_{cm}(1+m_{a}\cos \Omega t)\end{aligned} \tag{10-3}$$

式(10-3)中,k_a 是由调制电路决定的比例系数,$m_a=k_aU_{\Omega m}/U_{cm}$ 称为“调幅指数”或“调幅度”。由于实现振幅调制后载波频率保持不变,因此调幅波的表达式为

$$u_{AM}(t)=U_{AM}(t)\cos \omega_{c}t=U_{cm}(1+m_{a}\cos \Omega t)\cos \omega_{c}t \tag{10-4}$$

可见,调幅波也是一个高频振荡,而它的振幅(包络)变化规律与调制信号完全一致。调幅波的波形如图 10-1 所示。

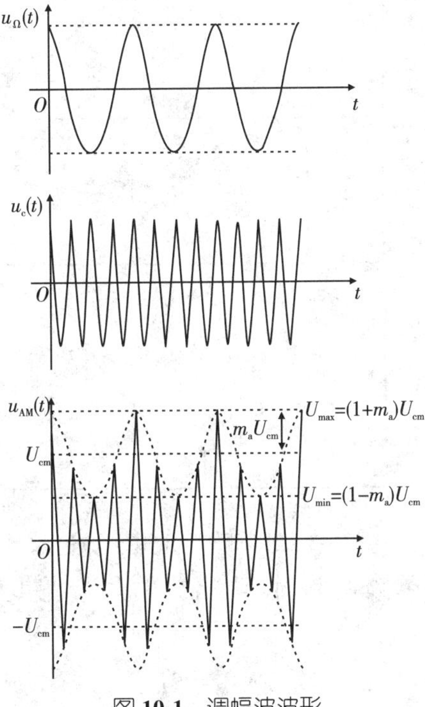

图 **10-1**　调幅波波形

由图10-1可见，当 $m_a=1$ 时，调幅波会出现0值。若 $m_a>1$，将会导致调幅波在一段时间内振幅为0，此时调幅将产生严重的失真。为了避免失真，要求$m_a\leqslant1$。

2.调幅波的频谱和带宽

将式(10-4)利用三角公式展开，有

$$u_{AM}(t)=U_{cm}\cos\omega_c t+\frac{1}{2}m_aU_{cm}\cos(\omega_c+\Omega)t+\frac{1}{2}m_aU_{cm}\cos(\omega_c-\Omega)t \tag{10-5}$$

显然，单频调制时调幅波由三个高频分量构成：角频率为 ω_c的载波分量，角频率为 $\omega_c+\Omega$ 和 $\omega_c-\Omega$ 的上、下边频分量，其频谱图如图10-2所示。显然，在调幅过程中，载波分量并不包含信息，调制信号的信息只包含在上、下边频分量内。

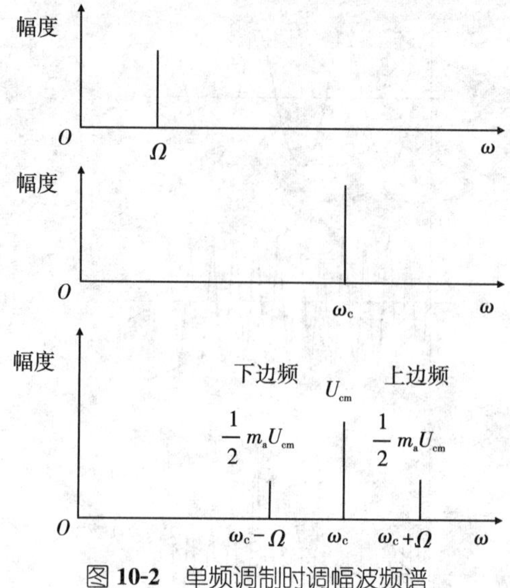

图 **10-2** 单频调制时调幅波频谱

由图 10-2 可见，在单频调制时，调幅波的频带宽度为调制信号频率的两倍，即

$$BW_{AM}=2F \tag{10-6}$$

实际上调制信号并非是单一频率的正弦波，而是包含多个频率的信号，则其调幅波表达式为

$$u_{AM}(t)=U_{cm}(1+m_{a1}\cos\Omega_1 t+m_{a2}\cos\Omega_2 t+\cdots+m_{an}\cos\Omega_n t)\cos\omega_c t \tag{10-7}$$

将式(10-7)利用三角公式展开，有

$$u_{AM}(t)=U_{cm}\cos\omega_c t+\frac{1}{2}m_{a1}U_{cm}\cos(\omega_c+\Omega_1)t+\frac{1}{2}m_{a1}U_{cm}\cos(\omega_c-\Omega_1)t+\cdots+$$

$$\frac{1}{2}m_{an}U_{cm}\cos(\omega_c+\Omega_n)t+\frac{1}{2}m_{an}U_{cm}\cos(\omega_c-\Omega_n)t \tag{10-8}$$

由式(10-8)可以看出，多频调制时调幅波中除角频率为 ω_c 的载波分量外，还有一系列角频率为 $\omega_c\pm\Omega_1$、$\omega_c\pm\Omega_2$、…、$\omega_c\pm\Omega_n$ 的上、下边频分量，其频谱图如图 10-3 所示。该调幅波所占频带宽度为

$$BW_{AM}=2F_{max} \tag{10-9}$$

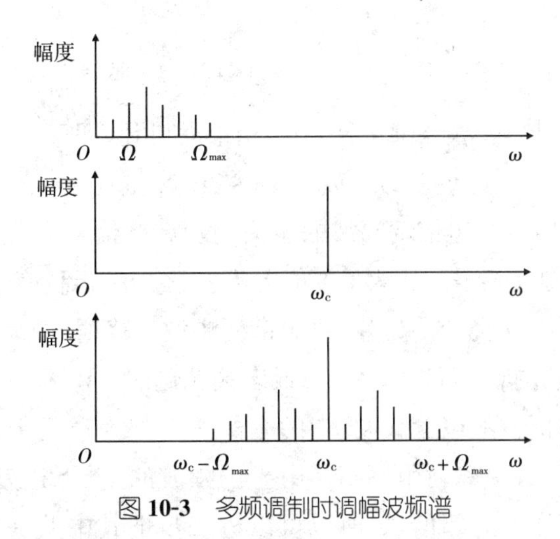

图 **10-3**　多频调制时调幅波频谱

由调幅波的频谱图可以看出，调幅过程实质上就是频谱的线性搬移过程。经过调幅后，调制信号的频谱从低频被搬移到载频两侧，构成上、下边频带。

3. **调幅波的功率**

如果将式(10-5)所代表的调幅波电压加在负载电阻 R_L 上，则 R_L 上消耗的各频率分量的功率可表示为

载波功率

$$P_c=\frac{U_{cm}^2}{2R_L} \tag{10-10}$$

上边频功率 P_1 和下边频功率 P_2 相等且

$$P_1=P_2=\frac{1}{2R_L}\left(\frac{1}{2}m_aU_{cm}\right)^2=\frac{1}{4}m_a^2P_c \tag{10-11}$$

因此，调幅波在调制信号的一个周期内的平均总功率为

$$P_{AM}=P_c+P_1+P_2=\left(1+\frac{1}{2}m_a^2\right)P_c \tag{10-12}$$

由此可见，调幅波的输出功率随 m_a 的增大而增加。当 $m_a=1$(100％调幅)时，包含信息的边频功率为最大，但也只占整个调幅波功率的 1/3。这说明，用这种调制方式，发送端发送的功率被不携带信息的载波占去了很大的比例，这显然是不经济的。不过由于该调制设备简单，特别是解调更简单，便于接收，所以它仍在无线电广播中广泛使用。

4. **双边带调幅波（DSB）和单边带调幅波（SSB）**

普通调幅波中的载波功率占调幅波输出功率的绝大部分，却不包含信息。因此，为了减小不必要的功率浪费，可以只发射含有信息的上、下边频带，而不发射载波，这种调制方式称为“抑制载波的双边带调幅”。对于单频信号而言，双边带调幅波的表达式为

$$u_{DSB}(t)=\frac{1}{2}m_aU_{cm}[\cos(\omega_c+\Omega)t+\cos(\omega_c-\Omega)t] \tag{10-13}$$

上式也可以看成是 $u_\Omega(t)$ 和 $u_c(t)$ 直接相乘而得到，即

$$u_{DSB}(t)=m_aU_{cm}\cos\Omega t\cos\omega_c t \tag{10-14}$$

由式(10-14)可知，双边带调幅波的振幅仍随调制信号变化，但不像普通调幅波那样在 U_{cm} 的基础上变化，而是在零值上下变化。在调制信号 $u_\Omega(t)=0$ 时，高频载波的相位出现 180°突变。另外，双边带调幅波和普通调幅波所占有的频带宽度是相同的，即单频调制时 $BW_{DSB}=2F$ 或多频调制时 $BW_{DSB}=2F_{max}$。

因为双边带调幅波不包含载波，它的全部功率都为边频带占有，所以发送的全部功率都载有信息，功率利用率高。由于调幅波的上、下边频带中的任何一个已经包含了调制信号的全部信息，所以可以进一步把其中的一个边频带抑制掉，只发送一个边频带，这就是单边带调幅波。其表达式为

$$u_{SSB}(t)=\frac{1}{2}m_aU_{cm}\cos(\omega_c+\Omega)t \tag{10-15}$$

或

$$u_{SSB}(t)=\frac{1}{2}m_aU_{cm}\cos(\omega_c-\Omega)t \tag{10-16}$$

可见，单边带调幅波的频带宽度只有双边带调幅波的一半，其频带利用率高。

例 10-1 试指出下列信号为何种已调波，并分别计算消耗在单位电阻上的边频功率、平均总功率及频带宽度。

(1) $u(t)=2\cos 2\times10^6\pi t+0.3\cos 1998\times10^3\pi t+0.3\cos 2002\times10^3\pi t$ (V)；

(2) $u(t)=0.2\cos 1998\times10^3\pi t+0.2\cos 2002\times10^3\pi t$ (V)

解：(1)① $u(t)=2\cos 2\times10^6\pi t+0.3\cos 1998\times10^3\pi t+0.3\cos 2002\times10^3\pi t$

$$=2(1+0.3\cos 2\times10^3\pi t)\cos 2\times10^6\pi t$$

可见，$u(t)$ 为单频调制的普通调幅信号，且 $U_{cm}=2$ V，$m_a=0.3$，$\Omega=2\pi\times10^3$ rad/s，$\omega_c=2\pi\times10^6$ rad/s。

② 当 R_L 为单位电阻时，则

载波功率：$P_c=\dfrac{U_{cm}^2}{2R_L}=\dfrac{1}{2}\times2^2=2$ W

边频功率：$P_1+P_2=\dfrac{1}{2}m_a^2P_c=\dfrac{1}{2}\times0.3^2\times2=0.09$ W

平均总功率：$P_{AM}=\left(1+\dfrac{1}{2}m_a^2\right)P_c=\left(1+\dfrac{1}{2}\times0.3^2\right)\times2=2.09$ W

③频带宽度为：$BW_{AM}=2F=2\dfrac{\Omega}{2\pi}=2\dfrac{2\pi\times10^3}{2\pi}=2$ kHz

(2)① $u(t)=0.3\cos 1998\times10^3\pi t+0.3\cos 2002\times10^3\pi t=0.6\cos 2\times10^3\pi t\cos$

$2\times10^6\pi t$

可见，$u(t)$为单频调制的双边带调幅信号。

②边频功率：$P_1+P_2=\frac{1}{2}\times0.3^2\times2=0.09\ \mathrm{W}$

平均总功率：$P_{DSB}=P_1+P_2=0.09\ \mathrm{W}$

③ 频带宽度为：$BW_{DSB}=2F=2\ \mathrm{kHz}$

10.2.2　模拟乘法器

由上面分析可知，调幅的关键在于实现调制信号与载波信号的相乘或者说调幅的实现必须以乘法器为基础。

在通信系统电路中，大多数实际应用的乘法器都是模拟乘法器。模拟乘法器是一种完成两个模拟信号相乘功能的器件，它具有两个输入端口和一个输出端口，它的电路符号如图10-4所示。理想模拟乘法器的输出方程为

$$u_o(t)=Ku_x(t)u_y(t) \tag{10-17}$$

式中，K为乘法器的增益系数，单位为1/V。

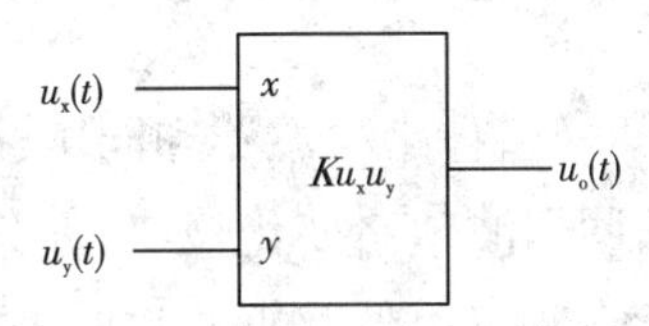

图10-4　模拟乘法器电路符号

10.2.3　振幅调制电路和检波器

1.振幅调制电路

图10-5所示为普通调幅电路组成，它由乘法器和加法器构成，图中U_Q为直流电压。可见，调制信号$u_\Omega(t)$和直流电压U_Q相加后与载波信号$u_c(t)$相乘，可得电路输出电压为

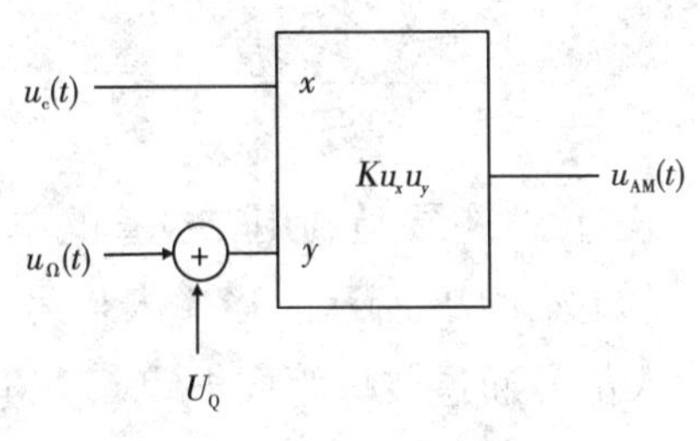

图10-5　普通调幅电路组成

$$\begin{aligned}u_{AM}(t)&=K[U_Q+u_\Omega(t)]u_c(t)=KU_QU_{cm}\cos\omega_ct+KU_{cm}u_\Omega(t)\cos\omega_ct\\&=U_m\cos\omega_ct+k_au_\Omega(t)\cos\omega_ct\end{aligned} \tag{10-18}$$

式中，$U_m=KU_QU_{cm}$为模拟乘法器载波输出电压的振幅，$k_a=KU_{cm}$为模拟乘

法器和输入载波电压振幅共同决定的比例常数。

双边带调幅电路组成如图 10-6(a)所示，只需将调制信号 $u_\Omega(t)$ 与载波信号 $u_c(t)$ 直接相乘，便可获得双边带调幅信号。由图可得

$$u_{DSB}(t)=Ku_\Omega(t)u_c(t)=KU_{cm}u_\Omega(t)\cos\omega_c t \tag{10-19}$$

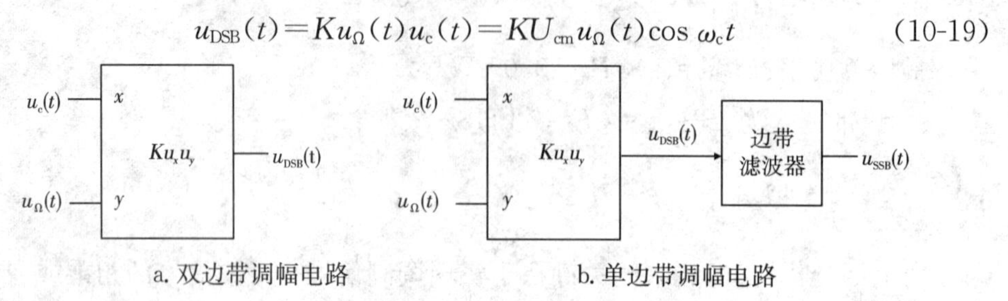

a. 双边带调幅电路　　　　b. 单边带调幅电路

图 **10-6**　双边带和单边带调幅电路组成

在产生的双边带调幅信号的基础上，再通过边带滤波器滤除其中的一个边带，便可获得单边带调幅信号，如图 10-6(b)所示。为了达到滤除一个边带而保留另一个边带的目的，要求边带滤波器具有陡峭的衰减特性(接近于理想矩形)。

2. 检波器

检波是振幅调制的相反过程，实质上是将调幅波的边带信号频谱搬移到原调制信号的频谱处。

常用的检波器有两类，即峰值包络检波器和同步检波器。峰值包络检波器的输出电压直接反映输入高频调幅波包络变化规律，因此它只适用于普通调幅波的检波。同步检波器主要用于解调双边带调幅波和单边带调幅波，它也能用于普通调幅波的解调，但因为它比峰值包络检波复杂，所以很少采用。

(1)峰值包络检波器。

能实现检波这一功能的电路如图 10-7 所示，它是由二极管 D 和 RC 低通滤波器构成。

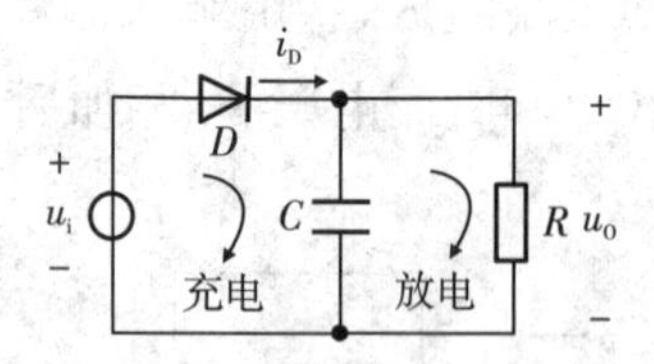

图 **10-7**　峰值包络检波电路

峰值包络检波器的检波过程，主要是利用二极管的单向导电性和电容 C 的充放电来实现的，其检波原理如图 10-8 所示。当输入信号 u_i 为正且大于输出信号 u_o 时，二极管正向导通，输入信号通过二极管向电容 C 充电，充电时间常数 r_DC 较小(r_D 为二极管正向导通电阻，其值较小)，充电很快，u_o 以接近 u_i 的速度升高。当 u_i 下降且小于 u_o 时，二极管反向截止，电容 C 经过电阻 R 放电，放电时间常数 RC 较大(通常，R 比 r_D 大很多)，放电很慢，u_o 下降的速度就慢，并保证基本上接近于 u_i 的幅值。

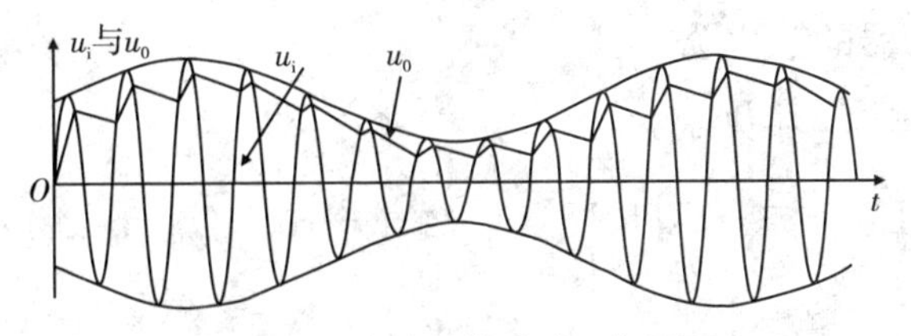

图 **10-8**　峰值包络检波工作原理

(2)同步检波器。

由于DSB和SSB信号中不含有载波分量,它们波形的包络都不直接反映调制信号的变化规律,因此不能用峰值检波器来解调,为此必须采用同步检波器,其方框图如图10-9所示。它与峰值检波器的区别就在于同步检波器的输入端必须引入一个本地参考信号u_{REF},而且要求与发射端载波信号的频率相同、相位相同。外加的本地参考信号与输入的调幅信号相乘和滤波后,就可解调出原调制信号。

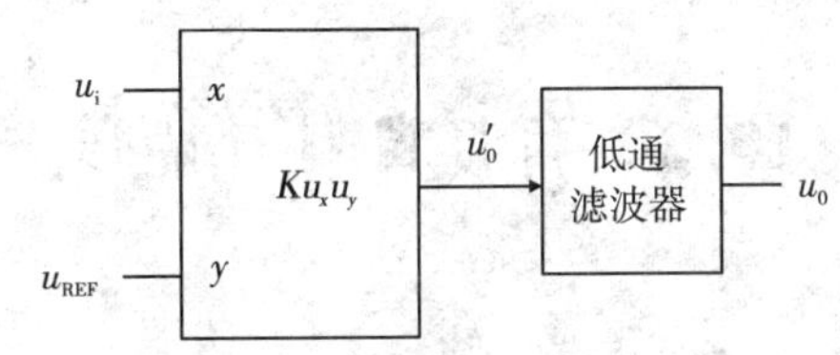

图 **10-9**　同步检波器原理方框图

设输入的DSB信号及本地参考信号分别为

$$u_i = U_{im}\cos\Omega t\cos\omega_c t$$

$$u_{REF} = U_{rm}\cos\omega_c t$$

则模拟乘法器的输出为

$$u_o' = Ku_iu_{REF} = \frac{1}{2}KU_{im}U_{rm}\cos\Omega t + \frac{1}{4}KU_{im}U_{rm}\cos(2\omega_c+\Omega)t + \frac{1}{4}KU_{im}U_{rm}\cos(2\omega_c-\Omega)t \tag{10-20}$$

显然,经低通滤波器后,$2\omega_c\pm\Omega$频率分量被滤除,就得到频率为Ω的低频信号

$$u_o = \frac{1}{2}KU_{im}U_{rm}\cos\Omega t \tag{10-21}$$

同样,若输入信号是SSB信号,则

$$u_i = U_{im}\cos(\omega_c+\Omega)t$$

则模拟乘法器的输出为

$$u_o' = Ku_iu_{REF} = \frac{1}{2}KU_{im}U_{rm}\cos\Omega t + \frac{1}{2}KU_{im}U_{rm}\cos(2\omega_c+\Omega)t \tag{10-22}$$

经低通滤波器滤除$2\omega_c+\Omega$频率分量,即可获得频率为Ω的低频信号输出。

例10-2　同步检波器方框图如图10-9所示,当输入信号为普通调幅波,即$u_i = U_{im}(1+m_a\cos\Omega t)\cos\omega_c t$,试写出输出电压$u_o'$和$u_o$表达式。

解:模拟乘法器的输出为

$$u_o' = Ku_i u_{REF} = KU_{im}U_{rm}(1+m_a\cos\Omega t)\cos^2\omega_c t$$

$$\doteq \frac{1}{2}KU_{im}U_{rm} + \frac{1}{2}m_a KU_{im}U_{rm}\cos\Omega t + \frac{1}{2}KU_{im}U_{rm}\cos 2\omega_c t +$$

$$\frac{1}{4}Km_a U_{im}U_{rm}[\cos(2\omega_c+\Omega)t + \cos(2\omega_c-\Omega)t]$$

上式右边第一项是所需的解调输出电压,而第二项为高频分量,可被低通滤波器滤除,所以低通滤波器输出电压为

$$u_o = \frac{1}{2}KU_{im}U_{rm} + \frac{1}{2}m_a KU_{im}U_{rm}\cos\Omega t$$

可见,将输出电压用电容器阻隔直流分量,就可得到所需的低频调制信号,也就是说同步检波电路同样可对普通调幅信号进行解调。

10.3 角度调制与解调

10.3.1 角度调制信号的基本特征

1. 调频波的表达式、波形

设调制信号为 $u_\Omega(t)=U_{\Omega m}\cos\Omega t$,载波信号为 $u_c(t)=U_{cm}\cos\omega_c t$,则根据调频的定义,载波的瞬时角频率随调制信号 $u_\Omega(t)$ 呈线性关系变化,即

$$\omega(t)=\omega_c+k_f u_\Omega(t)=\omega_c+k_f U_{\Omega m}\cos\Omega t=\omega_c+\Delta\omega_{fm}\cos\Omega t \tag{10-23}$$

式中,k_f是由调频电路决定的比例系数,单位为 rad/(s · V)。$\Delta\omega_{fm}=k_f U_{\Omega m}$为最大角频移,与$\Delta\omega_{fm}$对应的$\Delta f_{fm}=\Delta\omega_{fm}/2\pi$ 称为“最大频移”。由此可见,最大角频移$\Delta\omega_{fm}$与调制信号的幅度 $U_{\Omega m}$成正比。

因此,由式(10-23)求积分可得调频波的瞬时相位

$$\varphi(t)=\int_0^t \omega(t)\mathrm{d}t=\omega_c t+k_f\int_0^t u_\Omega(t)\mathrm{d}t=\omega_c t+\frac{k_f U_{\Omega m}}{\Omega}\sin\Omega t$$

$$=\omega_c t+m_f\sin\Omega t=\omega_c t+\Delta\varphi(t) \tag{10-24}$$

式中

$$m_f=\frac{k_f U_{\Omega m}}{\Omega}=\frac{\Delta\omega_{fm}}{\Omega}=\frac{\Delta f_{fm}}{F} \tag{10-25}$$

m_f称为“调频指数”,又叫“最大相移”。由上式可见,m_f与 $U_{\Omega m}$成正比,与 Ω 成反比。

则调频波的一般表达式为

$$u_{FM}(t)=U_{cm}\cos\left[\omega_c t+k_f\int_0^t u_\Omega(t)\mathrm{d}t\right]=U_{cm}\cos(\omega_c t+m_f\sin\Omega t) \tag{10-26}$$

图 10-10 所示为调频波波形。当调制信号为波峰时,调频波的瞬时角频移最

大，调频波波形最密集；当调制信号为波谷时，调频波的瞬时角频移最小，调频波波形最稀疏。因此，调频波是波形疏密变化的等幅波。

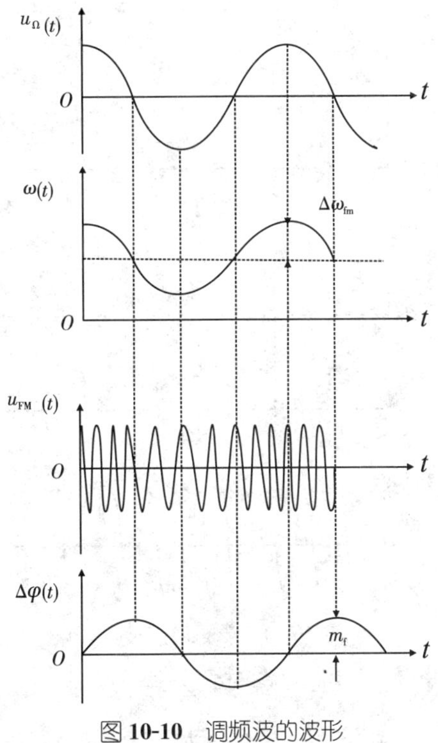

图 **10-10**　调频波的波形

2.调相波的表达式、波形

设调制信号为 $u_\Omega(t)=U_{\Omega m}\cos\Omega t$，载波信号为 $u_c(t)=U_{cm}\cos\omega_c t$，则根据调相的定义，载波的瞬时相位随调制信号 $u_\Omega(t)$ 呈线性关系变化，即

$$\varphi(t)=\omega_c t+k_p u_\Omega(t)=\omega_c t+k_p U_{\Omega m}\cos\Omega t=\omega_c t+m_p\cos\Omega t \tag{10-27}$$

式中，k_p 是由调相电路决定的比例系数，单位为 rad/ V。$m_p=kpU_{\Omega m}$ 为调相指数，又叫“最大相移”，由此可见，m_p 与调制信号的幅度 $U_{\Omega m}$ 成正比。

因此，调相波的一般表达式为

$$u_{PM}(t)=U_{cm}\cos[\omega_c t+k_p u_\Omega(t)]=U_{cm}\cos(\omega_c t+m_p\cos\Omega t) \tag{10-28}$$

调相波的波形如图 10-11 所示，也是等幅疏密波。与图 10-10 中的调频波相比，调相波只是延迟了一段时间。

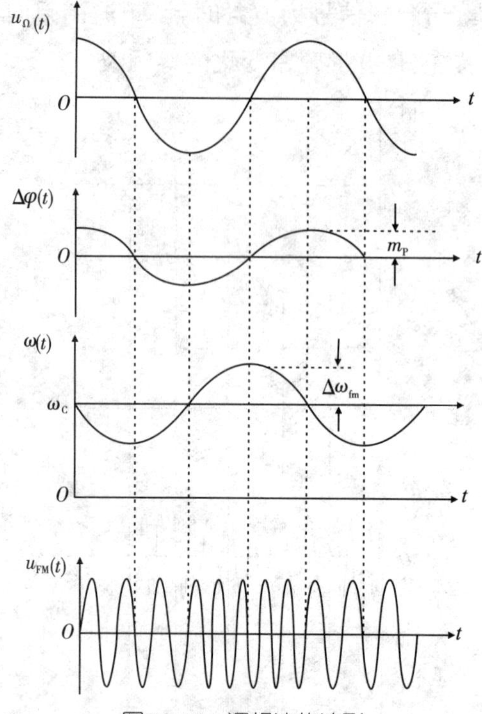

图 **10-11** 调相波的波形

由式(10-27)求导可得调相波的瞬时角频率为

$$\omega(t)=\frac{\mathrm{d}\varphi(t)}{\mathrm{d}t}=\omega_c+k_p\frac{\mathrm{d}u_\Omega(t)}{\mathrm{d}t}=\omega_c-k_pU_{\Omega m}\,\Omega\sin\Omega t$$

$$=\omega_c-m_p\Omega\sin\Omega t=\omega_c-\Delta\omega_{pm}\sin\Omega t \tag{10-29}$$

式中
$$\Delta\omega_{pm}=m_p\Omega=k_pU_{\Omega m}\Omega \tag{10-30}$$

$\Delta\omega_{pm}$为最大角频移,相应的调相波的最大频移$\Delta f_{pm}=\Delta\omega_{pm}/2\pi$。由此可见,$\Delta\omega_{pm}$不仅与调制信号的幅度$U_{\Omega m}$成正比,而且还与调制信号角频率$\Omega$成正比。

例 10-3 已知一调角波,其数学表达式

$u(t)=10\cos[2\pi\times10^6t+6\cos2\pi\times10^3t]$(V),试求:

(1) 若调制信号$u_\Omega(t)=3\cos2\pi\times10^3t$(V),指出该调角信号是调频信号还是调相信号?若调制信号$u_\Omega(t)=3\sin2\pi\times10^3t$(V)呢?

(2) 载波频率f_c是多少?调制信号频率f是多少?

解:(1)当$u_\Omega(t)=3\cos2\pi\times10^3t$时,$u(t)$中的附加相位偏移量

$$\Delta\varphi(t)=6\cos2\pi\times10^3t=2u_\Omega(t)$$

即$\Delta\varphi(t)$与$u_\Omega(t)$成正比,故$u(t)$为调相波。

当$u_\Omega(t)=3\sin2\pi\times10^3t$时,$u(t)$中的附加相位偏移量

$$\Delta\varphi(t)=6\cos2\pi\times10^3t=6\times2\pi\times10^3\int_0^t\sin2\pi\times10^3t\mathrm{d}t=4\pi\times10^3\int_0^tu_\Omega(t)\mathrm{d}t$$

即$\Delta\varphi(t)$与$u_\Omega(t)$的积分成正比,故$u(t)$为调频波。

(2)载波频率：$f_c=\frac{\omega_c}{2\pi}=\frac{2\pi\times10^6}{2\pi}=10^6\ \text{Hz}=1\ \text{MHz}$

调制信号频率：$F=\frac{\Omega}{2\pi}=\frac{2\pi\times10^3}{2\pi}=10^3\ \text{Hz}=1\ \text{kHz}$

3. 调角波的频谱和带宽

由于调频波和调相波的表达式只是在相位上相差 $\pi/2$，所以他们的频谱结构是类似的。分析时将 m_f 或 m_p 用 m 代替，从而可以把调角波表达式写成

$$u(t)=U_{cm}\cos(\omega_c t+m\sin\Omega t)\tag{10-31}$$

将式(10-31)利用三角公式展开，有

$$u(t)=U_{cm}\cos\omega_c t\cos(m\sin\Omega t)-U_{cm}\sin\omega_c t\sin(m\sin\Omega t)\tag{10-32}$$

根据贝塞尔函数，式(10-32)可分解为无穷个正弦函数的级数，即有

$$\begin{aligned}u(t)=U_{cm}[&J_0(m)\cos\omega_c t && \text{载频}\\&+J_1(m)\cos(\omega_c+\Omega)t-J_1(m)\cos(\omega_c-\Omega)t && \text{第一对边频}\\&+J_2(m)\cos(\omega_c+2\Omega)t-J_2(m)\cos(\omega_c-2\Omega)t && \text{第二对边频}\\&+J_3(m)\cos(\omega_c+3\Omega)t-J_3(m)\cos(\omega_c-3\Omega)t && \text{第三对边频}\\&+\cdots]\end{aligned}\tag{10-33}$$

式中 $J_0(m),J_1(m),J_2(m),\cdots$ 分别为 m 的零阶，一阶，二阶，…贝塞尔函数，其值可由查贝塞尔函数表格或者曲线得到。

由式(10-33)可以看出，调角波的频谱具有如下特点：

① 调角波由载波分量 ω_c 和无穷对上、下边频分量 $\omega_c\pm n\Omega$ 构成，因此不是调制信号的频谱的简单搬移。

② 奇数项的上、下边频分量幅度相等，极性相反；偶数项的上、下边频分量幅度相等，极性相同。

③ 每个分量的幅度均随 $J_n(m)$ 而变化。

由于调角波的频谱中包含有无穷对边频分量，因此从理论上讲它的频带宽度为无限宽，但在实际应用中，常将振幅小于未调制载波振幅的10%的边频分量忽略不计。由此可得调角波的有效频谱宽度为

$$BW=2(m+1)F=2F+2\Delta f_m\tag{10-34}$$

由式(10-34)可见，当调制指数 $m\gg1$ 时，$BW=2mF=2\Delta f_m$；当调制指数 $m\ll1$ 时，$BW=2F$。

例 10-4　已知调制信号 $u_\Omega(t)=3\cos2\pi\times10^3t$(V)，$m_f=m_p=20\text{rad}$，求FM波和PM波的带宽。若 F 加倍，$U_{\Omega m}$ 不变，两种调制信号的带宽是多少？若 $U_{\Omega m}$ 加倍，F 不变，两种调制信号的带宽如何？若 $U_{\Omega m}$ 和 F 都增大一倍，两种调制信号的带宽又如何？

题意分析：调频时，调频波调频指数 m_f 与 $U_{\Omega m}$ 成正比，与 F 成反比；调相时，

调相波的调相指数 m_p 与 $U_{\Omega m}$ 成正比，与 F 无关。

解：(1)已知调制信号 $u_\Omega(t)=3\cos 2\pi\times10^3 t(\text{V})$，因此调制信号频率 $F=10^3$ Hz$=1$ kHz。

对于 FM 波，因为 $m_f=20$，则 $BW_{FM}=2(m_f+1)F=2(20+1)=42$ kHz。

对于 PM 波，因为 $m_p=20$，则 $BW_{PM}=2(m_p+1)F=2(20+1)=42$ kHz。

(2)若 F 加倍，$U_{\Omega m}$ 不变，两种调制信号的带宽如下：

对于 FM 波，m_f 减半，即 $m_f=10$。因此

$BW_{FM}=2(m_f+1)F=2(10+1)\times2=44$ kHz。

对于 PM 波，m_p 不变。因此

$BW_{PM}=2(m_p+1)F=2(20+1)\times2=84$ kHz。

(3)若 $U_{\Omega m}$ 加倍，F 不变，两种调制信号的带宽如下：

对于 FM 波，m_f 增大一倍，即 $m_f=20\times2=40$。因此

$BW_{FM}=2(m_f+1)F=2(40+1)=82$ kHz。

对于 PM 波，m_p 也增大一倍，即 $m_p=20\times2=40$。因此

$BW_{PM}=2(m_p+1)F=2(40+1)=82$ kHz。

(4)若 $U_{\Omega m}$ 和 F 都增大一倍，两种调制信号的带宽如下：

对于 FM 波，m_f 不变。因此

$BW_{FM}=2(m_f+1)F=2(20+1)\times2=84$ kHz。

对于 PM 波，m_p 增大一倍，即 $m_p=20\times2=40$。因此

$BW_{PM}=2(m_p+1)F=2(40+1)\times2=164$ kHz。

由以上分析可见，在最大频移不变的情况下，当调制信号的频率变化时，调频信号的带宽基本不变，而调相信号的带宽变化比较明显。因此，调频可认为是恒定带宽的调制。

4. 调角波的功率

如果将式(10-33)所代表的调角波电压加在负载电阻 R_L 上，则 R_L 上消耗的平均总功率为

$$P=\frac{[U_{cm}J_0(m)]^2}{2R_L}+\frac{[U_{cm}J_1(m)]^2}{2R_L}+\frac{[U_{cm}-J_1(m)]^2}{2R_L}+\frac{[U_{cm}J_2(m)]^2}{2R_L}$$

$$+\frac{[U_{cm}J_2(m)]^2}{2R_L}+\frac{[U_{cm}J_3(m)]^2}{2R_L}+\frac{[-U_{cm}J_3(m)]^2}{2R_L}+\cdots$$

利用贝塞尔函数的性质，则调角波的平均总功率为

$$P=\frac{U_{cm}^2}{2R_L}=P_c \tag{10-35}$$

此结果表明，调角波的平均总功率等于未调制载波的平均总功率。当调角指数 m 增加时，调角波的载波功率下降，而分配给其他的边频分量。也就是说，角

度调制过程只是进行功率的重新分配，而总功率不变，其分配的原则与调角指数 m 有关。

10.3.2　调频电路与鉴频电路

1. 调频电路

目前，应用最广泛的调频电路是变容二极管直接调频电路。利用变容二极管的结电容随反向偏压变化而变化的特性，将其接到振荡器的振荡回路中，则振荡回路的电容会随调制信号而变化，从而改变振荡频率，达到调频的目的。其基本电路如图 10-12 所示，U_Q用来提供变容二极管的反向偏压，C_1为直电容，C_2为旁路电容，L_1为高频扼流圈。

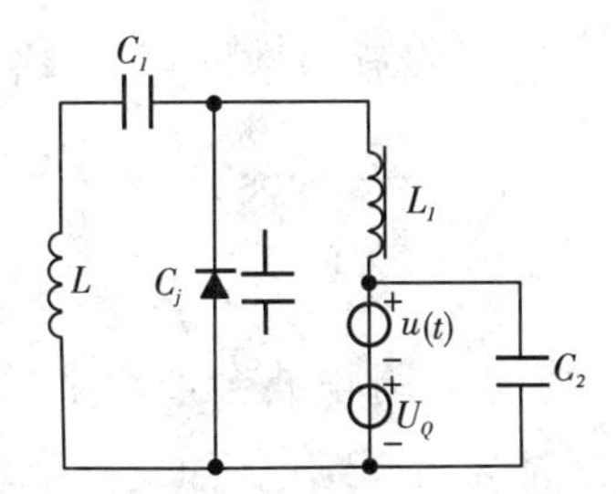

图 10-12　变容二极管直接接入振荡回路

变容二极管结电容 C_j与外加反向偏压 u_r的关系为

$$C_j=\frac{C_{j0}}{\left(1+\frac{u_r}{U_D}\right)^{\gamma}} \tag{10-34}$$

式中，C_{j0}为 $u_r=0$ 时的结电容；U_D为 PN 结的势垒电压；γ 为变容指数。

由图 10-12 可知，加在变容二极管的反向偏压为直流偏压 U_Q和调制信号之和，若设调制信号 $u_\Omega(t)=U_{\Omega m}\cos\Omega t$，则

$$u_r=U_Q+u_\Omega(t)=U_Q+U_{\Omega m}\cos\Omega t \tag{10-35}$$

将式(10-35)代入式(10-34)中，可得

$$C_j=\frac{C_{j0}}{\left(1+\frac{U_Q+U_{\Omega m}\cos\Omega t}{U_D}\right)^{\gamma}}=\frac{C_{jQ}}{(1+m\cos\Omega t)^{\gamma}} \tag{10-36}$$

式中

$$C_{jQ}=\frac{C_{j0}}{\left(1+\frac{U_Q}{U_D}\right)^{\gamma}} \tag{10-37}$$

$$m=\frac{U_{\Omega m}}{U_D+U_Q} \tag{10-38}$$

C_{jQ}为 $u_r=U_Q$时对应的结电容；m 为电容调制度，它反映了 C_j受调制信号调变的程度。

由于振荡器的振荡角频率近似等于回路的谐振角频率，故由图 10-12 可得振荡角频率为

$$\omega(t)=\frac{1}{\sqrt{LC_{\mathrm{j}}}}=\frac{1}{\sqrt{LC_{\mathrm{jQ}}}}(1+m\cos\Omega t)^{\frac{\gamma}{2}}=\omega_{\mathrm{c}}(1+\mathrm{m}\cos\Omega t)^{\frac{\gamma}{2}} \quad (10\text{-}39)$$

式中，$\omega_{\mathrm{c}}=1/\sqrt{LC_{\mathrm{jQ}}}$为未受调制时的振荡角频率，也即未调制时的载波角频率。

若 $\gamma=2$，则式(10-39)可写成

$$\omega(t)=\omega_{\mathrm{c}}(1+m\cos\Omega t)=\omega_{\mathrm{c}}+m\omega_{\mathrm{c}}\cos\Omega t \quad (10\text{-}40)$$

由式(10-40)可见，当 $\gamma=2$ 时，角频率 $\omega(t)$ 与调制信号 $u_{\Omega}(t)$ 成正比，从而实现了理想的线性调频。

若 $\gamma\neq2$，则式(10-39)可利用泰勒级数展开，并略去三次方以上各项，得

$$\omega(t)\approx\omega_{\mathrm{c}}\left[1+\frac{\gamma}{8}\left(\frac{\gamma}{2}-1\right)m^{2}+\frac{\gamma}{2}m\cos\Omega t+\frac{\gamma}{8}\left(\frac{\gamma}{2}-1\right)m^{2}\cos2\Omega t\right] \quad (10\text{-}41)$$

从上式可知，若 $\gamma\neq2$，则输出调频波会产生非线性失真和中心频率偏移。同时，当温度或反向偏压变化时会引起结电容 C_{jQ} 的变化，从而造成调频波中心频率的不稳定。所以在实际电路中，常采用部分接入的方法来改善性能，如图10-13所示。

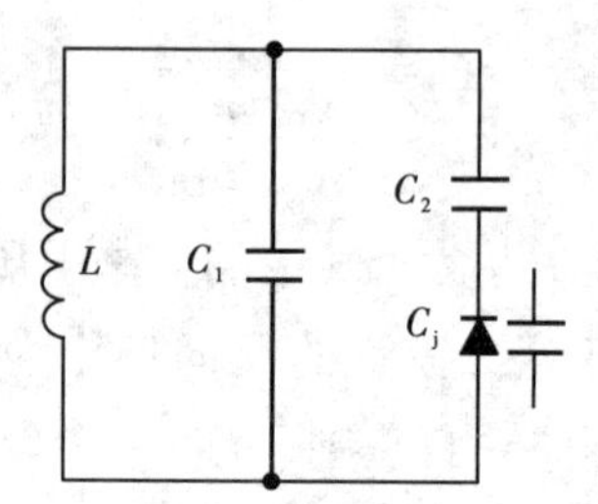

图 **10-13**　变容二极管部分接入振荡回路

2. 鉴频电路

在调频波中，低频调制信号包含在高频振荡频率的变化量中，所以调频波的解调任务就是要求鉴频电路输出信号与输入调频波的瞬时频移成线性关系。

鉴频电路的类型很多，根据它们的工作原理，可分为斜率鉴频器、相位鉴频器、比例鉴频器和脉冲计数式鉴频器等。

(1)斜率鉴频器。如图 10-14 所示是斜率鉴频器的原理图，其由单失谐回路和晶体二极管包络检波器组成。LC 并联谐振回路谐振频率 ω_0 不等于输入调频波的中心频率 ω_{c}，而是比它高或低一些，形成一定的失谐。这种鉴频器是利用 LC 并联谐振回路

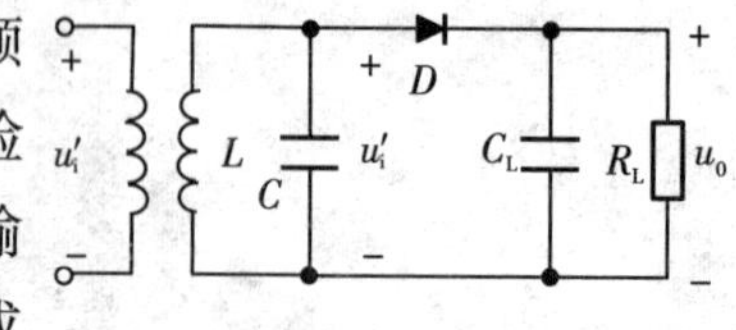

图 **10-14**　斜率鉴频器

幅频特性的倾斜部分，这样谐振回路电压幅度的变化将与频率成线性关系，从而将等幅调频波变换成幅度与频率成正比的调幅一调频波。然后再通过二极管检波器对调幅波进行检波，便可得到低频调制信号，波形图如图 10-15 所示。

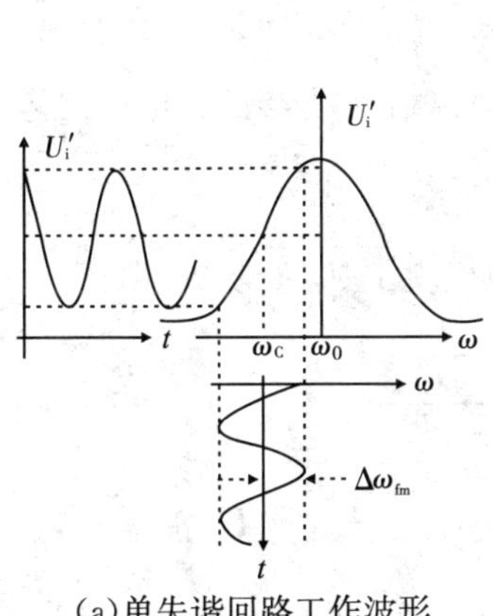

(a)单失谐回路工作波形

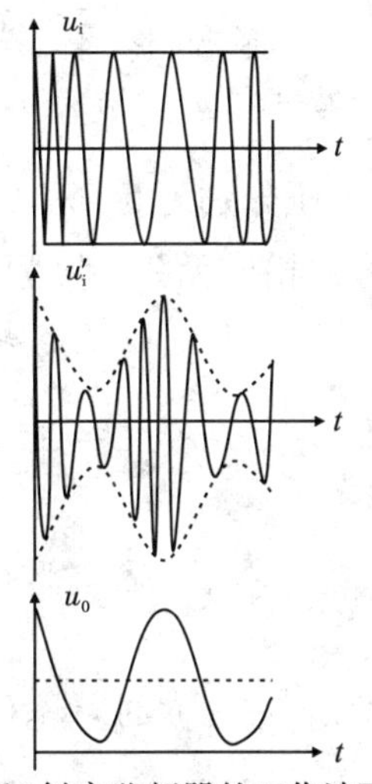

(b)斜率鉴频器的工作波形

图 **10-15**　单失谐回路及斜率鉴频器的工作波形

单失谐回路斜率鉴频器电路简单，但由于并联谐振回路幅频特性曲线两边倾斜部分不是理想直线，因此在频率一幅度变换中会造成非线性失真，即线性鉴频范围较小。

(2)相位鉴频器。相位鉴频器常用于频偏在几百 kHz 以下的调频无线接收设备中。常用的相位鉴频器根据其耦合方式可分为互感耦合和电容耦合两种鉴频器，下面仅讨论互感耦合相位鉴频器。如图 10-16 所示是互感耦合相位鉴频器的基本电路，由调频一调幅变换电路和包络检波器两部分组成。调频一调幅变换电路是由双耦合回路组成，其初级 L_1C_1 和次级 L_2C_2 都调谐于调频波的中心频率 ω_c。为了实现调频一调幅调频变换，初级与次级之间采用了两种耦合方式：由 $\dot{U}_i$ 通过互感耦合 M 在次级产生 $\dot{U}_{ab}$；通过电容 C_3 将 $\dot{U}_i$ 耦合到高频扼流圈 L_3，因为 C_3、C_5 对高频可认为短路，这样就可认为 $\dot{U}_i$ 全加在 L_3 上。另外，c 点为 L_2 的中心抽头，故变换电路送给检波器的电压为

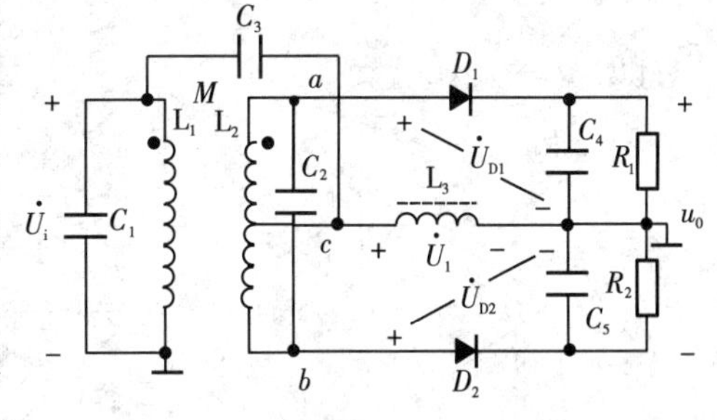

图 **10-16**　相位鉴频器

$$\dot{U}_{D1}=\dot{U}_i+\frac{\dot{U}_{ab}}{2} \tag{10-42}$$

$$\dot{U}_{D2}=\dot{U}_i-\frac{\dot{U}_{ab}}{2} \tag{10-43}$$

电路中 $f_c=\dfrac{1}{2\pi\sqrt{L_2C_2}}$为副边谐振频率。

包络检波器是由二极管 D_1、D_2 和低通滤波器 R_1C_4、R_2C_5 组成，其输入到 ad 和 bd 间的电压分别为 $\dot{U}_{D1}$ 和 $\dot{U}_{D2}$。包络检波器的输出只与输入信号振幅有关，而与输入信号的相位无关。鉴频器的输出是取两包络检波器输出电压之差，即

$$u_o=k_dU_{D1}-k_dU_{D2} \tag{10-44}$$

公式中 U_{D1}、U_{D2} 为 $\dot{U}_{D1}$、$\dot{U}_{D2}$ 的振幅，而 $\dot{U}_{ab}$ 是由于互感 M 得到，即

$$\dot{U}_{ab}=-\mathrm{j}2\frac{M}{L_1}\cdot\frac{\frac{1}{\omega C}}{R_2+\mathrm{j}X_2} \tag{10-45}$$

当输入频率 $f=f_c$ 时，L_2、C_2 回路呈现纯电阻性，$\dot{U}_{ab}$ 比 $\dot{U}_i$ 滞后 $\frac{\pi}{2}$，由图 10-17(a)所示的矢量图可知，$U_{D1}=U_{D2}$，所以此时 $u_o=k_d(U_{D1}-U_{D2})=0$；当输入频率 $f>f_c$ 时，L_2、C_2 回路呈现电感性，$\dot{U}_{ab}$ 比 $\dot{U}_i$ 滞后 $\frac{\pi}{2}+\theta$，由图 10-17(b)所示的矢量图可知 $U_{D1}<U_{D2}$，此时 $u_o=k_d(U_{D1}-U_{D2})<0$；当输入频率 $f<f_c$ 时，L_2、C_2 回路呈现电容性，$\dot{U}_{ab}$ 比 $\dot{U}_i$ 滞后 $\frac{\pi}{2}-\theta$，由图10-17(c)所示的矢量图可知，$U_{D1}>U_{D2}$，所以此时 $u_o=k_d(U_{D1}-U_{D2})>0$。

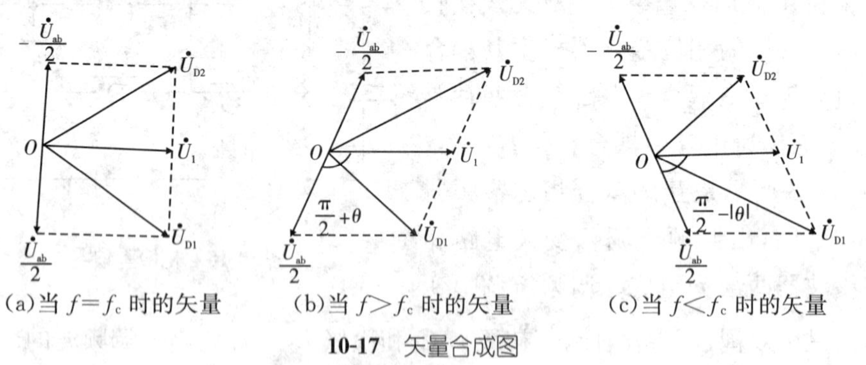

(a)当 $f=f_c$ 时的矢量　(b)当 $f>f_c$ 时的矢量　(c)当 $f<f_c$ 时的矢量

10-17　矢量合成图

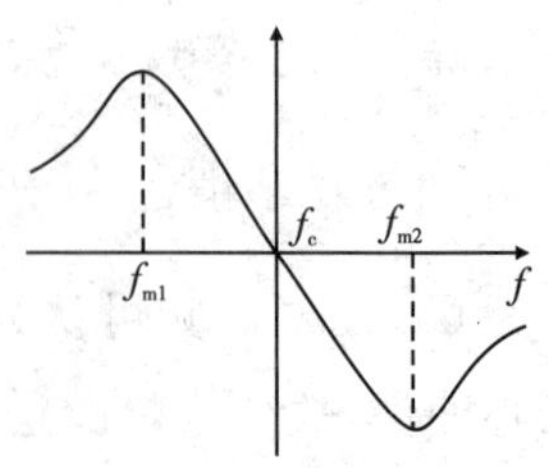

图 **10-18**　鉴频特性曲线

因此，鉴频器输出电压 u_o 与频率 f 的关系可用曲线如图 10-18 所示，当 $f=f_c$ 时，$u_o=0$，当 $f\neq f_c$ 时，随着 f 的变化，失谐的增大，振幅 U_{D1} 与 U_{D2} 的差值增大，u_o 绝对值的变化增大，对于图 10-16 电路，当 $f>f_c$ 时，u_o 为负，当 $f<f_c$ 时，u_o 为正。当然，当频率的变化超过 f_{m1} 或 f_{m2} 时，曲线弯曲，这是由于当失谐严重时，会使 $\dot{U}_i$ 和 $\dot{U}_{ab}$ 的幅

度都变小，合成的电压也减小，鉴频特性曲线所示的输出电压将下降。

从矢量图还可以看出，输入的电压幅度始终是不变的，这就要求输入的信号是等幅调频波。

(3)比例鉴频器。

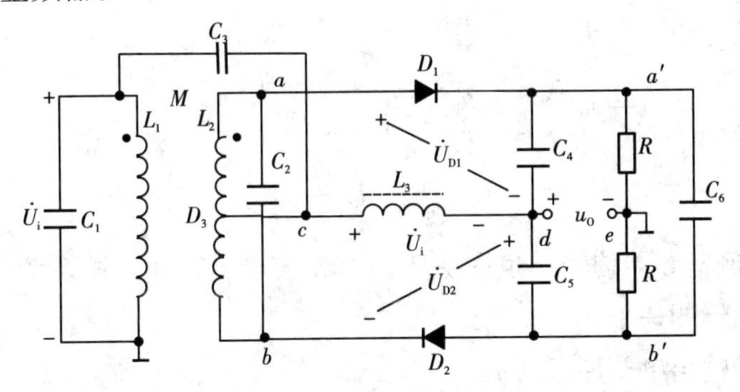

图10-19　比例鉴频器

在使用斜率鉴频器和相位鉴频器时，其前级必须加限幅器，以消除寄生调幅等干扰的影响。比例鉴频器具有鉴频和限幅两项功能，因此在普及型或便携式接收机中得到广泛应用，其原理电路如图10-19所示。在电路接法上，与相位鉴频器的不同之处有：一是两个检波二极管的接法不同，比例鉴频器中的D_1、D_2构成环形；二是在检波器负载电阻R_1、R_2上并联上一个大电容C_6（一般取10 μF），使得时间常数$(R_1+R_2)C_6$远大于低频调制信号的周期，故在调制信号一个周期内C_6上的电压基本不变；三是输出电压不从R_1、R_2两端取出，而是由C_4、C_5上中点取出。

其波形变换电路与相位鉴频器相同，所以电压$\dot{U}_{ab}$与$\dot{U}_i$关系为

$\dot{U}_{ab}=-j2\dfrac{M}{L_1}\cdot\dfrac{\frac{1}{\omega C}}{R_2+jX_2}$，电路中$f_c=\dfrac{1}{2\pi\sqrt{L_2C_2}}$为副边谐振频率。

两个检波器的输入电压为

$$\dot{U}_{D1}=\dot{U}_i+\frac{\dot{U}_{ab}}{2} \tag{10-46}$$

$$\dot{U}_{D2}=-\dot{U}_i+\frac{\dot{U}_{ab}}{2} \tag{10-47}$$

检波器的输出为

$$U_{C4}=K_d|\dot{U}_{D1}|$$

$$U_{C5}=K_d|\dot{U}_{D2}|$$

这里，检波器只对$\dot{U}_{D1}$、$\dot{U}_{D2}$的振幅进行检波，检波后的电压方向由二极管的

方向来确定，由于$\dot{U}_{D1}$、$\dot{U}_{D2}$确定的方向一致，使得$\dot{U}_{de}$基本不变，则

$$U_{de}=U_{c4}+U_{c5}$$

$$U_R=\frac{U_{de}}{2}$$

鉴频器的输出电压为

$$u_o=U_{c5}-\frac{1}{2}U_{de}=U_{c5}-\frac{1}{2}(U_{c4}+U_{c5})$$

$$=\frac{1}{2}U_{c5}-\frac{1}{2}U_{c4}=\frac{1}{2}K_d(|\dot{U}_{D2}|-|\dot{U}_{D1}|) \tag{10-48}$$

可见，比例鉴频器的输出也取决于两个检波器输入电压之差，但输出电压值仅为相位鉴频器的一半。

鉴频器的输出电压还可写成

$$u_o=U_{c5}-\frac{1}{2}U_{de}=\frac{1}{2}U_{de}(\frac{2U_{c5}}{U_{de}}-1)=\frac{1}{2}U_{de}(\frac{2U_{c5}}{U_{c4}+U_{c5}}-1)$$

$$=\frac{1}{2}U_{de}\left[\frac{2}{1+U_{c4}/U_{c5}}-1\right]=\frac{1}{2}U_{de}\left[\frac{2}{1+|\dot{U}_{D1}|/|\dot{U}_{D2}|}-1\right] \tag{10-49}$$

在调频信号的瞬时频率变化时，$|\dot{U}_{D1}|$与$|\dot{U}_{D2}|$一个增大，一个减小，其比值随频率变化而变化，从而实现了鉴频。

由此还可以看出，比例鉴频器具有抑制寄生调幅的能力，这是由于在a'、b'并上了一个电容，这将限制$\dot{U}_{ab}$、$\dot{U}_i$的幅度波动对输出的影响，使得u_o的大小仅取决于$|\dot{U}_{D1}|$与$|\dot{U}_{D2}|$的比值，而不取决于它本身的大小。

(4)脉冲计数式鉴频器。

该鉴频器的工作原理与前面几种鉴频器不同，它是利用计过零点脉冲数目的方法实现的，所以叫作“脉冲计数式鉴频器”。它的突出优点是线性好、频带宽、易于集成化，是应用较广泛的鉴频器。脉冲计数式鉴频器基本原理是将等幅调频波变换为频率等于调频波频率的等幅等宽脉冲序列，再经低通滤波器取出直流平均分量，其原理方框图如图10-20所示。

图**10-20** 脉冲计数式鉴频器方框图

脉冲计数式鉴频器具体过程是先将输入调频波$u_s(t)$，通过具有合适特性的非线性变换网络，即先通过过零检测将其变成脉冲序列$u_1(t)$，再经过脉冲展开(如单稳态触发器)将其变换为调频等宽脉冲序列$u_2(t)$。由于该等宽脉冲序列含有反映瞬时频率变化的平均分量，可将该调频等宽脉冲序列直接通过脉冲计数器

(即低通滤波)得到反映瞬时频率变化的解调电压,其鉴频过程如图10-21所示。$u_2(t)$的平均分量为

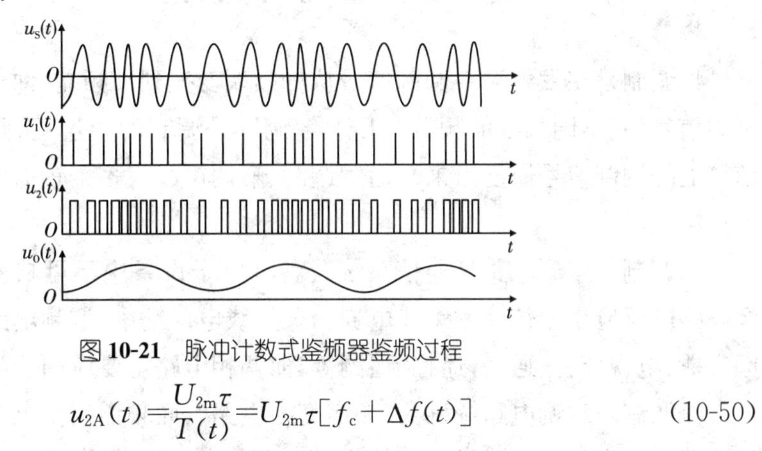

图 **10-21**　脉冲计数式鉴频器鉴频过程

$$u_{2A}(t)=\frac{U_{2m}\tau}{T(t)}=U_{2m}\tau[f_c+\Delta f(t)] \tag{10-50}$$

式(10-50)中,u_{2m}为脉冲幅度,τ为脉冲宽度,$u_{2A}(t)$为$u_2(t)$的平均分量,输出电压$u_O(t)$与$u_{2A}(t)$的大小成比例,即为得到的调制信号。

本章小结

1. 调制是用需传送的低频调制信号(或基带信号)去控制高频载波信号的三参量(振幅、频率、相位)之一,并使其随调制信号成线性关系变化。解调是调制的逆过程,是从高频已调波中不失真地还原出低频调制信号。

2. 在幅度调制中,根据所取出的调幅波的频谱分量的不同,分为普通调幅波(AM)、抑制载波的双边带调幅波(DSB)和抑制载波的单边带调幅波(SSB)。AM信号频谱含有载频、上边频带和下边频带;DSB信号频谱中含有上边频带和下边频带,没有载波分量;SSB信号频谱含有上边频带或下边频带分量。

3. 常用的调幅电路是利用模拟乘法器来实现AM信号、DSB信号和SSB信号;常用的检波电路有二极管峰值检波器和同步检波器,二极管峰值检波器只适用于AM信号的检波,而同步检波器则适用于所有三种调幅波的检波。

4. 频率调制和相位调制都表现为载波信号的瞬时相位受到调变,故统称为"角度调制",调频信号与调相信号有类似的表达式和基本特性。不过调频是由调制信号去控制载波信号的频率,而调相是用调制信号去控制载波信号的相位。

5. 广泛应用的调频电路是变容二极管直接调频电路。常用的鉴频电路有斜率鉴频器、相位鉴频器、比例鉴频器和脉冲计数式鉴频器等。

6. 幅度调制与解调属于频谱线性搬移,它们的作用是将输入信号频谱沿频率轴不失真的搬移;角度调制与解调属于频谱非线性变换,它们的作用是将输入信号频谱进行特定的非线性变换。

应用与讨论

1. 调制是在发射端将调制信号从低频端变换到高频端，便于天线发送或实现不同信号源、不同系统的频分复用。解调则是调制的逆过程，是将载于高频振荡信号上的调制信号恢复出来。通过调制、解调可以将多个较低频率信号实现远距离传输。

2. 调制与解调电路是通信系统及各种电子设备中不可缺少的单元电路。调幅电路广泛应用于传统的无线电通信及无线电广播中，调频电路则广泛应用于调频广播、电视伴音、通信、遥控、遥测等，而调相电路主要应用于数字通信中。

3. 调制与解调电路统称为“频谱变换电路”，而频谱变换电路可分为频谱的线性搬移电路和频谱的非线性变换电路。频谱的线性搬移电路的特点是将输入信号的频谱在频率轴上进行不失真地线性搬移，即要求已调信号的频谱结构不失真地复现低频调制信号的频谱结构形式，属于这类电路的有振幅调制电路与解调电路。频谱的非线性变换电路是将输入信号频谱进行特定的非线性变换，属于这类电路的有角度调制与解调电路。

4. 调频波和调相波都表现为相位角的变化，仅仅是变化的规律不同。由于频率与相位存在微分与积分的关系，调频与调相之间也存在着密切的关系，即调频必调相，调相必调频。同样，鉴频和鉴相也可相互利用，即可以用鉴频的方法实现鉴相，也可以用鉴相的方法实现鉴频。

5. 和振幅调制相比，角度调制的主要优点是抗干扰能力强。因为角度调制把调制信息寄载于已调波信号的带宽内的各边频分量之中，更好地克服了信道中噪声和干扰的影响，而且传输带宽越宽，抗噪声性能越好。

习 题 10

10-1 已知调制信号 $u_\Omega(t)=2\cos 2\pi\times10^3 t(\text{V})$，载波信号 $u_c(t)=4\cos 2\pi\times10^6 t(\text{V})$，令比例常数$k_a=1.2$，试求出调幅波数学表达式、调幅指数、频带宽度，并画出调幅波波形及频谱图。

10-2 试画出下列电压表达式的波形和频谱图，并说明它们各为何种信号。

(1)$u(t)=(1+0.4\cos 2\pi\times10^3 t)\cos 2\pi\times10^6 t(\text{V})$

(2)$u(t)=0.4\cos 2\pi\times10^3 t\cos 2\pi\times10^6 t(\text{V})$

(3)$u(t)=0.4\cos 2\pi\times(10^6+10^3)t$

10-3 已知调幅波 $u(t)=(2+\cos 2\pi\times100t)\cos 2\pi\times10^5 t(\text{V})$，试求其频带宽，并计算消耗在单位电阻上的载波功率、边频功率、调幅波在调制信号一周期内的平均总功率。

10-4 理想模拟乘法器中，$K=0.1\ \text{V}^{-1}$，若 $u_x=2\cos\omega_c t$，$u_y=(1+0.5\cos\Omega t)2\cos\omega_c t$，试写出

输出电压表达式，并说明实现了什么功能？

10-5　已知 $u(t)=3\cos 2\pi\times10^6t+0.6\cos 2\pi\times(10^6+10^2)t+0.6\cos 2\pi\times(10^6-10^2)t$(V)

(1)将 $u(t)$ 加入到图题 10-5 所示电路的输入端，可完成什么功能？

(2)如果电路中的二极管反接，问是否还能完成上述功能？有什么区别？

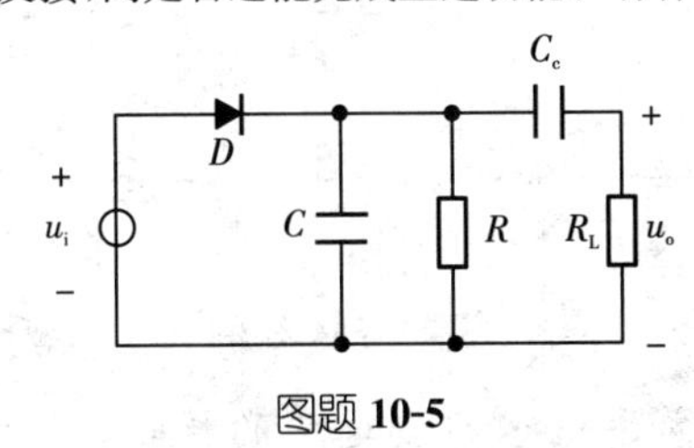

图题 **10-5**

10-6　同步检波器输入双边带调幅信号为 $u_i=U_{im}\cos\Omega t\cos\omega_c t$，同步信号为 $u_{REF}=U_{rm}\cos(\omega_c+\Delta\omega)t$，$\Delta\omega<\Omega$。试写出解调输出电压表达式，并分析解调失真情况。

10-7　已知调制信号 $u_\Omega(t)=2\cos 2\pi\times10^3t$(V)，调角信号 $u_c(t)=4\cos(2\pi\times10^6t+$ $+4\cos 2\pi\times10^3t)$(V)，试指出该调角信号是调频信号还是调相信号？调制指数、载波频率、最大频移及有效带宽各为多少？

10-8　已知载波 $u_c(t)=2\cos 2\pi\times10^6t$(V)，现用低频信号 $u_\Omega(t)=5\cos 2\pi\times10^3t$(V)对其进行调频和调相，设 $m_f=m_p=10$rad，求此时调频、调相信号的最大频移和有效带宽。若低频信号幅度不变，频率分别变为 100 Hz 和 10 kHz 时，求调频、调相信号的最大频移和有效带宽。

10-9　为什么通常在鉴频之前要采用限幅器？

10-10　相位鉴频器如图题 10-10 所示，说明 D_1 断开时，能否实现鉴频？

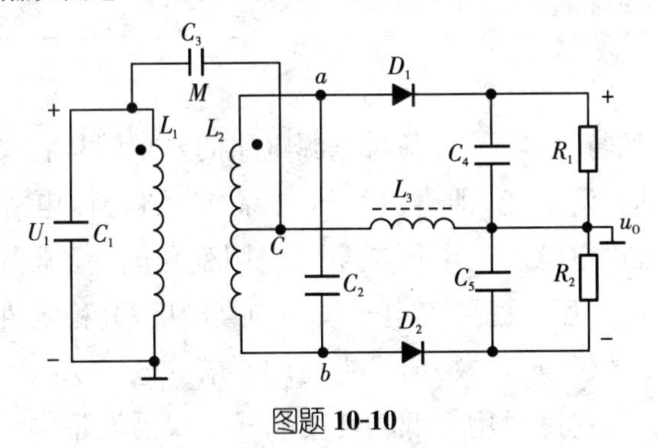

图题 **10-10**

第11章 Chapter 11 直流稳压电源

学习要求

1. 掌握单相半波、全波和桥式整流电路的工作原理,输出电压 $\bar{u}_o$ 与变压器副边电压 U_2 的关系;熟悉电容滤波电路的特点,电容 C 的选择原则,$\bar{u}_o$ 与 U_2 的关系;了解各种整流、滤波电路的性能比较。

2. 了解倍压整流电路的特点和工作原理。

3. 熟悉硅稳压管稳压电路的工作原理,稳压系数和内阻的计算,限流电阻的选择原则。

4. 掌握串联型稳压电路的组成、稳压原理、提高稳压性能的措施以及输出电压调整范围的计算方法;熟悉过流保护电路的工作原理;了解单片集成稳压器的优点、电路组成、一般原理和使用方法。

5. 了解串联型、并联型开关稳压电路和变压器耦合开关稳压电路的基本工作原理和各自的特点。

由于电子技术的特性,电子设备对电源电路的要求就是它要能够提供持续稳定、满足负载要求的直流电能,即直流稳压电源。直流稳压电源的供电电源大都是交流电源,当交流供电电源的电压或负载电阻变化时,稳压器的直流输出电压都会保持稳定。直流稳压电源随着电子设备向高精度、高稳定性和高可靠性的方向发展,对电子设备的供电电源提出了更高的要求。电子电路工作时所需要直流电源可以由电池提供,这一般用于低功耗便携式的仪器设备中。在大多数仪器设备中所需的直流电能,是通过交流电转换而得到的。

然而在交流电转换为直流电的过程中,由于输入电压的变化或负载电流的变化(会使整流电源的内阻上电压降发生变化),都会使电源的输出电压发生变化,因此,要从交流电中获得比较稳定的直流电能,一般由如图 11-1 所示的几个部分组成:①电源变压器,将电网提供的交流电(一般为 220 V 或 380 V)变换为较低的电压;②整流电路,是利用具有单向导电性能的整流元件,将正负交替的正弦交流电压整流成为单方向的脉动电压;③滤波器,将单向脉动电压中的脉动成分滤掉,以得到比较平滑的直流电压;④稳压电路,采取某些措施,使输出的直流电压在电网电压或负载电流发生变化时保持稳定。

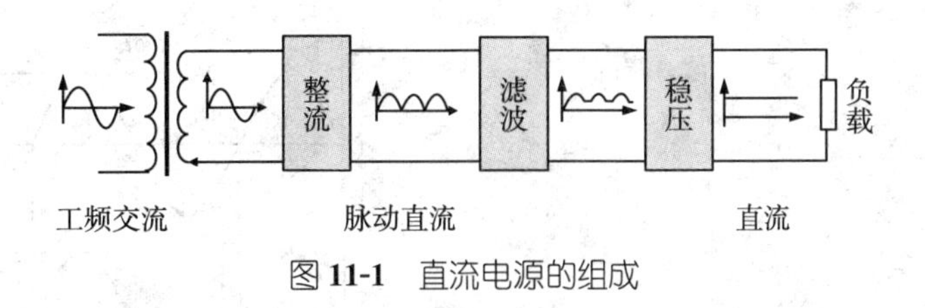

图 11-1　直流电源的组成

11.1　单相整流与滤波电路

因二极管具有单向导电性(见 1.4 节),可以利用二极管的这一特性组成整流电路,将交流电压变为单向脉动电压。再利用电感或电容的特性,将单向脉动电压中的脉动成分滤掉,以获得比较平滑的直流电压。

11.1.1　单相整流电路

在小功率直流电源中,整流电路经常采用单相半波,单相全波和单相桥式整流电路。

1. 单相半波整流电路

图 11-2(a)所示电路是带有纯电阻负载的单相半波整流电路。这是一种最简单的整流电路。图中 T_r为电源变压器,D 为整流二极管,R_L代表需要直流电源的负载。

在变压器副边电压 u_2 为正(极性如图所示)的半个周期(通称为正半周)内,二极管正向偏置,所以导通,电流经过二极管流向负载,在 R_L上得到一个极性为上正下负(如图示)的电压;而在 u_2 为负的半个周期(通称为负半周)内,二极管反向偏置,电流基本上等于零。所以,在负载电阻 R_L上两端得到的电压极性是单方向的。

如果认为整流二极管是理想二极管,即其正向电阻为零,反向电阻为无穷大,同时忽略整流电路中变压器等的内阻,则正半周时流过负载的电流 i_o 和二极管的电流 i_D 为

$$i_O = i_D = \frac{u_2}{R_L}$$

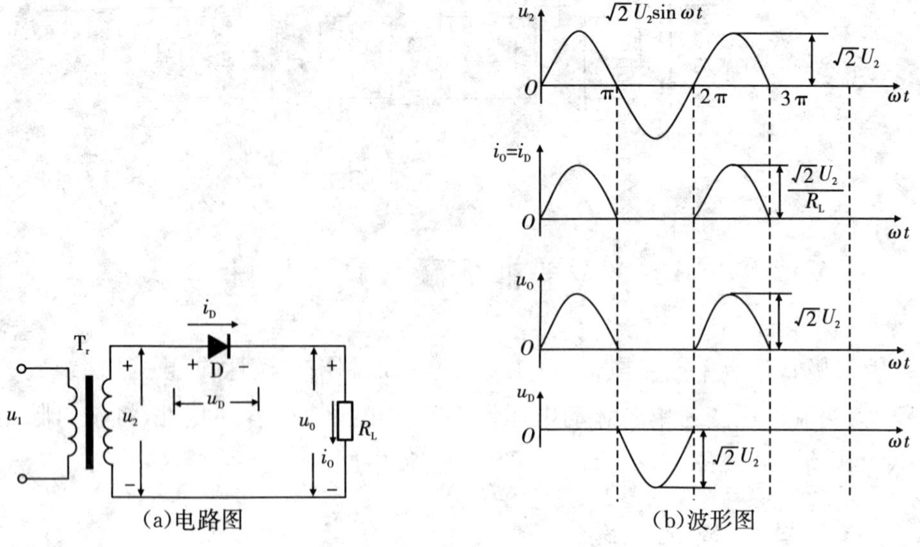

(a)电路图　　　　　　　　　　(b)波形图

图 **11-2**　单相半波整流电路

由于二极管导通时,其管压降 u_D 可以忽略,则负载上的电压 u_D 等于变压器副边电压,即

$$\left.\begin{aligned}u_O&=u_2\\u_D&=0\end{aligned}\right\}\qquad 0\leqslant\omega t\leqslant\pi$$

而且在负半周时,二极管截止,因此二极管电流和负载电流均为零,负载电阻上也就没有输出电压。此时,二极管两端承受一个反向电压,其值就是变压器的副边电压,即

$$\left.\begin{aligned}u_O&=0\\u_D&=u_2\end{aligned}\right\}\qquad \pi\leqslant\omega t\leqslant 2\pi$$

综上所述,整流电路中各处的波形如图 11-2(b)所示。由图可见,由于二极管的单向导电作用,使变压器副边的交流电压变换成为负载两端的单向脉动电压,达到了整流的目的。因为这种电路只在交流电压的半个周期内才有电流流过负载,所以称为单相半波整流电路。

在分析整流电路的性能时,主要考察以下几项参数:整流电路的输出直流电压(即输出电压平均值)$\bar{u}_O$、整流输出电压脉动系数 S、整流二极管正向平均电流 $\bar{i}_D$ 和最大反向峰值电压 U_{RM}。前两项参数表征整流电路的质量,后两项参数体现了整流电路对二极管的要求,可以根据后面两项参数来选择适用的器件。

(1) 输出直流电压 $\bar{u}_O$。

$\bar{u}_O$ 是输出电压瞬时值 u_O 在一个周期内的平均值。即

$$\bar{u}_O=\frac{1}{2\pi}\int_0^{2\pi}u_O\mathrm{d}(\omega t) \tag{11-1}$$

由图 11-2(b)可见,在半波整流情况下

$$u_O=\begin{cases}\sqrt{2}U_2\sin\omega t, & 0\leqslant\omega t\leqslant\pi\\ 0, & \pi\leqslant\omega t\leqslant 2\pi\end{cases}$$

其中U_2为变压器副边电压的有效值。

因此，根据定义，可以求出它的平均值为

$$\bar{u}_O=\frac{1}{2\pi}\int_0^{\pi}\sqrt{2}U_2\sin\omega t\mathrm{d}(\omega t)$$

则
$$\bar{u}_O=\frac{\sqrt{2}}{\pi}U_2=0.45U_2 \tag{11-2}$$

上式说明，经过半波整流以后，负载上得到的直流电压幅值只有变压器副边电压有效值的45%。而且，这个结果是在理想情况下得出的，如果考虑导电时电流在整流电路内阻（包括二极管的正向内阻和变压器的等效内阻）上的压降，则$\bar{u}_O$的数值还要低。

（2）脉动系数S。

整流输出电压的脉动系数定义为输出电压的基波最大值与平均值之比，用符号S来表示，即

$$S=\frac{U_{O1m}}{\bar{u}_O} \tag{11-3}$$

其中U_{O1m}可将图11-2(b)中的半波输出电压u_O的波形表示为傅里叶级数而求得。若取坐标系统如图11-3所示，则u_O的表达式为

$$u_O=\begin{cases}\sqrt{2}U_2\cos\omega t, & -\frac{\pi}{2}\leqslant\omega t\leqslant\frac{\pi}{2}\\ 0, & -\pi\leqslant\omega t\leqslant-\frac{\pi}{2}\text{及}\frac{\pi}{2}\leqslant\omega t\leqslant\pi\end{cases}$$

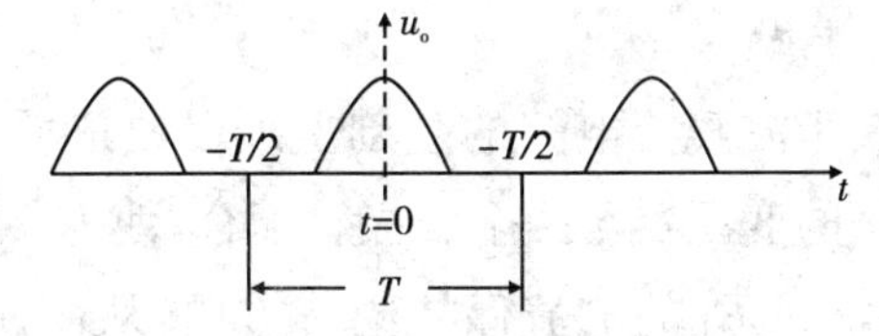

图11-3　半波整流波形的谐波分析

由于此时u_O为偶函数，则它的傅里叶级数可表示为

$$u_O=\bar{u}_O+\sum_{n=1}^{\infty}\alpha_n\cos n\omega t \tag{11-4}$$

其中
$$\alpha_n=\frac{2}{T}\int_{-\frac{T}{2}}^{\frac{T}{2}}u_O\cos n\omega t\mathrm{d}(\omega t) \tag{11-5}$$

在半波整流电路中u_O的基波角频率即为ω，则

$$U_{O1m}=\alpha_1=\frac{1}{\pi}\int_{-\frac{\pi}{2}}^{\frac{\pi}{2}}\sqrt{2}U_2\cos^2\omega t\mathrm{d}(\omega t)=\frac{U_2}{\sqrt{2}}$$

所以
$$S=\frac{U_{O1m}}{\bar{u}_O}=\frac{U_2/\sqrt{2}}{\frac{\sqrt{2}}{\pi}U_2}=\frac{\pi}{2}=1.57 \tag{11-6}$$

即半波整流电路的脉动系数为157%,所以脉动成分很大。

(3)二极管正向平均电流 $\bar{i}_D$。

温升是决定半导体器件使用极限的一个重要指标,整流二极管的温升本来应该与通过二极管的电流有效值有关,但是由于平均电流是整流电路的主要工作参数,因此在出厂时已经将二极管的允许温升折算成半波整流电流的平均值,在器件手册中给出。

在半波整流电路中,二极管的电流任何时候都等于输出电流,所以二者的平均电流也相等,即

$$\bar{i}_D=\bar{i}_O \tag{11-7}$$

当负载电流平均值已知时,可以根据 $\bar{i}_O$ 来选定整流二极管的 $\bar{i}_D$。

(4) 二极管最大反向峰值电压 U_{RM}。

每个整流管的最大反向峰值电压 U_{RM} 是指整流管不导电时,在它两端出现的最大反向电压。选管时应选耐压比这个数值高的管子,以免被击穿。由图11-2(b)很容易看出,整流二极管承受的最大反向电压就是变压器副边电压的最大值,即

$$U_{RM}=\sqrt{2}U_2 \tag{11-8}$$

半波整流电路的优点是结构简单,使用的元件少。但是也有明显的缺点:输出波形脉动大;直流成分比较低;变压器有半个周期不导电,利用率低;变压器电流含有直流成分,容易饱和。所以只能用在输出电流较小,要求不高的地方。

2. 单相全波整流电路

全波整流电路是在半波整流电路的基础上加以改进而得到的。它的指导思想是利用具有中心抽头的变压器与两个二极管配合,使 D_1、D_2 在正半周和负半周内轮流导电,而且二者流过 R_L 的电流保持同一方向,从而使正、负半周在负载上均有输出电压。

全波整流电路的原理图见图11-4(a)。变压器的两个副边电压大小相等,同名端如图所示。当 u_2 的极性为上正下负(称之为正半周,极性如图所示)时,D_1 导电,D_2 截止,i_{D1} 流过 R_L,在负载上得到的输出电压极性为上正下负;当负半周时,u_2 极性与图示相反,此时 D_1 截止,D_2 导电,由图可见,i_{D2} 流过 R_L 时产生的电压极性与正半周时相同,因此在负载上可以得到一个单方向的脉动电压。全波整流电路的波形见图11-4(b)。由图可以得出各项基本参数如下:

(1) $\bar{u}_O$。

将图 11-4 中 u_O 的波形与图 11-2(b)比较,可知全波整流输出波形的面积是半波整流时的两倍,所以平均值也是半波时的两倍,即

$$\bar{u}_O=\frac{\sqrt{2}}{\pi}U_2=0.45U_2 \tag{11-9}$$

(2)S。

全波整流电路输出电压的基波频率为 2ω,根据式(11-5)可求得基波最大值为

$$U_{O1m}=\alpha_2=\frac{2}{\pi}\int_{-\frac{\pi}{2}}^{\frac{\pi}{2}}\sqrt{2}\,U_2\cos\omega t\cos 2\omega t\,d(\omega t)=\frac{4\sqrt{2}}{3\pi}U_2$$

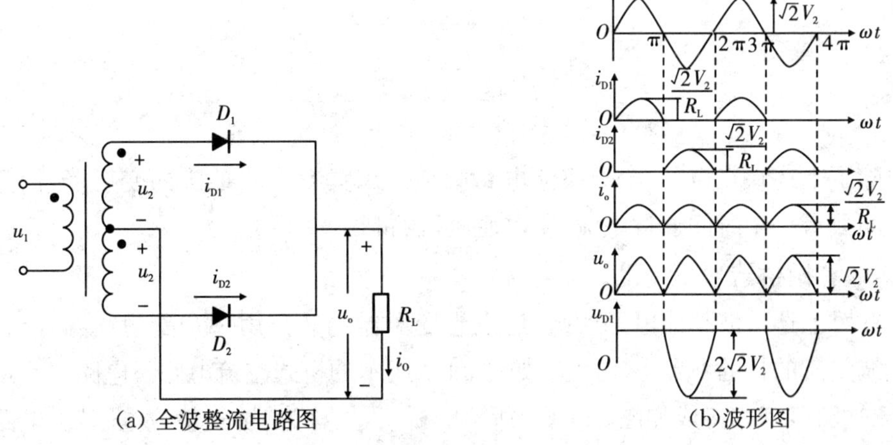

图 11-4　全波整流电路及其波形

$$S=\frac{\frac{4\sqrt{2}}{3\pi}U_2}{\frac{2\sqrt{2}}{\pi}U_2}=\frac{2}{3}=0.67 \tag{11-10}$$

可见全波整流的脉动系数比半波时有所下降,但仍然比较大,达 67%。

(3)$\bar{i}_D$。

在全波整流电路中由于 D_1 与 D_2 轮流导电,由图 11-5 可见,每个整流管的平均电流是输出电流平均值的一半,即

$$\bar{i}_D=\frac{1}{2}\bar{i}_O \tag{11-11}$$

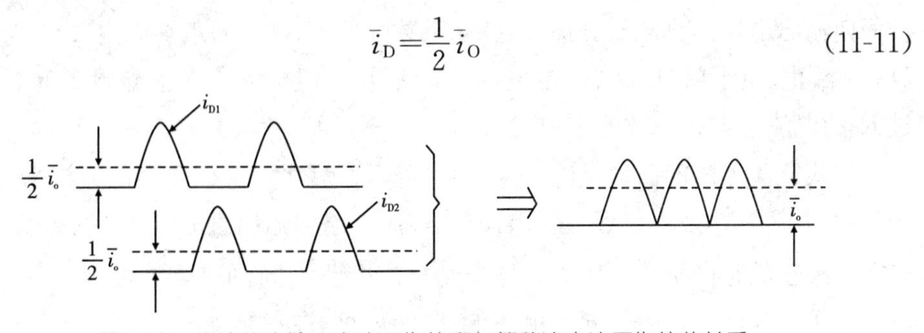

图 11-5　全波整流输出电流平均值和每管整流电流平均值的关系

(4)U_{RM}。

由图 11-6 可知,在正半周时 D_1 导电,D_2 截止,此时变压器副边两个绕组的电压全部加到二极管 D_2 的两端,因此二极管承受的反向峰值电压是$\sqrt{2}U_2$的两倍,即

$$U_{RM}=2\sqrt{2}U_2 \tag{11-12}$$

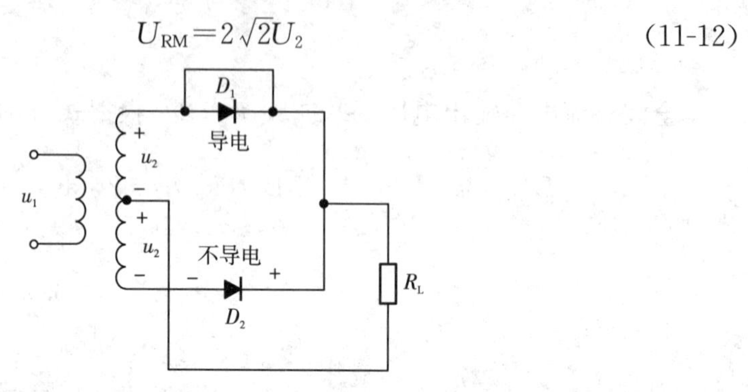

图 11-6　全波整流电路的最大反向峰值电压

除了上述缺点以外,全波整流电路必须采用具有中心抽头的变压器,而且每个线圈只有一半时间通过电流,所以变压器的利用率不高。

3. 单相桥式整流电路

针对上述全波整流电路的缺点,设想变压器仍然只用一个副边线圈,能否达到全波整流的目的?为此,提出了如图 11-7 所示的桥式整流电路。电路中采用了四个二极管,互相接成如图 11-7(a)所示的桥式,故称为"桥式整流电路"。电路也可以画成图 11-7(b)和(c)的形式。

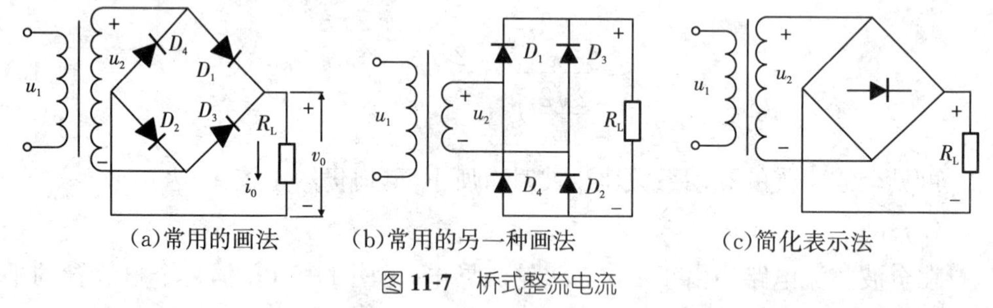

(a)常用的画法　(b)常用的另一种画法　(c)简化表示法

图 11-7　桥式整流电流

整流过程中,四个二极管两两轮流导电,因此正、负半周内都有电流流过 R_L,从而使输出电压的直流成分提高,脉动系数降低。在 u_2 的正半周内,D_1、D_2 导电,D_3、D_4 截止;负半周时,D_3、D_4 导电,D_1、D_2 截止。但是无论在正半周或负半周,流过 R_L 的电流方向是一致的。

桥式整流电路的波形见图 11-8(a)。读者不难运用前面介绍的方法来分析它的各项基本参数,并且很容易看出,桥式整流电路的输出直流电压 $\bar{u}_O$、脉动系数 S 以及二极管的正向平均电流 $\bar{i}_D$,与全波整流电路相同,但是,二极管承受的最大反向电压与全波整流时不同。由图 11-8(b)可见,在正半周时 D_1、D_2 导电,D_3、D_4 截止,此时二极管的反向峰值电压等于$\sqrt{2}U_2$。综上所述,桥式整流电路的各项基

本参数为：

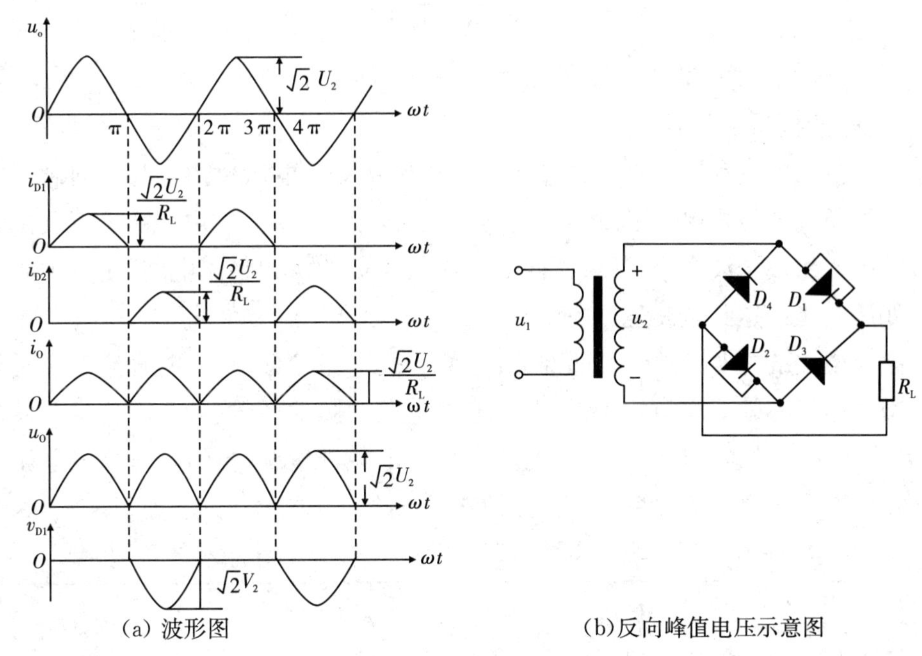

(a) 波形图　　　　(b)反向峰值电压示意图

图 **11-8**　桥式整流电路

(1) 根据图 11-8(b)可知，输出电压是单相脉动电压，通常用它的平均值与直流电压等效。输出平均电压为

$$U_O=U_L=\frac{1}{\pi}\int_0^{\pi}\sqrt{2}U_2\sin\omega t\,\mathrm{d}\omega t=\frac{2\sqrt{2}}{\pi}U_2=0.9U_2$$

$$\bar{u}_O=0.9U_2 \tag{11-13}$$

$$S=0.67$$

(2)流过负载的脉动电压中包含有直流分量和交流分量，可将脉动电压做傅立叶分析，此时谐波分量中的二次谐波幅度最大。脉动系数 S 定义为二次谐波的幅值与平均值的比值。

$$u_O=\sqrt{2}U_2\left(\frac{2}{\pi}-\frac{4}{3\pi}\cos 2\omega t-\frac{4}{15\pi}\cos 4\omega t+\cdots\right)$$

$$S=\frac{4\sqrt{2}U_2}{3\pi}\Big/\frac{2\sqrt{2}U_2}{\pi}=\frac{2}{3}=0.67 \tag{11-14}$$

(3)
$$\bar{i}_D=\frac{1}{2}\bar{i}_O$$

流过负载的平均电流为

$$I_L=\frac{2\sqrt{2}U_2}{\pi R_L}=\frac{0.9U_2}{R_L} \tag{11-15}$$

流过二极管的平均电流为

$$I_D=\frac{I_L}{2}=\frac{\sqrt{2}U_2}{\pi R_L}=\frac{0.45U_2}{R_L} \quad (11\text{-}16)$$

(4)二极管所承受的最大反向电压 $U_{RM}=\sqrt{2}U_2$。

4. 几种整流电路比较

整流的目的是利用二极管的单向导电作用将交流电压变换成为单向脉动电压。最简单的电路是单相半波整流电路；利用具有中心抽头的电源变压器和两个二极管可以组成全波整流电路；由四个二极管组成的桥式整流电路，无需中心抽头的变压器也能达到全波整流的目的。

整流电路的主要参数包括两部分：一部分是电路参数，它说明直流电压平均值与交流电压有效值之间的关系，以及输出电压的脉动系数；另一部分是器件参数，它说明工作时通过整流二极管的正向平均电流，以及承受的反向峰值电压与变压器副边电压之间的关系。现将各种整流电路的基本参数列表如下：

表 11-1　单相整流电路带纯阻负载时的基本参数(忽略变压器内阻和整流管压降)

基本参数 电路形式	$\bar{u}_O/\bar{U}_2$	S	$\bar{i}_D/\bar{i}_O$	$\bar{U}_{RM}/\bar{U}_2$
半波整流	0.45	157%	100%	1.41
全波整流	0.90	67%	50%	2.83
桥式整流	0.90	67%	50%	1.41

由上表可知，在同样的 U_2 之下，半波整流电路的输出直流电最低，而脉动系数最高。桥式整流电路和全波整流电路当 U_2 相同时，输出直流电压相等，脉动系数也相同，但桥式整流电路中每个整流管所承受的反向峰值电压比全波整流电路的低，因此它应用比较广泛。

11.1.2　基本滤波电路

滤波电路通常有 RC 滤波、LC 滤波、RC-π 型滤波、LC-π 型滤波等。

由表 11-1 可知，无论哪种整流电路，它们的输出电压都含有较大的脉动成分。除了在一些特殊的场合可以直接用作放大器的电源外，通常都需要采取一定的措施，一方面尽量降低输出电压的脉动成分，另一方面又要尽量保留其中的直流成分，使输出电压接近于理想的直流电压。这样的措施就是滤波。

电容和电感都是基本的滤波元件，利用它们在二极管导电时储存一部分能量，然后再逐渐释放出来，从而得到比较平滑的波形。或者从另一个角度看，电容和电感对于交流成分和直流成分反映出来的阻抗不同，如果把它们合理地安排在电路中，可以达到降低交流成分，保留直流成分的目的，体现出滤波的作用。所以电容和电感是组成滤波电路的主要元件。下面介绍几种常用的滤波电路。

1. 电容滤波电路

为了便于说明工作原理，我们首先来分析图 11-9(a)所示的半波整流电容滤波电路。

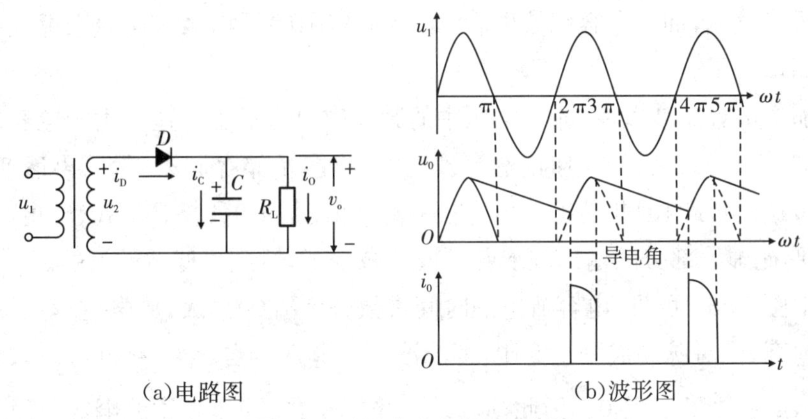

(a)电路图　　　　　(b)波形图

图 11-9　半波整流电容滤波电路

在负载电阻 R_L 上并联一个电容为什么能起滤波作用呢？

没有接电容时，整流二极管在 u_2 的正半周导电，负半周时截止，输出电压 u_O 的波形如图(b)中虚线所示。并联电容以后，假设在 $\omega t=0$ 时接通电源，则当 u_2 由零逐渐增大时二极管 D 导电，由图(a)可见，二极管导电时除了有一个电流 i_O 流向负载以外，还一个电流 i_C 向电容充电，电容电压 u_C 的极性为上正下负，如图中所示。如果忽略二极管的内阻，则在 D 导通时，u_C(即输出电压 u_O)等于变压器副边电压 u_2。u_2 达到最大值以后开始下降，此时电容上的电压 u_C 也将由于放电而逐渐下降。当 $u_2<u_C$ 时，二极管被反向偏置，因而不导电，于是 u_C 以一定的时间常数按指数规律下降，直到下一个正半周，当 $u_2>u_C$ 时，二极管又导通。输出电压 u_O 的波形如图中实线所示。

桥式整流电容滤波的原理与半波时相同，其原理电路和波形见图 11-10。

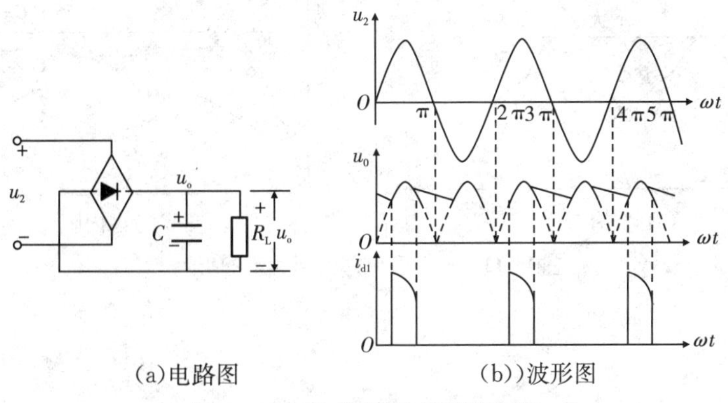

(a)电路图　　　　　(b))波形图

图 11-10　桥式整流电容滤波电路

根据以上分析，对于电容滤波可以得到下面几个结论：

①加了电容滤波以后，输出电压的直流成分提高了。如在半波整流电路中，

当不接电容时输出电压只有半个正弦波，负半周时因二极管不导电，输出电压为零。在 R_L 上并联电容以后，即使二极管截止，由于电容通过 R_L 放电，输出电压也不为零，因此输出电压的平均值提高了。从图 11-9(b)和 11-10(b)看出，无论半波整流或桥式整流，加上电容滤波以后，u_O 波形包围的面积显然比原来虚线部分包围的面积增大了。

②加了电容滤波以后，输出电压中的脉动成分降低了。这是由于电容的储能作用造成的。当二极管导电时，电容被充电，将能量储存起来，然后再逐渐放电，把能量传送给负载，因此输出波形比较平滑。由图 11-9(b)和 11-10(b)也可看出，u_O 的波形比虚线部分的输出波形脉动成分减少了，达到了滤波的目的。

③由图 11-11 可见，电容放电的时间常数($\tau=R_LC$)愈大，放电过程愈慢，则输出电压愈高，同时脉动成分也愈少，即滤波效果愈好。当 $R_LC=\infty$(可以认为负载开路)时，$\bar{u}_O=\sqrt{2}U_2$，$S=0$。为此，应选择大容量的电容作为滤波电容。而且要求 R_L 也大，因此，电容滤波适用于负载电流比较小的场合。

④由图 11-11 还可看出，电容滤波电路的输出电压 $\bar{u}_O$ 随输出电流 $\bar{i}_O$ 而变化。当负载开路，即 $\bar{i}_O=0(R_L=\infty)$时，电容充电到 u_2 的最大值以后不再放电，则输出电压 $\bar{u}_O=\sqrt{2}U_2$，当 $\bar{i}_O$ 增大(即 R_L 减小)时，由于电容放电过程加快而使 $\bar{u}_O$ 下降。如果忽略整流电路的内阻，全波或桥式整流加电容滤波电路后，其 $\bar{u}_O$ 值的变化范围在 $\sqrt{2}U_2$ 至 $0.9U_2$ 之间。若考虑电流在二极管和变压器等效内阻上的降落，则 $\bar{u}_O$ 更低。输出电压 $\bar{u}_O$ 与输出电流 $\bar{i}_O$ 间的关系曲线称为电路的外特性。电容滤波电路的外特性见图 11-12。由图可知，电容滤波电路的输出电压随着输出电流的变化下降很快，即它的外特性比较软，所以电容滤波适用于负载电流化不大的场合。

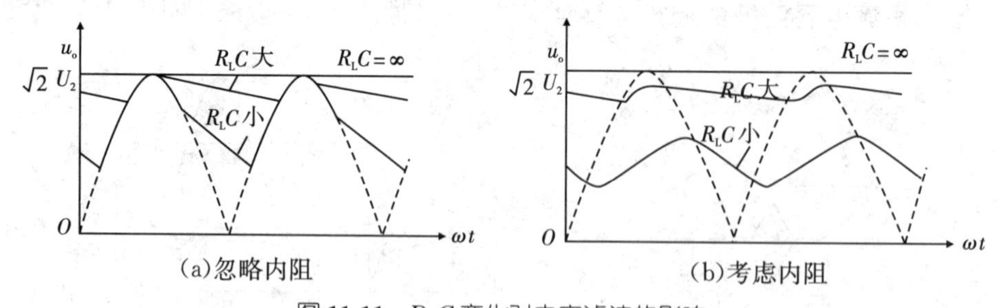

图 11-11 R_LC 变化对电容滤波的影响

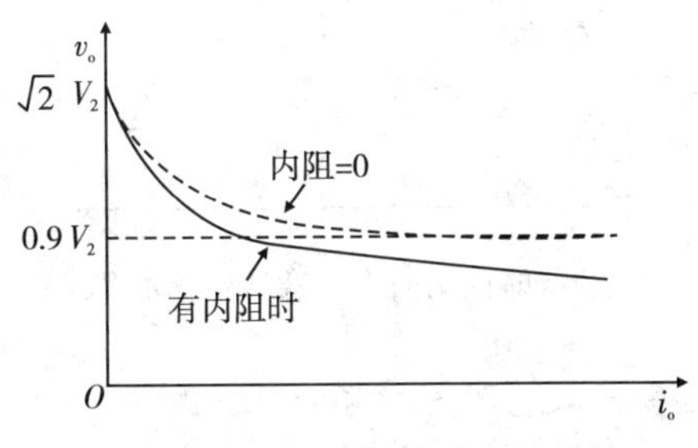

图 **11-12**　电容滤波电路的外特性

⑤电容滤波电路中整流二极管的导电时间缩短了。由图 11-9(b)和 11-10(b)可知，二极管的导电角小于 180°。而且电容放电时间常数愈大，则导电角愈小。由于加了电容滤波以后，平均输出电流提高了，而导电角却减小了，因此，整流管在短暂的导电时间内流过一个很大的冲击电流，对管子的寿命不利，所以必须选择较大容量的整流二极管。

为了得到比较好的滤波效果，在实际工作中经常根据下式来选择滤波电容的容量(在全波或桥式整流情况下)：

$$R_L C \geqslant (3 \sim 5)\frac{T}{2} \tag{11-17}$$

其中 T 为电网交流电压的周期。由于电容值比较大，约几十至几千微法，一般选用电解电容器，接入电路时，注意电容的极性不要接反。电容器的耐压值应该大于$\sqrt{2}U_2$。

下面对电容滤波电路的输出电压 $\bar{u}_O$ 和脉动系数 S 进行估算。

当电容值满足式(11-9)，并认为滤波电路的输出波形近似为锯齿波，如图 11-13(c)所示。假定每次电容充电到 U_2 的峰值即 $U_{max}=\sqrt{2}U_2$，然后按 $R_L C$ 放电的初始斜率直线下降，根据电路理论，将在 $t=R_L C$ 时下降到零。根据三角形相似原理可以有下面的关系

$$\frac{U_{max}-U_{min}}{U_{max}}=\frac{T/2}{R_L C} \tag{11-18}$$

由此可得

$$\begin{aligned}\bar{u}_O &= \frac{U_{max}+U_{min}}{2}=U_{max}-\frac{U_{max}-U_{min}}{2}\\ &= U_{max}\left(1-\frac{T}{4R_L C}\right)=\sqrt{2}U_2\left(1-\frac{T}{4R_L C}\right)\end{aligned} \tag{11-19}$$

式中 T 为电网电压的周期。

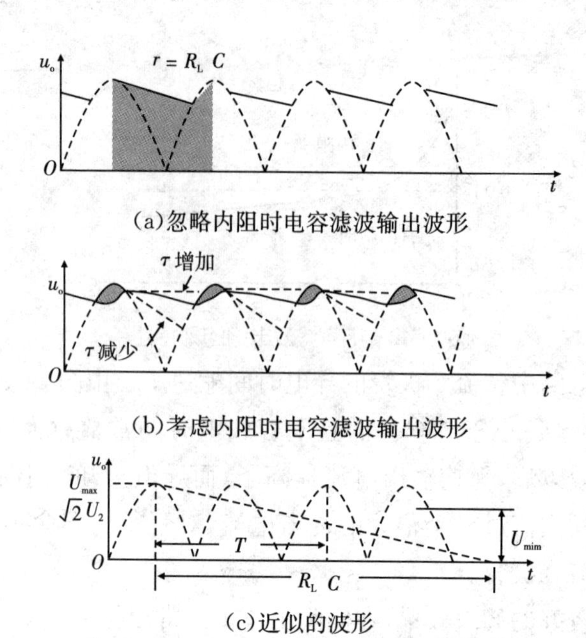

(a)忽略内阻时电容滤波输出波形

(b)考虑内阻时电容滤波输出波形

(c)近似的波形

图 **11-13** 全波整流电容滤波电路的输出波形

将 $R_{\mathrm{L}}C=(3\sim5)\dfrac{T}{2}$ 的关系代入式(11-19),可得

$$\bar{u}_{\mathrm{O}}=\sqrt{2}U_2\left(1-\frac{T}{4R_{\mathrm{L}}C}\right)=\sqrt{2}U_2\left(1-\frac{1}{6\sim10}\right)$$

$$=(1.18\sim1.27)U_2$$

故可进一步近似为

$$\bar{u}_{\mathrm{O}}=1.2U_2 \tag{11-20}$$

为了估算脉动系数,可近似认为基波最大值 U_{O1m} 即是图 11-13(c)中的 $\dfrac{1}{2}(U_{\max}-U_{\min})$,再由式(11-18)可求得

$$U_{\mathrm{O1m}}\approx\frac{1}{2}(U_{\max}-U_{\min})=\frac{1}{4}\frac{T}{R_{\mathrm{L}}C}U_{\max}$$

由式(11-19)已知

$$\bar{u}_{\mathrm{O}}=U_{\max}\left(1-\frac{T}{4R_{\mathrm{L}}C}\right)$$

故

$$S=\frac{U_{\mathrm{O1m}}}{\bar{u}_{\mathrm{O}}}\approx\frac{1}{4\dfrac{R_{\mathrm{L}}C}{T}-1} \tag{11-21}$$

电容滤波电路结构简单,使用方便,但是当要求输出电压的脉动成分非常小时,势必要求电容器的容量很大,有时可能很不经济,甚至很不现实。这种情况下,可以考虑采用其他形式的滤波电路以进一步减少脉动。

2. RC-π 型滤波电路

RC-π 型滤波电路实质上是在上述电容滤波的基础上再加一级 RC 滤波组成的，电路见图 11-14。

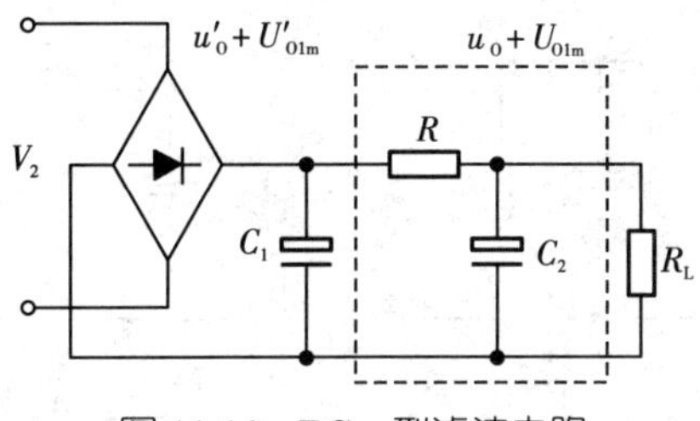

图 11-14　RC-π 型滤波电路

经过第一次电容滤波以后，电容 C_1 两端的电压包含着一个直流分量和一个交流分量。假设其直流分量为 $\bar{u}'_{O}$，交流分量的基波最大值为 U'_{O1m}。通过 R 和 C_2 再一次滤波以后，假设在负载上得到输出电压直流分量和基波最大值分别为 $\bar{u}_{O}$ 和 U_{O1m}，则以上电量之间存在下列关系

$$\bar{u}_{O}=\frac{R_L}{R+R_L}\bar{u}'_{O} \tag{11-22}$$

$$U_{O1m}=\frac{R_L}{R+R_L}\cdot\frac{\frac{1}{\omega C_2}}{\sqrt{R'^2+\left(\frac{1}{\omega C_2}\right)^2}}U'_{O1m} \tag{11-23}$$

其中 $R'=R/\!/R_L$；ω 是整流输出脉动电压的基波角频率，在电网频率为 50 Hz 和全波整流情况下，$\omega=628$ rad/s。

通常选择滤波元件的参数，使满足关系 $\frac{1}{\omega C_2}\ll R'$，则式(11-23)可简化为

$$U_{O1m}\approx\frac{R_L}{R+R_L}\cdot\frac{1}{\omega C_2 R'}U'_{O1m} \tag{11-24}$$

即输出电压的脉动系数 S 与电容 C_1 两端电压的脉动系数 S' 之间存在以下关系：

$$S=\frac{U_{O1m}}{\bar{u}_{O}}\approx\frac{1}{\omega C_2 R'}\cdot\frac{U'_{O1m}}{\bar{u}'_{O}}=\frac{1}{\omega C_2 R'}S' \tag{11-25}$$

由上式可见，在一定的 ω 值之下，C_2 值愈大，R' 愈大，则滤波效果愈好。

为了得到较大的 R' 值，应使 R_L 与 R 都比较大，但是，当 R 值增大时，电阻上的直流压降增大；若 C 值增大，则电容器的体积和重量增大。为了解决这个矛盾，可以采用图 11-14(b)所示的有源滤波电路。在图(b)中，负载电阻 R_L 接在三极管的射极回路；滤波元件 R、C_2 接在基极回路。由图可见，流过 R 的电流比负载电流小 $(1+\beta)$ 倍，即

$$I_R=I_B=\frac{I_E}{1+\beta}=\frac{I_L}{1+\beta}$$

此时可以采用较大的电阻 R，与 C_2 配合以获得较好的滤波效果，以使 C_2 两端电压的脉动成分减小。由于输出电压与电容 C_2 两端电压基本相等(相当于射极输出器中的跟随关系)，因此输出电压的脉动成分也很小。

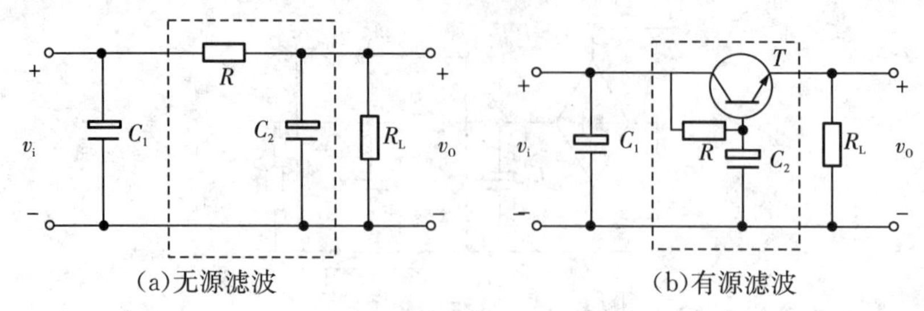

图 11-15　RC 滤波电路

或者从负载电阻 R_L 两端来看，基极回路中的滤波元件 R、C_2 折合到射极回路中，相当于 R 减小 $(1+\beta)$ 倍，而 C_2 增大 $(1+\beta)$ 倍，因此，采用有源滤波以后，为了达到同样的滤波效果，可以选用较大的电阻和较小的电容，从而既可避免过大的直流电压损失，又可避免电容的体积过大。

3. 电感滤波电路和 LC 滤波电路

我们已经知道电感具有阻止电流变化的特点，所以在负载回路中串联一个电感，将使流过整流管的电流波形较为平滑；同时，电感对直流分量的电阻很小(理想时等于零)，但对交流分量感抗很大，因此能够得到较好的滤波效果而直流电压损失很小。

(1)电感滤波器。

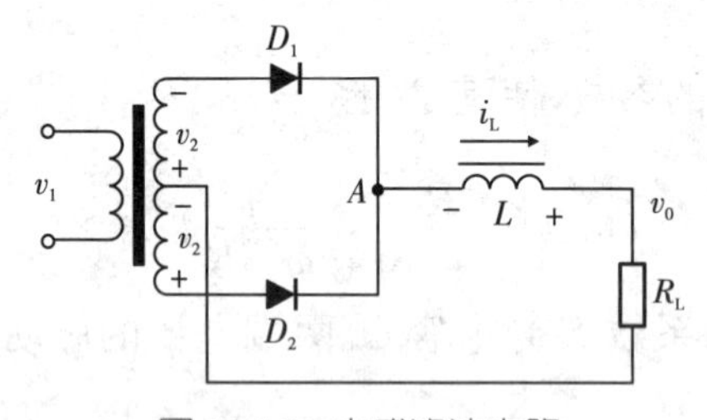

图 11-16　电感滤波电路

在图 11-16 所示的电感滤波电路中，L 串联在 R_L 回路中。根据电感的特点，当输出电流发生变化时，L 中将感应出一个反电势，其方向将阻止电流发生变化。在半波整流电路中，这个反电势将使整流管的导电角大于 180°。但是，在全波整流电路中，虽然 L 上的反电势有延长整流管导电角的趋势，但是 D_1、D_2 不能同时导电。例如当 u_2 的极性由正变负后，L 上的反电势有助于 D_1 继续导电，但是，由于此时 D_2 导电，变压器副边电压全部加到 D_1 两端，其极性使 D_1 反向偏置，因而 D_1 截止。所以在全波整流电路中，虽然采用电感滤波，D_1、D_2 仍然每管导电 180°，图中 A 点的电压波形就是全波整流的输出波形，与纯阻负载时相同(见图 11-5)。

由于电感的直流电阻很小，交流阻抗很大，因此直流分量经电感后基本上没有损失，但是对于交流分量，在 $j\omega L$ 和 R_L 上分压以后，很大一部分交流分量降落在电感上，因而降低了输出电压中的脉动成分。L 愈大，R_L 愈小，则滤波效果愈好，所以电感滤波适用于负载电流较大的场合。采用电感滤波以后，延长了整流管的导电角，因此避免了过大的冲击电流。

(2)LC 滤波电路。

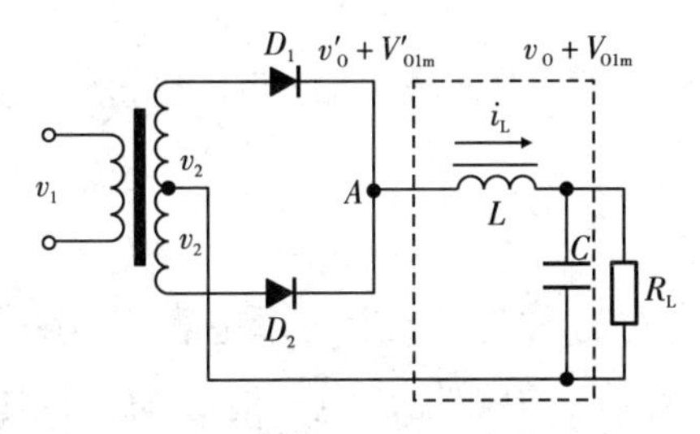

图 **11-17**　**LC** 滤波电路

为了进一步改善滤波效果。可以采用 LC 滤波电路，在电感滤波电路的基础上，再在 R_L 上并联一个电容，如图 11-7 所示。但在 LC 滤波电路中，如果电感 L 值太小，或 R_L 太大，则将呈现出电容滤波的特性。为了保证整流管的导电角仍为 180°，参数之间要恰当配合。

在 LC 滤波电路中，由于 R_L 上并联了一个电容，交流分量在 $R_L /\!/ \frac{1}{j\omega C}$ 和 $j\omega L$ 之间分压，所以输出电压的脉动成分比仅用电感滤波时更小。

根据式(11-9)和(11-10)，已知全波整流输出端 A 点的电压平均值和脉动系数为

$$\bar{u}'_O = 0.9U_2$$

$$S' = 0.67$$

如果忽略电感上的直流压降，则 LC 滤波电路的输出直流电压为

$$\bar{u}_O \approx \bar{u}'_O = 0.9U_2 \tag{11-26}$$

输出端基波电压的最大值 U_{O1m} 与 A 点电压的基波最大值 U'_{O1m} 之间存在以下的分压关系

$$U_{O1m} = \left| \frac{R_L /\!/ \frac{1}{j\omega C}}{j\omega L + (R_L /\!/ \frac{1}{j\omega C})} \right| U'_{O1m} \tag{11-27}$$

通常选择电容的参数，使满足关系 $\frac{1}{\omega C} \ll R_L$，则上式可简化为

$$U_{O1m} \approx \left| \frac{\frac{1}{j\omega C}}{j\omega L + \frac{1}{j\omega C}} \right| U'_{O1m} = \frac{1}{|1-\omega^2 LC|} U'_{O1m} \tag{11-28}$$

因此,输出电压的脉动系数为

$$S=\frac{U_{\mathrm{O1m}}}{\bar{u}_{\mathrm{O}}}=\frac{1}{|1-\omega^2LC|}\frac{U'_{\mathrm{O1m}}}{\bar{u}'_{\mathrm{O}}}=\frac{1}{|1-\omega^2LC|}S' \tag{11-29}$$

若 $\omega^2LC\gg1$,则

$$S\approx\frac{1}{\omega^2LC}S' \tag{11-30}$$

LC 滤波电路在负载电流较大或较小时均有良好的滤波作用,也就是说,它对负载的适应性比较强。

4. LC-π 型滤波电路

在上述 LC 滤波电路的输入端再加上一个电容,就组成了 LC-π 型滤波电路,见图 11-18。显然,LC-π 型滤波电路输出电压的脉动系数比仅有 LC 滤波时更小,波形更加平滑;又由于在输入端接了电容,因而提高了输出直流电压。但是,随之而来的缺点是滤波电路外特性比较软,整流管的冲击电流比较大。LC-π 型滤波器的外特性基本上和电容滤波相同,如考虑到电感上的损耗,则下降的更多一些。

为了得到更好的滤波效果,与 RC-π 型滤波电路一样,也可以采用多级串联的方式。

读者可以运用前面学过的方法,自行分析 LC-π 型滤波电路的输出电压 $\bar{u}_{\mathrm{O}}$、脉动系数 S 等基本参数。

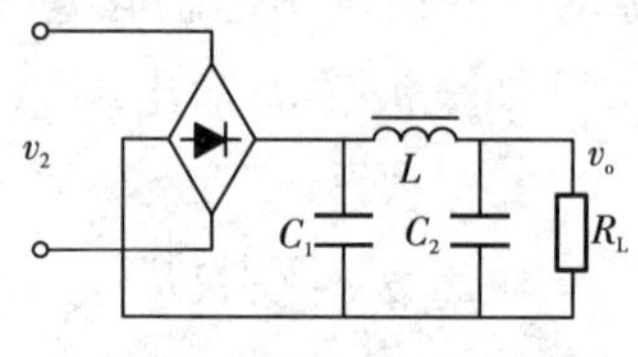

图 11-18 LC-π 型滤波电路

5. 几种滤波电路比较

直流电源中的滤波电路,其主要作用是滤掉整流电路输出电压中的交流脉动成分,并要求尽可能地保留直流成分。滤波电路主要由储能元件电容和电感组成。由于电容具有维持其两端电压不产生突变的特点,所以把它和负载电阻并联以吸收脉动电流并使输出电压保持平稳;由于电感具有维持流过它的电流不产生突变的特点,所以把它和负载电阻串联以抑制脉动电压并使输出电流保持平稳。电容滤波和电感滤波是两种最基本的滤波电路,RC 滤波、LC 滤波和 π 型滤波电路等都是在上述两种基本滤波电路的基础上发展而来的。

滤波电路有两项主要指标:一是衰减倍数,即滤波电路输入端脉动系数 S' 和输出端脉动系数 S 之比。一般来说,储能元件的容量愈大,滤波电路的级数愈多,则衰减倍数愈大,但要有一个适当而合理的安排。另一个指标是外特性,即滤波电路输出端电压和电流的关系。由于在整流电路的输出端加上滤波电路以后,将

影响整流管的导电情况，因而使总的输出电压或电流发生变化。不同的滤波元件对整流电路的影响也将不同。如为电容型滤波电路，则其输出电压将比不加滤波电路时高，同时整流管的冲击电流增大。当负载开路时输出电压为$\sqrt{2}U_2$，随着负载电流的增大，由于整流电路内阻上的压降增大，以及电容充放电过程变快，而使输出电压迅速降低，所以外特性比较强。如为电感型滤波电路，则输出电压将和无滤波器时相同（LC 滤波器应保证负载电流足够大），通过整流管的电流比较平稳。当负载电流很小时，输出电为 $0.9U_2$，随着负载电流的增长，整流电路内阻上的压降也将有所增加，因而输出电压也将下降，但是与电容性滤波电路相比，电感性滤波电路的外特性比较平坦。各种滤波电路的特点列表比较如表 11-2 所示，其外特性如图 11-19 所示。

表 **11-2**　各种滤波电路的性能比较

序号	性能类型	$\bar{u}'_O/U_2$（小电流）	适用场合	整流管的冲击电流
1	电容滤波	≈1.2	小电流	大
2	RC-π 型滤波	≈1.2	小电流	大
3	LC-π 型滤波	≈1.2	小电流	大
4	电感滤波	0.9	大电流	小
5	LC 滤波	0.9	适应性较强	小

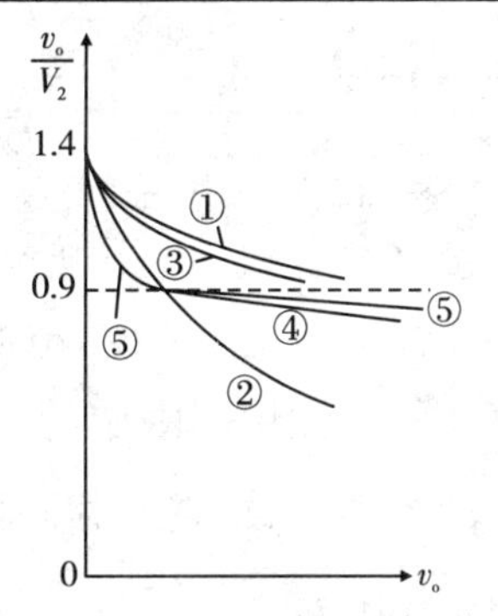

图 **11-19**　各种滤波电路的外特性

11.1.3　倍压整流电路

倍压整流的目的，不仅要将交流电转换成为直流电，而且要求在一定电压之下，得到高出若干倍的直流电压（倍压）。实现倍压整流的方法，是利用二极管的整流和导引作用，将较低的直流电压分别存在多个电容器上，然后将它们按照相同的极性串接起来，从而得到较高的直流电压。所以，倍压整流电路的主要组成元件是二极管和电容器。倍压整流电路的形式很多，下面介绍几种常见的电路。

1. 二倍压整流电路

图 11-20 所示电路就是运用上述方法组成的二倍压整流电路。当变压器副

边电压 U_2 为正半周(即 u_2 的极性是上正下负)时,二极管 D_1 导通,在理想情况下,将电容 C_1 充电至 $\sqrt{2}U_2$ 值,极性如图所示;当负半周时,D_2 导通,将 C_2 充电至 $\sqrt{2}U_2$ 值,极性如图。由图可见,负载上的电压是上述两个电容电压串联相加之和,所以在理想情况下,输出电压为 $2\sqrt{2}U_2$。

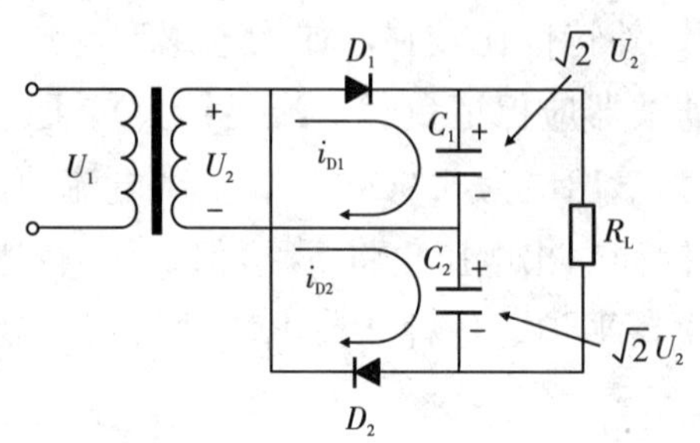

图 11-20　二倍压整流电路

2. 多倍压整流电路

根据和上面同样的原理,只要把更多的电容串联起来,并安排相应的二极管分别给它们充电,就可以得到更多倍的直流输出电压。

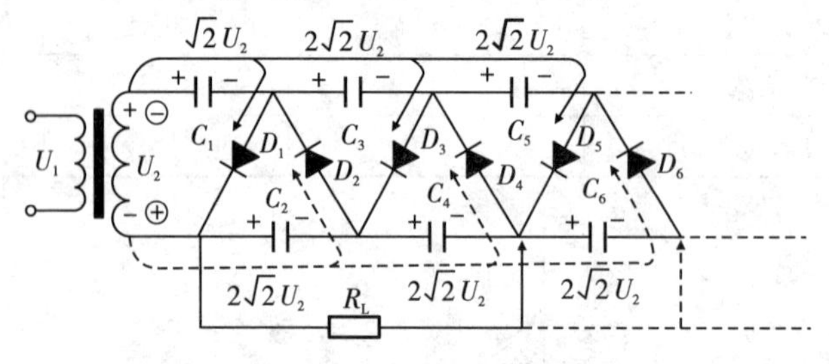

图 11-21　多倍压整流电路

在图 11-21 所示的电路中,当 u_2 为正半周时,电源电压通过 D_1 将电容 C_1 充电到 U_2,然后在负半周时(图中 u_2 的极性用圆圈中的正负号表示),D_2 导通,由图可见,此时 C_1 上的电压 u_{C1} 与 u_2 的极性一致,它们共同将电容 C_2 充电到 $2\sqrt{2}U_2$。到另一个正半周时,通过 D_3 向 C_3 充电,$u_{C3}=u_2+u_{C2}-u_{C1}\approx 2\sqrt{2}U_2$。而在另一个负半周时,通过 D_4,向 C_4 充电,$u_{C4}=u_2+u_{C1}+u_{C3}-u_{C2}\approx 2\sqrt{2}U_2$。依次类推,可以分析出电容 C_5、C_6 等也都充电至 $2\sqrt{2}U_2$,它们的极性如图 11-17 所示。最后,只要把负载接到有关电容组的两端,就可以得到相应的多倍压直流输出。

观察倍压整流电路可以看出,倍压电路输出的电压与二极管和电容的数量成正比,设二极管和电容的数量为 n,则倍压电路输出的电压与变压器副边电压的关系为:

$$u_n \approx n\sqrt{2}U_2 \tag{11-31}$$

以上分析倍压整流电路的工作原理时,都假定在理想情况下,即电容电压被充电至变压器副边电压的最大值。实际上由于存放电回路,电容上的电压达不到最大值，即$\sqrt{2}U_2$或 $2\sqrt{2}U_2$，而且在充放电过程电容电压还将上下波动，即包含有脉动成分，计算倍压整流电压的输出电压和脉动系数的过程比较繁琐，一般都用经验公式或者采用下面的近似方法进行估算：

$$u_n \approx 1.2nU_2 \tag{11-32}$$

由于负载电阻 R_L 愈小时电容放电过程愈快，于是输出直流电压愈低，而且脉动成分愈大，所以倍压整流电路适用于输出电压较高、负载电流较小的场合。

例 11-1　某直流电源要求输出电压和电流为 12 V，100 mA，①若希望脉动系数小于 10%，采用电容滤波，试估算滤波电容和变压器副边电压值，②若希望脉动系数小于 0.1%，应该如何解决？

解：①由已知条件可得

$$R_L = \frac{\bar{u}_O}{\bar{i}_O} = \frac{12}{0.1} = 120\ \Omega$$

根据给定的脉动系数，由式(11-21)可求出滤波电容值为

$$C \geqslant \frac{T}{4R_L}\left(\frac{1}{S}+1\right) = \frac{0.02}{4\times120}(10+1) = 4.6\times10^{-4}\text{F} = 460\ \mu\text{F}$$

目前如此大容量的电容器不易得到。所以采用 RC-π 型滤波的方案比较现实，如图 11-14 所示。

如果选 $C_1 = 1000\ \mu\text{F}$，且使电阻 R 两端的电压降也是 12 V，即 $R = R_L = 120\ \Omega$，则 C_1 两端的等效负载为 $R'_L \approx 120+120 = 240\ \Omega$，则根据式(11-21)求得 C_1两端电压的脉动系数为

$$S = \frac{1}{\dfrac{4\times240\times10^{-3}}{0.02}-1} = \frac{1}{47} \approx 2\%$$

若输出端的脉动系数 $S = 0.1\%$，则由式(11-25)可得

$$\omega C_2 R' = \frac{S'}{S} = \frac{1000}{47} = 21.3$$

其中

$$R' = R /\!/ R_L = 120 /\!/ 120 = 60\ \Omega$$

$$\omega = 628\text{rad/s}$$

故 $C_2 = \dfrac{21.3}{628\times60} = 5.65\times10^{-4}\text{F} = 565\mu\text{F}$

若 C_1、C_2均选用 1000 μF 的电解电容器：则脉动系数 S 将在 0.1%以内。此时电容器的耐压应选 30 V，而变压器副边电压为

$$U_2 \approx \frac{12+12}{1.2} = 20\ \text{V}(\text{有效值})$$

RC-π 型滤波电路的缺点是在 R 上有直流压降，因而必须提高变压器的副边

电压；而整流管的冲击电流仍然比较大；同时，由于 R 上产生压降，外特性比电容滤波更软，只适用于小电流的场合。当负载电流比较大的情况下，可以采用电感滤波。

例 11-2 某电子设备需要一个 12 V、1 A 的直流电源，要求输出端的脉动系数为 0.1%，试估算 LC 滤波电路的参数。

解： 已知 $S'=0.67$，要求 $S=0.001$，根据式(11-30)可得

$$\omega^2 LC=\frac{S'}{S}=\frac{0.67}{0.001}=670$$

即
$$LC=\frac{670}{628^2}=0.0017$$

使电容值满足以下关系

$$\frac{1}{\omega C}=\frac{1}{10}R_L=\frac{1}{10}\cdot\frac{12}{1}=1.2\ \Omega$$

则
$$C=\frac{1}{1.2\omega}=\frac{1}{1.2\times 628}=1.33\times 10^{-8}\text{F}=1330\ \mu\text{F}$$

选 $C=2000\ \mu$F，耐压 16 V 的电解电容器，电感值为

$$L=\frac{0.0017}{C}=\frac{0.0017}{0.002}=0.85\ \text{H}$$

电感滤波和 LC 滤波电路克服了整流管冲击电流大的缺点，而且当输出电流变化时，因电感内阻很小，所以外特性比较硬。但是与电容滤波器相比，输出电压 $\bar{u}_O$ 较低，另一个缺点是采用了电感，使重量大为增加。

11.2 串联直流稳压电路

11.2.1 串联直流稳压电路的基本形式

1. 基本调整电路

稳压管电路如图 11-22(a)所示，比较适合电流比较小的场合(详见第 1.5 节)，负载电流最大变化范围等于稳压管的最大稳定电流和最小稳定电流之差($\Delta I_Z=I_{Z\max}-I_{Z\min}$)。可以采用射极输出形式来扩大负载电流，如图 11-22(b)所示。当负载电流 I_L 变化时，稳压管只需提供三极管的基极电流变化ΔI_B，由于 I_E是 I_B 的$(1+\beta)$倍，所以，当 I_R 基本不变时$\Delta I_R=\Delta I_B+\Delta I_Z=0$，即有$\Delta I_B=-\Delta I_Z$ 所以

$$\Delta I_L=\Delta I_E=-(1+\beta)\Delta I_Z=(1+\beta)(I_{Z\max}-I_{Z\min}) \tag{11-33}$$

输出电压为
$$U_O=U_Z-U_{BE} \tag{11-34}$$

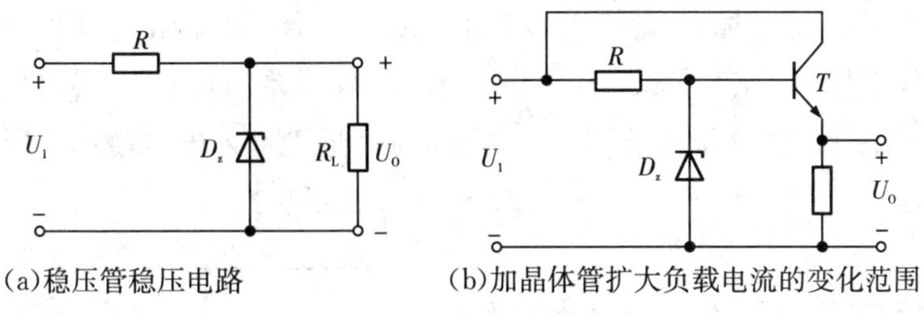

(a)稳压管稳压电路　(b)加晶体管扩大负载电流的变化范围

图 **11-22**　基本调整管稳压电路

采用射极输出器以后，负载电流的变化量可以比稳压管工作电流的变化量扩大$(1+\beta)$倍。例如一般小功率稳压管的工作电流范围是 30 mA，若三极管的$\beta=50$，则允许负载电流变化 $30\times50=1500$ mA。当然，此时必须选用耐压、功耗和最大电流均符合要求的三极管。

2. 串联直流稳压电路的构成

图 11-22(b)中的基本调整管稳压电路扩大了负载电流的变化范围，然而，公式(11-34)表明，基本调整管稳压电路的输出电压仍不能调整，并且稳压效果不甚好，实际输出电压的稳定性比稳压管电压 U_Z 还要差一些。其次，输出电压不能连续调节。改进的办法是稳压电路中引入放大环节。

串联型直流稳压电路，如图 11-23(a)所示，是在输入直流电压 U_I 和负载 R_L 之间串联入可变电阻 R'，显然，$U_O=U_I-U_R$。当 U_I 增加时，可以控制并改变 R' 使其增加，使得 U_R 增大，从而在一定程度上抵消了 U_I 增加对输出电压的影响。若负载电流 I_L 增加，可以改变 R' 使其减小，使得 U_R 减小，从而在一定程度上抵消了因 I_L 增加对输出电压减小的影响。

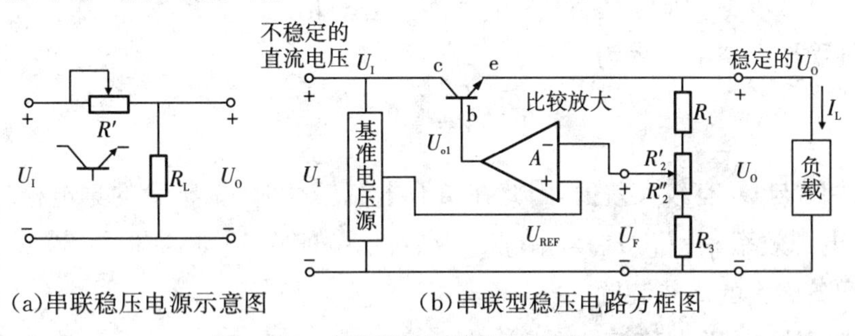

(a)串联稳压电源示意图　(b)串联型稳压电路方框图

图 **11-23**　具有放大环节的串联稳压电路

这个可变电阻 R' 是用一个三极管来替代的，U_{CE} 相当于 U_R。根据三极管所起的作用，称为调整管，可通过控制基极电位，使三极管的管压降 U_{CE} 随之变化，从而调整 U_O 使输出电压基本稳定。串联稳压电路由调整管、基准电压源、取样、比较放大几个部分组成，如图 11-23(b)所示。

3. 串联稳压电路工作原理

根据图 11-23(b)分析讨论如下：

(1)输入电压变化，负载电流保持不变。

输入电压U_I的增加,必然会使输出电压U_O有所增加,输出电压经过取样电路取出一部分信号U_F与基准源电压U_{REF}比较,获得误差信号ΔU。误差信号经放大后,用U_{O1}去控制调整管的管压降U_{CE}增加,从而抵消输入电压增加的影响。

$$U_I\uparrow\to U_O\uparrow\to U_F\uparrow\to U_{O1}\downarrow\to U_{CE}\uparrow\to U_O\downarrow$$

(2)负载电流变化,输入电压保持不变。

负载电流I_L的增加,会使输入电压U_I有所减小,输出电压U_O有所下降,经过取样电路取出一部分信号U_F与基准电压源U_{REF}比较,获得的误差信号使U_{O1}增加,从而使调整管的管压降U_{CE}下降,从而抵消因I_L增加使输入电压减小的影响。

$$I_L\uparrow\to U_I\downarrow\to U_O\downarrow\to U_F\downarrow\to U_{O1}\uparrow\to U_{CE}\downarrow\to U_O\uparrow$$

(3)输出电压调节范围的计算。

由图 11-23(b)可知

$$U_F\approx U_{REF}$$
$$U_O\approx U_{O1}=(1+\frac{R_1+R'_2}{R_3+R''_2})U_{REF} \tag{11-35}$$

其中:T_1是调整管,R_1、R_2、R_3 组成采样电阻,稳压管 D_Z通过R 提供一个基准电压,显然,调节 R_2可以改变输出电压。

(4)串联稳压电路消耗的功率 P_W,由于稳压电路的调整管与负载电路串联,它所消耗的功率很大,几乎与整个稳压电路相当,所以

$$P_W\approx P_C=U_{CE}I_O=(U_I-U_O)I_O=P_I-P_O \tag{11-36}$$

这种稳压电路的效率为

$$\eta=\frac{P_O}{P_I} \tag{11-37}$$

通常U_I与U_O有较大差值,因此在负载电流较大时,调整管的集电极损耗 P_C也很大,电源效率$\eta=P_O/P_I=U_O I_O/U_I I_I$ 较低,一般为60% ,有时在50%以下,甚至还要配备庞大的散热装置。

4. 典型的串联型稳压电路

(1)稳压电路基本原理,如图 11-24 所示为典型的串联稳压电路,T_1 是调整管;稳压管 D_2提供一个基准电压,电阻 R 的作用是保证 D_z 有一个合适的工作电流;R_1、R_2、R_3 组成采样电路;比较放大电路由 T_2、集电极电阻 R_{C2}担任。当输出电压变化时,采样电路将采样电压的变化量送到放大管

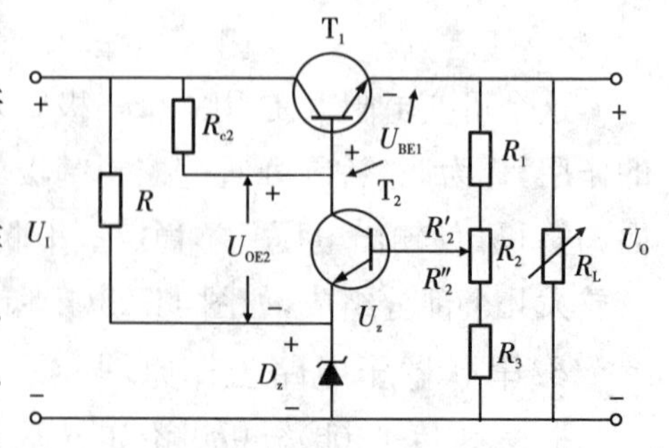

图 11-24　典型的串联稳压电路

T_2的基极，与基准电压进行比较放大，然后再送到调整管的基极，只要输出电压有一点微小的变化，就能引起调整管的管压降发生较大的变化，增强稳压的效果。

其稳压过程简明表示如下：

$$U_O\uparrow\rightarrow U_{BE2}\uparrow\rightarrow I_{C2}\uparrow\rightarrow U_{C2}\downarrow\rightarrow U_{BE1}\downarrow\rightarrow I_{C1}\downarrow\rightarrow U_{CE1}\uparrow\rightarrow U_O\downarrow$$

由此看出，稳压的过程实质上是通过负反馈使输出电压维持稳定的过程。放大倍数愈大，则输出电压的稳定性愈高。

(2)输出电压。

$$U_O\approx U_{O1}=(1+\frac{R_1+R'_2}{R_3+R''_2})(U_{REF}+U_{BE2}) \tag{11-38}$$

11.2.2　串联稳压电路性能的改进

图 11-24 所示的稳压电路的性能存在一些不足，通常需要作一些改进：

1. 提高基准电压的稳定性

由于流过稳压管的电流会随着 U_I 的变化而产生波动，使 U_Z 不稳定，降低稳压精度。常用的提高稳压精度方法如图 11-25 所示，图(a)的方法是将稳压管 D_Z 的限流电阻 R 由原来的 U_I 改接到 U_O 端，其原因是 U_O 比 U_I 稳定；图(b)的方法是在稳压管电路前面再接一个稳压管，使得稳压管 D_Z中的电流比较稳定，以提高基准电压的稳定性。

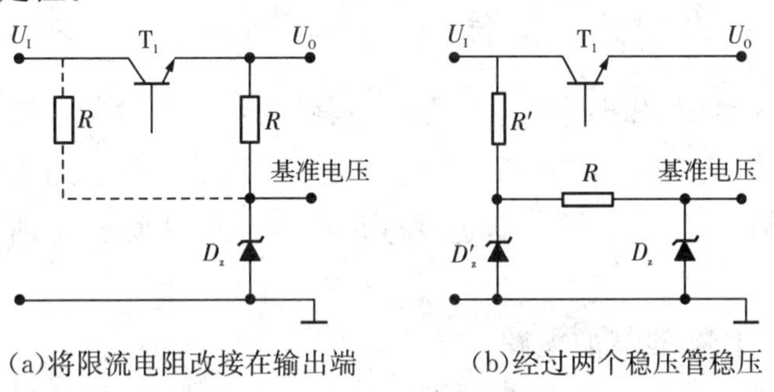

(a)将限流电阻改接在输出端　(b)经过两个稳压管稳压

图 11-25　提高基准电压稳定性

2. 增加辅助电源

比较放大电路(如图 11-24 中的 T_2)的供电电源通常也是由 U_I 提供，可以将比较放大电路增加一个辅助电源，以提高比较放大电路供电电源的稳定性。通常由电源变压器的另一个副边电压 U_{21}经过整流滤波以及硅稳压管 D_{Z2}稳压以后获得，一般将辅助电源的负端输出端接在稳压电路的输出端，所以辅助电源的正端输出端电压为 $U_{Z2}+U_O$，如图 11-26 所示。将放大管 T_2的集电极电阻从 U_I 改接到 U_{Z2}，避免了 U_I 的变化经过放大管负载电阻 R_{C2}直接传递到调整管的基极，有效地减小了电网波动对输出电压的影响。此时放大电路的集电极电源为 $U_{Z2}+$

U_O，由于二者都比较稳定，因此改善了稳压效果。

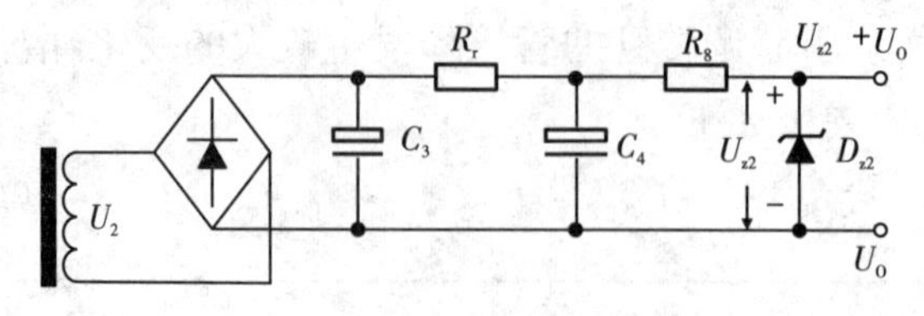

图 11-26　辅助电源

3. 比较放大电路的性能的改善

T_2放大电路温度变化时，由 T_2组成的放大环节将产生零点漂移，也使输出电压稳定度变差。另一方面，由前面分析可知，比较放大电路的放大倍数愈大，则输出电压的稳定性愈高，用差动放大采用长尾式电路或运算放大电路来替代比较放大电路 T_2也是一种较好的方法，这样，既可以使比较放大电路具有很高的共模抑制比，也能抑制放大环节的温度漂移。

4. 采用复合管扩大电路的负载能力

当负载电流变化范围比较大时(例如从零到几个安培)，相应地要求调整管的基极电流也有较大的变化范围(例如从零到几十毫安)。这部分电流要由放大管的集电极来供给，一般三极管不易达到这样的要求，因此许多场合采用复合管来替代调整管 T_1。复合管的电流放大倍数大约是两只复合管的电流放大倍数的乘积，详见第 8.2.3，这就容易满足负载电流的变化范围较大的要求。

11.2.3　稳压电源的过载保护

使用稳压电源时，如果输出端短路或过载，则将使通过调整管的电流超过额定值许多倍，如不预先在电路中采取保护措施，就造成损坏。通常采用限制过载电流的方法来保护稳压电源电路，这种电路有很多种，下面介绍两种常用的保护电路。

1. 二极管限流型保护电路

一个简单的限流型保护电路如图 11-27(a)所示。它的主要措施是在调整管的发射极回路串接一个检电阻 R，利用负载电流在 R 两端产生的压降，来控制二极管 D 的分流作用，从而限制了 I_{B1}的增加。例如当 I_L 增加时，U_O 将下降，于是 I_{C2}减小，使调整管的基流 I_{B1}增加，以便提供给负载更多的电流。当 I_L 未超过额定值时，U_{BE1}和 U_R 的总和(即加在二极管两端的电压 U_D)还不足以使 D 导通，则放大管和调整管都处于正常工作状态。当 I_L 超过某一临界值以后，D 导电，则 I_D 随之迅速增长，于是 I_{B1}的增加就受到了限制，当负载短路时，放大管 T_2截止，I_{R5} $=I_B$，但此时大部分增长的电流被二极管 D 分流，所以 I_{B1}增加并不太多。这种限流型保护电路的输出特性如图 11-27(b)所示。

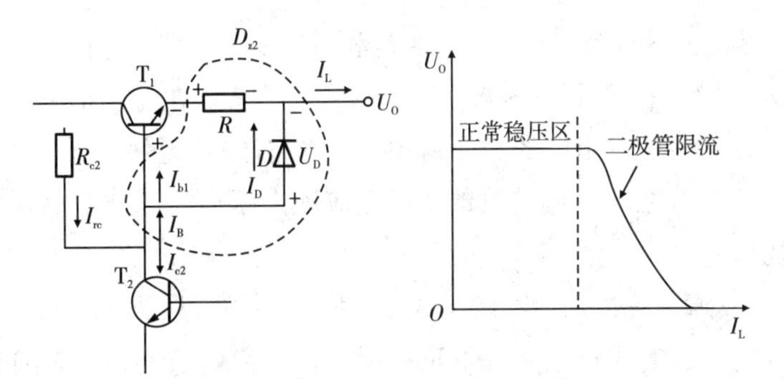

(a)二极管限流型保护电路原理　　　(b)二极管限流型保护电路的输出特性

11-27　二极管限流型保护电路

2. 三极管截流型保护电路

二极管限流型保护电路虽然能够限制过大的输出电流，但当负载短路时，整流滤波后的输出直流电压 U_I 将全部加在调整管的两端，而且此时通过调整管的电流也相当大，所以消耗在调整管上的功率还是很可观的。如果按照这种条件来选择调整管，势必要求其容量的额定值比正常情况大好几倍，这样来使用调整管是很不经济的。所以在容量较大的稳压电路中，希望一旦发生过载，输出电压和输出电流都能下降到较低的数值，即要求其输出特性如图 11-28 所示。这样的保护电路称为截流型保护电路。

实现截流保护的具体电路见图 11-29。电路中也接入一个检测电阻 R，并利用 R 两端的电压来控制对 I_{B1} 的分流作用。现在改用一个三极管 T 来代替图 11-26中的二极管 D。固定电压 E 经 R_1、R_2 分压后接至三极管的基极，而输出电压 U_O 经 R_3、R_4，分压后接至发射极，检测电阻 R 接在 R_2 与 R_4之间。在正常工作时，电阻 R 两端电压较低，此时 $U_{R2}+U_R<U_{R4}$，三极管 T 处于截止状态。当 I_L增加时，U_R 也增加，若 U_{BE}值增大到使 T 进入放大区后，将有下面的正反馈过程：

$$I_C\uparrow\rightarrow I_{B1}\downarrow\rightarrow U_O\downarrow\rightarrow U_E\downarrow\rightarrow U_{BE}\uparrow\rightarrow I_C\uparrow$$

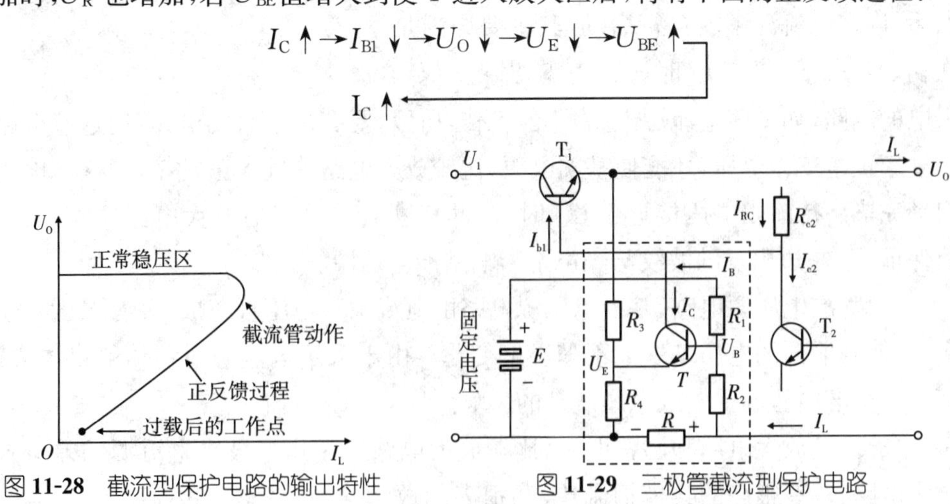

图 **11-28**　截流型保护电路的输出特性　　　图 **11-29**　三极管截流型保护电路

于是U_{BE}和I_C不断增加，使T迅速饱和，结果，$U_O=U_{R4}+U_{CES}-U_{BE1}-I_L R$，若$U_{R4}$选定为1伏左右时，$U_{CES}\approx 0.3$ V，U_{BE1}等于临界导电值，而I_L值很小。所以当保护电路动作以后，输出电压将下降到1伏左右的数量级。这种情况下，调整管的功率损耗很小，但所选调整管的BU_{CEO}应该大于整流滤波电路输出电压可能达到的最大值。

当负载端故障排除以后，由于I_L减小，使U_R下降，只要三极管T和T_1能够进入放大区，则输出电压将按照以下正反馈过程很快地恢复到原来的数值。

$$U_R\downarrow\rightarrow U_B\downarrow\rightarrow I_C\downarrow\rightarrow I_{B1}\uparrow\rightarrow U_O\uparrow\rightarrow U_E\uparrow\rightarrow U_{BE}\downarrow\rightarrow I_C\downarrow$$

11.2.4 三端集成稳压电器

目前，电子设备中常用输出电压固定的集成稳压器，由于它只有输入、输出和公共引出端，故称为三端稳压器，其输出电压有固定式和可调式、正电压和负电压之分，使用方法非常简单。

1.输出电压固定的三端稳压器

现以具有正电压输出的78L××系列为例简单介绍它的内部构成。如图11-30所示，三端稳压器由启动电路、基准电源、取样电路、比较放大电路、调整管电路和保护电路等部分组成，它们的主要作用如下。

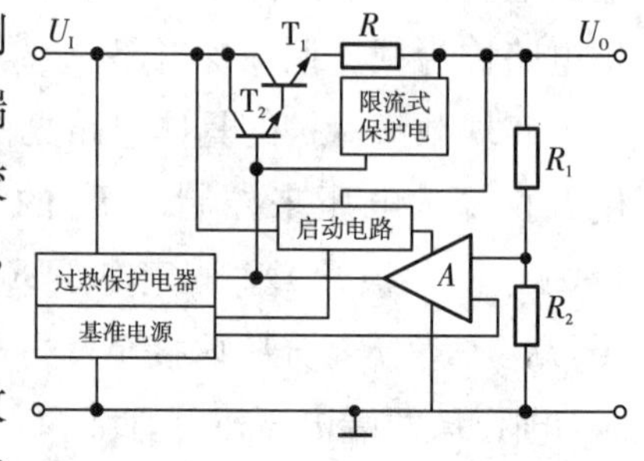

图11-30　78L××三端稳压器内部电路结构示意图

(1)启动电路，在集成稳压器中，如比较放大、基准电源等都用到电流源，当输入电压U_I接通后，许多电流源不能自行启动，其主要原因是在初始状态下，仅有U_I时，U_O为零，某些由U_O供电的电路(如一些电流源电路)不能工作，所以，要有一个启动电路，给这些电路建立起正常工作电压，才能使基准电源、比较放大电路等进入正常工作状态，电路启动完毕。待输出电压接近于U_O时，自动切断启动电路与放大电路的联系，从而保证T_2左边出现的波纹与噪声不影响基准电压源。

(2)基准电压源电路，基准电压源电路由恒流源和稳压管组成，并有温度补偿措施，使其输出的电压基本上不随温度变化。由于采用电流源对稳压管供电，从而保证基准电压不受输入电压波动的影响。

(3)比较放大电路和调整电路，比较放大电路采用集电极带电流源的差分式放大电路，具有很高的共模抑制比，和很高的放大倍数；调整管由T_1、T_2复合管组成，增加稳压电路的负载能力。

(4)保护电路,采用限流式保护电路,将保护电路并联在调整管发射极和其串联的电阻两端,使调整管(主要是 T_1)能工作在安全区以内,使用时,要使它的功耗不超过额定值 P_{CM}。首先考虑一种简单的情况。假设图 11-30 中的限流保护电路和 R 不存在,如果稳压电路工作正常,即 $P_C < P_{CM}$,且输出电流 I_o 在额定值以内,流过 R 的电流使 $U_R = I_o R$ 小于某极限值,限流保护电路不工作,该电路相当于开路。当输出电流急剧增加,例如输出端短路时 $U_o = 0$,输出电流超过极限值使得 $U_R = I_o R$ 大于某极限值,T_2 的基极和 U_R 开路之和等于或大于一定的极限值,即 $U_{T1BE} + U_{T2BE} + U_R > U_H$,限流保护电路开始导通,使得 $U_{T1BE} + U_{T2BE}$ 开始下降,限制了调整管的电流,从而保护了调整管。

(5)取样电路,取样电路由 R_1、R_2 组成,由它们的分压比来确定输出的电压值 U_O,可以通过改变 R_1、R_2 的值,得到不同的输出电压 U_O,这就形成了不同的型号,通常 78××的后两位的数字表示稳压器的输出电压,一般为正数,如 5 V、6 V、9 V、12 V、15 V、18 V 和 24 V 等,他的输出电压为 $U_O \approx (1 + \frac{R_1}{R_2}) U_{REF}$。

(6)过热保护电路,常温下过热保护电路对电路没有影响,当某种原因(过载或环境升温)使芯片温度升高到某一极限值时,过热保护电路输出低电压使调整管的基极电流被分流,输出电流 I_o 下降,从而达到过热保护的目的。

2. 可调式三端集成稳压器

输出电压固定的 78××和 79××系列三端稳压器,可以根据实际不同电压的需要,选择不同型号,都具有固定的输出电压。有些场合,要求扩大输出电压的调节范围,故使用这类三端稳压器很不方便。现介绍一种外接很少元件就能工作的可调式三端集成稳压器。它的三个接线端分别称为输入端 U_I、输出端 U_o 和调整端 adj。

以 LM317 为例,其电路结构和外接元件如图 11-31 所示。它的内部电路有比较放大器、偏置电路(图中未画出)、电流源电路和带隙基准电压 U_{REF} 等,它的公共端改接到输出端,器件本身无接地端。所以消耗的电流都从输出端流出,内部的基准电压(约 1.2 V)接至比较放大器的同相端和调整端之间。若接上外部的调整电阻 R_1、R_2 后,输出电压为

$$\begin{aligned} U_O &= U_{REF} + I_2 R_2 = U_{REF} + (\frac{R_{REF}}{R_1} + I_{adj}) R_2 \\ &= U_{REF}(1 + \frac{R_2}{R_1}) + I_{adj} R_2 \end{aligned} \tag{11-39}$$

LM317 的 $U_{REF} = 1.2$ V,$I_{adj} = 50\ \mu$A。由于调整端电流 $I_{adj} \ll I_1$,故可以忽略,式(11-35) 可简化为

$$U_O = U_{REF}(1 + \frac{R_2}{R_1}) \tag{11-40}$$

LM337稳压器是与LM317对应的负压三端可调集成稳压器，它的工作原理和电路结构与LM317相似。其电路特点是输出电压连续可调，调节范围较宽，且电压调节率、电流调节率等指标优于固定式三端稳压器。

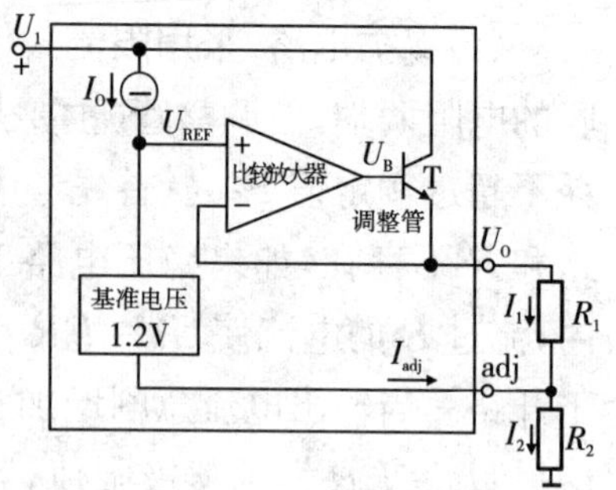

图11-31　可调式三端稳压器结构图

3. 三端集成稳压器的应用

(1)固定式三端集成稳压器的应用举例，图11-32(a)是78L××作为输出电压U_o固定的典型电路图，正常工作时，输入、输出电压差为2～3 V。电路中靠近引脚处接入电容C_1、C_2用来实现频率补偿，防止稳压器产生高频自激振荡和抑制电路引入的高频干扰，C_3是电解电容，以减小稳压电源输出端由输入电源引入的低频干扰。D是保护二极管，当输入端短路时，给输出电容器C_3一个放电通路，防止C_3两端电压作用于调整管的be结，造成调整管be结击穿而损坏，见图11-32(a)。图11-32(b)为输出电压可调的稳压电路，它由稳压器78××和电压跟随器A组成。该电路用A将稳压器与取样电阻隔离。图中电压跟随器A的输出电压等于其输入电压U'_O；，即满足$U'_O=U_{\times\times}$，也就是电阻R_1与R_P上部分的电压的之和为78××的输出电压$U_{\times\times}$，当调节R_P的"动端位置时"，输出电压随之变化，其调节范围为

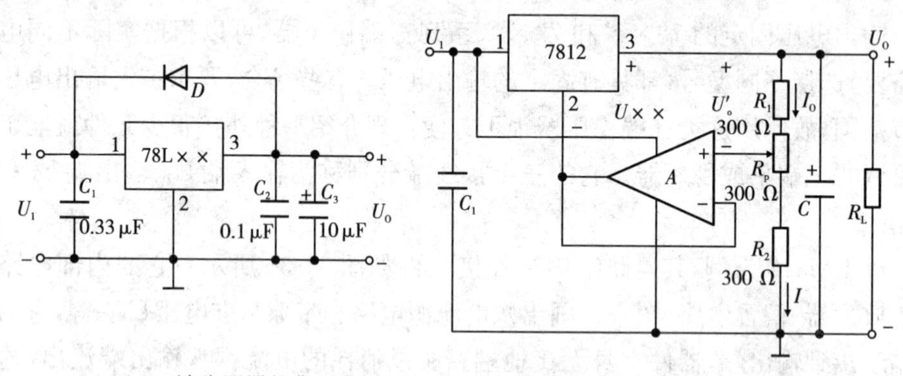

(a)三端稳压器的典型应用　　(b)输出电压可调的稳压电路

图11-32　固定式三端稳压器应用电路

$$U_{Omin}=\frac{R_1+R_P+R_2}{R_1+R_P}U_{\times\times} \tag{11-41}$$

$$U_{Omax}=\frac{R_1+R_P+R_2}{R_1}U_{\times\times} \tag{11-42}$$

设$R_1=R_P=R_2=300\ \Omega$，$U_{\times\times}=12$ V时，则输出电压的调节范围为18～36 V。可根据输出电压调节范围和输出电流的大小选择三端稳压器、运放和取样电阻。

(2)可调式三端集成稳压器应用举例，这类稳压器是依靠外接电阻来调节输

出电压的，为保证输出电压的精度和稳定性，要选择精度高的电阻，同时电阻要紧靠稳压器，防止输出电流在连线电阻上产生误差电压。图 11-33 所示为三端可调式稳压器的典型应用电路，图(a)是由 LM117 和 LM137 组成的正、负输出电压可调的稳压器。电路中的 $U_{REF}=U_{31}$（或 U_{21}）$=1.2$ V，$R_1=R'_1=(120\sim240)$ Ω，为保证空载情况下输出电压稳定，R_1 和 R'_1 不宜高于 240 Ω。R_2 和 R'_2 的大小根据输出电压调节范围确定。该电路输入电压 U_I 分别为±25 V，则输出电压可调范围为±(1.2-20)V。

图 11-33(b)为并联扩流的稳压电路，它是由两个可调式稳压器 LM317 组成，输入电压 $U_I=25$ V，输出电流 $I_o=I_{o1}+I_{o2}=3$ A，输出电压可调范围为 1.2～22 V。电路中的集成运放 741 是用来平衡两稳压器的输出电流。如 LM317-1 输出电流 I_{o1} 大于 LM317-2 输出电流 I_{o2} 时，电阻 R_1 上的电压降增加，运放的同相端电位 $U_P(=U_I-I_1R_1)$ 降低，运放输出端电压 U_{AO} 降低，通过调整端 adj_1 使输出电压 U_O 下降，输出电流 I_{o1} 减小，恢复平衡；反之亦然。改变电阻 R_5 可调节输出电压的数值。

可调式三端稳压器的应用形式是多种多样的，只要能维持输出端与调整端之间的电压恒定及调整端可控的特点，就不难设计出各种应用电路。

由于集成稳压器的稳定性高和内部电路有完善的保护措施，又具有使用方便、可靠、价格低廉等优点，因此得到广泛的应用。目前这种器件发展迅速，种类很多。

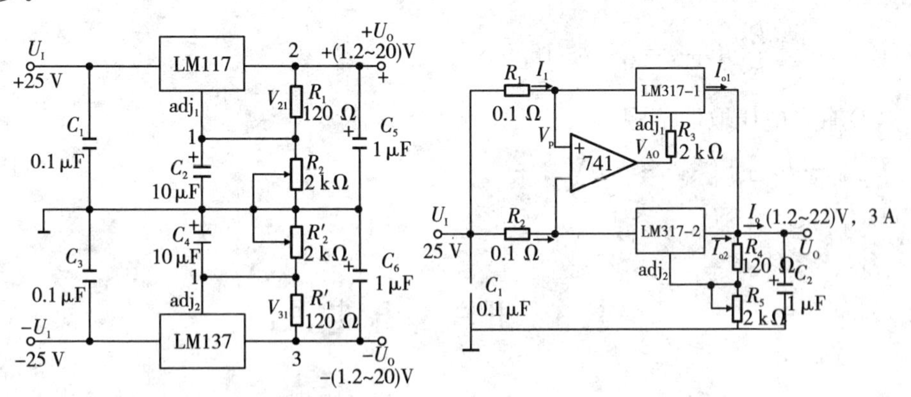

(a)输出正、负可调的稳压电路　　　　(b)并联扩流的稳压电路

图 11-33　可调式三端稳压器应用电路

例 11-3　某串联型直流稳压电路如图例 11-3 所示，T_2 和 T_3 管特性完全相同，T_2 管基极电流可忽略不计，稳压管的稳定电压为 V_Z，试完成：

(1)填空：调整管为________，输出电压采样电阻由________________组成，基准电压电路由______________组成，比较放大电路________________组成；输出电压调节范围的表达式为__________________。

(2)设图中的稳压管为 2CW14,其 $U_Z=7\ \text{V}$,采样电阻 $R_1=1\ \text{k}\Omega$,$R_2=200\ \Omega$,$R_3=680\ \Omega$,试估算输出电压的调节范围。

图例 11-3

解:(1)T_1;R_1、R_2、R_3;R、D_Z;$U_0=\left\{\dfrac{R_1+R_2+R_3}{R_2+R_3}U_Z,\dfrac{R_1+R_2+R_3}{R_3}U_Z\right\}$

(2)设 $U_{BE2}=0.7\ \text{V}$,根据式(11-41)

$$U_{Omin}\approx\frac{1+0.2+0.68}{0.2+0.68}\times(7+0.7)=16.5\ \text{V}$$

由式(11-42)

$$U_{Omax}\approx\frac{1+0.2+0.68}{0.68}\times(7+0.7)=21.3\ \text{V}$$

所以输出电压的调节范围是 16.5~21.3 V。

例 11-4 电路如图例 11-4 所示,$R_1=240\ \Omega$,$R_2=3\ \text{k}\Omega$;W117 输入端和输出端电压允许范围为 3~40 V,输出端和调整端之间的电压 U_R 为 1.25 V。试求解:

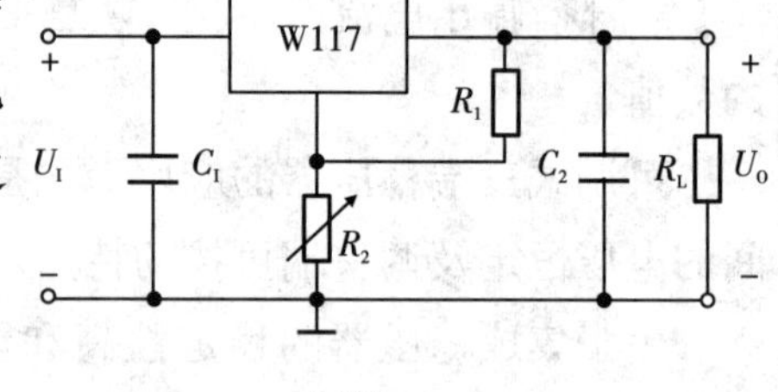

图例 11-4

(1)输出电压的调节范围;

(2)输入电压允许的范围;

解:(1)输出电压的调节范围

$$U_O\approx\left(1+\frac{R_2}{R_1}\right)U_{REF}=1.25\sim16.9\ \text{V}$$

(2)输入电压取值范围

$$U_{Imin}=U_{Omax}+U_{12min}\approx20\ \text{V}$$

$$U_{Imax}=U_{Omin}+U_{12max}\approx41.25\ \text{V}$$

11.3 开关稳压电源

前述的串联反馈式稳压电路,调整管工作在线性放大区,调整管的集电极损耗很大,电源效率较低,为了克服上述缺点,可采用开关式稳压电路,电路中的调整管工作在开关状态,即调整管主要工作在饱和导通和截止两种状态。由于管子饱和导通时管压降 U_{CES} 和截止时管子的电流 I_{CEO} 都很小,管耗主要发生在状态开与关的转换过程中,电源效率可提高到 95%。甚至可以省去电源变压器和调整管的散热装置,尽管它的电路比较复杂,对元器件要求较高。但由于其体积小、重量轻、工艺已经成熟,开关稳压电源已成为宇航、计算机、通信、家用电器和功率较大电子设备中电源的主流，应用日趋广泛。一般用得较多的是“电压－脉冲宽度调制器(简称脉宽调制器 PWM)”。本节主要介绍用 BJT 或 MOSFET 作为开关管的串联(降压)型、并联(升压)型和自激式变换型开关稳压电源的基本组成和工作原理。

11.3.1　开关电源的工作原理

开关电源的工作原理可以用图 11-34 进行说明。图中输入的不稳定直流电压 U_i 经开关 K 加至输出端，K 为受控开关，若使开关 K 按要求改变导通或断开时间，就能把输入的直流电压 U_i 变成矩形脉冲电压。这个脉冲电压经滤波电路进行平滑滤波后就可以得到稳定的直流输出电压 U_0。

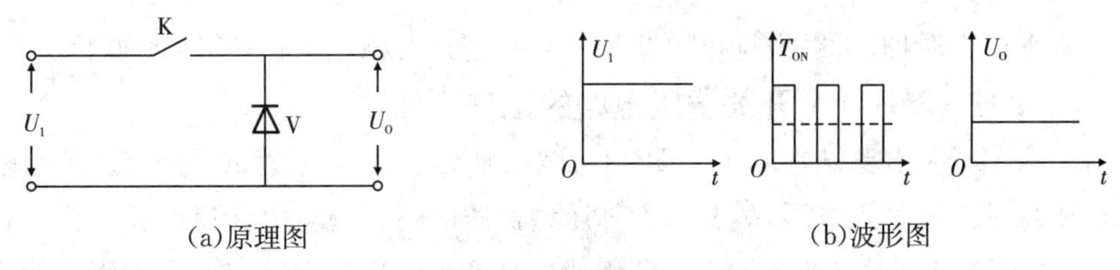

(a)原理图　　(b)波形图

图 11-34　开关电源的工作原理图

为了分析开关电源电路，定义脉冲占空比如下：

$$D=\frac{T_{ON}}{T} \tag{11-43}$$

式中，T 表示开关 K 的开关重复周期；T_{ON}表示开关 K 在一个开关周期中的导通时间。

开关电源直流输出电压 U_o与输入电压 U_i 之间有如下关系：

$$U_0=U_iD \tag{11-44}$$

由公式(11-43)和式(11-44)可以看出，若开关周期 T 一定，改变开关 S 的导通时间 T_{ON}，即可改变脉冲占空比 D，从而达到调节输出电压的目的。T 不变，只改变 T_{ON}来实现占空比调节的稳压方式叫脉冲宽度调制(PWM)。若保持 T_{ON}不变，利用改变开关频率 $f=1/T$ 实现脉冲占空比调节，从而实现输出直流电压 U_0 稳定的方法，称作脉冲频率调制(PFM)。既改变 T_{ON}，又改变 T，实现脉冲占空比调节的稳压方式称作脉冲调频调宽方式。在以上三种脉冲占空比调节的稳压方式中，由于 PWM 式的开关频率固定，输出滤波电路比较容易设计，易实现最优化，因此 PWM 式开关电源用得较多。

脉冲宽度调制方式简称脉宽调制是通过改变脉冲宽度来调节占空比。其缺点是受功率开关管最小导通时间的限制，对输出电压不能做宽范围有效调节，如图 11-35 所示。

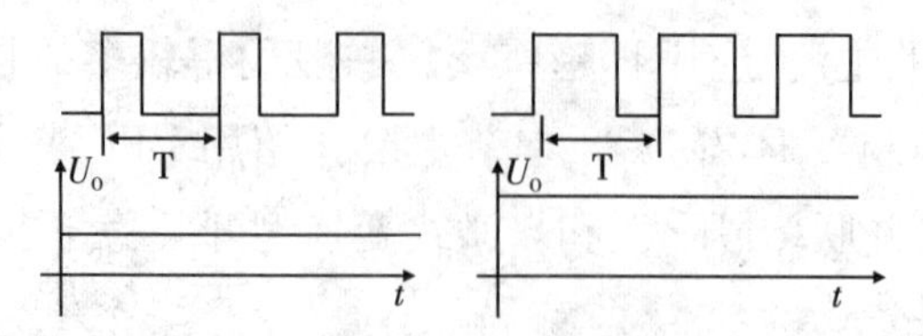

11-35　开关电源脉冲宽度调制波形

在实际电路中，开关K是一个受开关脉冲控制的开关调整管，如使用晶体管或场效应管，再按照图11-35的波形来控制调整管导通时间，即可使输出得到所需要的直流电压。因调整管处于开关状态，开关电路的调整管的功耗与串联反馈式稳压电路相比将大大减少。

11.3.2　串联型、并联型开关稳压电路的工作原理

根据以上原理，可以设计出串联型或并联型开关稳压电路，其原理如下。

1. 串联（降压）型开关稳压电路的工作原理

串联型开关电路基本原理如图11-36(a)所示。由于开关K与负载串联，输出电压总是小于输入电压，故又称为降压型稳压电路。它与串联反馈式稳压电路相比，主电路增加了二极管D和LC组成的高频整流滤波电路以及产生固定频率的三角波电压(u_T)发生器和比较器C组成的控制电路。

将开关K用调整管代替，通过对输出电压的采样来自动控制加在调整管基极的脉冲宽度，实现对输出电压的自动调整，组成的串联型开关稳压电路如图11-36(b)的框图所示，图中U_I是整流滤波电路的输出电压，u_B是比较器的输出电压，利用u_B控制调整管T，将U_I变成断续的矩形波电压$u_E(u_D)$。当$U_A>u_T$时，u_B为高电平，T饱和导通，输入电压U_I经T加到二极管D的两端，电压u_E等于U_I(忽略管T的饱和压降)，此时二极管D承受反向电压而截止，负载中有电流i_o流过。

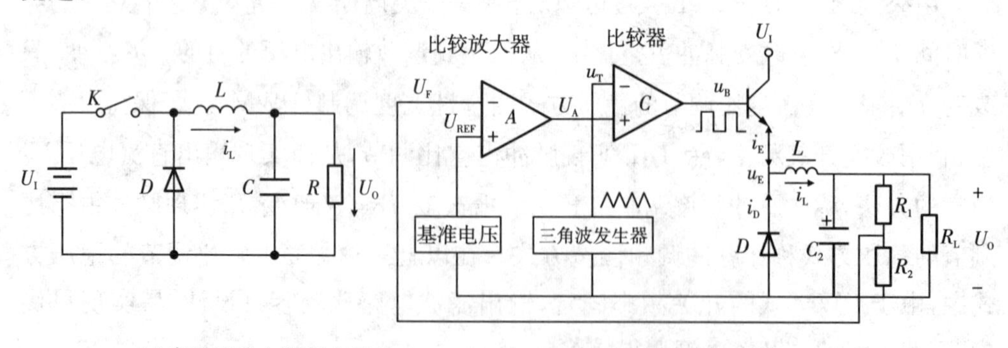

(a)串联开关电源基本原理　　　　(b)稳压电路框图

图11-36　串联开关型稳压电路原理图

电感L储存能量，同时向电容器充电。输出电压U_O略有增加。当$U_A<u_T$时，u_B为低电平，T由导通变为截止，滤波电感产生自感电势(极性如图所示)，使

二极管 D 导通，于是电感中储存的能量通过 D 向负载 R_L 释放，使负载 R_L 继续有电流通过，因而常称 D 为续流二极管。此时电压 u_E 等于 $-U_D$（二极管正向压降）。由此可见，虽然调整管处于开关工作状态，但由于二极管 D 的续流作用和 L、C 的滤波作用，输出电压是比较平稳的。图 11-37 画出了电流 i_L、电压 U_T、U_A、u_B、$u_E(u_D)$ 和 U_O 的波形。图中 t_{on} 是调整管 T 的导通时间，t_{off} 是调整管 T 的截止时间，$T=t_{on}+t_{off}$ 是开关转换周期。显然，在忽略滤波电感 L 的直流压降的情况下，输出电压的平均值为

$$U_O=\frac{t_{on}}{T}(U_I-U_{CES})+(-U_D)\frac{t_{off}}{T}\approx U_I\frac{t_{on}}{T}=qU_I \tag{11-45}$$

式中 $q=t_{on}/\mathrm{T}$ 称为脉冲波形的占空比。由式(11-45)可见，对于一定的 U_I 值，在开关转换周期 T(或开关频率 f_K)不变，通过调节占空比即可调节输出电压 U_O，故又称脉宽调制(PWM)式降压($U_O<U_I$)型开关稳压电源。

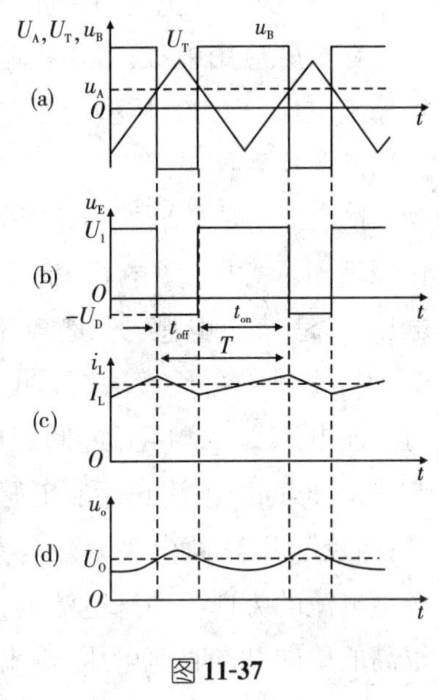

图 11-37

在闭环情况下，电路能自动地调整输出电压。设在某一正常工作状态时，输出电压为某一预定值 U_{set}，当反馈电压 $U_F=F_UU_{set}=U_{REF}$ 时，比较放大器输出电压 U_A 为零，比较器 C 输出脉冲电压 u_B 的占空比为 $q=50\%$，U_T、u_B、u_E 的波形如图 11-37(a)所示。当输入电压 U_I 增加致使输出电压 U_O 增加时，$U_F>U_{REF}$，比较放大器输出电压 U_A 为负值，U_A 与固定频率三角波电压 U_T 相比较，得到 u_B 的波形，其占空比 $q<50\%$，使输出电压下降到预定的稳压值 U_{set}，此时，U_T、U_A、u_B、u_E 的波形如图(b)所示。上述变化过程也可简述如下：

$$U_I\uparrow\rightarrow U_O\uparrow(U_O>U_{set})\rightarrow U_F\uparrow\rightarrow U_A\downarrow\rightarrow u_B\downarrow q\downarrow(t_{on}\downarrow)$$

$$U_O\uparrow(U_O=U_{set})\leftarrow$$

同理，U_I 下降时，U_O 也下降，$U_F<U_{REF}$，U_A 为正值，u_B 的占空比 $q>50\%$，使输出电压 U_O 上升到预定值。总之，当 U_I 或负载 R_L 变化使 U_O 变化时，可自动调整脉冲波形的占空比使输出电压维持恒定。

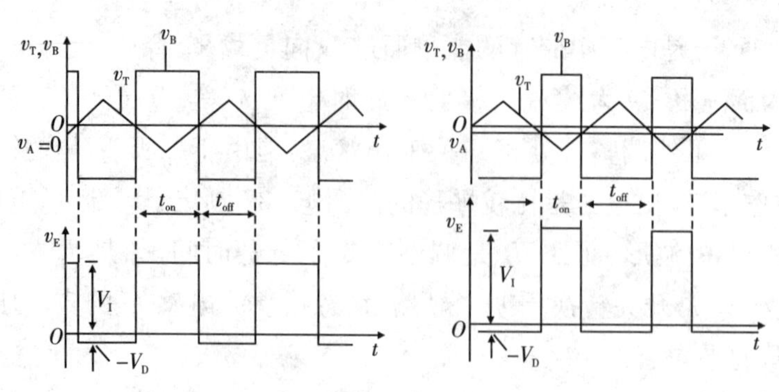

图 11-38

2. 并联型开关稳压电路的工作原理

在实际应用中，还需要将输入直流电源经稳压电路转换成大于输入电压的稳定输出电压，称为升压型稳压电路。在这类电路中，开关常与负载并联，故称之为并联开关型稳压电路。

图 11-39 是并联式开关电源的最简单工作原理图示意图，图中 U_i 是开关电源的工作电压，L 是储能电感，K 是控制开关，R 是负载。当控制开关 K 接通时，输入电源 U_i 开始对储能电感 L 加电，流过储能电感 L 的电流开始增加，同时电流在储能电感中也要产生磁场；当控制开关 K 由接通转为关断的时候，储能电感会产生反电动势，反电动势产生电流的方向与原来电流的方向相同，经二极管 D 流向负载，在负载上会产生很高的单向脉动直流电压，输出端 U_O 与开关 K 是经二极管 D 进行隔离的，电容 C 对脉动直流电压进行滤波。

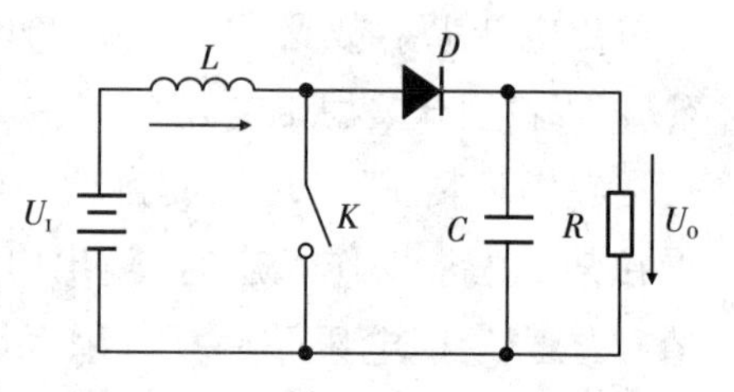

图 11-39　并联式开关型电源工作原理

并联型开关稳压电路主回路如图 11-40 所示，与负载并联的开关调整管 T 为 MOSFET，电感接在输入端，LC 为储能元件，D 为续流二极管。图中控制电压 u_G 为矩形波，控制 T 的导通与截止。当控制电压 u_G 为高电平时（t_{on}期间）T 饱和导通，输入电压 U_I 直接加到电感 L 两端，i_L 线性增加，电感产生反电势 $i_L=-L(di_L/dt)$，电感两端电压方向为左正（+）右负（−）L，储存能量，$U_L \approx U_I$（T 的 $U_{DSS} \approx 0$），二极管 D 反偏而截止，此时电容 C（电容已充电）向负载提供电流，$i_{放}=i_o$，并维持 U_O 不变；当 u_G 为低电平时（t_{off}期间）T 截止，i_L 不能突变。电感 L 产生反电势 u_L 为左负（−）右正（+），此时 u_L 与 U_I 相加，因而输入侧的电感常称升压电感，当 $U_I+u_L>U_O$ 时，D 导通，U_I+u_L 给负载提供电流 i_O，同时又向 C 充电电流 i_C，此时 $i_L=i_O+i_C$ 显然输出电压 $U_O>U_I$ 称升压型开关稳压电路。T 导通时间越长，L 储能越多，因此，当 T 截止时电感 L 向负载释放能量越多，在一定负载电流条件下，输出电压越高。在控制脉冲 u_G 作用下，整个开关周期 T 电感电流 i_L

连续时的 u_D、u_{DS}、i_L、u_L 和 u_O 的波形如图(b)所示。

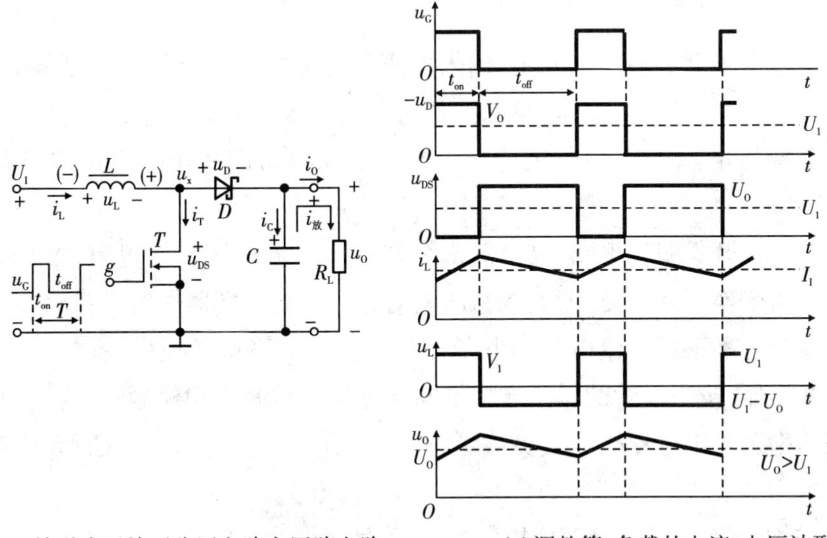

(a)并联式开关型稳压电路主回路电路　　　(a)调整管、负载的电流、电压波形

图 **11-40**　并联式开关型稳压电路主回路

为了提高开关稳压电源的效率,开关调整管应选取饱和压降 U_{CES}(U_{DSS})及穿透电流 I_{CEO}(I_{DSS})均小的功率管 BJT(或 MOSFET),而且为减小管耗,通常要求开关转换时间 $t_S \leqslant 0.01/f_K$,开关调整管一般选用 $f_T \geqslant 10\beta f_K$ 的高频大功率管,当 $f_K \geqslant 50$ kHz 时,可选用绝缘栅双极型功率管(IGBJT)和 VMOS 功率管。续流二极管 D 的选择也要考虑导通、截止和转换三部分的损耗,所以选用正向压降小。反向电流小及存储时间短的开关二极管,一般选用肖特基二极管。输出端的滤波电容使用高频电解电容。

比较完整的电路框图如图 11-41 所示,从输出端取样,经比较放大后送 PWM 电路给场效应管,来控制其导通时间,达到稳定输出电压的目的。

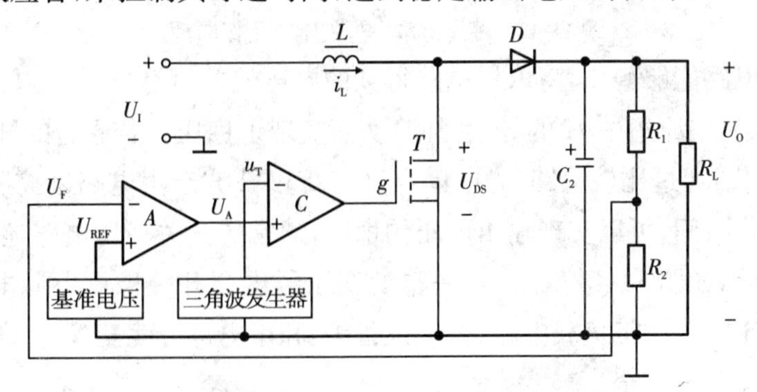

图 **11-41**　并联式开关型稳压电源框图

11.3.3 变压器耦合开关稳压电路

在上述两种开关稳压电源中，输入电压和输出电压有共同的接地端，也就是说电路是连通的，若输入电压很高时，如市电的交流电压，直接经过整流以后，再经过开关稳压电源输出的直流电压与市电是相通的，这样的稳压电源是不安全的。

变压器和开关稳压电路，其负载部分与输入直流电压具有隔离作用的，它主要包括直流变换器和整流、滤波及稳压电路等。直流变换器通常是指将一种直流电压转换为各种不同直流电压的电子设备。它的电路型式很多，有单管、推挽和桥式等变换器；按三极管的激励方式不同又可分为自激式和他激式两种。自激式的振荡频率及输出电压幅度受负载影响较大，适用于小功率电源，而大功率稳压电源多采用他激式。

1. 变压器耦合开关稳压电路基本原理

变压器耦合开关电路基本原理如图 11-42 所示，开关 K 接通后，电流 i_L 将逐渐增大，在开关 K 断开的瞬间，通过互感在副变产生较高的电动势，经过 D 流向负载，开关 K 接通的时间越长，在副变产生的电动势就越高。通过调节开关的接通时间，可以调节副边的输出电压。而副边与原边的电路相互隔离，没有公共地线或其他连线，如果原边是从 22 V 市电经整流滤波得到的，则在与副边相连接的负载不会带电。

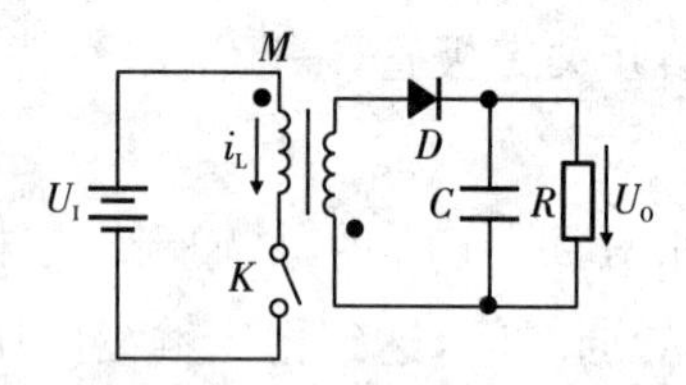

图 11-42　变压器耦合开关电路工作原理

为了使电路能够稳压，将取样电路得到的电压偏差值经过光电耦合器返回到原边回路，以调整原边中 K 的导通时间，从而实现了稳压。若原边的开关 K 用场效应管 T 取代，通过比较电路、光电耦合放大、PWM 波产生电路来控制开关管 T 的导通和截止时间，可以实现输出电压的稳定，通常的开关稳压电路还包括整流、滤波电路部分，如图 11-43 所示，是完整的变压器耦合开关稳压电源电路结构示意图。而稳压电源所带负载电路（电子设备等）和市电部分完全实现了电气隔离，保证了电子设备的安全。

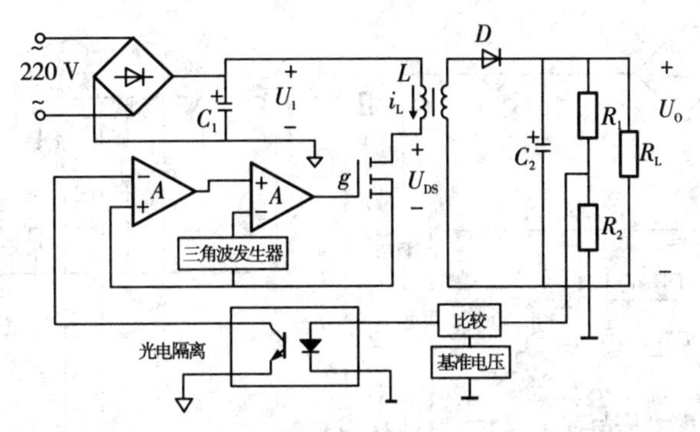

图 11-43　变压器耦合开关稳压电路工作原理

2.变压器耦合开关稳压电源电路举例

如图 11-44 所示，是带隔离变压器的，且以 UC3842 芯片为驱动器的开关稳压电源电路示意图，其主要构成与作用如下：

(1)取样电路、比较电路、光耦器，由 R_7、R_8 组成取样电路，输出电压经 R_7 及 R_8 分压，得到与输出电压变化成比例的变化电压，R_5、R_6 和三端稳压管 Z 提供基准电压，将采样后的电压与该基准电压比较，比较后的电流流向光耦的光电发射管，使通过光耦的光电三极管中的电流随之变化，显然，如果光耦是线性的，光电管中的电流变化与输出电压的大小变化是成比例(可将线性光耦中的光电三极管视为一可变电阻)。

(2)UC3842 内部包括放大电路、PWM 波产生电路、开关管驱动电路，用于产生占空比大小与光耦信号强弱一致的 PWM 波信号，并能以足够的电压或电流来驱动后面的开关电路。

(3)开关电路，由三极管或场效应管(也可由三极管)担任，它的栅极信号来自 UC3842 脚 6(PWM)，可以通过控制开关电路的导通时间来控制变压器原边线圈中电流的大小，以便在副边产生相应的电压。

(4)稳压过程，当输出电压升高时，输出电压经 R_7 及 R_8 分压得到的采样电压(即 Z 的参考电压)也升高，Z 的稳压值也升高，流过光耦中发光二极管中的电流减小，将导致流过光电三极管中的电流减小，相当于 C_1 并联的可变电阻的阻值变大(该等效电阻的阻值受流过发光二极管电流的控制)，误差放大器的增益变大，导致 UC3842 脚 6 输出的驱动信号(PWM 波)的占空比变小，即原边线圈中的电流减小，变压器线圈副边产生的电压将下降。反之，当输出电压降低时，经光耦后使误差放大器的增益变小，输出的开关信号占空比变大，最终使输出电压稳定在设定的值。

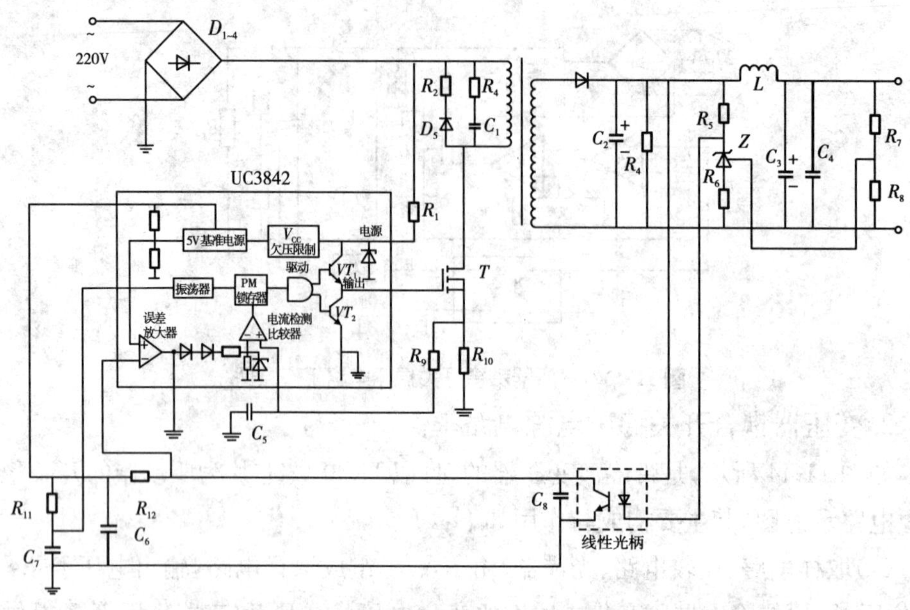

图 11-44　以 UC3842 芯片为驱动芯片的开关稳压电源电路示意图

3. 开关稳压电源的其他性能

开关频率 f_K 的选择对开关稳压器的性能影响也很大。f_K 越高，需要使用的 L、C 值越小。这样，系统的尺寸和重量将会减小，成本将随之降低。另一方面，开关频率的增加将使开关调整管单位时间转换的次数增加，开关调整管的功耗增加，而效率将降低。随着开关管、电容、电感材料及工艺性能的改进，f_K 可提高到 15 ～ 500 kHz 以上。目前已有 $f_K = 2$ MHz 的 PWM 集成芯片，如 MC34066/MC33066。

实际的开关型稳压电源电路通常还有过流、过压等保护电路，并备有辅助电源为控制电路提供低压电源等。

4. 其他形式的开关稳压电源

直流稳压电源按调整管是否振荡分除自激式外还有他激式。按稳压的控制方式分有脉冲宽度调制（PWM）式（应用较多）、脉冲频率调制（PFM）式及脉宽脉频混合调制式等类型，在这种电源中开关管 BJT、MOSFET、VMOS 工作在开关状态，使它具有体积小、重量轻和效率高等优点，因此应用日益广泛。

开关稳压电源目前正向高频、大功率、高效率和集成化方向发展，而控制电路 PWM 和 PFM 是开关稳压电源高效率、低成本、高可靠性的重要因素。目前已有集成的控制电路 PWM、PFM 和集成开关稳压电源的产品。升压型的 PWM 如 MAX731；PFM 如 LM2577；降压型的 PWM 如 MAX758 和反相型（反极性）如 MAX637，还有可实现升压、降压和反极性等多种形式的变换器如 MC34060。它已广泛用于电池供电系统中，如微处理器、笔记本电脑等都需要多种不同的低电压、高精度、高效率的电源，像 intel 公司设计的插入式电源模块，都是用 DC/DC

变换器，如用MAX797型BiCMOS控制器制成的，总之集成开关电源品种还有很多。

5.开关电源的特点

开关电源具有如下特点：

(1)效率高：开关电源的功率开关调整管工作在开关状态，所以调整管的功耗小，效率高，一般在百分之八十到百分之九十之间，高的可达到百分之九十以上。

(2)重量轻：由于开关电源省掉了笨重的电源变压器，节省了大量的漆包线和硅钢片，从而使其重量只有同容量线性电源的1/5，体积也大大缩小了。

(3)稳压范围宽：开关电源的交流输入电压在90～270 V内变化时，输出电压的变化在±20%以下。合理设计开关电源电路，还可以使稳压范围变宽，并保证开关电源的高效率。

(4)安全可靠：在开关电源中，由于可以方便的设置各种形式的保护电路，因此当电源负载出现故障时，能自动切断电源，保障其功能可靠。

(5)功耗小：由于开关电源的工作效率高，一般在20 kHz以上，因此滤波元件的数值可以大大减小，从而减小功耗；特别是由于功率开关管工作在开关状态，损耗小，不需要采用大面积散热器，电源温升低，周围元件不致因长期工作在高温环境而损坏，因此采用开关电源可以提高整机的可靠性和稳定性。

本章小结

1.最简单的整流电路是利用二极管单向导电作用所构成半波整流电路。全波整流能提高输出电压和改善波形，桥式整流电路可以进一步提高变压器的利用率。但是即使这样，输出电压的脉动成分依然很高。

2.滤波是利用电容两端电压不能突变或电感中电流不能突变的特性来实现的。最简单的形式是将电容和负载并联，或者将电感和负载串联。前者适用于小负载电流，后者适用于大负载电流的情况。将二者结合起来并且接成多级LC型滤波，能使脉动成分降得更低。在负载电流不大的情况下，还可以利用阻容滤波的形式。

3.经过滤波后的直流电压仍然受电网波动和负载变化影响，因此还要有稳压的措施。串联稳压电路，利用稳压管作为基准电压并引入放大和电压负反馈，可使输出电压稳定又能根据需要加以调节，但串联稳压电路功耗较大。为了防止负载电流过大或输出短路造成元器件损坏，还可通过检测环节来控制调整管的电流，使它受到限制甚至截止。随着集成电路的发展，已生产出多种单片集成稳压电路，使用时更可靠。

4. 为解决串联稳压电源功耗较大的缺点，研制了开关稳压电源。开关稳压电源效率可达 90%以上，造价低，体积小。一般用得较多的是“电压－脉冲宽度调制方式(简称脉宽调制 PWM)”。常见的三种开关电源有：串联型开关稳压电路，又称降压型；并联型开关稳压电路，可以使输出电压高于输入电压，即升压作用；变压器型开关稳压电路，可以根据变压器绕组改变输出电压，配合光耦可以起到隔离作用。

应用与讨论

1. 电子设备通常都需要有直流电源供电。直流电源的获得有各种方式，其中最常用的是由交流电网电压转换为直流电压。为此，就要通过整流、滤波、稳压等环节来实现。一个高质量的直流电源，它的输出电压应该基本不受电网波动、负载变化和温度高低因素的影响；脉动和噪声的成分较小；而且由交流转换成直流的效率较高。

2. 随着集成工艺水平的提高，已将整流、滤波、稳压等功能电路全部集成在一起，加环氧树脂实体封装，利用其外壳散热做成一体化稳压电源。它的品种较多，有线性的、开关式、大功率直流变换器、小功率调压型和专用型等十多种类型，从电压和功率等级分有几百种之多。根据其性能指标即可选用，使用十分方便。

3. 变换型开关稳压器可以把不稳定的直流高压变换成稳定的直流低压；还可以把不稳定的直流低压变成稳定的直流高压或者倒换极性(反极性)等，这些都是串联线性稳压电源无法实现的优点。

4. 开关稳压电源将来自市电整流滤波不稳定的直流电压变换成交变的电压，然后又将交变电压转换成各种数值稳定的直流电压输出，因此开关稳压电源又称为 DC/DC 变换器(或称直流/直流变换器)，开关稳压电路的种类很多。

5. 现在开关稳压电源已经比较成熟，广泛应用于各种电子电路之中。开关稳压电源的缺点是纹波较大，用于小信号放大电路时，还应采用第二级稳压措施。

习 题 11

11-1 判断下列说法是否正确，用“√”或者“×”表示判断结果并填入空内。

1. 直流电源是一种将正弦信号转换为直流信号的波形变换电路。(　　)

2. 直流电源是一种能量转换电路，它将交流能量转换为直流能量。(　　)

3. 在变压器副边电压和负载电阻相同的情况下，桥式整流电路的输出电流是半波整流电路输出电流的 2 倍。(　　)因此，它们的整流管的平均电流比值为 2∶1。(　　)

4. 若 U_2 为电源变压器副边电压的有效值，则半波整流电容滤波电路和全波整流电容滤波电路

在空载时的输出电压均为$\sqrt{2}U_2$。(　　)

5. 当输入电压U_I和负载电流I_L变化时，稳压电路的输出电压是绝对不变的。(　　)

6. 一般情况下，开关型稳压电路比线性稳压电路效率高。(　　)

7. 整流电路可将正弦电压变为脉动的直流电压。(　　)

8. 电容滤波电路适用于小负载电流，而电感滤波电路适用于大负载电流。(　　)

9. 在单相桥式整流电容滤波电路中，若有一只整流管断开，输出电压平均值变为原来的一半。(　　)

10. 对于理想的稳压电路，$\triangle U_O/\triangle U_I=0$，$R_o=0$。(　　)

11. 因为串联型稳压电路中引入了深度负反馈，因此也可能产生自激振荡。(　　)

12. 在稳压管稳压电路中，稳压管的最大稳定电流必须大于最大负载电流；(　　)

而且，其最大稳定电流与最小稳定电流之差应大于负载电流的变化范围。(　　)

11-2　选择填空题：

1. 在图题11-2所示的桥式整流电容滤波电路中，已知变压器副边电压有效值U_2为10 V，$RC\geqslant 3T/2$

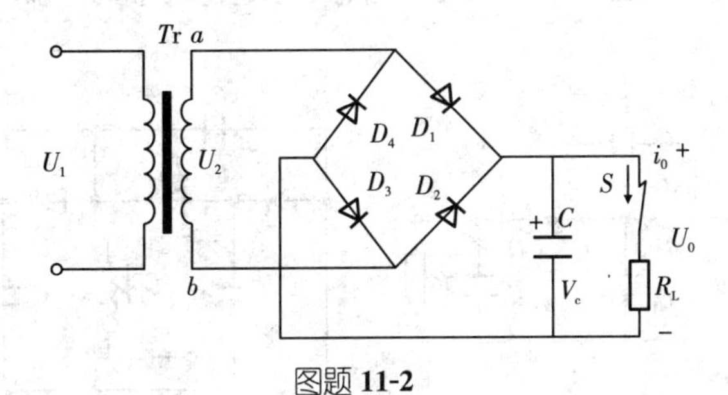

图题 **11-2**

(T为电网电压的周期)。测得输出直流电压U_O可能的数值为

①14 V　　②12 V　　③ 9 V　　④4.5 V

选择合适答案填入空内。

(1)在正常负载情况下，$U_O\approx$(　　)；

(2)电容虚焊时$U_O\approx$(　　)；

(3)负载电阻开路时$U_O\approx$(　　)；

(4)一只整流管和滤波电容同时开路，则$U_O\approx$(　　)。

2. 若要组成输出电压可调、最大输出电流为3A的直流稳压电源，则应采用(　　)。

① 电容滤波稳压管稳压电路　② 电感滤波稳压管稳压电路

③ 电容滤波串联型稳压电路　④ 电感滤波串联型稳压电路

3. 串联型稳压电路中的放大环节所放大的对象是(　　)。

① 基准电压　② 采样电压　③ 基准电压与采样电压之差

4. 开关型直流电源比线性直流电源效率高的原因是(　　)。

① 调整管工作在开关状态　② 输出端有LC滤波电路　③ 可以不用电源变压器

5. 在脉宽调制式串联型开关稳压电路中，为使输出电压增大，对调整管基极控制信号的要求是(　　)。

① 周期不变，占空比增大　② 频率增大，占空比不变　③ 在一个周期内，高电平时间不变，周

期增大

11-3 填空：

在图题 11-3 电路中，调整管为_________，采样电路由_______组成，基准电压电路由_______组成，比较放大电路由_________组成，保护电路由_________组成。输出电压最小值的表达式为_________，最大值的表达式为___________。

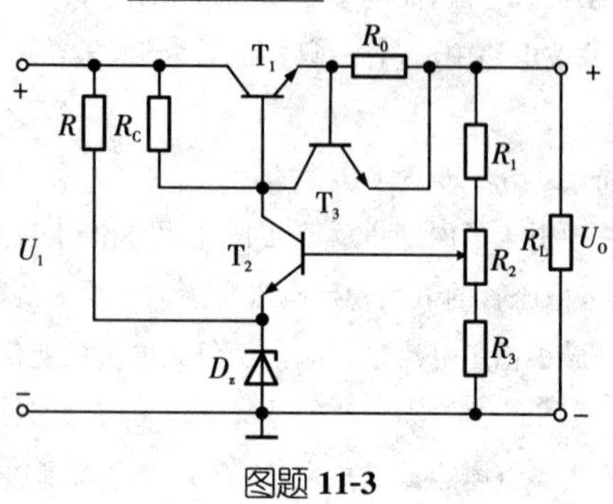

图题 **11-3**

11-4 试在图题 11-4 电路中标出各电容两端电压的极性和数值，并分析负载电阻上能够获得几倍压的输出。

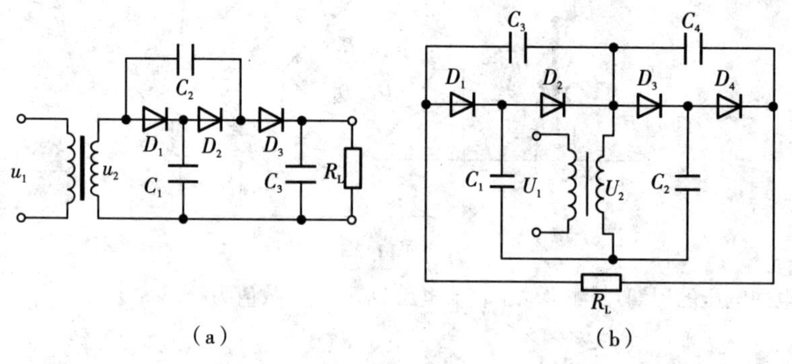

图题 **11-4**

11-5 桥式整流滤波电路如图 11-5 所示，已知 u_1 是 220 V、频率 50 Hz 的交流电源，要求输出直流电压 U_O=30 V，负载直流电流 I_O=50 mA。试求电源变压器副边电压 u_2 的有效值 U_2，并选择整流二极管及滤波电容。

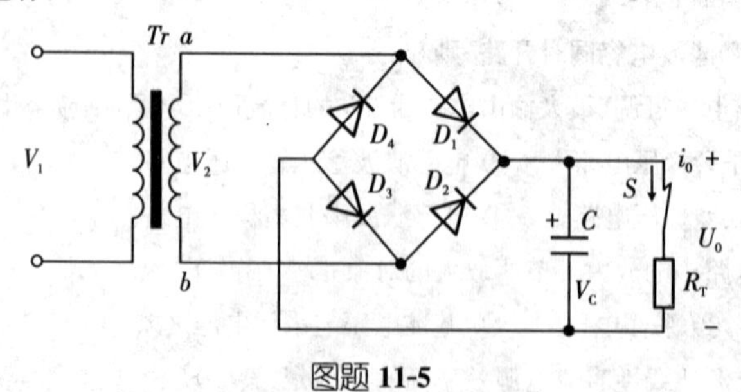

图题 **11-5**

11-6 直流稳压电源如图题 11-6 所示。

(1)说明电路的整流电路、滤波电路、调整管、基准电压电路、比较放大电路、采样电路等部分各由哪些元件组成。

(2)标出集成运放的同相输入端和反相输入端。写出输出电压 U_o 的表达式。

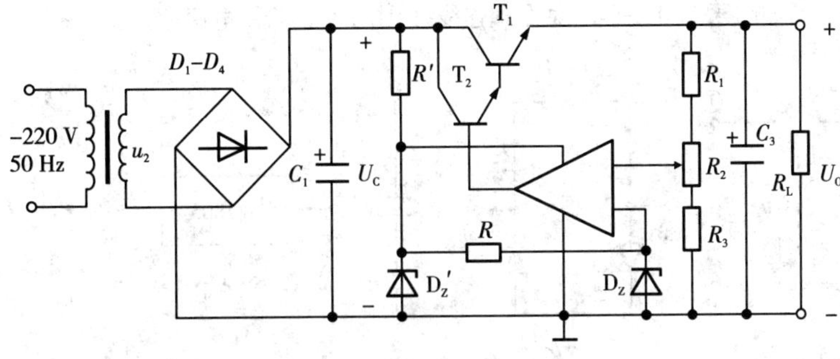

图题 11-6

11-7　在图题 11-7 所示电路中，$R_1=240\ \Omega$，$R_2=3\ \text{k}\Omega$；W117 输入端和输出端电压允许范围为 3～40 V，输出端和调整端之间的电压 V_R 为 1.25 V。试求解：

(1)输出电压的调节范围；

(2)输入电压允许的范围；

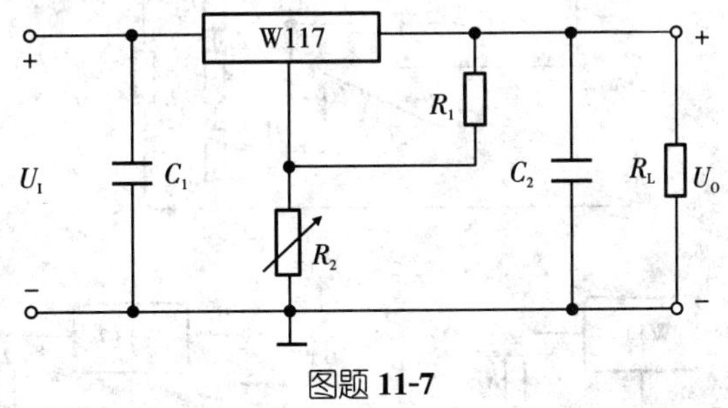

图题 11-7

11-8　在图题 11-8 所示电路中，已知 W7806 的输出电压为 6 V，$R_1=R_2=R_3=200\ \Omega$，试求输出电压 U_O 的调节范围。

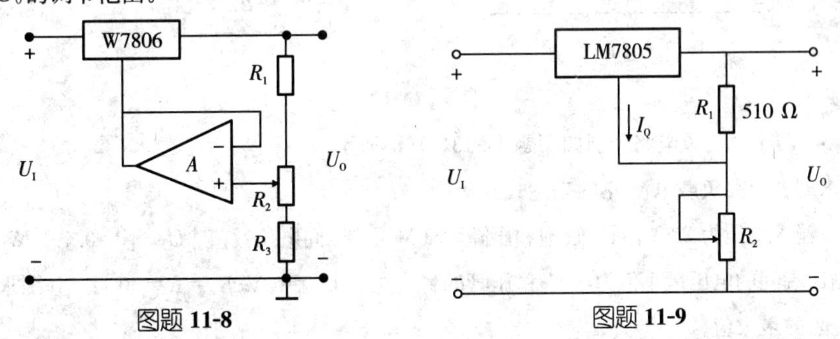

图题 11-8　　图题 11-9

11-9　电路如图 11-9 所示，假设 $I_Q=0$，问：(1)U_O 值为多少？(2) 电路是否具有电压源的特性？

11-10　电路如图题 11-10 所示，设 $I_1'\approx I_O'=1.5\text{A}$，晶体管 T 的 $U_{EB}\approx U_D$，$R_1=1\ \Omega$，$R_2=2\ \Omega$，$I_D\gg I_B$。求解负载电流 I_L 与 I_O' 的关系式。

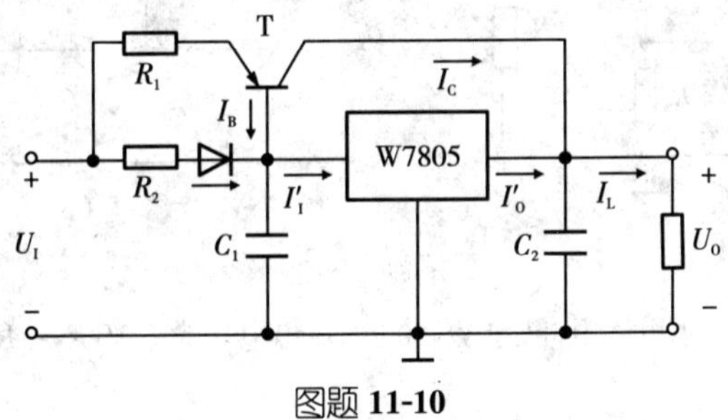

图题 11-10

11-11 电路如图题 11-11 所示，试合理连线，构成 5 V 的直流电源。

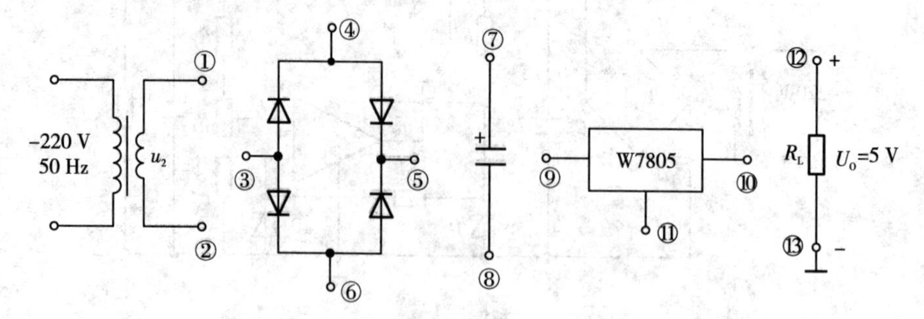

图题 **11-11**

11-12 试分别求出图题 11-12 所示各电路输出电压的表达式。

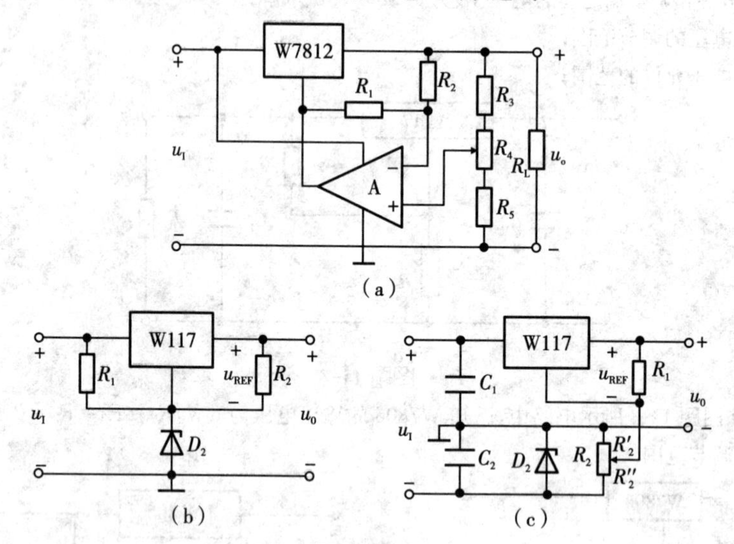

图题 **11-12**

11-13 两个恒流源电路分别如图题 11-13(a)(b)所示。

(1)求解各电路负载电流 I_O的表达式；

(2)设输入电压为 20 V，晶体管饱和压降为 3 V，b－e 间电压数值 $|U_{BE}|=0.7$ V；W7805 输入端和输出端间的电压最小值为 3 V；稳压管的稳定电压 $U_Z=5$ V；$R_1=R=50\ \Omega$。分别求出两电路负载电阻的最大值。

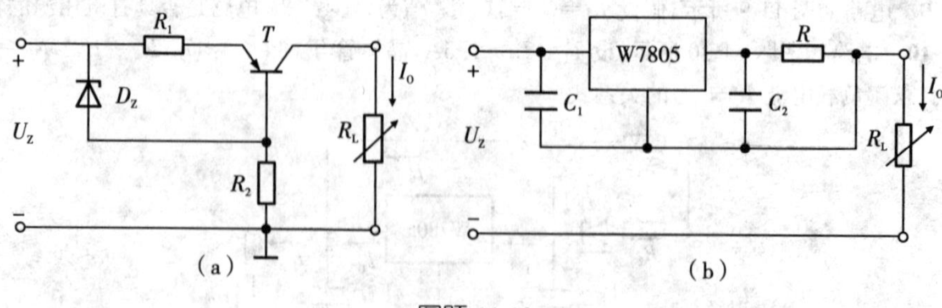

图题 **11-13**

11-14 在图 11-14 所示电路中，已知 W7806 的输出电压为 6 V，$R_1=R_2=R_3=200\ \Omega$，试求输出电压 U_O的调节范围。

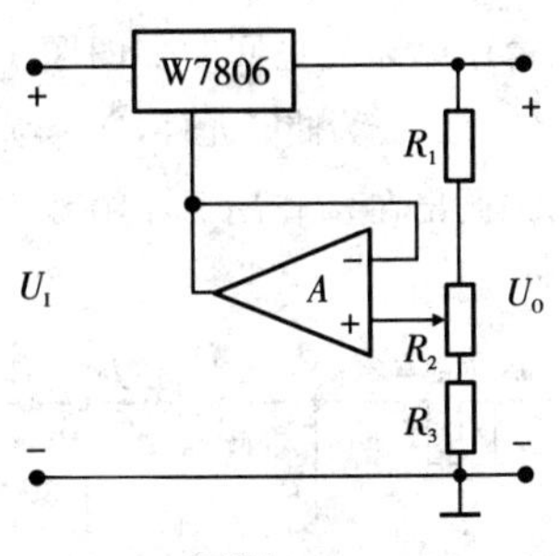

图题 11-14

11-15　图题 11-15 是由 LM317 组成的输出电压可调的经典电路，当 $U_{31}=U_{BER}=1.2$ V 时，流过 R_1 的最小电流 I_{Rmin} 为(5～10)mA，调整端 1 输出的电流 $I_{adj} \ll I_{Rmin}$，$U_I-U_O=2$ V。(1)求 R_1 的值；(2)当 $R_1=210\ \Omega$、$R_2=3\ \text{k}\Omega$ 时，求输出电压 U_O；(3)当 $U_O=37$ V、$R_1=210\ \Omega$ 时，$R_2=$？电路的最小电压 $U_{Imin}=$？(4)调节 R_2 从 0 变化到 6.2 Ω 时，输出电压的调节范围。

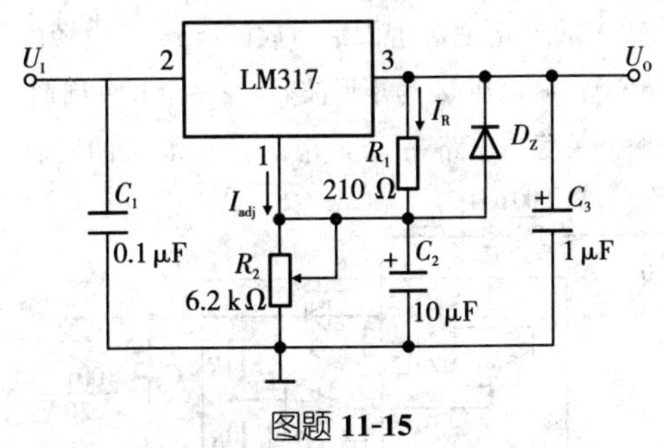

图题 11-15

11-16　图题 11-16 是 6 V 限流充电器，晶体管 T 是限流管，$U_{BE}=0.6$ V，R_3 是电流取样电阻，最大充电电流 $I_{OM}=U_{BE}/R_3=0.6$ A，说明当 $I_o>I_{OM}$ 时如何限制充电电流。

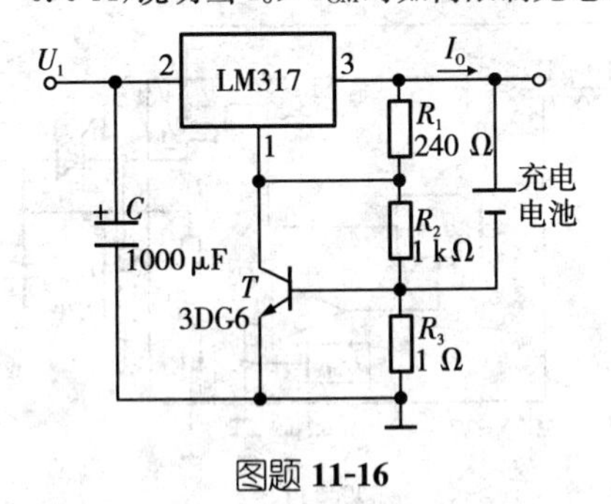

图题 11-16

11-17　开关型直流电源比线性直流电源效率高的原因是什么？

11-18　电路如图 11-36(b)所示，开关调整管 T 的饱和压降 $U_{CES}=1$ V，穿透电流 $I_{CEO}=1$ mA，u_T 是幅度为 5 V、周期为 60 μs 的三角波，它的控制电压 u_B 为矩形波，续流二极管 D 的正向电压 $U_D=0.6$ V。输入电压 $U_I=20$ V，U_E 脉冲波形的占空比 $q=0.6$，周期 $T=60$ μs，输出电压 $U_o=12$ V，输出电流 $I_o=1$ A，比较器 C 的电源电压 $E_C=\pm 10$ V，试画出电路中，当在整个开关周期 i_L 连续情况下 U_T、U_A、u_B、u_E、i_L 和 U_o 的波形(标出电压的幅度)。

11-19　电路结定条件如上题，当续流二极管反向电流很小时，试求(1)开关调整管 T 和续流二极管 D 的功耗；(2)当电路中电感 L 和电容器 C 足够大时，忽略 L、C 和控制电路的损耗，计算电源的效率。

11-20 反相(反极性)型开关稳压电路的主回路如图题 11-20 所示,已知 $U_I = 12\ \text{V}$, $U_o = -15\ \text{V}$, 控制电压 u_G 为矩形波,电路中 L、C 为储能元件,D 为续流二极管。(1)试分析电路的工作原理;(2)已知 U_I 的大小和 u_G 的波形,画出在 u_G 作用下,i_L 在整个开关周期连续情况下 u_D、u_{DS}、u_L、i_L 和 U_O 的波形,并说明 U_I 与 U_O 极性相反。

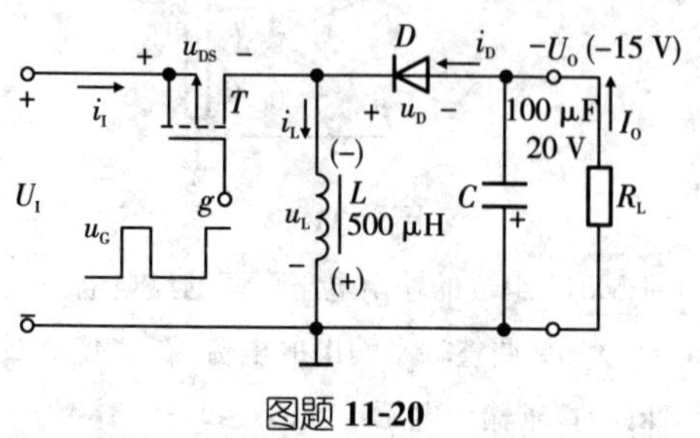

图题 11-20

11-21 图题 11-21 所示是利用集成的升压型 MAX633 和反极型 MAX637,外接电感 L, 电容 C 和二极管 D 组成的由 +12 V 汽车电池产生供给运放的 ±15 V 电源的低功率开关电源,试分析电路的工作原理,当 MOSFFT 控制电压 u_G 为矩形波时,在整个开关周期电感电流 i_L 连续情况下分别画出升压型和反极型两组开关稳压电路 u_D、u_{DS}、i_L、U_L、u_G 和 U_o 的波形。

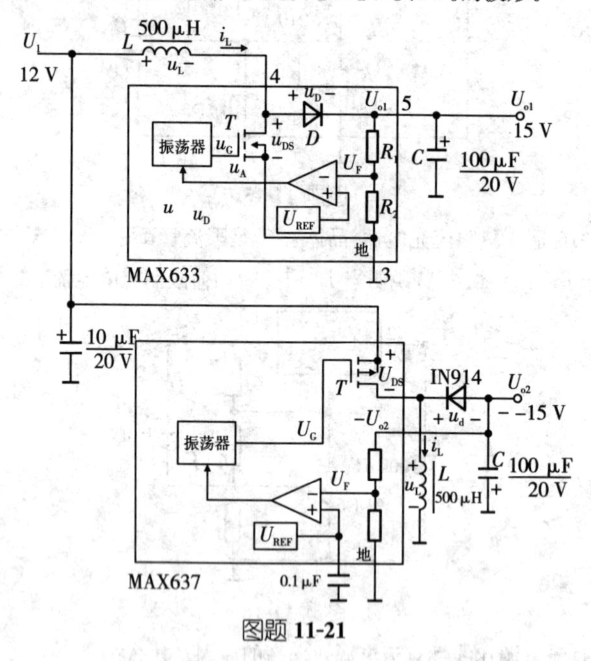

图题 11-21

11-22 电路如图 11-36(b)所示,当电路中开关频率 $f_K = \frac{1}{T}$ 和电感 L 较小时,试分析在整个开关周期 T 电感电流 i_L 有断流条件下的工作特性,当 u_B 的波形和 U_I 已知时,画出 u_B、i_L、u_E 和 U_o 的波形。

附　　录

电类常用符号说明

一、几条原则

1. 电流和电压(以基极电流为例)

I_B	大写字母、大写下标,表示直流量
i_b	小写字母、小写下标,表示交流瞬时值
i_B	小写字母、大写下标,表示包含有直流与交流的瞬时总值
I_b	大写字母、小写下标,表示交流有效值
I_{bm}	表示交流分量最大值
$I_{B(AV)}$	表示总的平均值
I_{BM}	表示总的最大值
$I_{b(av)}$	表示交变分量平均值
ΔI_B	表示直流变化量
Δi_B	表示瞬时值的变化量

2. 电阻

R	大写字母表示电路的电阻或等效电阻
r	小写字母表示器件内部的等效电阻

二、基本符号

1. 电流和电压

I,i	电流的通用符号
U,u	电压的通用符号
I_Q,U_Q	电流、电压静态值
I_L	负载电流
I_i,U_i	交流输入电流、电压有效值
I_o,U_o	交流输出电流、电压有效值
I_s,U_s	信号源电流、电压有效值
E_C	集电极回路电源对地电压
E_E	负电源电压

E_D　漏极直流电源电压

E_G　栅极直流电源电压

I_f, U_f　反馈电流、电压有效值

U_{Ic}　共模输入电压有效值

U_{Id}　差模输入电压有效值

U_{Oc}　共模输出电压有效值

U_{Od}　差模输出电压有效值

I_P, U_P　集成运放同相输入电流、电压

I_N, U_N　集成运放反相输入电流、电压

I_R, U_R　参考电流、电压

I_{IO}, U_{IO}　输入失调电流、电压

2. 功率

P, p　功率通用符号

P_o　输出功率

P_T　三极管消耗的功率

P_E　电源消耗的功率

3. 频率

f 频率通用符号

ω　角频率通用符号

f_{bw}　通频带

f_H　放大电路的上限截止频率

f_L　放大电路的下限截止频率

f_o　振荡频率、中心频率

4. 电阻、电导、电容、电感

R_i　电路的输入电阻

R_{if}　有反馈时电路的输入电阻

R_L　负载电阻

R_o　电路的输出电阻

R_{of}　有反馈时电路的输出电阻

R_s　信号源内阻

R_{id}　差模输入电阻

R_{ic}　共模输入电阻

R_b　偏置电阻

R_f　反馈电阻

G,g　电导的通用符号
C　电容的通用符号
L　电感的通用符号

5. 增益或放大倍数

A　放大倍数的通用符号
G　增益
A_u　电压放大倍数的通用符号 即 $A_u = A_o / A_i$
A_{uo}　开环电压放大倍数
A_{uf}　闭环电压放大倍数
A_{um}　中频电压放大倍数
A_{us}　考虑信号源内阻时的电压放大倍数　即 $A_{us} = A_o / A_s$
F　反馈系数通用符号

三、器件及参数符号

A　放大器、晶闸管阳极
A_{od}　集成运放的开环放大倍数
a　二极管阳极
B　场效应管的衬底
b　基极
C_j　结电容
C_{GS}　场效应管栅－源间的等效电容
C_{DS}　场效应管漏－源间的等效电容
C_{GD}　场效应管栅－漏间的等效电容
c　集电极
D　二极管、场效应管的漏极
D_Z　稳压管
$\mathrm{d}Q/\mathrm{d}t$　断态电压上升率
e　发射极
f_a　共基极截止频率
f_β　共射接法下三极管电流放大系数的上限频率
f_T　三极管的特征频率，即共射接法下电流放大系数为 1 的频率
f_M　三极管的最高频率
G　场效应管的栅极、晶闸管控制极
g_m　跨导
I_{CBO}　发射极开路时集－基间的反向电流

$I_{CEO(pt)}$	基极开路时集一射间的穿透电流
I_{CM}	集电极最大允许电流
I_D	二极管电流、漏极电流
$I_{D(AV)}$	整流管整流电流平均值
I_{DSS}	耗尽型场效应管 $V_{GS}=0$ 时 I_D 的值
I_F, U_F	二极管的正向电流、电压
I_{IB}, U_{IB}	集成运放输入偏置电流、电压
I_R	二极管的反向电流
I_S	二极管的反向饱和电流、场效应管源极直流电流
$I_{F(AV)}$	额定电流
I_H	维持电流
I_{La}	掣住电流
I_{FSM}	浪涌电流
I_G	触发电流
I_Z, U_Z	稳压管的稳压电流、电压
K	晶闸管阴极
k	二极管阴极
P_{CM}	集电极最大允许耗散功率
P_{DM}	漏极最大允许耗散功率
$r_{bb'}$	基区体电阻
$r_{b'e}$	发射结的微变等效电路
r_{be}	共射接法下基一射间的微变等效电阻(输出交流短路)
r_{DS}	场效应管漏一源间的等效电阻(压控电阻)
S	场效应管的源极、开关
T	半导体三极管、场效应管、晶闸管
T_r	变压器
T_1, T_2	双向晶闸管主电极
$U_{(BR)}$	反向击穿电压
$U_{(BR)CBO}$	射极开路时集一基间的击穿电压
$U_{(BR)CEO}$	基极开路时集一射间的击穿电压
$U_{(BR)CER}$	基一射间接入电阻时集一射间的击穿电压
$U_{(BR)CES}$	基一射间短路时集一射间的击穿电压
$U_{(BR)DS}$	漏一源间的击穿电压
$U_{GS(off)}$	耗尽型场效应管的夹断电压

$U_{GS(th)}$　增强型场效应管的开启电压
U_{DS}　漏一源直流电压
U_{GS}　栅一源直流电压
U_{CD}　栅一漏直流电压
U_{CES}　集一射间饱和压降
U_T　温度的电压当量
U_{BO}　正向转折电压
U_{DRM}　断态重复峰值电压
U_{RRM}　反向重复峰值电压
U_D　额定电压
U_G　触发电压
U_{on}　二极管、三极管的导通电压
$U_{T(AV)}$　管压降
U_P　峰点电压
U_V　谷点电压
α　共基接法交流放大系数,即 $\alpha = \Delta I_C/\Delta I_E$、控制角
$\bar{\alpha}$　共基接法直流放大系数
β　共射接法交流放大系数,即 $\beta = \Delta I_C/\Delta I_B$、(输出交流短路)
$\bar{\beta}$　共射接法直流放大系数
θ　导通角

四、其他符号

D　非线性失真系数
F_n　噪声系数
K_{CMR}　共模抑制比
Q　静态工作点、LC 回路的品质因数
S_T　稳压电路中的稳压系数
S_U　电压调整率
S / N　信号噪声比
T　周期、温度
N　绕组匝数
$\Delta f / f_o$　频率稳定度
η　效率
τ　时间常数
φ　相位角